세상에서 가장 행복하고 상세한

임신·태교·출산·육아책

"축하합니다~ 임신입니다!"

이 말을 듣는 순간부터 임신부는 아주 특별한 경험을 시작합니다. 앞으로 10개월 동안 뱃속아기와 함께 가슴 설레는 임신여행을 떠나는 되는 것이죠. 특히 첫아기를 가진 임신부들은 달라진 새로운 인생에 가슴 설레기도 하고 두렵기도 할 것입니다. 하루하루 변해가는 신체의 변화, 감정의 변화, 주변의 시선 등 지금까지 경험해보지 못한 미지의 세계가 어떤 때는 환상적으로, 어떤 날은 걱정으로 다가올 것입니다. 이 책은 임신출산 40주와 출산 후 100일간을 당신과 함께 탐험하고 안내해줄 믿음직한 임신출산육아 가이드북입니다.

많은 산부인과 전문의들이 입을 모아 하는 이야기가 있습니다. 첫아기를 가진 우리나라 임신부들이 지나치게 걱정이 많고 불안해 한다는 것입니다. 걱정하지 않아도 될 일을 가지고 혹시 기형아를 낳지는 않을까, 순산을 할 수 있을까, 딸일까 아들일까 하는 걱정을 한다는 것이죠. 반대로 태아에게 치명적이거나 이상을 일으킬 수 있는 약이나 식품을 복용하면서도 태연하게 순산의 그날을 손꼽아 기다리는 '걱정되는' 임신부들도 있습니다. 이는 모두 임신, 출산, 아기 키우기에 대한 상식이 부족하고 핵가족화 되어 가는 대부분의 가정에서 상담을 해줄만한 어른이 계시지 않기 때문일 것입니다.

〈명품 임신출산 40주 프리미엄 육아〉는 많은 임신부들이 궁금해 하고 걱정하는 임신출산 관련 궁금증들과 똑똑한 아기를 낳기 위한 행복한 태교에서 평생 건강 지켜줄 확실한 산후조리의 방법, 건강한 아기로 기르는 육아의 기술까지, 임신부와 산모들의 가려운 부분을 속 시원히 긁어드릴 것입니다. 이제 마음 놓고 임신·출산·육아의 시간을 즐기세요!

one 1 계획임신 100일 프로젝트

책속 ★ 특별부록
행복한 태교동화

궁금한 임신출산 아이콘

임신출산육아 Q&A

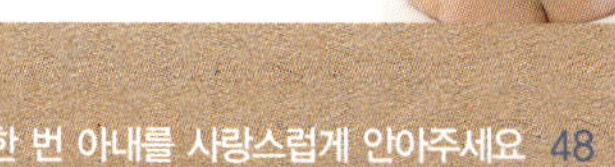

예비아빠
Diary

임신부 신체 변화 & 태아의 성장 Diary

1주

임신은 마지막 월경 주기가 시작된 날부터 날짜를 계산해 대개 280일, 즉 40주간 계속된다.

2주

난소에서 숙성한 난자가 나팔관으로 나온다. 이 과정을 배란이라고 하며, 배란은 주로 다음 월경 주기가 시작하기 12~16일 전에 일어난다. 배란 때는 분비물이 더 축축하거나 투명하며, 통증이 느껴지기도 한다.

3주

임신이 이루어진다. 난자가 정자와 결합해 태아로 성장할 독특한 세포를 형성한다.

4주

자궁이 확장되고 부드러워지기 시작하면서 자궁경부의 느낌이 달라진다. 수정란이 자궁내막에 착상할 때 가벼운 출혈이 일어날 수도 있다.

3주말이면 수정란이 자궁내막에 착상한다. 이때부터 배아는 놀랄 만한 성장을 시작한다.

내배엽은 간, 췌장, 방광, 갑상선을 중배엽은 근육, 뼈대, 연골, 혈관, 신장을, 외배엽은 뇌와 신경계통, 피부를 형성한다.

3주째 태아
약 0.136mm

4주째 태아
약 0.15mm

5주 6주 7주 8주

5주

생리 주기를 거른다. 약국에서 임신진단키트를 구입해 임신을 자가 진단할 수 있다. 자가 진단에서 양성 반응이 나오면, 병원에 가서 의사로부터 임신을 확인 받아야 한다. 이 시기에는 태아가 너무 작아 초음파에서 안 보일 수 있다.

6주

호르몬이 유선을 자극하기 시작해 유방에 변화를 느낀다. 유방이 묵직하고 민감해지고, 유두가 더욱 도드라진다. 유두 주변의 유륜이 더욱 거무스름해지고, 유방으로 가는 혈액량이 증가함에 따라 피하에 시퍼런 정맥이 드러난다.

7주

아침에 일어났을 때 메스꺼움과 구토증을 느끼고 극도의 피로를 느낀다. 심박동이 급격히 증가하고, 신진대사율이 25%까지 높아진다.

8주

이때부터 4주마다 정기 검진을 예약해, 신체 검사와 혈압 검사를 비롯해 임신부 건강체크를 위한 검사를 받아야 한다. 출산 예정일을 확인하기 위해 초음파 검사를 받는다.

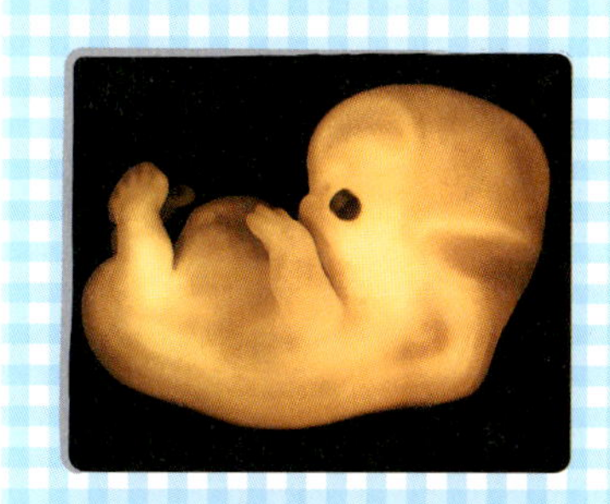

임신 2개월의 태아

5주

눈과 귀의 초기 형태가 나타나고 간과 신장, 뼈와 근육이 발달하기 시작하며 5주말이면 심장이 박동하기 시작한다.

6주

주요 장기가 계속 발달하고 태아의 머리가 형태를 잡아간다. 소화관의 초기 형태가 나타나며, 팔다리의 아체가 생긴다.

7주

팔다리가 길어지고 손발의 초기 형태가 나타난다. 주요 장기가 형성되는 중요한 시기. 간, 신장, 폐, 창자 등이 완성되어 간다.

8주

혀와 콧구멍이 생기고 입이 형성되며 균형감각과 청력에 관계되는 눈과 속귀가 발달하는 중요한 시기. 관절이 생기기 시작한다.

5주째 태아의 키
약 1.25mm

6주째 태아의 키
약 2~4mm

7주째 태아의 키
약 4~13mm

8주째 태아의 키
약 14~20mm

주별 〈태아의 키〉는 태아의 〈정수리부터 둔부까지의 길이〉를 말합니다.

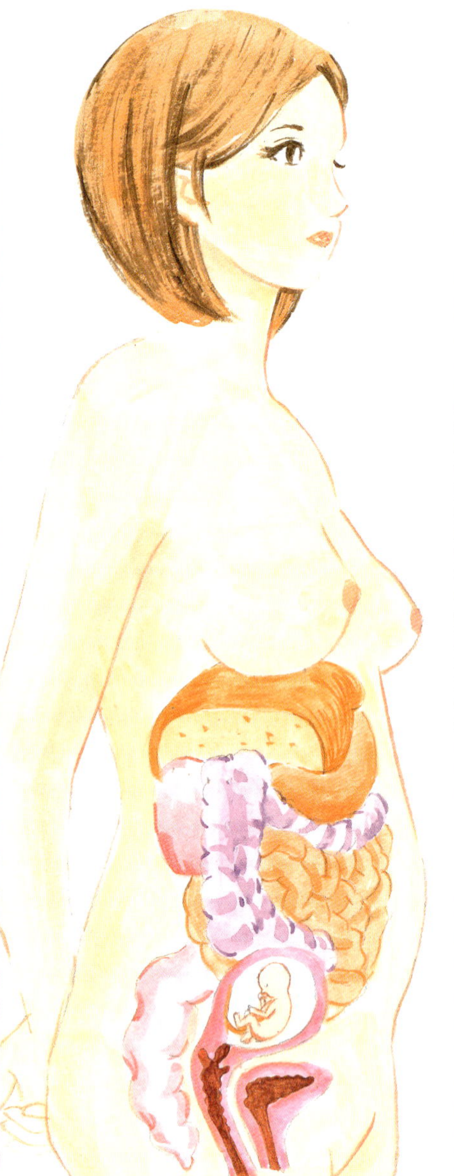

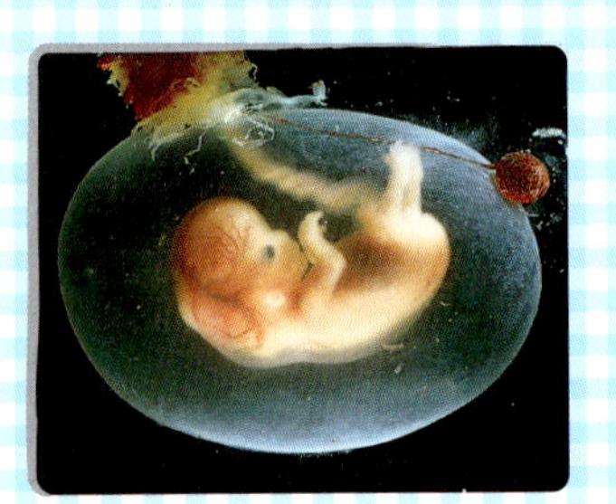

| 9주 | 10주 | 11주 | 12주 |

임신 전에 비해 자궁이 두 배로 커졌다. 아직은 임신이 겉으로 드러나지 않지만, 허리 부위가 조이는 것을 느끼기 시작한다.

평소에는 대수롭지 않게 받아들였던 일에 화를 내거나 짜증을 부린다. 이것은 호르몬의 변화로 인한 현상이기도 하지만, 임신과 아기 엄마가 된다는 사실에 대한 부담 때문이기도 하다.

혈액량이 증가해 손발이 더 따뜻해진다. 몸이 여분의 수분을 필요로 함에 따라 평소보다 갈증을 더 많이 느낀다. 이때쯤이면 대개 체중이 1kg 정도 증가하지만, 입덧이 심한 경우에는 오히려 체중이 약간 줄어들기도 한다.

다운증후군 여부를 알아보기 위해 초음파를 이용, 태아의 목덜미 투명대 검사와 혈액 검사를 권유받을 수 있다. 입덧으로 고생했다면, 이제부터 컨디션이 좋아질 것이다.

손발톱이 거의 완성되며, 눈꺼풀이 눈을 거의 덮고 코 모양도 뚜렷해진다. 태아의 호흡을 돕는 횡격막이 발달한다.

눈과 코가 뚜렷해지고 잇몸에 젖니 싹이 형성된다. 손가락과 발가락을 알아볼 수 있고 각 내장기관이 기능 발휘를 시작한다.

태아의 길이가 2배로 늘어나고 주요 장기가 완전히 형성되어 기능을 발휘한다. 이제 태아는 하품하고, 빨고, 삼킬 수 있다.

생식기에서 성별 특징이 나타나며 머리카락과 손톱이 자라고 뼈가 계속 딱딱해진다. 탯줄은 영양공급과 혈액순환으로 바쁘다.

9주째 태아의 키
약 22~30 mm

10주째 태아의 키
약 31~42 mm
몸무게
약 5g

11주째 태아의 키
약 44~60 mm
몸무게
약 8g

12주째 태아의 키
약 61 mm
몸무게
약 8~14g

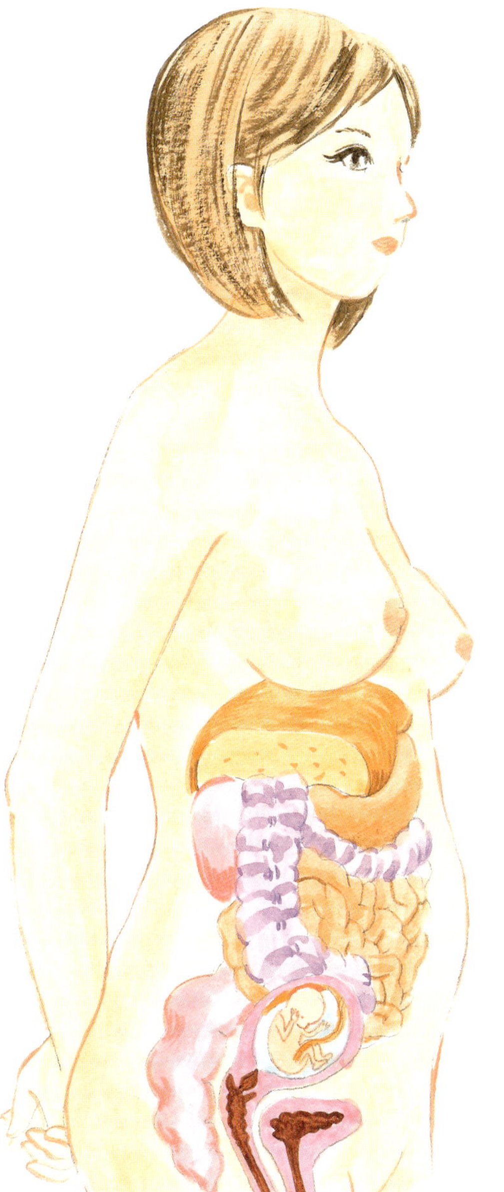

13주 14주 15주 16주

13주

이번 주로 임신 초기가 끝나고, 태아의 주요 장기와 구조가 완성된다.

14주

프로게스테론 수치가 늘어나 장 근육이 둔화되어 변비로 고생하게 된다. 커진 자궁이 장을 압박해 정상적인 기능을 방해하기도 한다. 변비를 해결할 수 있는 가장 간단한 방법은 물을 많이 마시고 섬유소가 풍부한 과일과 채소를 많이 먹는 것이다.

15주

바지와 치마의 허리 부분이 작아져 임부복을 생각해야 할 때이다.

16주

대개 이때쯤 세 번째 정기 검진을 받는다. 의사가 소형 초음파 모니터나 도플러를 사용해 아기의 심박동 소리를 들려준다. 다운증후군과 신경관 결손의 위험도를 알아보기 위해 혈액 검사를 받아 보라는 권유를 받을 수도 있다.

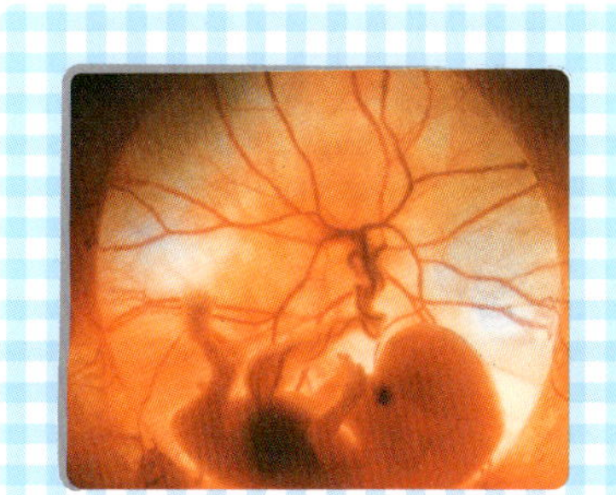

임신 **4**개월의 태아

13주

태아의 목이 완전히 형성되어 머리의 움직임을 지탱할 수 있고 눈이 얼굴 정면으로 이동하며 귀가 정상 위치로 이동한다.

13주째 태아의 키
약 65~78 mm

몸무게
약 13~20g

14주

태반이 호르몬을 생산하고 태아에게 필요한 영양과 산소를 공급한다. 태아는 사지를 구부리고 비틀 수 있게 되며, 호흡연습을 시작한다.

14주째 태아의 키
약 80~99 mm

몸무게
약 25g

15주

솜털이 피부를 덮기 시작하고 눈썹이 생기기 시작하며 머리카락이 계속 자란다. 더불어 태아에게 들을 수 있는 장치가 발달한다.

15주째 태아의 키
약 93~103 mm

몸무게
약 50g

16주

팔다리가 완성되고 관절이 기능을 발휘한다. 태아의 움직임이 활발해지며, 초음파 검사로 태아의 성별을 확인할 수 있다.

16주째 태아의 키
약 108~116 mm

몸무게
약 80g

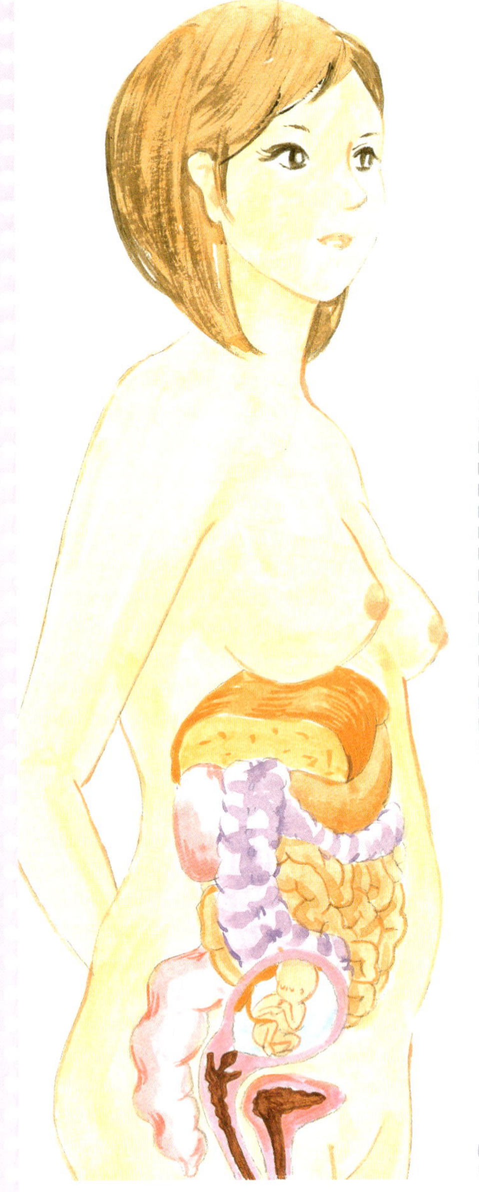

17주

경산부의 경우, 태동을 느끼기 시작한다. 이때쯤이면 소변을 자주 보고 싶은 충동은 사라진다.

18주

에너지 수치가 정상으로 회복되고 성욕이 증가한다. 에스트로겐 수치가 높아지면서 골반 부근의 혈류가 증가해 예전보다 성욕을 더 자주, 더 많이 느낄 수 있다. 임신 중에 부부관계를 가져도 아무 이상이 없지만, 그래도 걱정이 된다면 의사와 상의해 보는 것이 좋다.

19주

신진대사와 혈액 공급이 왕성해져 손발톱이 빨리 자란다. 에스트로겐 수치가 높아져 얼굴에 기미가 생긴다.

20주

이 무렵에 정밀 초음파 검사를 받게 된다. 초산부의 경우에는 대개 임신 20~24주에 태동을 느끼기 시작한다.

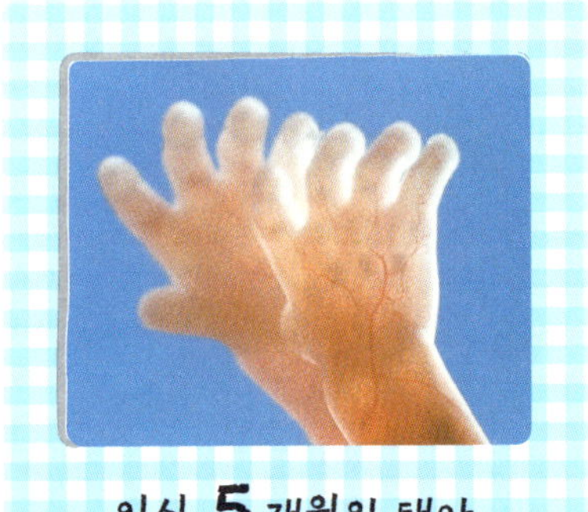

임신 **5** 개월의 태아

눈은 아직 감긴 상태지만 훨씬 더 커졌고 눈썹이 길게 자란다. 급성장한 태아는 엄마의 몸 바깥에서 나는 소리도 들을 수 있게 된다.

17주째 태아의 키
약 11~12 cm
몸무게
약 100g

가장 활발하게 활동하는 시기에 접어든다. 태아는 몸을 비틀고 돌리고 꿈틀거리고 주먹으로 때리고 발로 차면서 반사능력을 훈련한다.

18주째 태아의 키
약 12.5~14 cm
몸무게
약 150g

태아의 피부에서 태지가 분비된다. 이는 태아의 피부가 양수에 젖지 않도록 보호하는 방수벽이다. 창자에서는 위액이 생산되기 시작한다.

19주째 태아의 키
약 12~15 cm
몸무게
약 200g

미각, 후각, 청각, 시각, 촉각 등 감각이 발달하는 시기이다. 신경계와 근육계가 발달해 태아는 팔다리를 쭉 뻗을 수 있게 된다.

20주째 태아의 키
약 14~16 cm
몸무게
약 260g

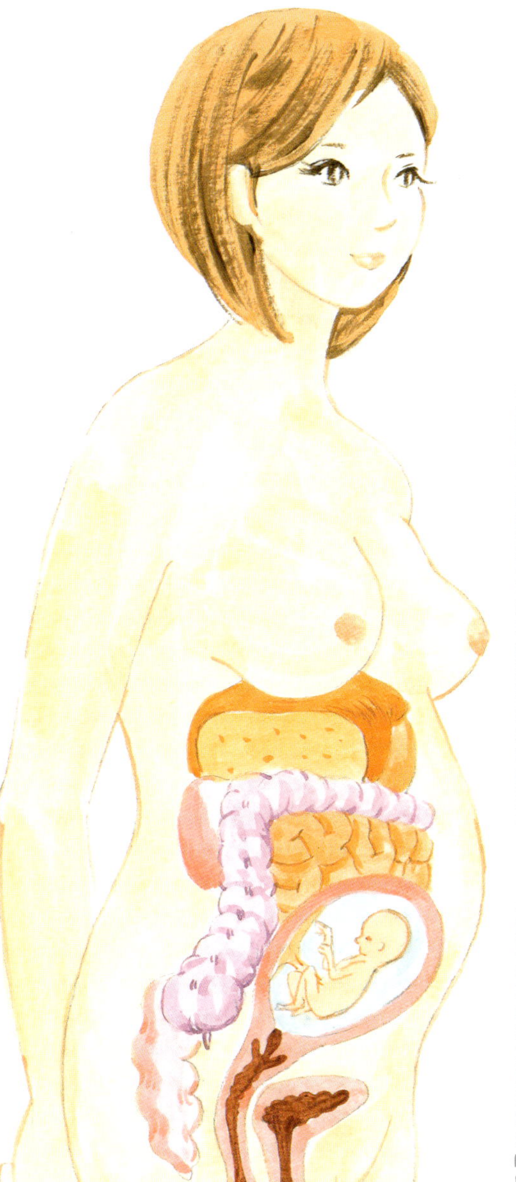

21주 22주 23주 24주

21주

체중이 늘어나 보통 때보다 땀을 더 많이 흘린다.

22주

유방에서 아기의 첫 양식이 되는 초유가 분비될 수 있다. 몽고메리 결절이 수유 중에 유두를 보호할 촉촉한 물질을 생산한다.

23주

복부가 커지면서 소화기 계통에 더 많은 영향을 준다. 이 때문에 소화불량과 속쓰림 증상이 나타나기도 한다. 속쓰림을 방지하려면 하루 두세 번 한꺼번에 많이 먹는 것보다는 조금씩 여러 번 먹는 것이 더 효과적이다. 식사 후에는 걷기 등 가벼운 운동을 해 소화를 돕는 것이 좋다.

24주

정기 검진을 한다. 아직까지 골반저 운동을 시작하지 않았다면, 이제부터라도 운동을 시작해 골반저 근육을 강화한다. 지금부터 임신 28주 사이에 임신성 당뇨 검사를 받는다.

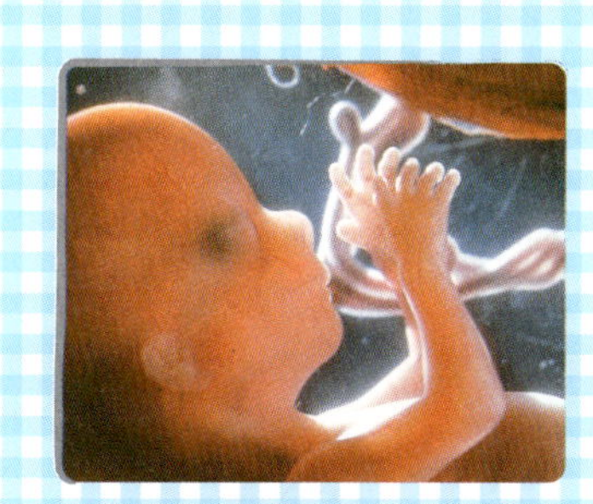

임신 **6** 개월의 태아

21주

태아가 삼키는 양수에서 물을 흡수할 정도로 소화계가 발달한다. 혀에 미뢰가 형성되고 감촉을 느낄 수 있을 정도로 뇌와 신경말단이 발달된다.

21주째 태아의 키
약 18 cm
몸무게
약 300g

22주

아직 피부 밑으로 혈관이 보이긴 하지만 피부가 한층 두꺼워지며 땀샘도 생긴다. 남아의 경우 고환이 골반에서 음낭으로 하강한다.

22주째 태아의 키
약 19 cm
몸무게
약 350g

23주

귓속 내이의 뼈가 딱딱해짐에 따라 더 정확하게 들을 수 있다. 소리의 고저와 억양을 구분할 수 있게 돼 엄마의 목소리를 알아들을 수 있다.

23주째 태아의 키
약 20 cm
몸무게
약 455g

24주

감염증에 대항하기 위해 백혈구를 생산하기 시작한다. 폐에 혈관과 허파꽈리가 발달해 이것으로 산소를 교환하여 온몸에 순환시킨다.

24주째 태아의 키
약 21 cm
몸무게
약 540g

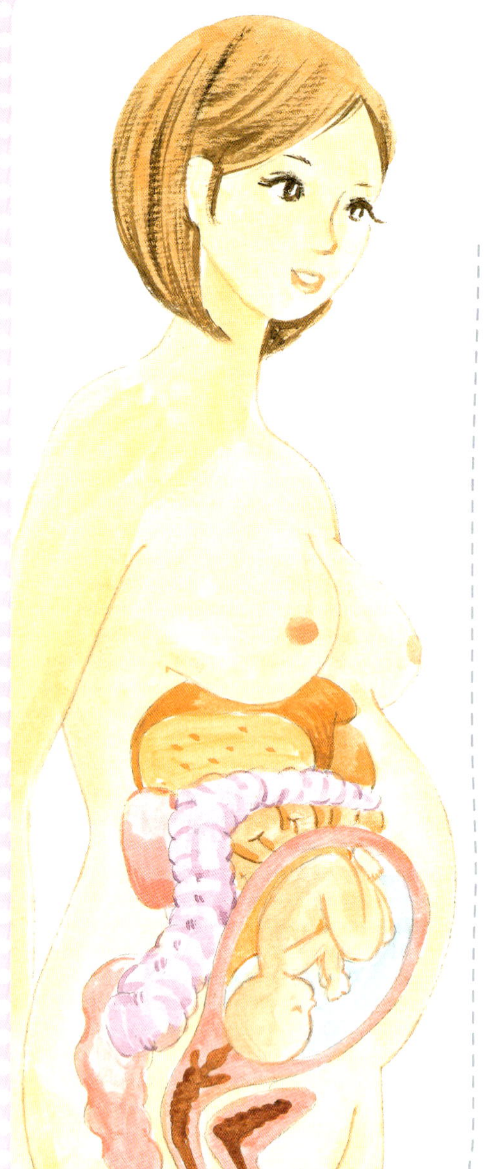

25주 / 26주 / 27주 / 28주

25주
복부가 더 커지고 무거워짐에 따라, 요통과 골반 압박감과 종아리 경련이 생길 수 있다. 자세에 주의하고, 충분히 쉰다.

26주
복부와 가슴 부위에 튼살이 생길 수 있다. 튼살 예방에는 보습이 중요하다.

27주
이번 주로 임신 중기가 끝난다. 이 무렵이면 눈에 띄게 배가 커진다. 복부의 크기는 임신부의 키, 체중, 골격, 임신 경험 유무, 아기를 둘러싼 양수의 양에 따라 달라진다.

28주
지금부터 임신 36주까지 최소한 2주에 한 번 정기 검진을 받아야 한다. 지난 한 달 동안 자궁은 4cm 크기로 자랐고, 이제 흉곽 하부를 밀어 올려 갈비뼈 아래쪽에 약간 불쾌한 느낌이 들 수도 있다. 지금부터 임신 32주 사이에 빈혈이 있는지 알아보기 위해 혈액 검사를 받아야 한다.

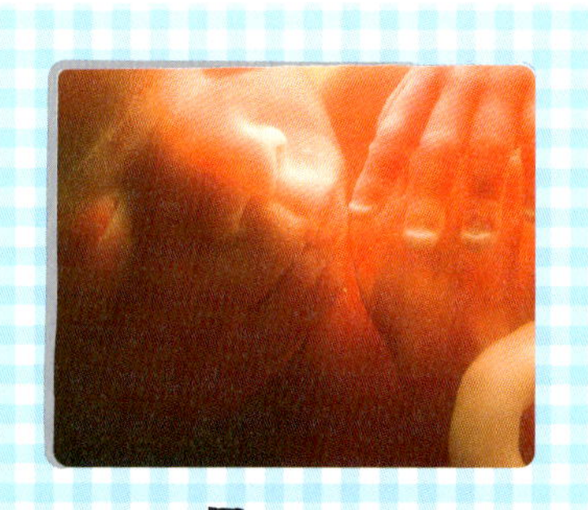

임신 7 개월의 태아

25주
이제 태아는 자기 발을 잡을 수 있고 손을 구부려 주먹을 쥘 수도 있다. 폐에서 혈관이 발달하고 콧구멍도 생기며 영구치의 싹도 발달한다.

26주
성장하는 태아의 몸을 지탱할 수 있을 정도로 척추가 튼튼하고 유연해진다. 숨을 들이마시고 내쉴 수 있고, 눈이 완전히 형성된다.

27주
엄지손가락 빨기는 이 무렵 태아가 좋아하는 행동. 이는 턱과 관절 근육을 강화하고 아기를 진정시킨다. 태아가 빛을 감지할 수 있게 된다.

28주
태아는 지금 최고 속도로 성장하고 발달한다. 폐로 공기를 들이마실 수 있지만, 지금 태어난다면 아직은 제대로 호흡하기 어렵다.

25주째 태아의 키
약 22cm
몸무게
약 700g

26주째 태아의 키
약 23cm
몸무게
약 910g

27주째 태아의 키
약 24cm
몸무게
약 1kg

28주째 태아의 키
약 25cm
몸무게
약 1.1kg

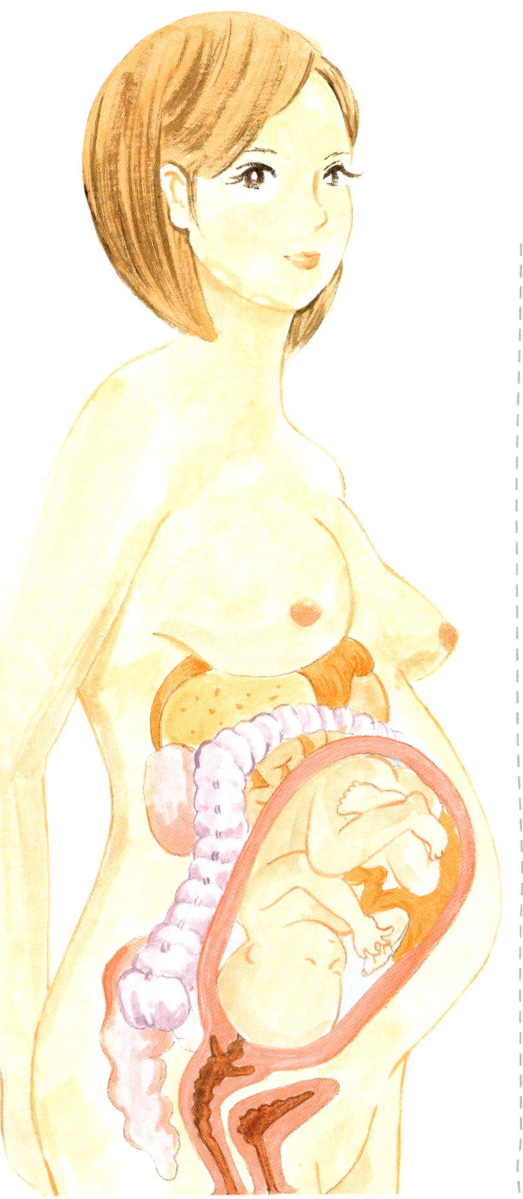

29주 30주 31주 32주

29주

다리에서 심장으로 혈액을 전달하는 정맥을 압박해 정맥류가 생길 수 있다.

30주

출산을 앞두고 걱정되는 점이 있으면 정기 검진을 받으러 갔을 때 의사와 상의해야 한다. 태아의 몸무게가 증가하고 몸의 무게 중심이 변해 등에 더 많은 무리가 간다.

31주

전에 없이 건망증이 심해진다. 출산일이 가까워지면서 태아에게 집중력을 빼앗기기 때문이다.

32주

임신이 진행되는 동안 계속 체중이 늘어나지만, 임신 후기에는 그 어느 때보다 체중이 더 빨리 늘어난다. 또한 자궁의 높이가 최고에 이르러 자궁 맨 위가 배꼽 위 12cm 정도까지 올라간다.

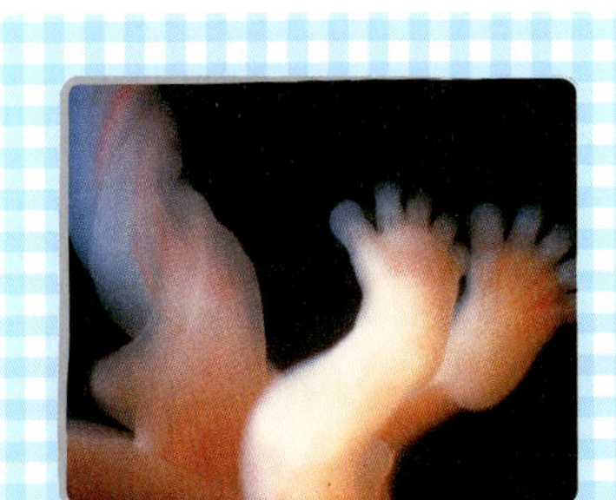

임신 **8** 개월의 태아

29주

뇌가 급성장하면서 호흡과 체온까지 조절할 수 있다. 빛, 소리, 맛, 냄새에 민감해지며 자궁벽을 통해 자연빛과 인공빛을 구분할 수 있다.

| 29주째 태아의 키 |
약 26 cm
| 몸무게 |
약 1.25 kg

30주

태아 몸을 덮고 있던 솜털이 거의 사라진다. 머리숱이 많아지고 눈꺼풀이 열렸다 닫혔다 한다. 골격이 더 딱딱해지며 뇌와 근육이 계속 발달한다.

| 30주째 태아의 키 |
약 27 cm
| 몸무게 |
약 1.35 kg

31주

태아의 정상적인 성장이 둔화되지만 체중은 계속 늘어난다. 뇌는 계속 급성장하고 폐는 주요 장기 중 가장 늦게 성숙된다.

| 31주째 태아의 키 |
약 28 cm
| 몸무게 |
약 1.6 kg

32주

태아의 오감이 제 기능을 발휘한다. 태아는 하루 중 90~95%는 눈을 감고 잠을 자며, 호흡연습을 통해 폐를 강화하고 성숙시킨다.

| 32주째 태아의 키 |
약 29 cm
| 몸무게 |
약 1.8 kg

33주

초산부의 경우 대부분의 태아가 출산에 대비해 머리를 아래로 향하는 '두정위'를 하고 있을 것이다. 이제 호흡하기가 한결 수월하고 소화불량도 개선되기 시작한다.

34주

정기검진을 받으러 갈 때마다 혈압과 소변 검사를 받게 된다. 손가락에 낀 반지가 조이는 느낌이 들 수 있으며 손발이 붓는다. 이것은 수분 정체 때문에 일어나는 현상이다. 옷이 몸에 꽉 끼면 혈액 흐름을 방해해 손발이 더 많이 부을 수 있다.

35주

임신호르몬인 릴랙신과 늘어난 태아의 체중 때문에 골반 관절이 확장된다. 골반 부위가 약간 쑤시고 아플 수 있다.

36주

지금부터는 출산할 때까지 매주 정기검진을 받아야 한다. 꿈을 많이 꾸게 되고, 꿈에서 깨어났을 때 꿈 내용이 생생하게 기억나기도 한다.

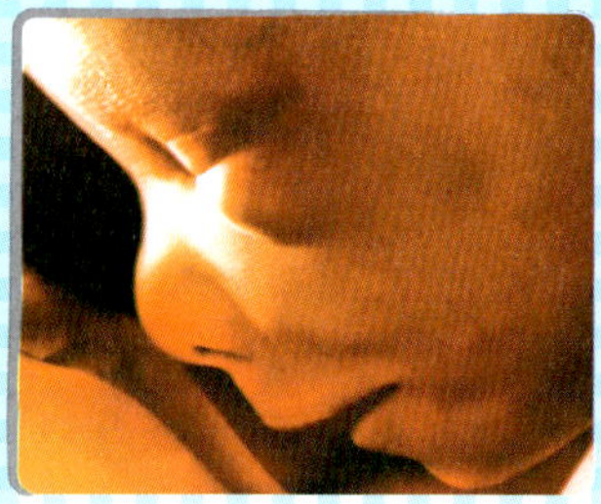

임신 9개월의 태아

양수의 양이 최고로 늘어난다. 이제 태아는 팔다리를 움직일 여유 공간이 없어 태아의 움직임이 발길질에서 구르는 느낌으로 바뀐다.

33주째 태아의 키
약 30cm
몸무게
약 2kg

경미한 감염증에 대항할 수 있도록 태아의 면역계가 발달한다. 손가락 끝이 아주 작지만 손톱이 날카롭게 자라 있다.

34주째 태아의 키
약 32cm
몸무게
약 2.28kg

중앙신경계가 성숙되고 소화계가 거의 완성되고 대개는 폐도 성숙해져 조산이 되더라도 호흡장애를 일으킬 염려가 거의 없다.

35주째 태아의 키
약 33cm
몸무게
약 2.5kg

자궁이 비좁아짐에 따라 태동에도 변화가 생긴다. 자궁이 비좁아져 태아의 움직임이 줄어들긴 하지만, 태동은 더 강하고 확실해진다.

36주째 태아의 키
약 34cm
몸무게
약 2.75kg

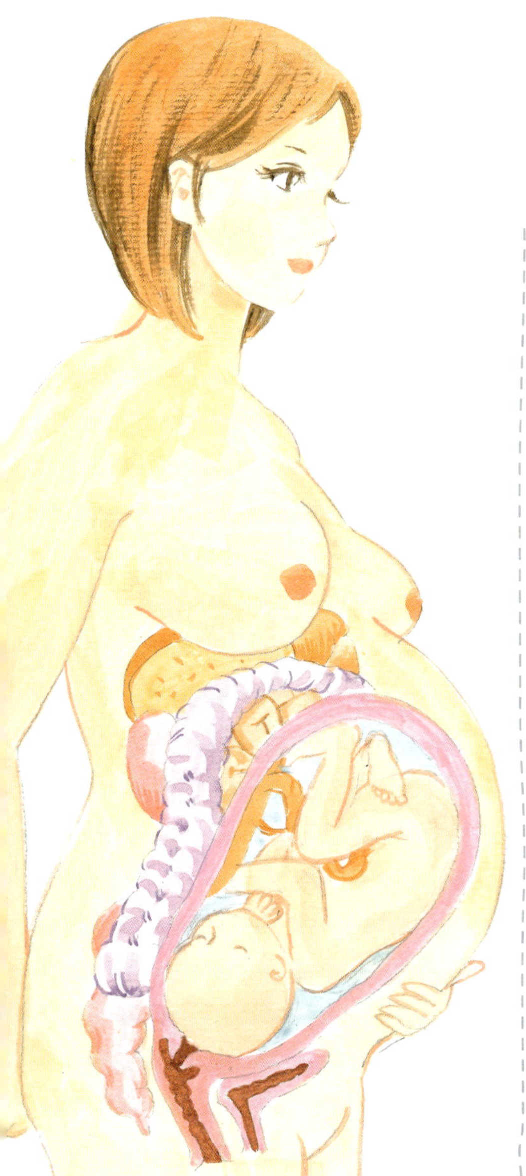

37주 · 38주 · 39주 · 40주

37주

정기검진을 받으러 갈 때마다 태아의 크기와 자세를 점검 받게 될 것이다. 이 시기가 되면 가진통이 자주 온다. 이것은 출산에 대비해 자궁이 연습을 하는 것이라고 할 수 있는데, 자궁이 간헐적으로 30초 동안 딱딱하게 수축했다가 느슨해지는 것을 말하며, 전혀 고통스럽지 않다.

38주

정기검진을 받으러 갈 때마다 일반적인 모든 검사를 받게 된다. 임신 후기에는 출산에 대한 걱정과 수면 부족으로 인한 피로와, 하루빨리 임신이 끝나기를 바라는 기대감 등이 뒤섞여 기분이 우울해질 수 있다. 우울증이 심한 경우 의사와 상의한다. 자기 자신을 위한 시간을 갖는 것도 기분전환에 도움이 된다.

39주

자궁이 골반 내 모든 공간과 복부의 상당 부분을 차지해 몹시 불쾌할 것이다. 걱정스러운 점이 있으면 정기검진 때 의사와 상의해야 한다.

40주

이번 주에 출산이 예정되어 있지만, 정확하게 출산 예정일에 태어나는 아기는 전체 신생아의 5%도 되지 않는다. 대개는 출산 예정일 전후로 출산을 하지만, 경우에 따라 2주 전에 혹은 2주 후에 출산하기도 한다.

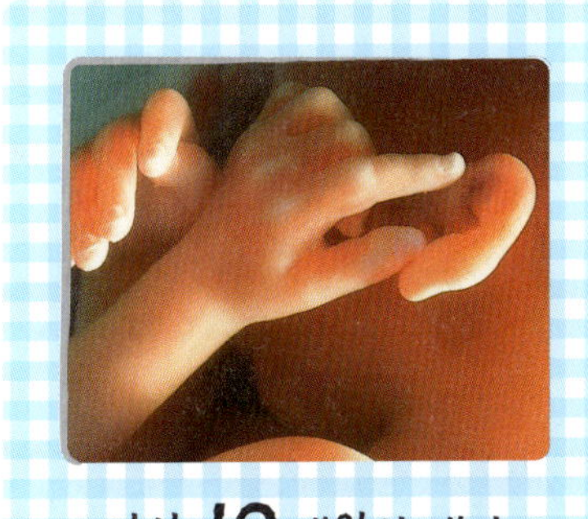

임신 10 개월의 태아

37주 이제 태아는 언제라도 태어날 수 있는 만삭이 되었다. 태아는 신생아와 거의 흡사하게 성숙해 있으며 지금 진통이 시작되어도 문제는 없다.

38주 MRI 스캐닝을 해 보면 신체 계통이 완전히 발달해 있음을 알 수 있다. 장에 태변이라는 찐득하고 검푸른 노폐물이 축적되어 있다.

39주 태어날 준비를 하면서 솜털이 거의 사라진 태아는 다른 분비물과 함께 솜털을 삼켜 장에 저장하는데 이것이 장 운동을 도와 태변을 배출시킨다.

40주 70가지 이상의 반사 능력을 갖춘 태아는 출생 준비를 끝냈다. 태반이 떨어져 나오고 태아가 최초의 공기를 들이마시면 탯줄은 기능을 중단한다.

37주째 태아의 키	**38주째 태아의 키**	**39주째 태아의 키**	**40주째 태아의 키**
약 35 cm	약 35 cm	약 36 cm	약 37~38 cm
몸무게	**몸무게**	**몸무게**	**몸무게**
약 2.95 kg	약 3.1 kg	약 3.25 kg	약 3.4 kg

Waiting for
my baby

1

계획임신
100일 프로젝트

건강하고 똑똑한 아이를 낳기 위해서는 몸도 마음도
준비가 되어 있어야 한다. 부부가 함께 임신과 출산,
육아를 계획하면 건강은 물론 심리적 안정까지 찾을
수 있어 계획 없이 아기를 가진 임신부에 비해
유산이나 기형 유발 물질, 각종 유해 환경에 노출될
가능성이 적다. 또한, 임신 중에 발생할 수 있는 여러
상황에도 적절하게 대처할 수 있으므로 준비된
상태에서 아기를 갖는 것이 중요하다.

계획임신, 그 놀라운 비밀

엄마가 되는 것은 긴 여정만큼이나 소중하고 아름다운 일이다. 하지만 아무런 준비나 계획 없이 아이를 갖게 되면 정신적으로나 육체적으로 부담이 될 수 있다. 실제로 부부가 함께 계획하고 준비해 임신을 하면 건강은 물론 심리적 안정까지 찾을 수 있어, 계획 없이 아기를 가진 임신부에 비해 유산이나 기형 유발 물질, 각종 유해 환경에 노출될 가능성이 훨씬 줄어든다. 또한, 임신 중에 발생할 수 있는 여러 상황에도 적절하게 대처할 수 있어 임신 기간을 건강하게 보낼 수 있다. 무엇보다 건강하고 똑똑한 아이를 낳기 위해서는 계획임신을 통해 잘못된 생활습관을 고치고 건강관리에 힘쓰는 것이 중요하다.

왜 계획임신을 해야 할까?

💜 유산이나 기형아 출산을 예방한다

우리나라 여성들의 절반 정도는 생리 예정일이 지난 후에야 임신 여부를 의심한다. 다시 말해, 우리나라 예비 임신부 중 절반은 약물, 알코올, 질병, 감염 등 태아에게 위험한 환경에 노출된 채 임신을 하고 있다는 얘기다. 임신 초기는 태아의 착상과 기관 형성에 중요한 영향을 미치는 시기로 자칫하면 유산, 저체중아 및 기형아 출산으로 이어질 수 있다. 하지만 계획임신을 할 경우 임신 여부를 조기에 알 수 있어 이를 사전에 예방할 수 있다. 특히 엽산을 복용하면 기형아 예방을 할 수 있으므로 임신 전 반드시 적정량(1일 0.4mg)의 엽산을 복용하도록 한다.

💜 임신 전 검사로 각종 위험 요소로부터 태아를 보호할 수 있다

아기를 갖기 전에 사전 검사를 받으면 임신 중에 찾아올지도 모르는 위험 요인으로부터 벗어날 수 있다. 건강한 아이를 갖기 위해서는 임신 전 검사가 반드시 필요함에도 불구하고 아직까지 소홀하게 여기는 이들이 많다. 결혼을 앞두고 있거나 임신을 계획하고 있는 여성이라면 임신 전 검사를 통해 조산, 사산, 저체중아 출산, 선천성 기형아 발생 위험을 사전에 예방하는 것이 필요하다.

또한 계획임신을 통해 정서적, 육체적으로 안정된 상태에서 출산한 아이들은 성장했을 때 건강할 뿐 아니라 지능도 높고 사회 적응력도 뛰어나다고 한다.

🌷 원하는 시기에 임신할 확률이 높다

몇 년째 임신을 기다리는데도 아이가 생기지 않거나 습관성 유산으로 문제가 되는 경우 현대 의학의 도움을 받아 관리하면 원하는 시기에 임신할 가능성이 높다. 피임을 하지 않고 1년이 지났는데도 임신이 되지 않는다면 불임 치료를 받는 것이 현명하다.

🌷 몸과 마음이 편안한 상태에서 임신 기간을 보낼 수 있다

임신과 출산에 관한 정보를 접하며 각종 위험 요인에서 벗어날 수 있다. 이 밖에도 계획적인 산전 관리로 임신의 기쁨을 만끽할 수 있다. 계획임신을 통해 태교, 모유 수유, 분만법과 관련된 정보를 얻고 교육을 받음으로써 분만의 두려움을 없애고 심신이 편안한 상태로 아이의 탄생을 기다릴 수 있다.

예비부모의 임신 플랜

　　건강하고 똑똑한 아이를 낳기 위해서는 몸도 마음도 준비가 되어 있어야 한다. 임신부의 건강은 곧 태아의 건강과 직결되기 때문에 임신, 출산, 산후조리까지 편안하고 쾌적한 환경에서 이루어져야 한다. 개인이 처한 상황에 따라 조금씩 다르긴 하지만 가능한 한 여유를 가지고 임신을 계획하는 것이 좋다. 임신을 계획하고 있다면 평소 자신의 생활습관이나 몸 상태를 체크해 적극적으로 관리해야 한다.

💜 1단계 ··· 임신 스케줄을 짜고 몸의 이상 유무를 확인한다

　　아이를 갖기로 마음먹었다면 대략적인 스케줄을 짠다. 평소 영양이 풍부한 음식을 섭취하고 운동도 규칙적으로 해서 몸을 다져 놓고 원하는 시기에 아기를 가질 수 있도록 생리주기와 배란일을 체크해 조목조목 기록한다. 다음은 가까운 산부인과를 방문하여 혹시 몸에 이상이 없는지, 건강상태는 양호한지, 임신 전에 필요한 검사들을 받는다.

real tip ▶ **배란일 계산하기** -

① 생리주기로 배란일 체크하기

생리가 규칙적인 경우에 해당하며 다음 생리 예정일에서 14일을 뺀 날이 배란일이며 가임기간은 배란일을 기준으로 배란 3일 전부터 다음 날까지다. 가임 기간을 5일로 보는 것은 정자는 사정된 이후 3일 동안 생존할 수 있고, 난자는 배란 후 24시간 동안 생존할 수 있기 때문이다. 예를 들어 생리 주기가 30일이며 다음 생리 예정일이 5월 15일이면 5월 1일이 배란일이 된다. 따라서 가임 가능한 시기는 4월 28일부터 5월 2일까지다.

　　5월 15일 – 14일 = 5월 1일(배란일)

② 초음파로 배란일 체크하기

초음파로 난포의 성장상태를 확인하면 배란일 추정이 가능하다. 배란이 예상되면 산부인과를 방문해 초음파 검사를 하는데 난자 크기를 확인하면 배란 유무를 알 수 있다. 생리가 불규칙하거나 기초체온으로 배란일을 알 수 없는 경우 확인할 수 있는 가장 정확한 방법이다.

③ 자궁경부 점액으로 배란일 체크하기

배란기가 가까워지면 자궁경부에서 분비되는 점액의 양이 많아지고 묽어진다. 자궁경부 점액은 평소 끈적끈적한 액체

이지만 배란기에는 맑고 묽어진다. 이는 정자가 자궁 속으로 쉽게 이동할 수 있도록 하기 위해서다. 자궁경부 점액의 상태를 확인하려면 손을 깨끗이 씻고 질 속에 손가락을 넣어 점액을 손끝에 묻힌다. 엄지와 검지로 점액을 만져 보았을 때 점액이 7~8cm 정도까지 늘어나면 배란일임을 짐작할 수 있다.

④ 기초체온법으로 배란일 체크하기

매일 아침 눈을 떠서 약 5분간 체온을 측정하는데 6개월 정도 꾸준히 측정해야 기초체온표가 작성된다. 생리 후 체온이 낮게 유지되다 배란일을 기준으로 체온이 올라가게 된다. 즉, 체온의 경계가 되는 날이 바로 배란일이다.

♥ 2단계 … 몸 만들기 프로젝트에 돌입한다

임신 스케줄을 구체적으로 세웠으면 몸가짐을 바르게 하고 몇 가지 실천 수칙들을 정해 꾸준히 지키도록 한다. 질병에 걸리지 않도록 조심하고 임신을 방해하는 생리불순이나 생리통, 냉대하 등을 체크한다. 남편과 함께 부부체조를 하거나 영양이 듬뿍 담긴 음식으로 컨디션을 유지한다. 비타민이나 엽산이 풍부한 야채나 과일도 충분히 섭취한다. 최소 임신 1개월 전부터는 엽산을 매일 0.4mg씩 복용하는 것이 좋다.

♥ 3단계 … 심신을 안정시킨 상태에서 배란일에 맞춰 임신을 시도한다

최소 3개월 전부터는 건강이나 생활습관에 각별히 신경 쓰며 배란일에 맞춰 임신을 시도하는 것이 좋다. 남성의 몸에서 정자가 만들어지는 데 걸리는 시간은 약 64일로 최소 임신 3개월 전부터 몸 관리에 힘쓴다. 이상적인 임신을 위해 부부가 함께 태담 일기를 쓰거나 명상을 하는 것도 좋은 방법이다.

♥ 4단계 … 임신·출산에 대한 예비지식을 갖춘다

임신 기간 중에 일어날 수 있는 신체 변화나 태아에 관한 정보들을 미리 습득한다. 임신·출산에 관한 교육을 받거나 전문 서적을 구입하는 것도 좋은 방법이다. 출산 경험이 있는 선배나 엄마의 체험담을 참고해 생활습관이나 건강 상태를 체크하는 것도 좋다.

real tip 궁금한 '임신의 증상'

임신을 하면 여러 가지 신체 변화와 증상이 나타나지만 다음 생리 예정일이 돌아올 때까지 인식하지 못하는 경우가 많다. 하지만 몸이 이유 없이 피곤하다든지, 감기에 걸린 것처럼 미열이 지속되고 몸이 나른해진다든지, 입덧이나 갑작스런 두통 증상이 나타나면 일단 임신을 의심해 봐야 한다. 유방이 커지거나 소변이 자주 마려운 것도 임신 초기 증상 중 하나이므로 자신의 상태를 꼼꼼히 체크한다.

똑 소리 나는 임신 프로젝트

아이를 갖는 기쁨이야말로 하늘에서 내려준 축복이다. 새로운 생명을 갖는 일만큼 신기하고 놀라운 일이 세상에 또 있을까? 임신은 생명 창조 과정에 참여할 수 있는 소중한 경험이다. 그 소중한 경험을 더욱 값지게 하려면 구체적인 계획과 실천이 필요하다. 이는 태아와 임신부의 건강은 물론 임신 기간을 좀더 편안하고 지혜롭게 보낼 수 있게 되며 나아가 건강하고 똑똑한 아이를 낳기 위한 밑거름이 된다. 새로 태어나는 아이를 위해서라도 유익한 것만 가까이 하고 해로운 것은 멀리하는 습관이 필요하다.

일반적으로 여성들이 임신을 의식하기 시작하는 것은 생리가 늦어지기 시작한 후부터 한두 달이 지난 시점이다. 간혹 임신 진단 시약으로 임신 사실을 확인하는 경우도 있지만 이미 의사에게 진단을 받으러 갈 때는 임신 2~3개월로 어느 정도 태아의 성장이 진행된 경우가 많다. 하지만 태아의 주요 기관은 임신 12주가 되면 형성되므로 세심한 주의가 필요하다. 자칫하면 알코올이나 약물 등 위험요소에 노출된 채 생활할 수 있기 때문이다.

실제로 우리나라 가임기 여성들을 대상으로 조사를 한 결과 95% 이상이 미래에 태어날 아기에게 영향을 미치는 질병이나 유전 질환, 감염, 알코올 같은 위험요소에 한 가지 이상 노출된 적이 있다고 한다. 따라서 계획임신을 통해 정신적, 육체적으로 이상적인 상태에서 아이를 갖고 임신 중에 일어날 수 있는 신체적 변화에 자연스럽게 대처해야 한다.

웰빙 아기를 낳기 위한 체크 포인트

경제가 어느 정도 안정되어야 한다

임신과 출산을 하려면 집안의 경제 상황도 고려해야 한다. 일단 임신을 확인하면 임신부는 정기적으로 산부인과를 방문해 진찰을 받아야 하고 출산을 위해 입원이나 출산 준비물을 갖춰야 하며 육아를 위해 기저귀와 분유를 구입하는 등 상당한 비용이 들어가기 때문이다. 아이가 성장해 독립할 수 있는 환경이 될 때까지 부모가 뒷받침해주어야 함은 두말할 나위가 없다. 그렇다고 무조건 경제적인 이유를 핑계로 임신을 기피하는 것도 문제지만 아이에게 좀더 안정적인 환경을 마련해 주기 위해 경제적으로 안정된 시기에 아이를 갖는 것이 현명하다.

💜 부부가 모두 건강해야 한다

임신부의 건강은 태아 건강의 바로미터다. 태아는 탯줄에 의지해 열 달 동안 엄마의 몸속에서 자라기 때문에 엄마의 몸 어느 하나라도 허약하면 균형이 깨지기 쉽다. 엄마가 건강하면 태아도 건강하고 엄마가 허약하면 아이도 허약 체질로 태어날 가능성이 높다. 이처럼 엄마의 건강은 태어날 아기의 평생 건강에도 영향을 미친다.

최근에는 30대 이후 고령 임신이 늘어날 뿐 아니라 초산 연령도 늦어지는 경향이 있는데 이는 아이와 임신부 모두를 위해 바람직하지 않은 현상이다. 신체에 이상이 있거나 약물을 복용하고 있는 경우라면 컨디션을 회복할 때까지 기다렸다가 임신을 계획하는 것이 좋다. 경우에 따라서는 의사와 충분히 상담한 후 아이를 갖는 것이 필요하며 남편도 3개월 전부터 건강이나 생활습관을 조절해 건강한 아이를 낳을 수 있도록 한다.

💜 견디기 힘든 계절은 피해서 출산할 수 있게 한다

체질에 따라 여름을 많이 타는 사람이 있고 겨울을 많이 타는 사람이 있다. 견디기 힘든 계절에 임신 초기를 맞거나 출산하면 임산부의 괴로움은 더 커진다. 따라서 여름을 타는 사람은 여름을 피하고 겨울을 타는 사람은 겨울을 피한다.

일반적으로 봄철과 여름철에 입덧이 심해지는 경향이 있으므로 입덧이 심했던 임신부는 이 계절을 피해 임신하는 것이 현명하다. 예로부터 한여름 삼복더위에 출산하면 산후조리할 때 고생한다고 여겨 아직까지 한여름 출산을 기피하는 경향이 있다.

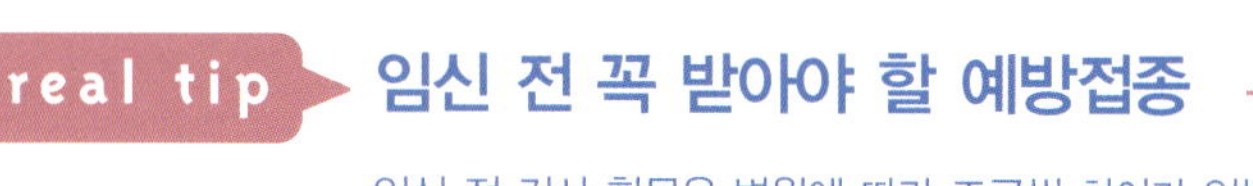

real tip ▶ **임신 전 꼭 받아야 할 예방접종**

임신 전 검사 항목은 병원에 따라 조금씩 차이가 있는데, 풍진과 B형 간염에 대한 면역 반응은 반드시 체크해야 한다. 임신부가 풍진이나 B형 간염에 걸리면 태아에게 치명적인 영향을 미친다.

풍진은 홍역과 비슷한 급성 전염병으로 한번 앓고 나면 면역이 생긴다. 주로 호흡기를 통해 감염되며 임신 12주 내에 걸리면 선천성 심질환, 백내장, 난청 등의 이상을 가진 아기를 출산한다.

B형 간염은 우리나라 인구의 약 10%에 가까운 사람들이 바이러스를 가지고 있으며 임신부가 B형 간염에 감염되면 미숙아를 출산하거나 사산할 확률이 높다. 출생 시 감염된 유아는 만성 간염 보균자가 될 가능성이 높으므로 임신 전 반드시 예방접종을 한다.

건강한 아이를 갖기 위한 생활수칙

　　임신 전이나 임신 중 생활습관은 태아의 건강에 큰 영향을 미친다. 특히 규칙적인 운동은 체중 관리에도 도움이 될 뿐 아니라 뼈 손실을 막고 건강을 증진시켜 준다.

　　운동할 때 뇌에서 나오는 생화학 물질은 몸을 이완시켜 스트레스를 풀어 준다. 하지만 지나친 운동은 몸에 무리를 줄 수 있다. 과도하게 운동을 하다 보면 피로가 쌓일 뿐 아니라 신체 리듬과 균형을 깨뜨려 오히려 역효과를 불러오기 때문이다. 임신을 기다리는 동안에는 가능한 한 과격한 운동이나 체력을 한계 상황까지 몰고 가는 경쟁적인 운동을 피하고 조금씩 꾸준히 운동한다. 즐거운 마음으로 할 수 있는 운동을 하고 임신 중에는 허리와 복근을 강화할 수 있는 운동을 병행한다. 비만으로 아이가 잘 생기지 않는 경우에는 체지방을 없애 주는 유산소 운동을 하는 것이 좋고 허약하거나 기력이 떨어진 경우라면 근력 운동을 한다.

　　만약 임신 전이나 임신 중에 운동하는 것이 부담스럽거나 태아의 안전이 의심될 경우에는 의사와 상의한다. 경우에 따라서 임신 전에 즐기던 운동이 임신을 하면 무리가 될 수 있다. 무엇보다 규칙적으로 재미있게 할 수 있는 운동을 택해 심신이 건강한 상태를 만드는 것이 중요하다.

임신부에게 좋은 운동

임신부의 운동은 태아에게 많은 영향을 미친다. 특히 수영은 임산부에게 이상적인 운동으로 태아에게 산소를 원활하게 공급해줘 뇌 발달에 도움이 된다. 또한 수중에서 부력을 이용해 움직이므로 체중이 증가해도 관절에 무리를 주지 않아 좋으며 혈액 순환을 도와 허리 통증이나 어깨 결림, 손발 저림에도 좋은 운동이다.

수영 방법에는 자유영, 배영, 평영, 접영 등이 있으나 몸에 무리를 주지 않고 편안한 자세에서 할 수 있는 배영이 좋고 가능한 평영이나 접영은 자제한다. 실제로 배영은 임신부의 요통을 예방하거나 완화시키는 데도 효과적이다. 단, 임신 3개월 전까지는 유산 가능성이 있으므로 3개월 이후에 시작하는 것이 좋다. 한번에 20분 이상은 하지 않도록 한다.

임신 전 식습관

　　균형 잡힌 식생활은 건강한 몸을 유지시킬 뿐 아니라 임신 가능성도 높여 준다. 임신 전부터 균형 잡힌 식단으로 영양을 섭취하면 임신 초기부터 태아에게 충분한 영양을 공급할 수 있는 밑

거름이 된다. 물론 대부분의 여성들이 임신 사실을 알게 되면서부터 각별한 신경을 쓰지만 임신 전부터 균형 잡힌 식생활을 통해 몸을 건강하게 만들어 두면 임신한 9개월 내내 태아에게 좋은 환경을 제공하게 되는 것이다. 임신을 앞둔 여성이 비만일 경우에는 자궁에 지방이 과다하게 축적되어 혈액 순환에 장애를 가져올 뿐 아니라 불임, 유산, 난산, 임신중독증, 임신성 당뇨병 등에 걸릴 위험이 높으므로 반드시 임신 전에 체중을 조절하는 것이 좋다. 단, 임신 전 무리하게 체중 감량을 하게 되면 체내에 있는 필수영양소들이 빠져나가므로 임신 전 2~3개월은 체중을 일정하게 유지하는 것이 필요하다.

반대로 너무 마른 여성도 생리가 불규칙해지거나 심한 경우 불임으로 이어질 수 있으므로 적절한 표준 체중을 유지하는 것이 좋다. 심한 다이어트 중 임신이 된 경우 임신 중 필요한 엽산과 필수 영양소가 부족해 저체중아를 출산할 확률이 높아진다. 보고된 바로는 출생 시 체중이 많이 나간 아이가 커서도 지능이 높다고 밝혀졌다. 따라서 임신 전부터 영양을 충분히 섭취하고 적절한 체중을 유지하는 것이 좋다.

real tip　　　임신 전 밥상태교 — - — - — - — - — - — - — - — - — - —

임신을 계획하고 있다면 튀긴 음식이나 육류 등 고칼로리 산성 식품보다는 야채이나 과일 등 섬유질이 풍부한 알칼리성 식품을 먹는 것이 좋다. 평소 과일, 콩, 두부, 생선을 즐겨 먹고 음식은 가능한 한 싱겁게 먹고 물은 하루에 5~6잔 이상 충분히 섭취한다. 아침식사는 꼭 먹는 습관을 들이고 가능한 매 끼니마다 복합 탄수화물이 섞인 잡곡밥과 야채를 먹는 것이 좋다. 임신 전 단백질은 체중 1kg당 1g이 필요하지만 임신 중에는 태반, 혈액, 태아 성장을 위해 더 많은 양이 필요하므로 조금씩 늘리는 것이 좋다. 자신의 몸 상태와 체중을 체크해가면서 식단을 짜는 것이 좋다.

— - — - — - — - — - — - — - — - — - — - — - — - —

💜 생리불순이나 생리통에 좋은 밥상

생리는 여성 건강의 중요한 지표가 된다. 생리혈의 맑고 탁함, 양의 많고 적음, 생리통의 정도로 건강상태를 알 수 있다. 일반적으로 생리불순은 영양상태가 고르지 않고 호르몬 불균형으로 생기는 경우가 많은데 철분이 많이 함유된 콩, 쑥, 표고버섯, 우유, 녹색 채소 등이 좋으며 대표적인 음식으로는 우리 전통 음식인 된장국과 두부요리를 꼽을 수 있다. 혈액 순환에 좋은 마늘을 꾸준히 먹는 것도 생리불순을 완화하는 좋은 방법이다.

💜 냉증에 좋은 밥상

몸이 냉한 체질인 사람은 혈액 순환이 원활하지 않다. 아랫배뿐 아니라 손과 발이 찬 것이 특징으로 지나친 냉방이나 찬 음식은 삼가는 것이 좋다. 냉증을 완화하려면 따뜻한 성질이 있는 닭고기, 마늘, 카레, 생강, 파, 인삼 등을 이용해 음식을 만들면 좋고 홍화차, 생강차, 인삼차, 유자차 등 따뜻한 차를 자주 마시면 좋다.

빈혈에 좋은 밥상

몸에 철분이 부족하면 빈혈이 나타나므로 빈혈 증상이 있을 때는 철분이 풍부한 음식을 섭취한다. 동물의 간이나 녹황색 채소, 김, 다시마, 미역 같은 해조류와 달걀노른자도 빈혈 예방에 좋고, 포도, 살구, 자두, 견과류도 철분이 많이 함유된 식품이므로 수시로 섭취하는 것이 좋다.

비만에 좋은 밥상

체지방이 많은 사람은 기본적으로 식단 조절과 운동을 병행해야 한다. 비만인 사람은 당질 함량이 높은 음식은 피하고 칼로리가 적은 음식이나 채소를 많이 먹는 것이 좋다. 단백질은 풍부하고 지방이 적은 황태 요리나 닭가슴살 혹은 칼로리가 적은 곤약, 메밀묵, 야채샐러드 같은 음식으로 식단을 구성하는 것이 좋다. 칼로리가 거의 없는 다시마나 미역무침을 섭취하는 것도 좋다.

허약 체질에 좋은 밥상

날씬한 몸매를 유지하는 것도 중요하지만 몸이 허약하면 면역력이 떨어질 뿐 아니라 임신 가능성도 떨어진다. 달걀, 생선, 고기 같은 단백질 음식이나 잡곡밥, 감자, 고구마 같은 탄수화물도 꾸준히 섭취한다. 기운을 북돋워 줄 수 있는 건강 보조식품이나 인삼, 홍삼, 계피차, 구기자차를 먹는 것도 원기 회복에 도움이 된다.

임신 전 생활습관

임신 3개월 전부터 영양제 복용을 중단한다

비타민과 미네랄, 허브는 전문가와 의논하지 않고 스스로 판단하여 함부로 섭취해서는 안 된다. 예를 들어 비타민 A는 알맞게 복용하면 시신경 발달에 도움이 되지만 과잉 복용하면 오히려 선천성 기형을 초래할 수 있기 때문이다. 최소한 아기를 갖기 3개월 전부터 영양제 복용을 중단하고, 의사와 상의해 종합 비타민이나 임신부용 전용 비타민을 하루에 1알 정도 복용하는 것이 좋다. 가능한 균형 잡힌 식생활로 영양을 보충하고 영양제를 복용할 때는 전문의의 지시에 따른다.

엽산은 태아의 선천성 기형을 예방한다

기형 발생의 중요한 원인 중 하나는 엽산 부족이다. 비타민 B에 속하는 엽산은 적혈구뿐 아니라 뇌의 정상적인 발달에 도움을 주는 영양소로 임신 3~4개월 전부터 매일 0.4mg 섭취하면 척수 뇌막류 같은 신경관 결손증, 다운증후군, 무뇌아 등 여러 가지 선천성 기형을 예방할 수 있다. 선천성 기형 가운데 하나인 이분척추는 임신 초기 몇 주 동안 발생하는 것으로 전문가들의 충고에 따르면 이분척추 사례 가운데 75%는 엽산 복용으로 피할 수 있었다고 한다. 아직도 우리나라에서는 엽산의 중요성을 인식하지 못하거나 설령 안다 해도 임신 중기 이후에나 엽산 섭취에 신경을 쓰는 경우가 많다. 하지만 엽산은 임신 전부터 섭취하는 것이 좋다. 임신을 준비하고

알쏭달쏭 궁금증

카페인이 포함된 커피, 괜찮을까?

카페인 성분이 함유된 커피는 많은 사람들이 즐겨 마시는 기호식품으로 임신부의 약 60% 정도가 가끔 커피를 마신다고 한다.
아직까지 기형 유발과 직접적 관련은 없다고 보고되고 있으나 하루 300mg 이상 카페인을 복용하는 경우 수면장애나 영양결핍 등 임신 결과에 부정적인 영향을 미칠 수 있다고 한다.

#Q1 불임이나 늦은 임신이 아닌데도 계획임신을 해야 하나요?

단순히 임신 시기를 조절하거나 임신이 잘 될 수 있도록 하는 것만 계획임신이 아닙니다. 태아의 건강과 정서적인 안정, 두뇌 발달 등 태아 단계에서 해 줄 수 있는 모든 것을 제공해 주는 역할을 하는 만큼 임신을 바라는 부부라면 한 번쯤은 생각해 보는 것이 좋습니다. 특히 신혼부부 중에는 무절제한 성생활로 인해 약물이나 음주 상태에서 임신을 하기도 하는데, 계획임신은 이처럼 예기치 않은 성행위로 인해 임신할 경우 갖게 되는 불안감에서 자유로울 수 있다는 점에서도 필요합니다.

#Q2 피임약을 복용 중인데 임신이나 태아 건강에 지장이 없을까요?

의사에 따라선 피임약을 끊은 후 첫 번째 생리를 마치고 나면 피임약의 영향은 완전히 사라졌다고 보는 경우도 있습니다. 하지만 좀더 안전한 임신을 위해서는 일반적으로 피임약을 끊고 최소한 3개월이 지난 후 임신을 하는 것이 좋습니다.

#Q3 임신하기에 좋은 시기가 따로 있나요?

임신하기에 좋은 시기는 개인의 상황에 따라 달라집니다. 만약 이사나 유학, 장기여행, 이직 등 신변에 큰 변화를 앞두고 있다면 임신을 피하는 것이 좋습니다. 또 입덧도 계절에 따라 달라지는데, 일반적으로 봄, 여름에 심해지는 경향이 있으니 이전 임신, 혹은 친정어머니가 입덧이 심했던 사람이라면 이 계절을 피하는 것이 좋습니다. 위에 아이가 있다면 터울을 생각해서 임신을 계획하십시오.

#Q4 배란일을 알면 계획임신이 가능한가요?

원하는 시기에 임신을 하고 싶다면 먼저 배란일을 체크하는 것이 중요합니다. 이날에만 난자가 복강으로 배출되어 나팔관에서 정자와 만나 수정이 될 수 있기 때문입니다. 배란일은 보통 다음 생리 시작일 14일 전이지만 개인에 따라 달라질 수도 있습니다.

#Q5 생리가 불규칙한데 정확한 배란일을 알 수 있을까요?

생리 주기가 불규칙하다면 기초체온법, 배란진단시약, 병원 검사 등의 방법을 통해 배란일을 체크할 수 있습니다. 이중 가장 정확한 방법은 병원 검사인데 난소의 주머니 크기를 재어 배란일을 파악하는 3차원 초음파 검사나 소변 속 호르몬 양의 변화를 체크하는 소변 검사가 있습니다.

#Q6 임신이 잘되는 음식이 따로 있나요?

체질이나 건강 상태에 따라 다르지만 예로부터 몸을 따뜻하게 하거나 여성호르몬 분비에 도움이 되는 음식을 많이 먹도록 권장하고 있습니다. 몸을 따뜻하게 하는 대표적인 음식으로는 대추, 유자, 생강이 있고, 석류, 복분자, 두유, 전복 등도 장복하면 호르몬 분비를 왕성하게 해 주어 임신에 도움이 됩니다.

#Q7 임신을 어렵게 만드는 나쁜 습관에는 어떤 것이 있나요?

먼저 하복부를 따뜻하게 하는 것이 건강한 자궁을 만드는 데 도움이 됩니다. 잘 때 이불을 덮지 않거나 지나치게 짧은 미니스커트나 배꼽티를 즐겨 입는 습관은 아랫배를 차게 만드는 나쁜 습관이니 조심하세요. 또한, 장기간 피임약을 복용하거나 잦은 인공중절수술, 성병 감염도 자궁을 약하게 하여 임신을 어렵게 합니다.

있다면 평소 엽산이 풍부하게 함유된 식품으로 엽산 결핍을 예방한다. 엽산이 들어 있는 식품으로는 아스파라거스, 아보카도, 바나나, 콩, 브로콜리, 감귤류, 달걀노른자, 엽산 강화 빵이나 시리얼, 완두, 녹황색 채소, 간, 질경이, 시금치, 딸기, 참치, 요구르트, 맥아 등이 있으며 엽산이 포함된 종합 비타민을 먹는 것도 좋은 방법이다.

💜 균형 잡힌 식생활로 영양을 충분히 섭취한다

태아와 임신부의 건강을 위해 균형 잡힌 식생활은 필수다. 많은 여성들이 임신 전에는 식사와 영양에 대해 별로 신경을 쓰지 않는데 임신 전 식습관이 임신 후에도 그대로 지속되는 경우가 많고, 식습관은 모체와 태아에게 많은 영향을 미치므로 임신 전부터 올바른 식습관을 들이는 것이 필요하다. 중요한 것은 영양을 골고루 섭취하는 것이다. 몸에 좋다고 해서 특정 영양소를 과잉섭취하는 것은 오히려 임신부와 태아에게 해로울 수 있다.

💜 무리한 다이어트는 금물이다

임신을 기다리는 동안이나 임신 중에는 체중 조절이나 다이어트를 피한다. 체중 관리는 적어도 3개월 이전에 끝내는 것이 좋고 임신을 기다리는 동안에 다이어트가 필요한 경우에는 전문의의 지시에 따라야 한다. 지나친 다이어트는 모체와 태아에게 필수적인 비타민과 미네랄의 일시적인 결핍을 초래할 수 있기 때문이다.

임신기 다이어트는 아기가 성인이 되었을 때 생활습관병에 걸릴 확률을 높이는데, 이 사실을 뒷받침하는 재미난 예가 있다. 1980년대 중반, 네덜란드에서 당뇨병, 심장병 등 대사증후군에 걸린 40대 환자가 급격히 증가했다. 스위스 제네바대병원 카일 박사가 조사를 한 결과 40대 환자 대부분이 독일군이 네덜란드에 식량공급을 중단했던 1944년 말부터 1945년 종전 때까지 9개월 동안 심한 영양실조를 겪었던 임신부들에게서 태어났음이 밝혀졌다.

당시 산모들의 하루 섭취 칼로리는 500kcal로 성인 여성의 하루 권장 칼로리 1800kcal의 27.8%에 그쳤다. 임신기 영양결핍이 40년이 지나 대사증후군으로 폭발한 것이다. 연구 결과 임신 초기 3개월간 영양실조를 겪은 임신부에게서 태어난 아기는 성인이 된 뒤 인격장애, 정신분열증, 고혈압, 고지혈증, 동맥경화, 비만 등이 발생할 확률이 높았다. 또 임신 3개월부터 출산까지 영양실조를 겪은 경우 아기는 나중에 자라서 당뇨병과 조울증에 많이 걸렸다.

연세대 노화과학연구소 조홍근 교수에 따르면, 우리나라에서도 50~60년대 먹고 살기 힘들었던 시기에 태어난 현재 40~50대에게 생활습관병이 많은 것도 같은 이치라고 한다. 이에 따라 종래에는 질병의 2대 요인이 '유전'과 '환경' 이었으나 최근에는 '태내환경'을 추가해 3대 요인으로 꼽고 있다.

💜 꽉 끼는 옷은 피한다

몸매가 드러나는 꽉 끼는 옷은 통풍이 되지 않아 혈액 순환 장애를 가져오며 자궁을 약하게 한다. 상의보다는 하의에 신경을 쓰고 통풍이 잘되며 품이 넉넉해 활동이 편안한 옷을 입는다.

알쏭달쏭 궁금증

파마약이나 염색약이 임신부에게 해가 될까?

임신부들이 자주 하는 질문 중 하나가 파마나 염색을 하면 태아에게 해로운가 하는 것이다. 파마나 염색약이 두피를 통해 체내에 흡수되는 양은 매우 적을 것으로 추정하고 있어 기형아 출산에는 직접적인 관련이 없는 것으로 알려져 있으나 피하는 것이 좋다. 또한 파마약이나 염색약에는 여러 가지 화학 성분이 포함되어 있어 헤어드레서같이 장시간 파마나 염색약에 노출될 경우에는 자연 유산, 기형아, 저체중아 출산으로 이어질 수 있으므로 임신 중에는 화학 성분에 노출되지 않도록 비닐장갑을 끼거나 주의를 기울이는 것이 좋다.

🌸 편안한 마음을 유지한다

여성은 신경이 예민하고 변화에 민감하기 때문에 남성보다 스트레스를 쉽게 받는다. 정신적인 스트레스는 생리불순, 배란장애, 불임 같은 여성 질환을 불러올 뿐 아니라 태아에게 좋지 못한 영향을 미치므로 느긋하고 편안한 마음을 갖는 것이 중요하다. 눈을 지그시 감고 명상을 통해 평온한 마음을 유지하는 것도 좋은 방법이다.

real tip ▶ **정서 안정은 똑똑한 아기를 낳는 지름길** — — — — — — — — —

태아의 지적 능력은 엄마의 정서 상태와 밀접하게 연관된다. 똑똑한 아이를 낳으려면 정서 안정을 취하고 좋은 자극을 받기 위해 노력한다. 야외에 나가 평소에 느끼지 못한 자연의 아름다움을 누려 보기도 하고 독서나 명상, 요가, 클래식 음악 등으로 정서를 풍부하게 하여 마음을 밝고 편안하게 유지한다.

임신 전 피해야 할 습관

임신 전이나 임신 중에 인체에 유해한 약물이나 알코올, 담배를 가까이 한 경우에는 본인의 생활습관에 대해 의사에게 숨기려들지 말고 솔직히 말해야 한다. 의사가 관심을 갖는 것은 임신부와 태아의 건강이라는 사실만 기억하자.

태아에게 가장 중요한 시기는 수정 후 13주간이다. 계획임신을 하지 않고 아기를 갖는 많은 여성들이 임신을 하고 8주에서 10주가 되어서야 임신 사실을 확인하게 되므로 자칫하면 임신 초기 각종 유해환경에 노출되기 쉽다. 그러므로 가능한 임신하기 3개월 전부터 각종 위험 요인을 제거하고 약물이나 알코올 사용을 중단해야 한다. 이런 위험 요소들은 아기의 지능지수와 주의력, 학습능력에 좋지 않은 영향을 미친다.

🌸 담배 싫어요!

임신 중 예비엄마가 흡연을 하면 태아의 정상 발육에 지장을 주므로 저체중아를 출산하거나 태아성장지연 증세를 가진 아기를 낳을 확률이 높다. 정상적으로 출산한 뒤에도 경우에 따라 신체적, 정서적 발달이 지연될 수 있다.

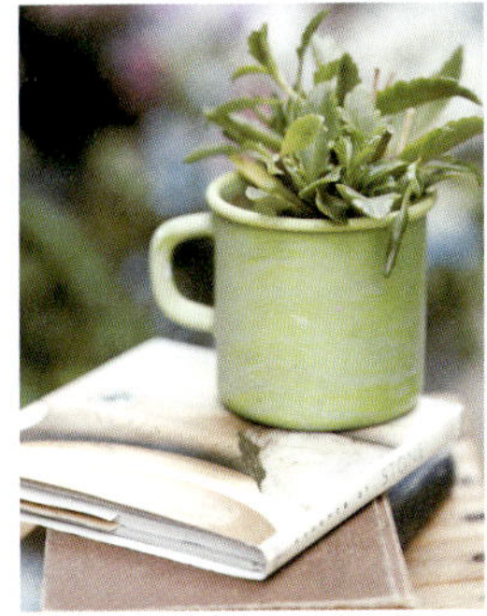

🌸 알코올 싫어요!

임신부가 알코올을 섭취하게 되면 태반을 통해 아기에게 전달되므로 태아 알코올 증후군 아기를 출산할 확률이 높다. 태아 알코올 증후군의 특징은 정신지체, 성장 장애, 안면 기형이 특징으로 아주 소량의 알코올도 안심할 수 없다. 미성숙 태아는 알코올을 대사해서 배설할 능력이 부족하므로 적은 양으로도 치명적일 수 있다. 또한 탯줄의 혈관을 수축시켜 장기 세포의 발달에 필요한 영양과 산소 공급을 떨어뜨릴 수 있다.

건강한 아기를 갖기 위한 건강 수칙

의학이 날로 발전하고 첨단 기술과 검사법이 개발되면서 임신 전과 임신 중의 건강이 태아의 성장에 많은 영향을 준다는 사실이 입증되었다. 특히 과거에는 임신 후 10개월 동안의 건강을 강조했다면 이제는 임신 10개월간은 물론 임신하기 3개월 전부터 건강에 특별한 신경을 써야 한다는 사실도 밝혀졌다. 한마디로 임신 전후 임신부의 건강은 아기의 평생 건강을 좌우하는 중요한 일이다. 따라서 건강한 아기를 낳기 위해서라도 임신 전부터 구체적으로 계획을 세워 건강을 유지해야 한다.

출산 적령기는 20대, 35세를 넘기지 않는 것이 좋다

생물학적으로 최적의 출산 연령은 23~24세이며, 가능한 한 20대에 출산하는 것이 가장 바람직하다. 이 시기에 임신을 하면 임신과 출산에서 오는 건강상의 문제들을 대부분 피할 수 있고 기형아 출산 확률이 낮을 뿐 아니라 건강한 아이로 성장할 확률이 훨씬 높기 때문이다. 하지만 최근에는 30대에 결혼하는 여성들이 늘어나고 사회적, 경제적, 개인적인 여건을 고려해 임신 시기를 늦추는 경우도 많아 고령 임신이 늘면서 문제가 되고 있다. 여성의 생식 능력은 25세가 넘어가면서 차츰 감소해 35세 이후에는 염색체의 이상이 빠르게 증가하므로 20대에 첫아기를 낳고 35세 이전에 출산을 끝내는 것이 이상적이다.

임신 준비가 되었다면 피임을 중단한다

구제척인 임신 계획을 세운 후 임신할 준비가 되었다면 이제 피임을 중단하는 것이 좋다. 만약, 건강에 문제가 있어 치료를 받거나 검사를 받고 있는 중이라면 치료나 검사가 끝날 때까지 임신을 미루는 것이 바람직하다. 이때는 경구용 피임약 복용을 중단하고, 월경 주기가 정상으로 돌아올 때까지 콘돔이나 패서리 같은 다른 피임 기구를 사용하는 것이 좋다. 만약 피임약을 복용하다가 임신한 경우라면 꼭 전문의와 상담한다.

피임약 복용 후 적어도 3개월 뒤에 임신한다

대부분의 전문의는 피임약 복용을 중단하고 정상적인 월경이 두세 번 돌아온 뒤에 임신할 것을 권한다. 피임약 복용을 중단한 직후에 임신을 하면, 언제 임신이 되었는지 알 수 없어 정확한 분만 예정일을 예측할 수 없기 때문이다. 분만 예정일 계산은 임신 초기에는 별로 중요해 보이지 않지만 임신 말기가 되면 매우 중요한 정보임을 깨닫게 된다.

💜 피임 장치 제거 후 정상적인 월경주기를 기다린다

자궁 내 피임 장치(루프)를 사용하는 경우에는 반드시 임신하기 전에 제거해야 한다. 자궁 내 장치(루프) 사용으로 상처나 감염 징후가 있는 경우에는 더욱 신경 써서 치료해야 한다. 자궁 내 장치(루프)를 제거하기 가장 좋은 때는 월경 중이다.

💜 전문의와 상의해서 위험 요인을 체크한다

임신하기 전에 본인의 질병 상태, 생활습관과 환경, 다이어트, 신체적 활동, 그리고 고혈압이나 당뇨병 같은 고질병을 체크하고 위험 요인을 파악한다. 고질병이 있는 여성은 개별 상담을 통해 임신 전이나 임신 중에 일어날 수 있는 위험 요인들을 점검하고 특별한 보살핌을 받도록 한다. 현재 복용하는 약이 있다면 어떤 약인지 의사에게 반드시 알리고, 유전질환이 있거나 X선 사진을 찍을 계획이 있으면 그것도 전문의와 상의해야 한다. 그 외의 질환이라도 현재 치료받고 있는 모든 의학적인 문제는 전문의와 상담을 통해 확인하는 것이 좋다.

💜 임신이 의심되면 즉시 병원을 방문해 임신 여부를 확인한다

소변을 통해 임신을 확인할 수 있는 것은 생리 예정일로부터 4주 후쯤 가능하다. 만약 생리 예정일이 돌아왔는데도 생리를 하지 않으면 임신 진단 시약을 구입해 자가 진단을 한다. 자가 진단을 통해 양성이 확인되면 가능한 빨리 병원에 방문해 임신 여부를 확인하고 산전 검사를 통해 몸에 이상이 없는지 확인한다.

💜 산전 관리로 조산과 기형아 발생을 예방한다

산전 관리는 임신부와 태아의 건강을 위해 필수다. 하지만 꼭 필요한 검사임에도 불구하고 아직 폭넓게 인식되지 못한 것이 사실이다. 특히 임신 전 검사는 임신계획을 갖고 있거나 결혼을 앞둔 여성에게는 반드시 필요하다.

예비엄마가 받아야 할 건강검진

준비된 엄마가 건강한 아이를 낳을 수 있다. 임신을 계획하고 있다면 반드시 자신의 과거 병력이나 임신 및 출산 경험이나 특이사항 등을 의사에게 밝히고 임신 전에 종합검진을 받아 보는 것이 좋다. 임신 전에 종합검진을 받으면 성병이나 기타 여러 가지 질병에 대한 예방이 가능하기 때문이다.

특히, 첫 임신이 아닐 경우에는 임신 중에 반복될 수 있는 문제를 사전에 피할 수 있도록 의사와 상의한다. 자궁외 임신, 자연유산, 제왕절개수술, 여러 가지

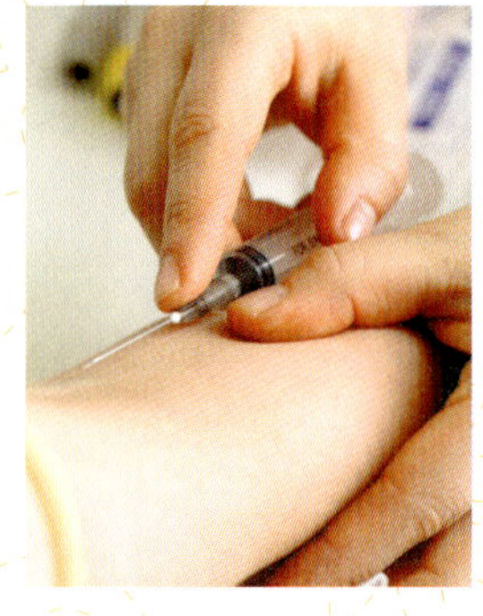

합병증에 관한 사항들은 반드시 의사에게 털어놓는다. 만약 과거에 대수술이나 부인과 수술을 받은 경험이 있다면 그것도 미리 밝혀 둔다.

 **종합검진**

임신 전에 미리 종합검사를 받으면 임신 중에 생길 우려가 있는 의학적인 문제로부터 태아를 보호할 수 있다. 검사 항목은 병원마다 차이가 있긴 하지만 일반적으로 풍진 검사, 초음파 검사, 혈액 검사 등이 있으며 그 외에도 자궁경부 세포진 검사와 유방 검사가 있으므로 가능한 빼 놓지 않고 받는다. 35세가 넘은 여성의 경우에는 유방 X선 촬영도 받는 것이 좋다.

만약 매독, HIV(AIDS 바이러스), 간염에 노출된 적이 있으면, 여기에 대해서도 꼼꼼히 검사를 받는다. 당뇨병, 고혈압 같은 가족력이 있는 여성은 의사에게 이런 사실을 밝히고 이 외에도 빈혈, 습관성 유산 같은 고질적인 문제가 있는 사람은 추후에 문제가 생기지 않을지 체크해 보는 것이 좋다.

 **초음파 검사**

아기가 임신 기간 동안 건강하게 지낼 수 있는 자궁인지 체크한다. 혹시 자궁이나 난소, 나팔관에 문제는 없는지 초음파를 통해 검사할 수 있다.

 **자궁경부암 검사 및 인유두종 바이러스 검사**

자궁에 생기는 암 가운데 가장 흔한 것으로 자궁암을 들 수 있는데 이는 자궁경부암을 말한다. 임신을 하지 않았더라도 성경험이 있거나 결혼한 여성이라면 반드시 정기적인 검사가 필요하다. 만약 산부인과를 찾는 게 부끄러워 증상이 발견될 때까지 방치하면 치명적일 수 있다. 통증이나 큰 불편 없이 검사가 가능하므로 6개월에 한 번씩 검사하는 것이 좋고 이것이 어렵다면 적어도 1년에 한 번은 정기적인 검진을 받아야 한다. 경부암 검사에서 이상이 있을 경우 경부암의 원인이 되는 인유두종 바이러스 유무를 확인하는 것도 바람직하다.

방사선 촬영

치과 치료를 비롯해 방사선에 노출될 수 있는 검사를 받을 경우에는 먼저 임신 여부를 확인한 다음에 검사를 진행한다. 방사선에 노출될 수 있는 검사로는 X선 촬영, CT 촬영이 있으며 이런 검사를 받고자 하는 여성은 안전한 피임방법으로 임신을 피해야 한다. 월경이 끝난 직후, 검사를 받는 것이 가장 안정하다. 만약 이런 검사를 정기적으로 받아야 할 경우에는 치료가 끝날 때까지 피임을 하는 것이 좋다.

각종 질내 감염 검사

매독, 임질, 클라미디아, 에이즈는 태아에게 치명적인 질병으로 임신 중 성병에 걸리게 되면 태아에게 전파될 가능성이 높다. 매독에 걸린 여성이 아이를 갖게 되면 임신 초기 유산이나 사산될 확률이 높을 뿐 아니라 선천적인 결함이나 이상을 가지고 태어날 가능성이 높다. 주로 성 접촉에 의해 감염되는 임질은 감염이 된다 하더라도 별다른 증상을 느끼지 못하는 경우가 있지만 치료하지 않으면 불임이나 생식기관의 영구적인 손상을 초래할 수 있다. 따라서 감염 사실이 확인되면 남편과 함께 감염 여부를 검사하고 적절한 치료를 받도록 한다.

또한 유산·조산과 관련있는 유레아플라즈마나 마이코플라즈마 등의 세균 검사를 통해 유산·조산의 위험도를 줄이는 것이 좋다.

♥ 혈액형 검사

혈액형 검사는 건강상의 변화나 빈혈 여부를 체크할 수 있는 지표이다. 정확한 혈액형 검사는 언제 생길지 모르는 응급 상황에서 도움이 되므로 본인의 혈액형을 알고 있는 경우라도 재검사를 받는다. 이 중 RH검사는 매우 중요한데 여자가 RH 유형인 경우 엄마의 몸에서 생긴 항체가 태아의 적혈구를 파괴해 빈혈, 황달 같은 질병을 초래할 수 있다.

♥ 예방접종

임신 전 필수적인 예방접종에는 풍진, 간염 등이 있으며 X선 촬영을 받을 때와 같은 규칙이 적용된다. 임신 전 예방접종 계획이 있을 경우에는 가능한 임신을 피하고 3개월이 지난 후에 아기를 갖는 것이 좋다. 항체가 생기기 전에 임신을 하게 되면 태아에게 악영향을 미칠 수 있기 때문이다. 물론 예방접종에 따라서 임신 중에 받아도 괜찮은 것이 있지만 대부분의 임신부는 임신 중 예방접종을 꺼릴 뿐 아니라 실제로도 좋지 않다.

♥ 소변 검사

소변을 확인함으로써 임신중독증 및 당뇨병, 요도염, 신장병 등을 파악할 수 있으므로 유산, 조산 같은 위험 요인을 사전에 예방할 수 있다.

♥ 결핵 검사

과거에 비해 영양 상태가 좋아지고 환경이 개선되어 조기 치료만 하면 완치가 가능하다. 결핵에 걸린 여성이 임신할 경우 드물기는 하지만 활동성 결핵균인 경우에는 약을 복용해야 하므로 임신을 미루는 것이 좋다.

♥ 빈혈 검사

혈액 세포에 산소를 실어 나르는 헤모글로빈이 부족할 때 생기는 현상으로 기운이 없고, 피곤하며, 숨이 차고, 혈색이 창백하다. 간혹, 임신 전에 빈혈이 없었던 여성이 임신하면 빈혈이 생길 수 있는데, 이는 태아가 모체에 저장해 둔 철분을 가져가기 때문이다. 임신 초기에 철분이 부족하면 신체의 균형이 깨져 빈혈이 생길 수 있으므로 영양을 충분히 섭취하는 것이 중요하다.

적혈구 빈혈증 같은 유전적인 병력이 있는 여성은 임신 전에 그 사실을 의사에게 알리고 임신 전에 철분제를 복용해 치료해야 한다.

빈혈 치료를 위해 복용하고 있는 약이 있다면 임신 전에 그 약을 계속 복용해도 좋은지 의사에게 물어보도록 한다.

 천식 검사

임신부들 가운데 천식으로 고생하는 임신부는 약 1%로 이들 가운데 절반은 임신을 해도 상태가 지속되며, 25%는 임신 후에 상태가 좋아지고 반대로 나머지 25%는 상태가 악화된다. 천식을 치료하기 위해 복용하는 약은 대부분 임신 중에 복용해도 안전하다고 알려져 있으나 반드시 의사에게 복용 사실을 알려야 한다. 또한 천식이 있는 여성은 임신을 기다리는 동안이나 임신 중에 천식의 원인 물질에 노출되지 않도록 각별히 신경을 써야 한다.

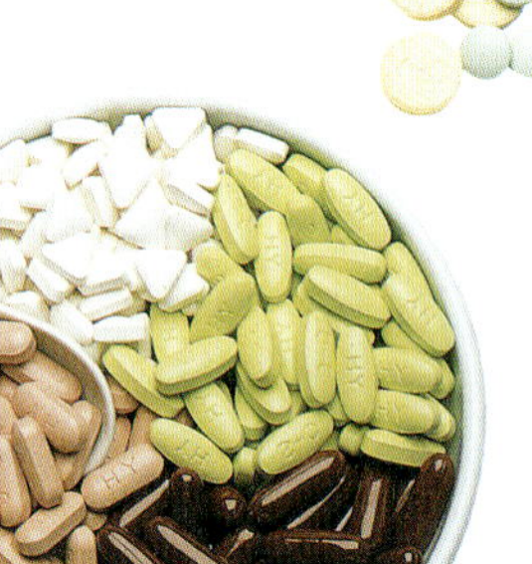

 방광염 · 신우염 검사

임신 중에는 자궁이 눌리거나 자극을 받게 되므로 방광염이 더욱 빈번하게 나타난다. 하지만 부끄러워 치료를 미루게 되면 신장에도 염증이 생길 수 있으므로 주의한다. 또한 방광염과 신우염은 조산과 관련이 있으므로 방광염이나 신우염 병력이 있는 여성은 임신 전에 혹시 염증이 남아 있지 않은지 체크해 보는 것이 좋다.

신장 결석도 방광염과 신우염 등 임신 중에 문제를 일으킬 수 있으므로 주의하고 평소 신장이나 콩팥에 장애가 있다면 임신 전에 검사를 받는 것이 좋다. 방광염에 걸렸다고 해서 크게 문제될 건 없지만 그 밖에 추가적인 검사를 받아볼 필요가 없는지 의사의 판단에 따르도록 한다.

🟣 암 검사

과거 암에 걸린 적이 있는 여성은 임신을 기다리거나 임신 사실을 확인한 즉시 의사에게 사실을 알리고 임신 중에 별도의 보살핌이 필요한지 의사의 지시에 따르는 것이 중요하다.

🟣 당뇨병 검사

당뇨병은 임신 중에 심각한 영향을 줄 수 있는 질병으로 산과적 합병증을 일으켜 거대아 출산, 난산, 신생아 호흡곤란증, 신생아 저혈당증을 일으킬 수 있고 자연유산과 기형아 발생률을 높여 특별한 관심이 필요하다. 하지만 너무 걱정한 필요는 없다. 지금은 현대의학이 발달해 의사의 지시에 따라 실천하면 임신과 출산을 아무 문제 없이 끝낼 수 있기 때문이다.

당뇨병 이력이 있는 여성은 임신과 동시에 인슐린 필요량이 늘어나 당뇨병에 영향을 줄 수 있으므로 전문의들은 임신하기 2~3개월 전부터 당뇨병을 관리하도록 권하고 있다. 자칫 관리를 소홀히 하면 임신 내내 영향을 줄 수 있으므로 혈당 검사를 자주 하는 것이 좋다. 경우에 따라 임신 전에는 당뇨병이 없다가 임신 후에 생기는 경우도 있는데 이것을 임신성 당뇨병이라고 한다.

당뇨병과 관련된 대부분의 문제는 임신 초기에 발생하는 것으로 초기에 통제하지 않으면 임신 자체가 모체와 태아에게 위험할 수 있으므로 가능한 임신 전부터 꾸준히 관리를 해 준다.

간질과 발작 검사

간질이 있는 임신부는 기형아를 낳을 수 있다는 보고가 있었지만 간질로 인해 기형아가 발생하는 경우는 드문 것으로 밝혀졌다. 실제로 간질 환자의 다수가 정상아를 출산하고 있으므로 미리 걱정할 필요는 없다. 단, 항경련제는 기형을 유발할 가능성이 있으므로 반드시 의사의 지시에 따라 복용하고 부모가 모두 간질을 앓거나 경련성 질환이 유전된 경우라면 의사에게 반드시 이 사실을 알려야 한다. 또한 항경련제 복용 중 엽산의 용량을 늘려서 복용해야 하는 경우가 있기 때문에 임신 전 반드시 의사와 상의한다.

심장병 검사

임신 중에는 심장 활동이 50%까지 증가하므로 심장 질환을 가진 임신부에게는 치명적인 영향을 줄 수 있다. 심장의 판막 일부가 비정상적으로 돌출하는 승모판막 탈출은 증상은 없으나 승모판 폐쇄 부전으로 진행되어 심장이 제 기능을 할 수 없는 심부전 증상으로 이어질 수 있으므로 평소 심장상태를 꼼꼼히 체크한다.

선천성 심장병이 있는 임신부는 자신과 태아의 건강에 심각한 영향을 줄 수 있으므로 의사의 지시에 따르고 의사가 임신을 만류할 경우에는 이를 따르도록 한다.

고혈압 검사

고혈압은 임신부나 태아에게 위험을 초래할 수 있으므로 임신 전에 반드시 체크한다. 특히 모체의 고혈압은 태반으로 흘러 들어가는 혈액의 공급량을 감소시켜 태아의 발달과 성장에 지연을 가져올 수 있을 뿐 아니라 모체의 신장 손상, 뇌졸중, 두통 등의 문제를 야기시키므로 철저히 혈압을 관찰해야 한다. 가능하면 내과 전문의로부터 정기적으로 혈압 관리를 받는 것이 좋다.

고혈압 치료제는 전문의와 상담해 신중하게 고르고 복용량을 함부로 줄이거나 중단하지 않는 것이 좋다. 만약 임신 전부터 고혈압 약을 복용하는 경우에는 지속적으로 복용해도 좋은지 의사에게 물어보는 것이 안전하다.

루프스 검사

전신 홍반성 낭창이라고도 불리는 루프스는 자가 면역성 질환으로 자기 몸 기관에 대해 항체를 생산해서 기관과 그 기능을 파괴하거나 장애를 일으키는 것을 말한다. 남자보다는 여자에게 많이 나타나는 질환으로 특히 20~40대에 발병하며 관절, 신장, 폐, 심장 등 신체 여러 기관에 문제를 불러온다.

아직까지 이 병을 완치할 수 있는 방법은 없으며 치료법도 개인에 따라 다르므로 개별 상담이 필요하다. 루프스가 있을 경우 임신을 하면 정상인에 비해 유산이나 사산, 태아 성장 지연 가능성이 높아 위험한 건 사실이지만 적극적인 치료와 보살핌으로 안전한 출산도 가능하다. 따라서 루프스 질환을 앓고 있는 여성은 반드시 임신하기 전에 전문의와 상담해야 한다.

💜 편두통 검사

임신부의 약 15~25%가 경험하는 흔한 질환이다. 간혹 임신 초기부터 이유 없이 머리가 아픈 경우가 있는데 출산 후에 두통이 없어졌다고 하는 여성들도 많다. 임신 중이라면 반드시 의사와 상의해 조치를 취하고 심한 경우에는 의사의 지시에 따라 두통약을 복용한다.

💜 갑상선 이상 검사

갑상선 이상은 갑상선 호르몬의 이상 분비로 너무 많이 분비되거나 적게 분비될 때 나타나는 현상이다. 갑상선 호르몬이 지나치게 분비되는 갑상선 항진증은 신진대사를 지나치게 왕성하게 만드는 병으로 수술이나 약물로 갑상선 호르몬 분비량을 감소시켜 치료할 수 있다. 만약, 갑상선 항진증에 걸린 여성이 호르몬을 잘 조절하지 못할 경우 태아의 성장부진이나 조산, 사산, 저체중아 출산 등 각종 위험률도 높아진다. 따라서 임신 중에 치료를 받아야 하는 경우라면 의사와 상의해 특별하게 관리해 주고 안전한 약을 처방받아야 한다.

반대로, 갑상선 호르몬이 너무 적게 분비되는 갑상선 저하증은 자신의 몸에서 생긴 항체가 갑상선을 손상시키므로 자가 면역성 문제를 일으킨다. 이 병은 갑상선 호르몬으로 치료가 가능하며 치료를 하지 않고 방치해 두면 불임이나 유산, 임신성 고혈압, 태반 조기 박리 같은 문제를 불러온다.

결국 갑상선 호르몬으로 야기되는 갑상선 항진증, 갑상선 저하증 모두 임신 전에 치료를 마치고 꾸준히 관리하는 것이 좋다. 이 외에 다른 지병도 임신에 영향을 줄 수 있으므로 여러 가지 발병 가능성을 체크하고 지병을 앓고 있거나 규칙적으로 복용하고 있는 약이 있으면 의사에게 알리도록 한다.

real tip ▶ 특수 상황의 임신 체크하기

현재 신생아의 약 2~4%가 선천성 장애를 가진 채 태어나고 그중 절반은 유전적 원인에 의한 것이라고 보고되고 있다. 하지만 실제로 임신을 앞두고 유전병 상담까지 하는 여성은 별로 없다. 가족의 유전 형질을 나타내는 가계도를 파악하면 질병의 원인이나 태어날 아이의 유전적인 특징을 예측할 수 있음에도 불구하고 진단이나 치료를 받아 볼 생각도 하지 않는 경우가 종종 있다. 하지만 조기에 정확한 원인을 발견해 치료한다면 별 문제 없이 정상적인 아이를 출산하거나 유전적인 증상들을 개선시킬 수 있다. 따라서 유전병이 있는 경우라면 말하기 다소 곤란하고 어렵더라도 의사에게 사실대로 밝히고 가족력이나 관련된 정보를 주는 것이 필요하다.

간혹 선천성 기형아를 출산하고 나서야 유전병 상담에 대한 필요성을 인식하는 경우가 종종 있는데 이는 본인에게나 태아에게 안타까운 일이 아닐 수 없다. 자녀의 평생 건강을 위해서라도 사전에 이를 예방하고 전문적인 유전자 검사와 상담을 통해 이를 극복하는 것이 필요하다.

유전병 상담이 필요한 임신부

- 분만 시 35세 이상인 여성
- 선천성 기형아를 출산한 경험이 있는 여성
- 본인이나 배우자가 선천성 기형이 있는 여성
- 본인이나 배우자의 가족 중에 다운증후군, 정신지체, 무뇌증, 혈우병, 왜소증, 근위축증, 간질, 선천성 심장병, 맹인 등 병력이 있는 여성
- 본인이나 배우자의 가족 중에 선천성 귀머거리 병력이 있는 여성(임신 중에 염색체 이상으로 생기는 선천성 귀머거리를 알아내 즉각 문제를 해결할 수 있는 방법이 있다.)
- 근친결혼을 한 여성
- 세 번 이상 유산한 경험이 있는 여성
- 남편이 40세 이상인 여성(40세가 넘어 예비아빠가 되면 선천성 기형아를 낳을 확률이 높아진다고 한다.)

유전병 상담의 주된 목적은 임신으로 인해 생겨날 수 있는 여러 가지 문제들을 조기에 진단하고 예방하기 위한 것이다. 따라서 임신을 하기 전에 유전으로 인해 문제가 생길 수 있다고 예측되면 상담을 통해 앞으로 일어날 일들에 미리 대비하고 의사의 지시에 따르도록 한다. 경우에 따라서는 유전병 상담을 통해 임신 여부를 결정하는 데 도움을 받을 수 있다.

♥ 임신 전에 받을 수 있는 검사

신체 검사 ⋯ 자궁경부 세포진 검사, 유방 검사(35세 이상인 경우에는 유방 X선 촬영), 폐사진, 심전도, 인유두종바이러스 검사

실험실 검사 ⋯ 풍진 검사, 혈액형과 Rh 인지 검사, 후천성면역결핍증(위험 인자에 노출되었을 경우) 검사, B형·C형 간염 검사, 간기능 검사, 경부세균배양 검사, 매독 검사, 갑상선 검사, 빈혈 검사, 소변 검사, 수두항체 검사, 톡소플라즈마항체 검사, 거대세포바이러스(cytomegalovirus)항체 검사

♥ 임신을 계획하고 있다면 이것만은 지키자!

- 자신에게 맞는 이상적인 체중을 유지한다.
- 규칙적인 운동으로 컨디션을 유지한다.
- X선 촬영 등 태아에게 위험 요인으로 작용할 수 있는 의료 검진은 임신 전에 받아 둔다.
- 풍진, 간염 같은 예방접종은 임신 전에 미리 받아 둔다.
- 심신이 안정된 상태에서 구체적인 임신 계획을 세운다.
- 담배를 끊는다.
- 약물이나 알코올을 삼간다.

2 체크업 임신출산 40주

임신을 확인하는 순간, 임신부의 몸에는 큰 변화가
나타난다. 임신 초기에는 입덧이나 빈혈 등 트러블이
나타나는데, 5~8주는 기형이 나타날 수 있는 중요한
시기이므로 약물복용에 주의하고 시기별 정기검진을
챙긴다. 임신 중기에 접어들면 배가 나오기
시작하면서 태동이 느껴지고 몸이 편안해진다.
모유수유를 위해 유방마사지를 준비해야 하는
시기이기도 하다. 임신 후기가 되면 수분정체로 몸에
부기가 나타나게 되는데 임신중독증으로 이어질 수
있으니 조심하고 조기진통으로 인한 조산에도
유의한다.

임신 1개월

임신의 대표적인 증상들

이제 막 수정된 배아는 눈에 보이지 않을 정도로 작다. 하지만 임신부의 몸에는 엄청난 변화가 일어난다. 이러한 변화는 모두 태내 수정란에서 분화된 융모막 융모라는 세포 때문이다. 융모막 융모는 임신 여부를 확인하는 데도 중요한 역할을 한다. 융모막 세포로부터 자극을 받아 활발하게 움직이기 시작한 뇌하수체는 임신부의 몸에 머지않아 커다란 변화가 일어날 것임을 알려 준다.

황체 호르몬의 활동으로 통증이 유발된다

뇌하수체가 하는 중요한 역할 중 하나는 난자를 둘러싸고 있는 황체가 활동을 계속하도록 명령하는 것이다. 황체낭은 매달 배란된 난자 위에 생기며 보통 2주 정도 생명력을 유지하다 없어진다. 황체낭의 소멸은 곧 월경을 개시하라는 신호로 이어지게 된다. 그러나 임신을 하면 뇌하수체는 황체에게 난자 안에서 임무 수행을 계속하라는 명령을 내린다.

황체는 임신한 여성의 몸속에서 약 3개월 정도 생존하면서 프로게스테론이라는 호르몬을 엄청나게 많이 생산한다. 프로게스테론은 여성의 전 생애에 걸쳐 중요한 역할을 하지만 특히 이 시기에는 자궁으로 하여금 이질적인 조직이나 다를 바 없는 아기를 받아들이도록 해 준다. 3개월 후 태반이 프로게스테론을 만들게 되면 황체는 퇴화하게 된다.

황체는 난자를 구성하는 극히 정상적이면서 반드시 필요한 요소임에도 불구하고 임신 초기 3개월 동안 임신부의 몸에 불편을 일으키기도 한다.

월경이 멈춘다

스트레스, 과도한 운동, 질병 등에 의해서도 월경이 지연될 수 있으나 일반적으로 월경의 지연은 임신 사실을 알려 주는 첫 신호이다. 평소에 월경이 불규칙했던 사람이나 피임을 하고 있었던 사람은 월경이 늦어지겠거니 하고 있다가 나중에야 임신 사실을 아는 경우도 있다. 하지만 매달 순조로웠던 월경이 일주일에서 10일 정도 지나도 아무 기색이 없으면 일단 임신이 아닐까 생각해 본다.

유방이 커지고 만지면 아프다

임신 초기 단계에서도 유방의 변화가 분명하게 드러난다. 유방이 훨씬 커지며 어딘가에 닿으면 통증이 느껴진다. 유두는 부드러워지고 예민해지며 색깔도 짙어진다. 유방 표면의 혈관이 확장되는 것을 눈으로 볼 수 있다. 생리가 시작되기 직전에 느끼던 것보다 통증이 훨씬 심하다

소화가 잘 안 된다

속이 답답하고 더부룩한 것 같으며 이유 없이 메스껍고 구토가 일기도 한다. 누구에게나 해롭지만 특히 이 시기에 담배 연기가 가득한 실내에 있으면 더 메스껍다. 이뿐만 아니라 평상시에 좋아하던 음식을 보고도 메스껍거나 구토를 일으킬 수 있다.

쉽게 피로를 느끼고 감정의 기복이 심하다

평상시보다 쉽게, 그리고 자주 피로를 느낀다. 평소와는 다르게 감기 기운이 있는 것 같기도 하고 입맛이 떨어지기도 하며 나른하고 졸음이 쏟아지기도 한다. 또, 감정의 기복이 심해진다. 특별한 이유도 없이 침울해지거나 초조해지는 등 예민해진다. 그러나 임신이라는 사실을 긍정적으로 받아들여 앞으로 뱃속아기와 보낼 즐거운 생활을 계획하고 주변 사람들의 축복을 받다 보면 감정의 기복은 자연스럽게 사라진다.

소변이 자주 마렵다

자궁이 방광을 압박하므로 소변이 자주 마렵다. 낮에는 물론이고 밤에도 자주 소변을 보게 된다. 프로게스테론 수치가 높아지고 임신 호르몬인 융모성선호르몬이 분비되자마자 혈액이 골반 주위에 몰리는데 이러한 현상이 방광에 자극을 주어 방광 안에 소변이 조금만 차도 요의를 느끼게 된다.

임신을 확인하는 검사

소변 검사

임신 진단과 관련해 현대의학이 역할을 하기 시작한 것은 인체 수정란에서 분비되는 인체 융모성 성선자극호르몬(hCG)이 임신 초기부터 임신부의 혈액에서 검출된다는 사실이 밝혀지면서부터였다. 또한 임신부의 소변에서도 농축된 hCG가 배출된다는 것이 밝혀졌다.

hCG는 수정란의 융모막 융모세포에서 수정과 동시에 분비되기 시작하여 이틀마다 그 양이 2배로 증가하고 임신 60일에서 80일 사이에는 분비량이 최고조에 달한다. 이 시기가 지나면 hCG 양은 급격히 줄어들기 시작하지만 출산의 순간까지, 그리고 출산 후에도 몇 주 동안 분비가 계속된다.

이처럼 hCG가 소변 속에 농축되어 있음에 착안하여, 소변 샘플을 이용해 임신을 진단하는 방법이 시행되기에 이르렀다. 이 방법은 지금까지도 병원이나 가정에서 실시하는 임신 진단의 기본 원리가 되고 있다. 오늘날에는 간편하게 제작된 시약을 이용해 소변 검사를 하는데, 소변의 농도가 짙을수록 더 정확하기 때문에 아침 첫 소변으로 검사하는 것이 더 정확하다.

 혈액 검사

혈액 검사를 통한 임신 진단은 임신부의 혈청에 함유된 hCG 수치를 정확하게 계산해 내는 방사면역 측정법을 이용한다. 혈액 검사는 임신이 이루어진 후로부터 며칠만 지나도 흔히 양성 반응을 보이지만 다음 생리 예정일이 지나기 전까지는 정확도가 떨어진다.

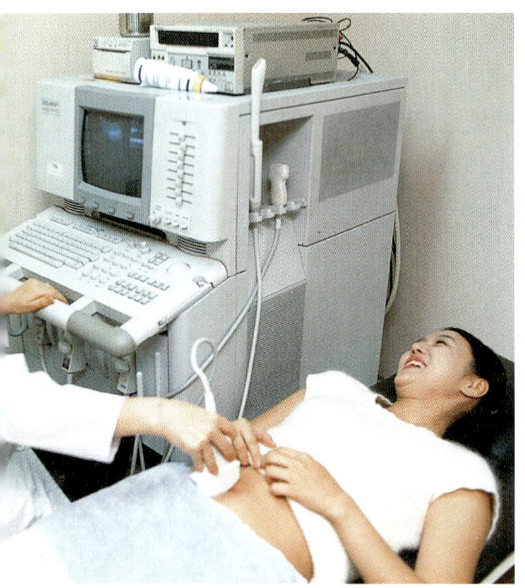

초음파 검사

초음파 검사는 임신부와 태아에게 새로운 장을 열었다. 고해상도 초음파는 임신부와 태아를 돌보고 살피는 데 중요한 역할을 한다. 특히 초음파가 임신부와 태아에게 무해하다는 것이 과학적으로 입증된 후로는, 더욱 광범위하게 이용되고 있다. 초음파 검사의 장점은 첫째, 확실한 임신 결과를 알려 준다. 둘째, 착상이 이루어진 정확한 장소를 알려 준다. 셋째, 정확한 임신 날짜 수를 알려 준다. 넷째, 적절한 시기에 실시할 경우, 태아 이상의 75%를 발견할 수 있다는 것을 들 수 있다.

베타hCG 검사

현재 가능한 임신 진단법 중에서 가장 활용도가 높은 것은 베타 hCG 물질을 이용한 방법이다. 전체 hCG 복합체의 미세한 스펙트럼인 베타 hCG는 임신을 특징 짓는 요소이다. 혈청 내에 베타 hCG가 3단위 이상 함유되어 있다는 것은 현재 임신 중이거나 최근 임신 사실이 있었음을 알려 주는 척도가 된다. 베타 hCG를 통해 확인할 수 있는 것은 태아의 건강 상태(베타 hCG의 양은 임신 초기 60~80일 동안 이틀마다 두 배로 증가한다. 이러한 경우는 임신이 정상적으로 진행되고 있다는 뜻), 자궁외 임신의 진단, 포상기태 진단, 태반 이상의 진행 과정 등이다.

출산예정일 체크

출산예정일을 계산하는 가장 손쉬운 방법은 마지막 생리가 시작되던 날에 7일을 더한 뒤 거꾸로 3달을 세는 것이다. 마지막 생리가 9월 1일이라고 가정해 보자. 여기에 7일을 더하면 9월 8일이 된다. 그리고 다시 3달을 거꾸로 세면 출산예정일이 다음해 6월 8일이라는 계산이 나온다.

여기서 한 가지 기억해야 할 것은 출산예정일이 정확하지 않을 수도 있다는 점이다. 출산예정일이 임박해지면 친지와 친척들이 시도 때도 없이 안부를 묻거나 진통 여부를 묻는데 이런 것이 때로는 성가실 수도 있다. 이런 일을 피하고 싶다면 출산예정일을 처음부터 알리지 말든지 아예

몇 주 후로 말해 두는 것이 좋다. 그렇지 않으면 끊임없이 울려대는 전화기와 초인종, 반복되는 질문 공세, 비밀스런 가족회의는 물론이고 주위 사람들의 시선에 불편하고 괴로운 나날을 보내게 될지도 모른다.

● **출산예정일 환산표**

마지막 1월	출산 10월	마지막 2월	출산 11월	마지막 3월	출산 12월	마지막 4월	출산 1월	마지막 5월	출산 2월	마지막 6월	출산 3월	마지막 7월	출산 4월	마지막 8월	출산 5월	마지막 9월	출산 6월	마지막 10월	출산 7월	마지막 11월	출산 8월	마지막 12월	출산 9월
1	8	1	8	1	6	1	6	1	5	1	8	1	7	1	8	1	8	1	8	1	8	1	7
2	9	2	9	2	7	2	7	2	6	2	9	2	8	2	9	2	9	2	9	2	9	2	8
3	10	3	10	3	8	3	8	3	7	3	10	3	9	3	10	3	10	3	10	3	10	3	9
4	11	4	11	4	9	4	9	4	8	4	11	4	10	4	11	4	11	4	11	4	11	4	10
5	12	5	12	5	10	5	10	5	9	5	12	5	11	5	12	5	12	5	12	5	12	5	11
6	13	6	13	6	11	6	11	6	10	6	13	6	12	6	13	6	13	6	13	6	13	6	12
7	14	7	14	7	12	7	12	7	11	7	14	7	13	7	14	7	14	7	14	7	14	7	13
8	15	8	15	8	13	8	13	8	12	8	15	8	14	8	15	8	15	8	15	8	15	8	14
9	16	9	16	9	14	9	14	9	13	9	16	9	15	9	16	9	16	9	16	9	16	9	15
10	17	10	17	10	15	10	15	10	14	10	17	10	16	10	17	10	17	10	17	10	17	10	16
11	18	11	18	11	16	11	16	11	15	11	18	11	17	11	18	11	18	11	18	11	18	11	17
12	19	12	19	12	17	12	17	12	16	12	19	12	18	12	19	12	19	12	19	12	19	12	18
13	20	13	20	13	18	13	18	13	17	13	20	13	19	13	20	13	20	13	20	13	20	13	19
14	21	14	21	14	19	14	19	14	18	14	21	14	20	14	21	14	21	14	21	14	21	14	20
15	22	15	22	15	20	15	20	15	19	15	22	15	21	15	22	15	22	15	22	15	22	15	21
16	23	16	23	16	21	16	21	16	20	16	23	16	22	16	23	16	23	16	23	16	23	16	22
17	24	17	24	17	22	17	22	17	21	17	24	17	23	17	24	17	24	17	24	17	24	17	23
18	25	18	25	18	23	18	23	18	22	18	25	18	24	18	25	18	25	18	25	18	25	18	24
19	26	19	26	19	24	19	24	19	23	19	26	19	25	19	26	19	26	19	26	19	26	19	25
20	27	20	27	20	25	20	25	20	24	20	27	20	26	20	27	20	27	20	27	20	27	20	26
21	28	21	28	21	26	21	26	21	25	21	28	21	27	21	28	21	28	21	28	21	28	21	27
22	29	22	29	22	27	22	27	22	26	22	29	22	28	22	29	22	29	22	29	22	29	22	28
23	30	23	30	23	28	23	28	23	27	23	30	23	29	23	30	23	30	23	30	23	30	23	29
24	31	24	1	24	29	24	29	24	28	24	31	24	30	24	31	24	1	24	31	24	31	24	30
25	1	25	2	25	30	25	30	25	1	25	1	25	1	25	1	25	2	25	1	25	1	25	1
26	2	26	3	26	31	26	31	26	2	26	2	26	2	26	2	26	3	26	2	26	2	26	2
27	3	27	4	27	1	27	1	27	3	27	3	27	3	27	3	27	4	27	3	27	3	27	3
28	4	28	5	28	2	28	2	28	4	28	4	28	4	28	4	28	5	28	4	28	4	28	4
29	5			29	3	29	3	29	5	29	5	29	5	29	5	29	6	29	5	29	5	29	5
30	6			30	4	30	4	30	6	30	6	30	6	30	6	30	7	30	6	30	6	30	6
31	7			31	5			31	7			31	7	31	7			31	7			31	7
1월	11월	2월	12월	3월	1월	4월	2월	5월	3월	6월	4월	7월	5월	8월	6월	9월	7월	10월	8월	11월	9월	12월	10월

담당의사 선택

임신 사실을 확인하고 나면 산전관리와 분만을 부탁할 의사를 선택해야 하는데 우선, 개인병원으로 갈 것인지, 종합병원이나 산부인과 전문병원 등 규모가 큰 병원으로 갈 것인지를 결정해야 한다.

 규모가 큰 병원으로 갈 경우

산전 검진을 받기 위해 병원을 방문할 때마다 의사가 바뀔 수도 있으며 원하는 의사를 자주 못볼 수도 있다. 반면에 연중무휴로 24시간 내내 그 의사들 중에 한 명은 진료를 하고 있다는 장점이 있다. 게다가 당직 의사는 임신부와 안면이 있고, 임신부의 진료 기록을 가지고 있으며 임신부를 위해 최선을 다할 준비가 되어 있다.

 개인병원으로 갈 경우

임신 기간 내내 같은 의사의 검진을 받게 되는데 이 경우에도 여러 가지 장점이 있다. 임신부와 의사 사이에 배려와 신뢰, 그리고 이해가 더욱 돈독해질 수 있다. 그러나 산전 검진을 받기 위해 병원을 방문했을 때 분만실에 있는 관계로 의사를 만나지 못하게 될 확률이 높아진다는 단점도 있다. 그리고 막상 분만을 해야 할 때 여러 가지 이유로 의사가 출타 중일 가능성도 배제할 수 없다.

병원에 미리 알아봐야 할 사항

여러 명의 의사가 있는 규모가 큰 병원을 고르든, 아니면 한 사람의 의사가 진료를 하는 개인병원을 고르든, 임신부의 성향이나 조건에 맞춰 선택하면 된다. 하지만 의료진의 진료 성향에 대해서는 미리 알아볼 필요가 있다.

● 임신부가 예정분만을 계획하고 있거나 특별 분만실이나 새로운 형태의 분만 방법을 원할 경우에 담당의사가 협조를 해 줄 것인가?

● 무통 분만에 대해 의사는 어떤 견해를 갖고 있는가?

● 분만대기실에 방문객이나 가족이 드나드는 것을 의사는 어떻게 생각하는가?

● 분만 시 어떤 병원을 이용하며 임신부에게 영향을 미칠 수 있는 병원의 방침에는 어떤 것들이 있는가?

과거에는 임신부들이 산부인과 의사들에게 많은 것을 의존했다. 담당의사는 임신부들이 통증을 느낄 때나 분만 시 위험에 처했을 때 의지할 수 있는 유일한 존재였으며 출산을 도와주는 가장 중요한 사람이었다. 그러나 의료 공급의 증가와 의료의 서비스화로 환자를 고객으로 여기는 개념이 대두되게 되면서, 임신부는 수동적 환자가 아닌 진료선택권을 가진 능동적 고객이 되었다.

비록 임신부의 진료 선택에 있어 자율성이 커지긴 했으나, 그만큼 자신이 선택한 의사를 신뢰하고 따르는 책임이 있다. 그래야 인생에 있어 가장 중요한 순간이요, 경험일 수도 있는 임신과 출산의 과정을 좀 더 순조롭게 치를 수 있을 것이다.

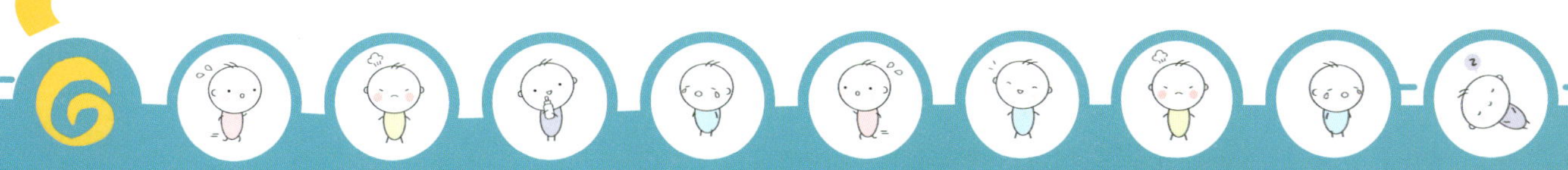

아들 낳기 딸 낳기

아들을 낳고 싶다면

♥ 배란 전 5일 정도는 금욕한다

부부관계가 잦아지면 한 번에 사정되는 정액의 양도 줄어든다. 정액의 양이 적으면 아들을 결정하는 Y정자가 X정자보다 적어지므로 배란 전 5일 정도 금욕하고 배란 당일 부부관계를 가진다.

♥ 배란 당일 부부관계를 갖는다

Y정자의 수명은 단 하루뿐이므로 배란 당일 부부관계를 가지면 아들일 가능성이 높다.

♥ 부부관계 전 소다수로 질 안을 씻는다

약산성인 여성의 질을 소다수로 세척하면 약알칼리성이 돼 Y정자의 움직임도 활발해진다. 따라서 배란일, 부부관계를 갖기 전에 소다 2큰술을 미지근한 물 1리터에 타서 15분 정도 두었다가 소다가 완전히 녹으면 질 안을 씻고 곧바로 부부관계를 갖는다.

♥ 굴곡위로 깊게 삽입한다

깊게 삽입한 상태에서 사정을 하면 Y정자가 산성인 질 안을 통과하지 않고 곧바로 알칼리성인 자궁 입구까지 닿아 아들을 얻을 확률이 높아진다. 정상위보다는 굴곡위를 취하면 좋다.

♥ 여성이 오르가슴을 느낀 후 사정한다

여성이 먼저 오르가슴을 느끼면 질에서 강한 알칼리성 점액이 분비되어 Y정자에게 좋은 환경이 된다.

♥ 남성은 산성, 여성은 알칼리성 식품을 섭취한다

여성의 몸이 알칼리성, 남성의 몸이 산성일 때 Y정자의 활동이 쉽고 정자 수도 늘어난다. 식이요법을 통해 체액을 변화시킨다.

♥ 비타민이 풍부한 간유 등을 먹는다

아들 낳는 민간요법 중 하나가 비타민 A와 D가 풍부한 간유를 먹는 것이다. 비타민 A와 D는 여성의 혈액 중 칼슘 농도를 높여 아들 낳을 확률을 높인다. 남성도 비타민이 부족하면 정액이 줄어들면서 정자 수도 적어지므로 부부가 함께 비타민을 섭취한다.

딸을 낳고 싶다면

♥ 초저녁에 부부관계를 갖는다

몸이 피곤한 상태라 체액이 산성화된 상태인 초저녁에 부부관계를 가지면 알칼리성에 강한 Y정자의 활동이 줄어들고, 산성에 강한 X정자의 활동이 활발해져 딸을 낳을 확률이 높아진다.

♥ 부부관계는 배란 이틀 전에 갖는다

배란일 이틀 전에 부부관계를 가지면 딸을 임신할 확률이 높다. Y정자는 수명이 짧아서 이틀 뒤 난자가 배출될 때까지 살아남지 못하므로 X정자가 수정돼 딸일 가능성이 높다. 단, 부부관계를 가진 후 일주일 정도는 금욕하는 것이 좋다.

♥ 여성은 꼭 조이는 옷을 입는다

조이는 옷은 몸의 열 발산을 막아 X정자의 활동을 강화시킨다. 따라서 치마보다는 꼭 끼는 청바지 등이 좋고 브래지어, 거들까지 가능한 입는 것이 좋다.

♥ 식초수로 질 세척을 한다

부부관계 15분 전쯤 식초수로 질 세척을 하면 원래 산성인 질 안이 더욱 산성화돼 더 확실하게 Y정자의 활동을 막는다. 식초수는 물 1리터당 식초 한 스푼 정도를 타서 15분 정도 지난 다음 사용한다. 배란 이틀 전 마지막 성교 때 하면 더욱 효과적이다.

♥ 오르가슴을 느끼기 전에 사정한다

여성이 오르가슴을 느껴 알칼리성 경관점액이 분비되기 전에 얕게 사정하고 빨리 부부관계를 끝내는 게 딸을 낳는 지름길. 부부관계를 갖기 전 남성의 성기를 애무하여 삽입과 동시에 사정을 유도하는 것이 가장 바람직하다고 한다.

♥ 신장 체위로 얕게 삽입한다

질 입구는 산성이 강한 Y정자의 활동이 줄어들고 X정자의 활동이 활발해진다. 따라서 얕게 사정하면 딸일 가능성이 높다. 여성이 아래쪽에 누워 두 발을 곧게 뻗는 신장위가 효과적이다.

♥ 여성은 산성식품을, 남성은 알칼리성 식품을 먹는다

여성이 산성식품을 많이 먹으면 체액이 산성으로 기울어 Y정자의 활동이 억제되고 상대적으로 X정자의 활동이 강해져 딸을 가질 확률이 높아진다.

임신 1~2주

임신의 주요 증상에 대해 미리 알아둔다

월경 주기가 돌아왔는데도 월경이 없고, 소화가 안 되며, 속이 메스껍고, 피로가 밀려드는 것 등은 임신의 대표적인 증상이다. 그런데 이런 임신 징후들은 때로 다른 질병의 증세나 원인일 수도 있으므로 가볍게 넘기지 말고 정확한 진단을 받아 보도록 하자.

예를 들어 월경이 없다는 것은 임신의 대표적인 징후이지만 호르몬 문제나 피임 중단 혹은 스트레스, 피로 등이 이유일 수 있다. 또한 속이 메스꺼운 것도 임신의 증상일 수도 있지만 위장장애나 식중독, 스트레스가 원인일 수 있다. 피로감 역시 임신일 가능성 외에 스트레스, 우울증, 감기, 빈혈이 원인일 수 있으며, 유방의 변화도 임신 가능성과 함께 호르몬 불균형이나 피임약 복용 시작, 월경 시작 때문이 아닌지 고려해볼 필요가 있다. 빈뇨 역시 임신 가능성 외에 당뇨나 요도염, 이뇨 식품(커피 등)의 지나친 섭취가 원인일 수 있다.

분만예정일을 체크한다

의사들은 마지막 월경이 시작된 날부터 임신 기간을 계산한다. 그래서 이 계산법에 따르면 실제로 임신을 하기도 전에 임신 2주는 지나가버리는 셈이 된다. 왜 이렇게 계산을 하는 걸까? 답은 의외로 간단하다. 대부분의 여성은 정자와 난자가 만나는 수정 날짜는 모르지만 마지막 월경 주기가 시작된 날짜는 알고 있다. 그 때문에 분만예정일을 가장 정확하게 가늠하는 방법으로 마지막 월경 시작일을 임신의 시작으로 잡는 것이다.

의사들은 분만예정일을 기준으로 어떤 검사나 절차를 실시할지 결정하기 때문에 임신에서 분만예정일이 갖는 의미는 아주 크다. 대개의 경우 월경 주기의 중간 또는 다음 주기가 시작되기 2주일 전이 배란일이다.

***분만예정일은 마지막 월경 시작일+280 혹은 마지막 월경 시작일－3(개월)＋7(일)**

임신은 마지막 월경 주기가 시작된 날로부터 280일 또는 40주 동안 지속된다. 그러므로 마지막 월경 주기가 시작된 날에 280일을 더하거나, 그날에서 3개월을 빼고 7일을 더하면 분만예정일을 계산할 수 있다.

예를 들어 마지막 월경 주기가 2월 20일에 시작되었으면 분만예정일은 11월 27일이 된다. 임신 기간을 이렇게 계산하는 것을 임신 연령(월경 연령)이라고 하는데, 대부분의 의사와 간호사들은 이것으로 임신 기간을 따진다. 이것은 배란 연령(수정 연령)과는 다르며, 배란 연령은 실제로 수정이 된 날로부터 계산하는 것으로 임신 연령보다 2주 더 짧다.

주 단위로 임신 기간을 체크한다

임신 중에는 주 단위로 기간을 계산하는 사람들이 많은데, 실제로 이것이 가장 쉬운 방법이다. 그러나 마지막 월경 주기가 시작된 날로부터 계산해야 하고, 그날로부터 2주 뒤까지는 실제로 임신을 하지 않았으므로 혼동할 여지가 있다. 예를 들어 의사가 임신 10주라고 하면 수정은 8주 전에 일어났다는 말이 된다. 임신 기간은 13주 단위로 초기, 중기, 말기로 나누어진다. 이것은 발달 단계를 분류하는 데 도움이 된다. 예를 들어 아기의 신체 구조와 몸속 장기는 대개 임신 초기에 형성되고 발달되며, 유산도 대개 임신 초기에 일어난다. 임신 말기에는 임신성 고혈압이나 자간전증 같은 임신부 신체의 문제가 발생하기 쉽다.

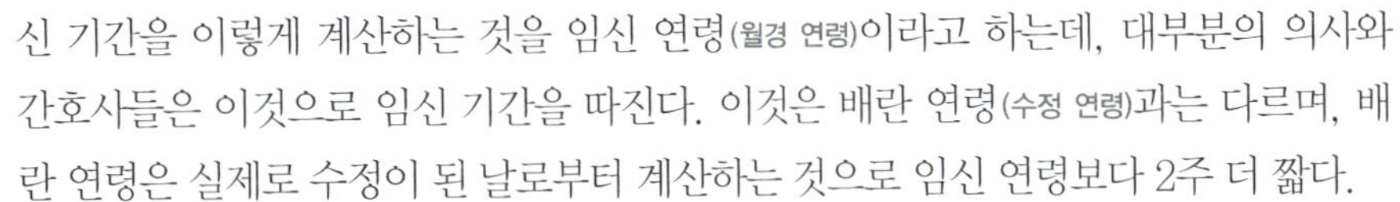

술을 자제한다

음주는 임신부에게 위험하다. 유산의 위험을 높이고, 지나칠 경우 기형아 출산을 초래한다. 그리고 임신 중의 상습적인 음주는 태아 알코올증후군이라고 하는 기형의 원인이 될 수 있다. 태아 알코올증후군의 특징은 출산 전후 아기의 성장 지연, 사지 기형, 심장이나 안면 기형 등이다. 안면 기형은 코가 짧고, 위로 올라가 있으며, 구개부가 납작하고, 눈이 이상하게 보인다. 게다가 태아 알코올증후군을 가진 아기는 행동 장애를 보이기도 하고 언어 장애를 보이기도 하며 운동기능 장애를 보이는 경우도 있다. 출산 전후 사망률은 15~20%에 이른다.

연구 보고서에 따르면 임신부가 하루에 술을 4~5잔 마시면 태아 알코올증후군을 가진 아기를 출산할 위험이 있으며, 하루에 2잔만 마셔도 경미한 기형을 초래할 수 있다고 한다. 이런 경미한 기형은 소량의 알코올에서 비롯되는 태아 알코올 노출의 결과이다.

많은 전문가들이 이것을 근거로 임신 중에는 한 잔의 술도 안전하지 않다는 결론을 내린다. 술과 함께 약물을 복용하는 것은 태아에게 더욱 해롭다. 진통제, 항우울제, 항경련제 등의 약물이 가장 위험하다. 일부 연구 보고서에 따르면 임신 전 예비아빠의 지나친 음주도 태아 알코올증후군을 초래할 수 있다고 한다. 예비아빠의 음주는 태아의 자궁 내 성장 지연의 원인으로 지적되고 있다.

담배를 끊는다

흡연은 임신에 유해한 영향을 미친다. 임신한 여성이 하루에 담배를 1갑 피울 경우 임신 중에 1만 1,000회 이상 담배 연기를 마신다는 통계가 있다. 담배 연기에는 니코틴, 이산화탄소, 시안화수소, 타르, 수지, 발암물질 등 유해물질이 많이 들어 있다. 이런 물질은 단독으로 또는 다른 물질과 결합해서 태아의 성장에 나쁜 영향을 줄 수 있다.

임신 중 흡연은 태아 사망이나 태아 손상을 초래할 수 있다는 과학적인 증거가 있다. 흡연은 비타민B, 비타민C, 엽산의 흡수를 방해하는데, 이중 특히 엽산이 부족하면 신경관 계통에 기형이 생길 수 있고 모체에 심각한 합병증을 일으킬 위험이 있으므로 주의해야 한다. 그 대표적인 예는 태반조기박리이다. 담배를 적당히 피우는 여성의 경우엔 위험률이 25%, 담배를 심하게 피우는 여성의 경우엔 위험률이 65%나 더 높다. 흡연여성에게는 전치태반도 많이 발생한다. 발생확률은 적당히 피우는 여성의 경우 25%, 심하게 피우는 여성의 경우에는 90%나 더 높다.

또한 흡연 여성의 경우 정상 체중보다 200g 정도 적은 아기를 출산한다는 것도 잘 알려진 사실이다. 저체중아 출산은 임신부가 피운 담배의 수와 직접적인 관련이 있다. 저체중아를 출산했던 흡연여성이 다음 아기를 임신했을 때 담배를 피우지 않으면 저체중아를 출산하지 않는 것을 보면 알 수 있다. 흡연은 태아의 성장 장애에 직접적인 관련이 있다는 얘기다.

임신 중에 담배를 피운 여성에게서 태어난 아기는 그렇지 않은 여성에게서 태어난 아기보다 지능지수가 낮고, 독서장애를 겪는 사례도 많다. 임신 중에 담배를 피운 여성에게서 태어난 아기들 중에는 행동과잉증의 사례도 더 많이 나타나는 것으로 보고되고 있다.

이 외에도 흡연은 만성 기관지염, 폐기종, 폐암, 동맥경화증, 방광암, 위장궤양 등 여러 가지 질환의 원인이 된다. 담배를 피우는 사람은 그렇지 않은 사람에 비해 이런 병으로 사망할 확률이 30~80% 더 높다고 한다.

약물 복용에 주의한다

담당 산부인과 의사가 사용해도 좋다고 인정하지 않는 한 어떤 약도 복용해서는 안 된다. 처방전이 필요 없는 감기약이나 소화제도 마찬가지다. 만약 임신 사실을 확인하기 전에 복용한 약이 있다면 따로 기록해 둔다.

임신부가 복용하는 대부분의 약은 비교적 짧은 시간 안에 태아의 혈류 속으로 들어간다. 이때 태아의 혈중 약 농도는 임신부의 혈중 약 농도와 같거나 더 높다. 한때는 약의 분자구조가 클수록 태반을 통과하는 데 많은 시간이 소요되며, 그 결과 태아에게 전달되는 약의 양도 줄어들 것이라고 믿었다. 그러나 소위 태반장벽이라는 것은 이제 근거 없는 통념으로 간주되고 있다.

태아는 처음 12주 동안 몸의 각 기관과 골격이 거의 완성된다. 따라서 12주 된 태아는 매우 작지만 완전한 사람의 형태를 갖추고 있다. 나머지 임신 기간인 28주 동안 각 기관은 단지 성숙해지고 크기가 자랄 뿐이다. 다시 말하면 자라나는 태아에게 구조적 이상이 발생할 수 있는 가장 위험한 시기는 처음 12주간인 셈이다. 그리고 유해한 약과 질병은 복용과 감염 시기에 따라 신체의 다양한 기관에 영향을 미치게 된다. '탈리도마이드' 라는 약을 예로 들어보면 임신 22일째에 복용할 경우 팔에, 임신 28일째에 복용할 경우 다리에 이상을 가져온다.

여기서 기억해야 할 또 한 가지는 임신 12주가 되면 몸의 각 기관과 골격이 대체적으로 완성되는 것은 사실이지만 특정 약품과 질병은 임신기 전반에 걸쳐서 자라나는 태아에게 영향을 미칠

♡ 하루 한 번
아내를
사랑스럽게
안아 주세요

아내를 자주 포옹해 주자. 임신부들은 남편이 꼭 껴안아 주는 것을 좋아한다. 특별한 날이 아니더라도 '오늘 너무 예뻐 보여서' 혹은 '저녁식사가 너무 맛있어서' 혹은 '웃는 얼굴이 너무 사랑스러워서' 등 여러 가지 이유를 만들어 하루에 한 번씩 아내를 사랑스럽게 안아 주자.

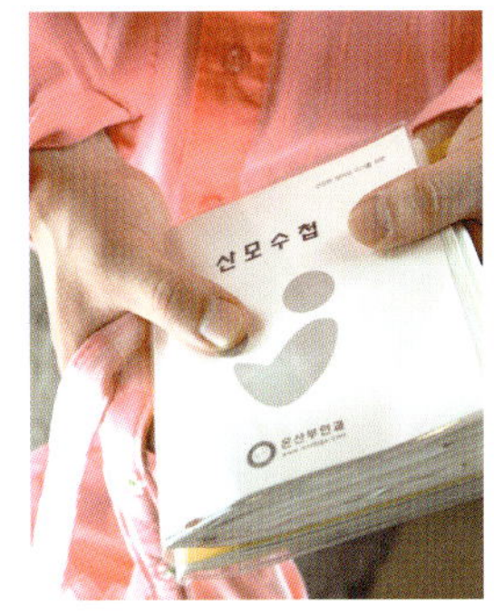

수 있다는 사실이다.

최근 임신부와 태아에게 영향을 미칠 수 있는 약품에 대한 연구 보고서가 방대하게 쏟아져 나오고 있다. 이에 따르면 약물 복용이 미치는 영향력은 몹시 크고 위험하다.

감기약이나 아스피린 등 처방전 없이 가정에서 예사롭게 복용하는 약들도 태아에게는 위험할 수 있다는 것이다. 그러므로 약을 복용하기 전에 반드시 전문의와 상담하고 처방을 받은 약만 복용하도록 해야 한다.

정기검진에 대해 알아둔다

대개 첫 정기검진은 임신 사실을 확인하러 가게 되는 임신 6~8주경에 하게 된다. 그로부터 몇 주일 후에 받게 되는 두 번째 정기검진에서는 혈액 검사와 혈압 검사를 포함해 전반적인 건강검진을 하고 병력에 관한 질문을 받게 된다. 그리고 출산예정일을 확인하기 위해 초음파 검사를 받을 수도 있고, 정기검진 결과를 자세히 기록할 수 있는 산모수첩도 받게 된다.

이후의 정기검진 일정은 의사와 의학적인 필요에 따라 달라진다. 정상적인 저위험 임신의 경우에는 대개 한 달에 한 번 정기검진을 받다가 임신 28주부터는 이주일에 한두 번 꼴로 검진을 받게 된다. 검진을 받을 때마다 혈압 검사와 소변 검사를 하고 태아의 크기와 자세를 점검한다.

섭취량을 늘리고 균형 잡힌 식생활을 한다

임신 전에 표준체중이었다면 임신 중에는 칼로리 섭취량을 늘려야 한다. 임신 초기에는(처음 13주) 하루에 총 2,200kcal를 섭취하고 임신 중기와 말기에는 이보다 300kcal을 더 섭취해야 한다. 추가로 섭취한 칼로리는 모체와 태아를 위해 임신부가 필요로 하는 에너지를 공급해 준다. 태아는 그 에너지를 이용해 단백질, 지방, 탄수화물을 만들고 저장하므로, 태아의 몸이 제 기능을 발휘하기 위해선 에너지가 필요하다.

더불어 임신을 하게 되면 임신부의 자궁이 커지고 혈액량도 50% 정도 늘어나므로 추가로 섭취한 칼로리는 임신부의 신체변화를 뒷받침한다.

임신부는 균형 잡힌 식생활로 필요한 영양을 골고루 섭취해야 한다. 칼로리의 질도 중요하므로 가공식품보다는 신선한 식품을 통해 영양을 섭취하도록 한다. 임신 중기와 말기에 300kcal를 더 섭취할 때 주의해야 할 점이 있다. 중간 크기의 사과 1개나 저지방 요구르트 1컵이면 충분한 것을 300kcal를 더 섭취하겠다고 식사량을 두 배로 늘리는 잘못을 범하지 않도록 한다.

임신 3주

질 분비물이 증가하고, 착상 시 출혈이 있을 수 있다

언제 배란이 일어나는지 의식할 수 있는 사람이 있다. 가벼운 경련이나 통증을 느끼기도 하고, 질 분비물이 늘어나기도 한다. 간혹 수정란이 자궁강에 착상할 때 약간의 출혈이 나타나는 여성도 있다. 하지만 아직까지는 신체적 변화를 느끼기에 너무 이르다. 유방도 커지지 않고 입덧도 시작되지 않았기 때문이다.

나팔관 중앙에서 난자와 정자가 만나 수정이 이루어진다

임신 초반이지만 많은 일들이 일어난다. 사정을 하면 질 속에 2~5ml의 정액이 남게 된다. 정액 1ml에 약 7천만 개의 정자가 있다고 볼 때 남성이 한 번 사정하면 1억4천만~3억5천만 개의 정자를 내놓는 셈이다. 그러나 이 중에서 약 200개의 정자만이 나팔관에 있는 난자에 도달한다. 수정은 그중 한 개의 정자와 난자가 결합해서 이루어진다.

수정은 자궁 안이 아니라 나팔관 중앙에서 일어난다. 정자는 자궁강을 지나 나팔관으로 들어가 난자와 만난다. 정자가 난자와 만날 때, 정자는 난자의 외벽을 뚫고 들어간다. 이 벽을 뚫고 들어가는 정자는 한 개 이상일 수 있지만, 대개 한 개의 정자만이 난자 안으로 들어가서 수정을 하게 된다.

부모로부터 유전형질을 받아 46개의 염색체를 갖는다

정자는 난자의 벽을 뚫고 들어가면 그 표면에 머리를 부착시킨다. 그러면 정자와 난자의 막이 결합해서 그들을 에워싼다. 난자는 다른 정자가 들어오지 못하도록 외벽에 변화를 일으키는 것으로 정자의 접촉에 반응한다. 일단 정자가 난자 속에 들어가면, 정자의 꼬리가 없어진다. 그리고 정자의 머리가 커져서 남성 생식핵이 되고 난자는 여성 생식핵이 된다. 남성 생식핵과 여성 생식핵의 염색체가 서로 뒤섞이면서 각 염색체에서 나온 정보와 형질이 혼합된다.

이렇게 형성된 염색 정보가 각 개인의 독특한 유전 형질을 형성하게 되는데, 사람은 누구나 양친으로부터 각각 23개의 염색체를 물려받아 모두 46개의 염색체를 가지게 된다.

세포분열 후 착상이 이루어진다

세포가 공처럼 덩어리진 것을 접합자라고 하는데, 접합자는 자궁관을 지나 자궁으로 가면서 세포 분열을 계속한다. 이렇게 분열하는 세포를 난할구라고 하는데, 이것이 분열을 계속하면서 그 안에 점차 유동체가 쌓여 작은 낭포가 형성된다. 임신 3주가 되면 낭포가 자궁관을 지나 자궁강으로 가게 된다(나팔관에서 수정이 일어난 뒤 3~7일 후). 낭포는 자궁강에 들어가서 계속 성장·발달하게 된다. 수정이 일어나고 약 일주일이 지나면 낭포가 자궁강에 붙게 되는데 이것을 착상이라고 한다. 이때부터 세포는 자궁 내벽을 파고든다.

임신 중 출혈이 무조건 위험한 것은 아니다

임신 중 출혈은 당연히 걱정스러운 문제로 태아의 건강과 유산이 염려될 것이다. 그러나 전문가들은 임신부 5명 가운데 1명은 임신 초기에 출혈을 한다고 추정한다. 출혈을 하면 당연히 걱정이 되겠지만, 출혈을 한다고 해서 모두 유산하는 것은 아니다.

낭포가 자궁막을 파고들어가면서 착상할 때에 출혈이 생길 수 있다. 이 시점에서 임신부는 아직 월경 주기를 거르지 않았기 때문에 임신한 사실을 모른다. 그래서 출혈이 생기면 월경 주기가 빨리 시작되었다고 착각할 수 있다. 또한 자궁이 커지면서 태반이 생기고 많은 혈관이 생기면서 출혈이 나타날 수도 있다. 격렬한 운동과 성행위가 원인이 되기도 한다. 이런 일이 발생하면 반드시 의사의 진찰을 받도록 한다.

각종 약물 복용에 주의한다

임신 중에 복용하는 약은 대개 태아에게 영향을 미친다. 아스피린도 마찬가지다(단독으로 복용했든 다른 약물과 함께 복용했든). 임신 중에 아스피린을 복용하면 출혈이 증가할 수 있다.

또한 아스피린은 혈액응고에 중요한 역할을 하는 혈소판 기능에 변화를 초래할 수 있다. 임신 중에 출혈이 있거나 임신 말기 분만이 가까웠을 때를 대비해 이 점을 기억하고 있으면 도움이 된다.

약을 먹을 때는 반드시 그 약에 아스피린 성분이 들어 있지 않은지 확인해 봐야 한다. 아스피린이나 아스피린 성분이 들어 있는 약이라면 반드시 의사와 상의한 후 복용한다. 진통제나 해열제를 복용해야 하는데 의사와 상의할 수 없는 상황이라면 아세트아미노펜 계통의 약(타이레놀)이 임신부나 태아에게 합병증이나 문제를 일으킬 염려가 없으므로 단기적으로 복용할 수 있다. 하지만 이 또한 의사의 지시에 따르는 것이 안전하다.

적절한 운동을 하되 평소보다 운동량을 줄인다

　임신부는 심장혈관이 튼튼해야 한다. 육체적으로 건강한 여성이 진통과 분만을 더 잘 감당할 수 있으므로 운동으로 몸을 단련해야 한다. 하지만 임신 중 운동은 체온상승, 자궁으로 유입되는 혈액의 감소, 모체의 복부 손상 등의 위험이 있어 태아에게 해로울 수 있으므로 주의한다.

　운동을 할 때는 체온이 38.9℃ 이상 올라가지 않도록 조심한다. 에어로빅을 하면 체온이 이보다 더 높이 올라갈 수 있으므로 주의한다. 탈수도 체온 상승을 초래할 수 있다. 특히 더운 날씨에는 에어로빅을 너무 오래 하지 않는 것이 좋다. 에어로빅을 하는 동안에는 혈액이 운동 중인 근육으로 유입되어 자궁, 간, 신장 같은 신체 기관으로는 잘 유입되지 않을 수 있다. 임신 중에는 평소보다 운동량을 줄이고 맥박을 분당 140 이하로 유지한다. 또한 운동 중에 질 출혈이나 분비물이 증가하고 숨이 가쁘거나 현기증이 나고 심한 복통이 있으면 즉시 운동을 중단하고 의사와 상의한다.

매일 엽산을 섭취한다

　임신 중에는 엽산 또는 비타민 B_9가 중요하다. 최근에 발표된 연구 보고서에 의하면 임신 중에 엽산을 먹으면 임신 초기에 나타나는 태아의 신경관 결손을 방지하거나 줄일 수 있다고 한다. 신경관계 결손으로는 척추관이 열려 척추와 신경이 드러나는 이분척추, 선천적 무뇌증, 무척추증, 뇌 헤르니아(뇌류) 등이 있다.

　임신부가 엽산이 부족하면 빈혈을 일으킬 수 있다. 쌍둥이를 임신했을 때는 특히 엽산을 더 많이 섭취해야 한다. 임신부용 비타민에는 1알에 0.8~1mg의 엽산이 들어 있다. 이 정도의 양이면 정상 임신의 경우에는 충분하다. 전문가들은 적어도 임신 1개월 전부터 임신 13주까지 하루에 엽산을 0.4mg만 섭취하면 이분척추를 막을 수 있다고 보고, 모든 임신부에게 엽산 복용을 권한다.

　임신부는 보통 사람보다 엽산을 4~5배 많이 분비한다. 엽산은 수용성 비타민으로 체내에 오랫동안 축적되지 않기 때문에 매일 섭취해야 한다. 엽산이 강화된 시리얼 1컵을 우유에 타서 먹고 오렌지주스를 한 잔 마시면 하루에 필요한 엽산의 절반을 섭취할 수 있다. 엽산은 과일, 콩, 녹황색 채소, 정백하지 않은 곡물 생고기, 생간 등에 들어있으나 식사만으로는 엽산 필요량을 충분히 섭취할 수 없으므로 임신부는 반드시 엽산제를 복용해야 한다.

하루에 물을 8컵 이상 마신다

　임신 중에는 수분을 충분히 섭취해야 한다. 수분 섭취를 위해 음료수를 마시는 경우도 있는데, 음료수라고 해서 성분이 다 같지는 않으므로 주의한다. 사실 탄산수나 커피의 경우 오히려 건강에 해롭다. 또 과일주스는 수분과 영양분은 풍부하지만 당분이 너무 많이 들어 있으므로 피해야 한다. 임신 중에 물은 친구와 같다. 물은 몸이 필요로 하는 수분을 공급해 주고 모든 세포가 기능을 발휘할 수 있도록 도와준다. 대장에 수분을 공급해 변비를 없애 주고, 몸속의 독소를 씻어 내리기도 하며, 손발의 부기도 내려 준다. 그러므로 임신 중에는 하루에 적어도 8컵 이상 물을 마신다.

임신 4주

예정된 시기에 월경이 없다

이때쯤이면 월경을 예상하고 있을 것이다. 그런데 월경이 없으면 혹시 임신이 아닐까 의심을 해 보게 된다. 하지만 아직은 체중이나 외모의 변화 그리고 별다른 임신 증세가 나타나지 않기 때문에 월경이 조금 늦는다고 여길 수도 있다.

몸속에 황체호르몬이 생성된다

배란기가 되면 난자는 난소를 떠난다. 난소에서 난자가 나오는 지점을 황체라고 하는데, 이것은 난자가 나오는 낭포가 터진 지점에서 배란 직후에 형성된다. 황체는 태반이 생기기 전에 임신을 유지하는 황체호르몬을 생산하기 때문에 임신 초기에 매우 중요한 역할을 한다.

임신 8~12주가 되면 태반이 그 기능을 대신하게 되고, 황체는 임신 6개월까지 남아 있다가 서서히 줄어들기 시작한다. 월경 주기가 지나고 20일이 지나 착상이 일어날 무렵에 낭포가 터져 황체가 없어져도 임신에 성공할 수 있다.

양막강과 태반이 형성된다

태아는 아직 지극히 초기 발달 단계에 있지만 많은 변화가 일어나고 있다. 착상된 낭포가 자궁 내벽 속으로 더욱 깊숙이 들어가고 양수로 채워질 양막강이 형성되기 시작한다. 그리고 호르몬 생성 및 산소와 영양소 공급에 중요한 역할을 하는 태반이 형성된다. 또한 모체의 혈액이 들어 있는 혈관망이 형성된다.

각종 장기와 신체를 형성할 생식 세포층이 생긴다

몇 개의 생식 세포층도 생긴다. 이들은 각종 장기를 비롯해 분화된 신체의 일부를 형성하게 되는데 세포층에는 외배엽, 내배엽, 중배엽 3개의 층이 있다. 외배엽은 뇌를 비롯한 신경계통, 피부, 머리카락을 형성하게 되고, 내배엽은 소화기관, 간, 췌장, 갑상선의 내면을 형성하게 된다. 중배엽은 뼈대, 결체조직, 혈액계통, 비뇨생식기, 근육 등을 형성하게 된다.

임신 13주를 전후로 선천성기형의 위험이 달라진다

거의 모든 임신부들이 혹시 기형아를 출산하지 않을까 걱정한다. 하지만 이런 걱정은 대부분 기우인 경우가 많다. 선천성기형은 전체 신생아 가운데 3%에만 나타나기 때문이다.

선천성기형의 원인이 정확하게 밝혀진 것은 전체 사례의 절반도 되지 않는다. 태아 성장에 중요한 시기에 임신부가 특정 위험물질에 노출되면 심각한 기형을 초래할 수 있지만, 임신 13주 이후라면 위험한 정도가 많이 완화된다. 다시 말하자면, 특정 위험물질이 임신 전 기간에 걸쳐 위험한 것은 아니라는 얘기다. 예를 들어 임신 초기에 풍진에 감염되면 심각한 기형이 발생할 수 있지만, 임신 중기와 말기에 풍진에 감염되었다면 심각한 문제는 발생하지 않는다.

임신 초기에는 염색과 파마도 피한다

머리 염색약과 파마약이 태아에게 미치는 영향에 대해선 아직도 논란이 계속되고 있다. 하지만 머리 염색약과 파마약에 암과 유전자 돌연변이를 일으킬 수 있는 화학물질이 들어 있다는 것은 확실하다. 문제는 이런 일이 일어나려면 어느 정도의 화학물질이 필요하냐는 것이다. 동물 실험 결과를 보면 태아에게 영향을 주려면 염색하고 파마하는 데 들어가는 약보다 100배나 많은 양이 필요하다고 한다. 그러므로 몇 번 머리를 염색하고 파마를 한다고 해서 당장 걱정할 일이 생기지는 않는다. 그러나 임신 초기 3개월 동안은 머리 염색과 파마를 피하고, 직접 머리를 염색할 때는 반드시 장갑을 끼고 창문을 열어 둔다.

유해약물이나 유해환경에 주의한다

유해물질이라고 해도 사람에 따라 반응이 다르다. 알코올이 그 좋은 예이다. 어떤 태아는 다량의 알코올에도 전혀 영향을 받지 않는데 비해, 어떤 태아는 약간의 알코올에도 문제를 일으킨다. 유해물질에 대한 정보는 주로 동물실험을 통해 얻어지는데 이런 정보는 도움이 되기는 하지만 항상 인간에게 바로 적용될 수 있는 것은 아니다. 대개는 자신이 임신한 사실을 몰랐거나, 유해한 물질인지 모르고 가까이 했다가 문제가 발생하는 경우가 많다.

특정약물이 태아에게 어떤 영향을 미친다고 단정적으로 말하기는 어렵다. 그러나 임신부가 특정약물을 복용하고 있을 때는 의사에게 솔직히 말해야 한다. 약물의 희생자는 뱃속의 아기다. 약물은 태아에게 심각한 문제를 일으킬 수 있지만 의사가 약물 복용 사실을 알고 있다면 문제를 어느 정도는 막을 수 있다.

환경물질 중에도 태아에게 해로운 것이 있으므로 임신부는 이런 물질에 노출되지 않도록 조심해야 한다. 우리가 사는 환경에서 발견되는 화학물질의 안전성에 대해서 확실하게 알려진 정보가 없으므로

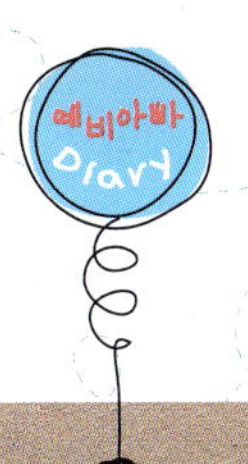

임신과 출산에 관한 책을 눈에 띄기 쉬운 곳에 두고 매주 임신의 상태가 어떻게 달라지는지, 태아는 어떻게 자라고 있는지 아내와 함께 책을 읽는다. 남편 혼자서 임신출산 책을 미리 읽고 이해해 두었다가 아내에게 그 내용을 설명해 주면 아내는 더욱 감동할 것이다.

음식물을 통해서든, 공기를 통해서든, 오염물질에 노출되지 않도록 주의해야 한다. 오염물질에 노출되었을 가능성이 많다고 생각될 때는 식사를 하기 전에 손을 깨끗이 씻어야 한다.

대부분의 가정용 세제는 태아에게 별로 해롭지 않지만 일부 세제에는 유해한 화학물질이 들어 있으므로 조심한다. 세제를 사용할 때는 스며들지 않도록 장갑을 끼고, 세제 냄새가 너무 강하다면 청소하는 동안 창문을 열어 두도록 한다. 그리고 암모니아가 들어 있는 제품과 염소가 들어 있는 제품을 같이 사용하지 않도록 하고 오븐 세제나 욕조나 타일 세제 같은 독성이 있는 제품은 피하도록 한다. 또한 사우나나 반신욕, 전기장판 등 임신부의 체온을 높이는 환경에 노출되지 않도록 조심한다. 임신 초기의 고열은 신경관 결손을 초래할 수 있기 때문이다.

임신을 해서 좋은 점도 있다

임신을 하게 되면 신체적으로 불편한 일들이 많이 생겨 임신부들을 힘들게 한다. 하지만 임신으로 인해 평소 조심해야 했거나 힘들었던 상황이 오히려 편해지는 경우도 있다. 예를 들면 알레르기와 천식이 있는 사람은 임신 중에 분비되는 천연 스테로이드가 증세를 완화시켜 주기 때문에 임신 중에 고생을 덜하게 된다. 또한 임신은 유방암과 난소암을 막아 주는데, 임신부의 나이가 어리고 임신 횟수가 많을수록 더 안전하다. 평소 편두통으로 고생했던 사람의 경우 임신 중기로 가면서 편두통이 사라지는 것을 경험하게 된다. 하지만 임신으로 얻게 되는 대표적인 이점은 뭐니 뭐니 해도 생리가 없고 따라서 생리통도 사라진다는 것이다.

균형 잡힌 식사를 한다

임신 중에는 체중이 증가하는 것이 당연하다. 임신부나 태아의 건강을 위해 체중은 증가해야 한다. 잴 때마다 체중이 늘어나는 것을 참기 어려운 사람도 있겠지만, 임신 중에는 체중증가를 당연한 사실로 받아들이도록 하자. 그렇다고 자신을 포기하라는 뜻은 아니다. 주의해서 균형 잡힌 식생활을 하면 체중을 조절할 수 있다. 임신 중에는 영양학적으로 균형 있는 식사를 해야 한다. 당분이나 지방분이 많이 들어 있는, 칼로리만 높은 식품은 될 수 있는 대로 피하고 신선한 과일과 채소를 많이 먹도록 한다. 카페인도 가능한 한 피하는 것이 좋다.

예비아빠도 건강관리를 해야 한다

예비아빠의 건강과 약물이나 알코올 사용이 태아의 성장에 영향을 미칠까? 최근 들어 예비아빠의 임신 기여도에 대한 관심이 높아지고 있다. 예비아빠의 연령이 40세 이상이면 새로운 염색체 변형 질환이 증가할 수 있는데 빈도는 약 0.3% 정도이다. 또한 임신 당시에 예비아빠가 상습적으로 약물을 복용하고 있었다면 임신 결과에 영향을 미칠 수 있다. 이것은 아직까지 과학적으로 확실하게 증명된 것은 아니지만, 위험한 일은 하지 않는 것이 좋을 것이다.

임신 2개월

임신 초기 트러블 & 케어

임신 초기에는 여러 가지 불쾌감을 주는 증상들이 나타날 수 있는데, 이로써 임신부는 자신의 몸속에서 아기가 자라고 있음을 확실하게 느끼게 된다. 주로 나타나는 증상으로는 입덧, 침 과다 분비, 하복부 불쾌감, 유방 압통, 방광 문제, 피로, 현기증 및 두통 등이 있다.

이러한 증상들은 보통은 심각한 것이 아니지만 어떤 경우에는 문제가 될 수도 있다. 각 증상들을 좀더 자세하게 살펴보자.

💜 입덧이 생긴다

대부분의 경우 입덧은 임신 3개월 정도까지 나타나는 증상이다. 이 증상이 나타날 수 있는 확률은 50% 정도라고 볼 수 있는데, 드문 경우이긴 하지만 출산 때까지 계속 입덧을 하는 여성도 있다. 그런 경우 보통 뭔가 다른 부분에 문제가 있는 것이므로 그 원인을 찾아내는 것이 중요하다.

● 기름진 음식을 피한다

튀기거나 지방이 많고 기름진 음식과 향신료가 많이 들어 있는 음식과 패스트리, 파이, 케이크 같은 음식은 피하는 것이 좋다. 그렇다면 거의 먹을 것이 없다고 할 수도 있겠지만 사실 먹을 수 있는 양질의 음식들이 많이 있다.

● 구이, 찜, 죽, 신선한 야채를 먹는다

저지방 육류, 가금류 그리고 생선을 오븐이나 석쇠에 구워서 먹는다. 찌거나 오븐에 굽거나 혹은 삶은 야채도 좋다. 그리고 간단한 디저트류나 신선한 과일을 선택한다. 쌀이나 파스타, 보리, 옥수수, 밤가루 등으로 만든 죽, 기타 여러 곡물류 같은 자극이 적은 탄수화물은 좋은 영양 공급원으로서 언제든 먹어도 좋다. 이러한 탄수화물은 수분과 함께 여러 가지 방식으로 조리하여 섭취할 수 있는데 단, 맵고 자극적인 양념은 피해야 한다.

● 조금씩 자주 먹는다

한 번에 많은 양의 식사를 하는 것은 피하고, 적은 양을 한두 시간 정도의 간격으로 가능한 한 여러 번에 나누어 먹는 것이 좋다. 되도록이면 크래커나 쿠키 혹은 몇 조각의 과일을 손 닿기 쉬운 곳에 두도록 하고, 밤에 화장실을 갈 때나 아침에 일어났을 때 조금씩 먹는다. 그러나 위식도역류 질환을 앓고 있는 임신부라면 이것은 좋은 방법이 아니다.

● 배가 고프거나 너무 부르지 않게 한다

외식을 하는 경우, 많은 양의 식사나 패스트푸드는 삼간다. 중요한 것은 위가 지나치게 꽉 차거나 텅 비어 있지 않도록 주의하는 것이다.

● 휴식을 취해도 가라앉지 않으면 병원에 입원한다

극도의 집중력을 요구하는 일이나 강도가 높은 수작업을 하고 있는 경우, 혹은 입덧이 지나치게 심한 경우라면 짧게라도 휴가를 내는 것이 바람직하다. 조만간 증상이 나아질 것이고, 다시 일을 하는 데 아무 문제가 없을 것이다. 반면에 시간적으로 비교적 자유롭게 일할 수 있는 직업이라면 쉬지 않고 일을 계속하는 것이 좋다. 일하지 않고 집에 있으면서 우울해하는 것은 더욱 좋지 않기 때문이다.

매우 극소수이긴 하지만 심한 구토가 계속되어 병원 신세를 져야만 하는 경우도 있다. 이때 지나친 체액 손실로 인해 탈수 증세가 나타나거나 전해질 평형이 깨진다면 심각한 문제가 발생할 수도 있다. 이런 경우 병원에서는 수액이나 음식, 전해질을 정맥으로 투여하고, 경우에 따라서는 약을 투여하기도 한다.

● 구토물에 피가 섞이면 전문의를 찾는다

드문 경우이긴 하지만 구토가 지속되면서 약간의 피를 토하는 경우도 있는데 이것은 일반적으로 식도에 자극이 가해져서 생기는 증상이다. 대개는 위험하거나 걱정할 만한 상태는 아니지만 그렇다고 해도 일단은 전문의에게 알려야 한다.

💜 오른쪽 하복부가 조금 당긴다

임신 초기에는 자궁이 커지면서 어느 한쪽(오른쪽인 경우가 많다)으로 약간 돌아가는 것이 보통이다. 따라서 오른쪽 하복부가 당기는 듯한 통증을 느끼게 된다. 대부분의 경우 빠르게 자리에서 일어나거나 몸을 급격하게 어느 한쪽으로(양쪽 모두가 해당될 수도 있다) 돌리는 경우 느끼게 된다. 이러한 증상은 임신 초기에만 나타나는 자연스러운 증상이다. 이와는 다르게 하복부에 심한 통증이 느껴진다면 병원을 찾아야 한다.

💜 이유 없는 통증이 있을 수 있다

두 개 중 한 개의 난소에 생기는 황체낭이 통증을 유발할 수도 있다. 황체낭은 배란이 일어난 난소에서 형성된다. 황체낭은 임신 후 3개월 동안 많은 양의 황체 호르몬을 공급한다.

그리고 이후에는 태반이 그 역할을 대신하게 된다. 황체 호르몬이 없이는 임신 상태가 유지될 수 없다. 호르몬 공급이 중단되면 유산이 되거나 출산을 하게 되는 것이다.

이처럼 지극히 정상적이고 중요한 역할을 담당하는 황체낭이 임신 초기에 통증을 유발할 수 있는데, 간혹 심각한 증상과 혼동되는 경우도 있다. 그럴 때는 병원에 방문하여 주의 깊게 검사를 하거나 초음파 검사를 함으로써 통증의 원인이 무엇인지 알아내야 한다.

💜 침이 많이 분비된다

드물게는 임신 초기에 타액과다증이 나타나는 경우가 있다. 이는 비교적 경미한 증상으로서 그 원인은 아직 밝혀진 바가 없다. 치료 방법도 특별히 없기 때문에 침을 삼키거나 뱉는 수밖에 없다. 그리 완벽한 해결책이라 볼 수는 없겠으나 현재로서는 다른 방법이 없다.

💜 유방이 팽창한다

임신 초기에는 수태로 인해 자극을 받아 가슴이 단단하게 뭉친다. 임신 전에 월경을 앞두고 가슴이 단단해지는 것을 경험했다면 이 시기에 나타나는 증상은 그것보다 좀더 심하다고 보면 된다. 이러한 울혈 현상은 유방의 젖 분비샘이 발달해 생기는 것이다.

따라서 어느 날 갑자기 흔들리는 차를 타고 가거나, 조깅, 테니스, 샤워, 성관계, 엎드려 자기, 재빠르게 움직이기 등 몸을 빠르고 높게 혹은 낮게 움직이는 일을 하기가 곤란해진다. 이때 가슴에 딱 맞는 브래지어로 받쳐 주면 좀 편한데, 자는 동안에도 착용하는 것이 편할 수 있다. 브래지어를 착용하지 않는 경우 증상이 더 심하게 나타날 수도 있으며, 언제 나올지 모르는 초유로 인해 옷이 더러워질 수도 있다.

유방은 임신 초기 몇 개월 동안 빠르게 커지고, 젖 분비샘도 급속하게 발달하다가 시간이 감에 따라 속도가 점차 느려진다. 따라서 점차 큰 치수의 브래지어가 필요해진다.

💜 살이 트고 유두에서 맑은 분비물이 나오기도 한다

유방이 급속하게 커지기 때문에 피부에 튼살이 생길 수도 있다. 튼살은 브래지어로 가슴을 잘 받쳐 주고, 체중이 지나치게 많이 늘어나지 않도록 조심하며, 매일 밤 라놀린이 함유된 크림으로 가슴 마사지를 해 주면 어느 정도 줄일 수 있다.

임신 초기에 유두에서 맑은 분비물이 나오는 경우도 있다. 이것은 출산 후에나 나오게 될 모유의 전조라 할 수 있는 초유이다. 초유는 성관계 시 더 많이 분비되기도 하는데, 정상적인 것이므로 걱정하지 않아도 된다. 임신 기간 중에 일어난 신체적 변화로 출산 후 가슴 사이즈가 커질 수도 있고 작아질 수도 있다.

💜 소변이 자주 마렵다

여성은 방광이 자궁 앞에 있어서 자궁이 수축하거나 커지면 방광을 압박하게 된다. 이 때문에 임신 초기에는 화장실을 들락거리느라 하루가 다 간다고 느낄 정도로 소변을 자주 보게 된다. 이러한 현상은 임신 중기에 들어 자궁이 올라가면서 어느 정도 해소되지만, 시간이 더 지나 출산이 가까워지면 태아의 머리가 아래로 자리를 잡으면서 방광은 다시 한 번 압박을 받게 된다.

💜 요실금이 나타나기도 한다

여성의 경우 방광과 연결되어 있는 요도 길이가 매우 짧다. 요도는 사용하지 않을 때는 주변 근육에 의해 닫혀 있는데, 이 근육을 통제하는 방법은 우리가 아주 어렸을 때부터 자연스럽게 배우고 익혀왔다. 하지만 뱃속의 아기로 인해 그 기능이 약해진다. 임신이 진행됨에 따라 요도에 가해지는 압력은 점차 커지고, 근육의 자율적 통제 기능을 상실하는 경우가 발생하기 때문이다. 특히 재채기를 하거나 물건을 들어 올릴 때, 기침을 하거나 웃을 때 혹은 소리를 지를 때는 더욱 그렇다. 이러한 요실금은 출산 후 사라지기는 하지만, 이미 근육이 한 번 이완된 상태이기 때문에 완전히 과거와 동일한 통제력을 회복하는 것은 불가능하다.

💜 방광염이 생길 수 있다

방광과 신장은 임신 기간 중 염증이 발생하기 쉬운 장기이다. 방광염의 주요 증상은 소변을 자주 보게 되고, 소변을 볼 때 통증이 있으며, 방광이 완전히 비워지지 않은 느낌이 드는 것이다. 경우에 따라 소변에 혈액이 섞여 나오기도 한다. 반면, 신우염의 증상은 방광염의 증상에 덧붙여 오한, 고열 그리고 등 위쪽의 한쪽 혹은 양쪽에 심한 통증이 동반된다. 신우염 없이 방광염만 생기는 경우도 많다. 오한, 고열 같은 증상들이 감지되면 즉시 전문의를 찾아가야 한다.

● **과격한 성관계는 피한다**

이 시기에는 성관계를 갖게 되면, 특히 시간이 너무 길거나 성교 동안 혹은 그 전후에 지나치게 과격한 신체적 행위를 하거나 신체 일부에 과도한 압력이 가해지면 방광염에 걸릴 확률이 좀 더 높아진다. 그러므로 남편은 손, 입, 성기를 특히 청결하게 해야 한다.

● **성관계 전에 방광을 비운다**

임신부는 성관계 이전에 방광을 비우고, 가능하다면 그 이후에도 비우는 것이 좋으며 항상 청결하게 해야 한다. 그렇다고 질 세척기나 파우더를 사용해서는 안 된다. 비뇨기 계통을 절대 보호해야 하는 시기이므로 각별한 주의가 필요하다.

● **물을 많이 마신다**

흔히들 임신 중에 물을 많이 마시면 부종이 심해질 것이라고 여기기 쉬운데, 이는 잘못된 생각이다. 적당한 수분 섭취는 오히려 부종을 줄여 준다. 임신 기간 동안 수분을 충분히 섭취하면 소변이 지나치게 농축되는 것을 막을 수 있다. 단, 알코올 성분이 들어 있거나 중독성이 있는 음료는 피해야 한다. 예로부터 요도염의 민간약으로 쓰였던 차조기잎 달인 물이나 쑥 달인 물은 수분 공급도 해 줄 뿐 아니라 방광염 예방에도 좋다.

💜 현기증이 나타난다

현기증은 대부분 앉거나 누워 있다가 너무 빨리 일어났을 때, 혹은 같은 자세로 너무 오랫동안 서 있거나 앉아 있을 때, 너무 덥고 사람이 너무 많은 좁은 공간에 갇혀 있는 경우에 나타나기 쉽다. 따라서 임신부들은 극장, 쇼핑센터, 교회, 엘리베이터, 버스 등 사람이 많이 모이는 곳은 가급적 피하는 것이 현명하다.

그리고 누울 때는 가능하면 왼쪽으로 돌아눕는 것이 바람직하다. 왼쪽으로 누우면 커진 자궁에 의한 주요 혈관에 대한 압력을 최대한 줄일 수 있기 때문이다.

💜 두통이 생긴다

임신부들에게 흔한 두통은 묵직하고 고동치는 듯한 것으로, 낮 동안 계속되다가 밤에는 사라지는 경우가 많다. 그리고 대부분 임신 중기에 접어들기 전에 없어진다. 두통 때문에 힘들더라도 의사의 진찰 없이 약을 복용해서는 안 된다.

💜 식욕이 왕성해진다

임신부가 왜 추운 겨울 한밤중에 갑자기 일어나 미친 듯이 딸기를 찾는지 이해하기 어렵다고 말하는 사람들도 있겠지만, 이것은 임신 초기에 흔하게 볼 수 있는 현상이다. 구토 증세를 더 심하게 만드는 음식이나, 매우 드문 경우이긴 하지만 먹을 수 없는 물건에 대해 식욕을 느끼는 경우가 아니라면 갑자기 먹고 싶은 음식은 그때그때 먹어도 좋으나 과식은 금물이다.

💜 이유 없이 우울해진다

임신 초기에는 감정의 기복이 심해져 특별한 이유 없이 우울해질 때가 많다. 왠지 모르게 우울해지고, 눈물이 나고, 자신이 왜 이러는지 이해할 수 없을 때가 많은데, 이에 대해 걱정하거나 그 이유를 알려고 애쓸 필요는 없다. 곧 없어질 증상이기 때문이다.

단, 아무리 울적해도 함부로 약을 복용해서는 안 된다. 감정 관리에는 약보다, 가족을 포함한 주위 사람들의 절대적인 이해와 관심이 무엇보다 중요하다. 하지만 임신 전부터 심각한 정서 장애로 정기적인 약물 치료를 받고 있었다면 의사에게 사실을 알리고 특별한 조치를 취해야 한다.

병원 선택

병원 선택 전, 미리 고려해야 할 일

 30분 이내에 도착할 수 있는 병원을 선택한다

병원을 선택할 때 가장 먼저 고려해야 할 점은 바로 거리. 최소한 30분 이내로 도착할 수 있는 병원을 선택하는 것이 좋다. 임신 후 출산 때까지 병원에 드나드는 횟수는 보통 임신 초기에는 한 달에 한 번, 임신 후기에는 2주에 한 번 정도. 임신 초기에는 상관이 없지만 임신 후기로 갈수록 병원 방문 횟수가 늘고, 긴급한 상황이 발생할 수도 있으므로 거리가 최대한 가까운 곳을 택하는 것이 좋다.

병원 근처의 교통 상황을 미리 알아두는 것도 좋은 방법이다. 상습 정체지역이나 교통 체증이 심한 곳은 피해서 택하는 것이 좋다.

화장실을 체크한다

분만 직후 산모와 신생아는 세균에 무방비로 노출되기 쉽다. 무엇보다 입원실과 수술실 등 병원 시설이 얼마나 청결하고 위생적인지 알아보는 것이 좋다. 처음 병원에 들어갔을 때 시설물은 깨끗한지 청소는 잘되어 있는지 꼼꼼히 따져 보도록 한다. 특히 화장실은 잊지 말고 체크한다. 화장실 위생상태가 곧 병원의 위생상태를 말해 주기 때문이다.

진료를 하는 도중 짬짬이 진료기를 어디에 두는지, 어떻게 소독하는지 등을 체크하는 것도 좋다. 입원실의 경우엔 온돌식 침대인지, 분위기는 쾌적하고 위생적인지, 너무 시끄럽지 않은지도 체크한다.

또 출산 후 가족들과 함께 지낼 수 있는지, 아기와 함께 방을 사용할 수 있는지, 하루에 아기와 보낼 수 있는 시간은 몇 시간 정도인지도 미리 알아보는 것이 좋다.

입소문을 귀담아 듣는다

이미 출산을 경험한 선배들로부터 이야기를 듣는 것도 좋은 방법이다. 병원의 분위기와 의사나 간호사들의 친절 정도, 그리고 병원에 대한 주위의 평은 병원을 결정하는 데 중요한 요소가 된다. 임신 기간 중에는 불안한 요인들이나 궁금한 점들이 많은데 의사나 간호사들이 불친절해서 물어볼 수조차 없다면 아무래도 문제가 있다. 의사에게 모든 것을 맡길 수 있을 만큼 신뢰가 느껴지는 병원을 선택한다.

자신의 건강상태를 고려한다

임신부가 건강해서 정상적인 출산을 할 수 있다면 굳이 멀리 있는 종합병원이나 전문병원을 찾을 필요는 없다. 그러나 35세 이상의 고령 출산인 경우나 가족 중에 유전적인 병이 있는 경우, 임신부 본인의 건강상태가 좋지 않을 때, 태아에게 이상이 있을 때는 종합병원이나 전문병원을 찾는 것이 좋다. 개인병원보다 경험이 풍부하고 시설이 잘되어 있어 위급 상황에 빠르게 대처할 수 있는 장점이 있기 때문이다.

분만 방법에 따라 병원도 달라진다

분만 방법을 고려해 선택하는 것도 잊지 말자. 자연분만이나 제왕절개, 무통분만 등 분만 방법에 따라 전문적으로 이를 행하는 병원들이 있기 때문이다. 자연분만을 할 경우에는 병원마다 차이가 거의 없는 편이다. 따라서 굳이 검진 때마다 오래 기다려야 하고 분만 비용도 비싼 종합병원에 다닐 필요가 없다.

하지만 요즘 많이 하는 제왕절개나 무통분만 수술의 경우 마취가 필요하므로 미리 병원 내에 마취과 전문의가 있는지 체크해 보는 것이 좋다. 무통분만 외에도 요즘 유행하고 있는 수중분만이나 그네분만 등을 원한다면 이를 전문적으로 행하고 있는 개인병원이나 전문병원들이 있으므로 미리 체크해 보고 병원을 결정하도록 한다.

병원 정하기

　임신에서 출산까지 모든 과정을 도와주는 병원을 선택하는 것은 무엇보다 중요한 일이다. 의료진이나 시설은 물론 특징까지 꼼꼼히 살펴서 자신에게 맞는 병원을 선택해야 한다. 우선 산부인과를 선택할 때는 의사가 신뢰할 만한지를 제일 먼저 따져 보아야 한다. 앞으로 10개월간 수 차례에 걸쳐 만나야 하고 여러 가지 문제를 의논해야 하는 파트너의 관계를 긴밀하게 유지해야 하기 때문이다.

　일단 담당의사는 편안해야 한다. 의사는 임신부의 문제점을 종합적으로 파악할 수 있어야 하고, 초음파 화면에 나타난 영상을 상세하게 설명해 주어야 하며, 앞으로 해야 할 검사들에 대한 정보도 주어야 한다. 따라서 무엇보다도 중요한 것은 의사가 성실하고 진지하게 진료한다는 느낌이 드는가 하는 것이다. 잘 대접받고 있다는 생각이 들지 않는다면 서슴지 말고 의사를 바꾸는 것이 좋다. 병원을 선택할 때 각 병원의 장단점을 알아 두자.

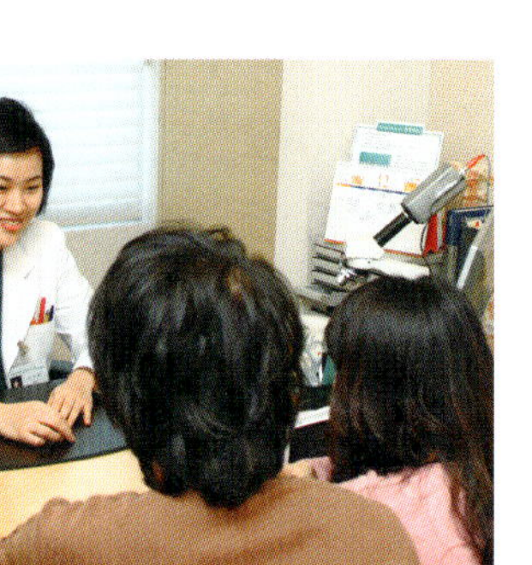

종합병원 & 대학병원

장점　대학병원의 가장 큰 장점은 산부인과 이외에 내과, 비뇨기과, 소아과 등을 갖추고 있어 산부인과와 직접 관련이 없는 질병이나 특이한 합병증에 대해서도 치료가 가능하다는 것이다. 따라서 언제 일어날지 모르는 합병증이나 신생아 질병에 관해서도 신속히 대처할 수 있다.

　집안에 유전병 환자가 있다거나 임신 전부터 질환을 앓고 있다거나, 고령출산으로 이상임신 증상이 나타나기 쉬운 임신부들에게 알맞다. 또한 소아과에서는 출산 시 기록을 그대로 넘겨받기 때문에 아기의 건강관리까지도 안심하고 맡길 수 있다.

단점　임신부들이 많아 대기시간이 길고, 개개인에 대한 배려를 기대하기가 힘들다. 진료와 분만을 담당하는 의사가 바뀔 수 있고, 이런 결정을 그대로 따라야 하는 불편을 감수해야 한다. 위험증세가 있는 임신부도 많이 있어서 분만 뒤 회복실의 분위기가 쾌적하지 못할 수도 있다는 점 또한 단점으로 꼽을 수 있다.

비용　자연분만으로 출산했을 경우 50~60만원(2인실, 2박3일 기준), 제왕절개를 했을 경우에는 90~1백만원(2인실, 7박8일 기준) 정도.

추천　35세 이상의 고령 임신부인 경우, 가족 중 유전병이 있는 임신부인 경우, 임신부의 건강 상태가 좋지 않은 경우, 태아에게 이상이 있는 경우, 전문화된 의료 서비스를 원하는 경우.

Check Point　진료비용은 가장 비싸지만 진료 후 만족도와 신뢰도는 가장 높다. 병원마다 병실 입원비와 진료비는 차이가 있으므로 미리 체크한다. 진료 시 시간이 얼마나 소요되는지도 미리 알아보는 것이 좋다.

산부인과 전문병원

장점　산부인과 전문병원은 대학병원보다 규모는 작지만, 대학병원 못지않은 시설과 의료진을 갖추고 있다. 보통 5~10명 정도의 산부인과 전문의로 구성되어 있고, 남자와 여자 전문의가 따로 있어 원하는 경우 선택 진료가 가능하다.

전문병원의 가장 큰 장점은 산부인과를 전문으로 하는 만큼 신뢰도가 높아 임신부들이 안심하고 다닐 수 있다는 것이다. 임신부 검사나 임신부 프로그램은 어느 병원보다 전문적이고 세분화되어 있다.

산부인과, 소아과, 내과, 비뇨기과 등 임신부와 관련된 진료과목을 대부분 갖추고 있어서 임신·출산 시 위급한 상황이 생기면 각 분야의 전문가들이 신속하게 모일 수 있다는 장점도 있다. 불임이나 기형아 등에 대한 특수클리닉이 설치되어 있어 아기가 생기지 않거나 가족 중에 위험한 병력을 가진 임신부들이 많이 찾는다.

단점 환자 수가 많아 종합병원이나 대학병원만큼 대기시간이 길고, 분만과 검진비용 또한 만만치 않다. 게다가 규모가 크기 때문에 정기검진 때는 물론 분만, 입원생활 중에도 개인적인 세심한 배려를 기대하기는 힘들다. 또 대부분 시내 중심가에 자리잡고 있어 멀리까지 다녀야 하는 불편함도 있다.

비용 자연분만 후 입원하면 40~50만원(2인실 기준), 제왕절개 후 입원하면 90만원 내외(2인실 기준) 정도.

추천 불임이나 기형아 등 특수 클리닉을 원하는 경우, 다양한 산후 프로그램이나 서비스를 원하는 임신부의 경우.

Check Point 임신부들이 안심하고 출산할 수 있도록 라마즈 호흡법 등 각종 분만법과 태교법 강좌를 개설하고 있는 곳이 대부분. 건강한 아이를 출산할 수 있도록 일주일에 한 번 정도 호흡법을 연습하기도 하고 음악이나 체조를 통한 태교 시간을 갖기도 하므로 병원에서 진행하는 강좌를 미리 체크해 보는 것이 좋다.

개인병원

장점 개인병원은 규모가 작기 때문에 개인의 사정을 충분히 고려해 줄 수 있고, 비용이 적게 들며, 집에서 가까운 곳을 선택할 수 있다는 것이 가장 큰 장점이다. 또 환자 수가 종합병원에 비해 적기 때문에 세심하게 진찰을 받을 수 있고 궁금한 점들에 대해 자세한 이야기를 들을 수 있다.

같은 의사가 계속 진료를 담당하기 때문에 임신부 개개인의 건강상태를 잘 파악할 수 있으며, 진료와 출산이 환자 중심으로 이뤄진다는 것도 장점이다. 입원실을 선택하거나 입원 중에 가족들이 병원을 드나드는 데도 별다른 제약이 없다.

단점 개인병원은 병원마다 시설이나 진료방법에 큰 차이가 있기 때문에 미리 알아보고 선택해야 한다. 마취 분만을 할 수 있는 의료진과 전문 시설을 갖춘 개인병원이 있는가 하면 전문의 한 명이 모든 진료와 분만을 담당하는 곳도 있기 때문이다. 게다가 임신 기간 진료만 할 뿐 분만은 하지 않는 곳도 많아 도중에 병원을 옮겨야 하는 경우도 있다.

비용 자연분만은 20~30만원 정도(1인실 기준), 제왕절개 분만은 50~60만원 정도(1인실 기준). 만일 자연분만으로 무통분만을 할 경우 추가비용이 드는데 비용은 10~15만원 정도. 병원마다 차이가 있지만 의료보험은 적용이 되지 않는다.

추천 임신부와 아이에게 별다른 이상이 없는 경우, 신속하고 빠른 진료와 분만을 원하는 임신부의 경우.

Check Point 개인병원을 선택할 경우 출산 전 자신의 임신 경과에 적합한 시설과 의료진을 갖추고 있는지 미리 확인해 보는 것이 좋다. 가격은 가장 저렴하지만 분만을 하지 않고 검진만 하는 곳이 많으므로 미리 확인해야 한다.

 중규모 개인병원

종합병원이나 전문병원을 찾는 임산부가 늘어나면서 요즘 많이 생겨나고 있는 병원 형태다. 대부분 3~4명 정도의 전문의가 있으며 2~3층 규모인 경우가 많다. 여성 전문의만 있는 병원과 남녀 전문의가 있는 병원 등 그 종류가 다양한 편이다.

산부인과와 소아과가 함께 연계된 곳도 있다. 대부분 최근 2~3년 사이에 생긴 곳이 많아 시설이 깨끗하고 서비스도 훌륭한 편이며, 꼼꼼한 여성 취향에 맞추어 세세한 설명과 친절 서비스는 물론, 병원 내 인테리어까지 세심하게 신경 쓴 곳이 많다. 비용은 조금씩 다르지만 일반 개인병원과 비슷한 수준이다.

여자 전문의 개인병원

사실 남자 의사와 여자 의사의 차이는 없다. 의사의 능력은 성별의 차이가 아니라 개인의 실력 차이에서 비롯되기 때문이다. 그런데 최근 2~3년 전부터 여성 전문의를 찾는 임신부가 늘어나면서 여자 의사가 진료하거나 여자 전문의 2~3명 정도가 모여 만든 개인병원이 많이 생겨나고 있는 추세다. 진료 시 부담이 없고, 여성 특유의 섬세함 때문에 임신부들이 많이 찾는 편이다. 하지만 아이러니컬하게도 진료는 여성 전문의에게, 출산은 남성 전문의에게 맡기겠다는 임신부가 많아 병원 선택에 문제가 생기는 경우도 있다.

이는 남녀 의사에 대해 갖는 선입견 때문에 빚어진 현상으로, 그야말로 잘못된 생각이다. 남자 의사든 여자 의사든 대처 능력 면에서는 결코 차이가 없다.

병원 선택 후, 해야 할 일

Point 01 ··· 의사를 신뢰하고 지시에 따른다

병원을 선택한 뒤에는 의사의 진단을 신뢰하고 지시에 정확히 따르는 것이 좋다. 의사의 진료 방식에 적응이 잘 안 되거나 의사가 자신의 질문에 잘 대답해 주지 않을 때 임신부는 불안감을 느낀다. 하지만 소소한 문제가 아닐 경우에는 미리미리 다 이야기를 해 주는 것이 통상적이다. 때문에 너무 세세한 설명이 없다고 불안해하지 말 것. 만약 궁금한 점이 있다면 의사에게 솔직하고 확실하게 물어보는 것이 가장 좋은 방법이다.

Point 02 ··· 한 병원에 꾸준히 다닌다

병원을 선택한 후에는 되도록 중간에 바꾸지 않는 것이 좋다. 하지만 의사와 간호사의 진료방식에 도저히 적응할 수 없거나 출산을 멀리 떨어진 곳에서 하게 될 경우에는 과감하게 바꾸는 것도 좋다. 병원을 옮길 때는 산부인과 의사에게 미리 사정을 말한 뒤 임신 경과를 기록한 진료카드를 반드시 받는다. 그래야 옮긴 병원에서 불필요한 재검진을 받는 번거로움을 피할 수 있다. 뿐만 아니라 지난 임신 경과를 빨리 파악할 수 있어 적절한 검진을 받을 수 있다.

산전 검사

일반 검사

임신 기간 중에 다닐 병원을 정하고 임신부 교실에 등록하고 나면 이제 본격적인 임신 생활에 접어든다. 임신 중 가장 중요한 일은 정기검진을 받는 것이다. 임신 초기에는 4주에 한 번씩 검사를 받고, 후기에 접어들면 2주에 한 번씩, 그리고 마지막 달인 10개월째에는 1주일에 한 번씩 정기검진을 받아야 한다. 물론 임신부의 몸에 변화가 생기거나 이상이 느껴지면 정기검진 때가 아니더라도 즉시 병원을 찾도록 한다.

💜 정기검진 검사

정기검진 때마다 받아야 하는 검사가 있다. 혈압 검사와 소변 검사, 혈액 검사, 체중 검사, 내진 검사가 그것이다.

혈압 검사 정상 혈압은 120/80mmHg이며, 90/140mmHg 미만까지는 정상으로 본다. 이보다 혈압이 높은 경우 고혈압이라고 말한다. 고혈압은 태아와 임신부에게 모두 위험하다. 특히 몸이 붓거나 소변에 단백질이 섞여 나오는 증세가 발견되면 임신중독증의 위험이 있다.

소변 검사 진료 때마다 소변 검사를 한다. 소변에 단백질(신장이상이나 임신중독증)이나 당분(당뇨병)이 섞여 있는지를 검사한다.

혈액 검사 최소한 두 번째 검사 때마다 혈액을 뽑는다. 검사 결과에 따라 의사는 철분 결핍 현상을 조기에 발견할 수 있다.

체중 검사 같은 저울로 규칙적인 체중 검사를 하면서 의사와 함께 체중변화를 관찰한다. 체중이 급격히 증가했을 때는 그 원인을 찾아보아야 한다. 군것질이 늘었기 때문일 수도 있고, 수분량이 늘어났기 때문일 수도 있으며, 기타 다른 원인이 있을 수도 있으므로 주의하여 살펴보아야 한다.

내진 검사 임신 3분기 말부터 의사는 조심스럽게 한쪽 손의 두 손가락을 질에 넣고 자궁구와 자궁경관을 만져 보며 자궁과 질을 내진한다. 이때 다른 한 손으로는 배를 만진다. 이 검사를 통해 의사는 자궁의 위치, 태아의 자세를 검사하며, 자궁구가 아직까지 잘 닫혀 있는지를 확인한다.

💜 초음파 검사

예비엄마와 아빠는 기대에 부풀어 초음파 검사를 기다린다. 태아의 심장이 뛰는 모습, 팔과 다리를 움직이는 모습, 엄지손가락을 빠는 모습 등을 초음파 화면을 통해 고스란히 볼 수 있다.

초음파 진단법

원래 2차대전 때 잠수함을 찾아내려고 개발되었던 초음파 기법이 오늘날에는 임신 정기검진에서 빠질 수 없는 중요한 검사가 되었다.

요즘의 남편들은 아내가 정기검진을 받으러 갈 때 일부러 시간을 내서 따라가는 경우가 많다. 대개는 초음파 검사를 보려고 시간을 낸다. 초음파 진단은 단순히 태아의 모습을 보는 것 이상으로 중요한 의미가 있다. 태아에게 아무런 고통을 주지 않는 상태에서, 태아의 심장이 뛰는 모습, 성장하는 과정, 움직이는 모습, 신체기관이 발달하는 모습 등을 정확히 볼 수 있기 때문이다.

초음파 검사를 통해 의사는 임신 기간 동안 태반, 양수의 양, 자궁구가 변화하는 모습 등을 화면으로 보여 준다. 하지만 초음파 진단의 근본적인 의미는 뇌수종, 척추이분증, 척수수막류, 배꼽 탈출 등 태아의 기형을 알아보는 데 있다.

그리고 임신 19~22주 사이, 늦어도 임신 30주경에는 초음파 검사로 태아의 성별을 확실히 알 수 있다. 대부분의 임신부들은 자신의 몸속에서 자라나는 태아의 성별을 알고 싶어 하지만 현행법 상 32주가 넘어야 의사로부터 태아 성별을 들을 수 있다.

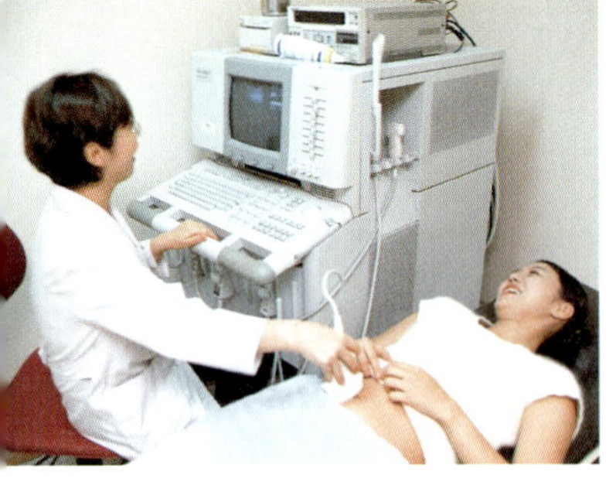

● **초음파 검사 방법** … 의사는 자궁이 위치한 배 표면에 초음파 검사용 젤을 바른다. 그리고 송신기이자 수신기인 탐촉자를 배 위에 살짝 올려놓는다. 기계는 음파를 근육을 통해 양수로 보내는데, 음파는 레이더처럼 반사된 후 탐촉자에 다시 받아들여져 전기 신호로 변환된다. 그러면 초음파 화면에는 광점으로 된 영상이 떠오른다. 이 영상은 사진이 아니라 윤곽이 표현된 것이다.

최근의 기술은 태아의 3차원 영상을 제공해주어 태아의 모습을 더 잘 볼 수 있다. 그러므로 초음파 기기가 의학적으로 매우 유용한 것임은 두말할 필요가 없다.

💜 NST 검사 (전자태아심음–자궁수축감시장치)

임신 3분기 말부터 약 30분간 전자태아심음–자궁수축감시장치를 이용해 NST 검사를 한다. 많은 임신부들이 30분간 발을 높이 든 채 소파에 앉아 편안한 상태로 태아의 심장 소리를 듣는다. 이 검사는 태아의 모든 움직임을 들려주는데, 태아가 몸을 돌리거나 이리저리 움직일 때 덜컹 하는 소리까지 스피커를 통해 전달된다.

● **NST 검사 방법** … NST 검사는 초음파가 진동 소리를 종이에 나타내 주는 것으로, 태아의 심장 소리를 임신부의 배 위에서 들을 수 있다. 초음파 수신기는 탄력성 허리띠나 튜브 모양의 넓은 복대에 달려 있다. 이 복대를 태아의 심장 소리가 가장 잘 들리는 곳에 착용한 다음 진통의 횟수, 간격, 지속시간 등 자궁의 움직임을 인지하는 자궁수축감시장치를 배 위에 올린다. 검사를 하는 동안 이 기기는 조기 진통이 있는지 여부도 설명해 준다. 잠시 후에 기기에서 선이 그어진 종이가 나온다. 종이에는 태아의 심장 소리와 자궁수축과정을 나타내는 곡선 두 개가 평행으로 그려지며, 동시에 스피커에서는 심장 소리가 들린다. NST 검사는 분만 시에도 시행된다.

산전 특수검사

정기검진과 함께 임신부에게 유용한 특수검사가 있다. 의료계에서 '산전 진단법'이라고 일괄해서 표현하는 특수검사로 기형아, 감염, 가족유전 질환(예를 들면 다운증후군이나 신진대사질환) 같은 염색체 이상을 분만 훨씬 이전부터 알아낼 수 있는 검사다. 이 검사는 초음파나 특수 혈액 검사 같은 비(非)침습 방법, 양수천자와 같이 자궁 속에 주입하는 침습 방법(피부를 뚫는 방법)과 구별된다.

💜 비(非)침습 진단법

나이가 든 임신부일수록 기형아 출산의 위험이 높다. 물론 평균적으로 그렇다는 뜻이다. 비침습 방법으로 임신부의 나이, 임신 기간, 태아의 상태를 관찰하여 개인적인 위험이 있는지 여부를 알아낸다. 그리고 침습 진단법이 필요한지 아닌지에 대한 결정적인 자료들을 전달한다. 하지만 비침습 방법으로 "내 아기가 다운증후군인가요?" 하는 질문에 "예", "아니오."를 답할 수는 없다. 대신 "당신의 아기가 다운증후군일 가능성이 1:400입니다." 하는 통계 수치로는 대답할 수 있다.

일반적으로 담당의사는 임신 11~13주에 초음파 검사를 할 때 태아의 목 두께를 측정한다. 이때 목 뒷부분의 두꺼운 증세가 눈에 띄면 다른 소견을 확인하기 위해 특수 초음파 검사를 받게 한다.

1. 목덜미 투명대 측정(유전학적 초음파 검사)

이 검사는 목덜미 투명대와 다운증후군의 가능성이 관계가 있음을 전제로 한다. '유전학적 초음파 검사'는 임신 11주 초에서 임신 13주 말경에 실시하는데, 이 시기에 모든 태아의 목 부분에서 측정할 수 있다. 목덜미 투명대가 두꺼우면 염색체 이상이나 심장기형이 있을 가능성이 있다. 다운증후군은 태아의 목덜미 투명대, 임신부와 태아의 나이와 관계가 있는데, 이 요소들에서 다운증후군이 될 수 있는지의 여부를 알아낼 수 있다.

과정 일반 초음파 검사와 동일하다.

장점 임신에 해를 끼치는 위험요소가 없으면서도 다운증후군의 가능성에 대해 상대적으로 정확한 수치를 알 수 있다. 다운증후군의 발견율이 최소 80% 정도로 정확성이 높다.

단점 결국 진단보다는 그저 통계 수치만 제공할 뿐이다.

대상 다운증후군 아기를 갖게 될 위험이 얼마나 큰지를 알고 싶은 부모, 처음부터 침습 방법을 원하지 않는 임신부.

2. 쿼드 테스트

쿼드 테스트는 임신부의 혈액 테스트로 태아가 다운증후군이나 신경관 결손에 걸릴 위험이 얼마나 높은지를 추정한다. 하지만 미심쩍은 요소가 발견되었다고 해서 꼭 아기가 실제로 다운증후군이나 척추이분증 현상을 나타내는 것은 아니다. 이때, 의사는 침습 검사(예를 들면 태반 융모막 융모 검사와 양수 검사)를 받을 것인지에 대해 임신부와 상의한다.

과정 임신 15~21주에 임신부의 팔에서 약 5ml의 혈액을 뽑아, 병원 화학실험실에서 에스트리올 호르몬과 베타-hCG호르몬, 혈청단백질, 인히빈(AFP. Alpha-Feto-Protein)을 분석한다. 이 네 가지 성분은 임신부의 나이, 임신 기간과 관계가 있으며, 아기의 다운증후군 성향 여부를 알려 준다.

장점 쿼드 테스트는 혈액검출을 위해 주사바늘을 꽂을 때의 따끔함 외에는 아무런 통증을 유발하지 않으며, 아기에게 해를 끼칠 위험도 없다. 또한 검사 결과도 며칠 후면 알 수 있다.

단점 쿼드 테스트는 100% 정확한 진단이 어렵다. 이 검사를 통해 다운증후군이 발견될 수 있는 가능성은 75% 정도이다. 정확한 결과를 위해서는 임신과 관계된 자료들이 일치해야 한다. 잘못 계산된 임신부의 나이, 임신 초기의 출혈, 지방과다증, 당뇨병, 쌍둥이 임신 등 테스트에 영향을 미치는 요소가 많기 때문이다. 양성반응으로 잘못 나와 부모에게 심리적 압박감을 줄 수 있다.

대상 초음파 외에 추가 검사를 원하지만, 침습 검사를 원하지 않는 임신부.

3. 통합 검사(인터그레이티드 테스트)

통합 검사는 임신 제 1삼분기와 2삼분기의 선별 검사를 모두 시행한 후 제 2삼분기 검사 후에 한번의 결과를 주는 방법으로 검출률이 가장 높다.

과정 임신 11~14주는 목덜미 투명대, 임신관련혈장단백-A(PAPP-A. pregnancy associated plasma protein A)를, 임신 15~20주 사이는 쿼드 테스트를 시행하여 결과를 분석한다.

장점 다운증후군 발견율이 85~90% 정도로 산모혈청으로 하는 다운증후군 선별 검사 중 가장 높은 발견율을 보인다.

단점 다운증후군 발견율이 높긴 하나 100% 정확한 진단을 하지 못한다.

대상 초음파 외에 추가 검사를 원하지만 침습 검사를 원하지 않는 임신부.

4. 정밀 초음파 검사

일반 초음파 검사 외에 임신 20~21주인 모든 임신부는 정밀 초음파 검사를 할 수 있다. 정밀 초음파 검사는 머리부터 발끝까지 시행하여 각 부분의 검사 결과를 볼 수 있다. 예를 들어 일반 초음파 검사는 태아의 머리둘레와 지름을 측정하는 반면, 정밀 초음파 검사에서는 뇌의 구조(소뇌의 위치, 대뇌의 위치 등), 심장 구조(심장에서 가까운 혈관, 심장에서 떨어진 혈관), 다리의 모양(안짱다리 등)까지도 알 수 있다.

과정 일반 초음파 검사와 동일하다.

장점 태아에게 해를 주지 않는다.

단점 다운증후군이 정확하게 진단되지 않는다. 임신부는 통계 수치만을 들을 수 있다.

대상 초음파 검사 외에 추가 검사를 원하지만, 침습 검사를 원하지 않는 임신부.

♥ 침습 진단법

태아가 다운증후군인지 아닌지 확실히 알고 싶으면 침습 검사를 받아야 한다. 이 진단법은 태반이나 탯줄, 양수에서 세포를 추출해 낸 다음 염색체에 결함이 있는지 알아보는 방법이다. 특히 유전적 질환이 있는 가족에게 이 검사는 아주 유용하다. 성별에 관계된 유전병(예를 들면 혈액질환)의 성향이 보이면 의사는 태아의 성별을 규정할 수 있다.

또 35세 이상인 임신부에게도 이 검사는 중요하다. 임신부의 연령대가 높을수록 염색체 이상이 증가하기 때문이다. 37세 임신부는 25세 임신부보다 다운증후군 아기를 낳을 확률이 6배나 높다. 따라서 의사들은 35세 이상인 임신부에게 반드시 산전 진단을 받도록 지시한다.

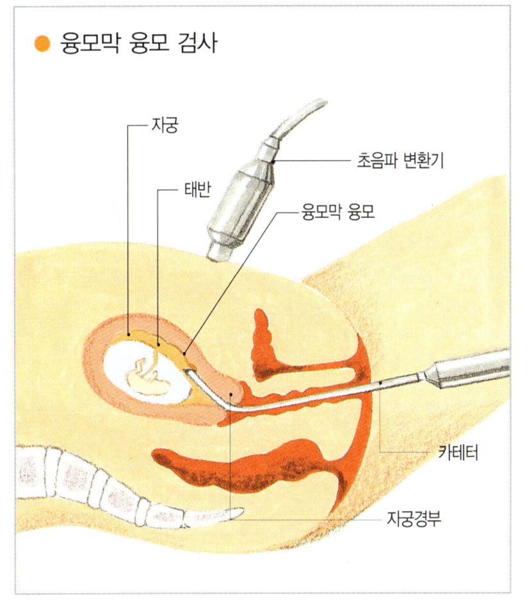

1. 융모막 융모 검사

융모막 융모 검사는 침습 검사의 초기 방법이다. 이 검사를 하기에 적당한 시기는 임신 11주부터인데, 이 시기에는 태아를 감싸고 있는 양막에 융모가 자라나 있기 때문이다. 양막이 고정된 곳에서 자라나는 융모(chorion fondosum)는 태반의 전신이다.

우선, 융모 세포를 복부 혹은 자궁경부를 통해 바늘로 소량 채취해 낸다(조직 검사). 융모는 태아처럼 수정란에서 생성되므로, 융모의 세포핵은 태아의 세포와 동일한 유전정보를 가지고 있다. 결국 이 세포를 분석함으로써 유전자 이상이나 유전병이 있는지 여부를 알 수 있는 것이다.

과정 검사를 시행하기 전에 초음파 검사로 태아를 관찰한다. 검사는 살균 상태에서 시행하는데(배 혹은 질 내를 소독하고 의사는 살균 장갑을 착용한다), 의사가 천자로 세포를 채취하는 동안 간호사는 임신부의 배 위에 초음파 탐촉자를 놓고 태아의 위치와 움직임을 관찰한다. 초음파 화면을 보면서 의사는 바늘을 융모(태반조직)까지 주입해 세포를 약 20mg 채취한다. 이 과정에 소요되는 시간은 약 30분 정도다.

장점 이 검사는 임신 초기에 시행할 수 있고, 결과도 빨리 알 수 있다. 하루나 이틀 뒤에 첫 결과를 알고, 2차 결과는 약 2주 후에 알게 된다.

단점 임신 초기에 출혈이나 자궁수축 등이 일어나면 이 검사를 시행할 수 없다. 바늘 주입으로 인한 유산의 위험이 1% 정도 있기 때문이다.

대상 태아에게 염색체 결함이 있는지 알기를 원하는 모든 임신부. 다운증후군의 위험은 35세 이상부터 높아진다.

2. 양수 검사법

양수 검사법은 유전자에 병적 변형이 일어났는지 여부를 검사한다. 가장 흔한 유전자 이상은 다운증후군이다. 그 외 척추기형(척추이분증)이나 신진대사 저하를 초래하는 선천성 효소결핍증, 성과 결부된 유전병(예를 들어 근육위축증) 등 염색체 이상도 양수 검사법을 통해 발견할 수 있다.

과정 임신 15주부터 검사가 가능하며, 과정은 융모막 융모 검사와 유사하다. 의사는 초음파 화면을 보면서 양수천자를 배에 놓아 자궁을 통해 양막낭까지 주입한다. 그리고 양수를 21~22㎖ 추출한다. 이 과정도 소요 시간이 약 10~30분 정도 걸린다.

장점 양수 검사를 하는 시기는 일반적으로 임신 상태가 안정기에 접어든 때이므로 검사로 인해 유산이 발생할 가능성은 거의 없다. 때에 따라 양수에서 추출한 염색체의 질이 뛰어나 검사 결과가 더 정확하게 나오기도 하나, 이는 극히 드물다. 염색체 분석 외에도 양수에 함유된 혈청단백질(Alpha-Feto-Protein)을 규명하여 태아에게 척추이분증이 있는지 위험도 진단할 수 있다.

단점 검사로 말미암은 유산 위험은 0.5% 정도이다. 검사 결과가 비교적 늦게 나오는 편으로, 약 14일 정도 걸린다. 염색체를 검사하기 전에 우선 조직배양이 이루어져야 하므로 그 정도의 시간이 걸리는 것이다.

대상 태아에게 염색체 결함이 있는지 알기를 원하는 모든 임신부. 더 정확한 검사를 원하는 경우.

3. 융모막 융모 검사 VS 양수 검사

임신부들은 두 검사 중 어떤 검사를 해야 할지를 결정해야 한다. 선택 시 개인마다 모두 중요한 이유가 있을 것이다. "전 참을성이 없어요. 염색체에 이상이 없는 건강한 태아라는 것이 확인되기 전까지는 임신 사실을 알리지 않을 거예요."라고 말하는 사람이라면 융모막 융모 검사를 받는 것이 좋다. 반면 "제 친구가 양수 검사를 해서 그런지 전 양수 검사에 더 끌려요."라고 말하는 사람은 양수 검사를 받는 편이 좋을 것이다.

두 검사 중 어느 것을 선택해야 하는지는 마치 휴가를 어디로 갈 것인지를 정하는 일과도 비슷하다고 할 수 있다. 또 검사 시간대를 정할 때도 그렇다. 남편이 동행할 수 있는지 없는지 등도 검사 방법을 선택하는 여러 가지 이유 중 하나가 될 것이다.

임신 중에 먹어도 되는 약, 안 되는 약

현대인들은 알약을 남용하는 경향이 있다. 안색이 나쁘거나 몸이 안 좋게 느껴질 때는 물론이고 악취가 날 때도 알약을 복용한다. 이처럼 알약을 과다복용하거나 남용하는 것은 누구에게나 문제지만 특히 임신부에게는 더 해롭다. 임신 중인 어머니뿐만 아니라 자라나는 태아에게까지 영향을 미치기 때문이다.

한 연구 발표에 의하면 임신 기간 중에 복용해서는 안 되는 약은 약 30개에 달한다고 한다. 이들 약의 영향은 아직까지 제대로 알려져 있지 않지만 최근 실시된 한 연구 결과, 부분적이기는 하지만 약이 태아에게 미치는 영향이 구체적으로 밝혀졌다.

💟 임신부가 복용하는 약은 태아의 혈류 속으로 들어간다

임신부가 복용하는 대부분의 약은 비교적 짧은 시간 안에 태아의 혈류 속으로 들어간다. 이때 태아의 혈중 약 농도는 임신부의 혈중 약 농도와 같거나 더 높다. 한때는 약의 분자구조가 클수록 태반을 통과하는 데 많은 시간이 소요되며, 그 결과 태아에게 전달되는 약의 양도 줄어들 것이라고 믿었다. 그러나 소위 태반장벽이라는 것은 이제 근거 없는 통념으로 간주되고 있다.

태아는 처음 12주 동안 몸의 각 기관과 골격을 거의 완성한다. 따라서 12주 된 태아는 매우 작지만 완전한 사람의 형태를 갖추고 있다. 나머지 임신 기간인 28주 동안 각 기관은 단지 성숙해지고 크기가 자랄 뿐이다.

 처음 12주까지가 가장 위험하다

자라나는 태아에게 구조적 이상이 발생할 수 있는 가장 위험한 시기는 처음 12주 동안이다. 그리고 유해한 약과 질병은 복용과 감염 시기에 따라 신체의 다양한 기관에 영향을 미치게 된다. 탈리도마이드를 그 예로 들어 보면 임신 22일째에 복용할 경우 팔에, 임신 28일째에 복용할 경우 다리에 이상을 가져온다.

여기서 기억해야 할 것은 임신 12주가 되면 몸의 각 기관과 골격이 대체적으로 완성되는 것은 사실이지만 특정 약품과 질병은 임신기 전반에 걸쳐서 자라나는 태아에게 영향을 미칠 수 있다는 점이다.

 어떤 약도 태아에게 해롭다

최근 임신부와 태아에게 영향을 미칠 수 있는 약품에 대한 연구 보고서가 방대하게 쏟아져 나오고 있다. 아스피린이나 감기약처럼 처방전 없이 가정에서 예사롭게 복용하는 약들도 태아에게 안전하다고 볼 수 없다.

약은 반드시 담당의사의 처방을 받아 복용한다

현대 여성들은 태아에게 해가 될 수도 있는 약을 남용하는 경향이 있다. 항우울제, 항경련제, 이뇨제, 항생제, 진통제 등이 그 예이다. 어떤 종류가 됐든 임신 기간 중에 약을 사용할 경우에는 임신부나 담당의사 모두 그 약을 사용함으로써 생길 손익을 먼저 고려해야 한다. 그리고 임신부는 담당의사와 상의하지 않고는 어떤 약도 복용해서는 안 된다는 것을 반드시 기억해야 한다.

임신 중 위생관리

평소에 나쁜 습관을 갖고 있지만 않다면 임신 기간 동안은 몇 가지 새로운 위생 관리 원칙만 지켜 주면 된다. 일반적인 위생 관리만으로 충분치 않은 경우라면 의사의 특별 지시를 따르도록 한다.

임신을 하면 여러 가지 생리학적 변화를 맞게 돼, 과거 자신이 가졌던 개인적 습관들을 바꾸지 않으면 안 되는 상황에 처하기도 한다. 대표적인 증상이 땀을 잘 흘린다, 분비물이 증가한다, 피부가 당긴다, 혈색이나 피부 특성이 변한다 등이다.

목욕 요령과 주의할 점

 샤워는 원하는 만큼 한다

임신 중 목욕 혹은 샤워는 원하는 만큼 해도 된다. 욕조 안에서 몸을 안전하게 가누고 쉴 수 있다면 아무 문제도 없다. 욕조 목욕을 할 때 주의해야 할 점은 첫째, 욕조에 들어가고 나올 때 넘어지지 않게 조심해야 한다. 이는 출산 전 마지막 몇 개월은 몸이 매우 둔하기 때문이다. 둘째, 체온이 올라갈 정도의 고온에서 10분 이상 욕조 목욕 하는 것을 피한다.

욕조 바닥에 미끄럼 방지 깔개를 깐다

샤워를 선호하는 경우가 아니라면 굳이 욕조 목욕을 피할 이유는 없다. 임신 초기는 물론 말기에는 몸의 균형이 매우 불안정하므로 욕조 바닥이 미끄럽다면 가능한 한 이용하지 않는 것이 좋다. 만약 다른 대안이 없다면 욕조 바닥에는 미끄럼 방지 깔개를, 그리고 욕조에는 들어가고 나올 때 잡을 수 있는 튼튼한 손잡이를 설치해야 한다.

목욕이나 샤워를 끝내고 나서는 몸에 보습 효과가 탁월한 라놀린이 함유된 크림을 바르는 것이 좋다. 날씨가 춥거나 피부가 특히 건조하다면 더욱 중요하다. 이때 복부와 가슴 부분은 튼살이 생기기 쉬우므로 특히 신경 써서 바르는 것이 좋다. 크림을 꾸준히 잘 바르면 튼살을 예방하는 데도 도움이 된다.

뜨거운 욕조 목욕은 피한다

연구 결과에 따르면, 임신 기간 중 체온을 큰 폭으로 높이는 뜨거운 욕조 목욕은 태아에게 해롭다. 사우나도 마찬가지이다. 게다가 가정에서 하는 온욕은 대부분 위생상 그리 좋지 못한 것으로 밝혀진 바 있다. 욕조가 해로운 박테리아의 온상이 될 수 있기 때문이다.

공공 온천 시설의 사우나실이나 욕조의 물은 살균 상태로 유지하도록 규정되어 있긴 하지만 최근 실태 보고에 따르면 이런 시설에서 사용하는 의자 등 플라스틱 제품 표면에도 헤르페스 바이러스를 포함한 각종 바이러스들이 서식하는 것으로 나타났다. 게다가 최근 공중목욕탕에서 레지오넬라균에 의한 질병 감염 사례가 보고된 바 있으므로 주의해야 한다.

 질 세척은 삼간다

임신 기간 동안에는 울혈로 인해 질 분비물이 증가한다. 색은 주로 흰색이고, 불쾌하거나 통증이 있거나 가렵지 않은 것이 보통이다. 하지만 이 시기에는 질 감염도 빈번하고, 그로 인해 통증과 불쾌감이 동반되면서 분비물이 생길 수도 있다. 그렇다고 해서 질 세척을 하는 것은 임신 기간 동안은 좋은 방법이 아니며 때로는 위험해질 수도 있다.

두피에 화학성분이 남아 있지 않게 한다

샴푸로 머리 감기를 비롯하여 붙임머리, 무스 바르기, 가볍게 스프레이 뿌리기, 드라이어로 다

듣기 등 어떤 방법으로든 머리 손질을 하는 것은 괜찮다. 단, 중요한 제한 조건이 있다. 머리카락 혹은 두피에 화학 약품이 오랫동안 남아 있는 것은 피해야 한다는 것이다. 파마를 하고 싶다면 임신 첫 3~4개월은 피하는 것이 좋고, 염색은 될 수 있으면 안 하는 것이 좋다.

피부관리와 주의할 점

임신 기간 동안 피부는 많은 변화를 겪는다. 가슴이나 복부가 커지고, 몸무게가 늘며, 잔류 체액이 생기면서 피부가 늘어나기도 하고, 때로는 분비되는 호르몬의 변화로 피부에 변화가 생기기도 한다. 피부의 당김과 호르몬이라는 중요한 내적 요인 이외에도 외부 환경이나 피부에 좋지 못한 화장품 사용으로 인해 임신부의 피부는 마치 낡은 공의 가죽처럼 볼품이 없어질 수도 있다.

반면, 평생 피부 문제로 고민하던 여성이 임신 후 마술같이 피부가 깨끗해지기도 한다. 그 어느 때보다 피부가 빛나고 건강하며 더 매력적으로 변하는 경우도 있다.

💜 여드름이 생겨도 약을 먹지 않는다

앞에서 말한 것처럼 임신 중 호르몬의 변화로 임신 초기에는 피부에 좋지 않은 영향을 미칠 수 있는데 그 예가 얼굴과 목에 나타나는 여드름이다. 이런 여드름은 일반적으로 시간이 지나면서 사라지므로 특별히 걱정할 것은 없다. 다만 악화되지 않도록 주의를 기울이며 피부를 항상 청결하게 유지하는 것이 좋다. 아주 심각한 경우에는 약을 복용하기도 하지만 되도록 피하는 것이 좋다. 일부 여드름 약은 임신 전에 복용해도 태아 기형을 일으킬 수 있으므로 반드시 주치의와 상의해야 한다.

💜 기미가 생기지 않게 직사광선을 피한다

임신 중에 얼굴에 어두운 얼룩이 생겼다가 이마나 콧날, 눈 밑 등에 기미로 자리 잡는 경우도 있다. 이런 기미는 출산 후 시간이 지나면서 사라지기도 한다. 이와 비슷한 증상이 유두 주위 등 몸의 다른 부위에 나타나기도 하는데 이 또한 출산 후에는 옅어지는 것이 보통이다. 간혹 한 번 생긴 기미가 영원히 없어지지 않을 수도 있으므로, 일단 직사광선에 노출되는 것을 피해야 한다. 꼭 기미가 아니더라도 햇볕에 오래 나가 있는 것은 좋지 않다.

💜 붉은점이 생기면 전문가에게 조언을 구한다

주로 목이나 팔에 작고 붉은점이 생기는 경우로, 대개 임신 중기 이후로 나타난다. 뇌하수체 호르몬이 과도하게 작용하는 것이 원인이다. 시간이 갈수록 붉은점의 개수나 크기가 증가하지만, 눈에 그리 잘 띄지 않고 특별히 해롭지도 않으며 대부분 출산 후에 사라지므로 크게 신경 쓰지 않아도 된다.

하지만 임신부 1,000명에 한두 명 정도는 흑색종에 걸릴 수 있고, 그중 8명 정도는 암으로 발전하는 경향이 있으므로 주의를 기울여야 한다. 붉은점은 색깔이 동일하고 모양도 규칙적이다. 혹시라도 점의 모양이나 색깔, 크기가 불규칙할 때는(그 점이 임신 전

부터 있었든 아니면 임신 기간 중에 생겼든 상관없이) 전문가에게 진찰을 받아야 한다.

임신선이 생기지 않게 관리한다

임신 중 나타나는 피부 변화 중 가장 불쾌한 것은 배나 옆구리, 가슴에 나타나는 불그스름한 임신선이다. 임신선은 피부가 민감한 여성들에게 더 잘 나타나는 경향이 있다. 임신선은 피부의 깊은 층이 분리되면서 붉은 혈관과 그 밑의 조직이 보이게 되는 것이다. 출산 후 몇 개월이 지나면 붉은색은 희미해지고, 선은 흰색으로 변하며 훨씬 더 연해진다. 그러나 완전히 없어지지는 않는다.

정맥류는 일시적인 증상이다

임신 중에는 일부 호르몬의 영향으로 인해 피부 밑의 얕은 정맥들이 팽창한다. 이로 인해 팔이나 손, 다리, 발의 굵은 혈관들도 커지는데, 특히 다리의 혈관들은 임신으로 인해 혈압이 높아짐에 따라 더욱 두드러지게 된다. 아울러 다리와 손바닥 부분에 반점이 생기는 경우도 자주 볼 수 있다. 그러나 이 같은 변화는 정상적인 것이며 일시적인 증상일 뿐이다. 비정상적인 정맥류에 대한 치료법은 뒤에서 다룬다.

발진은 철분 보조식품이 원인일 수 있다

철분 보조식품으로 인해 가슴, 복부 그리고 등에 아주 작은 발진이 나타날 수 있다. 이 경우, 주치의의 동의를 얻어 일주일간 보조식품 복용을 중단한다. 철 성분에 의한 증상이라면 곧 사라질 것이다. 이후 담당의와 의논해 다른 철분 보조제를 처방받는다.

가려움증이 생기면 보습 효과가 있는 크림을 바른다

눈에 보이는 발진은 없지만 몸 전체가 가려운 경우도 있다. 이를 임신성 소양증이라 하는데, 원인이 무엇인지 알 수는 없지만 심각한 것은 아니다. 단, 가려워 긁다가 상처가 날 수 있으므로 손톱이 너무 날카롭지 않도록 주의한다.

미지근한 물에 보습 효과가 있는 목욕제를 사용해 매일 목욕하고, 물기를 닦은 후에는 보습효과가 뛰어난 라놀린 성분의 크림을 바른다. 밤에 잠자리에 들기 전에 한 번 더 이 과정을 반복한다. 만약 가려움증이 참을 수 없을 정도라면 주치의로부터 코르티손 계통의 크림을 처방받는다.

헤르페스에 감염될 수도 있다

원인은 알 수 없지만 순전히 임신과 관계된 피부 질환이며 헤르페스 바이러스와는 관계가 없다. 주로 임신 중반기에 생기지만, 출산 이후에 생기기도 한다. 주로 생기는 부위는 팔, 배, 가슴 상부, 허벅다리 등이며 산부인과 주치의 혹은 피부과 전문의로부터 치료를 받아야 한다. 매우 드물게 임신에 악영향을 미치기도 하지만 대부분은 위험한 헤르페스 바이러스가 아니다.

💜 태닝(Tanning)은 하지 않는 것이 좋다

태닝이 임신에 어떤 영향을 미치는지에 대해서는 구체적으로 알려진 것이 없다. 하지만 임신부는 하지 않는 것이 좋다. 자외선은 그 종류와 관계없이 피부암에 걸릴 확률을 높일 뿐 아니라 피부 노화를 앞당겨 보기에도 좋지 않다.

태닝은 피부 깊은 층의 멜라닌을 함유한 세포들이 유해한 자외선으로부터 자신을 보호하기 위해 피부 표면으로 이동함으로써 이루어지는 것이다. 계속해서 멜라닌 세포를 자극하게 되면 매우 위험한 암종인 흑색육종이 생길 수도 있다. 이것이 암으로 발전하지는 않는다 해도 시간이 흐름에 따라 피부에 심각한 광선 상해(photodamage)를 입히기 쉽다.

임신과 운동

임신부의 운동은 일반인들의 운동과 달라야 한다. 임신으로 인한 신체적, 생리적 변화 때문이다. 그 변화는 다음과 같다.

● **부상을 입기 쉽다** ··· 뼈, 근육, 관절 그리고 장기를 한데 묶어 주는 몸의 결합 조직이 부드러워지기 때문에 부상을 입기가 쉽다.

● **빈혈이 오기 쉽다** ··· 혈액의 양이 크게 증가한다. 운동하는 동안 많은 양의 혈액이 뇌와 심장에 계속 공급되면 자궁과 태아를 포함한 주요 복부 장기로의 혈액 공급이 상대적으로 줄어들게 된다. 이것은 빈혈 증세(적혈구 수치가 낮은)가 있는 임신부에게는 특히 위험할 수 있다.

● **젖산이 증가할 수 있다** ··· 운동을 하는 동안에는 들이마시는 산소의 양만큼 이산화탄소를 내뱉을 수 없게 된다. 따라서 혈액과 조직에 축적되는 젖산이 증가할 위험이 있다. 또한 임신부는 일반 여성보다 하루 300Kcal 정도가 더 필요하다. 만약 활동량이 많은 여성이라면 훨씬 더 필요하다. 이는 체중이 줄어들지 않도록 하기 위해, 그리고 젖산 축적으로 인한 산증(酸症)이 나타나는 것을 막기 위해 꼭 필요하다.

● **탈수나 열 손실이 오기 쉽다** ··· 임신부에게는 탈수나 열 손실이 나타나기 쉽다. 이런 증상은 태아의 건강을 순식간에 심각하게 손상시킬 수 있다.

● **혈당 수치가 급격하게 떨어질 수 있다** ··· 운동할 때 혈당 수치가 급격하게 떨어질 수 있는데, 과도한 운동을 할 때 그 감소치는 훨씬 크게 나타난다. 따라서 임신부의 신체 활동은 태아의 심장, 호흡수, 체온, 움직임 등에 영향을 미친다.

● **몸의 균형을 잃기 쉽다** ··· 태아와 자궁이 커짐에 따라 몸의 중심에 변화가 생기므로 임신부는 몸의 균형을 잃기 쉽다. 임신 개월 수가 증가함에 따라 운동 능력이 감소한다. 그 감소폭은 임신 초기에는 약 10% 정도이지만 후기에 들면 50%에 이른다.

임신 5주

임신진단키트나 임신진단 검사로 임신을 확인한다

임신진단키트는 임신 초기 호르몬인 hCG 호르몬(융모성 성선자극 호르몬)의 존재 유무를 알아내 임신을 조기 진단한다. 이것은 월경 주기를 한 번 거르기도 전에 임신 여부를 확인할 수 있는 것으로 보통 수정하고 10일이 지나면 양성반응이 나온다. 그러나 임신 테스트를 성급하게 하느라 돈과 감정적인 에너지를 낭비하기보다는 월경 주기를 한 번 거를 때까지 기다렸다가 의사로부터 정확한 진단을 받는 것이 좋다.

메스꺼움과 구토가 나타난다

임신 초기 증상은 메스꺼움이며 구토를 동반할 수도 있고 아닐 수도 있다. 보통 입덧이라고 부르는 이런 증세는 임신 초기에 시작해서 시간이 지날수록 좋아진다. 입덧은 임신 6주경에 시작해서 대개 임신 초기가 끝날 무렵인 임신 13주에 사라진다.

많은 여성들이 입덧을 하지만 의학적인 치료를 받아야 할 만큼 심각한 문제를 일으키지는 않는다. 그러나 입덧이 심하면 구토를 하기 때문에 영양실조나 탈수현상을 일으킬 수 있다. 심한 입덧 증세를 보이는 임신부는 병원에서 정맥주사를 맞고 약물치료를 받아야 하며 갑상선 질환 검사 등을 시행해 보아야 한다. 임신 중에 정상적으로 일어나는 메스꺼움과 구토를 완화하는 약도 있으므로 주치의와 상의하여 처방받도록 한다.

임신 초기는 태아의 성장에 매우 중요한 시기이다. 그러므로 입덧을 가라앉히는 데 효과적이라는 얘기만 듣고서, 과학적으로 안전성이 입증되지 않은 약품이나 한약재를 함부로 먹는 일이 없어야 할 것이다. 입덧이 너무 심해 견디기 힘들 때는 의사와 상의해서 해결책을 찾도록 하자.

입덧이 심할 때는 음식을 조금씩 자주 먹어 위장을 비우지 않도록 하고 입 안에 침이 자주 고이면 레몬즙이나 사탕을 빨아먹으면 도움이 된다. 생강차나 생강비스킷도 메스꺼움을 완화하는 데 도움이 되고 토스트나 감자처럼 짜지 않고 소화가 잘되는 탄수화물을 섭취하면 좋다. 약국이나 건강식품점에서 판매하는 지압손목밴드도 메스꺼움을 가라앉히는 데 도움이 된다.

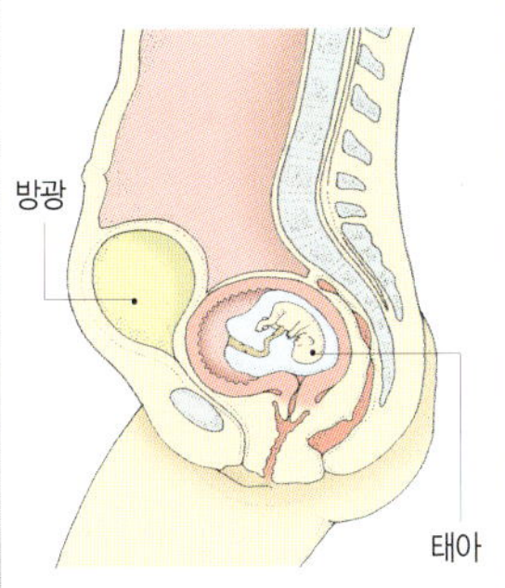

↑임신을 하면 자궁이 수축하거나 커지면서 방광을 압박하게 된다. 따라서 소변이 자주 마렵고 화장실 출입이 잦아진다.
이런 증상은 자궁이 위로 올라오는 임신 중기에 어느 정도 해소되다가 출산이 가까워지면 태아의 머리가 아래로 내려오면서 방광을 눌러 다시 소변을 자주 보게 된다.

빈뇨가 나타난다

평소보다 자주 소변을 보고 싶은 빈뇨감을 느낀다. 이것은 자궁이 커지면서 방광을 누름으로 인해 생기는 현상이다. 임신 14주가 되면 자궁이 위로 올라가 복부에 들어가게 되며, 그렇게 되면 불쾌한 증세가 완화되었다가 임신 마지막 2주 동안에 태아의 머리가 방광을 누르면 다시 빈뇨감을 느끼게 된다. 임신호르몬인 프로게스테론 수치가 높아져 방광 근육을 자극해 방광에 소변이 없을 때도 방광이 꽉 찬 느낌이 들게 된다.

임신으로 인해 신장이 더 활발하게 활동하고 혈액이 4.5~5l로 증가해 몸 전체의 혈류를 증가시키는 것도 빈뇨의 원인이 된다. 빈뇨에 대처하는 방법은 규칙적으로 골반저 운동을 해서 골반저 근육과 요도 괄약근을 단련하는 것이다. 요실금은 요도관 감염의 신호일 수 있으므로 의사와 상의하고, 계속 액체가 흘러나오는 것은 양막파수의 신호일 수 있으므로 병원에 가서 양막파수 여부를 확인한다.

유방과 유륜에 변화가 나타난다

유방에도 변화가 나타난다. 유방이 묵직하고 쑤시는 듯한 느낌이 나며, 유두 색깔이 진해지고, 유두 주변에 유선이 올라온다. 많은 여성들이 임신 초기에 유방이 민감해지고 얼얼해지는 경험을 하게 되는데, 이런 증상은 몇 주 내로 사라진다. 이러한 유방압통은 두 번째 임신 때는 그 강도가 많이 줄어든다.

피로감이 증가한다

임신의 또 다른 초기 증세는 피로감이다. 피로감은 임신 내내 계속될 수 있다. 심할 때는 임신부용 비타민과 의사가 처방해 준 약을 먹고 충분히 쉬어야 한다. 임신 14주가 되면 피로감이 어느 정도 사라지고, 에너지 수치가 높아지기 시작한다.

피로감이 심할 때는 건강에 좋은 음식을 챙겨 먹고 카페인이나 당분은 피하도록 한다. 카페인이나 당분은 에너지를 신속하게 공급하지만, 혈당이 떨어지면 피로를 더 심하게 느끼게 된다. 그리고 매일 적당한 운동을 하고 저녁에는 다리를 높이 올려놓고 앉아서 푹 쉬고 일찍 잠자리에 들도록 한다.

뼈와 골격이 형성되기 시작한다

임신 5주 초쯤의 태아는 구형의 세포덩어리였던 것이 길쭉해지기 시작하고, 머리와 꼬리가 구분된다. 몸에는 나중에 심장이 될 판이 생긴다. 중앙신경계(뇌와 척추)가 발달하기 시작하고, 근육과 뼈가 형성되기 시작하며, 태아의 골격도 형성되기 시작한다.

심장박동이 시작된다

머리 양 측면에 눈과 귀의 초기 형태가 나타나고, 간과 신장이 발달하기 시작하며, 심장벽이 형성되고 5주 말이 되면 심장이 박동하기 시작한다. 이 단계에서는 태아가 난황낭과 자궁벽에 저장된 영양소에서 대부분의 영양을 얻지만, 빠르면 임신 4주부터 태반이 영양을 공급하기 시작한다.

피임 중에도 임신이 될 수 있다

임신을 의식하게 되었을 때 가장 먼저 생각나는 것은 '언제 의사를 찾아가야 할까?' 하는 것이다. 아기와 모체의 건강을 위해서는 실력 있는 의사로부터 세심한 검진을 받아야 한다. 임신이 거의 확실하다고 생각되는 대로 바로 의사를 찾아가는 것이 좋다.

피임을 하고 있었다면 의사에게 그 사실을 알려야 한다. 어떤 피임 방법도 100% 효과적인 것은 없다. 때로는 경구용 피임약을 복용해도 실패할 수 있다. 임신이 확실하다고 생각되면, 피임약 복용을 중단하고 될 수 있는 대로 빨리 병원에 가도록 한다.

자궁 내 피임장치를 사용해도 임신이 되는 수가 있다. 이런 일이 생기면 즉시 의사를 찾아가 피임 장치를 자궁에 그대로 둬도 되는지 제거해야 되는지 상의해야 한다. 피임 장치를 자궁에 그대로 두면 유산 위험이 있기 때문에 대부분의 경우 피임 장치를 제거하게 된다. 콘돔이나 페서리를 사용했을 때도 임신이 될 수 있지만 태아의 성장에 해로운 영향을 주지 않는 것으로 알려져 있다.

출산 때까지 10~15kg 정도의 체중증가가 적당하다

임신 중에는 일반적으로 10~15kg 정도 체중이 증가하지만, 임신부에 따라 줄어드는 경우가 있는가 하면 25kg이나 증가하는 경우까지 다양하게 체중이 변화한다. 임신 중에 체중이 얼마나 증가하느냐는 임신 전의 체중에 영향을 받는다. 전문가들에 따르면 임신 20주까지는 매주 300g씩 증가하다가, 20주에서 40주까지는 매주 500g씩 체중이 증가하는 것이 정상이라고 한다.

임신 중 체중 증가에 대해서 궁금한 점이 있으면 의사에게 상의한다. 체중이 얼마나 증가하는 것이 본인에게 적당한지 충고해 줄 것이다. 단, 임신 중에 다이어트를 하는 것은 바람직하지 않다. 그렇다고 해서 칼로리 섭취량에 신경을 쓰지 않아도 된다는 뜻은 아니다. 모체와 태아에게 필요한 영양을 공급할 수 있는 식품을 선택해서 충분한 영양을 섭취해야 함을 잊지 말자.

자궁외 임신은 조기진단이 중요하다

자궁외 임신은 100명 가운데 1명꼴로 발생한다. 골반 염증성 질환, 맹장 파열, 복부 수술 등으로 나팔관에 손상이 생기면 자궁외 임신을 할 확률이 높다. 과거에 자궁외 임신을 한 경험이 있는 사람이 다시 자궁외 임신을 할 확률은 12% 정도다. 자궁 내 피임 기구를 사용하는 사람도 자궁외 임신을 할 확률이 높다.

자궁외 임신의 징후로는 질 출혈, 복부 통증, 메스꺼움 등이 있다. 그러나 이런 징후는 정상 임신의 징후와 비슷하기 때문에 이것만으로는 자궁외 임신을 진단하기 어렵다. 임신 중에 생산되는 hCG 호르몬을 측정하면 자궁외 임신 여부를 알 수 있다. 정상적인 임신의 경우에는 hCG 호르몬의 수치가 급증해 이틀에 두 배로 늘어난다. hCG 호르몬의 수치가 정상적으로 늘어나지 않으면 이상 임신을 의심해 볼 수 있다. 자궁외 임신의 경우 자궁 안에 임신의 징후 없이 hCG 호르몬의 수치가 증가한다.

초음파 검사도 자궁외 임신을 진단하는 데 도움이 된다. 진단 복강경 검사를 하면 나팔관 임신을 육안으로 확인할 수 있다. 배꼽 부근이나 하복부를 작게 절개해서 복강경이라는 도구를 넣어 복부 내부와 골반 기관을 들여다보는 복강경 검사는 자궁외 임신 진단 능력을 한 단계 높였다.

자궁외 임신은 조기진단이 중요하다. 나팔관이 파열되면 나팔관을 전부 제거해야 될지도 모르고, 과다출혈로 생명을 위협할 수도 있다. 따라서 조기진단은 나팔관 파열과 출혈로 인한 내부 출혈의 위험을 줄일 수 있다. 자궁외 임신은 대부분 임신 6~8주에 발견된다. 조기진단을 위해서는 검진 시 의사에게 증상과 통증 정도 등을 상세하게 알려야 한다.

자궁외 임신을 처치할 때 의사는, 생식능력을 보존하면서 임신의 상태를 종료시키는 것을 목표로 한다. 수술을 할 때는 전신마취와 복강경 수술이나 개복술(복강경 없이 복부를 크게 절개하는 것)이 필요하다. 대개의 경우 나팔관을 제거해야 하는데, 이는 앞으로의 생식능력에 영향을 준다. 나팔관이 파열되지 않은 자궁외 임신을 수술하지 않고 처치할 수 있는 새로운 방법이 개발되었다. 이것은 멕쏘트렉쎄이트라는 암 치료약을 정맥주사를 통해 임신부의 몸에 투여해서 세포를 파괴해 임신을 종료시키는 것으로, 이 방법으로 처치하면 hCG 호르몬 수치가 떨어지면 임신이 종료된다.

입덧을 덜어 주는 음식을 선택한다

임신 중에는 입덧 때문에 식사를 제대로 하지 못할 수 있다. 모든 임신부가 입덧을 하는 것은 아니지만 많은 임신부들이 입덧을 한다. 가정용 임신테스트에서 양성 반응을 유도하는 hCG 호르몬이 입덧을 일으키는 원인이 되기도 한다. 이것은 임신 초기가 끝나는 13주쯤이면 줄어들기 때문에, 그때가 되면 대개 입덧이 사라진다.

입덧을 줄이는 방법

- 위에 음식물이 많이 남아 있지 않도록 음식을 조금씩 자주 먹는다
- 수분을 많이 섭취한다. 새콤한 과일이나 수박이 도움이 되기도 한다
- 메스꺼움의 원인이 되는 식품, 냄새, 상황을 알아내 가능하면 그것들을 피한다
- 커피는 위산을 자극하므로 피하고, 생강을 씹어 먹거나 생강차를 만들어 마신다
- 잠자리에 들기 전에 고단백 & 고탄수화물 간식을 먹으면 혈당을 안정시키는 데 도움이 된다
- 밤에 침실 공기를 시원하게 유지한다. 신선한 공기는 기분을 상쾌하게 만든다
- 잠자리에서 천천히 일어난다
- 철분 영양제를 복용할 경우에는 식사 1시간 전이나 식사 2시간 후에 복용한다

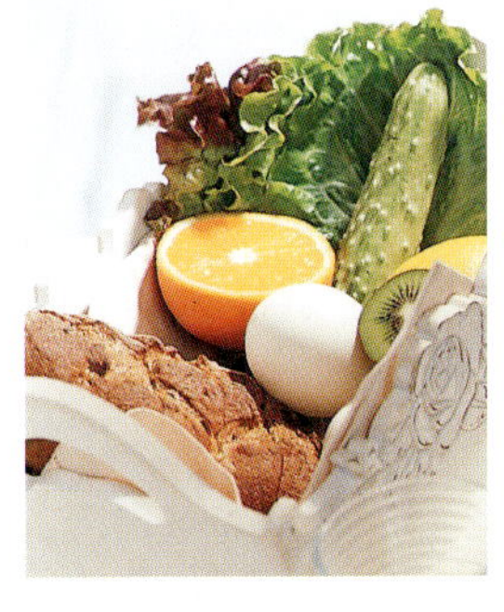

임신 6주

소화력이 떨어지고 속쓰림이 나타난다

임신 중에 흔히 겪게 되는 불쾌한 증상 가운데 하나는 속쓰림이다. 흉골 근처 상복부에 뜨끔한 작열감이 느껴지는 속쓰림은 대개 임신 후기에 더 심해지지만, 임신 초기에 시작될 수도 있다. 임신을 하면 음식물이 내장으로 전달되는 속도가 느려지고, 자궁이 커지면서 복부 위로 올라가서 위를 누르게 되는데, 위와 십이지장의 내용물이 식도로 역류해 속쓰림이 발생한다.

대부분의 임신부들에게는 증상이 심하지 않다. 음식을 조금씩 자주 먹고, 몸을 구부린다거나 똑바로 눕지 않도록 주의한다. 음식을 많이 먹고 똑바로 누워 있으면 누구에게나 이런 증상이 나타날 수 있다.

속쓰림이 나타날 때는 음식을 한꺼번에 많이 먹지 말고 조금씩 자주 먹는다. 그리고 속쓰림은 자리에 누울 때 가장 많이 발생하므로 잠자기 직전에는 음식을 먹지 않도록 하고 향신료를 많이 사용한 음식이나 기름진 음식은 피한다. 식후에 제산제를 먹는 것도 도움이 되는데 제산제는 반드시 전문의의 처방을 받아서 복용하도록 한다. 잘 때 베개를 몇 개 겹쳐 머리를 높게 올려놓고 자는 것도 도움이 된다.

변비가 생긴다

임신 중에는 배변습관에 변화가 일어날 수 있다. 대부분의 임신부들은 불규칙적인 배변을 수반하는 변비를 경험하게 된다. 프로게스테론이 증가하면서 장이 이완되어 소화계를 지나가는 배설물의 속도가 느려진 것이 원인이다. 확장된 자궁이 내장에 압력을 가하는 것도 원인이 된다. 철분 영양제를 복용하는 경우 증세가 더욱 심해질 수 있다.

물을 많이 마시고 운동을 적당히 하면 어느 정도 변비를 예방할 수 있다. 변비가 심할 때는 순한 완화제나 자두주스가 도움이 된다. 즙이 많은 과일, 우유, 물 등 수분을 많이 섭취하고 완화제는 의사가 처방해 준 것을 복용해야 한다. 규칙적인 운동도 장 운동을 활발하게 해 배변에 도움을 준다.

변비가 지속되면 의사와 상의해서 치료해야 한다. 또한 변을 볼 때 무리하게 힘을 주면 치질이 생길 수 있으므로 힘을 주지 않도록 한다.

배아기가 시작되며 기형 여부가 결정된다

이 주는 배아기(胚芽基, 임신 10주까지)가 시작되는 때이다. 배아기는 태아의 성장에 매우 중요한 시기로, 태아가 성장에 지장을 가지고 올 수 있는 요인에 가장 영향을 받기 쉬운 때이다. 기형은 대부분 이 시기에 시작된다. 이 시기에는 태아에게 머리와 꼬리 부분이 생긴다. 또한 신경구가 닫히고 초기 뇌실(腦室)이 형성된다. 눈도 형성되고 지아(肢芽)가 나타나기 시작하며, 심장관이 융합하고 심장수축이 시작된다. 초음파 검사를 하면 이것들을 볼 수 있다.

태아의 몸이 빠른 속도로 성장한다

이번 주에는 태아가 급속도로 성장한다. 등이 구부정하고 꼬리가 있어 올챙이처럼 보일지 모르지만 태아는 이제 뇌를 가지고 있다. 양귀비씨보다 작은 심장이 혼자 힘으로 뛰기 시작한다. 신장과 간을 포함한 주요 장기가 계속 발달하고 뇌와 척수를 연결하는 신경관이 닫힌다. 이제 태아의 머리가 형태를 잡아가기 시작한다. 복강, 흉강, 척추와 함께 소화관의 초기 형태가 형성되기 시작한다. 나중에 고환이나 난소로 발달할 것이 세포덩어리로 나타나고, 팔다리의 초기 형태가 몸에 작은 아체로 나타난다. 이제 태아는 혈액을 순환시키기 시작한 독자적인 혈류를 가지고 있다.

첫 검진 시 받게 될 질문에 대한 답을 준비한다

임신을 하고 처음 병원에 가면 하는 일이 많다. 먼저 의사는 임신부의 병력에 대해 물을 것이다. 여기에는 일반적인 의학적 문제는 물론 산부인과적인 병력과 관련된 문제도 포함된다.

월경 주기와 최근의 피임 방법에 관해서도 물을 것이다. 유산이나 낙태를 한 경험이 있으면 의사에게 말해야 한다. 수술이나 다른 이유로 입원한 사실이 있으면 그것도 의사에게 알려야 한다. 보관하고 있는 진료 기록이 있다면 의사에게 보여 주는 것이 좋다.

의사는 임신부가 복용하고 있는 약물이나 알레르기가 있는 약품에 관해서도 질문할 것이다. 당뇨병이나 기타 고질병 같은 가족 병력도 중요한 정보이므로 의사에게 솔직히 말해야 한다.

의사는 내진과 자궁경부 세포진 검사를 비롯해 신체검사를 할 것이다. 내진은 임신 시기에 맞게 자궁이 커졌는지 알아보기 위해 필요하다. 첫 검진이나 그 다음 검진 때 실험실 검사를 할지도 모른다. 자신이 '고위험' 임신을 하고 있다고 생각되면 의사와 의논해야 한다.

검진이 끝날 무렵이면 대부분의 경우, 처음 28주까지는 4주에 한 번, 36주까지는 2주에 한 번, 36주 이후에는 매주 병원에 오라는 말을 들을 것이다. 하지만 걱정되는 증세가 나타나면 검진예정일만 기다릴 것이 아니라 바로 병원을 찾는다.

내진 검사

첫 검진 때는 내진을 하게 되는데 의사가 장갑을 끼고 손가락 두 개를 질 속에 넣고 다른 한 손으로는 복부를 눌러 임신 여부를 알아 낸다

각종 감염에 주의한다

음부 단순 포진 ··· 모체가 포진에 감염되어 있으면 조산이나 저체중아를 출산할 위험이 있다. 일반적으로 태아가 산도를 지날 때 포진에 감염될 수 있다고 알고 있지만, 양막이 터지면 포진이 자궁으로 퍼질 수도 있다. 임신 중 음부 포진은 약으로 치료하면 되나 분만 시 음부 포진이 있을 때는 제왕절개 수술로 아기를 분만하는 것이 좋다.

모닐리아성 질염 ··· 모닐리아성 질염은 임신하지 않은 여성보다 임신한 여성들 사이에 더 흔한 질환이다. 임신에 나쁜 영향을 주지는 않지만 불쾌감과 걱정을 유발할 수 있다. 임신 중에는 모닐리아성 질염 치료가 더 어렵다. 치료기간은 10~14일로 비교적 긴 편이고, 임신 중에는 대개 크림으로 치료한다. 남편이 함께 치료받을 필요는 없다. 모닐리아성 질염에 감염되어 있으면 출산 시 모체의 산도를 지난 아기가 아구창에 걸릴 수 있다. 치료에는 살균제가 효과적이다.

트리코모나스 질염 ··· 이 질염은 임신에 큰 영향을 주지는 않지만 임신 초기에 트리코모나스 질염 치료를 위해 메트로니다졸을 사용하는 것이 좋지 않다고 보는 의사들도 있다. 대부분의 의사는 임신 초기 이후에 질염 치료에 메트로니다졸을 처방한다.

서혜임파 절종 ··· 증세가 심할 때는 심한 출혈을 피하기 위해 제왕절개 수술을 받아야 한다. 임신 중에는 사마귀 모양의 절종이 커지며 드물지만 출산 시에 절종이 질을 막는 수가 있다. 이 질염에 감염되었을 경우, 출산 뒤에 신생아가 후두 유두종(성대에 생기는 작은 양성 종양)을 보인다.

임질 ··· 태아가 산도를 지날 때 임질성 안염이라는 심각한 눈병을 일으킬 수 있으며, 이 병을 치료하려면 신생아에게 안약을 사용해야 한다. 다른 감염도 일어날 수 있다. 임질은 페니실린과 임신 중에 사용해도 안전한 다른 약물을 통해 쉽게 치료할 수 있다.

매독 ··· 매독은 임신 중에도 치료가 가능하다. 임신 중에 음부에 열창을 발견하면 즉시 의사에게 검진을 받는다. 선천성 매독을 방지하기 위해 임신 중에 매독 치료약으로 페니실린을 사용한다.

클라미디아 ··· 클라미디아는 흔한 성병으로 병원균이 건강한 세포에 침입해서 생기며, 주로 성관계를 통해 전염된다. 치료하지 않고 방치해 두면 심각한 문제를 일으킬 수 있지만 치료만 잘하면 별로 문제가 되지 않는다. 클라미디아는 대개 증세가 없지만 음부 부근에 작열감과 가려움증이 나타나기도 하고 질 분비물이 늘어나며, 배뇨 시 통증을 느낄 수도 있고, 골반 부근에 통증이 느껴지기도 한다.

클라미디아의 가장 심각한 합병증 가운데 하나는 자궁, 나팔관, 난소 같은 생식기에 심한 염증을 일으키는 골반 염증성 질환이다. 아무 증세도 나타나지 않을 수도 있고 골반에 통증을 느낄 수도 있다.

신생아는 출산 시 산도와 질을 지나오면서 클라미디아에 감염될 수 있다. 모체가 클라미디아에 감염되었을 때 아기가 클라미디아에 감염될 확률 20~50%이다. 이것은 안질을 일으킬 수 있지만 쉽게 치료할 수 있다. 합병증으로는 폐렴이 있으며, 폐렴에 걸렸을 때는 입원 치료를 받아야 한다.

일일 영양섭취 식품군을 알고 계획을 세운다

임신 중에 필요한 영양을 골고루 섭취하기 위해서는 계획이 필요하다. 비타민과 미네랄, 특히 철분, 칼슘, 마그네슘, 엽산, 아연이 풍부한 음식을 먹어야 한다. 변비를 예방하기 위해서는 섬유질과 수분이 많은 음식을 먹도록 한다.

놓치기 쉬운 영양상식을 챙긴다

카페인은 몸속 수분을 밖으로 배출시킨다 … 임신 중에는 충분한 수분 섭취가 중요하다. 임신 중에는 신진대사가 활발해지고 피부 면적이 증가함에 따라 몸에서 증발하는 수분의 양이 늘어나기 때문이다. 특히 커피에 있는 카페인은 이뇨작용을 하므로 몸에서 수분이 빠져나가게 한다. 따라서 커피의 양을 제한해야 하며 가능하면 카페인이 없는 커피를 마시도록 한다.

탄산음료는 몸을 붓게 한다 … 과일주스는 좋은 수분 공급원이지만 칼로리가 높으므로 주의해야 한다. 설탕이 첨가된 청량음료 역시 열량 섭취를 증가시키므로 삼간다. 특히 탄산음료에 함유되어 있는 소듐은 수분 정체를 유발하므로 몸을 붓게 할 수 있다.

달걀은 노른자보다 흰자를 사용한다 … 달걀흰자는 완벽한 동물성 단백질원이다. 그러나 달걀노른자는 콜레스테롤을 비롯한 여러 가지 동물성 지방을 함유하고 있기 때문에 섭취를 제한하는 것이 좋다. 달걀흰자만으로도 훌륭한 오믈렛을 만들 수 있다. 특히 세이지, 로즈메리, 후춧가루, 약간의 소금과 살짝 튀긴 버섯, 양파, 토마토, 새우, 게맛살 등을 섞어 만들면 손색없는 오믈렛이 된다.

염분 섭취가 지나치면 수분이 정체된다 … 대부분의 사람들은 1일 필요 섭취량의 100배에 달하는 소금을 먹고 있다. 다행스럽게도 신장이 정상적인 기능을 한다면 남는 소금을 걸러낸다. 옛날에는 소금이 임신성 고혈압을 유발한다고 생각하여 임신 중 염분 섭취를 엄격하게 제한했다. 그러나 최근에는 어느 정도 염분 섭취를 허용하고 있다. 하지만 지나친 염분 섭취는 몸에 이로울 것이 없다.

임신 7주

체중이 증가한다

서서히 변화가 나타난다. 하지만 아직 겉으로는 표시가 나지 않기 때문에 본인이 임신을 했다고 말을 하지 않는 이상 주위 사람들은 알 수 없다. 체중이 늘기 시작하는데, 임신 초기에 너무 많이 늘어나지 않도록 주의한다. 체중이 늘지 않거나 줄었다고 해도 이상한 것은 아니다. 몇 주가 지나면 상황이 달라질 것이다. 아직도 입덧과 임신 초기 증상이 계속될 수 있다.

체중증가 권장치와 체지방지수를 체크한다

표준 체중에서 임신을 시작해 적당한 속도로 체중이 증가하는 것은 이상적인 일일 뿐만 아니라 건강을 유지하는 데에도 좋다. 임신 중에 체중이 얼마나 증가하는 것이 적당한지는 태아의 수를 비롯해 여러 가지 요인에 의해 결정된다. 임신 중 체중 증가 권장치를 알아보기 전에 먼저 자신의 체지방지수부터 알아보자.

오른쪽 체지방지수 표의 세로 선에서 임신 전의 체중을 찾고 가로 선에서 신장을 찾는다. 두 점이 만나는 곳에 있는 수치가 자신의 체지방지수(BMI)이다. 크림색 부분은 임신하기에 이상적인 BMI 범위이다.

- BMI가 19 이하 → 저체중
- BMI가 19~26 사이 → 정상
- BMI가 27~30 사이 → 과체중
- BMI가 30 이상 → 비만

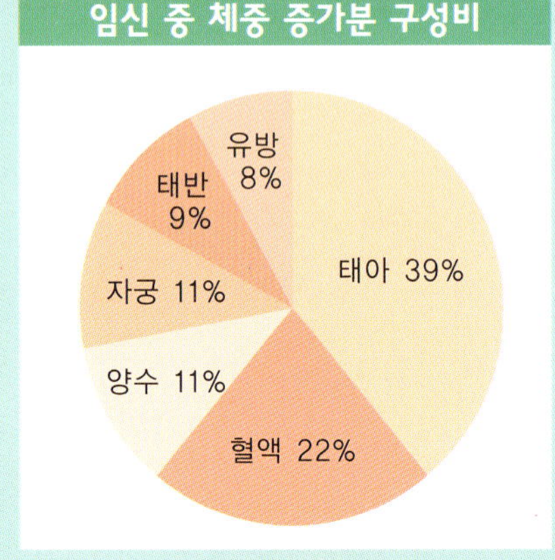

오른쪽 도표는 각 임신부의 BMI에 대한 체중 증가 권장치를 보여 준다. 그러나 이 수치는 단일아를 임신했을 경우의 권장치이므로 쌍둥이나 다태아를 임신한 경우에는 기준이 될 수 없다. 체중증가 비율은 주별로 달라진다. 임신 중에 체중 늘리기에 가장 이상적인 시기는 언제일까? 안타깝게도 이에 대한 답은 없다.

다만 임신 중기나 후기에 체중이 크게 증가하지 않는 것은 임신 초기에 입덧으로 체중이 늘어나지 않는 것보다 태아성장에 더 나쁜 영향을 줄 수 있다. 체중이 일관성 없게 증가해 임신 초기에

체중이 크게 늘어나다가 나중에는 적게 늘어나는 경우도 있지만 그렇다고 걱정할 일은 아니다.

태아의 성장 — 손발의 초기형태가 나타난다

태아의 형상이 인간에 더욱 가까워지기 시작하고, 꼬리는 거의 사라진다. 그러나 머리는 아직 울퉁불퉁하고 앞으로 구부러져 있다. 머리 양 측면에 있는 검은 점 같은 것은 눈으로 발달할 것이고, 두 개의 구멍은 콧구멍의 시초이며, 입술과 혀와 젖니의 싹이 보인다.

팔다리가 길어지고, 손과 어깨 부분이 나누어지며, 손발의 초기 형태가 나타난다.

체지방지수 표

체지방지수(BMI)

킬로그램 kg	152		156		160		164		168		172		176		180		184
92	39	38	37	36	36	35	34	33	32	31	31	30	29	29	28	27	27
	39	38	37	36	35	34	33	33	32	31	30	30	29	28	28	27	27
	39	38	37	36	35	34	33	32	32	31	30	29	29	28	27	27	26
89	38	37	36	35	34	34	33	32	31	30	30	29	28	28	27	27	26
	38	37	36	35	34	33	32	32	31	30	29	29	28	27	27	26	26
	37	36	35	34	34	33	32	31	30	30	29	28	28	27	27	26	25
86	37	36	35	34	33	32	32	31	30	29	29	28	27	27	26	26	25
	36	35	35	34	33	32	31	30	30	29	28	28	27	27	26	25	25
	36	35	34	33	32	32	31	30	29	29	28	27	27	26	26	25	25
83	35	35	34	33	32	31	30	30	29	28	28	27	26	26	25	25	24
	35	34	33	32	32	31	30	29	29	28	27	27	26	26	25	24	24
	35	34	33	32	31	30	30	29	28	28	27	26	26	25	25	24	24
79	35	33	32	32	31	30	29	29	28	27	27	26	26	25	24	24	23
	34	33	32	31	30	30	29	28	28	27	26	26	25	25	24	24	23
	34	32	32	31	30	29	29	28	27	27	26	25	25	24	24	23	23
76	33	32	31	30	30	29	28	28	27	26	26	25	25	24	23	23	22
	33	32	31	30	29	29	28	27	27	26	25	25	24	24	23	23	22
	32	31	30	30	29	28	28	27	26	26	25	24	24	23	23	22	22
73	32	31	30	29	29	28	27	26	26	25	25	24	24	23	23	22	22
	32	30	30	29	28	27	27	26	26	25	24	24	23	23	22	22	21
	31	30	29	28	28	27	26	26	25	25	24	23	23	22	22	21	21
70	31	30	29	28	27	27	26	25	25	24	24	23	23	22	22	21	21
	30	29	28	28	27	26	26	25	24	24	23	23	22	22	21	21	20
	30	29	28	27	27	26	26	25	24	24	23	22	22	21	21	21	20
67	29	28	28	27	26	26	25	24	24	23	23	22	22	21	21	20	20
	29	28	27	26	26	25	25	24	23	23	22	22	21	21	20	20	19
	29	27	27	26	25	25	24	24	23	22	22	21	21	21	20	20	19
64	28	27	26	26	25	24	24	23	23	22	22	21	21	20	20	19	19
	28	27	26	25	25	24	23	23	22	22	21	21	20	20	19	19	19
	27	26	25	25	24	24	23	22	22	21	21	20	20	20	19	19	18
60	27	26	25	24	24	23	23	22	22	21	21	20	20	19	19	18	18
	26	25	25	24	23	23	22	22	21	21	20	20	19	19	19	18	18
	26	25	24	24	23	22	22	21	21	20	20	19	19	19	18	18	17
57	26	24	24	23	23	22	22	21	21	20	20	19	19	18	18	18	17
	25	24	23	23	22	22	21	21	20	20	19	19	18	18	18	17	17
	25	24	23	22	22	21	21	20	20	19	19	18	18	18	17	17	17
54	24	23	23	22	21	21	20	20	19	19	19	18	18	17	17	17	16
	24	23	22	22	21	21	20	20	19	19	18	18	17	17	17	16	16
	23	22	22	21	21	20	20	19	19	18	18	18	17	17	16	16	16
51	23	22	21	21	20	20	19	19	18	18	18	17	17	16	16	16	15
	23	22	21	20	20	19	19	19	18	18	17	17	16	16	16	15	15
	22	21	21	20	20	19	19	18	18	17	17	17	16	16	15	15	15
48	22	21	20	20	19	19	18	18	17	17	17	16	16	15	15	15	14
	21	20	20	19	19	18	18	17	17	17	16	16	15	15	15	14	14
	20	20	19	19	18	18	17	17	17	16	16	16	15	15	15	14	14
45	20	19	19	18	18	18	17	17	16	16	16	15	15	15	14	14	14
	19	19	18	18	18	17	17	16	16	16	15	15	15	14	14	14	13
	19	19	18	18	17	17	16	16	16	15	15	15	14	14	14	13	13
41	19	18	18	17	17	16	16	16	15	15	15	14	14	14	13	13	13
	18	18	17	17	16	16	16	15	15	15	14	14	14	13	13	13	12
	18	17	17	16	16	16	15	15	15	14	14	14	13	13	13	12	12
센티미터 cm	17	17	16	16	16	15	15	15	14	14	14	13	13	13	12	12	12

주요 장기가 형성된다

주요 장기가 대부분 형성되는 중요한 시기이므로 발달에 부정적인 영향을 줄 수 있는 위험 요인은 피해야 한다. 몸에서 심장이 불룩하게 올라오고, 심장은 좌심실과 우심실로 나누어지며, 성인 심박동 속도의 2배인 분당 150회로 박동한다. 폐 발달 1단계의 기관지가 생기고 뇌를 형성하는 반구가 자란다.

간, 신장, 폐, 창자, 내부생식기 등이 거의 완성되어 가며, 인슐린을 생산하는 췌장도 생긴다.

건강관리 & 이번 주에 꼭 챙길 일 — 약물 복용에 주의한다

의사의 처방 없이 약국에서 살 수 있는 매약을 의약품으로 생각하지 않고 함부로 복용하는 사람들이 많다. 연구조사에 따르면 임신 중 여러 가지 불편한 신체적 증상 때문에 이런 매약을 복용하는 사례가 증가한다고 한다.

하지만 임신 중에는 매약도 위험할 수 있다. 그러므로 다른 약물과 마찬가지로 매약 사용에 주의해야 한다. 매약에는 여러 가지 약품 성분이 섞여 있기 때문이다. 예를 들어 진통제에는 아스피린과 카페인, 페나세틴이 함유되어 있고, 일부 기침약이나 수면제에는 알코올이 무려 25%나 들어 있어 이것을 먹으면 임신 중에 포도주나 맥주를 마시는 것과 다름없는 셈이다.

약은 어떤 것이라도 복용하기 전에 반드시 의사와 상의해야 한다. 거의 모든 약품에는 설명서가 들어 있으므로 임신 중

에 복용해도 되는지 읽어 봐야 한다. 일부 제산제에는 중탄산나트륨 성분이 들어 있는데 이것은 염분의 함량을 증가시키고(부종이 있는 임신부는 피해야 한다) 변비와 가스를 증가시킬 수 있다. 알루미늄이 들어 있는 제산제는 변비를 일으키고 다른 미네랄의 대사작용에 영향을 줄 수 있다. 마그네슘이 들어 있는 제산제를 지나치게 많이 복용하면 마그네슘 중독을 일으킬 수 있다.

불쾌한 증세가 심할 경우에는 의사와 상담해서 의사의 지시에 따라 복용해야 한다. 평소에 적절한 운동과 영양 섭취, 임신에 대한 긍정적인 사고로 자신의 건강을 잘 돌보도록 한다.

성생활을 즐기되 유산과 조산을 조심한다

임신을 하면 성생활은 무조건 하지 말아야 한다는 강박관념에 사로잡히는 부부들이 많다. 하지만 유산이나 조산 위험이 있는 임신 초기나 후기에만 조심하면 성생활이 임신에 미치는 영향은 거의 없다고 할 수 있다. 임신 초기나 후기라 하더라도 그 시기에 하지 말아야 할 체위만 알아 두고 주의한다면 전혀 문제가 되지 않는다.

임신부 가운데는 성욕보다 모성본능이 앞서 성생활을 기피하는 경우가 많다. 때로는, 임신부는 아무렇지도 않은데 남편이 오히려 조심스러워하며 성욕을 자제하려는 경우도 있다. 이런 생각의 차이는 두 사람 사이에 심각한 문제를 일으키기도 한다.

다만 과거에 유산 경험이 있거나 고위험 임신부로 병원으로부터 특별한 관리를 받고 있는 임신부라면 임신 초기 한 달 동안은 성관계를 갖지 않는 것이 안전하다. 임신중의 섹스트러블은 대화로 푸는 방법밖에 없다. 입덧이 심한 임신부나 고위험 임신부의 경우 남편이 그 사실을 모르고 있다면 무조건 성관계를 거부하는 아내가 남편에게는 불만의 요인이 될 수 있고, 임신에 대한 상식이 부족한 남편이 무조건 성관계를 거부한다면 그것 또한 아내에게 스트레스가 될 수 있다. 임신을 했음에도 불구하고 성욕을 드러내는 남편이 이상하게 생각될 수도 있지만, 임신을 했기에 자신을 여자로 봐주지 않는다는 생각이 우울증에 빠지게 할 수도 있기 때문이다.

임신 중에는 청결에 더욱 신경 쓴다

임신을 하면 임신 전보다 더욱 청결에 유의해야 한다. 임신 중에는 세균에 감염될 확률이 높기 때문이다. 특히 임신을 하면 질의 산도가 평소와 달라져 정상적인 부부관계 후에도 칸디다 같은 질염이 생길 수가 있다.

또한 외음부도 충혈되어 있어 상처받기 쉬우므로 지나친 자극을 피해야 한다. 남편 역시 아내가 임신을 하면 몸을 평소보다 청결히 하는 데 신경을 써야 한다. 특히 부부관계 전에는 부부 모두 몸을 깨끗이 씻은 다음 성관계를 갖도록 하고, 가급적 과격한 패팅은 삼간다.

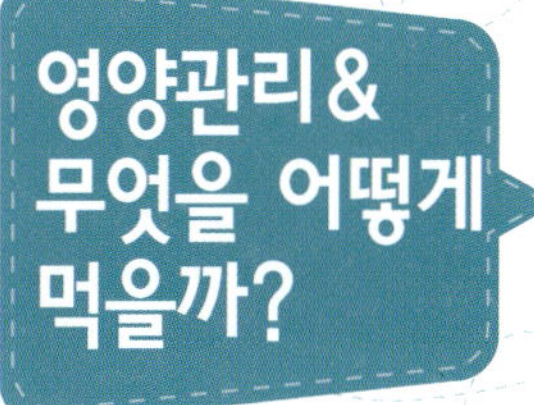

저지방 유제품을 가까이 한다

임신 중에는 유제품을 많이 먹어야 한다. 유제품에는 임신부와 태아에게 필요한 칼슘이 많이 들어 있다. 칼로리 섭취를 제한하고 싶은 임신부는 탈지 우유, 저지방 요구르트, 저지방 치즈 등 저지방 유제품을 먹으면 된다. 저지방 유제품도 칼슘 함유량은 같다.

육류와 해산물은 반드시 익혀서 먹는다

임신 중에는 저온살균 유제품은 피하는 것이 좋다. 연성 치즈도 마찬가지다. 이런 식품들은 흔히 리스테리아 감염증이라고 하는 일종의 식중독을 유발할 수 있다. 덜 익힌 육류나 해산물, 핫도그에는 리스테리아균이 들어 있을 수 있으므로 반드시 완전히 익혀서 먹는다.

부족한 영양은 영양제로 보충한다

칼로리가 풍부한 식품에는 각종 미네랄도 풍부하다(철분 제외). 임신 중에는 더 많은 철분이 필요한데, 임신 중에 필요한 양을 충당할 수 있을 정도로 체내에 철분이 많이 저장되어 있는 여성은 별로 없다. 정상적인 임신의 경우 혈액이 50% 증가하는데, 추가로 혈구를 생산하기 위해서는 많은 양의 철분이 필요하다.

철분 영양제 … 철분은 특히 임신 후반기에 중요하다. 임신부들 대부분이 임신 초기에는 철분 영양제가 필요없다. 임신 초기에 철분 영양제를 먹으면 메스꺼움과 구토 증상이 심해질 수 있는데, 이는 임신부용 비타민에 들어 있는 철분이 위를 자극하기 때문이다. 또한 철분 영양제는 변비를 일으키기도 한다.

칼슘 영양제 … 칼슘 영양제를 처방하는 의사도 있는데, 칼슘은 모든 임신부에게 중요하다. 칼슘은 아기의 뼈와 치아를 튼튼하게 만들어 주고, 임신부의 뼈도 건강하게 유지한다. 임신 중에는 하루에 1,200~1,500mg의 칼슘이 필요한데, 하루에 탈지우유 3~4잔을 마시면 그 정도의 칼슘을 섭취할 수 있다. 칼슘 영양제는 혈압을 조절하고 고혈압과 임신중독증의 위험을 낮추는 데 효과적이다. 칼슘이 함유된 식품은 소금, 단백질, 차, 커피, 발효시키지 않은 빵과 함께 먹지 않는 것이 좋다. 이들 식품은 칼슘의 흡수를 방해한다.

아연 영양제 … 저체중 임신부에게 아연이 도움이 된다는 연구 보고서가 있다. 아연은 저체중 여성이 크고 건강한 아기를 출산할 수 있는 확률을 높여 주는 것으로 알려져 있다.

임신부용 비타민 … 임신부용 비타민은 대개 임신부들에게 처방한다. 임신부용 비타민에는 임신해 있는 동안에 필요한 비타민과 미네랄의 일일 권장량이 함유되어 있다. 임신부용 비타민은 철분과 엽산이 많이 들어 있어 일반적인 종합비타민과는 다르다. 임신 중에는 이것이 가장 중요한 영양제이다. 임신부용 비타민은 식후나 잠자리에 들기 전에 복용하면 가장 좋다. 임신부용 비타민에는 아기의 성장과 임신부의 건강에 꼭 필요한 많은 성분이 들어 있으므로 출산 때까지 복용하는 것이 좋다. 임신부용 비타민에는 대개 왼쪽에 있는 표와 같은 성분이 들어 있다.

● 임신부용 비타민에 함유된 영양 성분

성분	효능
칼슘	태아의 치아와 골격 형성을 돕고, 임신부의 치아와 골격을 건강하게 유지한다
구리	빈혈을 예방하고 골격 형성을 돕는다
엽산	신경관 기형의 위험을 줄이고 혈구 생성을 돕는다
요오드	신진대사를 돕는다
철분	빈혈을 예방하고 아기의 혈액 발달을 적극적으로 돕는다
비타민 A	전반적인 건강과 신진대사를 돕는다
비타민 B₁	전반적인 건강과 신진대사를 돕는다
비타민 B₂	전반적인 건강과 신진대사를 돕는다
비타민 B₃	전반적인 건강과 신진대사를 돕는다
비타민 B₆	전반적인 건강과 신진대사를 돕는다
비타민 B₁₂	전반적인 건강과 신진대사를 돕는다
비타민 C	철분 흡수를 돕는다
비타민 D	아기의 골격과 치아를 튼튼하게 만들고, 임신부의 인과 칼슘 사용을 돕는다
비타민 E	전반적인 건강과 신진대사를 돕는다
아연	수분의 균형을 잡아 주고 신경과 근육 기능을 돕는다

임신 8주

자궁이 커진다

임신하기 전에는 보통 주먹만 하던 자궁이 임신 6주가 되면 자몽만 한 크기가 된다. 자궁이 커지면서 하복부나 옆구리에 경련과 통증을 느끼게 되는데, 어떤 임신부는 자궁이 수축되는 것을 느끼기도 한다. 자궁은 임신 기간 내내 수축을 계속한다. 하지만 자궁수축을 느끼지 못하더라도 걱정할 필요는 없다. 단, 자궁수축과 함께 질 출혈이 있으면 의사에게 알려야 한다.

좌골신경통이 생긴다

임신이 진행됨에 따라 가끔 둔부와 다리 뒷부분이나 옆부분에 참을 수 없을 정도로 심한 통증이 느껴지는 경우가 있는데, 이것을 좌골신경통이라고 한다. 좌골신경은 골반 안에 있는 자궁에서 다리까지 연결되어 있는데, 자궁이 커지면 이 신경을 압박해서 통증이 생기게 된다. 통증을 치료할 수 있는 가장 좋은 방법은 반대쪽으로 돌아눕는 것. 이렇게 하면 신경압박을 어느 정도 완화할 수 있다.

눈과 속귀가 발달하는 중요한 시기이다

태아는 매우 급속도로 성장하고 변화한다. 아직은 머리가 다른 신체 부위보다 더 크고, 이목구비가 계속 발달하고 있다. 얼굴에 눈꺼풀과 코끝이 생기기 시작하고, 안팎으로 귀가 생기고 있다. 혀와 콧구멍이 생겼고, 코끝을 볼 수 있으며, 턱이 융합해 입이 형성되기 시작한다. 앞으로 8일간은 균형 감각과 청력에 관계되는 눈과 속귀가 발달하는 중요한 시기이다.

폐를 비롯한 내장기관이 뚜렷하게 발달한다

심장에서는 대동맥궁과 폐가 뚜렷하게 나타난다. 심장, 뇌, 간, 폐, 신장을 비롯해 대부분의 내장기관이 기초적인 형태로 발달했다. 탯줄에서 창자가 발달하기 시작하고 심박동이 정상이 되고 펌프 용량이 증가한다. 종이처럼 얇은 피부 밑으로 그물 모양의 혈관을 볼 수 있다. 목에서 나온 관이 나뭇가지처럼 폐의 활동 부위로 연결되고, 태아의 몸통 부분이 길어지면서 꼿꼿하게 세우게 된다.

손가락과 발가락이 생기기 시작한다

팔꿈치가 생기고 사지가 앞으로 나온다. 팔이 더 길어지고 팔꿈치에서 심장 위로 살짝 구부러진다. 손가락, 발가락이 생기기 시작한다. 지금까지는 태아의 골격이 연골로 이루어져 있었지만 이제 골수 세포가 연골을 대신하기 시작한다. 팔다리 뼈가 길어지고 딱딱해지고 관절이 생기기 시작한다. 임신부는 아직 느끼지 못하지만 태아는 태동을 시작한다.

임신 중 받는 기본 검사에 대해 알아 둔다

임신 사실을 확인하고 나면 한 달에 한 번씩 정기검진을 받게 된다. 검진 결과 임신에 이상이 있는 것으로 판명되면 가급적 빨리 조치를 취해야 한다.

소변 검사 ⋯ 임신성 당뇨병과 임신중독증을 체크한다. 소변 속에서 비뇨기의 감염 여부를 알 수 있는 백혈구가 나오는지, 당뇨병 여부를 알 수 있는 당이 나오는지, 임신중독증을 의심하게 하는 단백질이 나오는지를 검사하는 것으로 정기검진 때 자주 실시하게 된다.

체중 검사 ⋯ 임신중독증, 쌍태아 등을 체크한다. 정기적으로 체중 증가를 체크함으로써 태아의 성장을 알 수 있으며 임신중독증 여부도 가려낼 수 있다. 초산이거나 나이가 어릴수록 몸무게가 더 많이 느는 경향이 있다.

혈압 검사 ⋯ 임신중독증을 알아내는 가장 확실한 방법. 심장에서 혈액이 분출될 때의 압력을 측정하는 검사다. 혈압의 수치는 변화하기 쉬우므로 측정할 때 긴장을 풀고 갑자기 수치가 올랐을 때는 잠시 쉬었다가 다시 잰다.

혈액 검사 ⋯ 빈혈과 기형아 여부를 체크한다. 출산 시 수혈이 필요할 경우를 대비해 ABO형이나 Rh형 여부를 검사한다. 또한 헤모글로빈 농도를 측정해 빈혈 여부를 알아내고, 혈청 당 단백질 검사를 통해 태아의 뇌신경 계통의 이상 여부를 체크해 선천성 기형을 알아낸다.

외진 ⋯ 복부의 크기로 태아의 발육상태를 체크한다. 태아의 크기를 체크하는 방법으로 자궁의 크기를 재는 것이다. 태아의 발육이 정상인지를 알아보고, 태아의 성장률을 산출하며, 골반과 자궁 기저부 사이의 거리를 측정한다.

유방 검사 ⋯ 모유 수유 가능 여부를 체크한다. 함몰유두일 경우 모유 수유가 불가능하므로 유두의 상태를 체크해 임신 중에 교정을 시작한다.

갑상선 이상이 임신에 영향을 줄 수 있다

갑상선 이상은 임신에 영향을 줄 수 있다. 갑상선에서 만들어지는 갑상선 호르몬은 몸 전체에 영향을 주며 신진대사에 중요한 작용을 한다.

갑상선 호르몬은 수치가 높아도, 낮아도 문제가 된다. 수치가 높은 것을 갑상선 항진증이라고 하고 수치가 낮은 것을 갑상선 부전증이라고 하는데, 유산이나 조산을 경험했거나 출산이 임박해서 임신에 문제를 겪은 여성은 갑상선 기능에 이상이 있었는지 모른다.

맥박의 변화나 손바닥 홍조로 알 수 있다

임신 중에는 임신 호르몬 때문에 갑상선 호르몬의 수치가 달라지기 때문에 갑상선 호르몬 이상을 정확하게 진단하기는 어렵다. 단, 임신 중에 갑상선 기능 이상을 의심해 볼 만한 증상으로는 갑상선 비대, 맥박 변화, 손바닥 홍조나 습기 등이 있다.

'갑상선 부전증' 일 때는 티록신을 처방받는데, 이것은 임신 중에 복용해도 안전하다. 의사는 호르몬이 부족하지 않도록 혈액 검사로 갑상선 수치를 검사한다. '갑상선 항진증' 일 때는 프로필디오우라실로 치료한다. 이것은 태반을 통해 태아에게 전달되므로 의사는 태아에게 위험을 줄이기 위해 최소한의 양을 처방하게 된다.

갑상선 항진증은 요오드화물로 치료하기도 한다. 그러나 이것은 태아에게 유해하기 때문에 임신 중에는 피해야 한다. 출산 뒤에는 임신 중에 복용한 약과 관련해서 아기의 갑상선 기능에 이상이 없는지 아기를 검사하고 관찰해야 한다.

과거에 갑상선 기능 이상이 있었거나, 그 때문에 현재 약을 복용하고 있거나 과거에 약을 복용한 경험이 있는 사람은 의사에게 그 사실을 알려야 한다.

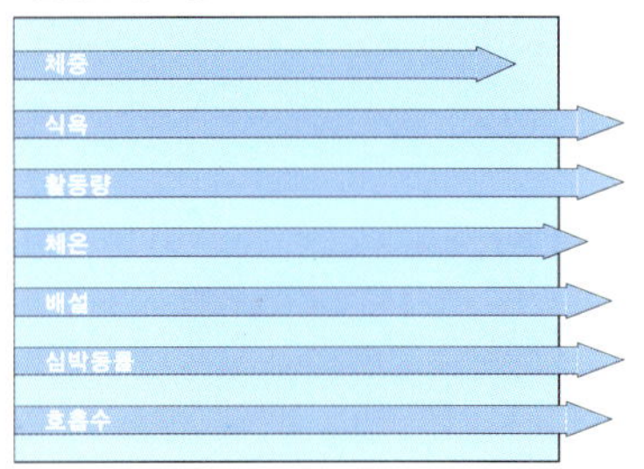

갑상선 기능이 증가하면, 많이 먹어도 체중이 자꾸 줄어든다. 흥분을 잘하게 되고 신경질적인 증세가 많이 나타나며, 면역 계통의 장애가 나타나기도 한다. 완치가 어려워 계속 투약을 해야 한다.

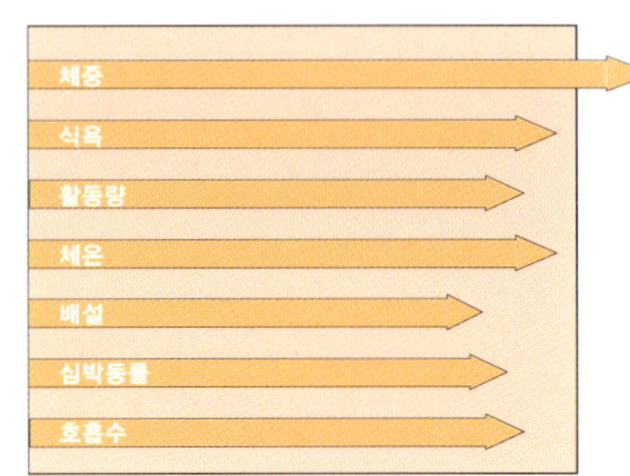

갑상선 기능이 지나치게 저하되면, 피곤, 졸음, 전신쇠약, 심하면 정신혼미 등의 증세가 나타난다. 체중은 늘었는데 식욕이 없고 심박동률이나 호흡수 등이 모두 떨어지는 현상이 생긴다.

실험실 검사의 종류에 대해 알아 둔다

임신을 하고 처음이나 두 번째 검진을 받으러 갔을 때 기본적인 실험실 검사를 받게 된다. 우선 자궁경부 세포진 검사를 비롯해 골반 검사를 받게 될 것이다. 이 외에 혈액 검사, 소변 검사, 매독 검사, 자궁경부 조직배양 검사 등을 받게 된다. 당뇨병이 있는지 알아보기 위해 혈당 검사를 하는 의사들도 많다. 풍진 면역 검사와 혈액형 검사를 받을 수도 있다.

그 외의 검사는 필요에 따라 하게 된다. 정기검진을 받으러 갈 때마다 검사를 하는 것은 아니며, 임신 초기와 필요할 때만 검사를 하게 된다.

유산의 원인과 증상에 대해 알아 둔다

유산이란 배아나 태아가 자궁 밖에서 혼자 힘으로 성장할 수 없을 때 임신이 종료되는 것을 말한다. 임신부들은 모두 혹시 유산을 하지 않을까 염려하지만 유산의 가능성은 15% 정도이다. 유산의 정확한 원인은 알 수 없지만 조기유산의 절반 이상은 유전에 의한 염색체 이상 때문이라는 연구보고서가 있다. 방사선, 화학물질, 바이러스 균 등 많은 요인들이 배아의 뱃속 환경에 영향을 주어 유산의 원인이 되기도 하고, 리스테리아 감염증, 톡소플라즈마 병, 매독 같은 감염증이 유산을 초래하기도 한다. 어떤 특정 영양소의 결핍이나 전반적인 영양실조가 유산의 원인이 된다는 확실한 증거는 없지만, 흡연과 알코올은 유산의 위험을 높이는 것으로 알려져 있다. 증명하기는 어렵지만 사고로 인한 외상이나 대수술도 유산의 위험을 높인다.

자궁무력증은 임신 초기 이후에 나타나는 유산의 원인이 된다. 격한 감정이나 정신적인 충격이 유산의 원인이라고 주장하는 사람들도 있지만 확실한 증거는 없다. 다음은 유산의 여러 가지 유형과 원인을 설명한 것이다. 다음과 같은 증세가 있을 때는 즉시 의사에게 알려야 한다.

임신 초기 출혈에 주의한다

임신 초기에 질 출혈이 있으면 유산의 위험이 있다. 출혈은 며칠 또는 몇 주 동안 계속될 수 있으며, 경련이나 통증을 수반할 수도 있고 그렇지 않을 수도 있다. 통증은 생리통이나 경미한 요통처럼 느껴진다. 활발하게 움직이는 것이 유산의 원인은 아니지만 유산의 기미가 있을 때에는 자리에 누워 안정을 취하는 것이 좋다. 어떤 절차나 의약품도 유산을 막을 수는 없다. 임신부의 20% 정도는 임신 초기에 출혈을 경험한다. 하지만 그것이 모두 유산으로 이어지는 것은 아니므로 이런 증상은 일반적인 것으로 진단된다.

양막이 파열되거나 자궁경부가 확장되거나 응혈이 쏟아질 때는 유산이 불가피하다. 이런 상황을 '불가피 유산'이라고 하는데 이 경우, 자궁이 수축되면서 태아나 임신의 부산물이 배출된다. 임신의 부산물 가운데 일부는 배출되고 일부는 자궁에 남아 있는 경우를 '불완전한 유산'이라고 한다. 이 경우 자궁에서 임신의 부산물이 다 빠져나갈 때까지 심한 출혈이 계속될 수 있다.

한편 유산이 되었는데도 의식하지 못하고 죽은 태아를 계속 자궁에 가지고 있는 것을 '계류유산'이라고 말한다. 이 경우 아무런 증상도 출혈도 없다. 유산이 되고 발견이 되기까지 보통 몇 주가 걸린다. '습관성 유산'이란 세 번 이상 연속으로 유산하는 것을 말한다.

먼저 출혈이 있고 그 다음에 경련이 일어나면 자궁외 임신을 의심해 볼 수 있다. hCG호르몬 검사는 정상적인 임신 유무를 판정하는 데 효과적이지만 한 번의 검사로는 별로 도움이 되지 않고 며칠에 걸쳐 몇 번의 검사를 반복해야 한다.

수정된 지 5주가 지나면 초음파 검사를 할 수 있다. 출혈이 계속되더라도 아기의 심박동 소리를 듣고 정상적인 모습을 보면 안심이 될 것이다. 한 번의 초음파 검사로 안심이 되지 않으면 일주일이나 열흘 정도 기다렸다가 다시 초음파 검사를 받아 보면 된다.

출혈과 경련이 오래 지속될수록 유산될 확률이 높다. 임신의 부산물이 모두 배출되고 출혈이 멎고 경련이 사라지면, 모든 것이 끝난다. 그러나 임신의 부산물이 모두 배출되지 않으면 자궁수축제나 소파수술로 자궁 속을 깨끗하게 비워야 한다. 임신 상태를 지속시키기 위해 황체호르몬 주사를 맞는 임신부들도 있다.

**영양관리 &
무엇을 어떻게
먹을까?**

필수영양소를 섭취한다

필수영양소를 필요한 만큼 섭취하는 것은 임신부와 태아의 건강을 위해 매우 중요하다. 임신부가 매일 섭취해야 할 영양소가 어떤 식품에 들어 있는지 알아 두자. 임신부용 비타민은 대용 식품이 아니므로 거기에 의존해서 필수비타민과 미네랄을 섭취하겠다고 생각해서는 안 된다.

임신부에게 꼭 필요한 비타민을 챙긴다

비타민은 13개 종류가 알려져 있으며 각 비타민은 임신부와 태아의 건강에 저마다 중요한 역할을 한다. 어떤 비타민은 체내에 저장될 수 있는데, 비타민 A·D·E 같은 지용성 비타민이 바로 그런 특성을 지니고 있다. 그러나 비타민 B와 비타민 C 같은 수용성 비타민은 체내에 저장될 수 없기 때문에 규칙적으로 섭취해야 한다.

임신 8주부터는 태반이 혈류에 대부분의 비타민을 집결시킨다. 따라서 임신 전에 모든 비타민을 이상적으로 섭취하고 있었다면, 임신 후에는 더 보충하지 않아도 태아에게 필요한 각종 비타민을 충분히 공급할 수 있다고 생각하기 쉽다. 그러나 실제로 이렇게 했다가는 임신부가 가벼운 영양실조에 걸릴 수 있다. 임신 중에는 모든 비타민이 중요하지만 몇 가지 비타민은 임신부와 태아의 건강을 위해 특히 중요하다.

비타민 A … 태아의 세포·심장·순환계·신장계의 발달에 필요한 영양소이다. 따라서 태아의 체중이 가장 많이 늘어나는 임신 후기가 되면 비타민 A의 필요량이 증가한다. 다행히 대부분의 임신부는 비타민 A 일일 권장량을 쉽게 섭취할 수 있다.

함유식품 → 어류 기름, 콩팥, 유제품, 달걀노른자, 황색이나 적색의 과일, 황색이나 적색이나 짙은 녹색 채소

비타민 B … 비타민 B는 새로운 세포를 형성하는 데 중요한 역할을 하므로 세포분열이 활발하게 일어나는 시기인 임신 초기에 특히 중요하다. 이 시기에 티아민과 니아신 같은 비타민 B를 충분히 섭취하면 정상체중의 태아를 출산할 가능성이 높다. 태아의 신경계 발달과 관련이 있는 비타민과 적혈구 생산에 필수적인 비타민 B_{12}도 충분히 섭취해야 한다.

함유식품 → B_1 통밀빵, 콩, 돼지고기, 우유, 효모 추출물, 달걀 B_2 우유, 통밀빵과 시리얼, 달걀노른자, 치즈, 녹색 채소

엽산 … 임신 초기에 특히 중요한 영양소. 임신 전부터 임신 초기 3개월간 엽산 영양제를 복용하면 척추이분증 같은 신경계 이상을 가진 아기를 출산할 위험이 크게 줄어든다. 임신 12주가 되면 태아의 신경관이 완전히 형성되어 걱정되는 시기는 끝난다.

함유식품 → 강화 시리얼과 빵, 바나나, 잎이 많은 녹색 채소, 오렌지 주스, 베리류, 말린 콩

비타민 C ··· 비타민 C는 새로운 조직의 생성을 돕기 때문에 임신 중에 필요량이 증가한다. 태아가 제대로 성장하고 발달하기 위해서는 비타민 C가 필수적이다. 비타민 C는 철분의 흡수를 돕기 때문에 철분이 풍부한 식품과 함께 먹으면 좋다.

함유식품 ➜ 감귤류, 주스, 로즈힙, 키위, 크랜베리, 딸기, 파파야, 컬리플라워, 녹색 채소, 감자, 고추

비타민 D ··· 자외선에 노출되었을 때 피부에서 합성되는 비타민 D는 칼슘흡수와 태아의 뼈와 치아 발달에 중요한 역할을 한다. 피부를 햇빛에 자주 노출하는 사람은 비타민 D를 충분히 합성할 수 있다. 비타민 D의 일일 권장량은 10mcg이다.

함유식품 ➜ 기름기 많은 어류, 달걀, 복합불포화 마가린과 버터

비타민 E ··· 비타민 E는 항산화제로 세포가 파괴되는 것을 막는다. 비타민 E가 결핍되면 자간전증을 일으킬 수 있으므로 비타민 E가 풍부한 식품을 많이 먹도록 한다.

임신부에게 꼭 필요한 미네랄을 챙긴다

미네랄은 체내에서 합성되지 않기 때문에 식품을 통해 섭취해야 한다. 철분, 칼슘, 아연 같은 미네랄은 임신 중에 특히 중요하다. 더불어 신진대사 조절에서 유전물질 발달에 이르기까지 여러 가지 기능과 관련된 요오드, 마그네슘, 셀레늄 등도 충분히 섭취해야 한다.

칼슘 ··· 칼슘은 혈액 응고, 근육수축, 신경신호를 위해 매우 중요하다. 자간전증의 중요한 요인이 되는 고혈압을 예방하는 데도 도움이 된다. 몸에 저장된 칼슘은 태아에게 공급되는데 특히 태아의 뼈와 치아가 완성되는 임신 후기에는 칼슘 섭취를 더욱 늘려야 한다. 그리고 임신부의 나이가 25세 미만이면 아직 뼈의 건강 상태가 최고치에 이르지 않았기 때문에 더더욱 칼슘을 충분히 섭취해야 한다.

함유식품 ➜ 우유, 치즈, 요구르트, 뼈째 먹는 생선 통조림(연어 · 정어리), 두부, 잎이 많은 녹색 채소

철분 ··· 철분은 새로운 세포를 만들고 호르몬을 형성하는 데 중요한 역할을 하며 적혈구에 들어 있는 산소를 운반하는 단백질인 헤모글로빈의 대부분을 구성한다. 임신 중에는 혈액량이 두 배로 증가하므로 철분이 많이 필요하다. 월경 중이거나 임신 중인 여성의 일일 철분 권장량은 14.8mg.

함유식품 ➜ 기름기 없는 육류, 어류, 달걀노른자, 통곡 시리얼, 시금치, 콩, 강화 시리얼

아연 ··· 임신 중에 아연이 결핍되면 저체중아나 사지기형을 출산할 위험이 있다. 철분이나 칼슘과 마찬가지로 임신을 하면 몸이 이런 미네랄을 더욱 효율적으로 흡수하기 때문에 임신을 했다고 해서 섭취량을 늘릴 필요는 없다. 그러나 철분 영양제를 복용하고 있다면 이것이 아연의 흡수를 방해할 수 있다.

함유식품 ➜ 기름기 없는 붉은 살코기, 달걀, 정어리 통조림, 통곡 시리얼, 말린 콩

임신 중 건강한 성생활

임신 중의 성과 사랑은 임신부에게 아주 민감한 주제이다. 많은 임신부들이 '내 배가 이렇게 불룩한데도 남편은 여전히 나에게 매력을 느낄까?' 라고 생각하기 마련이다. 당연히 남편은 아내의 볼록한 배를 자랑스러워하며 여전히 당신에게 매력을 느끼고 있다.

자라나는 태아가 남편과 아내의 관계를 더욱 가까워지게 한다. 남편은 불러오는 아내의 배를 보면서 육체적으로도, 정신적으로도 하나가 되어 가는 것을 느끼게 된다. 많은 여성들은 임신 기간에 독특한 아름다움을 발산한다. 이 특별한 시기를 맘껏 즐겨 보자.

💜 사랑 호르몬이 진정한 오르가슴을 느끼게 한다

임신 중에 부부관계를 가져도 괜찮을까? 물론이다. 임신 중에 부부관계를 가지면 조산을 초래할 수 있다고 하여 임신부에게 금욕을 요구하던 시대는 이미 지나갔다. 오히려 많은 여성들은 임신 기간 중 부부관계 시에 진정한 오르가슴을 느끼기도 한다.

💜 피임에 대한 해방이 극치감을 경험하게 한다

첫째 이유는 호르몬 때문이다. 호르몬으로 클리토리스에 혈액 공급이 더 왕성해진다. 따라서 클리토리스가 살짝 부어오르며 접촉에 매우 민감해지고, 질은 임신 전보다 더 빨리 촉촉해지며, 딴딴하게 커진 가슴 또한 자극에 아주 민감하게 반응하는 것이다. 임신 기간에 극치감을 느끼는 또 다른 이유는 피임에서 완전히 해방되었다는 자유스러움 때문이다. 드디어 임신 걱정을 할 필요도, 피임을 할 필요도 없다. 부끄러워하지 말고 아름다운 배와 가슴을 자신 있게 드러내 보이자.

💜 임신이 임신부를 아름답게 만들어 준다

임신을 즐겁게 받아들이는 임신부의 얼굴은 언제나 환하다. 눈은 반짝거리고, 입가에는 항상 웃음이 떠나지 않는다. 만족과 행복감에 가득 찬 모습이다. 이런 여성들은 자신의 몸에 자신감을 가지고 당당하기 때문에 남편과 스스럼없이 관계를 가진다. 그리고 남편도 그런 아내의 모습을 당연하게 생각한다. 분명히 남편은 통통한 아내의 모습이 더 여성스럽고 아름답다고 느낄 것이다. 이런 생각들이 부부관계와 사랑을 맘껏 즐길 수 있는 전제조건이다.

🧡 태아는 엄마아빠의 사랑행위를 허락한다

많은 남자들은 임신한 아내와 부부관계를 할 때 단 둘이 있는 것이 아니라고 느낀다. 하지만 걱정하지 않아도 된다. 태아에게는 아무런 지장을 주지 않기 때문이다. 태아는 부드럽고 따뜻한 자궁의 양수 속에서 아주 잘 놀고 있다. 자궁구가 굳게 닫혀만 있다면 외부의 가벼운 충격 정도는 끄떡없다. 그러므로 태아가 아빠와 엄마의 사랑행위를 느낄 것이란 상상은 하지 말자. 태아는 엄마와 아빠의 사랑행위를 허락한다.

하지만 임신 기간에는 부부관계에 여러 가지 제약이 따른다. 특히 임신 말기에는 정상위 체위를 피해야 한다. 배가 많이 불러오기 때문이다.

🧡 대부분의 남편은 아기를 가진 아내에게 특별한 매력을 느낀다

부부관계 시 모든 임신부가 오르가슴을 느끼지는 않는다. 특히 뚱뚱한 여성이나 불감증인 여성들의 경우 더욱 그렇다. 따라서 일부 임신부들은 임신을 못마땅하게 여기거나, 자신이 뚱뚱해서 그렇다고 생각하고, 또 그 때문에 남편이 잠자리를 거부할 것이라는 걱정도 하게 된다. 하지만 대부분의 남편들은 아기를 가진 아내의 모습을 아름답다고 생각하므로 걱정하지 않아도 된다.

자신에게 매력이 없다는 생각은 주로 이상적인 외모의 형태를 정해놓고 자신을 거기에 비교할 때 비롯된다. 하지만 임신부에게는 그 이상형을 적용할 수 없고, 그 누구도 임신부에게서 그러한 아름다움을 찾으려 하지 않는다는 사실을 알아두자.

🧡 태아에게 라이벌 의식을 갖는 남편, 대화로 해결한다

임신 기간 동안 남편의 불만으로 부부관계에 문제가 생길 수 있다. 그것은 아내가 '너무 뚱뚱' 해서가 아니라, 아내가 태아에게만 신경을 쓰고, 태아하고만 대화하려고 하기 때문이다. 이때 남편은 태아에게 라이벌 의식을 느끼게 된다. 무시당하는 느낌을 갖게 되고, 오히려 자신이 아내에게 더는 매력이 없는 존재로 전락했다고 생각하기도 한다. '이제 아기가 생기니까 난 뒷전이고 전혀 중요하지 않단 말이지?' 하면서 말이다.

또 어떤 남자들은 부부관계 시 태아에게 해를 줄까 봐 잠자리를 거부하기도 한다. 임신 중 부부생활에서 가장 중요한 것은 어떤 문제든 마음을 열고 진지하게 대화를 나누는 것이다. 대화를 많이 하는 부부는 문제가 생겨도 비교적 빨리 해결할 수 있다.

How to 임신 초기에 적합한 체위

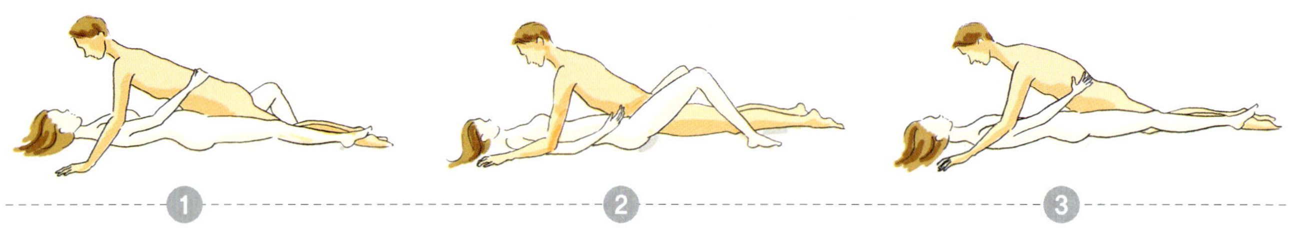

1. 한쪽 다리를 올린 자세의 정상위

남녀가 마주 결합하는 가장 기본적인 체위. 너무 깊게 삽입되지 않도록 무릎을 구부린다.

2. 양쪽 다리를 구부린 상태에서 정상위

아내가 바로 누워 양다리를 벌리고 무릎을 구부리면 남편이 이 상태에서 삽입한다. 너무 깊이 삽입되지 않도록 다리로 남편의 몸을 조절한다.

3. 다리를 오므린 자세에서 정상위

아내가 양다리를 붙여 곧게 펴고 누운 상태에서 남편이 삽입한다.

How to 임신 중기에 적합한 체위

1. 남편이 뒤에서 아내의 상체를 지탱하는 후배위

아내는 앞으로 팔을 뻗어 엎드리고 뒤에서 남편이 아내의 팔을 지탱하며 삽입한다. 남편의 체중이 실리지 않고 결합의 깊이도 조절할 수 있는 체위.

2. 엎드린 자세에서 후배위

아내는 엉덩이를 뒤로 뺀 채 엎드리고 남편이 뒤쪽에서 무릎을 꿇고 앉아 삽입한다. 배가 바닥에 닿지 않게 남편은 아내의 허리를 잡고 지탱한다.

3. 등 쪽에서 하는 측와위

두 사람 모두 옆으로 눕는다. 이때 남편이 아내의 등 뒤로 가서 삽입한다.

4. 아내가 위로 앉는 전좌위

남편이 무릎을 꿇고 앉은 상태에서 아내가 그 위로 다리를 올리고 앉는다. 아내가 결합의 깊이를 조절할 수 있는 자세.

How to · 임신 후기에 적합한 체위

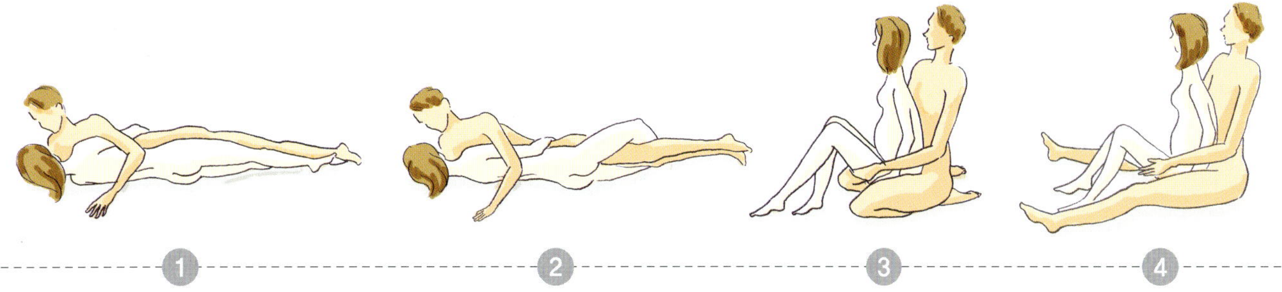

1. **다리를 오므린 자세에서 측와위**

   두 사람이 마주 보고 옆으로 누운 상태에서 결합한다. 이때 아내는 다리를 가지런히 오므린다.

2. **다리를 벌린 자세에서 측와위**

   두 사람이 마주 보고 옆으로 누운 상태에서 결합하는 체위로 이때 아내는 다리를 벌린 자세를 취한다.

3. **남편이 앉은 자세에서 후배위**

   남편이 양 무릎을 꿇고 앉고 그 위에 아내가 앉은 자세에서 결합한다.

4. **남편이 앞으로 다리를 뻗은 상태에서 후배위**

   남편이 다리를 벌린 채 앉고 그 앞에 아내가 등을 보인 상태로 앉는 체위. 조산을 예방하기 위해 삽입은 얕게 하는 것이 좋다.

How to · 임신 중 피해야 할 체위

1. **기승위**(여성 상위)

   성기의 삽입이 깊어 자궁을 자극하므로 임신 중에는 피해야 한다.

2. **굴곡위**

   아내가 바닥에 등을 대고 누워 다리를 들어올린 체위로 성기의 결합이 깊다. 임신부가 통증을 느낄 수 있으므로 피하는 것이 좋다.

초음파 사진 보는 법

초음파 검사는 태아의 성장상태를 체크하는 데 빼놓을 수 없는 검사 중 하나다. 초음파 사진 보는 법을 익혀 두면 임신 초기 태아의 모습을 비롯해 시기별 발육상태를 확인할 수 있다.

 초음파 검사는 초기 태아의 모습까지 보여 준다

현재의 초음파 진단 장치는 아직 태아라고도 부를 수 없는 작은 생명체까지도 사진으로 찍어 보여 줄 수 있게 되었다. 초음파 진단 장치는 태아 몸의 단면을 촬영하는 것으로 1초에 10장 이상의 단층 촬영이 가능하다.

임신 초기에 중요한 것은 정상적인 임신 여부와 태아의 심장 박동, 자궁 내에 태아가 제대로 착상되었는지 등을 확인하는 것이다. 초음파 검사는 이러한 것들을 모두 확인시켜 주며 임신 주기나 출산예정일 측정도 가능하다. 임신 초기의 초음파 검사는 추후 태아의 성장 관찰에 중요한 지표가 된다.

임신 12주까지는 질을 통해, 12주 이후에는 배 위에서 검사한다

초음파 검사는 프르브(probe)라고 불리는 기구를 사용하여 검진하는데, 보통 임신 12~13주 무렵까지는 '경질(經膣) 프르브'라고 하는 기구를 질 속에 삽입하여 관찰하는 검진법을 많이 사용한다. '경질 프르브'는 자궁과 아주 가까운 곳에서 관찰이 가능하기 때문에 미세한 근종이나 난소까지도 볼 수 있는 것이 장점이다.

이에 반해 임신 12~13주가 지나면 배 위에 프르브를 대고 관찰하는 '경복(經腹) 프르브' 검사를 주로 한다. 배 위에서 하는 검사는 질 속에 기구를 삽입하는 것보다 비교적 넓은 부위를 관찰할 수 있기 때문에 태아의 머리나 등줄기는 물론 보고 싶은 위치로 프르브를 자유롭게 이동시켜 가며 볼 수 있다.

단, 초음파 사진 한 장에 태아의 전신이 촬영된 것을 볼 수 있는 시기는 임신 5개월 무렵까지이며, 이후부터는 태아가 크게 성장하기 때문에 여러 장에 나눠서 태아의 손과 발, 얼굴 등을 부분적으로 관찰하게 된다.

다양한 컬러 초음파 사진

초음파 사진에는 2D, 3D, 4D 초음파와 컬러 초음파가 있다. 초음파 검사에서 일반적으로 사용되고 있는 것은 2D이지만 최근에는 병원에 따라 3D, 4D, 컬러 초음파 사진도 제공하고 있다.

2D 초음파 사진이란 뱃속의 영상을 평면으로 잘라 태아의 모습을 관찰한 것이며 3D란 2D의 화상을 컴퓨터상에서 여러 장 중첩시켜 태아를 입체적으로 본 사진이다. 4D란 3D에 움직임을 가

초음파 사진 기호 보기

+ 또는 × 마크
머리의 크기, 전신이나 허벅지 길이 등 태아의 크기를 측정하는 데 사용하는 마크. 기계 조작으로 측정하고 싶은 부위의 시작과 끝점에 이 마크를 붙여 놓으면 자동적으로 사이즈를 측정해 준다.

날짜 · 시간
초음파 검사를 받은 날짜와 시간 표시. 촬영한 날짜를 정확히 알 수 있기 때문에 사진에 찍힌 태아의 모습을 앨범에 담고 싶은 경우 시간 순으로 정리할 수 있다.

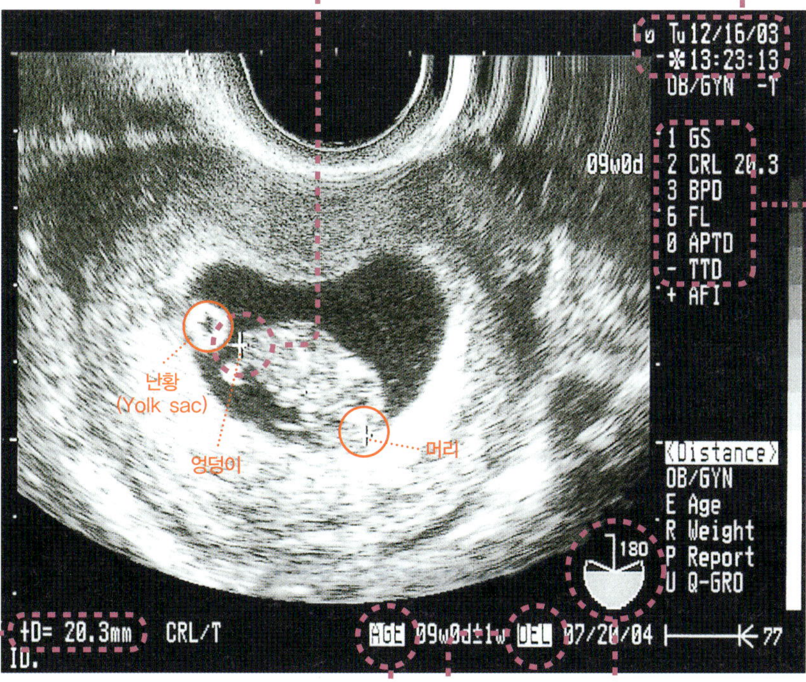

GS(태낭의 크기)
임신 초기 태아가 들어 있는 주머니(胎囊)의 크기를 뜻한다. 태낭의 크기는 임신을 판정하는 데 중요한 자료가 되고 있기는 하지만 이를 근거로 출산예정일을 산출하지는 않는다. 태낭이 자궁 내에 있고, 태아의 심박이 확인되면 정상 임신이라고 할 수 있다.

CRL(태아 머리에서 엉덩이까지 길이)
태아가 자연스럽게 몸을 굽힌 상태에서 머리부터 엉덩이까지의 길이. 임신 7~9주까지는 태아의 발육에 개인차가 적고, 이 무렵 태아의 크기는 거의 정확한 측정이 가능하므로 출산예정일을 확정하는 데 중요한 자료가 되고 있다.

BPD(태아 머리 가로 길이)
머리에서 가장 높은 부분을 측정한 좌우의 길이. 임신 12~15주 무렵이 되면 임신 주기나 출산 예정일을 알기 위해 측정하며, 이후는 태아의 발육 상태를 확인하기 위해 많이 측정한다.

FL(대퇴골 길이)
허벅지뼈의 길이를 표시하는 수치. 대퇴골이란 허벅지 근원 부위에서 무릎까지 연결된 뼈로 인체에서 길이가 가장 긴 뼈에 속한다. BPD와 함께 주로 태아의 성장을 체크하기 위해 측정한다.

AC(태아복부 둘레)
복부의 둘레를 측정한 치수. BPD와 FL과 함께 태아의 몸무게를 측정하는 데 쓰인다.

AGE(임신 주수)
초음파에 의해 측정된 태아의 크기를 기초로, 검사 당일의 임신 주기(w=week)와 날짜(d=day)를 산출한 데이터이다. 따라서 이를 읽으면 자신의 임신 주수를 알 수 있다.

DEL(출산예정일)
태아의 크기를 기초로 하여 산출한 출산예정일 표시. 임신 초기, 주기 수정이 필요한 경우 이를 근거로 데이터를 산출한다.

경질 프르브 마크
경질 프르브를 사용하여 검사한 것을 표시하는 마크. 경질 프르브란 질에 삽입하여 자궁 안을 관찰하는 기구로, 경복 프르브에 비해 1~2주간 빨리 태아를 감싸고 있는 태낭이나 심박동을 확인할 수 있다.

+ D =O mm
임신 9~11주 무렵, 경질 프르브를 사용하여 측정한 태아의 크기를 표시한다. 이 수치를 근거로 현재의 임신 주기를 확인할 수 있기 때문에 주기 수정이 필요한 경우 기초 자료로 이용되고 있다.

한 것으로 하품을 하거나 손발을 움직이는 등 태아의 동작을 순간적으로 촬영한 것이다. 3D나 4D 초음파 검사는 임신 20주 전후부터 시행할 수 있지만 화상 처리에 시간이 걸리기 때문에 병원에서 정기 검진과는 별도로 스케줄을 짜 주는 곳도 있다.

컬러 초음파 검사는 혈액 흐름이나 탯줄 위치를 체크하기 위해 시행하고 있으며, 임신고혈압증후군이나 탯줄이 태아의 목에 감겨 있는지 등의 여부를 알기 위해 세밀한 조사가 필요할 경우 행해지고 있다.

- 컬러 초음파 … 탯줄에 흐르고 있는 혈액이 청색과 적색으로 나타나며 혈류의 방향이나 혈액량을 체크하는 데 사용된다.
- 3D 초음파 … 눈을 비비고 있는 듯한 태아의 모습. 태아의 얼굴이나 몸의 표면을 2D보다 선명하고 입체적으로 볼 수 있다.
- 4D 초음파 … 눈과 코, 입의 모양을 더욱 명확히 알 수 있다. 오른쪽 아래에 나타나 있는 것이 탯줄이다.

초음파 사진 보는 요령

임신 4~7주 … 초음파 검사를 받아 보면 이미 성장을 시작한 작은 태아의 모습을 확인할 수 있다

● 태낭을 확인하고 태아의 성장을 관찰한다

임신 초기 병원에서 처음으로 초음파 검사를 받을 경우, 먼저 경질 프르브를 사용하여 수정란의 자궁 내 착상 여부를 진찰받게 된다. 태아가 들어 있는 태낭이 자궁 속에 있는 것이 확인되면 자궁외 임신은 아니므로 안심해도 된다. 태낭은 빠르면 임신 4주 후반부터 보이기 시작하여 임신 6주가 되면 대부분의 임신부에게서 나타난다.

임신 초기의 특징은 태낭 주위에 생기는 흰색의 원이다. 임신 초기 초음파 화면에 검은색 원이 나타나면 태낭인지 또는 자궁외 임신에 의한 출혈인지 구별하기 힘든 경우도 있다. 그러나 태낭의 존재가 확실하다면 주위 조직이 굳고 튼튼하기 때문에 초음파 검사 때 마치 흰색 원을 두르고 있는 것처럼 나타나게 된다. 자궁 안에 이 흰색의 원이 형성되어 있으면 임신이라는 판정을 내리게 된다.

한편 임신 8주까지는 태내에 있는 아기를 태아(胎芽)라고 하는데, 태아는 태낭 속에서 점점 성장하여 임신 6주에 접어들면 초음파상으로 약 1㎝가량 성장해 있는 모습을 볼 수 있다. 임신 6주 후반이 되면 태아의 심박을 확인하여 건강 상태를 체크할 수 있게 된다.

임신 7주가 되면 2두신(頭身)이라 하여 머리와 몸체가 분리되어 성장하는 태아를 확인할 수 있는데, 손발은 아직 끝 부분이 갈라지지 않아 마치 물갈퀴 같은 모습을 띠고 있다. 태아 옆으로 보이는 둥근 물체는 난황낭이라 하여 태반이 완성될 때까지 태아에게 영양을 공급해 주는 주머니에 해당한다.

 ··· 초음파 사진으로 손발도 확인할 수 있고 점점 아기다운 모습을 볼 수 있다

● 태아의 균형 있는 발육이 포인트, 활발한 성장을 보인다

임신 10주에 접어들면 뱃속아기는 태아(胎芽)에서 태아(胎兒)로서 모습을 갖추게 된다. 이 시기의 태아는 성장이 매우 활발하여 1.5cm 정도였던 신장이 3~4cm로 자라게 되며 심장 박동도 더욱 힘차고 확실하게 들리게 된다. 때문에 이 시기 초음파 검사는 태아의 고른 발육 상태를 체크하는 데 그 목적이 있다고 할 수 있다.

임신 3개월이 되면 태아의 머리가 형성되기 시작한다. 8주 이후에는 꼬리 모양이 거의 자취를 감추고, 머리와 몸체, 손발을 확실하게 구별할 수 있어 태아의 몸이 기형인지 아닌지 판단할 수 있다.

임신 9주가 되면 손가락, 발가락이 확실하게 나타나고 눈꺼풀이나 입술이 형성되어 점차 인간의 모습을 띠게 된다. 초음파 검사를 통해 태아가 손과 발을 활발하게 움직이는 모습이나 몸을 굽히고 펴는 등의 동작도 확인할 수 있다. 신장은 일찍부터 기능을 시작하여 태아가 양수를 먹으면 간혹 소변으로 배설하는 경우도 있다.

임신 3개월 무렵은 태아의 성장에 큰 개인차가 없는 시기이므로 태아의 좌우 머리 길이(BPD)를 측정하면 좀더 정확한 임신 주수를 판별할 수 있다. 하지만 불규칙한 출혈이나 절박유산 등 조금이라도 이상한 증상이 나타나면 자주 초음파 검사를 실시하여 경과를 신중히 관찰해야 한다.

 ··· 임신 4개월 말쯤 되면 태반이 완성되고, 태아는 탯줄을 통해 영양분을 공급받게 된다

● 경복 프로브를 사용하여 태아의 뼈 성장을 체크한다

임신 12주 무렵부터는 경질 프로브에서 경복 프로브를 사용하는 검사로 바뀌게 되며, 태아의 발육뿐 아니라 태반이나 양수 상태도 검진받게 된다.

태아의 발육 상태는 뼈의 성장을 확인하는 것이 주요 포인트로 임신 12주에 접어들면 초음파 화상으로도 선명한 흰색 뼈를 볼 수 있다. 때문에 척추분열증(뼈가 갈라지거나 중추신경이 튀어나와 있는 증상)이나 뼈의 발육 불량으로 인해 생기는 기형이나 병을 체크할 수 있다.

임신 4개월 말쯤 되면 태반이 완성되므로 난황낭은 거의 보이지 않게 된다. 이후 태아는 탯줄을 통해 영양분과 산소를 공급받고, 노폐물과 이산화탄소를 배출하게 된다. 이 시기 태아는 부쩍 성장하여 1개월에 신장은 평균 3배, 체중은 약 5배로 증가하며 양수의 양도 급격히 늘게 된다.

또한 뼈와 근육도 제자리를 잡게 되어 태아가 활발하게 움직일 수 있으며, 목·눈·귀가 형성되어 인간다운 얼굴 모습을 갖추게 된다. 손과 발도 물갈퀴 같은 형상에서 벗어나 한층 귀여운 모습을 띠게 된다. 이 시기 태아의 내장기관은 거의 완성되어 서서히 기능이 발달하기 시작한다. 특히 임신 12주 이후부터는 머리의 좌우 길이(BPD)를 측정한 수치로 임신 주수와 태아의 체중을 거의 정확하게 산출해 낼 수 있다.

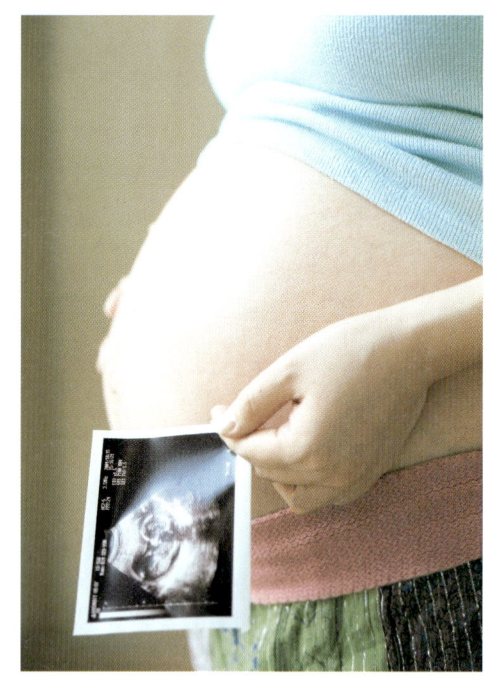

신기한 유전의 법칙

유전자 및 염색체의 특성

우리 몸은 수백만 개의 세포로 이루어져 있으며, 이는 젤리 같은 끈적끈적한 세포질과 한 개의 핵으로 구성되어 있다. 세포핵 속에는 염색체가 들어 있는데 염색체는 부모의 특성을 전달하는 수천 개의 유전인자로 이루어져 있다.

이 유전자는 배아에게 어떻게 몸을 형성하라고 지시하는 청사진이며, 우리 몸이 어떻게 움직이는지를 결정하는 중요한 요인이다. 이 청사진은 미세한 DNA 단위로 암호화되어 부모의 특성이 자손에게 전해지도록 유도하고 일생 동안 성장과 발달에 관여하게 된다. 즉, 아기의 외모에 영향을 주는 DNA는 2중 나선 구조로 이루어져 아기의 눈 색깔, 모발 조직, 코 모양, 시력, 혈액형, 골격 구조 등을 결정하게 된다.

우리 몸을 구성하는 수백만 개의 세포 안에는 약 3만5천 개의 유전자가 각각 들어 있으며, 이 유전자는 고성능 현미경으로도 쉽게 관찰할 수 없을 만큼 미세하다. 이런 유전자들이 결합해 각각의 특성을 형성하게 된다.

유전자는 세포 내에서 느슨하게 떠돌아다니지 않고 염색체라고 하는 구조물에 체계적으로 짜여 있다. 보통 각 세포에는 서로 쌍을 이루는 46개의 염색체가 있다. 각 쌍의 염색체 중 하나는 아빠에게서, 다른 하나는 엄마에게서 유전된다. 각 염색체는 수천 개의 유전자를 가지고 있으며, 이것은 고성능 현미경으로만 관찰할 수 있을 정도로 작다.

유전적 구성

사람은 누구나 각 형질에 대해 한 쌍의 유전자를 가지고 있으며, 그중 하나는 아버지에게서, 다른 하나는 어머니에게서 물려받은 것이다. 어떤 형질은 부모로부터 동일한 특성이 유전될 수도 있지만, 또 어떤 형질은 부모로부터 서로 다른 특성이 유전될 수도 있다. 그런가 하면 부모의 유전자 가운데 어느 하나가 더 우세한 경우도 있고, 부모의 유전자가 동일하게 영향을 주는 경우도 있다. 유전적인 특성은 모든 유전자들이 결합해서 만들어 내는 각각의 결과물인 셈이다.

다양한 유전자

인체는 다양한 유전자 조각들로 이루어져 있다. 만약 유전자가 다양하지 않다면, 모든 사람들이 비슷하게 생겨 재미없는 세상이 될 것이다. 하지만 이렇듯 부모로부터 물려받는 수천 개의 유전자는 제각기 다른 형태를 지니고 있기 때문에, 일란성 쌍둥이가 아닌 이상 사람들은 저마다 유전적으로 다른 독특한 특성을 지니게 된다. 한 부모에게서 태어난 형제나 자매도 특정 난자와 특정 정자에 들어 있는 유전자의 독특한 결합에 의해 각기 다른 유전적 특성을 갖게 된다.

성별을 결정짓는 염색체

인간의 세포 안에는 46개의 염색체가 존재하며 이중 22쌍은 상염색체이고 나머지 한 쌍은 아기의 성별을 결정짓는 성염색체이다. 여성의 성염색체는 X염색체로만 두 개 가지고 있고, 남성의 성염색체는 X염색체와 Y염색체를 모두 가지고 있다.

즉, 모든 난자는 X염색체를 가지고 정자는 절반은 X염색체, 나머지 절반은 Y염색체를 가지고 있는 것이다. 난자가 정자를 만나 수정될 때, X염색체가 들어 있는 정자를 만나면 그 아기는 여자아기가 되고, Y염색체가 들어 있는 정자를 만나면 그 아기는 남자아기가 된다.

염색체로 결정되는 아기의 생김새

부부가 정자와 난자를 통해 46개의 염색체를 고스란히 아기에게 물려준다면, 아기의 세포는 92개의 염색체를 가지게 되고, 그 수는 세대를 거듭할 때마다 늘어나게 될 것이다. 그러나 실제로는 그렇지 않다. 정자와 난자가 형성될 때, 세포가 분화되어 각 세포는 동일한 수의 염색체를 가지게 되며, 따라서 각 정자와 난자에는 염색체가 23개만 들어 있다. 그러므로 자신이 부모로부터 물려받은 염색체 중 하나를 아기에게 물려주게 된다.

아기는 엄마나 아빠가 할머니, 할아버지로부터 물려받은 염색체를 물려받게 됨에 따라 체격과 머리카락은 할아버지를 닮고 눈은 할머니를 닮을 수 있다. 다음에 또 아기를 낳으면 그 아기는 이번 아기와 또 다른 유전적 특성을 지니게 된다.

숨어 있던 유전자의 출현

신장이나 피부색 등의 특성은 몇몇 비슷한 인자들의 결합 상태에 의해 영향을 받는다. 한 세대에서 보였던 일정한 특성들이 다음 세대에는 나타나지 않고 그 다음 세대에서 나타나는 경우가 있는 것처럼 세대에서 세대에 걸친 유전은 참으로 복잡한 과정을 거쳐 진행된다. 때로는 부모 자신이 몰랐던 유전 형질이 나타날 수 있다.

예를 들어 붉은 머리카락을 가진 한 소녀가 있다고 하자. 그녀의 부모는 붉은 머리가 아닌데 할머니가 붉은 머리였다면 할머니의 붉은 머리를 어떻게 유전 받았는지 알아보는 것은 흥미로운 일이다. 유전의 특성은 우성 또는 열성으로 분류한다. 한쪽 부모에게서 받은 모든 유전인자들은 다른 쪽 부모에게서 받은 인자와의 상호관계를 통해서 유전되어 나타나게 된다.

따라서 우성인자에 의해 어떤 특성을 물려받았다고 한다면, 그것이 한쪽 부모로부터 물려받은 것이라 해도 어린 아기는 그와 같은 특성을 가지게 될 것이다. 반대로 열성인자는 엄마와 아빠의 염색체를 물려받았을 경우에만 아기에게 영향을 미칠 수 있다.

붉은 머리카락은 열성인자의 지배를 받게 되는데 양쪽 부모가 모두 갈색 머리카락을 하고 있으나 각기 한 쌍의 인자 중 한 개가 붉은 머리카락 인자를 가지고 있다고 할 경우, 우성인 갈색 머리카락을 가진 아기 셋에 대하여 열성인 붉은 머리카락을 가진 아기 하나의 비율로 나타나게 된다. 반대로 한쪽 부모가 붉은 머리를 나타내는 한 쌍의 유전인자를 가지고 있고 다른 쪽 부모가 갈색 머리카락의 유전인자 중 붉은 머리카락 인자를 전혀 가지고 있지 않다면 이들에게서 태어난 아기들은 모두 우성인 갈색 머리카락을 가지게 될 것이다.

어떤 것이 유전이 될까?

 **혈액형**

다른 유전형질과 마찬가지로 혈액형도 유전된다. 주요 혈액형은 A, B, AB, O형 등이며 A와 B형은 우성인자로, O형은 열성인자로 유전된다. 단 부모의 혈액형이 AB형과 O형인 경우는 자녀가 모두 부모와 다른 혈액형을 가진다.

혈액형 중 임신을 원하는 부부들에게 가장 문제가 되는 것은 Rh혈액형이다. 부모의 혈액형이 Rh+형과 Rh−형이라면, Rh+유전자가 Rh−유전자에 대해 우성이다. 이러한 경우 만약 Rh−형의 여성이 Rh+의 태아를 임신했을 경우 문제가 된다. 출산 시 태아와 모체의 혈액이 혼합될 때 모체는 항체를 형성하므로 다음 번에 임신한 태아의 혈액을 파괴하고 손상을 입힌다. 다행히도 요즘에는 임신이 성립된 직후 예방을 통해 이러한 사고를 방지하고 있다.

 **생김새**

외모는 유전자에 의해 결정되며 피부색, 눈꺼풀, 눈동자, 탈모, 머리카락 모양, 턱의 구조, 혀의 모양, 체형 등 여러 가지 외형적인 생김새가 유전의 영향을 받는다. 모든 부모의 특질이 유전되는 것은 아니지만 외관상 나타나는 생김새는 부모의 외형적 특징을 많이 닮는다.

인간의 유전 메커니즘을 설명하는 것은 결코 단순하지 않지만 유전이 이루어지는 과정은 유전 요인 중에서도 열성인자보다는 우성에 의해 유전되는 경우가 많다. 예를 들어 갈색 눈동자는 푸른 눈동자보다 우세하므로 두 유전자가 만나면 항상 갈색 눈동자를 가진 아이가 태어난다. 또한 흑발머리는 금발머리에 비해 우성이므로 항상 두 유전자가 만나면 흑발머리를 가진 아이가 태어난다. 하지만 열성적 요인이라 하더라도 유전되는 경우가 종종 있다.

예를 들어 낫 모양의 적혈구는 정상 모양의 적혈구에 비해 열성이다. 하지만 놀랍게도 아프리카인 중에는 낫 모양의 적혈구를 가진 사람이 많다. 이는 아프리카의 치명적인 질병인 말라리아에 걸리지 않도록 인간이 환경에 적응한 결과이다.

 **키**

일반적으로 키는 유전적인 요인이 크다고 알고 있으며 실제로도 부모의 키가 크면 자녀의 키도 큰 경우가 많다. 하지만 유전이 키에 미치는 영향에 대한 의학계의 의견은 분분하다. 2006년 세계보건기구가 발표한 국제소아성장표준에는 "키는 유전보다는 후천적인 환경요인이 더 큰 비중을 차지한다."고 밝히고 있다.

💜 비만

비만은 유전 인자의 영향이 큰 편이다. 보통 체지방을 어느 정도까지 저장할 수 있느냐에 따라 다른데 부모의 유전 인자에 따라 비만이 될 가능성이 높다. 부모가 정상인 체중이라면 자녀의 비만이 발생 확률은 10%이나 부모 중 한쪽이 비만일 경우에는 50%, 부모 모두 비만인 경우는 70~80%에 이른다.

💜 혈우병

혈우병은 혈액이 응고하는 성질이 약해서 출혈하면 쉽게 피가 멈추지 않는 병으로 X염색체에 의해 유전된다. 따라서 남자들은 XY염색체 중 혈우병을 유전하는 X인자가 한 개만 있어도 혈우병이 되나 여자들은 XX염색체를 가지고 있어 혈우병 유전자를 가진 X염색체 한 개를 받으면 잠재(보인자)로 되고 두 개를 받을 경우에는 치사 작용에 의해 모체 내에서 죽어버린다. 따라서 여자의 경우에는 보인자는 있어도 혈우병이 걸리지 않는데 비해 남자의 경우는 혈우병에 걸린다.

💜 색맹

색맹도 혈우병과 마찬가지로 유전인자가 X염색체 안에 들어 있으며 정상인 형질에 대해 열성이다. 여자는 X염색체 두 개에 각각 색맹증의 유전자를 간직할 경우에만 색맹이 된다. 그러나 한 개의 X 염색체에만 색맹의 유전자를 가진 경우에는 색맹이 되지 않으며 그 소인을 다음 대에 물려준다. 한편 남자는 X염색체를 한 개밖에 가지고 있지 않으므로 색맹의 유전자가 들어 있으면 색맹이 된다. 실제로 조사된 통계에 의하면 남자의 경우 색맹이 25명에 1명꼴로 나타나지만 여자는 3백 명에 1명꼴이다. 즉 남자 쪽에 많은 반성유전이다.

💜 고혈압

성인에게 대표적인 질병으로 알려진 고혈압은 유전될 확률이 높은 질병이다. 통계에 따르면 부모가 모두 고혈압인 경우는 자녀의 50%가 고혈압에 걸리고 부모 중에 한쪽이 고혈압인 경우는 약 4분의 1이 고혈압을 앓는 것으로 보고된 바 있다.

💜 다운증후군

세포를 관찰하면 세포 안에 핵이 있고 그 안에 염색체가 존재한다. 정상적인 사람은 23쌍의 염색체를 가지고 있지만 때로 염색체에 이상이 올 경우도 있다.

그중 가장 흔한 것이 다운증후군(일명 몽고증)이라 하는 것으로 특정한 보통 염색체(21번 염색체)가 3개 결합하여 발생하며 지능 저하나 성장 발육 장애 혹은 선천성 기형이 생길 수 있다. 이는 고연령 산모에게 흔히 볼 수 있는 현상으로 40세가 넘어 출산할 경우 약 2% 정도의 아기가 이러한 현상을 보인다.

↓ 다운증후군(몽고증)은 제 21번째 염색체의 과잉에 의해(이러한 형의 염색체 과잉이 전체의 약 95%를 차지) 나타난다. 21번째 염색체 수가 3개인 것을 볼 수 있다.

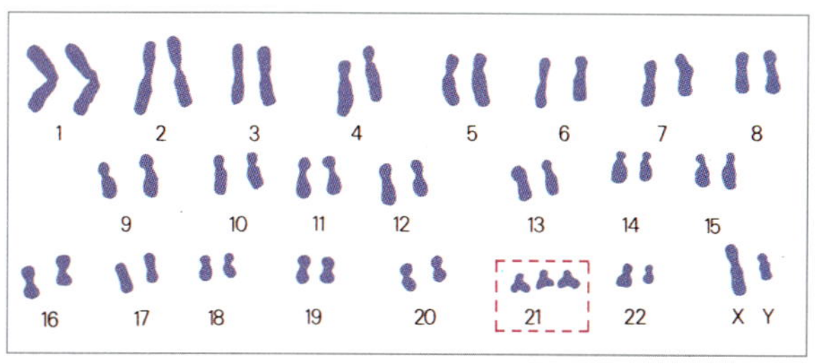

💜 대머리

대머리는 남자가 많고 여자에게는 나타나지 않는다. 이것은 성염색체에 들어 있지 않은 인자에 의하여 지배되는 것으로서 한쪽 성에서는 우성, 다른 쪽 성에서는 열성으로 작용하기 때문이다. 즉, 남자에게는 대머리가 우성이고 여자에게는 정상이 우성이다.

💜 터너증후군

터너증후군도 비교적 드문 염색체 이상 현상으로 제 2X 또는 Y염색체의 결어로 일어나며 신체가 작고 생식능력이 없는 여아를 탄생시킨다. 몇몇 이상 현상은 의외의 성염색체 출현으로 일어나는데 성염색체 3개가 결합하면 가슴 발달이 미숙하고 생식기관이 작은 여아가 태어난다.

이 아이가 자라면 자궁 기능에 장애가 있거나 월경불순 등의 위험이 따르게 된다. 그러나 이와 같은 염색체 이상으로 장애를 갖고 태어난 여성일지라도 드물지만 임신할 가능성이 있다.

유산의 원인과 증상

유산은 태아가 생존 능력을 갖추기 전에 임신 조직이 유실되는 것을 의미하는 의학 용어이다. 유산은 낙태라고도 하며, 일반적으로 태아가 20주 이전이거나 500g 미만인 경우를 말한다.

그러나 오늘날에는 신생아 집중치료 덕분으로 '유산' 위험에 처했던 신생아의 일부가 생존하고 건강하게 자라는 경우도 있다. 유산이 발생할 위험이 가장 높은 시기는 임신 12주 무렵이다. 그러나 앞에서 살펴보았듯이 유산 시기가 배아나 태아의 사망 시점과 일치하는 것은 아니다.

유산의 유형

완전 유산 배아, 혹은 태아는 물론이고 태반까지 포함하는 임신 조직 전체가 자궁에서 완전히 떨어져 나온다.

불완전 유산 흔히 발생하는 유산의 형태로 임신 조직의 일부만 떨어져 나오고 일부는 자궁 안에 남아 있다. 자궁경부는 열려 있으며 출혈과 경련이 발생한다.

계류 유산 배아, 혹은 태아는 이미 사망했지만 여전히 자궁 안에 남아 있다. 사망 후 4주가 진단 시한이지만 이러한 기한은 상당히 유동적이다. 오늘날에는 사망 사실이 확인될 경우 이렇게 오랫동안 태아를 방치하지 않는다.

유산의 원인

자연유산이 발생하는 각각의 원인을 다 밝혀 낼 수는 없다. 그러나 각 사례를 종합해 볼 때 자연유산의 발생 원인은 대체로 다음과 같다.

💜 유전적 원인

유산이란 생존 능력이 없는 유전적 결함을 찾아내 이를 신속히 제거하려는 자연의 섭리에 따른 것이다. 그 결과 때로는 여성이 임신 사실을 깨닫기도 전에 유산이 일어날 수도 있다. 그리고 대부분의 경우는 배아기가 거의 끝날 무렵에 유산이 발생하고 이로부터 시간이 더 흐른 뒤에야 유산이 신체적 변화로 이어진다.

아주 드문 경우지만, 자궁 내 환경에서 생존하는 데 아무런 지장이 없을 때는 유전적으로 문제가 있어도 자연의 선별 작업을 피해 가게 된다. 다운증후군이 그 좋은 예다. 그러나 자연의 선별 작업을 거치면서 유전적 이상이 있는 태아의 97%는 유산된다. 전체 자연유산의 약 50%가 여기에 속한다. 태아에게 유전적 결함이 있는 것으로 진단될 경우, 유전 문제에 관한 상담을 받아야 한다.

💜 자궁 기형

자궁 기형을 일으키는 것에는 종양, 선천성 기형, 자궁경부무력증 등이 있다. 이런 문제가 있을 경우 교정 수술을 통해서 자궁을 임신하기에 좋은 환경으로 바꿀 수 있다.

💜 호르몬 이상

앞에서 프로게스테론이 분비되는 곳이 변화하면서 유산이 일어나기 쉽다는 이야기를 한 바 있다. 이 외에도 호르몬이 자연유산에 영향을 미치는 경우가 있다. 갑상선 호르몬, 부신피질 호르몬, 혹은 뇌하수체 호르몬 등의 이상은 태아의 건강에 커다란 영향을 미치기도 한다. 이상이 있을 때는 서둘러 원인을 규명하고 제거해야 유산 위험이 줄어든다.

💜 감염에 의한 장애

여러 종류의 감염이 출산율 저하의 원인으로 알려져 있다. 톡소플라스마증, 마이코플라스마증, 클라미디아, 그리고 B군 베타 용혈사슬알균은 임신 중 감염되면 유산을 유발할 수 있다. 톡소플라스마증은 동물에 의해 감염되는데 일반적으로 고양이가 그 주범이며 그 외의 질병들은 사람에 의해 감염된다. 이러한 질병들에 감염되었을 경우에는 적절한 항생제 치료가 필요하다.

💜 약물 남용과 독소

니코틴과 알코올의 남용은 자연유산의 원인이 된다. 또 일부 작업장과 생활환경에서 발생하는 독소도 자연유산의 원인이 될 수 있다.

💜 면역 장애

자연유산이 재발하는 경우, 그 15%는 대부분 복잡한 자가면역 체계와 관련이 있다. 항핵항체, 루푸스 항응고 물질, 항카르디올리핀항체를 비롯한 여러 물질들이 태반 응고를 유발할 수 있으며 이는 태아 사망으로 연결된다.

현재 다양한 연구 프로그램을 통해 코르티손, 헤파린, 그리고 아스피린 화합물을 개발하여 응고 현상을 막으려는 노력이 진행 중이다. 아직까지 이러한 약품의 효과를 평가하기는 이르지만 상당한 도움을 주는 것으로 보고되고 있다.

💟 임신부의 연령

임신부의 연령 또한 유산의 원인이 될 수 있다. 또한 당뇨병을 비롯한 간, 신장, 그리고 심장질환과 앞에서 살펴본 호르몬 이상에서 생기는 문제도 유산과 관계가 있다.

유산의 증상

유산이 임박했을 때 느껴지는 증상은 생리통과 비슷한 통증과 질 출혈이다. 그러나 유산이 당장 닥칠 위험이 없거나 아예 일어날 위험이 없을 때도 이러한 두 가지 증상이 뚜렷하게 나타날 수 있다. 어떤 경우이든 의사에게 알리고 도움을 받는 것이 중요하다. 다시 한 번 설명하지만, 임신 초기에 보이는 질 출혈과 자궁 경련은 흔한 현상이며 따라서 걱정할 일이 아닐 수도 있다. 그러나 이러한 사실을 의사에게 알리고 진단이 내려질 때까지 불필요한 활동은 피하는 것이 좋다.

수면습관의 변화

💟 초기엔 만성피로, 후기엔 불면증에 시달리기 쉽다

임신이 성립되는 순간부터 수면 습관에 커다란 변화가 생긴다. 수태가 이루어지고 채 며칠이 지나기도 전에 임신부는 나른함을 느끼기 시작하며 이런 상태로 대부분의 시간을 보내게 된다. 이처럼 졸음을 느끼는 상태는 임신 중반기에 들어서면서 사라진다. 그때까지는 졸리면 자는 것이 최선이다.

임신 초기에는 불면증은 거의 나타나지 않는다. 그러나 임신 말기에 들어서면 문제는 달라진다. 많은 임신부들이 숙면을 취하지 못해 어려움을 겪는다.

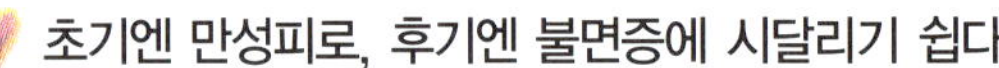

임신 중 불면증을 겪는 이유
- 신진대사가 활발해짐에 따라 몸이 덥고 열이 난다.
- 상복부와 하복부를 포함한 복부 내부에 압력이 증가한다.
- 소변이 자주 마렵다.
- 불쾌감이 느껴지고 편안한 수면 자세를 취하기가 어렵다.
- 위액이 올라오고 이로 인해 가슴쓰림이 나타난다.

- 불쾌한 꿈을 꾼다.
- 남편이 코를 심하게 곤다.

출산일이 가까워질수록 숙면을 취하는 것이 더욱 중요해진다. 간혹 아무 문제 없이 잘 자는 임신부도 있지만 대부분의 임신부들이 여러 가지 이유로 잠을 이루지 못하는 것이 사실이다.

💜 수면 장애를 극복하기 위한 방법
- 침대는 잠을 자기 위한 수단이나, 사랑을 나누기 위한 수단으로만 사용하도록 한다. 따라서 침대에서 책을 읽거나, 휴식을 취하거나, TV를 시청하는 일이 없도록 한다. 고혈압 등 건강상에 문제가 있어 휴식을 취해야 한다면 침대에 눕지 말고 침실이 아닌 다른 곳에 있는 소파를 이용한다.
- 낮잠은 하루 중 이른 시간에 잔다.
- 주변 소음을 최대한 제거하거나 자연의 소리로 소음을 덮어 버린다. 빗소리나 파도 소리를 담은 녹음테이프는 쉽게 구할 수 있다. 때로는 환풍기 소리도 진정 효과가 있다.
- 오후 4시 이후에는 카페인이 함유된 음료를 마시지 않는다. 또 잠자리에 들기 전에는 수분 섭취를 피한다.
- 속이 쓰리거나 위액이 올라오는 증세가 있다면 취침 전에는 음식물 섭취를 피하며 병원에서 처방받은 제산제를 손이 닿는 곳에 둔다. 또한 상체를 반쯤 일으킨 자세로 눕는 것도 도움이 된다. 얼음을 먹으면 가슴쓰림이 완화되는 느낌이 있지만 일시적일 뿐이다. 게다가 수분을 섭취한 것이 되므로 화장실에 가느라 성가실 수도 있다.
- 물침대, 공기매트리스가 더 안락하게 느껴질 수 있다.
- 양을 센다든지, 미래의 행복한 일을 계획하는 등 지루한 일에 몰두한다.
- 남편에게 부드러운 마사지를 해 달라고 부탁한다. 남편의 코고는 소리가 방해된다면 코골이 방지용 밴드를 선물한다.
- 진정제나 수면제는 임신 중에 사용하지 않는 것이 좋다.

💜 얕은 수면 상태에서 악몽을 자주 꾼다
꿈은 얕은 수면 상태에서 꾸게 되는데 임신 중에는 더 빨리 찾아온다. 또한 불행하게도 임신 중에는 불쾌한 꿈을 많이 꾸게 되는데 특히 사산이나 기형아 출산 등 출산과 관련해 좋지 못한 일을 겪는 꿈을 자주 꾼다. 그러나 이같이 언짢고 무서운 꿈은 태아의 건강이나 실제 출산과는 아무런 관계가 없다.

이러한 꿈을 막을 수 있는 방법은 없지만 잠에서 깬 뒤 곧바로 누군가에게 꿈의 내용을 이야기하면 마음을 안정시키는 데 도움이 될 것이다. 이 같은 악몽은 분만과 함께 사라진다. 그리고 아기가 태어나면, 중간에 깨지 않고 계속 잘 수 있었던 때가 간절히 그리워질 것이다.

임신 9주

체중 변화로 태아 건강을 체크한다

　대부분의 임신부들은 체중 변화에 관심이 많다. 체중 증가는 태아 건강을 모니터할 수 있는 중요한 척도가 된다. 체중이 얼마 증가하지 않았더라도 임신부의 몸에는 많은 변화가 일어나고 있다. 임신 중에는 체중이 11~16kg 정도 증가하는 것이 이상적이지만 임신 시점에 저체중이었다면 그보다 조금 많게 13~18kg, 과체중이었다면 그보다 약간 적게 7~11kg 정도 체중이 증가하는 것이 이상적이다.

연령별 체중 증가 … 10대의 임신부는 아직 신체가 발달하는 중이기 때문에 20~40대의 여성보다 더 많이(13~18kg 정도) 체중이 증가하는 것이 바람직하다.

키에 따른 체중 증가 … 키가 작은 여성은 키가 큰 여성보다 조금 적게 8~14kg 정도 체중이 증가하는 것이 이상적이다.

태아수에 따른 체중 증가 … 쌍둥이를 임신한 경우에는 16~20kg 정도 체중이 증가하는 것이 이상적이다. 세 쌍둥이 이상을 임신한 경우에는 그보다 더 많이 증가할 것이다.

임신 단계별 체중 증가 … 임신 중에는 서서히, 단계적으로 체중이 증가해야 한다. 임신 초기에는 체중이 별로 증가하지 않겠지만 임신 중기와 후기에는 눈에 띄게 체중이 증가할 것이다. 사실 입덧이 심한 경우에는 임신 초기에 체중이 오히려 줄기도 한다. 그리고 임신 마지막 4주에는 체중이 증가하지 않고 오히려 1kg 정도 감소할 수 있다. 이것을 정리해 보면 임신 초기에는 총 늘어날 체중의 25%, 임신 중기에는 50%, 임신 후기에 25%가 증가해야 한다는 것이다.

혈액량이 증가한다

　임신 중에는 혈액 계통에 많은 변화가 일어나고, 임신 전에 비해 혈액량이 50% 이상 증가한다. 그러나 혈액 증가량은 사람에 따라 다르다. 자궁이 커지면 필요로 하는 혈액량이 많아지기 때문에 혈액 증가가 중요하다. 임신부의 혈액 증가량에는 배아의 혈액이 포함되지 않는다.

　배아의 혈액은 임신부의 혈액과 섞이지 않는다. 혈액은 임신부가 누워 있거나 서 있을 때 본인이나 태아를 좋지 않은 영향으로부터 보호해 준다. 진통이나 분만 중 출혈이 있을 때를 대비한 안전장치로도 중요하다.

　혈액량은 임신 초기부터 증가하기 시작해서 임신 중기에 가장 많이 증가한다. 임신 말기에도 혈액량이 증가하지만 증가 속도가 느려진다. 혈액은 혈장, 적혈구, 백혈구로 구성되어 있는데, 이들은 임신부가 정상적인 기능을 하는 데 중요한 역할을 한다. 혈액의 증가 속도는 서로 다르지만 대개, 혈장이 먼저 증가하면 그 다음에 적혈구가 증가한다.

적혈구의 증가는 임신부의 몸에 철분 수요를 증가시킨다. 임신 중에는 적혈구와 혈장이 모두 증가하지만 혈장이 더 많이 증가한다. 이것은 빈혈을 초래할 수 있다. 임신 중에 빈혈이 생기면 피로를 느끼고 전반적으로 컨디션이 좋지 않은 느낌을 받게 된다.

태아의 성장

손을 굽혀 가슴 위에 모을 수 있게 된다

자궁 속을 들여다볼 수 있다면 태아에게 많은 변화가 일어났다는 것을 알 수 있을 것이다. 태아의 팔다리가 길어지고, 손목에서 손을 굽혀 가슴 위에 모은다. 몸통 앞으로 손이 계속 뻗어나가고 손가락이 길어진다. 발이 몸 중심선으로 접근하고 몸통 앞에서 만날 정도로 길어진다. 손발톱도 거의 완성되고 손가락에 감각돌기도 생긴다.

눈꺼풀이 눈을 덮고 외귀가 뚜렷하게 나타난다

머리를 더 똑바로 세우게 되고 목이 더욱 발달한다. 지금까지는 눈꺼풀이 눈을 덮지 못했지만 이제는 눈을 덮는다. 더불어 외귀가 뚜렷하게 나타난다. 초음파 검사를 하면 태아가 몸통과 사지를 움직이는 것을 볼 수 있다.

태아는 아직 매우 작지만 사람의 모습에 더욱 가까워진다. 아직은 남아와 여아의 구분이 어렵다. 남아와 여아의 외부 생식기가 매우 비슷하게 생겼기 때문인데, 앞으로 몇 주 후까지는 구별이 어렵다. 이후 며칠 동안 태아가 출생했을 때 호흡할 수 있도록 도와주는 횡격막이 발달한다. 이제 창자가 탯줄에서 빠져나가 태아의 몸이 자라면서 커진 복강 속으로 들어간다.

**건강관리 &
이번 주에
꼭 챙길 일**

뜨거운 목욕이나 사우나는 피한다

임신 중에 사우나나 뜨거운 물에 목욕을 해도 괜찮은지 궁금해하는 임신부들이 있다. 태아는 적절한 체온을 유지하기 위해 모체에 의존한다.

모체의 체온이 올라가서 오랫동안 그 상태로 있으면 태아의 발달 과정상 중요한 시기에는 신경관 결손 등의 나쁜 영향을 줄 수 있다.

전자파 노출에 주의한다

임신 중에 전기담요를 사용하는 것에 대해서는 논란이 많으며, 그 안전성에 대해 합의된 의견은 없다. 어떤 전문가들은 전기담요가 건강상의 문제를 초래한다는 데 대해 의문을 제기하기도 한다. 전기담요는 소량이 전자파를 발생시키는데 태아는 모체보다 전자파에 더 예민하다. 전문가들은 임신부나 태아가 전자파에 노출되어도 되는 정도를 판단할 수 없기 때문에 지금으로서는 임신 중에 전기담요를 사용하지 않는 것이 가장 안전하다고 말한다.

보온을 위해서라면 전기담요 말고 오리털 이불이나 순모담요를 사용하도록 한다.

전자레인지의 안전성에 대해서도 걱정하는 임신부들이 많다. 전자레인지는 바쁘게 사는 현대인들이 음식을 준비하는 데 유용한 기구이다. 그러나 임신 중에 전자레인지를 사용하는 것이 안전한지 아닌지는 아직 확실히 알 수 없다. 지금까지의 연구결과를 보면 태아의 조직을 비롯해 우리 몸속에서 생성되는 조직은 특히 전자파의 효과에 민감하다고 한다.

전자파는 내부에서부터 조직을 가열하는 특성이 있으므로, 전자레인지 사용법을 잘 읽어 보고 그 지시 내용을 따르도록 하며 전자레인지를 사용할 때는 바로 앞이나 옆에 서 있지 않도록 한다.

아내가 정기검진을 받기 위해 병원에 갈 때 잠깐 시간을 내어 함께 가주도록 한다. 간혹 어떤 남편은 남자가 산부인과에 가는 것이 창피하다는 이유만으로 병원에 함께 가는 것을 꺼리는데 전혀 그럴 필요가 없다. 요즘은 많은 부부들이 정기검진을 함께 받으러 간다. 이런 사실은 한 번만 아내를 따라 병원에 가 보면 알게 될 것이다. 아내에게 언제 함께 병원에 가주기를 바라는지 물어보고 정기검진 날짜와 시간을 메모해 두도록 하자.

과일과 채소를 충분히 섭취한다

임신 중에는 과일과 채소를 많이 먹어야 한다. 계절별로 다양한 과일과 채소가 많이 생산되어 나오기 때문에 채소와 과일 섭취는 그리 어려운 일이 아니다. 과일과 채소는 비타민, 미네랄, 섬유소가 풍부하고 철분, 엽산, 칼슘, 비타민 C도 많이 들어 있다. 매일 비타민 C가 많이 들어 있는 과일을 1~2개씩 먹고 철분, 섬유소, 엽산 섭취를 위해 녹황색 채소도 많이 먹도록 한다.

태몽

태몽으로 우리 아기 미래 꿈꾸기

말 말을 타고 광야를 달리는 꿈은 인생이 평탄하다는 것을 뜻하며 정치나 사업가로 성공할 확률이 높다. 푸른 풀밭에 매여 있는 경우라면 평생 의식주가 풍족해 부족함이 없이 살게 될 운세.

공작새 공작새는 아들을 상징한다. 특히 공작새가 날개를 활짝 펴고 꼿꼿이 걸어 다니면 촉망받는 귀한 아들을 낳게 된다.

구렁이 구렁이 태몽은 성공하는 아들을 상징한다. 구렁이가 푸른색이면 사업가나 정치가가, 검은색이나 회색이면 관직이나 법률 분야에서 활동할 가능성이 높다.

소 집 안으로 황소가 들어오는 꿈은 조상이 점지해준 아들일 확률이 높다. 들판이나 풀밭에 소가 누워 있거나 풀을 뜯고 있는 꿈은 사업운이 있어 풍족하게 생활할 운세이다.

돼지 산에서 멧돼지가 내려와 집으로 들어오는 꿈은 아들일 가능성이, 까만 돼지는 딸일 가능성이 높다. 돼지가 길을 막아서거나, 땅을 갈고 있는데 멧돼지가 쫓아와 도망가는 꿈 등도 태몽이다.

거북이 거북이는 한 조직의 우두머리가 되며 장수하게 되는 태몽이다. 거북이의 등에 올라타고 바다를 건너거나 거북이를 만지는 꿈은 아들을 의미한다.

용 용꿈을 꾸고 태어난 아이는 재주가 많아 크게 성공하며 특히 정치 쪽에 소질이 있다.

호랑이 호랑이가 집으로 들어오는 태몽은 사람들의 인기를 한 몸에 받는 아이를 얻는 꿈이다. 또한 산 속에서 호랑이와 마주친다면 리더십이 강해 사업을 크게 하거나 높은 자리에 오를 운이다.

뱀 뱀을 태몽으로 꾼 아이는 영리하고 똑똑해 학문적으로 성공할 가능성이 높다. 실뱀이 서로 뒤엉켜 있거나 화려한 뱀일수록 딸일 가능성이 높으며 성장하면서 사람들에게 인기가 많고 패션이

나 디자인 방면에 소질이 있어 이 분야에서 성공할 확률이 높다.

봉황 봉황이 하늘을 날며 기개를 뽐내는 태몽은 두뇌가 명석하고 적극적인 아이를 낳게 될 태몽이다. 어디서든 눈에 띄는 존재로 후에 이름을 떨칠 가능성이 높다.

붕어 작고 예쁜 붕어를 어항 속에 넣거나 물속에서 노는 붕어를 보는 꿈은 예술 방면에 소질이 있는 아들을 암시한다.

잉어 냇가에 잉어가 몰려드는 꿈은 착하고 따르는 사람이 많은 아들을 얻는 태몽이다. 원래 잉어를 보거나 잡는 꿈은 아들을 의미하지만 화려한 색의 잉어가 꿈에 나오면 딸을 얻을 확률이 높다.

학 아이가 학을 타고 있는 태몽은 아주 좋은 꿈으로 귀한 아이를 얻을 가능성이 높다. 앞으로 유명한 학자가 될 가능성이 많지만 몸이 약할 수도 있으므로 주의할 것.

사슴 아들을 낳을 태몽. 들판에서 유유히 풀을 뜯어먹는 사슴이라면 조용하고 차분한 성격의 아이를, 커다란 뿔이 있는 사슴이 들판을 뛰어다녔다면 씩씩하고 활달한 성격의 아이를 얻게 된다.

보석 딸을 낳을 가능성이 높다. 반지를 여러 개 얻으면 사업이나 작품 활동을 활발하게 할 딸을, 은으로 만든 보석을 가졌다면 총명한 딸을 얻는다. 금반지는 사업에 소질 있는 아들 딸을 의미한다.

감 탐스럽게 잘 익은 단감은 아들을 상징하는 꿈으로 영리하고 이치에 밝은 아이일 가능성이 높다.

고구마 손재주가 좋고 재물운이 따르는 아들을 얻게 된다.

꽃 화분에 핀 꽃은 인품이 단정하며 나무에 핀 꽃은 매우 길한 태몽으로 이름과 집안을 빛낼 귀한 자손임을 암시한다.

과일 꼭지가 있는 과일을 따거나 보는 꿈은 아들을 상징하나 복숭아, 앵두 등 붉고 화려한 색상의 과일은 딸을 낳을 확률이 높다. 높은 곳에 매달린 과일일수록 부귀영화를 누릴 운세이다.

달 달이 하늘에서 영롱하게 빛나거나 품 안에 들어오는 꿈은 달처럼 귀하고 높은 존재가 될 것을 상징한다.

별 하늘에 별이 떠 있거나 품 안으로 들어오는 꿈은 좋은 꿈으로 성별에 상관없이 생각과 행동이 진취적인 아이임을 암시한다.

해 일출을 지켜보는 꿈은 아들일 가능성이 높다. 떨어지는 해를 치마폭에 감싸는 꿈은 권리와 명예를 모두 얻을 운세이다.

임신 10주

임신을 확인하는 순간의 감정은 다양하다

임신 테스트나 내진 결과 임신한 것으로 확인되면 임신부는 감정적으로 많은 영향을 받게 된다. 어떤 여성은 임신 사실을 여자다움의 표시나 축복이라고 생각하는 반면에, 어떤 여성은 골치 아픈 문제로 생각하기도 한다.

임신을 하면 몸에 많은 변화가 일어난다. 임신부들은 자신이 여전히 매력적인지 의문을 갖게 된다. 남편이 자신을 여전히 아름답게 봐줄까? 남편이 도와줄까? 옷은 어떻게 입어야 할까? 매력적으로 보일 수 있을까? 잘 적응할 수 있을까? 하는 불안이나 걱정거리를 안게 되는 것이다. 임신 사실을 확인하고도 흥분되지 않는다고 해서 죄책감을 느낄 필요는 없다. 많은 임신부들이 그렇게 느끼고 있다. 그것은 자기 앞에 어떤 일들이 놓여 있는지 확신할 수 없기 때문이다.

태아의 존재를 느끼는 시기와 계기는 임신부마다 다르다

언제, 그리고 어떻게 태아의 존재를 느끼느냐는 사람에 따라 다르다. 어떤 임신부는 임신 검사에서 양성이라는 결과가 나왔을 때부터라고 말하고, 어떤 임신부는 임신 12주경에 태아의 심박동 소리를 처음 들었을 때부터라고 말한다. 그런가 하면 임신 16주에서 20주 사이에 태동을 처음 느꼈을 때부터라고 말하는 임신부도 있다.

감정의 기복이 심해진다

임신을 하면 감정 변화가 자주 일어난다. 이랬다저랬다 변덕스러워지고, 사소한 일에도 눈물을 흘리고, 백일몽에 빠지는 일이 많아진다. 이런 감정적인 변화는 지극히 정상적이며 임신 기간 내내 어느 정도 지속된다.

그렇다면 이런 감정변화에 어떻게 대처해야 할까? 가장 좋은 방법은 의사의 지시에 따르는 것이다. 정기검진 날짜를 정확히 잘 지키고, 담당 의사·간호사와 친밀하게 지내야 한다. 궁금한 점이나 걱정스러운 것이 있으면 주저하지 말고 의사에게 물어보도록 한다.

태아(胎兒)기가 시작된다

임신 10주 말이면 배아기가 끝나고 태아기가 시작된다. 배아기 동안의 태아(胎芽)는 성장에 방해가 되는 물질에 많은 영향을 받는다. 선천성 기형의 대부분은 임신 10주 이전에 생긴다. 태아 성장의 중요한 시기를 무사히 마쳤다는 사실은 매우 고무적이다.

태아기에는 기형이 거의 생기지 않는다. 그러나 지나친 스트레스나 방사선 같은 유해 물질이나 약물은 임신 중 어느 때라도 태아 세포에 해를 입힐 수 있다. 이런 물질은 임신 기간 내내 조심해야 한다. 임신 10주 말이면 장기와 신체 발달이 활발하게 이루어진다. 태아가 더욱 사람의 형체에 가깝게 보이기 시작한다.

대부분의 내장기관이 기능 발휘를 시작한다

태아의 뇌가 커져 아직도 머리가 다른 신체 부위에 비해 너무 커 보인다. 눈과 코가 뚜렷해지고 잇몸에 20개의 젖니 싹이 형성되고 있다. 손목과 발목이 형성되었고, 손가락과 발가락을 알아볼 수 있다. 대부분의 관절이 형성되고, 생식기가 형성되었지만 아직 성별 구분은 이르다. 신경계가 반응을 보이고 대부분의 내장기관이 기능을 발휘하기 시작한다. 폐가 계속 발달하고 복부에서 위와 창자가 발달한다. 신장이 상복부에 있는 최종 위치로 이동하고, 심장이 거의 다 발달했다.

예방접종을 피한다

어떤 특정 질환에 대해 예방접종을 받을지 여부는 그 병에 노출되는 정도를 고려해서 결정해야 한다. 될 수 있으면 질병이나 전염병에 노출되지 않아야 한다. 전염병이 퍼져 있다고 알려진 곳이나 전염병에 걸렸다고 알려진 사람들(특히 어린이들)과 접촉하지 않도록 한다.

전염병에 노출되는 것을 완전히 피할 수는 없다. 전염병에 노출되었거나 노출이 불가피한 경우에는 예방접종의 위험과 전염병 감염의 위험을 비교해보고 예방접종의 효능과 임신 합병증의 가능성을 생각해 본 다음 예방접종 여부를 결정해야 한다.

예방접종이 태아의 성장에 미칠 수 있는 유해한 영향에 대해서는 구체적인 정보가 없지만, 일반적으로 죽은 균을 사용한 예방접종이 안전하다고 알려져 있다. 임신 중에 생균 홍역 예방접종은 절대로 받아서는 안 된다.

임신 중에 권장할 만한 예방접종은 인플루엔자(influenza) 뿐이다. MMR 예방접종은 임신 전이나 출산 후에 받아야 한다. 임신한 여성은 소아마비에 노출될 위험이 높을 때만 소아마비 1차 예방접종을 받아야 한다. 그때는 사균 소아마비 백신을 사용해야 한다.

풍진에 감염되면 유산이나 기형아 출산의 위험이 있다

임신부가 가지고 있는 일부 감염증과 질환은 태아의 성장에 영향을 줄 수 있다. 풍진은 백내장이나 청각장애, 심장장애 등을 일으킬 수 있고, 매독은 태아 사망이나 피부 결손을 일으키며, 세포확대 바이러스(CMV)는 소두증과 뇌 손상, 청각장애 등을 가져올 수 있다. 특히 풍진은 임신 전에 면역성이 있는지 검사를 받아보는 것이 좋다.

임신 중에 풍진에 걸리면 유산을 하거나 기형아를 출산할 수 있다. 임신 중에는 풍진을 치료할 수 있는 방법이 없으므로 예방이 최선책이다. 풍진에 면역성이 없다면 피임을 계속하면서 예방접종을 받는 것이 좋다. 임신 중이나 임신 직전에 예방접종을 받으면 태아가 풍진 바이러스에 감염될 수 있으므로 그 시기에는 피해야 한다.

기형아 검사로 태아의 유전적 결함을 알아낸다

융모막 융모 검사(CVS) … 융모막 융모 검사는 태아의 선천성 기형 여부를 알아내기 위한 것이다. 이 검사는 임신 초기에 하는 것으로, 주로 임신 10~13주 사이에 한다. 융모막 융모 검사는 여러 가지 이유에서 필요하다.

이 검사는 다운증후군 같은 유전적 결함을 알아내는 데 유용하다. 양수 검사보다 시기적으로 훨씬 빨리 할 수 있다는 데 이점이 있으며, 검사 결과는 2주일 뒤에 알 수 있다. 태아에게 이상이 있어 인공유산을 해야 할 경우에는 일찍 하는 것이 모체에 덜 위험하다. 융모막 융모 검사는 자궁경부나 복부에 검사 기구를 넣어 태반에서 태아 조직을 떼어내어 실시한다. 이 검사는 유산의 위험이 어느 정도 뒤따르기 때문에 경험 많은 의사라야 시술할 수 있다.

담당의사가 융모막 융모 검사를 권유하면 그 위험성에 관해 자세히 알아보도록 한다. 유산의 위험은 경미하다.

배가 너무 불러오면 포상기태를 의심한다

포상기태가 되면 배가 너무 빨리 커진다. 포상기태 여부는 HCG 호르몬 수치를 점검해 보면 쉽게 알 수 있다. 포상기태는 의약품이나 수술로 치료할 수 있다. 포상기태가 되면 태아가 자라지 못하고 대신에 태반 조직이 비정상적으로 자란다.

가장 흔한 증세는 임신 초기에 출혈이 일어나는 것이고 또 다른 증세는 임신 기간에 비해 배가 너무 큰 것이다. 그러나 25% 정도는 임신 기간에 비해 배가 너무 작은 증세를 보이기도 하며, 지나친 메스꺼움과 구토 증세가 나타나기도 한다.

포상기태를 알 수 있는 가장 효과적인 방법은 초음파 검사이다. 임신 초기에 출혈이나 자궁의 급성장 원인을 알아보기 위해 초음파 검사를 하면 포상기태를 발견할 수 있다. 포상기태로 진단되면 될 수 있는 대로 빨리 소파수술을 받아야 한다. 그리고 포상기태가 완전히 사라진 것이 확인될 때까지 계속 피임해야 한다. 전문가들은 1년 정도 피임하다가 다시 임신할 것을 권유한다.

♡ 임신중에도
부부관계를
즐기세요

임신 중에 아내와 부부관계를 갖는 것을 두려워하는 남편이 있다. 혹시 태아에게 나쁜 영향을 미치지는 않을까 하는 두려움 때문이다. 물론 임신 중 성생활을 피해야 하는 경우도 있고 초기, 중기, 후기에 따라 조심해야 할 체위가 있기는 하지만 기본적인 주의만 한다면 대부분은 별 문제가 없다. 임신은 부부간에 친밀감과 애정을 돈독히 할 수 있는 좋은 기회임을 잊지 말자.

단백질 섭취를 늘린다

단백질의 아미노산은 태아와 태반, 자궁 및 유방의 성장과 회복에 중요한 작용을 한다. 따라서 임신을 하면 단백질 필요량이 증가한다. 임신 초기에는 단백질을 적어도 하루에 50g, 임신 중기와 말기에는 60g 정도 섭취해야 한다. 그러나 단백질이 전체 칼로리 섭취량의 15%를 넘지 않아야 한다. 단백질이 풍부한 식품은 대개 지방분이 많다. 칼로리 섭취에 신경을 쓸 필요가 있다면 저지방 육류, 생선, 달걀, 견과류, 종자류, 말린 콩과 완두를 먹는 것이 좋다.

왼쪽 표는 임신부에게 필요한 하루치 단백질이 함유되어 있는 식품의 종류와 양이다.

● **임신부에게 필요한 하루 단백질 양**

식품	양
모짜렐라 치즈	30g
껍질을 벗긴 닭고기 가슴살	1/2개
달걀	1개
햄버거	160g
우유	240cc
땅콩버터	2큰술
참치 통조림	90g
요구르트	240g

임신 중 다이어트는 금물이다

임신 중에는 체중을 줄이겠다고 다이어트를 해서는 안 된다. 임신을 하면 체중이 증가해야지 그렇지 않으면 태아에게 해로울 수 있다. 임신 전에 정상 체중이었던 여성은 임신 중에 12~18kg까지 체중이 증가할 수 있다. 의사는 임신부의 체중 증가량을 보고 임신부와 태아의 건강을 알 수 있다.

임신 중에는 새로운 다이어트를 시도한다거나 칼로리 섭취를 줄이려고 애쓰지 말아야 한다. 그렇다고 해서 먹고 싶은 대로 마음껏 다 먹어도 된다는 뜻은 아니다. 적당히 운동을 하고 영양학적으로 균형 잡힌 식생활을 하면 적절한 체중을 유지할 수 있다.

식품을 선택할 때는 신중해야 한다. 양보다는 질을 우선하여 임신부와 태아에게 이로운 음식을 먹도록 한다.

임신 11주

머리카락과 손발톱에 변화가 생긴다

임신을 하면 머리카락과 손톱, 발톱에 변화가 생길 수 있다. 모든 임신부들에게 이런 변화가 생기는 것은 아니며, 이런 변화가 생기더라도 걱정할 필요는 없다. 운이 좋으면 임신 중에 머리카락과 손발톱이 더 잘 자라지만 그 반대인 사람도 있다. 임신 중에 이런 변화가 일어나는 것은 몸 전체적으로 혈액 순환이 증가하기 때문일 수도 있고, 호르몬에 변화가 생겼기 때문일 수도 있다. 일부 전문가들은 이런 변화는 머리카락과 손발톱의 성장 주기 '단계'에 변화가 생겼기 때문이라고 설명한다. 그 원인이 무엇이든지 이런 변화는 영구적인 것이 아니며 막는 방법도 없다.

허리가 점점 굵어진다

아직은 임신 때문에 배가 불러올 때는 아니지만 사람에 따라선 허리선이 빨리 없어지는 경우가 있다. 특히 몸이 너무 날씬해서 자궁이 확대될 공간이 없는 사람의 경우엔 이 시기가 되면 바지 단추를 잠그기가 불편할 정도로 허리가 굵어지는 느낌을 받을 수도 있다. 물론 소화불량으로 뱃속에 가스가 차서 그럴 수도 있기는 하다.

원인이 무엇이든 허리가 굵어지면 바지나 스커트 뒷부분에 고무줄밴드를 넣어 허리를 편안하게 해 주어야 한다. 과도기에는 그것이 가장 좋은 방법이다. 요즘에는 굵은 고무밴드에 단춧구멍처럼 고리를 만들어 배가 불러옴에 따라 허리 조절을 할 수 있게 만들어 놓은 임신부용 바지나 스커트가 많이 나와 있으므로 그것을 이용하면 임신 초기부터 후기까지 편안하게 입을 수 있다.

태아의 머리가 몸의 절반을 차지한다

태아는 중요한 발달 단계를 모두 거쳤으며 지금부터는 선천성 기형으로 발달하거나 감염증이나 약물에 영향을 받을 가능성이 낮다. 급속도로 성장하고 있는 태아는 앞으로 3주 동안 길이가 2배로 늘어날 것이다. 이 시기 태아는 머리가 전체 몸 길이의 거의 절반을 차지한다. 흉부에는 턱이 생기고, 목이 길어진다. 눈꺼풀 밑으로 홍채가 발달하기 시작하는데, 이것은 나중에 강한 광선으로부터 아기의 눈을 보호해 준다. 그러나 귀는 완전히 발달하려면 아직 멀었다.

임신 11주만 되어도 태아는 하품하고, 빨고, 삼킬 수 있다. 간, 신장, 창자, 뇌, 폐 등 주요 장기가 완전히 형성되어 기능을 발휘하기 시작한다. 이것들은 남은 임신 기간 동안 그냥 성장하기만 하면 된다. 또한 손톱과 솜털 같은 머리카락이 자라기 시작하며, 심장이 탯줄을 포함한 내장 기관으로 혈액을 공급하고, 탯줄이 태반으로 혈액을 전달한다.

외부 생식기가 뚜렷하게 나타나기 시작한다

외부 생식기가 뚜렷하게 나타나기 시작하며, 앞으로 3주 뒤면 남아와 여아를 완전히 구분할 수 있게 된다. 이 시기 이후에 유산을 하면 여아인지 남아인지 구분이 가능하다. 태아가 여아가 될지 남아가 될지는 배아에 들어 있는 유전자 정보에 의해 결정된다.

**건강관리 &
이번 주에
꼭 챙길 일**

무리하지 않는다면 임신 중 여행도 괜찮다

임신 중에 여행을 하면 혹시 태아에게 해롭지 않을까 걱정하는 임신부들이 있다. 하지만 임신 합병증이 없고 고위험군에 속하는 임신부가 아니면 대체로 여행을 해도 괜찮다. 오히려 집 안에만 있는 것보다 새로운 장소, 깨끗한 공기 등을 마심으로써 기분전환이 될 수 있다. 그러나 구체적인 계획을 세우거나 표를 예매하기 전에 여행을 해도 괜찮은지 의사와 의논하는 것이 안전하다.

여행을 할 때는 교통편이 무엇이든 간에 2시간에 한 번씩 자리에서 일어나 조금 걷거나 자가용이라면 휴게소에서 쉬어가는 것이 좋다. 규칙적으로 화장실을 가면 자연스럽게 휴식을 취할 수 있을 것이다. 여행과 관련해서 가장 큰 위험은 자신의 병력과 상태를 모르는 상황에서 낯선 곳에 가 있는 동안 합병증이 발생하는 경우이다. 여행을 하기로 결정했으면 일정을 너무 무리하게 짜지 말고 느긋하게 준비하도록 한다.

비행기 여행 시 주의사항

- 가능한 한 고공비행은 피한다. 고도가 높으면 산소가 희박해져서 심박동이 빨라지고 태아의 심박동도 빨라진다. 태아에게 전달되는 산소 또한 줄어들게 된다.
- 부종이 있는 임신부는 헐렁한 신발과 옷을 입어야 한다. 팬티 스타킹이나 몸에 붙는 옷, 무릎까지 오는 양말이나 스타킹은 피한다.
- 물을 많이 마셔 탈수를 예방한다.
- 비행 중에 규칙적으로 자리에서 일어나 움직인다. 적어도 1시간에 10분씩은 걷는 것이 좋다. 가만히 서 있는 것만으로도 혈액 순환에 도움이 된다.
- 화장실에 자주 가야 할 경우를 대비해서 화장실에 가까운 복도 쪽 좌석에 앉는다.

안전벨트 착용만 신경 쓴다면 임신 중 운전도 괜찮다

임신 중에 운전을 하는 것과 안전벨트를 착용하는 것에 대해서 걱정하는 임신부들이 많다. 안전벨트는 교통사고가 났을 때 상해를 크게 줄여 준다. 임신이 정상적으로 이루어지고 있다면 임신 중이라고 해서 운전을 하지 못할 이유는 없다. 임신 중에 안전벨트를 착용하는 것이 몸에 해롭다고 생각하는 임신부들이 있는데, 그것은 안전벨트를 착용하지 않으려는 구실에 불과하다.

안전벨트가 태아나 자궁에 해를 입힐 위험이 있다는 증거는 없다. 교통사고가 났을 경우, 오히려 안전벨트를 착용한 상태가 태아나 임신부의 안전에 도움이 된다.

초음파 검사는 임신 진행체크에 꼭 필요한 과정이다

초음파 검사를 언제 받는 것이 가장 좋은지에 대해서는 전문가들 사이에 이견이 있지만, 이것이 임신의 결과를 증진시키는 데 도움이 된다는 것은 이미 입증되었다. 초음파 검사는 변환기에 교류 전류를 보낼 때 생기는 고주파 음파를 사용한다.

먼저 변환기와의 접촉을 원활하게 하기 위해 복부에 윤활제를 바른다. 변환기가 자궁 위 복부를 지나가면서 골반으로 음파를 보내면, 자궁으로 들어간 음파가 자궁 속의 조직에 닿아 변환기로 반향된다. 이때 반향되는 초음파 신호는 신체의 조직에 따라 다르다. 전문가들은 그것을 식별해서 태아의 움직임이나 신체 부위를 탐지할 수 있다. 초음파 검사를 하면 빠르면 임신 5~6주에 태아의 심장이 박동하는 모습을 볼 수 있다.

초음파 검사를 받기 전에 물을 많이 마시라는 지시를 받게 될 것이다. 그것은 방광이 비어 있으면 자궁이 골반 아래로 내려가 검사가 어렵기 때문이다. 방광이 차 있으면 자궁이 골반 밖으로 올라와서 좀더 쉽게 볼 수 있다.

초음파 검사의 용도

- 임신 여부를 조기에 알아낸다.
- 태아의 크기와 성장을 알아낸다.
- 쌍둥이 임신 여부를 알아낸다.
- 태아의 두부, 복부, 대퇴부를 측정해서 임신 단계를 알아낸다.
- 다운증후군 여부와 뇌수종, 소두증이 있는지를 알아낸다
- 신장이나 방광 같은 장기의 이상 여부를 알아낸다.
- 양수의 양을 측정해서 태아의 건강상태를 파악한다.
- 태반의 위치, 크기, 성숙도, 태반 이상을 알아낸다.
- 자궁 이상이나 종양을 알아낸다.
- 정상임신과 유산, 자궁외 임신을 구분한다.
- 양수 검사나 융모막 융모 검사를 위해서 안전한 검사 지점을 알아낸다.

♡ 아내와 임신 중의 시간을 맘껏 즐기세요

입덧, 두통, 굵어지는 허리선 같은 불쾌한 증상에도 불구하고 임신은 경이로운 사건이라는 사실을 기억하자. 임신과 출산은 여성의 일생에서 한시적으로만 가능하다. 나중에 이때를 되돌아보면서 '그 시절이 좋았다'고 말할 때가 있을 것이다. 임신으로 고생한 사람들이 또 아기를 갖는 것을 보면 그 말이 사실이라는 것을 알 수 있을 것이다.

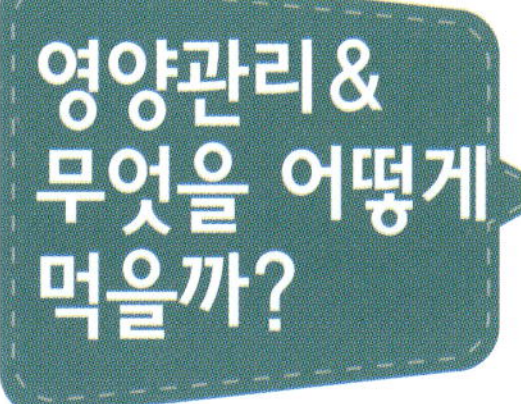

탄수화물 섭취에 신경 쓴다

탄수화물은 태아에게 일차적인 에너지원이 되며 단백질의 효용성을 높이는 구실을 한다. 탄수화물은 여러 가지 식품에 들어 있기 때문에 섭취하기 쉽다. 그렇다면 임신부가 하루에 필요로 하는 탄수화물은 어느 정도일까? 밥이나 면류의 경우 1/2그릇, 시리얼의 경우 30g, 식빵은 1쪽, 롤빵(중간크기)은 1개 분량 정도면 적당하다.

#Q1 임신 초기인데 출혈이 있습니다. 위험한 건가요?

A ··· 착상 과정에서 출혈이 생길 수 있는데, 실제로 임신부 5명 중 1명이 임신 초기 출혈을 경험한다고 합니다. 양이 많지 않고 붉은색보다는 거무스름한 색을 띤다면 안심해도 좋습니다. 단, 만약을 위해 출혈 후에는 반드시 의사에게 상담을 받아 보도록 하세요.

#Q2 임신 사실을 알지 못해 임신 초기에 충분한 영양을 섭취하지 못했습니다. 태아에게 어떤 영향을 미칠까요?

A ··· 수정에서 12주까지를 임신 1기라고 하는데, 이 시기에 충분한 영양을 섭취하지 못하면 태아의 뇌 발달이나 손발의 뼈 형성에 이상이 생기면서 미숙아가 될 우려가 있습니다. 양질의 단백질과 칼슘, 비타민을 충분히 섭취해 주어야 하는데, 혹시라도 이 시기를 놓쳤다면 다음 단계에서 필요한 영양분과 섭취량을 미리 확인하여 챙겨 먹도록 하는 것이 좋습니다.

#Q3 임신 초기인데 소변이 자주 마렵고 화장실을 다녀온 후에도 잔뇨감이 지속됩니다.

A ··· 임신 중·후기에 접어들면 배가 불러오면서 방광을 누르기 때문에 소변이 자주 마렵게 됩니다. 하지만 아직 배가 나오지 않은 단계에서도 그런 증상이 나타난다면 방광염을 의심해 볼 수 있으니 빨리 병원 진단을 받아 보세요.

#Q4 임신 중에 강아지와 함께 있어도 괜찮은가요?

A ··· 임신 중 애완동물을 키우는 것에 대해서는 상반된 의견이 있습니다. 일반적으로 애완동물의 기생충이나 세균이 태아에게 좋지 않은 영향을 미친다고 하여 사육을 반대하는 의견이 많은데, 특히 태아의 기형을 유발하는 톡소플라즈마의 경우, 집고양이가 아닌 도둑고양이를 통해 전염이 되며, 애완견은 평소 생고기를 먹이지만 않으면 안전하다고 합니다. 선진국에서는 오히려 털 관리와 위생관리에 주의하여 애완동물을 키우면 엄마와 아기의 정서함양에도 도움이 되고 어려서부터 생명의 소중함을 느낄 수 있게 해 준다며 권장하는 의견도 있다고 합니다.

#Q5 임신 기간 중 운동을 계속해도 될까요?

A ··· 임신 상태가 정상적으로 진행되고 있다면 적당한 운동을 꾸준히 하는 것이 좋습니다. 적당한 조깅이나 에어로빅, 수영 등의 운동을 무리하지 않는 선에서 지속하면 임신 기간 중 지나치게 살이 찌거나 몸이 굳는 것을 막아 주어 임신중독증을 예방하고 순산을 도와주는 효과를 볼 수 있습니다. 하지만 세 번 이상 유산을 했거나 양막 파열, 조기진통, 자궁경부 무력증을 경험한 적이 있는 임신부는 운동을 하지 않는 것이 좋습니다. 쌍둥이를 임신했거나 전치태반, 심장 질환이 있는 경우에도 피하세요.

임신 12주

피부에 변화가 생긴다

　임신 중에는 피부에 변화가 올 수 있다. 사람에 따라선 복부 중앙의 피부가 눈에 띄게 거무스름해지면서 흑선이라고 하는 수직선이 생기기도 한다. 때로는 얼굴이나 목에 여러 가지 크기의 갈색 반점이 나타나기도 하는데, 이것은 출산을 하고 나면 없어지거나 색이 엷어진다. 경구용 피임약도 이와 비슷한 색소 변화를 일으킬 수 있다.

　모세관 확장증 또는 정맥류라고 하는 것은 피부가 약간 빨갛게 올라오면서 거미줄처럼 밖으로 뻗어나가는 것을 말한다. 이것은 임신 중에 에스트로겐 호르몬이 증가해서 생기는 일시적인 현상으로 출산을 하고 나면 사라진다.

현기증이 자주 나타난다

　이 시기가 되면 앉았다 일어날 때 방 안이 빙그르르 도는 듯한 느낌을 받는 일이 늘어날 것이다. 하지만 걱정할 필요는 없다. 현기증은 임신 초기에 흔히 나타나는 증상이기 때문이다. 누웠다가 앉는다든지, 앉아 있다가 일어선다든지 하면 혈관계가 갑자기 뇌로 혈액공급을 하는 것이 힘들어져 일시적으로 현기증이 나타날 수 있다.

　갑자기 자세를 바꾼 것도 아닌데 현기증이 난다면 마지막으로 음식을 먹은 때가 언제인지 생각해 보도록 한다. 식사를 한 지가 오래되었다면 혈당이 내려가서 그런 것일 수 있으므로 음식물을 조금 섭취해 보도록 한다. 임신부는 식사를 소량, 자주 먹는 것이 좋다.

　현기증은 뱃속 아기에게 아무런 해를 주지 않으므로 걱정하지 않아도 된다. 단, 조심해야 할 것은 현기증으로 인해 넘어질 염려가 있다는 점이다.

사마귀가 생긴다

　임신 중에 갑자기 사마귀가 생기거나 원래 있던 사마귀가 더 커지거나 검은색으로 변하는 수가 있다. 하지만 사마귀가 눈에 띄게 커질 때는 검사를 받아 보아야 한다.

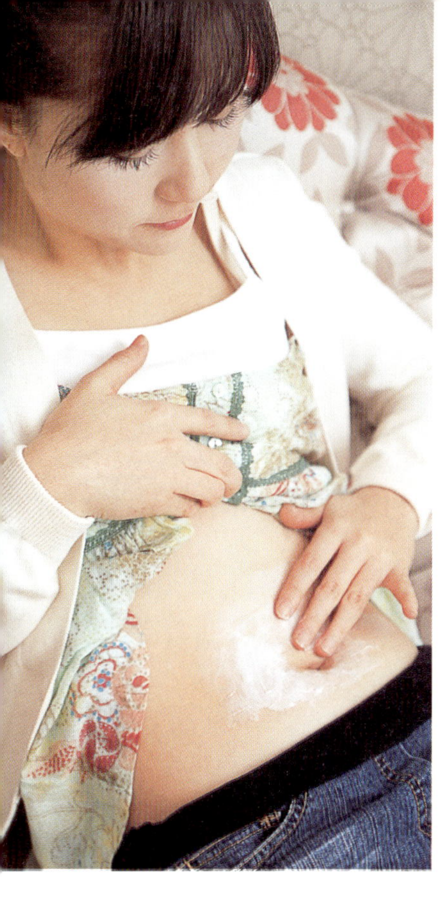

유방이 커지고 엉덩이에 살이 붙는다

몸의 컨디션이 좋아지는 것을 느끼기 시작할 것이다. 입덧이 서서히 사라지고, 아직은 배가 그리 크지 않아서 편안할 것이다. 초산부의 경우에는 아직 평상시에 입던 옷을 그대로 입을 수 있다. 경산부의 경우에는 배가 더 빨리 커져서 임신복 같은 헐렁한 옷을 입는 것이 더 편안할 것이다.

배 외에 다른 부분이 커질지 모른다. 유방이 커지고 한동안 욱신욱신한 느낌이 들 수 있다. 엉덩이와 다리, 옆구리에 살이 붙는 것을 의식할 수 있다.

임신선이 생긴다

임신 초반이나 후반에 복부나 유방, 엉덩이, 허벅지에 임신선이 나타날 수 있다. 이것은 출산을 하고 나면 나머지 피부와 비슷한 색깔로 되돌아갈 수 있지만 사라지지는 않는다. 임신 중에 임신선이 생기면 어떻게 해야 할지 걱정하는 임신부들이 많다. 일부 외용 의약품이 상당히 좋은 것으로 알려져 있지만, 가장 좋은 방법은 레이저 치료이다. 그러나 레이저 치료는 비용이 많이 들고 외용 의약품과 병행해야 하므로 이런 치료책은 모두 임신 후에 사용해야 한다.

임신선을 치료하겠다고 임신 중에 하이드로코티손 같은 스테로이드 크림을 사용하면 스테로이드 성분이 체내에 흡수되어 태아에게 전달될 수 있다. 임신 중에는 의사와 상의하지 않고 함부로 스테로이드 크림을 사용해선 안 된다.

피부 가려움증이 나타난다

가려움증은 임신 중에 흔히 나타난다. 피부가 융기되지도 상하지도 않았는데 그냥 간지럽기만 하다. 모든 임신부의 20%는 가려움증을 경험한다. 가려움증은 대개 임신 말기에 나타나지만, 임신 중에 어느 때라도 나타날 수 있다. 가려움증이 임신부나 태아를 위험하게 만들지는 않는다.

가려움증을 치료하려면 멘톨이나 장뇌 성분이 들어 있는 로션이나 항히스타민제를 사용해야 하는데, 담당의사의 처방을 받아야 한다. 하지만 대개는 치료가 필요하지 않다.

♡ 태아의 심박동 소리나 태동을 직접 들어보세요

이번 주에 아내와 함께 병원에 가면 태아의 심박동 소리를 들을 수 있을 것이다. 아내와 함께 병원에 갈 수 없다면, 나중에 집에서라도 태아의 심박동 소리를 들을 수 있도록 녹음해 오라고 부탁해 보자. 그것이 불가능한 경우 '아가소리'나 '베이비케어' 같은 기구를 이용하면 집에서도 태아의 심박동 소리나 태동을 느껴 볼 수 있다.

태아의 성장 ▶ ## 남아와 여아가 구분된다

태아가 머리끝부터 발끝까지 완전히 형성되어 이후로는 새로 생기는 기관은 거의 없고, 대신에 이미 형성된 기관이 성장과 발달을 계속하게 된다. 임신 12주가 되면 태아의 심박동 소리를 들을 수 있다. '도플러'라고 하는 특수 기구를 사용하면 태아의 심박동 소리가 확대되어 들린다. 손가락과 발가락 사이가 벌어지고 손톱이 자라며, 뼈는 계속 딱딱해지고 신체 곳곳에서 모근이 생긴다. 또한 남아와 여아를 구분할 수 있는 외부 생식기가 나타나기 시작한다. 양수가 늘어나서 50ml에 이른다. 이 시기에 양수는 단백질이 부족하다는 것을 제외하면 모체의 혈장과 비슷하다.

외부 자극에 태아가 반응하기 시작한다

이제 소화기가 수축작용을 할 수 있어 음식물을 창자 속으로 밀어 넣고, 포도당을 흡수할 수도 있다. 그러나 탯줄은 태아에게 영양을 공급하고 급성장에 따른 노폐물 제거를 위해 태반과 태아 사이에서 혈액을 순환시키느라 바쁘다.

태아의 뇌 기부에 있는 뇌하수체에서 호르몬이 생성되기 시작한다. 태아의 신경계통도 더 많이 발달한다. 태아가 자궁 안에서 움직이지만 아직 태동을 느끼지는 못한다.

이번 주의 놀라운 사건은 태아가 외부 자극에 반응을 보인다는 것이다. 태아에게 자극을 주면 곁눈질을 하면서 미소를 짓거나 찡그리며, 입을 벌리고 손가락이나 발가락을 움직이며 손가락을 빠는 모습도 볼 수 있다.

크고 작은 사고와 외상에 주의한다

임신부의 6~7%가 임신 중에 외상을 입는다. 그 가운데 교통사고의 경우가 66%로 가장 많고 나머지는 낙상으로 외상을 입는다. 외상 가운데 90% 이상은 가벼운 부상이다. 전문가들은 임신 부가 사고를 당하면 사고 뒤 몇 시간 동안 관찰해 봐야 한다고 말한다. 심각한 사고가 일어났을 경 우에는 이보다 더 오래 관찰할 필요가 있다.

체중과 식습관을 관리한다

이 시기는 태아 성장에 가속이 붙는 시기다. 입덧으로 식욕이 없던 임신부도 식욕이 생기기 시 작한다. 태아의 성장을 뒷받침해 주려면 영양을 더 많이 공급해 주어야 한다. 임신 중기에 접어들 면 초기에 비해 거의 두 배의 영양소를 섭취해야 하는데, 이때 중요한 것은 음식의 양보다 질이다. 임신 중 특히 부족하기 쉬운 영양소는 동물성 단백질, 필수지방산, 식물성 지방, 철분, 칼슘, 비타 민 등이다.

임신을 하면 칼로리 섭취량을 늘려야 한다는 개념을 잘못 이해해서 먹고 싶은 것을 마음대로 다 먹어도 된다고 생각하는 사람들이 있다. 이런 함정에 빠져선 안 된다. 임신 중에 체중이 너무 증가하면 본인이나 태아에게 좋지 않다. 우선 체중이 많이 증가하면 배가 너무 커져서 거동이 불 편하고 분만이 더 힘들어진다. 출산 뒤에도 체중을 줄이기가 쉽지 않아 임신 전의 몸매로 돌리기 위한 프로젝트에 차질을 빚을 수도 있다.

밤참이 도움이 되기도 한다

어떤 임신부들에게는 밤참이 도움이 되기도 한다. 그러나 대부분의 임신부들에게는 밤참이 필요 없다. 잠자기 전에 아이스크림이나 다른 간식을 먹는 습관이 있는 임신부는 지나친 체중 증 가라는 대가를 치르게 될 것이다. 늦은밤에 음식을 먹으면 가슴앓이나 입덧이 더 심해질 수 있다.

지방분이나 당분 섭취에 주의한다

저체중이거나 체중을 좀더 증가시킬 필요가 있는 임신부가 아니라면 지방분과 당분 섭취에 조심할 필요가 있다. 지방분과 당분은 칼로리는 높은 반면 영양 가치는 별로 없기 때문에 가능한 한 먹지 않는 것이 좋다.

간식이 필요할 때는 감자칩이나 쿠키처럼 영양학적으로 가치가 없는 식품보다는 과일이나 치즈, 땅콩 버터를 바른 통밀빵 한 조각을 먹는 것이 더 좋다. 그렇게 하면 시장기도 달랠 수 있을 뿐만 아니라 영양분도 충족시킬 수 있다.

임신부에게 하루에 필요한 지방분과 당분 섭취량은 대개 설탕이나 꿀 1큰술, 식물성기름 1큰술, 마가린이나 버터 1덩어리, 잼이나 젤리 1큰술, 샐러드 드레싱 1큰술이다.

임신 4개월

남편들이 알아야 할 아내의 변화

남편이 생활의 모든 면을 함께 한다 하더라도, 또한 산부인과 의사가 아무리 세심하게 관심을 기울인다 해도 몸속에 새 생명을 잉태하고 있는 임신부의 느낌을 완벽하게 이해하지는 못한다.

임신부는 임신 과정이 계속되면서 기본적으로 신체, 호르몬, 감정이란 측면에서 많은 변화를 겪게 된다. 예를 들어, 임신 상태를 유지하기 위해서 필수적으로 필요한 황체 호르몬의 분비량이 급격하게 증가한다. 그로 인해 임신부의 체온은 적어도 1℃ 정도 올라간다. 시간이 더 지나면 남편이나 다른 사람들에게는 아주 좋은 온도가 임신부에게는 참을 수 없는 정도가 된다. 밤에 잘 때도 이불이나 평소 입던 옷들이 너무 더워진다. 이러한 증상은 결코 참기 쉬운 것이 아니다.

이 외에도 임신부들이 감당해야 할 변화는 한두 가지가 아니다. 성생활에도 많은 변화가 일어나게 될 것이다. 임신한 아내를 좀더 잘 이해하고 배려하고 싶다면 임신 기간 동안 아내의 몸과 마음에 어떤 변화가 오는지 알아 두는 것이 필요하다.

아내의 신체 변화

복부와 가슴이 커지면서 통증이 나타난다

임신부는 복부 둘레가 크게 증가하고, 그보다는 정도가 덜 하지만 가슴도 커지기 때문에 평상시 자세가 눈에 띄게 달라질 수밖에 없다. 배가 부른 아내의 옆모습을 보면 잘 알 수 있을 것이다. 잘못 서 있으면 앞으로 넘어지고 만다. 또 잘못하면 엉덩이 관절에 크나큰 무리가 가게 되고, 시간이 좀더 흐르면 통증을 느끼게 될 것이다. 출산 후 남편은 이완된 아내의 복부 근육이 다시 팽팽해질 수 있도록 함께 운동이나 체조를 하면서 도와주어야 한다.

요통에 시달린다

여성은 출산 후에 만성적인 요통에 시달릴 수도 있다. 특정 호르몬은 전신의 인대를 이완시키기 때문에 관절이 불안정해지고, 따라서 쉽게 다칠 수 있게 된다. 체중 증가와 자세의 변화만 하더라도 몸은 불안정해질 수밖에 없다. 매우 드물게는 걸음을 뗄 때마다 치골이 완전히 분리되는 경우도 있다.

💜 다리가 붓고, 요실금이 생긴다

방광이 태아에게 눌려 거의 하루 종일 가득 차 있는 듯한 느낌을 받게 된다. 다리 쪽으로도 많은 압력이 가해져 종아리와 발이 붓기 때문에 다리가 마치 통나무가 된 듯한 느낌도 들 것이다. 또 일부 호르몬으로 인해, 그리고 역시 증가한 압력으로 인해 혈관이 팽창하기도 한다.

이것은 주로 나타나는 신체적 변화의 일부만을 간략하게 언급한 것에 지나지 않는다. 많은 부분을 생략한 셈인데, 예를 들어, 방광에 압력이 가해짐으로써 요실금이 생기는 경우도 흔하게 발생하고, 방광염이 생기기도 한다. 이러한 변화들로 인해 여성들은 인생관까지도 바뀔 수 있으며 이러한 고충을 이해해 주지 못하는 남편에 대한 애정마저 식을 수도 있다.

아내의 호르몬 변화

임신 기간 동안 여성들은 난소와 뇌하수체, 그리고 아기의 태반에서 분비되는 여러 종류의 강력한 호르몬으로 인해 고생을 한다. 이 같은 호르몬들의 영향에 대해 알아보자.

- 임신 초기에는 구역과 피로감을 느낀다.
- 시간이 흐르면서 체온이 올라간다. 남편이 적당하다고 말하는 실내온도가 마치 한증막처럼 느껴진다.
- 유방이 커지고 단단해지며, 초유가 흐르기도 한다.
- 후반기에 접어들면 자궁 경련이나 다리 경련이 일어나기도 한다.
- 혈관운동신경이 불안정해져 언제든 넘어지거나 기절할 수 있다.
- 위장관에서의 호르몬 감속으로 인해 소화불량, 가슴쓰림, 가스, 변비가 나타날 수 있다.
- 감정적 변화가 나타난다.

아내의 감정 변화

💜 출산과 육아에 대해 심각한 고민으로 불면증이 생긴다

위에서 살펴본 모든 변화들이 임신부의 감정적 측면에도 중요한 영향을 미친다. 여기에 이제 엄마가 된다는 사실에 대한 이성적인 두려움도 가세를 한다. 나는 괜찮을까? 아기는 괜찮을까? 분만은 고통스러울까? 남편은 계속 나를 사랑할까? 다시 예뻐질 수 있을까? 불면증과 악몽에 시달리는 것도 드문 일이 아니다. 잠이 들 수 없는 이유는 수도 없이 많다.

💜 아내의 성생활에 변화가 온다

임신 후 나타나는 신체적·감정적 변화들로 인해, 성생활에도 커다란 변화가 생긴다. 국소 압박이나 울혈, 자극 등으로 인해, 특히 임신 후기에 아내에게는 성관계가 불쾌하고 불편하게 느껴질 수 있다. 그리고 임신 과정이 진전되어 갈수록 성적 욕구도 현저하게 변한다. 보통 성욕은 감소하고, 오르가슴을 느끼지 못하거나 지연될 수도 있고, 자궁 수축으로 인한 통증이 찾아올 수도 있다.

담당의가 성관계를 자제하도록 지시할 수도 있는데, 특히 과거에 조산 경험이 있다면 더욱 그러할 것이다. 아울러 질 출혈이나 통증, 감염, 혹은 양수막 파열이 있을 때도 성관계를 금해야 한다.

이 시기 남편들은 임신한 아내의 상황을 조금이나마 함께하고 이해하기 위해 노력하는 것이 중요하다. 임신이란 자연스러운 현상이긴 하지만 신체적으로나 감정적으로나 지극히 혼란스러운 시기임에 틀림없다. 남편과 가족들의 이해와 사랑, 협조가 그 어느 때보다 절실하다.

임신 중 멋내기

임신 중에도 자신을 가꾸어야 한다. 임신부라고 해서 예쁘고 사랑스럽게 포장한 화장품 선물을 마다할 이유는 전혀 없다. 색이 예쁜 립스틱, 여성스러움을 한껏 발산하는 감미로운 향수 등으로 자신의 아름다움을 마음껏 발산해 보자. 머리카락에도 영양을 주어 풍성한 헤어스타일도 자랑해 보자. 나온 배 때문에 움츠러들 필요가 전혀 없다. 여자는 임신을 했을 때 더 아름다워지는 법이다. 중요한 것은 자신감이다.

💜 임신 중에 몸과 마음이 더 아름다워진다

임신 기간에도 몸 가꾸기를 게을리 해서는 안 된다. 규칙적으로 몸을 가꾸는 데 시간을 투자하면 마음도 가벼워진다. 남편은 물론 친지나 친구들도 당신의 몸과 마음이 예전보다 더욱 아름다워졌음을 느끼게 될 것이다.

머리 가꾸기

💜 임신 중에는 머리카락이 굵어지고 풍성해지며 윤기가 흐른다

임신 기간에 머리카락을 만져 보면 기분이 좋아진다. 대개 임신을 하면 머리카락이 굵어져 풍성해지며, 비단결처럼 윤기가 흐르기 때문이다. 임신에 따른 호르몬이 머리카락을 천천히 자라게 하며 쉽게 빠지지 않게 한다. 다만 호르몬이 피지 생성을 억제하기 때문에 지성 모발은 지금부터 머리에 기름이 잘 생기지 않을 것이며, 건성 모발은 더욱 건조해지므로 특별한 손질이 필요하다.

💜 샴푸와 린스는 최소량만 사용한다

건성 모발과 손상된 모발에는 호르몬이 적이다. 따라서 손상된 머리 끝은 4주에 한 번 정도 잘라 주어야 한다. 머리를 감을 때는 가능한 한 샴푸를 조금만 사용한다. 샴푸를 한 손 가득 담아서 거품을 내고, 한참 동안 헹군다면 머릿결이 더 뻣뻣해지고 나빠지게 된다.

머리를 헹구는 시간은 대략 2분 정도가 알맞다. 한 가지 제안을 하면, 물과 샴푸를 2:1 비율로 섞어서 빈 병에 담아 두고 사용해 보자. 이 정도만 해도 세척력이 충분하며, 모발 손상을 완화시킬 수 있다. 린스를 사용할 때도 콩알 두 개 정도의 양이면 충분하다. 그리고 2주에 한 번씩 모발 집중 관리를 받으면 좋다.

 파마와 염색을 하지 않아도 헤어스타일에 변화를 줄 수 있다

파마와 염색만 피한다면 임신 기간에 미용실에 가는 것도 아무런 문제가 없다. 파마와 염색 말고도 스타일을 바꿀 수 있는 방법은 아주 많다. 염색을 꼭 하고 싶다면 식물성 색소를 사용하면 된다.

임신 후에 머리숱이 많아졌다고 좋아하는 임신부들도 있을 것이다. 하지만 유감스럽게도 출산을 하고 하면 모발 상태에 휴지기를 주기 위해 머리카락이 한 번은 심하게 빠지게 된다. 머리를 빗을 때마다, 감을 때마다 머리카락이 한 움큼씩 빠지는 것을 경험하게 될 것이다. 하지만 크게 걱정할 필요는 없다. 머리카락이 빠지는 것은 임신 때문이므로 시간이 흐르면 다시 머리카락이 풍성하게 자라게 된다.

얼굴 가꾸기

 여자는 임신 중에 아주 예뻐진다

많은 예비아빠들이 임신 기간에 아내가 너무 예쁘다고 입을 모아 말한다. 아마도 아기를 가진 기쁨에 얼굴이 장밋빛을 띠기 때문일 것이다. 과학적으로도 임신을 하면 에스트로겐이라는 호르몬이 혈관을 확장시켜 혈액 순환을 더 쉽게 한다. 또 조직 속에 수분이 축적되기 때문에 주름도 사라지게 된다. 그 결과 피부에 혈색이 돌고 매끈매끈해지는 것이다.

임신 전에 여드름이나 뽀루지가 심했던 피부가 갑자기 깨끗해지는가 하면 반대로 평소에 매끈하고 깨끗했던 피부에 어느 순간 여드름이 생기기도 한다. 이것도 에스트로겐 호르몬 때문이다. 여드름이 없는 피부에는 피지선이 자극되어 여드름이 생기고, 여드름으로 고생하던 피부는 불순물이 억제되어 피부가 맑아지는 것이다.

피부가 건조할 때는 수분스프레이를 뿌리고, 차를 많이 마신다

기초 피부 관리는 전문가와 상담하는 것이 좋다. 아침저녁으로 세안을 하고, 순한 비누를 사용한다. 스킨도 순한 것으로 쓰고, 스킨 사용 후에는 평소와 똑같이 관리한다.

피부가 더 건조해지거나 당기는 느낌이 들면 수분이 부족한 것이므로, 꾸준히 피부 관리를 해 주어야 한다. 피부 건조 현상이 생기면 영양크림을 한 단계 높인다.

더운 여름에는 얼굴용 수분스프레이를 가지고 다니면서 수시로 뿌려 준다. 하루에 물 2~3ℓ나 달지 않은 차를 많이 마시는 것도 좋다.

💜 매일 저녁 필링이나 습포로 피부관리를 한다

매일매일 기본적인 피부손질과 더불어 추가 관리까지 하면 더 좋다. 예를 들면 필링(peeling)을 들 수 있는데 필링은 저녁 세안 후 하는 것이 이상적이다. 필링제를 얼굴, 목, 가슴에 바른 다음 10~15분간 가만히 두었다가 시간이 지나면 물기 있는 천으로 닦아낸 다음 목욕타월로 씻는다. 필링 후에 알로에베라나 아몬드오일 등 피부 진정제를 발라 준다.

물은 가장 오래된 미용제로 얼굴을 젊게 만들어 준다. 특히 습포(濕布)는 여러 면에서 효과적이다. 냉습포는 피부에 생기가 돌게 하며 혈액 순환을 촉진시키고, 온습포는 피부를 진정시키고 부드럽게 유지한다. 습포를 위해 필요한 것은 물, 수건 그리고 5분 정도의 시간이다.

가슴 가꾸기

💜 찬물 샤워와 더운물 샤워를 반복해 가슴에 탄력을 준다

가슴은 지방 조직과 유선으로 구성되어 있으며, 근육이 없다. 가슴의 형태와 크기는 가슴과 턱 사이의 피부가 지닌 탄력 정도와 흉곽을 둘러싸고 있는 근육 구조에 따라 결정된다.

매일매일 찬물 샤워와 더운물 샤워를 교대로 하여 가슴 부위에 특별히 신경을 쓰자. 냉온 샤워를 하면 피부에 혈액이 왕성하게 공급된다. 또 냉수마찰도 효과가 좋다. 찬물에 과일식초를 조금 넣고, 수건을 담갔다가 물기를 짠 다음 가슴에 냉수마찰을 해 보자.

일주일에 두 번씩 보디 필링도 병행해 본다. 가슴에 필링 크림을 바르고 원을 그려가며 마사지해 준 다음 잘 씻어 낸다. 이렇게 마사지를 하면 피부의 죽은 표피세포가 떨어져나가 피부가 부드러워지며, 혈액 공급이 왕성하게 이루어지면서 세포가 다시 자라난다. 마사지 후에는 보디로션을 발라 피부를 더욱 부드럽게 하고 조직을 견고하게 한다. 단, 유두에는 크림을 바르지 않는다. 이 시기에는 유두가 부드럽고 유연해지면 안 되기 때문이다.

💜 공기와 햇볕을 쐬어 유두를 단단하게 만든다

아기에게 수유를 하기 위해서는 가슴이 왕성하게 작용해야 한다. 유선은 모유를 생성하고 모유의 흐름을 막지 않기 위해 활발히 일을 한다. 수유를 하게 되면 아기가 물고 빨아서 유두에 몸살이 나기도 하는데, 이에 대비해 유두를 단단하게 만들어 두어야 한다.

하지만 유두를 딱딱하게 하기 위해 칫솔로 유두를 문지른다든가 하면 피부가 벗겨져 박테리아에 쉽게 감염되고, 유방염에 걸릴 확률이 높아진다. 또 샐비어 탱크제나 레몬즙 등으로 유두를 딱딱하게 하는 방법은 민감한 피부 표피의 산성층을 파괴할 수 있다.

가슴에 손상을 주지 않으면서 보호와 관리를 하고 싶다면 신선한 공기와 햇볕을 쐬어 준다. 공기와 햇빛은 가슴을 건강하게 만든다. 또 목욕이나 샤워 후 부드러운 타월로 유두를 조심스럽게 마사지해 주고 가끔씩 브래지어 속에 울 소재 수유용 패드를 넣어 주는 것도 도움이 된다.

수유를 위해서는 아기의 빠는 힘, 정확하게 젖을 물리는 기술이 중요하며, 무엇보다도 엄마가 충분한 휴식과 시간을 가져야 한다.

피부 가꾸기

 매일매일 마사지로 임신선을 방지한다

태아가 점점 자라면서 임신부의 배는 큰 공 모양이 되어 간다. 동시에 피부도 늘어난다. 피부가 급격히 늘어나면 피부표피 바로 아래층의 조직이 파열되며, 처음에는 붉은빛이나 푸른빛을 띠고 나중에는 점차 연갈색 선이 된다.

임신선은 가슴, 배, 허벅지에 잘 생긴다. 임신선은 일단 생기고 나면 크림을 발라도 없어지지 않으므로, 임신선이 생기지 않도록 예방하는 것이 최선이다.

임신선이 생길 가능성이 높은 부위에 마사지 장갑이나 스펀지를 이용해 매일매일 마사지를 하면 혈액 공급과 결합 조직의 탄력성을 높여 주어 임신선 생성을 막아 준다. 가끔씩 필링제로 부드럽게 마사지를 해 주는 것도 효과적이다. 필링은 피부의 죽은 세포들을 떨어뜨림으로써 새로운 세포의 생성을 촉진한다. 필링 후 오일이나 로션을 바른다. 샤워 마지막 단계에 손으로 몸 전체를 어루만져 주고, 샤워 후 젖은 몸에 오일을 바르면서 마사지를 해 준다.

 필링 마사지법과 잡아당기기 마사지법이 있다

임신선을 방지하기 위한 또 다른 방법으로 살을 살짝 잡아당기는 마사지법이 있다. 이 방법은 피하 조직의 손상 없이 피부에 탄력을 줄 수 있다. 마사지 오일이나 마사지 크림을 해당 부위에 바르고, 아랫배 부위부터 마사지를 시작한다.

엄지와 검지로 꼬집듯이 살갗을 살짝 잡아 올린다. 잠시 그대로 유지하다가 다시 풀어 준다. 이런 방식으로 늑골 부분까지 올라오면서 마사지를 한다. 배는 매일 5~10분씩 마사지한다. 배가 점점 불러오면 살을 잡기가 힘들어지는데, 이럴 때는 손가락 끝으로 원을 그려가며 마사지를 한다. 너무 세게 힘을 주면 자궁이 자극되어 조기진통이 올 수 있으므로 가볍게 마사지해야 한다.

다리 가꾸기

 혈액 증가와 혈관 압박으로 정맥류가 나타나기 쉽다

정맥은 비교적 넓은 통로를 통해 혈액을 다리 끝에서 심장으로 되돌리는 중요하고도 어려운 일을 수행한다. 이때 정맥은 중력을 버텨내야 하는 어려움이 있다.

임신 기간에는 몇 가지 어려움이 생긴다. 혈액의 양이 1ℓ는 족히 증가하고, 솟아난 배의 무게 때문에 혈관이 압박을 받아 다리에서 심장까지의 혈액 흐름에 지장이 생긴다. 게다가 프로게스테론 호르몬은 정맥 벽을 느슨하게 해 혈관을 확장시킨다.

그 결과 정맥을 통한 혈액 흐름이 지체되고 발과 발목이 부어오르면서 몸이 무겁게 느껴진다. 정맥이 계속 심하게 확장되면 결국 혈액 순환이 지체되어 푸른색의 정맥류가 생기게 되는데, 3명 중 1명꼴로 첫 임신 때 정맥류 증상이 나타난다. 그러므로 몸에 신호가 오는지 유심히 관찰해야 한다.

💛 다리를 올리고 냉습포를 하거나 냉온욕을 하면 좋다

몸이 무겁게 느껴지면 곧바로 다리를 높이 올린다. 또 찬 수건으로 종아리를 감싸주거나 다리용 특수 젤이나 오일을 발라 주면 좋다. 특수 젤이나 오일은 스타킹 위에 발라 주어도 괜찮아 외출 시 유용하게 사용할 수 있다.

찬물과 더운물을 교대로 샤워하면 혈관 수축과 이완 작용을 촉진할 수 있다. 찬물로만 샤워하는 것은 피한다. 정맥류 증세 여부에 상관없이 찬물로만 샤워하는 것은 절대적으로 좋지 않다.

정맥류 증상이 보이기 시작하면 무조건 정맥을 보호할 수 있는 다리 울혈 방지용 스타킹을 매일 착용한다. 남들 눈에 이상하게 보이지 않을까 걱정하지 않아도 된다. 요즘 나오는 압박붕대나 스타킹은 색깔도 멋지고 섬유 조직도 섬세하기 때문에 일반 스타킹과 거의 구분하기 어렵다. 의사에게 처방을 받은 뒤 약국이나 의료기 전문점에서 구입하면 된다.

💛 정맥류가 있다면 사우나를 해서는 안 된다

어떤 임신부도 오랜 시간 동안 사우나를 하는 것은 좋지 않으며, 정맥에 문제가 있거나 정맥류 증상이 있는 사람은 사우나를 하면 안 된다.

치아 가꾸기

💛 잇몸출혈이나 충치가 생기기 쉽다

임신 중 칼슘이 부족하다는 것을 증명할 수 있는 것으로, 이를 닦을 때 임신 전보다 자주 잇몸에서 피가 난다는 점을 들 수 있다. 이것은 잇몸에 혈액이 다량 공급되기 때문이다. 그러므로 가능하면 임신 기간 중에는 부드러운 칫솔로 바꾸고, 가끔씩 샐비어차나 카모마일차로 입을 헹구어준다. 충치도 쉽게 생긴다. 호르몬 변화로 침에 산이 다량 함유되어 치아의 에나멜질을 공격하기 때문이다.

그러므로 치아 위생에 각별히 신경을 써야 한다. 최소한 하루에 두 번, 3분씩 이를 닦는다. 매 식사 후에 닦으면 더 좋다. 아침에 눈을 뜨자마자 이를 닦더라도 아침식사 후에 다시 이를 닦아야 한다. 이 외에도 규칙적으로 치실을 이용하는 것도 치아건강에 도움이 된다.

💛 임신부는 하루 1,200mg의 칼슘이 필요하다

아기를 한 번 가질 때마다 이가 하나씩 빠진다는 말이 있다. 그만큼 엄마는 많은 양의 칼슘을 태아에게 빼앗긴다. 그러나 다행히 요즘에는 대부분의 임신부들이 영양 섭취에 신경을 쓰고 있다. 일반적으로 칼슘 하루 섭취량 1,200mg은 하루 식사를 통해 충분히 공급될 수 있다.

💜 임신 중에도 치과 치료를 받을 수 있다

치과 치료를 하기에 가장 이상적인 시기는 임신 6개월 말경이다. 특히 오래 앉아 있어야 하는 치과 치료는 임신 6개월 무렵이 가장 견디기 쉽다.

손발 가꾸기

💜 손톱을 짧게 자르고 핸드크림을 바른다

임신 중에는 손톱이 더 쉽게 갈라지고 부서질 수 있다. 이런 현상이 나타나면 손톱을 짧게 자르고 정기적으로 손톱 강화 성분이 들어 있는 핸드크림을 발라 준다. 그리고 설거지를 할 때나 집 안일을 할 때는 반드시 고무장갑을 착용해야 한다. 정원에서 일할 때도 손을 보호하고 흙을 매개로 하는 감염증을 피하기 위해 역시 장갑을 착용해야 한다.

💜 샤워 후 발마사지를 해 부종을 가라앉힌다

임신을 하면 늘어난 체중과 부종 때문에 발에 더 많은 무리가 간다. 저녁 때 미지근한 물에 발을 담그고 있거나, 목욕이나 샤워 후에 페퍼민트 발 크림으로 마사지하면 도움이 된다. 발톱도 짧게 자르는 것이 좋다. 그러나 너무 짧게 자르지도 말고 가로로 똑바로 자르도록 한다. 임신 후기가 되면 배가 너무 커져 발끝에 손이 닿지 않게 되므로, 남편이나 다른 사람에게 부탁하도록 한다. 전문가에게 페디큐어를 부탁할 때는 도구를 적절하게 소독해서 사용하는, 특별히 평판이 좋은 미용실을 이용해야 한다.

임신복 고르기

최근 들어 유명 연예인들이 임신 후 불룩한 배를 내놓고 찍은 섹시한 사진을 공개함에 따라 임신도 패션 감각을 보여 줄 수 있는 하나의 기회로 인식되고 있다. 이런 흐름은 일반 여성들에게도 확산되고 있다.

임신이 확인되는 순간부터 당장 임신복을 구입하고 싶은 충동을 느낄지 모르겠지만, 평소에 입던 옷이 불편해질 때까지 기다렸다가 구입하는 것이 좋다. 임신 상태는 임신 20주(다태아의 경우에는 14주)경이 되어야 겉으로 드러난다. 임신복을 입지 않으면 안 될 때까지 기다렸다가 구입하면, 출산 때까지 임신복을 입고 다녀도 덜 지겨울 것이다.

배가 커지면서 복부가 조이면 허리가 불편하게 느껴지기 시작할 것이다. 유방이 커짐에 따라 상의도 조이는 느낌이 들게 된다. 그러나 간단하게 몇 가지만 조절하면 한동안은 지금까지 입던 옷을 그대로 입을 수 있다.

바지는 지퍼를 살짝 열고 멜빵으로 바지를 고정시킨 다음 헐렁한 셔츠로 가리고 다니거나, 남편 옷을 빌려 입는 것도 좋은 방법이 될 수 있다. 운동복 바지의 고무 밴드를 끈으로 교체하고 고

무실로 단추를 달면 바지에 여분의 공간이 생긴다. 그러나 출산 후에 다시 입을 옷이라면, 모양이 일그러질 정도로 망가뜨리거나 너무 오래 입지 않도록 한다.

언제부터 임신복을 입어야 할까?

언젠가는 임신복으로 바꾸어 입어야 할 때가 올 것이다. 지혜롭게 임신복을 고르면, 아기를 출산하고 몸매가 서서히 임신 전의 상태로 돌아갈 때까지 몇 주 혹은 몇 달 동안 임신복을 계속 입을 수 있다. 모유를 먹일 계획이라면, 앞부분이 단추나 끈으로 되어 있어 유방을 쉽게 드러낼 수 있는 상의나 원피스, 잠옷을 선택하는 것이 좋다.

자신에게 맞는 스타일을 고른다

임신을 했다고 해서 이미지를 바꾸어야 할 필요는 없다. 길고 헐렁한 상의나 원피스는 큰 배를 우아하게 가려 준다. 평상시에는 운동복을 입는 것이 편안할 것이다.

허리나 다리를 꼭 죄는 옷은 피한다

임신복을 구입할 때는 허리둘레와 엉덩이 부위가 헐렁한지 확인해야 한다. 그렇지 않으면 배가 커지면서 옷이 앞으로 당겨 뒷부분에 보기 싫은 주름이 생길 것이다. 몸매를 드러내는 옷을 좋아할 경우에는 신축성이 좋은 옷을 고르면 된다.

임신 중에는 허리밴드가 꼭 죄는 스커트, 바지, 팬티, 스타킹은 피해야 한다. 이런 것은 불편하기도 하지만 혈액의 흐름을 방해한다. 마찬가지로 밴드 스타킹이나 꼭 죄는 무릎 양말도 다리의 혈액 흐름에 영향을 주어 정맥류의 원인이 될 수 있다.

상황에 맞는 옷을 선택한다

임신복을 선택할 때는 언제 그것을 입을 것인지 생각해 봐야 한다. 스마트해 보일 필요가 있는 환경에서 일하고 있다면, 상의에 변화를 줄 수 있는 정장에다 주말용 복장만 갖추면 옷 문제는 해결될 것이다. 상황에 따라서 정장으로 입을 수도 있고 편안하게 입을 수도 있는 단순하면서도 우아한 옷을 고르면 유용하다. 소재도 다림질이 필요 없고 손질하기 쉬운 것으로 고르면 피곤할 때 시간을 절약할 수 있다.

임신복의 가장 큰 장점은 임신부를 위해 특별히 디자인되었다는 것이다. 스커트와 원피스는 대개 뒷부분보다 앞부분이 길게 되어 있어 배가 커져도 밑단에 기복이 생기지 않는다. 배가 더 커져도 옷맵시가 그대로 살아나도록 겹단과 다트가 들어 있다. 골이 지게 짠 천이나 신축성이 강한 소재는 고정된 스타일을 일그러뜨리지 않고 커지는 배를 수용할 수 있다. 대개 여밈은 조절할 수 있게 되어 있고, 탄력성이 있는 섬유에는 흔히 구멍이나 단추가 몇 개 달려 있다. 그래서 배가 커지면 옷도 따라서 커져 출산 때까지 계속 좋은 모양을 낼 수 있다.

💜 몇 벌만 구입해 센스 있게 매치하면 여러 벌의 효과를 낸다

임신복 전용 매장 외에 백화점에서도 임신복을 구입할 수 있고 온라인으로 카탈로그를 보고 주문할 수도 있다. 임신복은 여러 벌 구입할 필요 없이, 몇 벌만 신중하게 골라 구입하면, 임신 중이나 산후 얼마 동안까지 멋스럽게 입을 수 있다.

일부 온라인 매장에서는 원피스, 스커트, 상의, 바지를 다양하게 배합해 입을 수 있도록 패키지로 판매하기도 한다. 품질 좋은 중고 임신복을 헐값에 판매하는 매장을 찾아보자.

그러나 브래지어는 잘 맞는 것이어야 유방을 잘 받칠 수 있으므로 중고를 구입하지 않는 것이 좋다. 아기를 출산한 다음에는 다음 아기를 임신할 때나 친구를 위해 임신복을 깨끗하게 세탁해서 잘 보관해 두도록 한다.

임신부용 브래지어 고르기

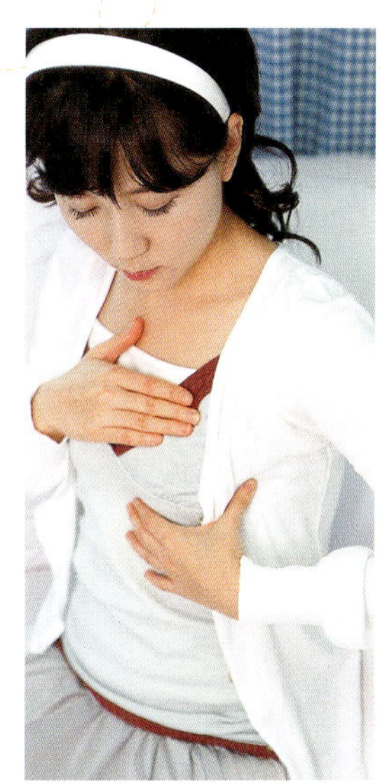

곧 아기엄마가 될 사람으로서 유방을 잘 돌보는 것은 매우 중요한 일이다. 유방 자체에는 근육이 없기 때문에 흉벽 근육이 유방을 받친다. 유방을 받쳐 주지 않거나 잘못 받치면 유방이 늘어지거나 튼살이 생길 가능성이 높기 때문에, 그 전에 브래지어를 착용할 필요를 느끼지 않았더라도 임신 후에는 반드시 브래지어를 착용하도록 한다.

💜 나에게 맞는 브래지어 선택

지금까지 사용했던 브래지어가 유방을 잘 받쳐 주지 못하거나 너무 죄는 느낌이 들면 가슴둘레와 유방의 크기를 직접 측정해서 몸에 잘 맞는 브래지어를 새로 구입해야 한다. 임신 9개월이 끝날 때쯤이면 유방이 그 전보다 2컵 정도 사이즈가 커지고, 복부가 커짐에 따라 늑골도 늘어나 브래지어의 가슴둘레 사이즈도 늘어날 것이다. 출산을 하고 수유를 중단하고 나면 유방의 크기가 줄어들겠지만, 임신 전과 같은 크기나 모양으로 돌아가지는 않을 것이다.

대부분의 여성은 임신 36주가 되면 지금까지 착용했던 것보다 더 큰 브래지어를 필요로 하고, 이 브래지어는 출산하고 처음 몇 주 동안에도 착용할 수 있기 때문에 수유하기에 좋도록 수유용 브래지어를 구입하는 것이 좋다.

그러나 이런 변화는 사람에 따라 다르기 때문에 날짜 계산에 따르지 말고, 자신의 유방 사이즈와 유방 모양의 변화에 따라 새로운 브래지어를 구입하도록 한다. 유방이 특별히 크고 무거울 때는 취침용 브래지어(밤에 착용하는 가벼운 임신부용 브래지어)를 착용하면 더 편안하다.

💜 임신부용 브래지어 선택 요령

● 어깨 끈이 넓고 조절할 수 있어야 한다. 어깨 끈이 넓으면 무게를 분산시켜 좁은 끈보다 더 편안하다. 어깨 끈이 좁으면 피부가 눌린다.

● 면 함량이 높아야 한다. 천연섬유는 피부를 숨쉬게 한다.

● 컵 아래 부위가 탄력성이 좋은 넓은 밴드로 되어 있어야 한다. 탄력이 있어야 유방이 더 커졌을

때도 유방을 잘 받칠 수 있다.

● 뒷부분을 조절할 수 있어야 한다. 흉곽이 팽창함에 따라 브래지어를 느슨하게 늘릴 수 있도록 고정 후크가 4개 정도 있는 것이 이상적이다.

● 언더 와이어가 없어야 한다. 딱딱한 와이어는 유방 조직을 위축시키고 상하게 한다.

수유용 브래지어 고르기

모유를 먹일 작정이라면 임신 36주경 이후에는 수유용으로 특별히 디자인된 브래지어를 구입해야 한다. 좋은 수유용 브래지어는 위에서 설명한 특징을 모두 다 갖추고 있는 동시에 아기에게 젖을 먹일 수 있도록 한 번에 하나씩 유방을 노출시킬 수 있게 되어 있다.

수유용 브래지어에는 각 컵이 어깨 끈에 후크로 연결되어 있는 어깨 여밈형, 유방 아랫부분이 지퍼로 되어 있어 열고 닫을 수 있는 지퍼형, 각 컵이 후크로 브래지어 중심부에 연결되어 있는 앞트임형 등 여러 가지 종류가 있다. 브래지어 겸용 셔츠를 좋아한다면, 임신부용 브래지어의 특징을 모두 갖춘 브래지어 겸용 셔츠를 구입하면 된다. 여러 가지 형태의 브래지어를 착용해 보고 가장 편안한 것을 선택한다. 어떤 것을 선택하든 간에, 수유 중에 한 손은 아기를 잡고 있어야 하므로 한 손으로 후크나 지프를 쉽게 조작할 수 있는 것이어야 한다.

편안한 신발 고르기

임신을 하면 발이 잘 붓기 때문에 평소보다 큰 사이즈의 신발이 필요하다. 어떤 여성은 출산 후에까지 발이 커진 채로 남아 있다. 신발을 고를 때는 다음 사항을 기억해야 한다.

♥ 임신부용 신발 선택 요령

굽이 높은 신발은 요통을 초래한다 굽이 높은 신발은 불편하기도 하지만, 몸의 균형을 일그러뜨려 배를 앞으로 내밀게 만들기 때문에 요통을 초래할 수 있다.

굽이 낮은 편안한 신발을 신는다 신발의 재질은 피부가 숨을 쉴 수 있는 것이어야 한다. 너무 납작한 신발도 몸의 균형을 잡는 데 도움이 되지 않기 때문에 피한다.

끈을 묶거나 버클을 채우는 스타일은 피한다 임신 후기가 되면 몸을 숙여 신발의 끈을 묶거나 버클을 채우기가 쉽지 않기 때문에 이런 스타일은 피하는 것이 좋다.

몇 개의 신발을 교대로 신는다 일반적으로 한 신발을 이틀 연속해서 신는 것은 좋지 않다. 최소한 신발 두 켤레를 교대로 신어 신발이 숨을 쉬고 건조할 시간을 둔다.

면양말과 타이츠를 신는다 면이나 면이 많이 들어간 제품은 피부가 숨을 쉴 수 있게 해 주므로 합성섬유로 된 제품보다 좋다. 신발은 발에 너무 꼭 맞는 것보다는 약간 느슨한 것이 좋다. 발목양말처럼 짧은 양말은 다리의 정맥을 누르지는 않겠지만, 집 안에서는 될 수 있는 대로 맨발로 다니는 것이 발 근육을 운동시키고 혈액 순환을 촉진하는 데 도움이 된다.

태동

첫 태동

태아는 임신 7~8주경이 되면 처음으로 움직이기 시작한다. 이 단계에서 태아는 2cm 정도밖에 되지 않지만, 척추를 따라 이미 근육이 형성되어 있다. 태아가 워낙 작기 때문에, 엄마는 아무것도 느낄 수 없지만, 초음파 검사를 해 보면 이런 움직임을 파악할 수 있다. 전문가들은 이것을 '씰룩거림'이나 '잔물결' 같다고 표현한다. 임신 12주가 되면 태아는 구르고 뒤집고, 심지어 얼굴을 찡그리기까지 하며, 그 후 몇 주 내로 다양한 동작을 할 수 있게 된다. 임신 초기에 태아는 빨기, 하품하기, 딸꾹질하기 등 20가지가 넘는 동작을 하는 것으로 밝혀졌다.

태동은 짧게는 1~2분, 길게는 7분가량 지속된다

태아의 움직임, 즉 태동은 갑자기 시작되어 길 때는 7분 동안 계속되기도 하지만, 대개는 임신 9주부터 1~2분 동안 계속된다. 태아에게는 특별히 좋아하는 휴식처가 있는데 이곳은 양막에서 가장 낮은 부분이다. 태아는 한 차례 활동을 하고 난 다음에는 이곳으로 돌아온다.

왼손잡이가 될까, 오른손잡이가 될까?

임신 10주경에 나타나는 태아의 움직임 가운데 일부는 한쪽 팔만을 사용한다. 이 무렵에 태아의 90% 정도가 오른팔을 주로 사용하고, 나머지 10%만이 왼팔을 사용하는 것으로 나타났다. 이는 성인의 한쪽 팔 사용률과 비슷하다. 이런 성향은 임신 내내 남아 있게 되며, 통계에 의하면 평생 지속되기도 한다.

태동의 느낌

태동의 느낌은 태아가 얼마나 빨리 성장하느냐에 따라 다르다. 임신부가 태동을 확연하게 느끼려면 태아가 자궁 속에서 밀거나 콕콕 찌를 수 있을 정도로 커야 한다. 태동을 느낀다고 해도 자궁에는 감각 수용기가 없기 때문에 자궁내막으로 그것을 느끼는 것이 아니다.

태아가 발길질을 하면, 자궁이 근육이나 복벽, 방광 같은 장기를 건드리게 되는데, 이것이 태동의 느낌으로 전달된다. 태반의 위치도 태동의 느낌에 영향을 준다. 태반이 자궁 뒤쪽이 아니라 앞쪽에 있으면 태동을 별로 느끼지 못할 것이다.

임신 후기의 태동

태아가 더 커지면 자주 움직이지는 않지만, 한 번 움직일 때마다 움직임을 더 확실하게 느낄 수 있다. 임신 후기에는 태아가 갈비뼈와 방광을 꽤 세게 발차기하는 것을 느끼게 된다. 태동이 감소하는 것은 태아가 커졌기 때문이기도 하고, 신경계의 신경 연결 부위를 강화하고 발달시키는 데 좀더 정교한 움직임이 필요하기 때문이기도 하다.

엄마가 음식을 먹거나 자세를 바꿀 때 태동의 강도가 달라진다

태아는 엄마가 먹는 음식(단것을 먹으면 태아가 힘이 솟구쳐 갑자기 움직인다.)이나, 엄마의 감정에 대응해 더 활발하게 움직이는 수가 있다. 엄마가 자세를 바꿀 때 더 편안한 자리를 찾기 위해 활발하게 움직이는 경우도 있다.

임신부는 대개 분주한 하루 일과에서 해방되어 가만히 누워 긴장을 풀고 있는 밤에 태동을 더 많이 느낀다. 연구에 의하면, 태아의 활동 스케줄이 자정 무렵에 절정에 달하는 경향이 있는데, 이것은 태어난 후 깨어나고 잠드는 시간의 신호가 될 수 있다.

태아는 태동을 통해 자신의 몸을 이해하고 감각을 익힌다

태아는 움직이면서 자신에 대한 감각을 익히고, 자신을 분리된 실체로 이해하게 된다. 자신의 움직임과 엄마의 움직임, 제한된 자궁 환경을 통해 태아는 자신의 몸에 어떤 부위들이 있으며, 그것이 어떻게 연결되어 있고, 자신의 몸이 어디서 시작해 어디에서 끝나는지에 관해 감각을 익힌다.

태아는 수중 세계에서 중력을 경험하기도 한다. 엄마가 움직일 때마다 태아는 롤러코스터를 타는 듯한 움직임을 경험한다. 태아는 엄마의 행동을 통해 앉고, 눕고, 걷고, 달리고, 구부리는 등의 모든 행위를 경험하게 된다.

임신 13주

유방이 커지고 유륜의 색이 짙어진다

느슨한 옷을 입기 시작해야 할 때이다. 허리선이 사라지면서 옷이 꽉 조이게 되며, 유방의 크기가 달라지는 것을 느낄 수 있다. 임신하기 전에 유방의 무게는 보통 200g이지만 임신을 하면 유방의 크기와 무게가 늘어나서 임신 말기가 되면 유방 한쪽의 무게가 400~800g이 된다. 수유 중에는 유방 한쪽의 무게가 800g이 넘는다.

젖꼭지는 유륜이라고 하는 둥그스름한 착색 부위로 둘러싸여 있다. 임신 전에는 보통 분홍색이던 유륜이 임신을 하면 갈색이나 적갈색으로 변하면서 커진다. 진한 색의 유륜은 수유 시 아기에게 시각적인 신호 역할을 한다.

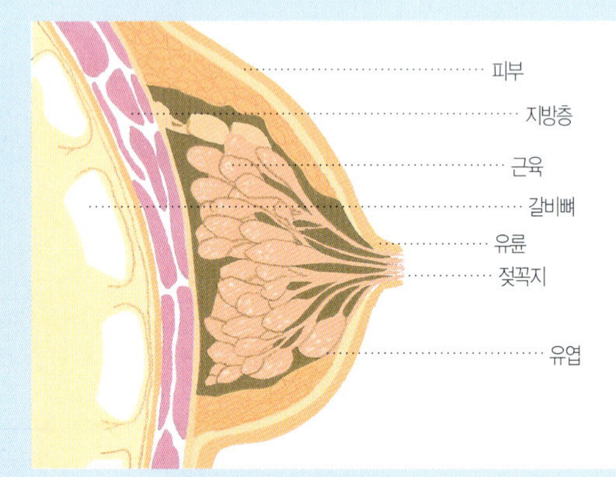

유방에 정맥류가 나타난다

임신 중에는 유방에 많은 변화가 일어난다. 임신 초기에는 흔히 유방이 쓰리고 욱신거리는데, 임신 8주가 지나면 유방 안의 유선이 발달해 유방이 커지면서 덩어리지게 되기 때문이다. 또한 피부 바로 아래쪽에 정맥류가 나타나는 것을 볼 수 있으며, 임신 중기에는 유즙이라고 하는 누런 색의 묽은 액체가 나오는 경우도 있다. 유방이 커지면서 복부에 나타나는 것과 비슷한 임신선이 나타나기도 한다.

유방에 혹이 만져지지 않는지 주기적으로 검진한다

임신 중이건 아니건 유방에서 혹을 발견하는 것은 중요한 일이다. 일찍부터 유방 자가진단법을 배워 규칙적으로(보통 매번 월경 주기가 끝난 뒤에) 자가진단을 한다. 유방의 혹은 90%가 자가진단을 통해 발견되는데, 임신 중에는 유방에 변화가 일어나기 때문에 혹의 존재를 알아차리기 어려워지고 유방이 커져서 유방 조직 안의 혹을 가리게 된다. 그렇다 하더라도 임신 전과 마찬가지로 4~5주 간격으로 꾸준히 자가진단을 해야 한다. 임신이 유방 혹의 성장을 촉진한다는 증거는 없다. 자가진단만으로 유방의 이상이나 혹을 알아차리기가 어렵다면 병원에서 하는 유방 X선 촬영이나 초음파 검사를 이용하면 된다. 단, 유방 X선 촬영을 할 때는 납 가리개로 복부를 가려 태아를 보호해야 한다.

유방에서 혹이 발견되면 짜내거나 흡입해낼 수 있다. 주사기로 혹을 짜낼 수 없다면 혹의 생체 조직 검사를 해 볼 필요가 있다. 검사 결과 유방암으로 판명되면 임신 중이더라도 치료를 시작해야 한다. 치료를 받게 되면 항암제, 방사선, 마취제나 진통제 같은 약품이 태아에게 유해한 영향을 미칠 수도 있다. 따라서 유방암이 발견되면 임신의 지속 여부와 함께 방사선 치료와 항암 치료의 필요성을 의사와 상의해 봐야 한다.

태아의 성장

머리 성장이 둔화되어 몸의 균형이 맞아간다

지금부터 임신 24주까지 태아는 눈부신 속도로 성장할 것이다. 이미 지난 8~10주 동안 태아의 키와 체중이 크게 늘었다. 한 가지 재미있는 변화는 이 시기 이후로는 신체의 다른 부위에 비해 태아의 머리 성장 속도가 둔화된다는 사실이다. 임신 13주에 머리는 몸 전체 길이의 절반을 차지하지만 임신 21주가 되면 몸 전체 길이의 1/3이 되고, 출산할 때쯤이 되면 몸 전체 길이의 1/4정도가 된다. 태아의 머리 성장은 둔화하는 반면 신체 성장은 가속화하기 때문이다.

태아의 각 신체 기관이 제자리를 찾아간다

태아의 얼굴이 더욱 사람의 모습에 가까워진다. 머리 양쪽에 형성되었던 눈이 얼굴 중앙으로 모이게 되고, 귀는 얼굴 측면의 정상적인 위치에 자리 잡는다. 외부 생식기가 발달해 자궁 외부에서 검사해도 남아와 여아를 확실하게 구분할 수 있다. 탯줄에 있는 큰 융기부에서 생기기 시작하던 내장이 임신 13주가 되면 태아의 복강으로 들어가게 된다. 이렇게 되지 않고 출생 시 내장이 복부 바깥에 남아 있으면 제대 탈장이라고 하는데, 이런 일이 발생하는 경우는 드물다.

제대 탈장은 수술로 치료할 수 있으며, 수술을 받아도 태아에게 아무런 해가 없다.

**건강관리 &
이번 주에
꼭 챙길 일**

똑같은 자세로 오래 서 있지 않는다

요즘에는 임신을 하고도 직장생활을 계속하는 여성들이 많다. 직장인 임신부는 출산할 때까지 일을 계속해도 괜찮은지 궁금해하지만 특정 직업의 위험도라든지 태아에게 어떤 물질이 해로운지에 대해 입증된 확실한 정보는 없다. 그러므로 임신 중에 직장생활을 할 때는 될 수 있으면 위험 요인에 노출되지 않는 것이 좋다.

일반적인 일을 하는 보통 여성들은 출산 때까지 직장생활을 계속해도 상관없다. 그러나 어느 정도는 일의 내용을 바꿀 필요가

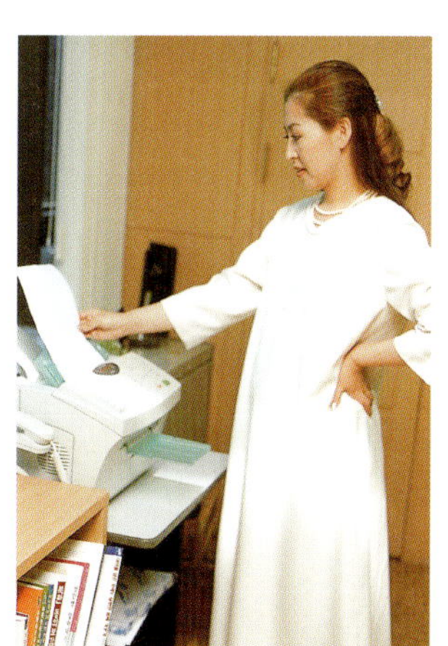

있다. 예를 들면 서서 일하는 시간을 줄여야 한다. 똑같은 자세로 오랫동안 서 있는 여성은 조산아나 저체중아를 출산할 확률이 높다는 연구보고서가 있다. 그러므로 임신 기간 동안은 근무 시간을 줄이고 가벼운 일을 하는 것이 좋다. 융통성을 발휘하자. 몸을 너무 피곤하게 만들어 합병증을 일으키면 좋을 게 없다.

조기진통이나 출혈 같은 문제가 발생하면 의사에게 연락해서 지시에 따라야 한다. 의사가 가정에서 절대 안정이 필요하다고 하면 그 지시에 따르도록 한다.

라임 관절염에 주의한다

라임 관절염은 진드기가 옮기는 바이러스성 관절염으로 단계별로 증상이 나타난다. 진드기에 물려 바이러스에 감염되면 80%가 피부에 발열과 적반을 일으키며, 독감과 비슷한 증세가 나타나기도 한다. 감염되고 4~6주가 지나면 증세가 더욱 악화된다.

발병 초기에는 혈액 검사를 해도 병을 진단할 수 없는 라임 관절염은 태반을 통해 태아에게 전달될 수 있는데, 현재로서는 이것이 태아에게 위험한지 아닌지 정확하게 알 수 없다. 치료를 하려면 항생제를 장기적으로 복용해야 하고, 때로는 정맥 항생제 주사를 맞아야 한다. 다행히 라임 관절염 치료를 위한 약은 대부분 임신 중에 사용해도 안전하다.

라임 관절염을 예방하려면 진드기가 많은 곳, 특히 숲이 우거진 곳에는 가지 말아야 한다. 만일 불가피한 상황이라면 긴소매 셔츠, 긴 바지, 모자나 스카프, 양말, 부츠나 앞이 막힌 신발을 착용해야 한다.

가끔 진드기가 머리카락에 붙어 있는 경우가 있으므로 집에 돌아온 다음에는 반드시 머리를 감고 샤워를 해서 청결을 유지해야 한다. 접힌 부분이나 소매, 호주머니에도 진드기가 들어 있을 수 있으므로 옷도 철저히 점검하고 털어서 보관한다.

수두에 걸리지 않도록 조심한다

수두는 간지러운 딱지가 온몸을 뒤덮는 병으로 주로 어린이에게 생기는 병이다. 일생에 단 한 번 걸리는 병이기도 하다. 어린 시절에 수두를 앓았다면 면역이 되었을 것이므로 임신 중에 수두에 걸리지 않을까 걱정하지 않아도 된다. 그러나 아직 수두를 앓지 않은 임신부는 임신 중에 수두에 걸리지 않도록 조심해야 한다. 임신 5~16주에 수두에 걸리면 기형아를 낳을 위험이 있기 때문이다.

수두에 면역이 없는 임신부는 적어도 임신 4개월까지는 수두를 앓지 않은 어린이를 피하는 것이 좋다. 이 바이러스성 병은 발진이 생기기 하루 전에 감염되므로 조카나 어린 사촌들이 있는 가족모임에 갔다가 당시에는 몰랐는데 그 다음 날 조카나 사촌이 수두에 걸렸다는 전화를 받게 될 수 있다.

♡ 아내를 즐겁게
해줄 수 있는
일이 없을까
생각하세요

아내가 임신해 있는 동안 산책이나 배드민턴, 수영 등 아내와 함께 규칙적으로 할 수 있는 운동을 해 보자. 임신 기간 동안 아내는 감정의 변화가 심해 쉽게 우울증에 빠지거나 스트레스를 받는 일이 많아지므로 남편이 특별히 신경을 써야 한다. 항상 아내를 즐겁게 해 줄 수 있는 일이 무엇일까 생각하는 남편이 되자.

이것은 바로 임신부가 수두 바이러스에 노출되었으며 수두에 감염되었을지 모른다는 것을 의미한다. 다행히 수두에 걸리지만 않는다면, 바이러스에 노출된 것만으로는 뱃속아기에게 위험하지 않다. 아직 수두에 면역이 없는 상태에서 수두에 노출되었다면 즉시 병원으로 가서 혈액 검사를 받아 몸속에 면역체가 있는지 알아본다.

면역체가 없으면 수두 면역 글로불린 주사를 맞아야 한다. 이 주사를 맞는다고 해서 수두가 발병하지 않거나 태아에게 전달되지 않는 것은 아니지만 바이러스 노출 후 96시간 이내에 이 주사를 맞으면 증세가 심해지는 것을 막고 합병증 위험을 줄일 수 있다.

카페인 섭취량에 주의한다

카페인은 중앙신경을 자극하는 물질로 커피, 차, 콜라, 초콜릿을 비롯해 각종 음료수와 식품에 들어 있다. 다이어트 보조제와 두통약 같은 의약품에도 카페인이 들어 있다. 카페인은 임신부와 태아에게 전혀 도움이 되지 않는 물질로 임신 중에는 피하는 것이 좋다. 전문가들에 따르면 임신 중에는 카페인에 더욱 민감해진다고 한다.

하루에 커피를 4잔(카페인 800g 이상) 이상 마시면 저체중아나 소두증 아기를 낳을 수 있다. 카페인이 유산, 사산, 조산과 관련이 있다고 주장하는 사람들도 있다.

카페인은 태반을 통해 태아에게 전달된다

카페인은 임신부나 태아의 칼슘 대사 작용에 영향을 주므로 카페인 섭취량이 늘어나면 태아가 호흡장애를 일으킬 수 있고, 임신부가 신경과민 상태가 되면 태아도 당연히 영향을 받게 된다. 카페인은 모유에도 전달되어 모유를 먹는 아기에게 불면증과 흥분을 가지고 올 수 있다. 유아는 성인보다 카페인 신진대사가 느리며, 체내에 카페인이 축적될 수 있으므로 주의해야 한다.

두통과 복통을 일으킬 수 있다

임신 중에 카페인이 함유된 식품을 많이 먹으면 흥분, 두통, 복통, 불면, 신경과민이 생길 수 있다. 카페인과 함께 담배를 피우면 자극 효과는 더 심각해진다. 그러므로 카페인 섭취량을 줄이고, 매약을 사용할 때는 반드시 성분표시를 읽어 카페인 성분을 확인해야 한다. 전문가들은 하루에 레귤러 커피 3잔이나 그에 상당하는 카페인(300mg)을 먹는 것은 괜찮다고 보지만, 그래도 가능하면 먹지 않는 것이 좋다고 말한다.

임신 14주

치질이 생길 수 있다

치질은 임신 중이나 출산 뒤에 흔히 발생하는 문제로 임신 중에 자궁의 무게 때문에 자궁과 골반 주변으로 혈액이 모여 순환에 장애가 생겨서 발생한다. 치질은 임신 말기가 되면 악화되고, 임신이 반복될 때마다 더욱 악화될 수 있다. 치질을 치료하려면 먼저 섬유질이 풍부한 음식을 먹고 수분을 많이 섭취해서 변비가 생기지 않게 해야 한다. 좌욕이나 좌약도 도움이 된다. 좌약은 의사의 처방 없이도 사용할 수 있지만 임신 중에 수술로 치질을 치료하는 경우도 있다.

출산한 뒤에는 증세가 좋아지지만 치질이 완전히 사라지지 않을 수 있다. 치질로 많이 불편할 때는 의사에게 이야기하면 적절한 치료법을 알려 줄 것이다. 치질로 고통이 심할 때는 다음과 같은 조치가 도움이 된다.

- 섬유질과 수분이 풍부한 음식을 먹는다.
- 치질 부위에 압박감을 주지 않도록 옆으로 누워 자고 장시간 앉아 있거나 서 있는 것을 피한다.
- 적어도 하루에 1시간 이상 다리와 엉덩이를 높이 올려놓고 쉰다.
- 밤에 잘 때 다리를 올려놓고 무릎을 약간 구부리고 눕는다.
- 매일 적당히 운동을 한다.
- 하루에 두세 번 온욕을 해서 통증을 유발하는 근육경련을 달랜다.
- 의사와 상의해 처방을 받는다.
- 하마멜리스라는 식물 추출물이나 특수패드, 혹은 아이스팩으로 치질 부위를 가라앉힌다.

잇몸염증이 나타난다

이 시기가 되면 잇몸에서 피가 난다고 병원을 찾는 임신부들이 생긴다. 대개는 치아에 문제가 생긴 것으로 생각하는데, 사실은 임신으로 인한 잇몸변화 때문에 나타나는 증상이다. 이런 증상을 '임신성 치은염' 이라고 하는데, 임신성 치은염에 걸리면 잇몸이 붓는 것은 물론 잇몸이 연해져서 쉽게 피가 난다. 이럴 때는 치과에 가서 올바른 칫솔질과 치실 사용법에 대해 배워오도록 한다. 가글이 도움이 될 때도 있다.

잇몸은 임신호르몬의 영향으로 민감해지고 출혈이 잘 일어나는데, 이런 현상은 일시적인 것으로 출산 뒤에는 자연스럽게 사라지므로 걱정할 필요가 없다. 임신 중에 치아와 잇몸을 건강하

게 유지하려면 적어도 하루에 두 번 이상 양치질을 하고, 잇몸병
의 원인이 되는 당분을 멀리한다. 그리고 비타민 C를 충분히 섭취
해 잇몸을 튼튼하게 한다. 임신 초기에는 치과에 가서 스케일링을
받고 치실로 치태를 제거하는 방법도 알아두는 것이 좋다.

태아가 손발을 이리저리 움직인다

이번 주에는 태아의 귀가 목 부분에서 머리 옆 쪽으로 옮겨온다. 눈은 머리 양쪽에서 점점 얼
굴 앞쪽으로 옮겨오고 있다. 목이 점점 길어지고, 턱이 흉곽에서 떨어진다. 태아의 움직임도 훨씬
부드러워지며 손가락, 손, 손목, 발, 무릎, 발가락을 구부리고 비틀 수 있다. 더불어 신경계가 기능
을 발휘하기 시작한다. 눈꺼풀과 손톱, 발톱이 계속 발달하고 머리에 듬성듬성 머리카락이 난다.

숨을 들이마시고 내쉬는 호흡연습을 시작한다

임신이 중기에 접어들면서 내장기관이 성숙함에 따라 태아의 성장이 더욱 빨라진다. 이제는
태반이 호르몬을 생산하고 태아에게 필요한 영양과 산소를 공급한다. 이제 태아는 자궁 밖으로
나갔을 때를 대비해 숨을 들이마시고 내쉬는 호흡연습을 시작한다. 엄마 뱃속에 있는 동안에는
탯줄과 태반을 통해 엄마로부터 바로 산소를 공급받기 때문에 호흡을 할 필요가 없다.

임신 8~15주 사이에는 방사선 촬영을 피한다

임신 중에 방사선을 사용하는 검사를 걱정하는 임신부들이 있다. 그런 검사가 태아에게 해로
울까? 임신 중에 아무 때나 그런 검사를 받아도 상관없을까? 결론적으로 말하면 진단 목적으로
시행한 X선 촬영에 한 번 노출된 임신부의 태아는 해롭지 않다.

전문가들은 임신 8~15주 사이에 방사선에 노출되는 것이 가장 위험하다고 본다. 임신 중에
폐렴이나 맹장염 같은 문제가 생길 수 있는데, 정확한 진단과 치료를 위해선 X선 촬영이 필요할
지 모른다. 이런 검사가 필요할 때는 그 전에 의사에게 임신했다는 사실을 알리고, X선 촬영을 받
고 나서 임신 사실을 알았을 때도 의사에게 알려야 한다. 그러면 적절한 조언을 해 줄 것이다.

CT촬영과 MRI촬영도 가능하면 피한다

CT촬영은 일종의 전문화된 X선 촬영이라고 할 수 있다. 이것은 X선과 컴퓨터 분석 기술이 결
합된 것으로 전문가들은 CT촬영이 X선 촬영보다 방사선에 더 노출된다고 본다. 그러나 아무리
적은 양의 방사선이라도 태아에게 미치는 영향에 관해 정확한 정보가 나올 때까지는 이런 검사를
받을 때 각별히 조심해야 한다.

MRI는 오늘날 널리 사용되는 또 다른 검사 방법으로, 현재로서는 MRI가 태아에게 해롭다는 증거는 없다. 그러나 임신 초기에는 MRI검사를 피하는 것이 현명하다.

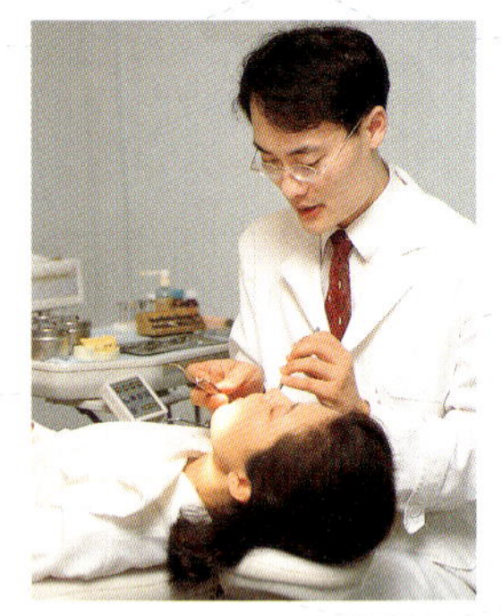

치과 치료는 임신 12주 이후에 받는다

임신 중에 치과 치료를 피하거나 무시해서는 안 된다. 치과 치료가 필요할 경우, 될 수 있으면 임신 12주 뒤로 미루는 것이 좋다. 그러나 감염이 되었을 때는 즉시 치료를 해야 한다. 그냥 방치해 두면 본인이나 태아에게 해로울 수 있다.

치과 치료 시 항생제나 진통제가 필요할 수 있는데, 이럴 때는 약을 먹기 전에 의사에게 임신 사실을 반드시 알려야 한다. 또한 임신 중에 치과 치료를 받기 위해 마취를 받는 것도 조심해야 한다. 특히 전신마취는 피해야 한다. 전신마취가 불가피한 경우 임신 사실을 아는 경험 많은 의사로부터 마취를 받아야 한다.

치아 X선 촬영을 해야 할 경우도 있을 텐데 이럴 때는 X선 촬영을 받기 전에 납 가리개로 배를 가려야 한다. 그리고 치과 치료는 가능하면 임신 초기가 지난 다음에 받는 것이 좋다.

정기검진 시 가족을 동반하는 것이 좋다

정기검진을 받으러 갈 때 남편과 함께 가면 출산 전에 남편과 의사가 서로 얼굴을 익힐 수 있어 좋다. 어쩌면 친정어머니나 시어머니가 손자의 심박동 소리를 듣고 싶어 정기검진을 받으러 갈 때 동행을 하고 싶어 할지 모른다. 많은 예비할머니들이 이런 이유로 병원 방문을 원한다.

어떤 임신부는 정기검진을 받으러 갈 때 큰아이를 데리고 간다. 대부분의 병원은 임신부가 가끔 아이를 데리고 오는 것을 상관하지 않는다. 그러나 임신에 문제가 있어 의사와 긴밀하게 상의해야 할 일이 있을 때는 아이를 데리고 가지 않도록 한다.

비만관리에 신경 쓴다

임신 당시에 비만이었던 여성은 임신 중에 체중이 너무 많이 증가하지 않도록 주의해야 한다. 특히 비만인 여성은 정상인 여성보다 체중이 적게 늘어야 한다. 따라서 저칼로리, 저지방 식품을 먹을 필요가 있다. 그러나 임신 중에 다이어트를 하는 것은 좋지 않다. 지나친 비만은 당뇨와 고혈압을 비롯해 많은 문제를 일으킬 수 있고 보통 임신부보다 요통, 정맥류, 피로감이 더 심할 수 있다. 임신 중에 체중이 너무 많이 증가하면 제왕절개 수술을 받아야 할지 모른다.

비만 여성은 임신 중에 정기검진을 더 자주 받아야 한다. 태아의 위치와 크기를 파악하기가 어렵기 때문에 분만예정일을 확정하기 위해 초음파 검사가 필요할지 모른다. 의사가 임신성 당뇨 검사를 받아 보라고 할 수도 있다. 분만예정일이 가까워지면 다른 검사도 필요할지 모른다.

임신 초기에는 영양이 고루 함유된 식품을 섭취하고 규칙적인 운동을 한다

임신·출산 관련 책이나 전문가들의 이야기를 바탕으로 균형 잡힌 식단을 짠다. 너무 짜거나 단 음식, 칼로리가 높은 음식, 조미료를 많이 사용한 음식은 피하도록 한다.

아무래도 밖에서 사먹는 음식은 조미료가 많이 들어간데다 음식의 간도 강해 임신부들이 먹기에는 적절하지 않다. 그러므로 음식은 직접 만들어 먹는 것이 가장 좋다. 간식도 시판 스낵보다는 고구마나 감자, 집에서 만든 쿠키, 오븐에서 직접 구워낸 빵 등이 도움이 된다.

임신 초기에는 안정이 필요한 시기이긴 하지만 먹고 자는 것만 반복하다 보면 운동량이 부족해 과다하게 살이 찔 위험이 있다. 병원에서 특별히 안정을 하라는 지시를 받은 것이 아니라면 가벼운 운동을 규칙적으로 하는 것이 체중관리에 도움이 된다.

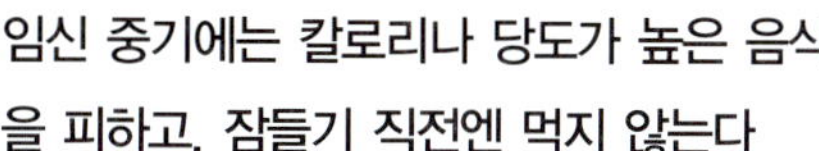

임신 중기에는 칼로리나 당도가 높은 음식을 피하고, 잠들기 직전엔 먹지 않는다

배가 고프면 잠이 오지 않는다는 임신부들이 있다. 하지만 이런 버릇은 고치는 것이 좋다. 잠들기 직전에 먹는 간식은 몸속에서 지방으로 축적될 가능성이 높기 때문이다. 음식물은 최소한 잠들기 1시간 전에 먹도록 한다.

대개 입덧이 끝나면 지나치게 많이 먹는 습관이 생길 수 있다. 그동안 너무 먹지 못해 태아에게 영양을 충분히 공급하지 않았을까 하는 걱정 때문일 수도 있고, 몸이 한결 가벼워지고 식욕이 당겨서일 수도 있다. 하지만 에너지가 남으면 곧 체지방으로 축적된다는 사실을 잊지 않도록 하고 칼로리가 높은 음식, 당도나 지방 함량이 높은 음식 등은 가급적 피하도록 하자.

임신 중기에 접어들면 유산 위험도 줄어든다. 따라서 체조, 산책, 수영 등으로 몸을 활발하게 움직여 주자. 규칙적인 운동은 에너지 소비량도 늘려 주고 원활한 혈액 순환에도 도움이 된다.

임신 후기에는 규칙적인 식사습관을 기르고 칼로리 조절에 신경 쓴다

음식을 빨리 먹는 사람은 포식을 하는 경우가 많다. 음식은 적게 먹더라도 천천히 먹으면 만복감이 생겨 과식을 막을 수 있다. 특히 임신부는 천천히, 맛을 음미하면서 먹는 습관을 들이도록 한다.

임신 후기가 되면 배가 많이 불러와 자궁이 압박을 받게 되면서 조금만 먹어도 배가 부른가 하면, 먹고 돌아서면 또 배가 고픈 경우도 있고, 끼니를 걸러도 배가 전혀 고프지 않은 경우도 있다. 때문에 식사습관이 불규칙해지는데, 이런 식사 습관은 고쳐야 한다. 한끼 식사량의 영양이나 칼로리를 생각해 칼로리 섭취를 조절하자.

♡ 적어도 하루에 한 번은 아내와 태아의 상태를 체크하세요

어쩔 수 없는 회식자리에 가게 될 경우 몇 시간에 한 번씩은 아내에게 전화를 걸어 안부를 확인하도록 한다. 갑작스럽게 아내나 태아에게 문제가 생길 수 있고, 아내가 혼자 있다 보면 불안할 수도 있으므로 전화로나마 안심하게 해주는 것이 아내를 편안하게 해주는 길이다. 그리고 가능하면 출산 전까지는 퇴근 후 개인적인 회식자리는 피하고 아내와 함께하는 시간을 갖도록 하자.

임신 15주

복부나 사타구니에 통증이 느껴질 수 있다

임신 15주 무렵이 되면 자궁이 커지기 시작한다. 자궁이 커지면 자궁을 받치는 인대가 늘어나 복부와 사타구니에 갑자기 예리한 통증을 느끼게 된다. 인대는 자궁 상부에서 사타구니 아래쪽으로 붙어 있는데, 복부 통증은 흔히 갑자기 움직이거나 잠자는 동안에 발생한다.

갑자기 복부에 예리한 통증이 느껴지더라도 너무 걱정할 필요는 없다. 그것은 자궁이 임신부의 신체변화에 적응하느라 생기는 일시적인 현상이기 때문이다. 게다가 이 통증은 태아에게 아무런 영향을 미치지 않는다. 복부 통증이 일어나지 않게 하려면 갑작스러운 움직임을 피하고, 앉았다가 일어설 때 동작을 천천히 하도록 한다. 그리고 배를 따뜻하게 해 주는 것이 좋다.

유즙이 분비될 수 있다

유두에서 희끄무레한 유즙이 나올지도 모른다. 이때 임신부들은 당황하게 되는데, 걱정하지 않아도 된다. 지극히 정상적인 변화이기 때문이다. 유즙은 출산 후 2~3일 뒤부터 나오기 시작하는데 모유보다 단백질이 많고 지방과 유당이 적다. 이것은 태아를 질병으로부터 보호해 주는 항체를 가지고 있기도 하다.

유즙이 나오면 외출 시 겉옷에 얼룩이 생길 위험이 있다. 그러므로 브래지어 안에 팬티 라이너나 거즈를 대도록 한다. 만약 유두에 딱지가 앉았다면 샤워를 할 때 미지근한 물로 가볍게 씻어 내도록 한다. 타월 등으로 세게 문지르지 말고 비누질도 가급적 하지 않는 것이 좋다.

얇은 피부를 통해 혈관과 뼈, 망막을 볼 수 있다

태아는 급속도로 성장을 계속한다. 태아의 피부는 매우 얇아서 피부를 통해 혈관과 갈비뼈, 망막(머리에 검은 점이 찍힌 것처럼 보임)을 똑똑히 볼 수 있다.

또한 태아의 체온 조절을 도와주는 솜털이 몸 전체를 덮기 시작한다. 취모라고 하는 이 솜털은 피부결에 따라 생겨 온몸에 지문 같은 무늬를 만든다. 이제 눈썹이 생기기 시작하고 머리카락이 계속 자란다. 머리카락은 출생 후에 색깔과 조직이 달라질 수 있다. 그리고 이미 형성되어 있는 뼈가 단단해지면서 칼슘 보유량이 급속도로 늘어난다.

청각기능이 발달하기 시작한다

이 무렵에 초음파 검사를 하면 태아가 엄지손가락을 빨고 있는 모습을 보게 될지 모른다. 눈은 아직 간격이 많이 벌어져 있지만 계속 얼굴 앞쪽으로 옮겨오고 있다.

귀는 바깥쪽으로 계속 발달해 더욱 정상적인 귀처럼 보인다. 모습만이 아니라 들을 수 있는 장치도 발달한다. 중이(중간 귀)에 있는 작은 뼈가 딱딱해지기 시작하지만, 뇌에 청각 센터가 아직 발달하지 않았기 때문에 자신이 듣는 소리를 의식할 수는 없다. 하지만 태아가 헤엄쳐 다니는 양수가 소리 전도체 역할을 하기 때문에 시간이 지나면 엄마의 목소리와 심박동 소리를 듣기 시작할 것이다.

자궁경부 세포진 검사 결과가 나온다

임신을 하고 처음 검진을 받으러 갔을 때 어쩌면 자궁경부 세포진 검사를 받았을지 모르겠다. 그때 검사를 받았다면 지금쯤 결과가 나왔을 것이다. 검사 결과 자궁경부암이 발견되면 상태에 따라 대처를 달리 해야 한다.

비정상적인 세포가 '그리 나쁘지 않은 상태' 라면 생체조직 검사를 받을 필요 없이 질 확대경 검사나 세포진 검사로 면밀히 관찰해 볼 수 있다. 임신 중에는 혈액 순환에 변화가 생겨 자궁경부에 출혈이 생기기 쉬우므로, 될 수 있으면 생체조직 검사는 피한다.

자궁경부 생체조직 검사는 질 확대경을 사용해서 마취제 없이 실시된다. 질 확대경 검사는 쌍안경이나 현미경과 비슷하게 생긴 도구로 자궁경부를 들여다보는 것을 말한다. 이 검사를 하면 비정상적인 부위를 찾아내 그 부분의 생체조직을 떼어낼 수 있다. 생체조직 검사를 하면 문제의 성격과 범위를 좀더 정확하게 파악할 수 있다.

치료법으로는 수술로 비정상적인 부위를 제거하는 방법, 비정상적인 부위가 작을 경우에는 전기 소작술이나 레이저로 암세포를 제거하는 방법 등이 있다.

옆으로 누워서 자면 숙면을 취할 수 있다

임신 중에 수면 자세와 수면 습관에 대해 걱정하는 임신부들이 있다. 어떤 임신부들은 엎드려 자도 괜찮은지 알고 싶어하고, 또 어떤 임신부들은 물침대에서 자도 괜찮은지 궁금해한다. 배가 점점 커질수록 편안한 수면 자세를 찾기가 그만큼 더 어렵다.

잠잘 때는 등을 대고 똑바로 자지 않도록 한다. 똑바로 누워서 자면 커진 자궁이 복부 뒤쪽을 지나가는 대동맥을 비롯해 중요한 혈관을 눌러 임신부와 태아에게 혈액 공급

이 제대로 되지 않는다. 그렇다고 엎드려서 자면 자궁에 더 많은 압박을 주게 된다.

그러므로 임신 중에는 옆으로 누워 자는 방법을 익혀야 한다. 어떤 임신부는 출산 뒤에 가장 반가운 일이 다시 엎드려 잘 수 있는 것이라고 말하기도 한다. 숙면을 취할 수 있는 방법 몇 가지를 소개한다.

- 매일 일정한 시각에 잠자리에 들었다가 일어난다.
- 밤에 물을 너무 많이 마시지 않는다.
- 오후 늦은 시각부터는 카페인을 피하는 것이 좋다.
- 규칙적으로 운동을 한다.
- 실내 공기를 시원하게 유지한다.
- 밤에 가슴앓이로 불편하면 베개를 받치고 잔다.

면역 기능이 저하되어 아픈 곳이 많아지기도 한다

임신 전보다 몸이 더 자주 아프다는 느낌을 받을 수 있는데, 그것은 무리가 아니다. 임신 중에는 몸이 태아를 거부하지 못하도록 엄마 몸의 면역 기능이 저하되기 때문이다. 그러므로 감기나 몸살 기운이 느껴지면 충분한 휴식을 취하고 수분 섭취도 충분히 한다. 몸살 기운이나 감기 기운이 있다고 해서 의사와 상의 없이 약국에서 함부로 약을 사먹는 일은 없도록 하자.

♡ 아내 곁을 오래 비우게 될 때는 친정에서 지낼 수 있게 배려하세요

멀리 출장을 가거나 본의 아니게 임신한 아내 곁을 오랫동안 떠나 있어야 할 때는 친구나 친지들에게 아내를 보살펴주고 아내가 도움이 필요할 때 도와달라고 미리 부탁해 두자. 가장 좋은 방법은 남편이 없는 동안에 아내가 친정에서 지낼 수 있게 하는 것이다.

해도 좋은 운동과 피해야 할 운동이 있다

해도 좋은 운동

수영은 임신 중에 도움이 되는 운동이다. 물의 부력이 몸을 편안하게 만들어 준다. 임신 전부터 수영을 계속해 왔던 사람은 임신을 하고 나서도 계속해도 좋다. 수영은 못 하지만 수중 운동을 해 왔던 사람도 임신 중에 하던 운동을 계속해도 괜찮다. 수영은 지나치게 하지 않는다면 임신 중에 언제든지 할 수 있는 운동이다.

임신 중에 부부가 함께 산책을 하면 운동도 하고 대화도 나눌 수 있어 좋다. 적당한 속도로 하루에 3km 정도 걷는 것이 바람직하다. 임신이 진행되면 걷는 속도와 거리를 줄여야 한다. 산책은 지나치지만 않다면 임신 중에 언제든지 할 수 있는 운동이다.

많은 여성들이 임신 중에도 조깅을 한다. 조깅은 해도 괜찮겠지만 먼저 의사와 상의한 뒤에 하는 것이 바람직하다. 고위험군에 속하는 임신부는 조깅을 피하는 것이 좋기 때문이다. 임신 중에 조깅을 할 때는 편안한 옷과 신발을 착용하고, 몸이 너무 더워지지 않도록 열기를 충분히 식혀야 한다. 임신 전부터 조깅을 해 왔더라도 임신 중에는 예전보다 조깅 속도를 늦추고 조깅 거리를 줄인다. 조깅 중이나 후에 복통, 자궁 수축, 출혈 등 의심스러운 증세가 나타나면 즉시 의사에게 알리도록 한다.

골프는 임신 중기와 후기까지 계속해도 안전하며, 볼링은 지나치지만 않다면 임신 중에 해도 괜찮다. 그러나 임신 후기에는 요통이 생길 수 있으므로 조심해야 한다.

피해야 할 운동

지금은 자전거 타기를 새로 배울 때는 아니다. 임신부가 자전거를 잘 타고 안전하게 탈 수 있는 장소가 있다면 남편이나 가족과 함께 즐길 수도 있겠지만 여전히 위험은 존재한다. 배가 커지면 몸의 균형을 잡기 어려워 자전거에 오르내리는 것이 쉽지 않은데, 자전거에서 떨어지기라도 하면 태아가 다칠 수 있으므로 주의해야 한다.

날씨가 나쁠 때나 임신 후기에는 실내 자전거를 이용해서 자전거 타기를 하는 것이 좋다. 전문가들은 임신 마지막 2~3개월 동안은 낙상의 위험을 피하기 위해 실내 자전거를 타라고 권한다. 승마는 임신 중에 어느 시기든 바람직하지 않다. 수상스키는 삼가는 것이 좋고, 스키는 의사와 의논한 뒤에 타는 것이 좋다. 스키를 타다가 넘어지면 임신부나 태아가 다칠 수 있다. 오토바이를 타는 것도 바람직하지 않다.

스트레스에 대한 면역력이 떨어진다

스트레스는 생활의 일부분이지만 임신 중에는 스트레스에 대한 면역이 약해져 작은 일에도 스트레스를 받게 된다. 고질적인 심한 스트레스는 태아에게도 해로울 수 있다. 극도의 스트레스는 호흡 패턴을 변화시키는데, 화가 나면 호흡이 짧아지고 얕아져서 산소를 덜 흡입하게 되고 이로 인해 태아에게 공급되는 산소량도 줄어들 수 있다. 따라서 정상적인 호흡패턴을 유지하도록 노력해야 한다.

이 밖에도 스트레스는 식욕과 수면, 면역체계에도 영향을 주어 때에 따라 잦은 감기나 두통, 요통, 원인 모를 근육통을 유발하기도 한다. 임신부가 다른 어떤 원인도 없이 근육통, 흉통 등을 호소하면 심한 스트레스를 받고 있다는 징조이므로, 주위 사람들의 관심과 보살핌이 필요하다. 스트레스를 받는다고 느낄 때 임신부는 가벼운 체조 등으로 몸과 마음의 안정을 찾도록 한다.

섭취량이 증가한다

이 무렵이면 변화하는 신체와 성장하는 태아의 요구를 충족시키기 위해 하루에 300kcal를 더 섭취해야 한다. 그렇다고 해서 식사량을 크게 늘릴 필요는 없다. 300kcal을 더 섭취하기 위해 선택할 수 있는 식품의 예를 들어보면 돼지고기 2점과 양배추 1/2컵, 당근 1개를 먹거나, 현미 1/2컵에 딸기 150g, 오렌지주스 1컵, 파인애플 1조각을 먹거나 연어 130g에 아스파라거스 1컵 , 상추 2컵을 먹거나 요구르트 1개에 중간크기 사과 1개를 선택해 먹으면 된다.

임신 16주

희미하게 태동이 느껴진다

이 시기가 되면 간혹 태동이 시작되는 경우도 있는데, 아직 느끼지 못한다고 해도 걱정할 필요는 없다. 태동은 보통 임신 16~20주에 처음 느끼게 되는데, 사람에 따라 태동을 느끼는 시기가 다르며, 같은 사람이라도 임신할 때마다 다르기 때문이다. 또한 활발하게 움직이는 태아가 있는가 하면 얌전한 태아가 있어 태동을 느끼는 시기는 그야말로 개인차가 크다. 태아의 크기와 수도 태동에 영향을 미칠 수 있다.

시기별로 태동에 변화가 있다

16~20주의 태동 … 이때부터 아랫배의 움직임이 희미하게 느껴진다. 이 시기 자궁저의 높이는 13~18cm로 공간이 넉넉해 태아가 자유롭게 움직일 수 있다.

21~25주의 태동 … 배꼽 바로 위에 태아가 위치한다. 때문에 훨씬 넓은 부위에서 태아를 느낄 수 있다. 태아는 양수 속을 떠다니며 목을 구부리거나 손발을 오므렸다 폈다 하는 등 행동이 다양해지고 회전도 가능해진다. 엄마의 말소리나 음악소리에 반응을 보이기 시작하는 시기이기도 하다. 자궁저의 높이는 20~24cm이다.

26~30주의 태동 … 근육이 발달하고 피하지방이 생긴 태아는 태동도 활발해진다. 양수 속을 마음껏 회전하며 다니던 태아는 이 시기가 되면 머리를 아래로 내려 자리를 잡는다. 때문에 태동은 움직임보다는 차는 듯한 동작으로 바뀐다. 강할 때는 '헉' 소리가 날 정도로 가슴 아래에 아픔이 느껴지기도 한다.

31~35주의 태동 … 손발의 움직임이 더욱 강해진다. 손과 발을 이리저리 뻗어 배 모양이 한쪽으로 몰리기도 하고 주먹 하나를 뱃속에 넣고 있는 듯 불룩 튀어나와 보이기도 한다. 자다가도 깜짝 놀라 일어날 정도로 태동이 활발하다.

36~40주의 태동 … 활발하던 뱃속 아기의 움직임이 잠잠해진다. 출산이 가까워오면 태아는 골반 쪽으로 내려가게 되는데, 이때부터 태동이 약해진다. 하지만 실제로 태동이 멈춘 것은 아니다. 다만 엄마가 느끼는 정도가 약해졌을 뿐이다. 태동은 사람마다 차이가 있어서 어떤 임신부는 분만대에 누워 있는 순간까지 태동을 느끼기도 한다.

초음파로 태아의 성별은 구분할 수 있다

가는 솜털이 태아의 머리를 뒤덮고 복부에 탯줄이 부착된다. 손톱도 잘 형성되어 있다. 다리가 팔보다 길며 초음파 검사를 하면 팔다리가 움직이는 것을 볼 수 있다. 이제 초음파를 하면 태아의 성별을 알 수 있다. 양수에 태아의 세포가 떨어져 있고 태아가 화학물질을 분비하기 때문에 양수 천자를 통해 얻은 샘플을 분석해 보면 태아의 건강에 관한 여러 가지 정보를 얻을 수 있다.

태아가 양수 속에서 활발하게 움직인다

태아의 팔다리가 완성되고 관절이 기능을 발휘하기 시작한다. 이미 형성된 뼈들이 차츰 딱딱해지고 칼슘을 함유하게 된다.

신경계가 작동하고 근육이 뇌가 보내는 자극에 반응하기 때문에 태아는 자신의 움직임을 조정할 수 있다. 자기만의 은밀한 공간에서 구르고, 공중제비를 넘고, 발차기를 하는 등 계속 활발하게 움직인다. 그러나 양수가 격렬한 움직임을 완충하는 역할을 하기 때문에 엄마는 나비가 퍼덕거리는 정도로만 느낀다. 초산부의 경우에는 몇 주 더 있어야 이런 움직임을 느낄 수 있다.

선천성 기형 여부를 체크하는 기형아 검사가 있다

양수 검사 ··· 유산이나 조산 위험이 있지만 선천성 기형을 알 수 있다

임신 16~18주가 되면 태아를 평가하기 위해 필요에 따라 양수 검사를 할 수 있다. 이때쯤이면 자궁이 충분히 커지고 태아를 둘러싸고 있는 양수도 많아져서 검사가 가능하다. 이 무렵에 양수 검사를 하면 임신부에게 임신 지속 여부를 결정할 수 있는 충분한 시간을 줄 수 있다.

양수 검사를 할 때는 태아나 태반이 방해되지 않는 양수 부위를 찾아내기 위해 초음파 검사를 병행한다. 자궁 위의 복부를 소독하고 피부를 마취시킨 다음 복벽을 통해 천자(바늘)를 자궁에 삽입해서 양막강에서 양수를 뽑아낸다. 약 30ml 정도의 양수만 있으면 여러 가지 검사를 할 수 있다.

이렇게 채취한 양수 속에 떠다니는 태아 세포를 배양해서 태아가 정상인지 아닌지 알아낸다. 선천성 기형의 종류는 400여 가지이며 이중에서 40%는 양수 검사로 알아낼 수 있다. 양수 검사로 알아낼 수 있는 선천성 기형에는 다운증후군 같은 '염색체 이상', 혈우병같이 특정 성에 해당하는 문제를 알아내기 위한 '태아 성별', 골형성 부전증과 같은 '골격 문제', 풍진 같은 '태아 감염증', 무뇌증과 같은 '신경계 질환', 시스틴 요증 같은 '선천성 대사 이상' 등이 있다.

양수 검사에는 태아나 태반, 탯줄의 상처, 감염, 유산, 조산의 위험이 따른다. 초음파 검사를 해서 천자를 유도하면 위험을 줄일 수 있지만 그렇다고 위험을 완전히 피할 수 있는 것은 아니다. 태아가 모체로 출혈을 할 수 있으며, 태아와 모체의 혈액이 분리되어 있고 혈액형이 다를 수 있기 때문에 이렇게 되면 문제가 생길 수 있다.

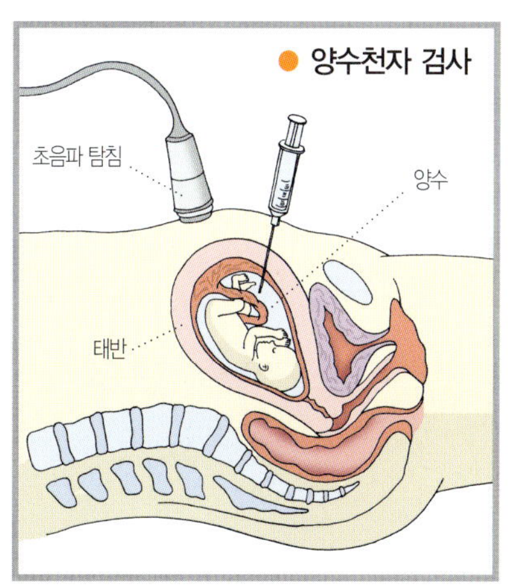

혈액형이 Rh음성인 임신부가 Rh양성인 태아를 임신하고 있을 때는 특히 위험하다. 이 경우 출혈은 자가면역성 문제를 일으킬 수 있다. 혈액형이 Rh음성인 임신부는 양수 검사를 받기 전에 자가면역성 문제를 예방하기 위해 Rh면역 글로불린 주사를 맞아야 한다. 양수 검사로 태아를 잃는 경우는 0.5% 정도지만, 이 검사는 경험이 많은 의사만이 시술할 수 있다.

쿼드 검사 ··· 다운증후군 여부를 알 수 있다

쿼드 검사를 받으면 알파 태아 단백질 수치와 더불어 인히빈, HCG 호르몬과 태반에서 나오는 일종의 에스트로겐인 에스트리올 호르몬(uE3)의 수치를 알아낼 수 있다. 혈액 속에 들어 있는 이 네 가지 화학물질의 수치는 다운증후군 여부를 알려 준다. 테스트 결과 이상이 발견되면 양수 검사를 받아보는 것이 좋다.

인히빈, HCG 호르몬과 에스트리올 호르몬의 수치는 정상인데 알파 태아 단백질의 수치가 높다는 것은 태아의 신경관 결손(예를 들어 이분척추)에 문제가 있다는 것을 의미한다. 이런 혈액 검사는 문제의 가능성을 알아내기 위한 것이라는 사실을 기억하자. 이것은 어디까지 스크리닝 테스트이다. 확실한 진단을 받으려면 진단 테스트를 받아야 한다.

알파 태아 단백질(AFP) 검사 ··· 이분척추와 무뇌증을 알아낸다

태아는 뱃속에서 알파 태아 단백질이라는 물질을 생산하는데, 이 가운데 일부는 태아막을 지나 임신부의 순환계로 들어온다. 혈액 검사를 해 보면 알파 태아 단백질의 양을 측정할 수 있다.

임신 중에 이 단백질의 양은 중요한 척도가 될 수 있다. 알파 태아 단백질(AFP) 검사는 보통 임신 16~18주에 이루어지는데, 알파 태아 단백질이 너무 많으면 태아에게 이분척추와 무뇌증과 같은 문제가 있을 수 있음을 의미한다. 반대로 알파 태아 단백질이 너무 적으면 다운증후군을 의심해볼 수 있다. 알파 태아 단백질 검사에서 이상이 발견되면 초음파 검사를 해서 이분척추, 무뇌증이 없는지 세심하게 살펴봐야 한다. 초음파 검사는 임신 기간이 얼마나 경과했는지 알아내는 데에도 도움이 된다.

체조로 하루의 피로를 풀고 체중조절도 한다

임신 4개월이 넘어서면 몸이 조금씩 불어나게 된다. 태아 성장에 가속이 붙는 시기여서, 그동안 입덧 때문에 식욕이 없던 임신부도 식욕이 생기고 이것저것 먹고 싶은 것이 많아지기 때문이다. 임신초기에 비해 두 배의 영양소가 필요해지는 것은 사실이지만 양보다 질이 중요하다는 것을 기억하자.

몸무게가 늘어나면 아무래도 피로해지기 쉽고 몸놀림도 둔해진다. 그렇다고 움직이지 않으면 몸놀림은 더욱 둔해지고 비만해지기 쉬워 출산할 때 더 힘이 든다. 그러므로 날마다 간단한 체조를 해 피로를 푸는 것이 좋다. 체조를 하면 체중조절에도 도움이 되고, 임신부의 몸과 마음이 튼튼해지는 효과도 있으며 태아에게도 좋은 영향을 준다.

♡ 예비아빠로서의
고민을 아내에게
솔직하게 터놓고
얘기하세요

아내가 건강하게 아기를 낳을 수 있을까 하는 걱정, 진통과 분만 시 자신이 아내를 어떻게 도와주어야 할 것인지에 대한 걱정, 좋은 아빠가 될 수 있을지에 대한 걱정 등으로 지금 고민 중인 남편들이 있을 것이다. 이럴 때 고민을 혼자서 안고 있지 말고 솔직하게 아내에게 이야기해 보자. 아내는 자기 혼자만 생활의 급격한 변화에 걱정하고 당황해하는 게 아니라는 것을 알고 오히려 안심할 것이다.

몸을 청결히 한다

임신을 하면 온몸의 피하지방이 늘어나고 피부 노폐물도 많아진다. 이를 그대로 두면 땀샘이 막혀 피부 트러블이 생기고 피부 호흡도 나빠진다. 또한 질 속 산도가 떨어져 분비물이 더 많아지고 질 감염을 일으키기 쉽다. 그러므로 미지근한 물로 자주 샤워해 몸을 항상 청결하게 한다.

영양관리 & 무엇을 어떻게 먹을까?

하루 세 끼 외에 서너 번의 간식이 필요하다

임신 중에는 간식을 자주 먹어야 한다. 특히 임신 중기에는 정규 식사 외에 하루에 서너 번 간식을 먹어야 한다. 간식은 영양가 있는 것을 먹어야 하며 조금씩 자주 먹도록 한다. 임신 중의 영양 목표는 중요한 영양소를 우리 몸이 항상 사용할 수 있도록 충분히 먹는 데 있다. 간식은 간편하게 빨리 먹을 수 있는 것이 좋으며, 언제든 먹을 수 있게 준비해 두도록 하자.

신속하게 샐러드를 만들어 먹을 수 있도록 미리 신선한 야채를 썰어 두고, 항상 삶은 달걀을 준비해 두자. 땅콩버터와 팝콘도 좋은 간식이 될 수 있으며, 저지방 치즈는 좋은 칼슘 공급원이다. 청량 음료수 대신 주스를 마시고, 주스에 필요 이상으로 많은 당분이 들어 있으면 물로 대신한다. 허브차도 건강에 좋다.

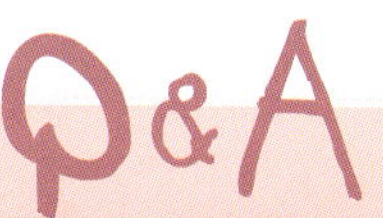

#Q1 초음파 검사를 했는데, 태아가 평균보다 작다고 합니다. 문제는 없을까요?

A … 아이는 작게 낳아서 크게 키우라는 말도 있습니다. 병원에서 경고할 정도로 작은 것이 아니라면 건강상에도 문제가 없고, 성장하는 동안 충분히 클 여지가 있으니 걱정하지 않아도 좋습니다. 오히려 엄마가 그로 인해 걱정하고 스트레스를 받게 되면 태아의 안정에도 이상이 생길 수 있으니 마음 편하게 가지세요.

#Q2 속이 너무 쓰려서 약을 먹으려고 합니다. 태아에게 나쁠까요?

A … 입덧을 하면서 위가 상했거나, 임신 전부터 위장장애가 있었던 경우, 혹은 임신 기간 중의 스트레스로 인해 속이 쓰릴 수도 있는데, 이때는 안심하고 위장 보호제를 먹어도 좋습니다. 위나 장에서 흡수되는 일반 약과는 달리 위벽을 보호하는 작용을 하기 때문에 태아에게 영향을 미치지 않는답니다.

#Q3 종합영양제를 먹고 있는데 따로 철분제를 먹지 않아도 될까요?

A … 임신 기간 중에는 영양소 섭취에 유의해야 하는데, 이때 중요한 것은 단순히 영양소를 종류별로 먹는 것이 아니라 필요한 섭취량에 맞춰 복용하는 것입니다. 종합영양제에 함유된 철분량이 임신 기간 중의 필수섭취량에 해당한다면 따로 철분제를 복용할 필요가 없지만 그렇지 않다면 별도로 챙겨 드세요.

임신 5개월

임신 중기 트러블 & 케어

➕ 현기증

산모들은 현기증이 잘 생긴다. 입덧 증상의 한 가지로 나타나기도 하지만 임신 중기나 말기에도 잘 생긴다. 주로 호소하는 증상은 갑자기 앞이 흐려지거나 깜깜해지면서 어지럽거나 쓰러졌다고 하면서 뱃속에 있는 아기가 괜찮겠느냐고 하는 것이다.

💛 원인

다양하지만 임신이 되면 피부를 포함한 말초 혈관이 확장하여 열을 발산시키고 혈액 순환을 증가시킨다. 동시에 자율신경이 불안정해져서 혈관의 수축과 이완이 자주 변한다. 혈관이 늘어나면 혈압이 떨어지고 뇌로 가는 혈액이 줄어들어서 현기증이 생기는 것이다.

백화점, 버스, 전철 등 사람이 많은 곳에는 산소가 모자라기 쉽다. 말초 혈관이 확장되어 있어서 혈액 순환이 특히 잘 돼야 하는 임신부에게 사람이 꽉 찬 곳은 좋지 않다. 혈압이 조금 떨어져 있는 임신 초기와 중기에는 특히 현기증을 쉽게 일으킨다. 이것을 그냥 참고 견디다가는 정신을 잃고 넘어지므로 주의해야 된다.

걸어가거나 앉아 있다가도 갑자기 현기증이 생길 수 있다. 피로하거나 너무 오래 서 있거나 무리했을 때, 갑자기 일어나거나 도는 등 몸을 갑자기 움직였을 때도 현기증이 생길 수 있으므로 조심한다.

빈혈이 있으면 현기증이 더욱 잘 생기지만 그렇지 않은 경우도 많기 때문에 상관성이 그리 높지 않다. 평소에 어지럽다는 임신부 중에 빈혈이 없는 사람이 많으며 하나도 어지럽지 않고 밥도 잘 먹지만 피 검사를 해 보면 빈혈이 있는 임신부도 적지 않다. 그래도 빈혈이 있다는 것을 알고 있는 임신부라면 더욱 조심하는 한편 빈혈약을 먹도록 한다.

💛 관리

현기증이 생기는 것 같으면 빨리 앉거나 머리를 숙이고, 몸을 구부리거나 눕거나 해서 머리로 혈액이 많이 갈 수 있도록 해야 된다. 그렇지 않고 그냥 이기려고 하면 넘어져서 다칠 위험이 있다. 그렇게 하면서 깊은숨을 쉬고 나서 상태가 좋아지면 안정을 취한다.

임신부가 잠시 현기증이 난 것 때문에 태아가 영향을 받는 일은 거의 없다. 그러나 원래부터 조금 좋지 않은 상태에 있었다면 임신부의 혈압이 떨어졌을 때 태아가 위험한 상태에 처할 수도 있으므로 병원에 가서 확인하는 것이 확실하고, 그럴 여건이 안 되면 태아가 잘 노는지 주의 깊게 살핀다.

➕ 빈혈

 ### 원인

임신 중에 혈액량이 늘어나는데, 빈혈 현상이 생기는 이유는 적혈구도 늘어나지만 이보다 혈장량이 더 빠르게 늘어나 희석 효과를 가져오기 때문이다. 또 태아의 혈액을 만들기 위해서 필요한 철분을 엄마의 피속에서 가져가기 때문에 빈혈이 생기기도 한다. 혈색소의 수치가 비임신 여성은 12.0g/㎗ 미만, 임신 여성은 11.0g/㎗ 미만일 때 빈혈이라고 한다.

 ### 증상

빈혈이 있으면 현기증, 가슴 두근거림, 손발이 차고 머리가 띵한 증상 등이 생긴다. 중증 임신빈혈은 체력을 떨어뜨리고, 출산 시 출혈에 대한 저항력도 낮춘다. 또한 분만 시 빈혈이 있으면 과다 출혈이 있을 경우 수혈까지 필요할 수도 있다. 그 외 중증 빈혈은 태아의 발육에도 악영향을 미쳐, 출산 시에 가사상태가 되기도 하며, 태어났을 때까지 정상이어도, 생후 2~3개월 후에 유아빈혈이 되는 일이 많다.

빈혈이 있으면 현기증이 더 잘 생기지만 그렇지 않은 사람이 매우 많기 때문에 상관성이 그리 높지는 않다. 그러나 이러한 자각증세가 없더라도 임신 초기, 중기, 말기에 세 차례 정도는 기본적으로 혈액을 통한 빈혈 검사를 받아야 하며, 검사 결과에 따라 이상이 있을 경우 조혈제(철분제)를 먹어야 한다.

➕ 색소 침착 & 기미, 점

개인 및 종족에 따라 차이가 있으나 임신부의 약 90%는 임신 중 피부색이 짙어지는데 임신 전부터 피부색이 짙었던 사람은 더욱 그런 경향이 있다. 전신적으로도 그러하지만 젖꼭지 및 그 주변, 외음부, 항문 주변, 배꼽, 겨드랑이 등 원래 색이 있었던 곳이 영향을 많이 받는데 임신 초기부터도 비교적 잘 생긴다. 점, 기미, 오래 지나지 않은 상처에 생긴 흉터는 색깔이 짙어진다.

하복부의 배꼽 부위부터 음모가 나 있는 치골 부위에 이르는 정중선은 비임신 상태에서는 오히려 주변보다 색소 침착이 적어서 백선(白線)이라고 부르는데, 임신 중에는 색소 침착으로 흑선(黑線)으로 변한다.

💜 증상

멜라닌 ··· 피부색의 직접적인 결정 인자는 피부색소를 구성하는 멜라닌이며 이 색소는 피부 색소 세포의 양과 활동성에 의해 좌우된다. 간접적인 영향을 주는 요소는 피부 밑 혈관에 흐르는 혈액과 그 혈액의 산소 포화도 등이다. 이 외에 여러 가지 호르몬도 영향을 미친다. 여성 호르몬인 난포 호르몬과 황체 호르몬 그리고 색소 세포 자극 호르몬이 멜라닌 형성에 관여하며 부신피질 자극 호르몬 및 남성 호르몬 등도 영향을 미친다. 햇빛이나 다른 자외선에도 영향을 많이 받는다.

난포 호르몬 ··· 임신 중 색소 침착을 포함한 피부 변화는 이 호르몬 때문에 생기는데 태반과 난소에서 나오며 피임약의 주성분이다. 임신 전부터 피부 색소 침착이나 갈색 반점이 있으면 더욱 색소 침착이 짙어지고 범위가 커지는 것으로 보아 체질이 중요한 요소라고 생각된다. 다음 임신에서도 재발하거나 정도가 심해진다.

기미 ··· 임신성 갈색 반점, 주근깨 등으로 불리는데 이마, 뺨, 윗입술, 코, 턱에 좌우 양측성으로 잘 나타나고 빠른 사람은 임신 6~7주부터 생긴다. 임신 전부터 있었다면 색이 더 짙어진다.

기미는 피임약 복용 시에도 자주 볼 수 있으며 간 질환, 갑상선 기능 항진증, 일부 화장품 부작용으로 인한 광선 독성으로도 생긴다. 그러므로 기미가 심한 여성은 먹는 피임약을 쓰지 않는 것이 좋다. 출산 후나 피임약을 중단하면 대체로 많이 좋아진다. 일부 여성은 완전히 없어지나 대개는 좋아지는 정도로 계속 남아 있다. 원래 피부 색소가 적은 여성은 잘 없어지지만 약 1/3은 10년 이상 지속된다. 조금 색이 옅어지기는 하지만 평생 없어지지 않는 사람도 있다.

💜 예방

임신성 갈색 반점을 치료하기 위해 약을 쓰면 안 되며 효과도 없다. 햇빛을 너무 많이 쬐지 않도록 하고 자외선 차단 화장품을 쓸 수 있지만 임신 중에는 피부로 흡수되지 않아야 한다. 기미를 문지르거나 자극을 주면 더 악화된다. 또, 점이 새로 생기기도 하며 원래 있던 점이 더 검어지거나 조금 커지는 경향도 있다. 정도가 심하면 피부 색소암이 아닌가 걱정되기도 한다. 그러나 임신 중에는 피부 색소암이 더 잘 생기지는 않고 점이 색소암으로 더 잘 변하지도 않는다.

➕ 하지 경련

다리 근육에 경직이 오는 것을 흔히 쥐가 났다고 말하는데 이것은 근육이 수축된 상태에서 더욱 세게 수축 작용이 일어나기 때문에 생긴다. 임신부의 1/4이상은 자신의 의사와는 상관없이 통증을 동반하는 다리 근육의 수축 증상 즉, 쥐나는 현상을 경험하는데 이런 증상은 배가 불러올수록 더하며 주로 종아리나 발에 잘 일어나고, 밤에 또는 잠자리에서 일어나 활동을 시작하려면 잘 생긴다.

✚ 대퇴부 신경통

대퇴부 감각이 약해지고 아픈 경우가 있는데 이것은 대퇴부에 분포하는 신경이 골반의 인대를 통과하는 부위에 눌려서 생기는 것으로 임신으로 배가 불러서 허리가 뒤로 젖혀질 때 잘 생긴다. 임신 30주경에 흔히 나타나며 분만 후 몇 달 지나면 증상이 없어진다.

💛 원인

확실하지 않지만 배가 불러오면서 몸의 균형을 잡기 위해 허리가 저절로 젖혀지면서 척추 신경에 힘이 가기 때문인 것으로 생각된다. 그러므로 이러한 증상이 생기는 체위를 오랫동안 유지하지 않도록 주의한다. 임신 중 큰 배 때문에 허리에서 나와 다리에 분포하는 신경이 압박을 받기도 하고 근육 자체 혈액 순환 장애도 문제가 될 수 있다. 근육 수축은 혈액의 칼슘 양과 밀접한 관계가 있으므로 칼슘 부족도 원인으로 추정하고 있다.

다 그런 것은 아니지만 칼슘이나 마그네슘 등 전해질 부족, 탈수, 갑상선 기능 저하 등은 증상을 악화시키거나 원인으로 작용할 수 있다. 칼슘 부족보다는 칼슘과 반대 작용을 하는 인산염이 많이 든 음식을 먹어서 혈액에 활성 칼슘 부족을 유발하는 것도 원인이 될 수 있다.

💛 치료

칼슘을 많이 먹으면 도움이 되기도 한다. 가장 손쉬운 칼슘 섭취 방법은 우유나 치즈 같은 유제품을 먹는 것이다. 우유를 잘 못 먹는 사람은 약으로 된 칼슘을 섭취하면 된다. 때로는 우유를 너무 많이 섭취하는 임신부가 우유 섭취를 줄이면 증상이 좋아지기도 한다. 인산염 섭취를 줄이고 칼슘 섭취를 늘리면 증상이 좋아지는 경우도 있다.

그러나 실제로 이런 식이요법으로 효과가 있는 임신부라도 식이요법 전과 후의 혈액 중 활성 칼슘 농도는 대부분 별 차이가 없다. 많은 경우, 여러 가지 방법을 써도 증세가 좋아지지 않다가 저절로 좋아지기도 한다. 출산 후에는 증상이 없어진다.

✚ 손 저림

많은 임신부들이 손이 저린 증상이나 손의 통증을 호소하는데 심할 경우 손이 저려서 잠을 깨기도 한다. 때로는 손에 감각 이상이 생기기도 하는데 대개는 2, 3, 4번 손가락에 국한된다. 심하면 근육의 힘도 약해지나 임신 중 변화로 그렇게 심한 증상이 생기는 경우는 드물다. 임신으로 생겼으면 분만 후에는 증상이 없어진다.

손으로 통하는 신경은 목 부분의 등뼈에서 나와 손으로 가는 과정에서 팔목이나 손목 부위의 좁고 단단한 힘줄 사이를 통과한다. 임신 중에는 몸이 잘 부으며 신경이 통과하는 좁은 부위가 부으면 신경이 눌려서 그 신경이 분포하는 곳에 이상 감각과 통증이 오기 쉽다.

팔꿈치의 몸 쪽에 있는 뼈 뒷부분의 움푹 패인 곳을 부딪히거나 누르면 새끼손가락과 4번 손

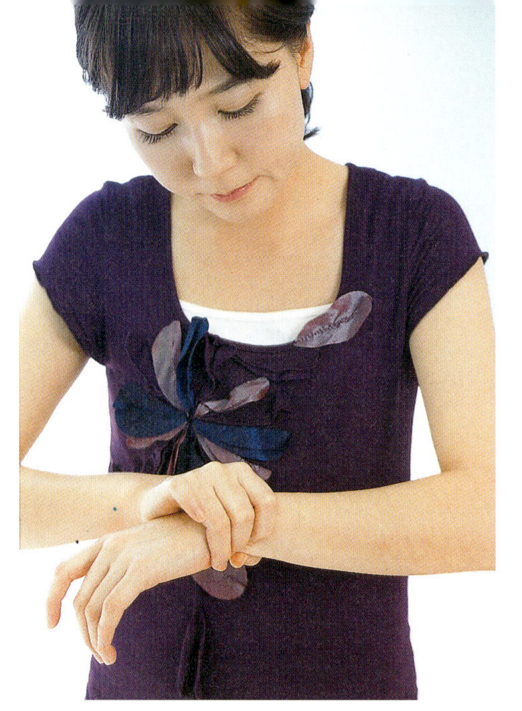

가락의 새끼손가락 쪽 반에 찌르르 하는 느낌이 든다. 이것은 해당 손가락을 지배하는 신경이 그곳을 지나가기 때문이다.

✚ 손목 터널 증상

손목의 중간 부분 앞쪽으로 손가락이나 손목을 굽히는 힘줄과 큰 신경이 지나가는데 이 신경은 1,2,3번 손가락과 4번 손가락의 엄지손가락 쪽 절반에 분포한다. 손목 안쪽의 중간 끝을 누르거나 예리하게 툭툭 치면 손가락에 전기가 오는 듯한 느낌이 드는 것은 이 신경의 자극 때문이다.

손목이 부으면 이곳을 지나가는 신경이 눌려서 아프거나 저리거나 감각이 무디어지는 증상이 생기는데, 이런 현상을 '손목 터널' 증상이라고 한다. 20%의 임신부에게서 이런 증상이 생긴다. 특히 초산부에게서 빈번하고 손목을 많이 굽히거나 젖힐 때 증상이 잘 생긴다.

대개는 참고 지낼 수 있는 정도이며 시간이 지나면서 저절로 좋아지거나 분만 후 약 2주 지나면 없어진다. 손을 많이 움직이지 못하도록 고정시키면 증상이 좋아진다. 때로는 관절에 부신피질 호르몬을 주사하면 증상이 없어진다. 이뇨제를 잠깐 써서 부기를 빼면 증상이 좋아질 수 있지만 약을 끊으면 재발한다.

때로는 분만 후에 이런 증상이 생기기도 하는데 젖을 먹이는 산모에서 잘 생기고 증상이 없어지는 데 5~6개월이 걸린다. 증상이 심해서 손가락 운동 장애를 보이기도 하지만 수술까지 해서 압박을 풀어야 되는 경우는 극히 드물다. 증상이 심하면 근육이 너무 약해지기 전에 수술을 해야 한다.

✚ 정맥류

상체의 정맥 혈압은 변하지 않는데 커다란 자궁이 뱃속의 큰 정맥을 누르고 있기 때문에 혈액이 심장으로 잘 올라가지 못해 하체 정맥의 혈압이 올라간다. 이 때문에 다리나 외음부에 울혈 반점이 생기거나 정맥 혈관이 몹시 굵어지고 튀어나오는 정맥류가 잘 생긴다.

임신이 진행될수록, 오래 서 있을수록 그리고 몸무게가 늘어날수록 심해진다. 출산 후 대부분 없어지나 일부 남기도 한다.

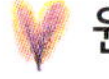 원인

자궁이 큰 혈관을 누르거나 오래 서 있는 것이 문제가 되지만 근본적으로는 체질적으로 정맥 혈관의 역류를 막아 주는 정맥 혈관 내 구조인 밸브 기능이 약한 것이 가장 큰 원인으로 작용한다.

증상

정맥 혈관이 피부 근처까지 몹시 커져서 튀어나오는데 다리나 외음부에 잘 생기며 항문에도 생긴다. 치질도 항문이나 직장에 생긴 정맥류의 한 종류라고 할 수 있다. 다리 뒤쪽에 생기면 푸르스름하고, 외음부에 생기면 거무스레한데 임신 중에는 외음부 피부색이 더욱 검어지기 때문이다. 다리에 생기면 외관상 나쁘기 때문에 짧은 옷을 입지 못할 수도 있고, 심리적으로 위축되기도 한다.

치료

주된 치료는 더 심해지지 않도록 하는 예방적 대증요법이다. 오래 서 있지 않도록 하며 다리를 부드러운 것으로 받쳐 올려놓고 쉬는 것이 중요하다. 심하면 다리에 생긴 것은 탄력 붕대나 탄력 스타킹으로 눌러 준다. 외음부에 생긴 것은 부드럽게 탄력이 있는 물질을 외음부에 대고 압력이 조금 가해질 수 있도록 하는데, 큰 효과는 없다.

➕ 임신 우울증 & 임신 스트레스

처음 임신 사실을 알게 되면 내 아기를 갖는다는 설렘과 기쁨에 들뜨게 되지만, 임신으로 인한 몸의 변화, 출산에 대한 두려움 등을 겪으면서 급격한 감정의 기복을 경험하고 우울증에 빠지기도 한다. 몸의 변화와 이상 징후에 적극 대처하는 것 이상으로 임신 중 찾아오는 우울증에도 철저히 대비해야 한다. 눈에 보이지 않는 마음의 병이라고 해서 자칫 관리를 소홀히 해 우울증이 깊어지면 심각한 상태로 악화될 수 있기 때문이다.

 원인

평소 예민하고 신경질적인 사람뿐만 아니라 밝고 낙천적이었던 사람도 감정을 억제할 수 없는 우울증에 시달린다. 특히 피임의 실패, 결혼생활의 부적응, 남편의 실직 등 힘든 상태에서 계획에 없던 임신이 되었을 경우 자신에 대한 자책은 우울증을 더욱 깊게 한다.

임신 중기를 넘어 후기가 되면 언제 아기가 나올지 모르는 불안감, 분만의 고통에 대한 두려움이 지나쳐 우울증으로 발전할 수 있다. 특히 산후조리에 대한 이렇다 할 대비책이 없는 임산부일수록 불안감과 우울증이 심해진다

 치료

몸이 무거워졌다고 마음까지 무거워질 필요는 없다. 매사를 긍정적으로 생각하는 게 필요하다. 임신 우울증을 극복할 수 있는 기본 요령은 다음과 같다.

● **체중이 지나치게 늘어나지 않도록 주의한다** ··· 비만은 우울증의 큰 원인이 되므로 체중 조절은 매우 중요하다

● **가벼운 체조와 산책으로 몸을 자주 움직인다** ··· 몸이 무겁다고 집 안에서만 생활하다 보면 스트레스가 쌓여 우울증에 걸릴 가능성이 높아진다. 힘들고 귀찮더라도 가벼운 체조나 산책 등으로

체중 조절도 하고 기분도 밝게 해 보자

● **취미생활을 적극적으로 즐긴다** … 잡일을 가급적 줄이고 몰두할 수 있는 일을 찾아 자기 자신에게 투자한다. 뭔가 자신을 위해 투자한다는 생각에 마음이 편안해지고 태교에도 좋다

● **남편을 임신에 참여시킨다** … 남편의 따뜻한 보살핌과 진심 어린 말에서 위로를 받을 수 있다면 임신 우울증에 걸릴 확률이 크게 줄어든다. 같이 산책하고 쇼핑하고 운동하고, 집안일도 함께 하면서 남편과 대화를 많이 나누면 남편은 아내의 힘든 순간을 더 잘 이해할 수 있다

● **임신과 출산에 대해 공부한다** … 임신으로 신체에 어떤 변화가 오는지, 출산은 어떤 식으로 진행 되는지를 미리 알고 준비한다. 그러면 자신의 몸에서 생기는 변화, 출산에 대해 무작정 불안하 지 않고 좀더 여유를 가질 수 있다

● **자신을 가꾸어 자신감을 갖도록 한다** … 모든 것이 귀찮다고 나태하게 있지 말고 좀더 적극적으로 임신 생활을 즐긴다. 외모에 자신감을 가질 수 있도록 미용에도 신경 쓴다.

✚ 이상태동

　임신 후기에 접어들면 태아는 자궁 모양에 따라 계란형이 되는데 이를 '태세' 라 한다. 그 외에 '태축' 이라고 하여 임신부의 장축과 태아의 장축 간의 관계를 나타내는 말이 있다. 태아가 수직으 로 즉 임신부의 등뼈와 일치할 때를 '종축', 또 임신부의 장축과 태아의 장축이 서로 엇갈릴 때를 '횡축' 이라고 한다. 태아는 손과 발을 복부에 각각 서로 교차된 상태로 두고 있기 때문에 복부는 활동을 많이 할 수 있는 부분이 되고, 등은 별로 움직이지 않는 부분이 된다.

　따라서 태아의 등이 만약 모체 왼쪽에 가 있다면 임신부의 오른쪽 복부는 태아의 손과 발이 위 치하는 부분이 되기 때문에 오른쪽에서만 놀고 있다고 느낄 수 있다. 즉 태아가 자궁 내에서 잘 노 느냐 놀지 않느냐 하는 것이 문제이지 왼쪽에서 노는가 오른쪽에서 노는가 하는 것은 큰 문제가 되지 않는다.

 진단

　단순히 태아가 잘 놀지 않는 것 같다든지 노는 것이 약하다고 애매하게 말하면 의사는 그 말만 듣고 상태를 판단하기는 어렵다. 그러므로 태동이 줄어드는 것으로 여겨지면 그 횟수와 세기를 잘 계산하여 의사에게 구체적으로 말해야 한다.

　처음에는 정상 활동을 하면서 하루에 몇 번씩 태동을 세어 보고 낮거나 줄어드는 것으로 여겨 지면 편안하게 누워 쉬는 상태에서 하루에 여러 번 세어 본다. 방법은 식사 후 하루에 세 번, 한 번 에 30분 또는 1시간씩 태아가 노는 횟수를 세거나, 열 번 놀 때까지 걸리는 시간을 보는 방법, 30~60분 동안 하루에 두세 번 재는 방법, 하루에 한 시간 재는 방법 등 여러 가지가 있다.

평상시 검사 방법 … 하루에 두세 번 신경을 써서 재거나 열 번 노는 데 걸리는 시간을 잰다
① 잘 놀면 같은 방법으로 계속한다.

② 많이 줄어든 것으로 여겨지거나 항상 약하게만 놀면, 이상이 있다고 느껴질 때 사용하는 방법으로 검사한다.

이상이 있다고 느껴질 때의 검사 방법 ··· 하루에 세 번 30분씩 태동을 잰다

① 30분에 한 번이라도 세게 노는 것을 포함하여 다섯 번 이상 놀면 정상으로 여기고 계속 같은 시간, 같은 간격으로 태동을 잰다.

② 30분에 다섯 번 이상 놀지 않거나 약하게만 놀면 가만히 누워서 잰다. 그 결과 여섯 시간 안에 한 번이라도 세게 노는 것을 포함하여 열 번 이상 놀면 정상으로 여기고 다시 ①번 방법으로 돌아간다.

③ 여섯 시간 안에 열 번 이상 놀지 않거나 약하게만 놀면 병원에 가서 정확하게 검사를 한다.

이런 태동 검사는, 산모가 미세한 태동까지 정확히 느끼기 어렵고, 검사 시간이 많이 걸리기 때문에 임상적으로는 유용하게 쓰이지 않는다. 다만 가정에서 간단하게 태아의 상태를 파악하는 방법으로는 활용할 수 있다.

✚ 임신선

임신부의 50% 이상에게서 나타날 정도로 흔한 증상이다. 임신선은 원래부터 있는 피부 주름살에 수직으로 그리 넓지 않은 흉터처럼 생기는데 일반적으로 피부가 튼다고 표현한다. 하복부, 대퇴부, 둔부 그리고 유방같이 피부가 급격하게 팽창하는 곳에 주로 생긴다.

임신선의 색깔은 처음에는 핑크색이나 자주색으로 변했다가 흉이 생기면서 흰색으로 변한다. 분만 후에도 없어지지 않으며, 희고 피부 표면보다 조금 들어간 피부 흉터로 남는다. 분만 경험이 있는 임신부의 경우 과거에 생긴 하얀 임신선과 이번 임신으로 인한 분홍색이나 갈색의 임신선이 같이 있다.

 원인

신체 조직에서 세포와 세포를 연결시키는 조직을 결체조직이라고도 하는데 피부의 급격한 팽창과 호르몬 작용 등으로 이 조직이 약해지거나 부서져 흉터로 남는 것이 임신선이다. 몸무게가 조금밖에 늘지 않았는데도 피부는 많이 트는 임신부도 있고 반대의 경우도 있어서 체질이 더 중요하게 작용한다.

오랫동안 임신 중 피부가 팽창되는 것을 원인으로 생각해 왔는데 성장기의 뚱뚱하지 않은 청소년이나 여성, 국소적 부신피질 호르몬을 쓸 때도 생기는 것으로 보아서 꼭 임신 때의 피부 팽창만을 원인으로 생각할 수는 없다. 부신피질 호르몬이나 에스트로겐은 피하 결체조직을 약화시키거나 부드럽게 하는 작용이 있다.

✚ 태아 처짐

　　상당수의 임신부들은 임신 중기에 태아가 아래를 누르는 느낌을 받는다. 이렇게 배가 처지는 느낌을 받으면 조산을 하는 것이 아닌지 걱정을 하게 되는데 초산부보다 경산부들이 이러한 증상을 더 흔하게 경험한다. 임신 중에는 배나 자궁이 처졌다, 또는 아기가 처졌다거나 내려앉았다는 느낌을 산모 자신이 느끼거나 다른 사람으로부터 듣는 일이 많다. 임신부가 임신 중기에 배가 처졌다는 말을 들으면 조산기가 있는 것으로 여기게 된다. 어떤 임신부는 보는 사람마다 배가 처졌다고 하여 걱정을 한다. 여기에다가 자궁이 자주 뭉치면 걱정은 더 커진다.

♥ 원인

　　임신 중기에는 자궁과 태아가 충분히 크지 않기 때문에 자궁과 태아를 밑에서 받쳐 주는 역할을 골반뼈가 하는 것이 아니라 골반의 아래쪽을 받치고 있는 근육과 인대가 하기 때문에 태아가 처진 듯한 느낌이 든다.

　　임신 중기에는 태아 크기에 비하여 양수가 많기 때문에 태아가 아래쪽으로 힘을 미치기 쉬운 것도 이유 중 한 가지이다. 또한 경산부는 배나 골반 조직이 과거 출산 때문에 늘어져 있기 때문에 그렇지 않은 초산부에 비하여 더욱 처지는 느낌을 받게 된다.

　　첫아이 때 조산을 했거나 전치태반으로 임신 중 출혈이 있는 등 문제가 있었던 임신부는 그때와 증상이 같다며 걱정을 한다. 전치태반과는 관계가 없으나 조산 경험과는 관계가 있을지도 모르므로 조산 경험이 있었던 임신부는 증상이 생기면 자주 진찰을 해 보도록 한다.

♥ 진단

　　이런 임신부를 진찰하면 실제로 걱정할 만큼 태아가 많이 처져 있는 비율은 매우 낮다. 따라서 배를 보고서 그런 말을 하는 것은 믿을 만하지 못하다. 초음파를 보고서 태아 머리가 골반 쪽으로 많이 내려가 있는 것을 보았다고 해도 진찰을 하면 그렇게 처져 있지 않을 때도 많기 때문에 정확도가 높지는 않다.

✚ 가려움증

　　배가 트는 것과 함께 가장 흔한 증상으로, 배를 포함하여 가슴과 다리 또는 전신의 피부가 이유 없이 가려워 큰 불편을 겪는다. 어떤 임신부는 이런 임신성 가려움증을 참지 못하고 긁어서 군데군데 부스럼이나 습진이 생기며 때로는 피가 나도록 긁어서 상처를 만들기도 한다.

💜 원인

주로 임신 중기부터 생기는데 그 원인은 아직 확실하지 않지만 태반 호르몬의 영향으로 간에서 가려움증을 유발하는 물질이 많이 나오기 때문으로 여겨진다. 배가 트는 것도 중요한 원인이 되는데 트는 과정에서 염증성 반응이 나타나기 때문이다.

💜 관리

약은 쓸 수 없으므로 참는 것이 가장 좋은 약이며 긁으면 더욱 가려운 악순환이 반복된다. 그러나 너무 가려울 때는 찬 찜질을 하거나 가려운 것을 잊도록 정신을 다른 곳에 집중시키려고 노력한다. 피부에 향이 있는 비누나 화장품을 바르면 알레르기 반응으로 더 가렵거나 습진이 생길 수 있으므로 약한 비누로 깨끗이 씻는데 손으로 살살 씻는 것 외에는 어떤 것으로도 문지르지 않도록 한다. 그래도 효과가 없고 긁어서 상처가 났거나 습진이 생겨서 없어지지 않으면 피부과에서 치료하거나 의사의 처방을 받아 약을 잠시 쓴다.

태아의 오감발달

태아는 주변에서 어떤 일이 일어나는지도 모르고 그저 천진난만한 꿈을 꾸며 양수 속을 한가롭게 떠다니고 있을 거라고 생각하기 쉽지만 사실 태아는 감각발달을 위해 애쓰고 있다. 놀라운 사실은 태아의 감각을 자극하는 것들이 많다는 것이다.

태아의 촉각, 미각, 후각, 청각, 시각은 모체의 체내에서 일어나는 일뿐만 아니라 바깥세상에서 침투해 들어온 감각에 의해서도 자극을 받는다. 뱃속에서부터 엄마의 목소리를 알아듣는 법을 배우고, 엄마가 먹는 음식의 냄새를 맡고, 맛을 봄으로써 태어난 후에도 엄마에게 친숙감과 안정감을 느낄 수 있다.

촉각 | 임신 7~8주경에 시작, 오감 중 가장 먼저 발달하는 감각이다

태아의 감각 중에서 가장 먼저 발달하는 것은 촉각이다. 임신 7~8주경에 움직이기 시작하는 것과 거의 동시에 태아는 촉각에 반응을 보인다. 처음에는 입술만 반응을 보이다가 곧 뺨과 이마도 반응을 보인다. 임신 10~11주가 되면 손바닥에 감각이 생겨 태아는 자신의 얼굴을 만지며 자신이 어떻게 생겼는지 탐구하기 시작한다. 임신 14주가 되면 등과 머리 상부를 제외하고 전신이 신생아와 비슷한 감각 반응을 보인다.

💜 초음파 검사를 통해 태아의 촉각반응을 직접 볼 수 있다

태아가 점점 자라면 태아 몸의 일부가 자궁벽에 닿기도 한다. 태아는 자궁 안에 몸을 맞추기 위해 몸을 구부리기도 한다. 뿐만 아니라 태아는 끊임없이 탯줄에 스치게 되는데, 초음파 검사를 통해 태아가 자신의 탯줄을 쥐고 있거나 탯줄로 장난을 하고 있는 모습을 어렵지 않게 볼 수 있다.

재미있는 것은 태아가 자기 뺨을 건드렸을 때의 첫 반응이다. 자기가 자기를 건드렸음에도 불구하고 놀라서 몸을 피한다. 자극으로 여기기 때문이다. 태아의 손이 오른쪽 뺨을 건드리면 태아는 고개를 왼쪽으로 돌린다. 촉각에 대한 초기의 이런 반응은 아직 중앙신경계가 덜 발달했기 때문에 나타나는 현상인데, 임신이 진행되면서 태아의 반응은 서서히 바뀌어 나중에는 촉각을 느낀 쪽으로 고개를 돌리게 된다. 수유를 할 때 중요한 젖찾기 반사는 아마도 여기에서 비롯된 것으로 보인다.

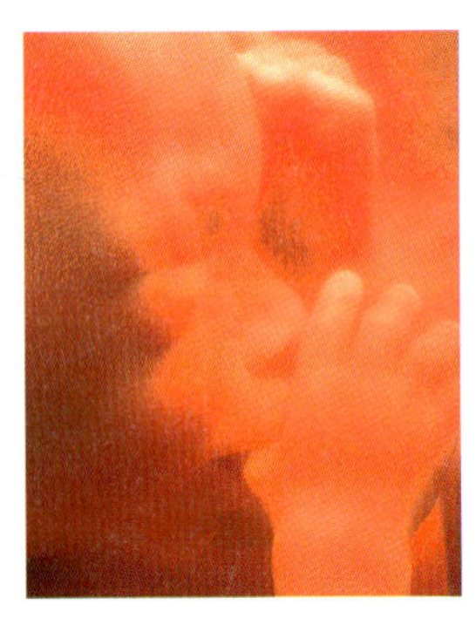

💜 태아는 민감한 혀로 사물에 대한 느낌을 얻는다

태아는 자궁 내에서 엄지손가락을 빨기 시작한다. 물론 배가 고프기 때문에 하는 행동은 아니다. 수백 개의 신경 말단이 있는 혀는 태아의 미성숙한 신체 가운데 가장 민감한 부분의 하나로, '빨기'는 사물에 대한 느낌을 얻는 가장 좋은 방법이다.

이것은 어린아이들이 낯선 물건을 보면 손으로 만져 보기보다는 입에 넣어 성분과 질감을 알아보려는 행위에서도 찾아볼 수 있다. 태아는 자궁에서 엄지손가락을 빨면서 피부의 촉감과 엄지손가락의 모양을 파악하고, 출생 후에 빨기에서 얻는 것과 똑같은 만족감을 얻는지 모른다.

미각과 후각 | 양수를 삼키면서 그 속에 담긴 맛과 냄새를 통해 미각과 후각이 발달한다

태아는 임신 12주부터 양수(양막에서 태아를 둘러싸고 있는 유동체)를 삼키기 시작해서 임신 기간 내내 양수를 삼킨다. 일부 전문가들은 양수에는 모체가 먹는 음식의 풍미와 냄새가 들어 있기 때문에 태아가 양수를 삼키는 행위를 통해 미각과 후각을 익히기 시작한다고 설명한다. 예를 들어, 모체가 마늘을 먹으면 태아는 몇 가지 경로를 통해 마늘의 맛을 보고 냄새를 맡는다.

첫째, 모체의 혈류를 통해 태아에게 마늘 맛과 향이 흘러 들어가 태아의 코 안에 있는 감각 수용기를 자극한다.

둘째, 마늘 맛과 향이 양수로 바로 흘러 들어가, 태아가 양수를 호흡하고 삼키는 동안 마늘 냄새를 맡고 맛을 보게 된다.

셋째, 태아가 양수에 배뇨할 때 태아의 몸에서 마늘 맛과 향이 배출되면, 태아는 양수를 삼킴으로써 다시 그 맛을 보게 된다. 그래서 모체에는 마늘의 맛이 몇 시간 동안만 남아 있지만, 태아에게는 24시간 이상 남아 있을 수 있다.

💜 양수와 모유에는 엄마의 식습관과 고유의 풍미가 담긴다

연구 보고에 의하면, 태아는 단맛과 신맛을 구분할 수 있으며 양수에서 단맛이 나면 양수를 더 많이 삼키고 쓴맛이 나면 양수를 덜 삼킨다고 한다. 그러므로 태아는 머잖아 엄마의 식습관을 알게 된다. 마찬가지로 모유에도 양수처럼 고유한 풍미가 있기 때문에, 출산 후에 갑자기 식습관을 바꾸면 태아가 모유에 익숙해지는 데 시간이 걸린다.

청각 | 태아는 임신 24주경부터 소리에 반응을 보인다

청각은 자궁에서 자극할 수 있는 가장 쉬운 감각이기 때문에, 태아가 소리에 반응하는 방법에 관해서는 연구가 많이 되어 있다. 태아는 임신 24주경에 소리에 반응을 보이기 시작하며, 소리가 크면 클수록 더 강한 반응을 보인다.

태아의 환경은 풍부하고 다양한 소리로 가득하다. 모체의 심박동 소리와 동맥과 정맥을 지나가는 혈액 소리는 배경음이 되고, 모체의 위장과 내장에서 가끔 꾸르륵 하는 소리도 난다. 사람의 목소리, 음악, TV 같은 모체의 몸 밖에서 들려오는 소리도 복부를 통해 태아에게 전달된다.

그러나 이런 소리는 모체에게 들리는 것보다 훨씬 더 적게 들린다. 소리가 모체를 통해 여행하는 동안 많은 부분이 반향되거나 모체의 옷이나 피부에 흡수되어 작은 소리만이 복벽을 뚫고 태아의 귀에 도달하기 때문이다. 고주파 소리는 더 쉽게 반향되며, 태아는 대개 저주파 소리를 듣는다.

💜 태아가 제일 좋아하는 소리는 엄마의 다정한 목소리다

태아에게 가장 두드러지게 들리는 소리는 엄마의 목소리라고 한다. 그것은 태아가 엄마의 목소리를 두 가지 방법으로 듣기 때문이다. 하나는 엄마의 입에서 나와 공기를 통해 전해지는 음파를 통해서이고, 또 하나는 엄마가 말할 때 엄마의 몸을 통해 전해지는 진동을 통해서이다.

이것은 자신이 말하는 것을 자신이 듣는 것과 비슷한 이치이며, 자신의 목소리를 녹음해서 들으면 내부적인 진동이 아니라 공기를 통한 소리만 듣기 때문에 자신이 알고 있는 목소리와 다르게 들리는 것은 이런 이유에서이다.

엄마 몸의 진동은 태아에게 엄마의 목소리를 매우 효과적으로 전달한다. 따라서 엄마가 말을 하거나 노래를 하거나 고함을 지를 때마다 태아는 그 소리를 듣게 된다. 이 때문에 아기가 태어났을 때 그 누구의 목소리보다 엄마의 목소리를 더 잘 알아듣는 것은 놀랄 일이 아니다. 아기들은 대개 태어났을 때 아빠의 목소리를 알아듣지는 못하지만, 남자와 여자의 목소리를 구분할 수는 있다.

💜 뱃속에서 익숙해진 음악은 출생 후에도 아기를 안정시킨다

태아를 자극하는 소리는 엄마의 목소리만이 아니다. 과학자들은 초음파를 이용해, 모체의 복부에 설치한 헤드폰을 통해 익숙한 음악과 익숙지 않은 음악을 들려주었을 때 태아가 어떤 반응을 보이는지를 관찰했다. 먼저 임신 26~27주 된 태아에게 익숙한 음악을 들려주었더니 태아는 그 음악에 맞춰 춤을 추기라도 하는 것처럼 활발한 태동을 보였다. 그러나 반대로 익숙지 않은 음악을 들려주었더니 태아는 태동을 멈추는 놀라운 반응을 보였다.

이 연구를 바탕으로 출산 후 아기가 보채거나 울음을 그치지 않을 때 임신 중에 자주 들었던 음악을 들려주었더니 아기가 울음을 그치는 것을 확인할 수 있었다. 물론 이 방법은 꼭 필요할 때만 사용해야지 그렇지 않으면 효과가 떨어진다.

시각 임신 27주경에 눈을 깜빡이고, 임신 33주부터 형체를 구분할 수 있게 된다

태아의 시각은 가장 자극을 덜 받고 가장 늦게 발달하는 감각이다. 태아의 눈꺼풀은 계속 닫혀 있다가, 임신 27주경이 되면 겨우 눈을 뜨고 눈을 깜빡이며 출생 후에 필요한 반사 능력을 훈련하기 시작한다. 그러나 자궁 안 세계는 근본적으로 어둡다. 이것은 엄마의 복부 피부와 엄마가 입고 있는 옷이 빛의 침투를 차단하기 때문이다.

햇빛이 환하게 비치는 날에 임신부가 비키니를 입고 일광욕을 한다면, 태아는 엄마의 피부를 통해 들어오는 주황색 빛을 경험하게 될 것이다. 이때의 느낌은 회중전등 위에 손을 올려놓고 빛을 볼 때의 느낌과 비슷할 것이다. 연구에 의하면, 태아의 동공은 임신 33주부터 수축하거나 확장할 수 있으며, 이때부터 희미하게나마 형체를 구분할 수 있다고 한다.

#Q1 임신 중인데 남편이 부부관계를 요구합니다.

A … 지나치게 과격한 체위나 안정기 이전의 과도한 성행위만 아니라면 임신 기간 중에도 얼마든지 성생활을 즐길 수 있습니다. 임신 기간에 따라 주의할 사항들이 있는데, 먼저 유산 가능성이 있는 초기에는 임신부가 몸에 무리가 갈 정도의 과격한 성행위와 깊은 삽입은 피하세요. 안정기에 접어드는 중기에는 평상시와 마찬가지로 성행위가 가능하지만, 배가 심하게 눌리지 않도록 조심하고, 배가 많이 불러오는 임신 후기에는 임신부에게 무리가 가지 않도록 횟수를 평소의 1/3로 줄이고, 배를 압박하지 않는 체위로 조심스럽게 하는 것이 좋습니다.

#Q2 입덧기간 중에 못 먹던 음식은 출산 후에도 못 먹게 되나요?

A … 많은 엄마들이 입덧 때 못 먹었던 음식을 가까이 하면 메스꺼웠던 기억이 되살아나서 입덧이 끝난 후에도 피하게 된다고 합니다. 이는 입덧기간 중의 경험으로 인해 생기는 일시적인 증상입니다. 대부분 시간이 지나면서 다시 먹을 수 있게 되니 걱정하지 마세요.

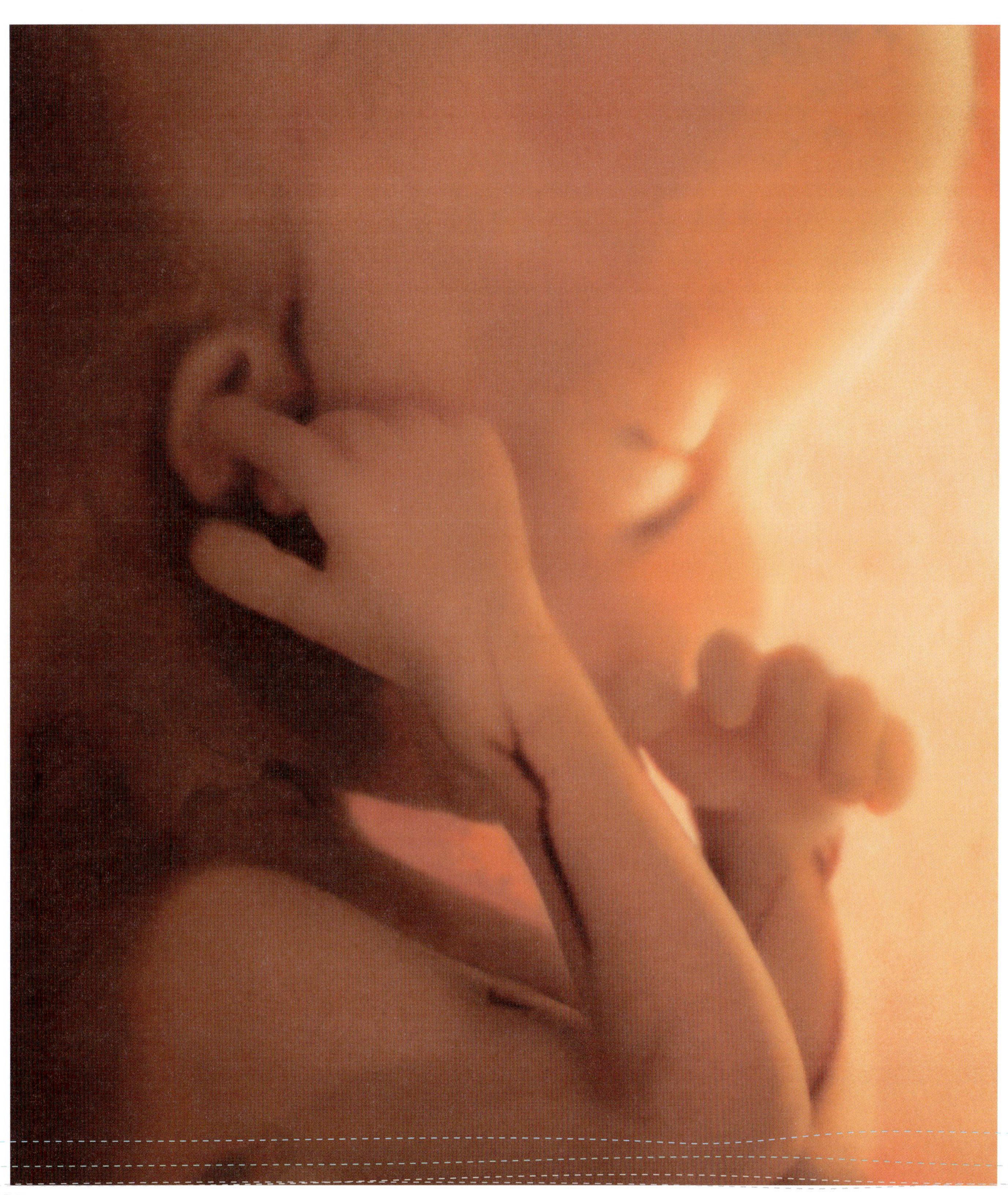

임신 17주

자궁이 늘어나면서 통증이 생긴다

태동을 느끼면 임신이 순조롭게 진행되고 있는 것으로 안심할 수 있다. 특히 문제가 있는 임신의 경우에는 더욱 그러하다. 임신이 진행되면, 자궁의 넓이보다는 길이가 늘어나서(배 위쪽으로) 자궁이 타원형에 가깝게 된다. 자궁은 골반을 채우고 복부 위쪽으로 커지기 시작한다. 그렇게 되면 내장이 위로 또는 옆으로 밀려나고 자궁은 결국 간에 거의 닿게 된다.

자궁은 떠 있는 것이 아니라 한 곳에 고정되어 있다. 따라서 서 있으면 자궁이 복벽에 닿는 것을 느낄 수 있다. 누우면 자궁이 뒤로 처져서 척추나 혈관을 압박할 수 있다.

통증이 느껴질 때는 누워서 쉬도록 한다

자궁 상부 양옆과 골반 측면 벽에는 둥그스름한 인대가 붙어 있다. 임신 중에 자궁이 늘어나면 이 인대가 더욱 길어지고 질겨지는데, 몸을 움직이면 인대가 당기면서 통증이나 불편함이 유발된다. 이것은 자궁이 커지고 있다는 증거로 임신부나 태아에게 해롭지 않으므로 걱정하지 않아도 된다. 통증이 느껴질 때는 누워서 쉬면 좋아진다. 통증이 심하거나 다른 증세가 함께 나타나면 의사에게 상의하는 것이 좋다. 질 출혈이 있거나 양수가 비치거나 심한 복통은 심각한 문제를 경고하는 신호일 수 있다.

피부에 얼룩이 생길 수 있다

임신을 하면 생식 호르몬이 늘어나 가끔 얼굴에 거무스름한 얼룩이 나타날 수가 있다. 반면 얼굴이 검은 편인 임신부의 경우 흰색 얼룩이 나타나기도 한다. 하지만 이런 얼굴의 얼룩은 출산과 함께 사라지므로 걱정할 필요는 없다.

임신 중에는 사마귀나 점도 더 커지고 짙어지는 경향이 있다. 심지어 얼굴과 가슴, 팔에 붉은 핏줄이 거미줄처럼 퍼지는 현상이 나타나는 임신부들도 상당수 있는데, 이 또한 아기를 낳고 나면 감쪽같이 사라진다.

피부 때문에 고민인 임신부라면 모반을 가리는 데 사용하는 화장용 크림을 사용하도록 한다. 피부 트러블이 심해지지 않도록 하려면 햇빛을 멀리하고 자외선 차단 크림을 사용하는 것도 도움이 된다.

태아의 체온을 유지하는 지방이 생긴다

지금부터는 태아의 몸에 지방이 생기기 시작한다. 지방은 태아가 체온을 유지하고 에너지를 얻는 데 중요한 역할을 한다. 지금은 태아의 체중 가운데 물이 89g이고 지방은 0.5g에 불과하다. 그러나 출산이 가까워지면 평균 체중 3.5kg인 태아에게서 지방이 2.4kg을 차지하게 된다.

아직 태동을 느끼지 못한다면 곧 느끼게 될 것이다. 매일 태동을 느끼지 못할 수 있다. 임신이 진행됨에 따라 태동은 더 활발해지고 더 자주 느끼게 된다.

심장이 혈액을 펌프질한다

아직도 머리가 큰 편이지만 다른 신체 부위와 비교적 균형을 이루고 있는 것처럼 보인다. 눈은 아직 감긴 상태지만 훨씬 더 커졌고 속눈썹과 눈썹이 길게 자랐다. 게다가 작은 심장으로 하루 24ℓ의 혈액을 펌프질한다. 태아는 이제 엄마의 몸 바깥에서 나는 소리를 들을 수 있으며, 어떤 소리에 깜짝 놀라기도 한다. 호흡을 연습함에 따라 흉부가 오르락내리락하고, 폐가 양수를 내뱉기 시작한다.

질 분비물이 증가한다

임신 중에는 백대하라고 하는 질 분비물이 증가하는 것이 정상이다. 이것은 대개 희거나 누르스름한 색이며 탁하다. 백대하는 감염증이 아니며, 임신 중에 질 주변의 피부나 근육으로 흘러 들어가는 혈액량이 늘어나기 때문에 생기는 현상이다. 분비물이 많을 때는 위생 패드를 착용하면 된다. 팬티 스타킹이나 나일론 속옷은 피하고 면으로 된 속옷을 입는 것이 좋다.

질 감염증에 주의한다

임신 중에는 질 감염이 일어나기 쉽다. 감염증으로 인한 분비물은 냄새가 심하고, 색이 누렇거나 푸르스름하고 질 주변이나 안쪽에 가려움증을 수반한다. 이런 증세가 있을 때는 의사와 상의해야 한다. 질 감염증을 치료하는 데 사용되는 크림과 항생제는 임신 중에 사용해도 안전하지만 사용 전에 의사의 지시를 받도록 한다.

질 세척은 하지 않는 것이 좋다

대부분의 의사들은 임신 중에는 질 세척을 하지 않는 것이 좋다고 말한다. 특히 질 세척기를 삽입해서 세척하는 것은 금물이다. 질 세척기는 출혈을 일으킬 수 있고 심하면 공기색전증을 초래할 수 있다. 공기색전증은 질 세척의 압력 때문에 혈류 속으로 공기가 들어갈 때 생기는 현상으로, 이런 현상이 생기는 경우는 드물지만 임신부에게 심각한 문제를 초래할 수 있다.

긴장완화운동으로 스트레스를 해소한다

임신에서 오는 감정적, 정신적 스트레스를 해소해 주고 출산의 고통에 대처할 수 있도록 평소 긴장완화운동을 해 주는 것이 좋다. 긴장완화운동은 앞으로 있을 진통에 대한 두려움도 줄여 준다.

몸의 스트레스를 해소하려면 산소가 필요하므로 호흡을 조절할 수 있는 방법을 익혀두자. 먼저 배꼽 부위에 한 손을 올려놓고 천천히 다섯을 세면서 코로 횡격막 아래부터 배에 이르기까지 깊게 숨을 들이마신다. 폐로 공기가 가득 차는 느낌이 들면 입으로 숨을 내뱉는데, 한꺼번에 내뱉지 말고 다섯까지 세면서 천천히 뱉는다. 마지막으로 숨을 내쉬면서 미소를 짓는다. 이 동작을 2회 반복한 뒤 보통 때처럼 편안하게 호흡한다. 1~2분 뒤에 다시 심호흡을 하고 처음부터 이 동작을 시작한다. 하루 2~3회 하면 좋다.

스트레스는 근육을 긴장시키고, 근육이 긴장되면 정신적 긴장을 풀기 어렵다. 근육 긴장을 풀려면 다음과 같이 운동한다. 먼저 편안한 곳에 누워 오른손에 주의를 집중한다. 오른손 주먹을 힘껏 쥐고 약 5초 동안 있는 힘을 다해 근육을 긴장시킨다. 그런 다음 주먹을 펴고 심호흡을 한다. 왼손으로도 같은 방법으로 몸의 긴장을 풀어 준다.

비타민과 미네랄을 섭취한다

임신 중에 채식만 해도 괜찮을까? 어떤 식품을 어떻게 배합해서 먹느냐에 따라 괜찮을 수도 있다. 육류를 먹지 않고 채식만 하려면 필요한 에너지를 충족시킬 수 있도록 칼로리를 충분히 섭취해야 한다. 이때 섭취하는 칼로리는 신선한 과일이나 채소처럼 영양학적으로 가치가 있는 것이어야 한다.

임신부 본인과 태아에게 에너지를 공급하기 위해서는 여러 유형의 단백질을 충분히 섭취해야 한다. 더불어 임신 중에는 비타민과 미네랄을 섭취하는 것이 중요하다. 정백하지 않은 곡류, 말린 콩류, 말린 과일류와 맥아 등을 골고루 먹으면 철이나 아연, 소량의 미네랄에 대한 필요량을 충족시킬 수 있다.

칼슘, 비타민 B₂, B₁₂, 비타민 D도 충분히 섭취해야 한다. 필요에 의해 오랫동안 채식을 해온 사람은 필요한 영양분을 어떻게 섭취해야 하는지 방법을 잘 알고 있을 것이다.

♡ 아내의 등과
어깨, 허리를
마사지해 주세요

임신부는 임신 초기, 중기, 후기에 걸쳐 여러 가지 신체 트러블로 고생하게 된다. 뱃속아기가 자람에 따라 어깨, 등, 다리, 허벅지, 허리 등 아픈 부위가 많아지기 때문이다. 이때 남편의 정성스런 마사지는 아내의 몸과 마음에 활력을 불어넣는 데 큰 도움이 된다. 아내를 위해 머리와 등, 발을 마사지해 주자. 마사지를 통해 아내는 몸의 긴장과 근육이 풀리게 되고, 동시에 남편에 대한 고마움과 사랑이 한층 커질 것이다.

임신 18주

요통과 견통이 나타날 수 있다

임신 중에는 거의 모든 임신부들이 등과 허리가 뻐근해지는 것을 느낀다. 벌써부터 그런 증세를 느끼는 임신부도 있고, 앞으로 배가 더 커지면서 그런 증세를 느끼는 임신부도 있을 것이다. 증세는 대개 가벼운 편이지만, 어떤 임신부는 아침에 잠자리에서 일어나거나 앉았다가 일어설 때 요통이나 견통 때문에 부축을 받아야 한다. 증세가 심한 경우에는 걷기도 힘들다.

임신을 하면 관절의 민첩성에 변화가 생겨 자세가 바뀌고, 이것이 요통을 일으키는 원인이 되기도 한다. 이런 증세는 특히 임신 후기에 심해진다. 자궁이 커지면 중심이 몸의 앞쪽, 다리 위쪽으로 옮겨가서 골반 부근의 관절에 영향을 주며 온몸의 관절이 느슨해진다. 이때 호르몬 증가가 요통이나 견통을 일으키기도 한다.

그러나 이런 통증이 신우염이나 신장결석 같은 심각한 문제의 원인일 수도 있으므로 만성적인 요통이 있는 임신부는 의사와 상의해 보는 것이 좋다.

요통이나 견통을 줄이는 방법
- 체중이 지나치게 많이 증가하지 않도록 조심한다.
- 임신 중에 계속 적절한 운동을 한다.
- 옆으로 누워서 자는 습관을 들인다.
- 낮에 30분 정도 신발을 벗고 옆으로 누워서 쉰다.
- 아이가 있는 경우, 아이가 잘 때 같이 낮잠을 잔다.
- 요통이 있을 때는 의사와 상의한 뒤 진통제를 먹도록 한다.
- 통증이 있는 부분에 열 찜질을 한다.
- 심한 통증이 지속되면 의사와 상담한다.

성장 속도는 둔화되지만 활발한 활동기에 접어든다

태아는 성장 속도가 살짝 둔화된다. 하지만 이제부터 태아는 가장 활발하게 활동하는 시기에 접어든다. 태아는 몸을 비틀고, 돌리고, 꿈틀거리고, 주먹으로 때리고, 발로 차면서 반사 능력을 훈련한다.

급성장하는 폐 속에 폐포라고 하는 작은 주머니가 발달하기 시작하며, 손끝과 발끝에 소용돌이 모양의 독특한 지문이 생기기 시작한다. 눈이 제 위치로 이동하며, 최초의 장 운동 결과물인 태변이 장에 쌓인다. 남아의 경우에는 전립선이 형성된다.

초음파 검사를 통해 심장 이상 여부를 밝혀낼 수 있다

임신 3주가 되면 두 개의 관이 합쳐져서 심장이 생기고, 임신 5주가 되면 심장이 수축하기 시작한다. 빠르면 임신 5~6주에 초음파 검사로 심장이 박동하는 것을 볼 수 있다. 태아는 모체를 통해 산소를 공급받는다. 모체의 순환계와 태아의 순환계는 가까이 있지만 완전히 분리되어 있다. 태아는 전적으로 모체에 의존해서 산소를 공급받다가 출생 직후부터 심장과 폐를 통해 혼자 호흡하는 것으로 재빨리 전환한다.

임신 18주가 되면 초음파 검사를 통해 심장의 이상을 발견할 수 있다. 초음파 검사는 다운증후군 같은 문제를 알아내는 데에도 도움이 된다. 이상이 있는 것으로 의심되면, 임신이 진행되는 동안 계속 초음파 검사를 통해 성장 상태를 관찰해야 한다.

격렬한 운동이나 힘든 일을 피한다

출산하는 날까지 격렬한 운동이나 힘든 일을 해도 끄떡없다는 여성이 있다. 임신한 몸으로 올림픽 경기에 출전해 메달을 땄다는 여성도 있고 출산 전날까지 야근을 할 만큼 열정적으로 일하는 여성도 있다. 그러나 대부분의 여성들은 임신 중에 격렬한 운동이나 육체적인 스트레스를 멀리하는 것이 안전하다.

자궁이 자라고 복부가 커지면 몸의 균형을 잡기가 어렵다. 이럴 때는 넘어지기 쉽거나 복부를 다치기 쉬운 운동은 삼가는 것이 좋다.

임신 기간 내내 안전하게 할 수 있는 운동과 활동들이 많이 있다. 예전에는 임신을 하면 절대 안정을 취하고 활동을 줄일 것을 권장했지만, 요즘에는 오히려 적당한 운동과 활동이 임신부와 태아의 건강에 도움이 된다고 말하고 있다.

고위험군의 임신부나 유산 경험이 있는 임신부는 어떤 운동이 자신에게 적합한지 의사와 상의해 보는 것이 좋다. 지금은 어떤 운동을 새로 배우거나 집중 훈련을 한다거나 활동량을 늘릴 때가 아니라 오히려 운동량과 강도를 줄여야 할 시기다. 몸의 반응을 유심히 살펴보면 언제 운동을 줄여야 할지 알 수 있을 것이다.

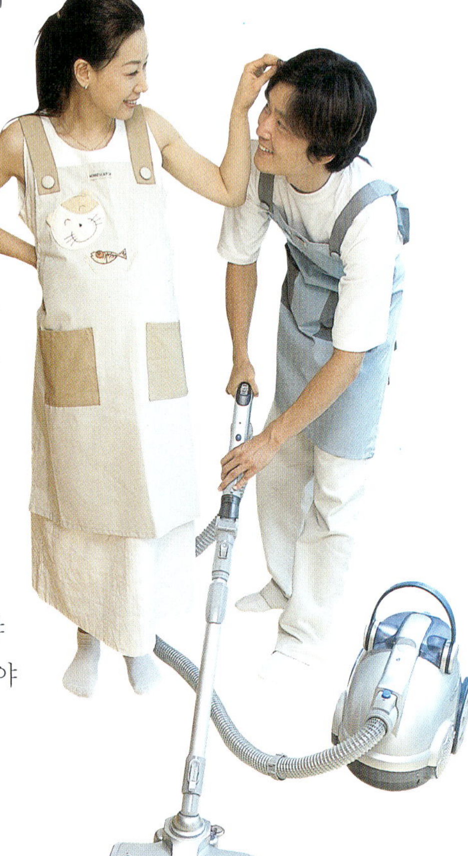

소변을 참는 버릇은 방광염을 유발한다

임신 중에 흔히 나타나는 문제 중 하나가 빈뇨이다. 임신 중에 방광염에 걸리면 소변을 더욱 자주 보게 된다. 방광염은 임신 중에 방광이나 신장과 관련해서 가장 많이 발생하는 질환이다. 자궁이 커지면 방광과 요도관 바로 위에 위치하게 되어 소변의 흐름을 방해하는데, 이것이 방광염을 일으키는 원인이 된다.

방광염의 증세는 배뇨가 끝날 무렵의 통증, 잔뇨감, 빈뇨 등이다. 방광염이 심하면 소변에 피가 섞여 나온다. 방광염을 예방하려면 소변을 참지 말고, 요의가 느껴질 때는 즉시 배뇨해야 한다. 요의를 느끼면서도 참으면 방광염에 걸리기 쉽다. 물을 많이 마시는 것도 도움이 된다. 성관계 뒤에 소변을 보는 것도 방광염을 예방하는 데 효과적이다.

방광염은 조산이나 저체중아 출산을 초래한다

방광염에 걸렸다고 생각되면 치료를 받아야 한다. 임신 중에 복용해도 안전한 항생제가 있다. 방광염을 치료하지 않고 방치해 두면 증세가 더욱 심해져서 신우염으로 발전할 수 있다. 임신 중에 방광염에 걸리면 조산이나 저체중아를 출산할 위험이 있다. 방광염에 걸렸다고 생각되면 즉시 의사와 상의하고, 방광염에 걸린 것으로 진단되면 완치될 때까지 치료를 계속 받아야 한다.

양상추가 방광염 치료에 도움을 준다

임신 중 흔히 방광염이 나타날 수 있지만 임신부 입장에서는 안전성이 확인된 것이라 하더라도 항생제를 복용하기란 꺼림직한 것이 사실이다. 이럴 때 민간요법을 이용하면 효과적이다. 먼저, 흔하게 먹을 수 있는 양상추가 방광염 예방에 좋다. 양상추는 내장의 열을 식히고 이뇨작용 또한 뛰어나므로 샐러드나 수프를 만들어 자주 먹는 것이 좋다.

이미 방광염 증세가 나타났다면 양상추를 달여 그 즙을 마시면 된다. 보리즙과 생강즙 역시 염증을 진정시키는 효과가 있는데, 보리 2큰술에 물 2컵을 붓고 물이 반으로 줄면 거즈로 거르고 난 후 이 즙에 곱게 간 생강즙과 꿀을 섞어 하루에 2~3회로 나누어 계속 마신다. 소변에 피가 섞여 나올 때 효과적인 민간요법은 팥파즙이다. 물에 불린 팥을 냄비에 붓고 물을 부어 끓이다가 볶은 파를 넣어 끓인 뒤 청주를 붓고 한소끔 끓인 다음 체에 걸러 그 즙을 마시면 된다.

빈뇨와 고열, 요통이 나타나면 신우신염일 수 있다

방광염으로 인해 생기는 더 심각한 문제는 신우염이다. 대부분의 경우 오른쪽 신장에 문제가 생기는데, 증세는 빈뇨, 배뇨곤란, 배뇨 시 작열감, 고열, 한기, 요통 등이고, 15~20%는 폐혈증을 동반하기 때문에 진단 시 신속한 처치가 필요하다. 신우신염에 걸린 것으로 진단되면 입원해서 항생제 정맥주사를 맞아야 한다. 임신 중에 신우신염이나 재발성 방광염에 걸리면 재발을 방지하기 위해 임신 내내 항생제를 복용해야 한다.

♡ 아내에게
최대한의
휴식시간을
제공하세요

아내에게 심부름을 해 주겠다고 자청해 보자. 세탁소에 세탁물을 맡기고 세탁이 다 된 세탁물을 찾아오거나, 아내 대신 빌린 책이나 비디오 테이프를 반납하고, 은행 일도 봐 주도록 하자. 퇴근 후 큰아이와 놀아 주는 것도 임신한 아내에게 큰 도움이 된다. 가능한 한 아내에게 휴식시간을 많이 만들어 주려고 노력하는 남편이 되자.

하복부나 등에 심한 통증이 느껴지면 신장결석이 의심된다

신장과 방광에 관련된 또 한 가지 문제는 신장결석이다. 신장결석은 하복부나 등에 심한 통증을 초래한다. 소변에 피가 섞여 나올 수도 있다. 임신 중에 신장결석에 걸리면 진통제를 복용하고 물을 많이 마시는 것으로 치료할 수 있다. 물을 많이 마시다 보면 외과적인 수술을 하지 않고 배뇨 시 결석이 빠져나올 수 있다.

영양관리 &
무엇을 어떻게
먹을까?

오렌지주스는 철분 흡수를 돕고 우유나 커피는 철분 흡수를 방해한다

임신 중에는 혈액량이 증가하기 때문에 철분 섭취가 중요하다. 따라서 증가한 요구량을 충족시키려면 하루에 30mg 정도의 철분을 섭취해야 한다. 임신 중에 태아는 모체에 저장된 철분을 흡수해 자기 몸에 저장해 두었다가 출생 뒤 몇 달 동안 사용한다. 이것은 수유를 할 경우 철분 결핍으로부터 태아를 보호해 준다. 대부분의 임신부용 비타민에는 임신부에게 필요한 철분이 충분히 들어 있다. 철분 영양제는 철분 흡수를 돕기 위해 오렌지 주스나 자몽 주스와 함께 먹는 것이 좋고, 철분 흡수를 방해하는 우유나 커피, 홍차는 피한다.

철분이 풍부한 식품을 비타민 C와 함께 섭취한다

쉽게 피로를 느끼거나, 집중력이 떨어지거나, 두통이나 현기증, 소화불량이 있거나, 쉽게 잘 아프면 철분 결핍을 의심해 봐야 한다. 철분 결핍 여부를 알 수 있는 간단한 방법은 아래 눈꺼풀 안쪽과 손톱을 살펴보는 것이다. 눈꺼풀 안쪽이 짙은 분홍색이거나, 손톱 아래쪽이 분홍색이면 철분이 충분하다는 증거이다.

우리가 먹는 철분 가운데 몸에 저장되는 것은 10~15%에 불과하다. 우리 몸은 철분을 효과적으로 저장하지만, 저장량을 유지하기 위해서는 철분이 풍부한 식품을 규칙적으로 먹어야 한다.

철분이 풍부한 식품으로는 닭고기, 쇠고기, 내장류, 달걀노른자, 말린 과일, 시금치, 케일, 두부가 있는데, 이들 음식을 비타민 C가 함유된 음식과 함께 먹으면 체내 흡수율이 높아진다. 시금치 샐러드를 오렌지나 자몽과 함께 먹는 것도 그 때문이다.

임신부용 비타민에는 철분이 60mg 들어 있다. 균형 잡힌 식생활을 하고 매일 임신부용 비타민을 복용하면 철분 영양제를 추가로 복용할 필요가 없다. 걱정이 될 때는 의사와 상의해 보고 결정한다.

임신 19주

현기증이 나타난다

임신 중에 현기증을 느끼는 것은 흔히 있는 현상이지만, 종종 저혈압 때문에 느낄 수도 있다. 현기증은 보통 임신 중기에 생기며 그보다 일찍 나타날 수도 있다. 임신 중에 저혈압이 되는 데에는 두 가지 원인이 있다. 한 가지는 커진 자궁이 대동맥과 대정맥을 압박할 때 생기는 것으로 똑바로 누워 있을 때 이런 현상이 일어날 수 있다. 밤에 잠잘 때나 쉴 때 등을 대고 똑바로 눕지 않으면 이런 현상을 완화하거나 예방할 수 있다. 저혈압이 생기는 또 한 가지 원인은 앉아 있거나 무릎을 꿇고 있거나, 쪼그리고 있다가 갑자기 일어서면 중력 때문에 뇌에서 혈액이 빠져나가 혈압이 떨어지기 때문이다. 앉아 있거나 누워 있다가 천천히 일어나면 이런 문제를 피할 수 있다.

빈혈이 있어도 현기증과 피로를 느끼며 가벼운 움직임에도 쉽게 피로해진다. 임신 중에는 정기적으로 혈액 검사를 받게 되는데, 빈혈이 있으면 의사가 알려줄 것이다. 임신을 하면 혈당 수치가 변하는데, 고혈당이나 저혈당은 현기증이나 무기력함을 느끼게 만든다.

특히 가족 중에 당뇨병이나 현기증 병력을 가지고 있는 임신부는 임신 중에 정기적으로 혈당 검사를 받아야 한다. 하지만 대부분의 임신부는 균형 잡힌 규칙적인 식생활을 통해 혈당과 관련된 문제를 피하거나 개선해 나갈 수 있다. 필요할 때 급히 혈당을 높일 수 있도록 항상 과일 한쪽이나 크래커를 가지고 다니면서 먹는 것도 좋은 방법이다.

초음파로 뇌 이상 여부를 확인할 수 있다

빠르면 임신 4주에 신경판이 발달하기 시작하면서 태아의 신경 계통(뇌와 척수)이 생기기 시작한다. 임신 6주가 되면 중앙신경 계통이 분리되어 전뇌, 중뇌, 후뇌, 척수로 분리되고, 임신 7주가 되면 전뇌는 2개의 반구체로 나누어지며 이때쯤에는 뇌와 척수가 생기기 시작한다.

뇌는 일찍부터 성장·발달을 계속한다. 뇌와 척수 주변을 돌아다니는 뇌척수가 어떤 이유에서든 흐름에 방해를 받으면 뇌수종이 생길 수 있다.

뇌수종이 생기면 머리가 커진다. 뇌수종이 생길 확률은 태아 2,000명 가운데 1명꼴이며, 심한 선천성 기형 가운데 12%는 뇌수종 때문에 생긴다. 뇌수종은 흔히 이분 척추와 관계 있으며, 뇌 헤르니아(뇌류)나 배꼽 헤르니아(제대 탈장)와도 관계가 있다. 뇌수종의 경우 대개 500~1,500ml의 뇌척수가 모여 있으며 이보다 더 많이 모여 있는 경우도 있다. 뇌척수가 모이면 뇌 조직을 압박하

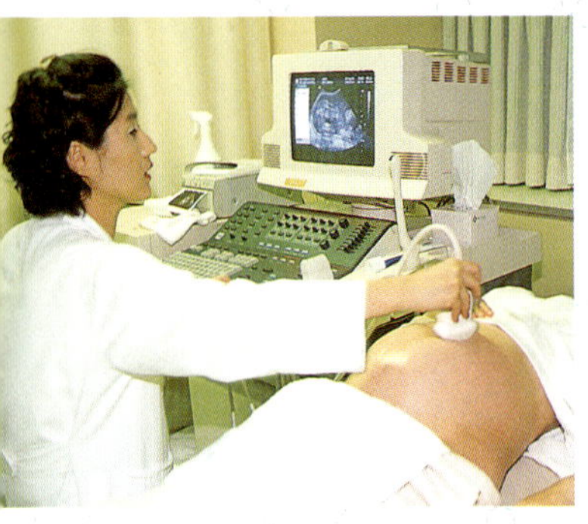

게 되고 이것이 문제를 일으킨다. 뇌수종은 임신 19주가 되면 초음파로 쉽게 발견할 수 있는데, 종종 정기검진과 내진을 하다가 발견할 수도 있다.

임신 중에 태아 뇌수종을 치료할 수 있는 방법은 두 가지가 있다. 한 가지는 모체의 복부를 통해 뇌척수가 고여 있는 태아의 뇌 부위에 바늘을 넣어 뇌척수를 뽑아내는 것이다. 이렇게 해서 고여 있는 뇌척수를 제거하면 태아의 뇌에 가해지는 압박을 덜 수 있다. 또 한 가지 방법은 뇌척수가 고여 있는 부위에 작은 플라스틱 관을 꽂아 이곳을 통해 계속 뇌수를 빼내는 것이다.

뇌수종은 매우 위험하다. 흐르지 않고 고여 있는 뇌척수를 제거하는 수술은 최신 의료기술을 갖춘 병원에서 경험이 많은 의사가 시술해야 한다.

창자가 위액을 생산하기 시작한다

태아 피부에서 태지라고 하는 기름기 있는 진한 흰색 물질이 분비된다. 이것은 태아의 피부가 양수에 젖지 않도록 보호하는 방수벽 역할을 한다. 또한 마이엘린(myelin)이라고 하는 지방분이 몸 전체의 신경을 싸고 있는데, 이것은 신경을 차단하고 조화롭고 능숙하게 움직이기 위해 필요한 정보를 신속하고 원활하게 교환하게끔 한다. 신생아, 특히 조숙아의 움직임이 조화롭지 못한 것은 대개 마이엘린이 부족하기 때문이다.

이제 태아의 창자에서 위액이 생산되기 시작한다. 위액은 태아가 양수를 흡수해 신장으로 전달하는 것을 돕고, 신장은 양수를 여과해 양막낭으로 양수를 다시 내놓는다.

임신 중 경계해야 할 증세에 대해 알아 둔다

임신 중에 심각한 문제가 생겨도 알 수 없지 않냐고 걱정하는 임신부들이 많다. 하지만 대부분의 임신부는 임신 중에 별 문제를 겪지 않는다. 그러나 그 점이 걱정되는 임신부는 다음과 같은 증세가 나타날 때 의사에게 상담해 보는 것이 좋다.

임신 중 조심해야 할 증세에는 질 출혈, 얼굴이나 손가락의 심한 부기, 심한 복통, 태동의 변화, 고열이나 한기, 심한 구토와 음식물을 삼키기 어려운 증상, 심한 두통, 배뇨 시 통증, 낙상이나 부상, 교통사고 등이다. 자신의 건강이 의심스러울 때는 주저하지 말고 언제든지 의사에게 연락해서 상담을 받도록 하자. 의사도 문제를 미리 알면 치료하기가 쉽다.

알레르기가 심해질 수 있다

임신 중에는 알레르기가 더 심해질 수 있다. 이런 경우에는 수분을 충분히 섭취하는 것이 도움이 된다. 알레르기 치료제는 처방된 약이건 아니건 담당의사와 상의 없이 함부로 복용하면 안 된다. 비강 분무제도 마찬가지다. 알레르기 치료제 중에는 임신부들이 절대 복용하면 안 되는 것이 있기 때문이다.

아내가 임신해 있는 동안에는 너무 일에만 매달리지 말고 될 수 있으면 여유 시간을 많이 만들어 아내와 함께 보내도록 하자. 함께 산책을 하는 것도 좋고 가벼운 여행을 한다거나 서점에 들러 임신출산에 관한 책을 사서 함께 읽는 등 두 사람이 함께 출산계획을 세우고 아기를 맞이할 준비를 하는 데 힘쓰도록 한다.

사람에 따라선 임신 중에 알레르기 증상이 호전되는 수가 있다. 임신 전에 문제를 일으켰던 것이 임신을 하면서 더 이상 문제가 되지 않는 경우가 있기 때문이다.

무거운 물건은 들지 않는다

무거운 물건을 드는 것이 태아에게 해로운 것은 아니다. 태반이 자궁벽에서 그렇게 쉽게 떨어지지는 않기 때문이다. 그렇지만 무거운 물건을 번쩍 들어 올리는 일을 자주 하면 허리 근육에 무리가 갈 수밖에 없다.

임신을 하면 평소엔 안정되어 있던 골반이 출산 준비를 위해 느슨해진다. 이것은 커지는 배와 함께 몸의 균형을 잡기 어렵게 만들며 허리 근육에 부담을 주게 된다. 그런데 무거운 물건까지 들게 되면 허리 근육에 더욱 부담을 주는 셈이 된다.

장을 볼 때는 가급적 남편과 동행하는 것이 좋지만 어쩔 수 없이 혼자 장을 보게 될 때는 작은 봉투 여러 개에 물건을 나누어 담는 것이 낫다. 허리 근육은 임신 후기가 되면 더욱 부담을 받으므로 이 시기에는 가능하면 허리에 무리가 가지 않도록 주의한다.

임신부의 체중 증가가 태아의 체중을 결정한다

큰 여성은 큰 아기를 낳는다는 옛말은 근거가 있다. 신장, 체중을 포함한 모체의 크기는 출산 시 아기의 체중을 결정하는 요인 중 가장 영향력이 큰 요소다. 그리고 충분한 영양을 섭취하고 적당한 휴식을 하며 정기적으로 의사의 검진을 받으면, 건강한 아기를 분만할 수가 있다.

초산부보다는 경산부의 아기가 체중이 더 나간다. 쌍둥이는 보통 아기들보다 약간 가벼워 2명을 합한 무게가 보통 6kg이 된다. 또 임신 중 모체의 체중 증가량도 태아의 체중에 영향을 미친다. 여성은 임신 중 평균 11~16kg 정도 체중이 늘어나는데 체중이 거의 늘지 않는 임신부는 20kg 이상 증가한 임신부보다 300~400g 가벼운 아기를 낳는다.

유제품과 뼈째 먹는 생선으로 칼슘을 보충한다

임신부나 태아에게는 칼슘이 중요하다. 임신부는 뼈를 튼튼하게 유지하기 위해 칼슘이 필요하고, 태아는 튼튼한 뼈와 치아의 발달을 위해 칼슘이 필요하다. 임신 중에는 하루 1,200mg의 칼슘이 필요하다. 임신 말기가 되면 수유에 대비해 체내에 칼슘이 저장된다.

칼슘은 유제품에 많이 들어 있지만, 칼슘의 흡수를 도와주는 비타민 D에도 많이 들어 있다. 우유, 치즈, 요구르트, 아이스크림은 우리가 흔히 생각할 수 있는 칼슘의 공급원이고, 브로콜리, 시금치, 연어, 정어리, 깨, 아몬드, 두부, 송어에도 칼슘이 많이 함유되어 있다. 요즘에는 칼슘이 강화된 오렌지주스와 빵도 나와 있다. 반면 소금과 홍차, 커피, 단백질은 칼슘의 체내 흡수를 방해한다. 칼로리 섭취에 조심해야 하는 경우에는 저지방 유제품을 먹도록 한다.

임신 20주

자궁이 커지면서 복근이 신장된다

복근이란 늑골 아래 부위에서 골반까지 수직으로 연결되어 있는 근육을 말한다. 자궁이 커지면 이 근육이 늘어나면서 중심선에서 복직근이 분리될 수 있다. 복직근이 분리되는 것을 가장 잘 의식할 수 있는 것은 누워 있다가 고개를 들면서 복근을 긴장시킬 때이다. 이때 복부 중앙이 불룩 올라온 것처럼 보이고, 올라온 부위 양쪽에 근육의 언저리를 느낄 수 있다.

이런 현상은 아프지도 않고 모체나 태아에게 해롭지도 않다. 근육이 분리된 공간에 느껴지는 것이 자궁이다. 이 부위에서 태동을 좀더 쉽게 느낄 수 있다. 첫 임신의 경우에는 복근 분리를 전혀 의식하지 못할 수 있고, 임신이 반복될수록 더 확실하게 알 수 있다. 운동을 하면 복근이 튼튼해질 수 있지만, 그래도 복부 중앙이 올라오고 복근이 분리되는 공간은 생긴다.

출산을 하면 복근이 팽팽해지면서 분리된 공간이 다시 연결된다. 거들을 입어도 볼록함이나 분리된 공간을 없애지는 못한다.

복부 가려움증이 나타난다

임신 중에는 피부가 건조해지면서 가려움증이 나타나고 임신 주수가 늘어가면서 그 증세가 심해지기도 한다. 이런 증세는 특히 태아가 자라면서 피부가 늘어나는 복부에 두드러지게 나타난다.

가려움증이 심할 때는 일단 실내공기가 건조하지 않도록 가습기를 항상 틀어 두고, 목욕이나 샤워를 할 때 미지근한 물을 사용한다. 뜨거운 물은 피부를 건조하게 만든다. 그리고 목욕이나 샤워 뒤에는 바로 모이스처 크림을 발라 준다. 피부가 촉촉할 때 바르는 것이 효과적이다.

아무리 가렵다 하더라도 긁는 것은 금물이다. 한 번 긁으면 계속 긁어야 하는 악순환이 반복되고 더 간지럽게 느껴진다. 그리고 비누 사용을 자제해야 한다. 비누는 피부의 유분을 제거해 더 가렵게 만들 수 있다. 그냥 씻는 것으로는 시원하지 않다면 비누 대신 비누 성분이 없는 클렌저를 사용한다.

감각기관이 발달하는 중요한 시기다

태아는 출생하기까지의 여정을 절반 정도 끝냈다. 태아는 아직 작지만 빠르게 성장하고 있다. 지금은 미각, 후각, 청각, 시각, 촉각 등 감각발달에 중요한 시기이다. 이제 마침내 태아가 들을 수 있게 되었고, 엄마의 목소리를 알아듣는다. 각각의 감각과 관련된 신경세포가 뇌의 특정 구역으로 발달한다. 신경세포의 증식이 둔화되고 있지만, 기억력과 사고력 발달에 필요한 복잡한 연결망이 형성되고 있다. 여아의 경우에는 벌써 난소에 난자가 200만 개 정도 들어 있다. 그러나 태어날 때쯤이면 이 수가 100만 개로 줄어든다. 신경계와 근육계가 발달해, 태아는 팔다리를 쭉 뻗을 수 있다.

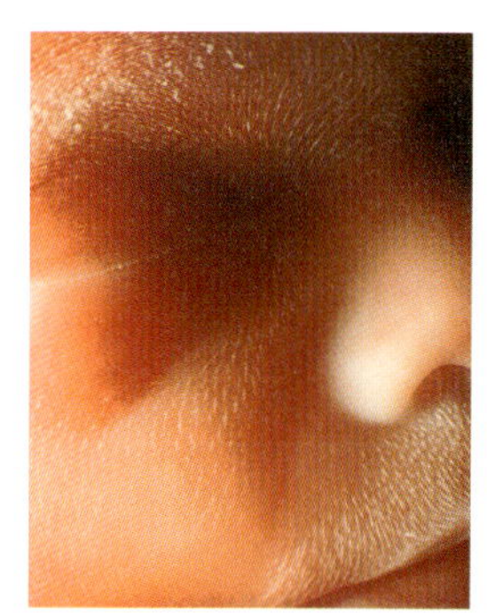

윗입술과 눈썹을 중심으로 털이 생기기 시작한다

임신 12~14주가 되면 털이 생기기 시작한다. 털은 외피에서 자라고, 모근은 진피 속으로 들어간다. 털이 가장 먼저 생기는 지점은 윗입술과 눈썹 부위다. 이 털은 대개 출산 무렵이면 다 빠지고 새로운 모낭에서 난 더 굵은 털로 대체된다.

이 시기에 초음파 검사를 하면 분만예정일을 확인하는 데 도움이 된다. 초음파 검사를 너무 빨리 하거나 늦게 하면(임신 첫달이나 마지막 두 달), 분만예정일을 정확하게 파악할 수 없다. 초음파 검사를 하면 쌍둥이 임신 여부도 알 수 있다. 임신 20주쯤이면 초음파 검사를 통해 태아와 관련된 여러 가지 문제를 알아낼 수 있다.

양수로부터 태아의 피부를 보호해 주는 '태지'가 생긴다

태아의 몸을 감싸고 있는 피부는 외피와 진피로 되어 있다. 임신 20주가 되면 외피는 4겹으로 정리되고, 그중 하나는 손가락, 손바닥과 발바닥의 지문을 형성한다. 지문은 유전적으로 정해진다. 진피는 외피 아래쪽에 있다. 진피는 외피 쪽으로 올라오는 돌출부를 형성하며, 각 돌출부에는 모세혈관이나 신경이 들어 있다. 진피에는 지방분이 많이 들어 있기도 하다.

출생 시 아기의 피부는 풀처럼 생긴 백색 물질에 뒤덮여 있는데, 이것은 태지라는 것으로 임신 20주쯤부터 피부에서 분비된다. 태지는 양수로부터 아기의 피부를 보호해 준다.

분홍색이나 갈색의 질 분비물은 늦은 유산의 위험신호다

늦은 유산은 대개 태반이나 임신부의 건강 이상에 그 원인이 있다. 태반이 자궁벽에서 분리되어 떨어져 나오거나, 비정상적으로 자리를 잡거나, 임신을 계속하는 데 필요한 호르몬을 생산해 내지 못하면 늦은 유산을 하는 경우가 있다. 혹은 임신부가 바이러스에 심각하게 감염되었거나, 고질병에 걸렸거나, 심각한 영양실조에 걸렸거나, 자궁경관 무력증에 걸렸을 때도 늦은 유산을 하게 된다.

분홍색 질 분비물이 며칠 동안 계속 나오거나 몇 주 동안 소량의 갈색 분비물이 나오면 늦은 유산의 징조다. 급격한 복통과 함께 심한 출혈이 있으면 거의 유산을 막을 수가 없다.

하지만 고위험군에 속하지 않는 임신부가 임신 12주 뒤에 유산을 하는 경우는 거의 없으므로, 고위험군에 속해서 특별히 의사의 보살핌을 받는 임신부가 아니면 늦은 유산을 하지 않을까 걱정할 필요가 없다.

민간요법으로 유산을 예방할 수 있다

유산 기미가 보이면 검은콩꿀조림이나 호박덩굴가루, 목이버섯가루를 먹는다. 특히 자궁이 약해서 유산 기미가 있는 사람은 호박덩굴을 말려 곱게 빻은 다음 매일 한 숟가락씩 먹는다.

넘어졌거나 다쳐서 유산이 걱정될 때는 해바라기꽃 20g에 물을 적당히 붓고 달여서 식사 전에 마시면 좋고, 무엇엔가 놀라서 유산 기미가 생겼다면 차조기잎 한두 줌을 물에 달여 마시면 효과가 있다.

청진기로 태아의 심박동 소리를 들을 수 있다

임신 20주가 되면 청진기로도 태아의 심박동 소리를 들을 수 있다. 태아의 심박동 소리를 들을 수 있는 도플러와 태아의 심박동을 볼 수 있는 초음파 검사가 나오기 전에는 청진기로 태아의 심박동 소리를 들었다.

대부분의 경우, 태동을 느낀 다음에는 청진기로 태아의 심박동 소리를 들을 수 있다. 청진기를 통해 들리는 심박동 소리는 그리 크지 않기 때문에 처음에는 잘 들리지 않는다. 그러나 태아가 커지고 심박동 소리가 커지면 쉽게 들을 수 있다. 청진기로 태아의 심박동 소리를 들을 수 없다고 해도 걱정할 필요는 없다. 정기검진하는 의사도 항상 청진기로 태아의 심박동 소리를 들을 수 있는 것은 아니다.

고위험임신, 조산·유산의 걱정을 덜어 주는 기구도 있다

임신 16주부터 집에서 태아의 심장 뛰는 소리를 들을 수 있고 화면에 표시된 태아의 심장 박동 수로 태아의 건강 상태를 간편하게 확인할 수 있는 기구도 있다. 태아의 심장 뛰는 속도는 태아가 산소를 잘 공급받으며 자라는지를 확인할 수 있는 중요한 정보가 된다.

만약 태아의 심장 뛰는 속도가 급격하게 느려졌다면 병원에 가서 정확한 진단을 받아 볼 필요가 있다. 참고로, 정상적인 태아의 심박동수는 분당 120~160회이다.

이 기구는 태동이 시작되기 전, 태아의 건강을 확인하고 싶을 때나 초산, 고위험 임신부로 매일 태아의 상태를 체크하고 싶을 때, 출산 때까지 태아의 상태를 정기적으로 확인하고 싶을 때, 조산이나 유산 경험이 있어서 태아의 상태가 걱정될 때 유용하다.

솔직한 대화로 부부간 트러블을 해결한다

　　임신은 부부간의 관계를 돈독히 할 수 있는 좋은 기회이다. 배가 커지면 불편해서 부부관계를 갖는 것이 힘들어질 것이다. 그러나 상상력을 동원해서 체위를 달리하면 이 시기에도 계속 부부관계를 가질 수 있다. 남편이 태아를 다치게 할까 봐 걱정해서 부부관계를 회피하거나 반대로, 남편의 지나친 부부관계 요구로 압박감이 들 때는 남편에게 솔직하게 자신의 심경을 이야기하는 것이 좋다. 남편과 함께 의사를 찾아가서 이런 문제를 상의하는 것도 좋다.

　　부부관계 중이나 후에 자궁 수축이나 질 출혈 등의 증상이 있을 때는 의사와 상담하는 것이 좋으며, 의사는 부부관계를 계속 가져도 좋은지를 결정해 줄 것이다.

제대 천자술로 혈액 관련 이상을 찾아낼 수 있다

　　제대 천자술은 태아가 아직 자궁에서 성장하고 있을 때 하는 것이다. 이 검사의 장점은 결과를 며칠 내로 알 수 있는 것이고, 단점은 양수 검사보다 유산 위험이 높은 것이다. 검사 방법은 초음파 화면의 도움을 받아 모체의 복부나 질을 통해 탯줄의 작은 혈관에 가는 바늘(천재)을 삽입하여 태아의 혈액을 소량 채취해서 분석한다.

　　이 검사를 하면 혈액과 관련된 여러 가지 문제, 감염증, Rh부적합성 등을 알아낼 수 있다. 또한 출산 전에 태아의 혈액을 검사해 두면, 필요할 때 즉각 수혈할 수 있다. 이것은 모체가 Rh음성으로 태아의 혈액을 파괴하는 항체가 있을 때 발생하는 위험한 빈혈증을 막는 데 도움이 된다.

인공감미료는 가급적 사용하지 않는다

　　많은 여성들이 칼로리 섭취를 줄이기 위해 인공감미료를 사용한다. 식품이나 음료에 주로 많이 사용되는 인공감미료는 아스파테임과 사카린이다. 그중에서도 아스파테임이 가장 많이 사용된다.

　　그러나 아스파테임의 안전성에 대해서는 논란이 있다. 현재로서는 인공감미료가 임신부나 태아에게 안전한지 확실히 알 수 없으므로, 임신 중에는 인공감미료가 들어 있는 식품은 피하는 것이 바람직하다.

　　사카린은 예전처럼 많이 사용되지는 않지만 그래도 많은 식품과 음료수에 쓰이고 있다. 전문가들에 따르면 임신 중에는 사카린이 들어간 식품과 음료수를 먹지 않는 것이 좋다고 한다. 임신 중에는 태아의 건강을 위해 될 수 있으면 인공감미료와 식품 첨가물이 들어 있는 식품은 피한다.

임신 중 치아관리 & 코·귀 관리

치아관리

예로부터 '아이 하나에 이 하나' 라는 말이 전해져 내려오는데, 이 말은 치과의사들을 당혹스럽게 만든다. 어느 정도 일리가 있을 수도 있지만 그 어떤 연구 결과도 이를 입증하지 못했기 때문이다. 일반적으로 치아 안의 칼슘 성분이 다시 몸 안으로 순환되어 들어가는 일은 없다. 따라서 신체 다른 부위, 혹은 자라나는 태아의 골격과 치아에 칼슘이 절대적으로 필요하다고 해도 임신부의 이에서 그 성분이 빠져나가지는 않는다.

♥ 칼슘 섭취가 필요할 때는 탄산칼슘 정제를 복용한다

임신 중에 생기는 충치는 사기질의 유실과 함께 발생한다. 또한 의사가 처방한 비타민을 하루도 빠짐없이 복용한다면 임신 중에 칼슘 부족이 발생할 확률은 거의 없어진다.

한편 일반적인 믿음과는 달리 우유는 임신 중에는 그다지 좋은 칼슘 공급원이 되지 못한다. 임신부의 몸은 우유 안에 들어 있는 칼슘을 제대로 흡수할 수 없기 때문이다. 만약 특별한 이유로 칼슘을 따로 섭취해야 한다면 탄산칼슘 정제를 복용한다. 탄산칼슘 정제는 저렴하면서도 훌륭한 탄산칼슘 공급원이다.

♥ 이를 빼는 것은 출산 후로 미룬다

임신 초기에는 반드시 치아 상태를 체크해야 한다. 임신 중이더라도 필요한 경우에는 치과 치료를 받을 수 있다. 알레르기만 없다면 국부마취는 해도 된다. 다만 이때도 흡입마취제는 피해야 한다. 그리고 급한 경우가 아니라면 이를 빼는 것은 출산 뒤로 미루는 것이 좋다.

♥ 잇몸병은 호르몬 변화로 인해 생기는 증세다

임신 중에는 비정상적으로 잇몸이 붓는 경우가 있는데 이러한 현상은 잇몸 내부의 혈관 변화로 인해 발생한다. 또한 잇몸 점막이 붉어지고 붓기도 하며 가벼운 접촉에도 출혈이 발생하기도 한다. 이것은 호르몬 변화로 인해 생겨나는 증세로 출산과 함께 사라진다.

코와 귀 관리

 코피가 날 수 있다

콧구멍이 부어오르면 충혈로 인해 불편하고 코피가 날 수도 있다. 이러한 출혈은 대부분 곧 멈추고 출혈 양도 그다지 많지 않다. 그러나 지속적으로 많은 양의 코피가 흐를 경우에는 이비인후과를 찾아간다.

약을 사용할 때는 안전성을 체크한다

약을 복용하거나 코에 바르기에 앞서 출혈의 원인과 사용하려는 약의 안전성에 대해 확인해야 한다.

출산 후에는 증세가 사라진다

귓속이 충혈되면 비행기가 급하게 하강할 때나 수영 후 귀가 막혀 있을 때와 같은 느낌이 든다. 단지 차이가 있다면 임신 중에는 이러한 느낌이 지속적으로 나타난다는 점이다. 다양한 종류의 약과 물약이 사용되고 있지만 그 효과는 일시적이며 그다지 큰 도움이 안 된다. 일단 이러한 증세가 나타나면 좀처럼 사라지지 않고 지속되며 출산 후에야 정상으로 회복된다.

임신중독증

주요 증상

고혈압, 단백뇨, 부종이 임신중독증의 3대 증상이다

일반적으로 임신 20주 이후에 고혈압, 단백뇨, 부종이 나타나는 경우를 임신중독증이라고 하며, 요즘에는 임신성 고혈압이라는 용어를 쓰기도 한다. 여기에 경련까지 동반될 때는 자간증이라고 말한다. 임신중독증은 임신부 사망의 3대 원인으로 알려져 있을 만큼 무서운 병인데, 사망률뿐만 아니라 합병증의 위험도 높으며 임신부 20명 중 1~2명이 걸릴 만큼 발병률도 높은 편이다.

임신중독증의 주된 원인은 혈압 상승이다. 임신 20주 이후 최고 혈압이 140mmHg, 최저 혈압이 90mmHg 이상이면 임신중독증을 의심해 보아야 한다.

단백뇨가 나타날 경우 반드시 전문의에게 보여야 한다

신장이나 요관, 방광 계통에 염증이 없으면서 소변에 단백질이 나타나는 단백뇨 증상이 나타날 경우, 병원에 가서 소변 검사를 통해 임신중독증 여부를 확인해 보아야 한다.

이런 증상이 나타날 때, 대개 임신부는 몸이 나른하고 식욕이 떨어지며 소변의 양이 줄어들고 목이 마른 증세를 호소하기도 하는데, 임신부 스스로 단백뇨인지 아닌지 판단하기란 어려운 일이므로 반드시 전문의의 진단을 받아 보도록 한다. 소변 검사 결과 소변 속 단백의 농도가 300mg이 넘는 경우 이상이 있는 것으로 본다.

💜 임신중독증에 걸렸을 때 나타나기 쉬운 신체변화

임신중독증이 생기면 간이나 신장기능, 혈액 순환이 나빠지므로 보통 때보다 더 쉽게 피로해지고 몸이 무겁고 머리가 아프며 눈이 침침해지는 증상이 나타난다. 명치 부분이나 오른쪽 배 윗부분에 통증이 느껴지면 매우 위험한 상태로 접어든 것으로 자간증으로 발전할 가능성이 높다.

임신중독증의 기본적인 생리적 원인은 혈관의 수축 때문인데, 혈관의 수축으로 인해 혈압이 오르게 되고, 이 때문에 여러 장기로의 혈액 공급이 원활하게 이루어지지 못하면서 콩팥이나 간, 뇌 등 주요 장기들이 손상을 입게 된다. 또한 태반으로의 혈류 공급도 저하되어 태아의 발육도 나빠지게 된다. 게다가 혈관의 수축은 내피세포의 손상도 초래하여 결국 단백뇨나 부종을 일으키게 되는 것이다.

임신중독증이 나타나기 쉬운 임신부

💜 초산부나 고연령 임신부

임신중독증은 경산부보다는 초산부에게서 많이 발생하고 쌍태 임신부, 고연령 임신부 등에게서도 많이 발생한다. 아이를 낳은 경험이 있는 경우 임신중독증에 걸릴 확률은 1%로 떨어진다.

흔히 첫 임신에서 임신중독증에 걸려 고생했던 임신부는 다음 임신 때에 또 걸리지 않을까 두려워하기 쉬운데, 사실은 한 번 임신중독증에 걸렸던 임신부가 다시 임신중독증에 걸릴 확률은 20% 미만인 것으로 보고되어 있다.

💜 당뇨병이 있는 임신부

신장병이나 고혈압이 있던 사람이 임신을 하면 보통 사람들보다 신장과 심장에 부담을 더 많이 느끼게 되며 임신중독증에 걸릴 확률도 높다. 특히 당뇨병이 있는 경우, 거대아가 태어날 확률도 높고 그로 인해 신장이나 심장에 부담이 커져 임신중독증에 걸릴 확률이 40배나 높아진다. 당뇨병은 유전적인 요인이 강하므로 가족 중에 당뇨병 환자가 있는 경우 특별히 신경을 써야 한다.

💜 빈혈이 있는 임신부

빈혈이 있는 경우도 주의를 기울여야 한다. 적혈구 감소로 태아의 기관 형성에 문제를 일으킬 수 있고 임신부의 몸에도 부담을 가져와 임신중독증을 일으킬 위험이 높기 때문이다. 태반 기능의 저하로 미숙아를 낳을 확률도 높다.

💜 다태아 임신부

뱃속에 태아가 둘 또는 셋이 있으면 한 아기를 임신한 경우보다 태반이 크거나 수적으로 많아 모체에 가해지는 부담이 클 수밖에 없고, 따라서 임신중독증에 걸릴 가능성도 높아진다.

특히 임신하기에 너무 어린 연령인 10대 임신부와 고연령 임신인 40대 임신부에게 임신중독증은 더 많이 발생한다. 40대 임신부의 경우 혈관의 노화로 젊었을 때보다 고혈압이나 신장병 같은 질환에 더 쉽게 노출된다. 게다가 비만한 여성인 경우 임신중독증이 나타날 확률은 더 높아진다.

💜 직장여성 임신부

특히 임신중독증은 임신 중에 근무를 하는 여성에게서 많이 나타나는 것으로 조사되었다.

한 연구팀은 초산부로 임신 18~24주인 20대 초반과 후반 임신 여성 933명을 대상으로 일반적으로 하루 일과를 보내는 동안 그들의 혈압을 체크해 보았다. 그룹은 3개로 나뉘었는데, 1그룹은 임신 중 근무를 하는 임신부 245명, 2그룹은 임신 중 전혀 근무를 하지 않는 임신부 289명, 3그룹은 직장에 고용돼 있으나 근무에서는 빠진 임신부 399명이었다.

그 결과 임신 중에 근무를 하는 여성들의 경우 임신중독증에 걸릴 확률이 전업주부 임신부에 비해 거의 5배 가까이 높은 것으로 나타났다. 그리고 임신중독증과 근무 사이의 연관성을 명백히 규명할 수는 없지만 근무에 따르는 스트레스가 인체를 순환하는 스트레스 호르몬의 양을 증대시킬 가능성이 높은 것으로 결론 내렸다. 다시 말해 스트레스 호르몬의 증가가 교감신경계에 영향을 미쳐 혈압을 올리게 된다는 것이다.

임신중독증 예방과 치료

임신중독증의 가장 큰 문제는 조기진단의 방법이 없다는 것이다. 때문에 정기검진을 빼먹지 않도록 하고 주별 체중 변화와 혈압을 꼼꼼하게 체크해 둘 필요가 있다.

💜 임신 몇 주에 발병했는가가 중요하며 대개는 출산 후 사라진다

임신중독증의 예후는 발병 시의 임신 주수, 효과적인 치료 여부, 분만 시기와 방법, 증상의 정도 등으로 결정된다. 임신중독증은 분만 후 일시적으로 악화되는 경우도 간혹 있으나 대개는 호전된다. 특히 출산 후 24시간이 가장 중요한데, 만성 고혈압 등이 동반된 경우가 아니면 대개 이 시기가 지나서 악화되는 경우는 매우 드물다.

💜 분만 여부를 빨리 결정해야 한다

임신중독증이 심각하면 분만 여부를 빨리 결정해야 한다. 만삭인 경우에는 빨리 분만을 하고, 만삭이 아닌 경우에는 임신부와 태아의 상태에 따라 수술을 할 것인지, 기다릴 것인지 결정한다.

가능하면 태아를 엄마 뱃속에서 오래 키우는 것이 좋지만 임신부의 생명을 살리기 위해서 7~8개월이라도 급히 수술을 해야 하는 경우가 있다. 또한 태아도 자궁 안에서 갑자기 사망할 가능성이 높으므로 수술 시기를 적절히 선택해야 한다. 분만을 최대한 늦추되, 태아와 엄마의 생명이 위태롭지 않게 수술 시기를 잡는 것이 중요하다.

💜 임신중독증은 합병증이 무섭다

가장 큰 문제는 합병증이다. 임신중독증의 합병증은 발생한 시기와 증상의 정도에 따라 다양하게 나타날 수 있다. 말기에 가벼운 임신중독증의 증세가 나타난 경우라면 아무런 합병증 없이 회복될 수도 있지만, 증상이 심하거나 일찍 나타나기 시작한 임신중독증인 경우 여러 가지 합병증을 나타낼 수 있다. 가장 대표적인 합병증은 혈관 수축과 혈류 감소로 인한 것으로 콩팥, 간 기능 장애와 태아 발육부전이다.

양수 이상

💜 양수는 36주까지 증가하고 그 이후엔 서서히 감소한다

양수는 임신 8주쯤에 생성되기 시작하는데 이것은 태아가 소변을 보기 시작하는 시기와 일치한다. 따라서 양수는 주성분이 태아의 소변이다. 양수의 양은 36주까지 증가하다가 그 이후부터 서서히 감소하여 만삭이 되면 800~1,500cc가 된다. 이는 태아가 떠다니고 활동하기에 적절한 양이다.

💜 양수과다, 양수과소 모두 문제를 안고 있다

태아의 소변은 모체의 순환과 함께 매우 빠르게 새것으로 교체된다. 정상적인 경우라면 매 20분마다 양수 전체가 완전히 새롭게 교체된다. 태아가 양수를 마시는 것도 양수 순환에 큰 도움이 된다. 양수의 양이 지나치게 많은 양수과다증, 혹은 지나치게 적은 양수과소증의 경우, 그 원인은 매우 다양하며 이 두 경우 모두 다른 문제점의 징후일 수 있다.

💜 초음파를 병행하여 양수를 빼내거나 주입한다

여러 가지 상황에서, 그리고 임신 주수에 상관없이 양수 검사를 실시할 수 있다. 태아의 성숙도나 Rh 민감화, 유전적 상태, 태아의 초기 구조적 이상, 그리고 자궁 내 감염 등 여러 가지 문제점들을 양수 검사를 통해 밝혀낼 수 있다. 초음파와 병행하여 양수를 빼내는 절차는 비교적 안전하며 통증도 크지 않다.

일부 양수과다증의 경우에도 필요에 따라 양수를 빼낼 수 있다. 반대로 양수괴소증의 경우 양수 주입법을 통해 양수를 첨가할 수도 있다.

 양수에 태변이 많이 포함되어 있으면 태아가 위험하다

보통 태아의 태변은 아주 소량이 간헐적으로 직장에서 양수로 나온다. 태변은 매우 적은 양으로 무색이며 투명하다. 그러나 태아가 위험한 일부 상태에서는 항문 괄약근이 마비되어 훨씬 더 많은 태변이 양수로 흘러나오기도 한다. 따라서 양막이 파열되고 분만이 진행될 때 양수에 태변이 다량 포함되어 있으면 태아가 위험하다는 사실을 알 수 있다. 그러나 항상 그런 것은 아니므로 다른 검사나 관찰 결과와 병행하여 판단해야 한다.

#Q1 제왕절개를 하면 나중에 비키니를 못 입게 되나요?

A … 제왕절개 수술 시 절개하는 부위는 음모 경계선의 아랫부분으로 나중에 음모가 자라게 되면 자연스럽게 수술상처가 덮이게 되니 비키니는 물론이고 대중목욕탕 등 노출이 필요한 자리에서도 안심할 수 있습니다.

#Q2 아기가 탯줄을 목에 감고 있다고 합니다. 자연분만이 가능할까요?

A … 대부분은 자연분만으로도 문제없이 출산이 가능합니다.

#Q3 조산 우려가 있다고 하는데 조산아라도 출생 후 스스로 숨을 쉴 수 있나요?

A … 임신 34주가 되면 태아의 폐는 독립적으로 호흡을 할 수 있을 만큼 성장합니다. 이 시기에 조산의 우려가 있다면 진통을 24~36시간 정도 늦춘 후 부신피질호르몬인 코르티손을 주입합니다. 주로 팔이나 엉덩이에 주사를 놓는데, 폐의 성장을 촉진시켜 출생 후 호흡곤란이 되지 않도록 해 줍니다.

#Q4 경산인 경우 언제 병원에 가는 것이 좋은가요?

A … 초산에 비해 진통시간이 짧기 때문에 진통이 시작되면 바로 병원에 가야 합니다. 규칙적인 진통이 10~15분 간격으로 오며 30~60초가량 지속된다면 망설이지 말고 병원으로 가도록 하세요.

임신 21주

다리 혈전증이 생길 수 있다

이 시기가 되면 자궁만 커지는 것이 아니라 신체의 다른 부분도 커지고 변화한다. 그 때문에 저녁이 되면 종아리나 다리가 붓는 것을 느낄 수 있다. 오랫동안 서서 일을 해야 하는 임신부는 낮에 잠깐씩 신발을 벗고 휴식을 취하면 훨씬 다리가 덜 붓는다.

심각한 임신 합병증 가운데 하나는 다리 혈전증이다. 다리 혈전증의 증세는 다리에 핏발이 서고 통증이 느껴지며 다리가 붓는 것이다. 이 문제는 임신 중에 특히 잘 발생하는 증상으로, 자궁이 다리를 압박해 혈액과 응고 체계에 변화가 생겨 다리에 혈액 순환이 잘 되지 않아 생긴다.

일반 혈전증은 다리에 핏발이 서고 붓는 증세가 나타난다

임신 중 다리 혈전의 가장 흔한 원인은 혈액 순환이 잘 되지 않는 울혈 때문이다. 과거에 다리나 신체의 다른 부위에 혈전을 일으킨 경험이 있으면 임신 초기에 반드시 의사에게 말해야 한다. 의사는 이런 중요한 정보를 알아 둘 필요가 있기 때문이다.

피상적인 혈전증과 정맥 혈전증은 상태가 다르다. 피상적인 혈전증은 그리 심각한 문제가 아니다. 이것은 의사의 처방을 받아 순한 진통제를 사용하거나 다리를 베개나 의자 위에 올려놓거나 고탄력 스타킹을 착용하거나 열 찜질을 통해 치료할 수 있다. 그렇게 해도 증세가 좋아지지 않으면 정맥 혈전증을 의심해 봐야 한다.

정맥 혈전증은 심한 통증과 함께 다리와 허벅지가 붓는다

정맥 혈전증은 좀더 심각한 상태로 의사의 진단과 치료가 필요하다. 정맥 혈전증은 심한 통증과 함께 다리와 허벅지가 붓고 급성으로 발병하는 것으로, 이 병은 입원해서 의사의 치료를 받아야 한다. 이때 의사가 처방하는 주사는 임신 중에도 안전하며 태아에게 전달되지 않는다. 정맥 혈전증 치료를 받을 때는 자리에 누워 절대 요양을 해야 하며 칼슘을 추가로 섭취해야 한다. 다리를 위로 올려놓고 열찜질을 하는 것도 도움이 된다.

입원 기간을 포함해서 회복하는 데는 7~10일이 걸린다. 이후에도 출산 때까지 계속 치료를 받아야 하며, 출산 뒤에도 문제의 정도에 따라 몇 주 정도 더 치료를 받게 된다.

♡ 태어날 아기의
이름을 지어
보세요

임신 21주쯤이면 아기의 이름을 지어 두는 것이 좋다. 아기의 이름을 지을 때는 부르기 어려운 특이한 이름을 선택했을 때의 문제점, 그 이름에 붙을 수 있는 별명 등을 고려해야 한다. 최종 결정은 아기가 출생할 때까지 미루어 둔다고 하더라도 지금부터 미리 마음속으로 아기의 이름을 생각해 두도록 한다.

소화기가 발달해 태아가 양수를 삼킨다

태아의 소화기 계통이 단순한 기능을 발휘한다. 임신 11주가 되면, 소장이 이완과 수축을 해서 물질을 밀어낸다. 소장은 태아의 몸속으로 당분을 내놓을 수 있다. 임신 21주가 되면 소화기가 발달해 태아가 양수를 삼킬 수 있다. 태아는 양수 안에 들어 있는 수분은 흡수하고 나머지 물질은 대장으로 보낸다. 초음파 검사를 해 보면 임신의 여러 단계에서 태아가 양수를 삼키는 모습을 볼 수 있다.

태아는 왜 양수를 삼키는 것일까? 전문가들은 그것이 태아의 소화기 계통의 발달에 도움이 된다고 말한다. 그것은 태아가 출생한 뒤에 소화기 기능을 발휘할 수 있는 요건을 마련해 준다. 연구 보고서에 따르면 임신 후기의 태아는 하루에 무려 500ml의 양수를 삼킨다고 한다. 태아가 삼킨 양수는 태아에게 필수영양소를 공급하는 역할도 한다.

뇌와 신경말단이 발달해 맛과 감촉을 느낀다

임신 초기에는 태반에서 양수가 생산되지만 임신 4개월경이 되어 태아의 신장이 기능을 발휘하기 시작하면 신장에서 양수가 생산된다. 태아의 신장은 혈액으로부터 일부 노폐물을 제거하고 소변을 배출하지만, 양수에 소변이 많이 배출되지는 않는다. 대부분의 노폐물은 태반을 통해 모체의 혈류로 전달된 다음에 모체의 신장에서 여과된다.

태아가 세상을 배우는 데 필요한 감각이 나날이 발달하고 있다. 혀에 미뢰가 형성되고, 태아가 감촉을 느낄 수 있을 정도로 뇌와 신경 말단이 발달된다. 초음파 스캐닝을 하면, 태아가 엄지손가락을 빨거나 얼굴을 어루만지고 있는 것을 볼 수 있다.

체중이 증가할수록 정맥류가 심해진다

대부분의 임신부들은 어느 정도 정맥류를 보인다. 정맥류는 임신을 하거나 나이가 많아지거나, 오랫동안 서 있어서 다리에 압박을 줄 때 더 심해진다. 정맥류란 혈관이 충혈되는 것을 말한다. 이것은 주로 다리에 생기지만 외음부에 나타날 수도 있다. 혈액 흐름의 변화와 자궁의 압박이 정맥류를 더욱 심하게 만들어 불쾌감을 초래할 수 있다.

대부분의 경우, 임신이 진행되면서 정맥류는 더욱 눈에 띄고 더욱 고통스러워진다. 그리고 체중이 증가하면 증세가 더 심해진다. 정맥류의 증세는 다양한데, 주된 증상은 다리에 검붉은 점 같은 것이 생기며 저녁 때를 제외하면 통증은 없다. 저녁이면 정맥이 튀어나와 다리를 위로 올려놓아야 하는 경우도 있다.

출산을 하고 나면 정맥의 부기는 가라앉지만 정맥류는 완전히 사라지지 않는다. 레이저 치료, 주사, 수술 등 여러 가지 방법으로 정맥류를 없앨 수는 있다. 하지만 이런 치료는 임신 중에 받아서는 안 되므로 출산 뒤에 고려해 봐야 한다.

영양관리&
무엇을 어떻게
먹을까?

식욕이 증가한다

어떤 여성은 임신 중에 특정 식품에 대해 강한 욕구를 보인다. 그런데 그 식품이 영양 많고 건강에 도움이 되는 것이라면 어느 정도는 맘껏 먹어도 괜찮지만, 지방분이나 당분이 많거나 영양가 없이 칼로리만 높은 식품이라면 조심해야 한다. 그런 식품을 먹고 싶을 때는 조금만 맛을 보고 과일이나 치즈같이 건강에 좋은 식품으로 대체하는 것이 현명하다.

임신부들이 왜 특정 식품에 대해 욕구를 나타내는지 그 정확한 원인은 아직 밝혀지지 않았다. 다만 임신 중에 일어나는 호르몬과 감정의 변화가 원인인 것으로 추측하고 있다. 특정 식품에 대해 욕구를 보이는 것과 반대로 특정 식품을 혐오하게 되는 수도 있는데, 임신 전에는 좋아했던 식품이 갑자기 비위에 맞지 않을 수 있다. 이것 역시 호르몬이 소화관에 영향을 미쳐 식품에 대한 반응이 달라지는 것으로 볼 수 있다.

최근에 발표된 연구 보고서를 보면 임신부들은 초콜릿(33%), 단것(20%), 새콤한 과일이나 주스(19%)를 선호하는 것으로 나타났다.

#Q1 임신 기간 중에도 운동을 계속해도 되나요?

A ··· 조산 우려가 있거나 임신 합병증 등 몸에 이상이 있는 경우가 아니라면 육체적인 피로가 느껴지지 않는 한도 내에서 운동을 계속해도 됩니다. 단, 임신부의 체내에 산소가 부족해질 수 있으니 유산소 운동은 피하세요. 산소가 희박해지면 태아에게도 안 좋은 영향을 미칠 수 있거든요. 마찬가지 이유로 숨이 가쁠 정도로 뜨거운 한증막이나 사우나, 대중탕도 삼가는 것이 좋습니다.

#Q2 배뭉침은 어떻게 풀어야 하나요?

A ··· 임신 6~7개월에 접어들면 배가 뭉치고 딱딱해지는 배뭉침 증상이 나타나기도 합니다. 이때는 왼쪽으로 누워 복식호흡을 하면서 안정을 취하면 금세 풀어집니다. 눈에 자극이 덜한 부드러운 조명을 켜고 마음을 가라앉힐 수 있는 조용한 음악을 틀어 주면 안정에 더욱 도움이 됩니다.

#Q3 종아리에 핏줄이 톡톡 튀어나와요.

A ··· 임신 중에는 황체 호르몬의 분비량이 늘어나면서 정맥이 확장되어 종아리의 정맥혈이 늘어나는 하지정맥류 증상이 나타나기 쉽습니다. 특히 피임약을 장기간 복용한 경우 많이 나타나며, 다리의 피로와 부기 등의 증상을 동반하여 임신 중 피로감을 가중시키는 결과를 가져오기도 합니다. 출산 후 황체 호르몬 분비량이 줄어들면서 자연스럽게 사라지는 경우도 있지만, 쉽게 사라지지 않고 증상이 악화되거나 다음 임신 때 재발하기도 하니 의료용 압박스타킹을 신고 규칙적으로 다리운동을 하는 등 예방에 주의하는 것이 좋습니다.

임신 22주

빈혈이 생긴다

임신 중에는 빈혈을 일으키기 쉽다. 빈혈 증세가 있을 때는 임신부나 태아의 건강을 위해 치료를 받아야 한다. 빈혈이 있으면 컨디션이 좋지 않고 쉽게 피곤해지며, 현기증을 일으키기도 한다.

임신 중에 빈혈을 일으키는 가장 주된 원인은 철분 결핍이다. 임신 중에는 뱃속 아기가 모체에 축적된 철분을 흡수한다. 태아가 적혈구를 만들기 위해 모체에 축적되어 있는 철분을 사용하면 모체의 몸에 철분이 부족해져서 빈혈이 일어나기 쉽다. 그러므로 철분이 많이 들어 있는 간이나 시금치 등의 식품을 먹어 빈혈을 예방해야 한다.

철분 결핍으로 인한 빈혈을 치료하려면 철분 섭취를 늘려야 하는데, 철분은 소화기를 통해 잘 흡수되지 않으므로 매일 규칙적으로 섭취해야 한다. 철분 주사를 맞을 수도 있지만 몹시 아프다. 대부분의 임신부용 비타민에는 철분이 들어 있지만, 그것을 먹을 수 없는 임신부는 철분 영양제를 먹어야 한다. 단, 철분영양제를 섭취하는 경우 메스꺼움과 구토, 복통 등의 부작용이 있을 수 있는데, 이때는 복용량을 줄여야 한다. 변비가 생길 수도 있기 때문이다.

빈혈을 일으키는 요인들

- 철분 영양제나 철분이 들어 있는 임신부용 비타민을 복용하지 않는 경우
- 임신 중 출혈이 잇는 경우
- 쌍둥이 임신인 경우
- 임신 전에 위나 장 수술을 받아 철분 흡수를 제대로 하지 못하는 경우
- 철분 흡수를 감소시키는 제산제를 복용한 경우
- 식생활이 잘못된 경우

분비물 검사로 조산 여부를 알아낸다

하복부 통증, 등통, 골반통, 자궁 수축(통증을 수반하건 안 하건), 경련, 질 분비물의 변화 등 임신 중에 흔히 나타나는 불쾌한 증상이 조산의 증상과 혼동되는 수가 있다. 정말 조산의 위험이 있는지 확실하게 진단할 수 있는 방법은 아직까지 나오지 않았는데, 현재로서는 태아 파이브로넥틴 검사가 의사들이 이런 결정을 내리는 데 가장 도움이 된다.

태아 파이브로넥틴(fFN)이란 양막에서 발견되는 단백질로 보통 임신 22주가 지나면 사라져서 임신 38주까지 나타나지 않는다. 그러므로 임신 22주 후에 임신부의 자궁경부 분비물에서 태아 파이브로넥틴이 나타나면 이것은 조산 위험이 높다는 것을 의미한다. 태아 파이브로넥틴이 나타나지 않을 경우에는 조산 위험이 낮으며, 임신부가 그 다음 2주 내로 출산할 위험이 없다고 볼 수 있다. 검사 방법은 세포진 검사 방법과 비슷하다. 질 상부, 자궁경부 뒤쪽으로 면봉으로 질 분비물을 채취해서 실험실로 보내면 24시간 안에 결과가 나온다.

태아의 성장

남아의 경우 음낭이 하강하기 시작한다

아직까지 피부 밑으로 혈관이 보이긴 하지만 피부가 한층 두꺼워지며 땀샘도 생긴다. 손톱이 완전히 형성되어 계속 자란다. 남아의 경우에는 고환이 골반에서 음낭으로 하강하기 시작하고, 초기 정자가 이미 고환에 형성되어 있다. 이제 태아의 뇌, 특히 뇌세포를 생산하는 뇌 중앙에 있는 배아기질이 급속도로 성장하기 시작한다. 배아기질은 출생하기 전에 없어지지만, 태아의 뇌는 출생 후 다섯 살까지 계속 성장할 것이다.

조산아는 간 기능 미숙으로 황달 증세가 나타난다

간은 혈액 세포가 분해되어 생기는 빌리루빈을 분해하고 처리하는 중요한 역할을 한다. 태아의 적혈구 수명은 어른의 그것보다 짧기 때문에 태아는 어른보다 빌리루빈을 많이 만들어 낸다. 그러나 태아의 간은 혈액에서 빌리루빈을 분해하고 처리하는 능력이 제한되어 있다.

빌리루빈은 태아의 혈액에서 모체의 태반으로 흘러 들어간다. 그러면 모체의 간이 태아의 빌리루빈 분해 작용을 도와준다. 그런데 태아가 조산되면 아기의 간이 빌리루빈을 분해할 수 있는 능력이 미숙하기 때문에 문제가 생긴다. 빌리루빈을 너무 많이 가지고 태어난 아기는 황달 증세를 보인다. 황달을 가진 아기는 피부나 눈이 누르스름하다. 황달은 대개 피부에 광선을 침투시켜 빌리루빈을 파괴하는 광선요법으로 치료한다.

건강관리 & 이번 주에 꼭 챙길 일

설사나 감기에 걸렸을 때는 수분 섭취량을 늘린다

임신 중에 설사를 하거나 감기에 걸리는 수가 있다. 이런 문제가 생기면 어떻게 대처해야 할지 걱정하는 임신부들이 많다. 임신 중에 몸이 아플 때는 주저하지 말고 의사와 의논해야 한다. 그러면 임신 중에 먹어도 안전한 약을 처방해 줄 것이다. 설사를 하거나 감기에 걸렸을 때는 수분 섭취를 늘려야 한다. 물이나 주스, 유동식을 많이 먹으면 약을 먹지 않고도 감기나 설사 증세를 자연 치유할 수 있다. 며칠 동안 유동식을 먹는다고 해서 모체나 태아에게 해롭지는 않다. 딱딱한 식품은 소화하기 힘들어 설사를 더 악화시킬 수 있다. 유제품도 설사에는 좋지 않다.

설사가 24시간 이상 지속되면 의사에게 연락해서 임신 중에 복용해도 좋은 약이 있는지 알아

보자. 이때 주의할 것은 의사와 상의하지 않고 아무 약이나 함부로 사용해서는 안 된다는 점이다. 보통 설사를 동반하는 바이러스성 질환은 일시적인 문제로 며칠이 지나면 나으므로 집에서 휴식을 취하면서 회복을 기다려야 한다.

맹장염은 임신 증세와 비슷해 진단이 어렵다

맹장염은 언제라도 발생할 수 있으며 임신 중이라고 해도 예외가 아니다. 맹장염의 증세인 메스꺼움과 구토는 임신 증세와 비슷하기 때문에 임신 중에는 맹장염을 진단하기 어렵다. 임신 중에 맹장염 진단을 더욱 어렵게 만드는 것은 자궁이 커져서 맹장이 위로 올라가기 때문에 보통 때와 다른 곳에 통증이 느껴지는 것이다.

맹장염에 걸리면 즉시 수술을 해야 한다. 맹장염 수술은 복부를 10cm 정도 절개하는 대수술로 며칠 동안 입원해야 한다. 상황에 따라서는 그 부위를 약간만 절개하는 복강경 수술을 할 수도 있지만, 임신 중에는 자궁이 커져서 복강경 수술을 하기가 어렵다. 그리고 맹장이 파열되면 심각한 합병증이 생길 수 있어, 일부 내과 의사들은 임신 중에 감염된 맹장이 파열되어 복강을 감염시키는 위험을 감수하느니 임신 전에 '멀쩡한' 맹장을 제거하는 게 낫다고 보기도 한다. 수술 뒤에는 항생제를 처방하는데, 항생제 중에는 임신 중에 복용해도 안전한 것들도 많이 있다.

임신 중기부터 유방 마사지를 시작한다

임신과 함께 유방의 변화가 찾아온다. 유방은 임신·출산을 거치는 동안 관리를 잘해야만 아름답게 지킬 수 있다. 또 아기를 낳기 전부터 아기가 잘 빨 수 있고, 좋은 모유를 만들 수 있도록 준비해 두어야 한다.

임신 중에는 젖샘조직이 발달해 유방이 부풀어 오르고, 젖꼭지 주변이 커지면서 분비물이 생성되므로 젖꼭지 부위가 세균에 감염되지 않도록 주의해야 한다. 간혹 청결을 유지한다고 수시로 닦는 경우가 있는데 유두에서 생성되는 분비물은 연약해진 유두를 보호하고 촉촉하게 감싸 주는 역할을 하기 때문에 자주 닦을수록 오히려 세균에 감염되기 쉽다. 하루에 한 번 정도 따뜻한 물로 씻거나 샤워하는 것만으로도 충분하다. 또한 임신 중 너무 꽉 끼는 브래지어는 피하는 것이 좋다. 꽉 끼는 브래지어를 착용하면 혈액 순환에 방해가 되어 유선을 발달시키는 호르몬이 제대로 전달되지 않기 때문이다. 브래지어는 유방 전체를 잘 감싸면서 어느 정도 여유 있는 사이즈를 선택하도록 한다.

임신 중기에는 하루에 한 번씩, 후기가 되면 하루에 2회 유방 마사지를 해 주어야 한다. 마사지는 몸과 마음이 편안한 상태에서 해야 하는데, 샤워 후 잠들기 전이 가장 효과적이다. 마사지를 하고 나면 혈액 순환이 원활해져 유방의 무게가 줄어들고 압박감도 줄어들어 유방이 가벼워진 느낌이 든다.

♡ 자동차 여행을 할 때 아내의 안전벨트는 꼭 남편이 매 주세요

아내와 함께 차를 탈 때는 아내가 차에 오르내리는 것을 도와주어야 한다. 아내에게 자동차 좌석이나 안전벨트를 조정할 필요가 있는지 물어보고 아내의 배를 압박하지 않도록 안전벨트를 직접 조절해 주는 배려를 잊지 말자. 그리고 오랜시간 차에 머물게 하지 말고 긴 여행일 경우에는 중간에 잠깐씩 쉬었다 가도록 한다.

1단계 – 유방 위를 마사지한다

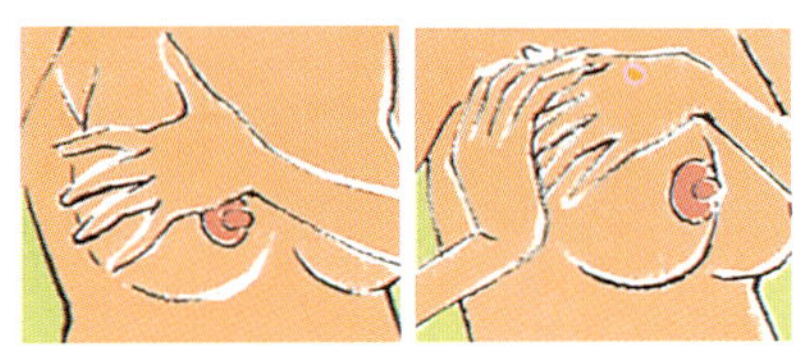

① 가슴 위를 마사지할 때는 마사지를 하는 유방을 반대쪽 손으로 크게 감싸듯 유방 주변에 댄다.
② 다른 쪽 손의 엄지손가락 밑을 유방 주변에 대고 어깨를 중심으로 팔꿈치에 약간 힘을 주어 내린다.

2단계 – 유방 옆을 마사지한다

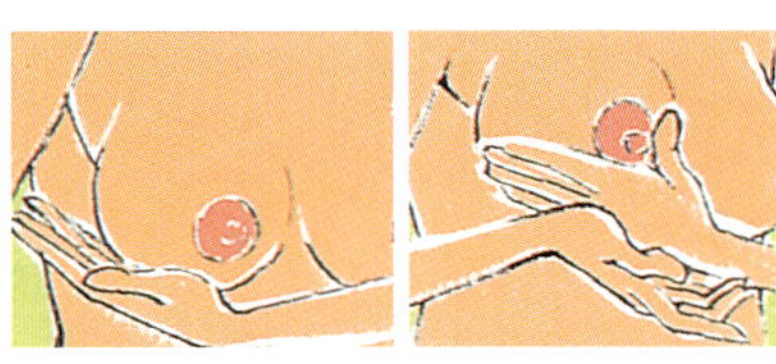

① 가슴 옆 마사지를 할 때는 마사지하는 유방의 반대쪽 손을 비스듬히 유방에 대고 밑에서 위로 쓸어올리듯 받쳐 준다.
② 반대쪽 손의 새끼손가락 밑부분을, 받치고 있는 손의 바깥쪽에 댄 뒤, 어깨를 중심으로 팔꿈치를 아래로 내려 유방을 밑에서 위로 쓸어올린다.

3단계 – 유방 아래를 마사지한다

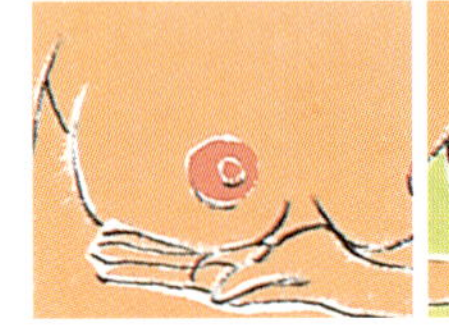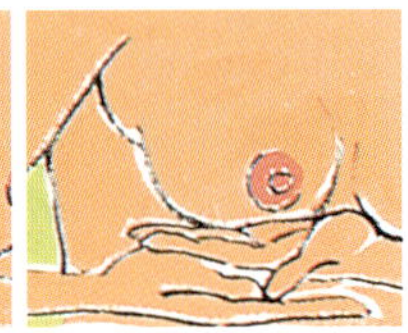

① 마지막으로 가슴 아래를 마사지한다. 우선 마사지하는 유방 반대쪽 손 손바닥 위에 유방을 얹는다.
② 유방을 받치고 있는 손 아래 다른 손을 대고 새끼손가락이 유두 밑까지 오게 힘주어 유방을 들어올린다.

수분 섭취가 충분해야 몸이 편안하다

임신 중에는 물이나 수분을 많이 섭취해야 한다. 수분은 영양분을 처리하고, 새 세포를 발달시키고, 일정한 체온을 유지하기 위해 필요하다. 임신 중에는 평소보다 물을 많이 마시게 되고 수분 섭취가 충분해야 몸이 편안해짐을 느낄 수 있을 것이다. 또한 임신 중에는 칼로리 섭취량이 늘어나기 때문에 수분 섭취량도 늘어나야 하므로 하루에 6~8잔의 물을 마시도록 한다.

수분 공급에는 물이 가장 좋다

수분 공급을 위해서는 물이 가장 좋지만 우유나 야채주스, 과일주스, 허브차 같은 것들도 도움이 된다. 과일, 채소, 유제품, 육류, 곡류도 수분 섭취에 좋다. 단, 커피나 콜라, 홍차에는 염분과 카페인이 들어 있으므로 피하는 것이 좋다. 임신부들이 흔히 겪는 문제 중에 물을 많이 마시면 증세가 완화되는 경우가 있다. 두통, 자궁경련, 방광염 등이 물을 많이 마시면 완화되는 증세들이다.

소변 색으로 수분 부족 여부를 알 수 있다

소변이 연노란색이거나 투명한 색이면 수분을 충분히 섭취했다는 증거다. 소변이 진한 노란색이면 수분을 더 많이 섭취해야 한다는 신호다. 그리고 갈증이 날 때까지 기다렸다가 물을 마시지 않도록 한다. 갈증이 날 때쯤이면 적어도 체액 중 1%는 손실된 다음이기 때문이다.

임신 23주

배가 눈에 띄게 불러온다

이때쯤 되면 주변 사람들이 배를 보고 이런저런 말을 하게 된다. 개월 수에 비해 배가 너무 큰 걸로 봐서 쌍둥이를 임신한 게 아니냐고 말할 수도 있고, 임신 개월 수에 비해서 태아가 너무 작은 것 같다고 말하는 이들도 있을 것이다. 이런 말을 듣고서 걱정이 된다면 의사와 상의하는 것이 안전하다. 지금부터는 정기검진을 받으러 갈 때마다 배 크기를 재고, 임신부의 체중과 자궁의 크기 변화를 검사할 것이다. 임신부의 배 크기는 저마다 다르고, 태아의 성장 속도도 저마다 다르다는 사실을 기억하자. 중요한 것은 뱃속 아기는 지속적으로 성장하고 변화한다는 것이다.

감정의 기복이 심해진다

감정 변화가 더욱 심해지는 것을 느낄 수 있게 된다. 걸핏하면 눈물이 나오고, 조그만 일에도 서운함을 느끼게 된다. 게다가 그런 자신이 우스워지고 한심하게 느껴지기도 할 것이다. 하지만 걱정할 필요가 없다. 이 시기에 나타나는 감정변화는 호르몬의 변화 때문에 생기는 자연스러운 현상으로 출산 뒤에는 정상으로 돌아가기 때문이다.

감정의 기복이 심해지는 것은 본인도 어쩔 수 없다. 자신의 변덕 때문에 주변 사람들이 힘들 거라고 생각되면, 그들에게 자신의 감정 상태를 솔직하게 이야기하는 것이 오히려 편하다. 임신부들이 감정의 변화를 보이는 것은 흔한 일이라고 설명하면 그들도 이해해 줄 것이다.

양수는 부족해도 문제, 넘쳐도 문제다

임신이 진행되면 자궁이 점점 커지고 무거워진다. 임신 초기에는 자궁이 방광 바로 뒤, 직장 앞에 있다가 임신 후기가 되면 방광 위로 올라가게 된다. 자궁이 커지면 방광에 많은 압박을 가하게 되어 가끔 속옷이 젖어 있는 것을 발견하게 된다.

하지만 소변이 누출된 것인지 양수가 누출된 것인지 확실하지 않다. 그 둘을 구분하기 어렵지만, 양수가 터진 것이라면 질에서 액체가 계속 많이 흘러나올 것이다. 이런 경우엔 즉시 의사에게 알려야 한다.

양수과소증 → 양수가 너무 적은 증세

양수과소증은 태아의 콩팥 기능에 이상이 있거나, 모체가 조기파수로 양수를 흘리고 있거나, 태반이 제대로 기능을 발휘하지 못하고 있다는 신호일 수 있다. 만약 자궁이 생각했던 것보다 작거나 태아가 자궁벽까지 닿는 느낌이 든다면 양소과소증일 가능성이 높다.

이런 증상은 정상적인 임신부의 분만예정일 2~3주경에 흔히 나타난다. 양수는 점차로 적어지고 따라서 임신부는 체중이 감소된다. 이런 양수의 감소현상은 저체중이나 태반기능부전증과 같이 오는 경우가 많다. 임신 초기에 양수과소증에 걸리면 태아의 자유로운 운동이 불가능해지고 태아의 몸이 자궁벽에 닿아 발육 장애를 일으켜 근육과 뼈의 기형을 초래할 수 있다.

치료법 양수를 주입하는 방법이 있으나 주치의와 상의하여 결정한다.

양수과다증 → 양수가 너무 많은 증세

양수과다증은 Rh부적합증, 소화기 이상, 당뇨가 있는 아기를 임신하고 있거나 다태아를 임신하고 있다는 신호일 수 있다. 또는 태아가 양수를 적당량 먹지 않았을 때도 양수과다증이 일어날 수 있다. 이는 200~250명 중 1명꼴로 나타나며 주로 임신 경험이 있는 경산부에게 많이 나타난다. 양수과다증은 모든 것이 정상인 임신 중반기에 의심해 볼 만하다. 특이한 증세가 나타나는 것이 아니며 양수의 양이 마치 임신의 정상적인 과정처럼 보이기 때문이다.

치료법 치료법은 원인에 따라 달라진다. 만약 태아가 정상이라면 임신부는 몸을 움직이지 말고 안정을 취해야 한다. 때때로 양수가 너무 많아서 산모가 호흡곤란, 복부 팽만 등의 어려움을 호소할 때는 양수천자에 의해 양수를 뽑아낸다.

임신부의 증상이 심한 경우에는 아기가 제대로 성숙되었으면 곧 분만을 해야 하며 자궁의 팽창이 심하면 좀더 일찍 유도분만을 하도록 한다. 만일 태아가 정상이 아니더라도 가능한 한 빨리 유도분만을 하여 출산하는 것이 원칙이다. 태아가 양수과다증 때문에 위험하다고 생각되면 양수천자로 과다한 양수를 제거할 수 있다. 치료로 아기의 상태를 개선할 수 있다면 의사는 가능한 한 정확하게 원인을 파악하고 싶을 것이다. 그러나 불행하게도 정확한 원인을 찾을 수 있는 가능성은 50%에 불과하다.

태아의 성장 → 신생아의 모습에 가까워진다

태아의 몸은 나날이 균형을 잡아가고, 살이 붙어 점점 포동포동해지지만 아직은 체중이 그리 많이 나가지 않기 때문에 피부가 쭈글쭈글하다. 온몸을 덮고 있는 솜털의 색이 진해지고 뱃속 아기의 얼굴이 신생아의 얼굴과 비슷해지기 시작한다. 하지만 아직도 투명한 피부 밑으로 뼈와 장기가 보인다.

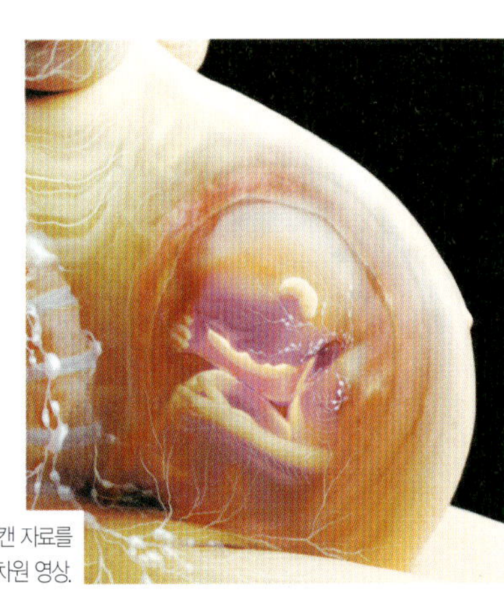

→ 모체와 태아의 림프계와 면역체계를 스캔 자료를 바탕으로 제작한 3차원 영상.

소리에 더 민감해지고 정확하게 들을 수 있다

귓속 내이의 뼈가 딱딱해짐에 따라 더 정확하게 들을 수 있게 되어 엄마의 복부 밖에서 들리는 소리와 복부 안에서 들리는 소리를 구분할 수 있다. 위에서 나는 꾸르륵 소리, 콩닥콩닥 뛰는 심박동 소리, 몸 전체로 힘차게 흘러가는 혈액 소리 등 모체에서는 놀랄 정도로 시끄러운 소리가 난다.

태아는 이 시기부터 소리의 고저와 억양을 구분할 수 있게 돼 엄마의 목소리를 알아들을 수 있다. 그러므로 가능한 한 태아에게 말을 많이 하는 것이 좋다. 연구결과에 따르면, 태아는 높은 톤의 여자 목소리보다 그윽한 남자 목소리를 더 잘 알아듣는다고 한다. 아빠가 엄마의 복부를 가볍게 두드리면서 태아에게 말을 걸면 태아가 거기에 반응해 발차기를 하기도 한다. 이런 자극은 태아의 신경 발달에 도움이 된다.

당뇨가 있는 사람은 임신 중에 특히 주의한다

예전에는 당뇨병이 있으면 임신이 되기도 어렵고 임신을 하더라도 문제가 심각했지만, 요즘에는 당뇨병이 있어도 적절한 치료를 받고 의사의 지시에 따라 충분한 영양을 섭취하면 별 문제 없이 태아를 출산할 수 있다.

당뇨병이란 혈관 속에 인슐린이 부족한 상태를 말한다. 인슐린은 당분을 분해하고 그것을 세포로 운반하는 데 중요한 역할을 한다. 인슐린이 부족하면 혈액과 소변에 당분 성분이 많아진다. 이것은 신장과 눈에 문제를 일으킬 수 있고, 동맥경화증이나 심장병 같은 혈관 계통의 질환을 불러올 수도 있어 임신부나 태아에게 모두 해롭다.

앞서도 말했지만 인슐린이 개발되기 전엔 당뇨병이 있는 여성은 임신을 하기가 어려웠다. 하지만 요즘은 인슐린과 태아를 관찰할 수 있는 여러 가지 기술이 발달되어 심각한 문제를 예방할 수 있다. 특히 임신 중에 고혈당으로 고생한 여성은 나중에 당뇨병을 일으킬 가능성이 있으므로 주의해야 한다.

당뇨병에는 여러 가지 증세가 있는데, 빈뇨, 흐린 시야, 체중 감소, 현기증, 허기증 등이 있다. 임신 중에 당뇨병을 진단 받으려면 혈액 검사를 받아야 한다. 당뇨병이 있거나 가족 중에 당뇨병이 있는 사람이 있으면 의사에게 미리 이야기하여 적절한 조치를 받도록 한다.

임신성 당뇨병도 있다

어떤 여성은 임신 중에만 당뇨병을 일으키는 경우가 있는데, 이것을 임신성 당뇨병이라고 한다. 임신성 당뇨병은 모든 임신부 중 10% 정도에게서 나타난다. 이 임신성 당뇨병은 출산 후에도 정기적인 검진을 받아야 한다. 임신성 당뇨병을 앓은 임신부의 2/3에서 다음 임신 때 임신성 당뇨병이 재발된다.

임신성 당뇨병의 발병 원인은 모체가 인슐린을 제대로 사용할 수 없기 때문이다. 이는 혈당 수치를 높이는 결과를 가지고 온다. 임신부 본인의 출생 당시 체중이 임신성 당뇨병을 일으킬 확률과 관련이 있다는 주장도 있다. 한 연구에 따르면 출생 당시 저체중이었던 여성은 임신성 당뇨병에 걸릴 확률이 보통 여성보다 3~4배 높다고 한다.

규칙적인 운동과 식습관으로 치료한다

임신성 당뇨병을 치료하려면 규칙적으로 운동을 하고 수분을 많이 섭취해야 한다. 이 병에는 식생활이 매우 중요하다. 의사의 지시에 따라 하루에 2,000~2,500kcal를 5~6회에 나누어 조금씩 섭취하도록 한다.

임신성 당뇨병을 방치해 두면 모체나 태아의 건강에 심각한 영향을 줄 수 있다. 양수가 지나치게 많아져 조산 위험이 있고, 태아가 너무 커서 분만 시 진통 시간이 길어지면 태아가 산도를 통해 빠져 나올 수 없어 제왕절개 수술을 받아야 할지 모른다. 혈당치가 높으면 임신 중에 각종 바이러스에 감염되기 쉽다. 가장 흔하게는 신장·방광·자궁경부·자궁에 감염된다.

조산을 예방한다

조산은 임신 37주 이전에 아기가 태어나는 것을 말하는 것으로, 임신 중기 이후부터 가장 신경 쓰이는 것 중 하나다. 예전에는 임신 6개월에 태아를 출산하면 유산으로 보았는데, 지금은 의학의 발달로 극소 미숙아(임신 26주 전에 태어난 아기)의 생존율이 50%에 가깝다. 그렇다 하더라도 임신 6개월 이전의 조산은 아무래도 위험하다.

특히 조산 경험이 있는 임신부나 쌍둥이 임신부, 혹은 고혈압성 질환이나 만성 신장염, 당뇨병, 급성 전염병, 빈혈, 풍진 등의 질환을 앓은 적이 있는 고위험 임신부들은 조산의 징조가 있는지 늘 주의해서 살펴보아야 한다. 그리고 조산의 기미가 보일 때는 바로 전문의와 상의하여 조치를 취해야 한다.

조산의 증세를 알아둔다

- 복통이 있다.
- 허리가 아프다.
- 생리통과 비슷한 통증이 계속되거나 간헐적으로 나타난다.
- 자궁수축이 일어난다.
- 질 분비물이 진해지거나 묽어지고 피가 섞여 나온다.
- 직장에 묵직한 압박감이 든다.

충분한 휴식 시간을 갖고, 과로하지 않는다

조산을 예방하려면 먼저 충분한 휴식을 취해야 한다. 스트레스가 쌓이지 않도록 자신을 잘 컨

♡ 남편이 입덧을 할 수도 있어요

아내가 임신을 하면 남편도 함께 입덧을 하는 '쿠베이드 증후군(Couvade Syndrome)'. 입덧, 요통, 불안, 불면증, 치통, 피로감 등 임신부에게 나타나는 증상이 남편에게도 똑같이 나타나는 것을 말한다. 심한 경우 임신부처럼 배가 불러 오르고, 음식을 마구 먹어대는가 하면, 아내가 진통이 시작되었을 때 자신도 엄청난 복통을 느끼는 경우까지 있다. 이러한 증세들은 대부분 아내의 임신 초기에 일시적으로 나타나지만 출산 때까지 계속되는 남자도 있고, 심지어는 아기가 태어난 후에야 증세가 사라졌다는 경우도 있다. 아빠가 될 남자들에게 나타나는 이러한 증상은 앞으로 다가올 일에 대한 불안의 표시일 가능성이 짙다.

트롤해야 하며 가능한 한 휴식시간을 많이 갖도록 한다. 또한 과로는 금물이다. 하루 종일 서 있는 일이 없도록 하고, 직장에서도 늦게까지 일하지 않도록 한다. 근무 중에 심한 피로가 느껴질 때는 동료나 직장 상사에게 양해를 구하고 휴식을 취하는 것이 현명하다.

장거리 여행은 가능한 피하는 것이 좋다. 가까운 거리의 여행은 기분전환에 도움이 되지만, 장거리 여행은 임신부를 피곤하게 만든다. 장시간의 스포츠나 힘든 운동도 몸에 무리가 갈 수 있으므로 주의하고, 출산을 위한 적당한 운동에 만족하도록 한다.

그리고 계단을 오르내리거나 미끄러운 길을 걸을 때 넘어지지 않도록 각별히 신경을 써야 한다. 출퇴근 시 만원버스나 지하철에서 배가 눌리는 일이 없도록 주의하고, 가능하면 사람이 붐비는 시간에는 외출을 삼가는 것이 안전하다.

22주 이후에 태어난 아기는 생존 가능성이 있다

조산한 태아의 생존 가능성에 대해 궁금해하는 임신부들이 많다. 32~36주에 태어난 아기는 폐 기능이나 여러 내장 기관들이 거의 완성되어 있어 생존 가능성이 높다. 28~31주에 태어난 아기는 몸무게가 1~1.5kg으로 폐기능이 완성되지 않아 여러 가지 합병증에 노출될 위험이 있기는 하지만, 생존 가능성은 꽤 높은 편이다.

문제는 22~27주에 태어난 아기들이다. 이 아기들은 체중이 500~1kg으로 아직 신체의 여러 기관들이 성숙되지 못한 상태이다. 하지만 특별한 관리 아래 치료를 꾸준히 받는다면 생존 가능성이 있다. 체중이 500g 전후로 임신 22주 이전에 태어난 아기는 생존 가능성이 희박한 편이다.

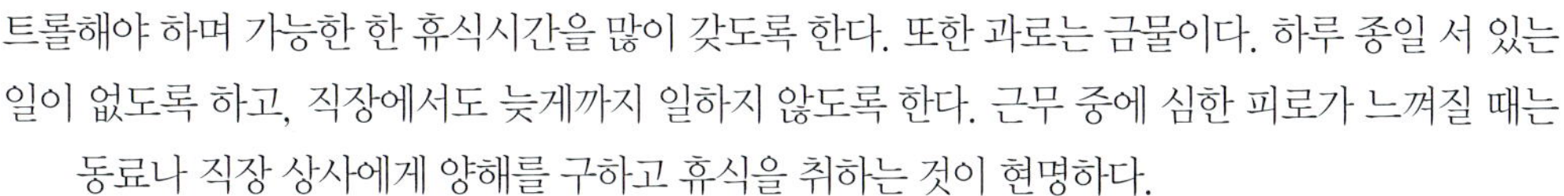

염분 섭취에 주의한다

임신 중에는 염분 섭취에 조심해야 한다. 염분을 지나치게 많이 섭취하면 수분이 체내에 정체되어 몸이 붓게 된다. 조미땅콩, 감자칩, 피클, 통조림 식품, 가공식품, 패스트푸드는 염분이 많이 들어 있기 때문에 임신 중에는 멀리하는 것이 좋다.

● **각종 식품의 나트륨 함유량**

식품	단위	나트륨 함유량(mg)
치즈	1장	322
아스파라거스	500g	970
빅맥 햄버거	1개	963
닭고기 수프	1컵	760
콜라	240cc	16
치즈 크림	1컵	580
오이 피클	1개(중)	928
가자미	100g	201
젤라틴	100g	270
구운 햄	100g	770
하니듀 멜론	1/2개	90
리마콩	250g	1,070
바다가재	1컵	305
오트밀	1컵	523
감자칩	20쪽	400
소금	1작은술	1,938

임신 24주

코피가 나거나 코막힘이 나타난다

임신 중에 자주 코가 막히거나 코피가 난다고 호소하는 경우가 있다. 이것은 임신 중 호르몬 변화로 순환계에 변화가 생겨 일어나는 현상이다. 임신 중 호르몬에 변화가 생기면 콧속 점막이 부어 코피를 흘리기 쉽다. 이때, 전문의의 지시 없이 코 소염제나 코 스프레이를 함부로 사용해서는 안 된다. 이런 약품에는 임신 중에 사용하면 해로운 성분이 함유된 경우가 있기 때문이다.

특히 겨울에 실내공기가 건조해서 자주 코가 막힐 때는 가습기를 사용하는 것이 좋다. 어떤 임신부는 수분 섭취량을 늘리거나 순한 윤활제로 증세를 완화시킨다. 코로 정상적인 호흡을 하기 위해선 출산 때까지 기다려야 한다.

비타민 C를 복용하고 가습기를 틀면 증상 완화에 도움이 된다

코피가 날 때는 고개를 뒤로 젖히지 말고 고개를 약간 앞으로 숙인 다음, 두 손가락으로 콧구멍을 꽉 쥐고 5분 정도 가만히 있도록 한다. 코피가 나는 것을 예방하려면 의사와 상의해서 비타민 C 250mg을 추가 복용하면 된다. 그리고 공기가 건조하지 않도록 사무실이나 집에 가습기를 틀어 두는 것도 좋은 방법이다. 코 점막이 건조해지는 것을 막으려면 매일 콧속에 식염수를 몇 방울 떨어뜨리면 된다.

체온이 상승하고 땀이 많이 난다

이 시기가 되면 임신 전보다 땀이 많이 난다. 이것 또한 생식 호르몬의 증가로 나타나는 생리 현상이므로 걱정하지 않아도 된다. 임신 중에는 기본 신진대사량이 20% 가량 증가하는데, 그 때문에 덥게 느껴지기도 한다.

임신 전에 유난히 추위를 많이 타던 사람이 임신을 하고 나서는 더위를 많이 타고, 겨울에도 집에서 반소매 셔츠를 입고 지내는 것을 볼 수 있다. 일단 땀을 많이 흘린다 싶으면 기운이 회복되고 편안하게 느껴질 때까지 쉬어야 한다. 매일 샤워나 목욕을 하고 땀띠약을 조금씩 바르는 것도 도움이 된다. 또한 땀을 흘린 만큼 물을 많이 마셔서 빠져나간 수분을 보충해 주어야 한다.

땀이 많은 임신부는 임신복을 고를 때도 이것을 염두에 두고 선택해야 한다. 입고 벗기 편한 옷이 좋으며, 레이어드 스타일의 겹쳐 입는 옷을 고르는 것이 현명하다. 또한 목이나 팔 주위가 꽉

조이지 않는 것을 골라야 하고, 땀 흡수가 잘되는 면 소재가 좋다.

백혈구가 생산되기 시작한다

만약 아기가 지금 태어난다면 생존 가능성은 네 명이나 다섯 명 가운데 한 명 정도다. 태아는 아직 너무 홀쭉하고 온몸이 솜털로 덮여 있다. 이 시기부터 태아는 감염증에 대항하기 위해 백혈구를 생산하기 시작한다. 신생아 집중치료실에서 생존할 수 있을 정도로 폐가 발달하지만 아직 발달 중인 폐로 양수를 들이마셔서 호흡을 계속 연습한다. 공기를 들이마시고 내뱉기 위해 기도에 관이 형성된다. 폐에 혈관과 허파꽈리가 발달하기 시작하고, 이것으로 산소를 교환해 온몸에 순환시키게 된다. 폐에 있는 세포에서 허파꽈리가 달라붙는 것을 막는 계면활성제를 생산하기 시작한다.

양수가 태아의 체온을 조절한다

수정하고 약 12일이 지나면 양막이 생기기 시작한다. 태아는 양막 안에 있는 양수에서 성장하고 발달한다. 양수는 여러 가지 중요한 기능을 한다. 우선 태아가 쉽게 움직일 수 있는 환경을 마련한다. 그리고 부상에 대비해 태아에게 완충역할을 한다. 더불어 태아의 체온을 조절하고, 태아의 건강과 성숙도를 평가할 수 있게 해 준다.

임신 12주경에 50ml이던 양수가 임신 중반기가 되면 400ml로 급속도로 증가한다. 양수는 임신 중반기를 지나 분만예정일이 가까워질 때까지 계속 증가해서 임신 36~38주가 되면 약 1,000ml가 된다. 양수의 성분은 임신이 진행됨에 따라 달라진다. 임신 초반에는 단백질 성분이 훨씬 적다는 것을 제외하고는 모체의 혈장과 성분이 비슷하다. 그러나 임신이 진행되면서 태아의 소변이 점점 양수에 중요한 영향을 미치게 된다. 양수에는 낡은 태아 혈구와 솜털도 들어 있다.

태아는 양수를 삼킨다. 태아가 양수를 삼키지 않으면 모체는 '양수 과다증'을 일으키게 될 것이다. 태아가 양수를 삼키고 배설하지 못하면 태아를 둘러싼 양수의 양이 적어지는데, 이것을 '양수 과소증'이라고 한다. 양수는 태아가 움직일 수 있는 공간을 마련해 주고 태아의 성장을 도와준다. 양수가 부족하면, 태아가 제대로 성장하지 못한다.

심각한 소음은 태아의 청각을 상하게 할 수 있다

태아가 자궁 속에서 소리를 들을 수 있을까? 소리가 양수를 통과해 태아의 귀에 전달된다는 실험 보고서가 있다. 그러므로 소음이 심한 곳에서 근무하는 임신부는 가능하면 조용한 곳으로 근무 장소를 옮기는 것이 좋다. 일부 연구 보고서에 따르면 만성적인 소음과 강렬한 폭발음은 출산 전이나 후에 아기의 청각을 상하게 할 수 있다고 한다. 음악회처럼 큰 소리에 가끔 노출되는 것은 괜찮다. 그러나 고함을 지르지 않으면 소리가 들리지 않을 정도로 시끄러울 정도면 태아에게 해로울 수 있다.

임신 중기 유산은 대개 자궁무력증이 원인이다

자궁무력증이란 통증 없이 자궁경부가 조기에 열리는 것을 말하며, 이것은 대개 조산으로 이어진다. 자궁무력증은 임신 중에 중요한 문제가 될 수 있다. 대개 임신 16주 전에는 자궁경부가 얇아지면서 확장될 만큼 임신 부산물의 무게가 나가지 않기 때문에 자궁경부가 열리는 일이 없다.

자궁무력증으로 임신에 실패하는 것과 유산은 전혀 다르다. 임신 초기에 유산은 흔히 일어나는 현상이지만, 자궁무력증은 임신 초기에는 비교적 드문 현상이다. 자궁무력증이 있을 때는 대개 봉합 수술로 자궁경부를 강화시킨다. 초산부의 경우에는 자신의 자궁무력증 여부를 알 수 없다. 과거에 자궁무력증으로 조산한 경험이 있는 경산부는 의사에게 반드시 그 사실을 알리도록 한다.

● 자궁경관무력증

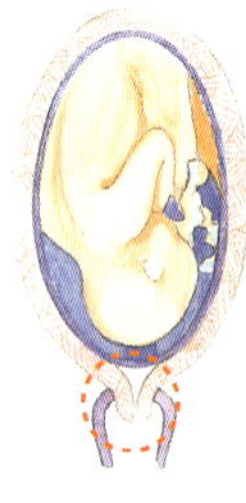

정상적인 자궁

자궁 입구가 완전히 닫혀 있어야 태아를 둘러싸고 있는 양막을 보호할 수 있어 임신 기간을 안전하게 보낼 수 있다.

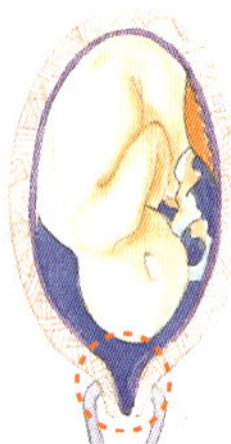

자궁경관무력증

자궁 입구가 완전히 닫혀 있지 못하고 힘이 없어 열려버리므로 양막이 부풀어 커져 유산이 되기 쉽다.

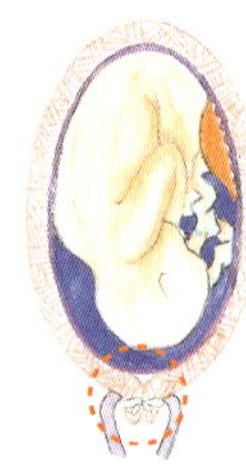

자궁경관 봉축수술

자궁경관무력증인 임신부는 임신 14주를 전후해 분만예정일까지 테프론실로 자궁 입구를 묶어 두는 수술을 받는다.

임신 중절수술 경험이 있을 때 나타나기 쉽다

임신 중반기 즉 13주에서 28주 사이에는 임신 초기보다 유산이 많지 않다. 대개 이 시기에 일어나는 유산은 자궁경관이 열려 임신 내용물, 즉 태아를 비롯해 난막, 양수, 탯줄 등 태아의 생존에 필요한 부속물이 자궁 내에 정상으로 있을 수 없을 때 일어난다.

이런 경우를 자궁경관무력증이라 부르며, 과거에 인공 임신중절 수술을 받은 경험이 있는 임신부 가운데 간혹 자궁경관에 손상이 있을 경우 이런 증세가 나타나기 쉽다. 이때는 대개 출혈보다는 양수가 먼저 흘러나와 유산이 되는 경우가 많다.

자궁경관 봉축술로 임신을 유지한다

임신 중반기에 유산을 했거나 진찰 도중 자궁경관이 열려 있는 것을 확인했을 때는 자궁경관 주위에 봉합수술을 시행해서 자궁경관을 정상으로 닫히게 한 후 임신이 지속되게 해야 한다. 이 방법을 '자궁경관 봉축술'이라 한다. 이는 임신 14주 이후 전신마취나 부분마취 하에 시행한다. 그러나 이러한 수술조차 시행할 수 없는 경우가 가끔 있다. 과거에 이러한 수술을 받았으나 한 번 이상 실패하였던 경우, 자궁경부에 질환이 있어서 산부인과 수술을 받았던 경우 또는 자궁경부의 손상이 너무 심해 처음부터 수술 시행이 불가능한 경우 등이 그것이다.

원주 봉합술이 성공률이 높다

최근 이러한 환자들에게는 임신 중에 복식으로 자궁경협부를 묶어 주는 '복식자궁경협부 원주봉합술'이 시도되고 있는데, 그 성공률이 대단히 높다. 이 수술은 고도의 전문성을 요하므로 반드시 전문가를 찾아가 수술을 받아야 한다. 태아가 만삭이 되기 직전이나 진통이 시작되면 봉합된 실을 푼 다음 분만한다.

순산체형과 난산체형이 따로 있는 것은 아니다

임신부는 배가 불러올수록 여러 가지 문제로 불안해진다. 가장 걱정되는 것은 건강한 아기를 낳을 수 있을까 하는 것과 순산할 수 있을까 하는 것이다. 게다가 순산하기 쉬운 체형이 따로 있다는 얘기까지 들리니 걱정은 꼬리에 꼬리를 물게 된다. 그렇다면 과연 순산하기 쉬운 체형과 난산하기 쉬운 체형이 따로 있을까?

엉덩이가 작으면 난산한다?

골반이 큰 사람이 순산한다는 말은 근거가 있다. 골반이 작으면 아무래도 태아가 나오기 어려울 수 있어 난산 위험이 있기 때문이다. 하지만 엉덩이의 크기와 골반 크기는 비례하지 않는다. 겉으로 보기에는 엉덩이가 커서 골반도 클 거라고 생각되는 사람이 의외로 작은 경우가 있기 때문이다.

너무 뚱뚱하면 난산한다?

임신부가 비만일 경우 거대아나 미숙아가 태어날 가능성이 높다. 때문에 분만 시 소요되는 시간이 길어져 난산이 될 위험이 있다. 그러므로 임신 중에 체중이 지나치게 증가하지 않도록 주의한다.

키가 너무 작으면 난산한다?

키가 145cm 이하인 사람은 난산할 가능성이 높다고 한다. 키가 작으면 일반적으로 골반의 발달이 나쁜 경우가 많기 때문이다. 그러나 키가 작아도 뚱뚱하지 않고 임신 중 체중 증가도 정상이라면 골반이 작은 만큼 태아도 작은 것이 보통이므로 그다지 문제 되지 않는다.

**영양관리 &
무엇을 어떻게
먹을까?**

패스트푸드 NO! 저지방식을 선택한다

임신 중에 외식을 하는 데 대해서 걱정하는 여성들이 많다. 혹시 자극성이 강한 음식이 태아에게 해롭지 않을까 염려하는 것이다. 임신 중에 외식을 하는 것은 태아의 건강과 별 상관이 없지만, 음식이 비위에 맞지 않을 수 있다. 임신 중에 식당에서 먹을 수 있는 가장 좋은 메뉴는 평소 집에서 잘 먹을 수 있는 음식이다. 임신 중에는 너무 짠 음식, 칼로리나 지방분이 너무 많은 음식, 패스트푸드, 튀김 등은 먹지 않는 것이 좋다.

직장 여성의 경우, 점심을 사 먹어야 할 때는 건강에 좋은 저지방식을 권한다. 가능하면 과일이나 채소처럼 냉장고에 넣지 않아도 상하지 않는 재료로 도시락을 준비해 가는 것도 좋다.

임신 7개월

임신 중의 여행

자동차 여행

임신부가 여행을 할 때 반드시 유념해야 할 사항들이 있다. 그 중 대표적인 것은 하루 8시간 이상 차를 타지 말아야 한다는 것과 야간 운행은 금물이라는 점이다.

♥ 자주 차에서 내려 쉰다

자주 차에서 내려 주위를 걷고, 팔다리를 밖으로 뻗는 운동을 하고, 화장실에 다녀온다. 공중 화장실을 이용할 때는 변기 위에 휴지를 깔고 사용하는 등 주의를 기울여야 한다. 고속도로 휴게소와 주유소에 딸려 있는 패스트푸드점에 있는 화장실은 비교적 시설이 잘 갖추어져 있다. 반면에 일부 휴게실에 있는 화장실은 구토를 유발할 수도 있다.

♥ 차멀미에 대비한다

전문의가 허용할 경우에는 차멀미에 대비하여 50mg 단위의 비타민 B를 준비한다. 속이 메스껍다면 지도나 이정표, 책 등은 읽지 말아야 한다. 손이 닿는 곳에 유동성 음식을 준비해 둔다.

♥ 안전벨트를 꼭 맨다

아무리 단거리 여행일지라도 반드시 안전벨트를 매야 한다. 이때 허리에 차는 벨트는 태아의 아래쪽에 위치할 수 있도록 넓적다리를 스치도록 매고, 어깨에 차는 벨트는 가슴 상부에 적어도 3인치 이상의 여유를 줄 수 있도록 맨다. 안전벨트를 착용하는 데서 오는 이로운 점은 복부에 가해질지도 모르는 압박의 위험이나 만약의 경우에 차 안에 갇히게 될지도 모르는 위험보다 훨씬 크다. 만약 임신부가 안전벨트를 매지 않은 상태에서 운전을 한다면 핸들은 어머니와 태아 모두에게 끔찍한 무기가 될 수 있다. 어느 경우이든 항시 안전벨트를 착용해야 한다.

♥ 에어백이 있을 때 장신구를 착용하지 않는다

모두가 알고 있듯이 현재 에어백은 커다란 논란의 대상이 되고 있다. 그러나 임신부의 키가 너

무 작지 않고 똑바로 앉아 있는 상태라면 에어백은 상해를 입히기보다는 운전자를 보호해 줄 것이다. 이때 태아는 에어백이 팽창할 경우에 차지하게 될 공간의 아래쪽에 위치해 있어야 한다. 현재 많은 사람들이 자신의 차에서 에어백을 제거해야 하나 말아야 하나 고민하고 있으며 자동차 생산업체조차도 장차 어떤 쪽으로 나아가야 할지를 고민하고 있는 실정이다. 이 문제에 관한 결론은 이 책이 아닌 다른 곳에서 찾아야 할 것이다. 그러나 한 가지만은 확실하다. 운전을 할 때는 핸들의 위쪽을 잡지 말고 양쪽 끝을 잡아야 한다. 그리고 가능하면 장신구는 착용하지 않는다. 에어백이 팽창하면서 장신구를 착용하고 있는 팔이나 손을 얼굴 쪽으로 밀 경우에 커다란 상해를 입을 수도 있다.

복용 중인 약과 비타민제는 담당의사와 꼭 의논한다

담당의와 의논하지 않은 채로 장거리 여행을 해서는 안 된다. 임신 중에는 집에서 먼 곳에 머물면 안 될 상황이 있을 수도 있다. 또한 가능하면 임신 초기 석 달 동안은 여행을 피한다. 여행 자체가 유산을 유발하는 것은 아니지만 만약의 경우 유산이 되면 타지에 머무는 것은 바람직하지 않다. 그리고 임신 막달에 여행을 하는 것도 피해야 한다. 진통이 시작될 수도 있으며 이제 소변을 참기에는 휴게실 사이의 거리가 너무 멀게 느껴질 수 있기 때문이다.

마실 것을 꼭 준비한다

휘발유도 얼마 남지 않았고, 급히 화장실에 가고 싶은 상태에서 피곤하고, 허기지고, 목마른 몸을 이끌고 장거리 자동차 여행을 하는 것만큼 최악의 사태는 없을 것이다. 그리고 휴식을 취할 수 있는 장소를 찾았다 해도 임신부가 필요로 하는 모든 편의시설이 갖추어지지 않은 경우도 많다.

너무 먼 거리는 피한다

임신 중에 그다지 심각한 이상이 없다면 집에서 반경 30~40마일(48~64km) 거리는 언제라도 이동 가능하다. 그러나 임신부 자신은 물론 뒷자리에 앉힌 아이에게도 안전벨트 착용은 필수다. 유사시 도움을 청할 수 있도록 핸드폰을 지참하는 것도 잊지 않는다.

비행기 여행

항공 여행은 지상 교통수단보다 확실히 안전하며 때로는 더 빠르기도 하다. 아직은 항공로에 정체 현상이란 없기 때문이다. 그러나 일부 공항에서는 이미 교통체증이 발생하고 있다.

기내 흡연이 허용됐던 과거에는 담배 연기가 임신부를 괴롭혔지만 이제 모든 국내노선은 물론이고 모든 국제노선에 대해 기내흡연이 전면 금지되었다. 물론 일부 국가에서는 아직도 기내 흡연을 허용하고 있다. 항공 여행과 관련하여 알아 두어야 할 주요 사항을 살펴보자.

💜 임신 36주가 넘으면 탑승을 제재 받을 수 있다

대부분의 항공사는 임신 36주가 넘은 여성에게, 그리고 해외 항공사들은 일반적으로 임신 32주가 넘은 여성에게 비행기 탑승을 허용하지 않는다. 임신 32주 이상 36주 미만인 임신부의 경우 산부인과 의사가 작성한 의사소견서 3부를 항공사에 제출해야 한다. 의사소견서에는 항공여행 적합여부와 해당 임신부의 분만예정일, 분만 징후 및 임신관련 합병증 여부 등이 명기되어야 한다. 임신 36주 이상이 되면 항공사 의료팀의 승인이 있어야 비행기 탑승이 가능하며 반드시 보호자를 동반해야 한다.

임신부 탑승 조항은 항공사마다 차이가 있으므로 예약 시 반드시 확인을 하도록 한다.

💜 빈혈 증세가 있으면 위험하다

현대 기술로 조정되는 기내 기압은 해발 5,000피트(약 152km)인 덴버(Denver)와 해발 8,000피트(약 244km)인 크레스티드 버트(Crested Butte) 사이의 기압 수준으로 유지된다. 이 같은 기압은 일반적으로 태아에게 산소를 공급하기에 안전한 수치지만 저지대에 살고 있으며 빈혈 증세가 있는 임신부에게는 위험할 수 있다.

💜 물을 자주 마신다

항공기 내의 평균 습도는 8%이다. 이미 알고 있듯이 임신부는 수분을 빨리 빼앗긴다. 따라서 장거리 항공 여행을 하는 임신부는 물을 많이 마셔서 몸에 충분한 수분을 공급해야 한다. 그렇다고 해서 술을 마시는 것은 금물이다.

💜 기내에서도 자주 움직인다

임신 중에는 하지 심부정맥에 발생하는 응혈, 다시 말해 혈전증이 쉽게 생길 수 있다. 따라서 항공기가 순항하고 있는 상태라면 가능한 한 기내를 걸어 다니는 것이 좋다. 물론 임신부의 방광은 기내를 오가게 하는 데에 한몫할 것이다. 그러나 외부 기류 상태로 인해 자리에 앉아 있어야 하는 상황이라면 다리를 자주 움직이고 근육을 긴장시키지 않도록 노력한다.

💜 가스 발생 음식을 피한다

비행기에 탑승하기 이전이나 기내에서는 가스가 발생하는 음식은 피한다. 장 안에 가스가 팽창하면 여행 중에 불편함을 느끼게 된다.

해외 여행

💜 여행지에 도착하면 충분한 휴식이 필요하다

장거리 여행 시 가장 먼저 챙겨야 할 것은 먹을 약이다. 특히 복용 중인 약은 탑승 수속 시에 부치지 말고 휴대한다. 또한 해외 여행을 할 경우, 시차로 인해 피로가 증가할 수 있다. 따라서 여행지에 도착한 뒤 하루나 이틀 정도는 무리하지 않도록 한다. 여행지가 살던 곳보다 고도가 높을 경우에는 피로가 가중될 수 있다.

 높은 지대 여행은 삼간다

해수면 높이에서 생활하던 여행자가 항공편을 이용하여 고도가 높은 지역에 도착한 뒤 하루나 이틀 정도 있으면 고산병이 발생할 수 있다. 이 같은 증세는 평지에서 생활하는 사람들이 비행기를 타고 스키여행을 떠날 경우에 흔하게 발생한다. 임신 중에 높은 지대에 있는 곳을 여행하는 것은 삼간다. 고산병 증세는 폐렴과 비슷하나 치료법은 정반대이다. 고산병에 걸리면 호흡곤란이 오고, 태아에게 산소를 공급하는 데 문제가 생긴다는 것을 기억하고 각별히 조심해야 한다.

 나라마다 요구하는 예방접종이 다르다

나라마다 요구하는 예방접종이 있으므로 가기 전에 미리 확인해야 한다. 해당 국가마다 차이가 있으므로 여행사에 문의해서 조치를 취한다. 각국의 필수 예방접종은 자국민을 보호하기 위한 것이지 해외 여행자를 위한 것이 아님을 명심해야 한다.

 설사가 잦은 임신부는 생식을 피한다

쉽게 설사를 일으키는 임신부의 경우, 해외 여행을 계획하고 있다면 특히 주의를 기울여야 한다. 다른 나라를 찾는 미국 여행객의 절반가량이 일명 '투리스타(turista)'라고 불리는 해외 여행자 설사 증세를 보이기 때문이다.

투리스타는 보통 비교적 해롭지 않은 박테리아성 대장균 감염에 의해 발생하지만 살모넬라나 다른 악성 박테리아에 의해 발병하는 심각한 경우도 있다. 이러한 질병을 미연에 방지하려면 병에 든 생수를 구입해 마셔야 하며 얼음물과 제대로 익히지 않은 음식은 피해야 한다. 또한 모든 과일은 껍질을 벗겨서 먹고, 채소도 깨끗이 씻어 껍질을 벗긴 후 먹는다. 최근 밝혀진 대장균들은 주로 햄버거 속에서 검출되고 있는데 매우 위험한 양상을 띠고 있는 것들도 있다.

사실 해외 여행을 가지 않아도 투리스타에 감염될 여지는 많다. 음식물의 상당 부분이 해외로부터 수입되고 있고 전국적으로 연결된 식품 유통망이 질병을 이곳저곳으로 퍼뜨리기 때문이다.

여행지에서 차 사고를 조심한다

해외 여행과 관련하여 기억해야 할 마지막 사항은 자동차 사고로 인한 부상이 외국을 찾는 이들의 주요 사망 원인이라는 점이다. 여행지에서의 들뜬 기분 때문에 안전벨트 착용과 안전운전을 소홀히 하기 쉽다.

좁은 길에 제한 속도도 없고, 일부 국가에서는 주행 방향마저 반대라는 점을 감안해 보면 도로 주행이 왜 위험한지 이해할 수 있을 것이다. 최대한 안전을 유지할 수 있는 방법은 임신부가 직접 운전을 하지 않는 것이다.

이 시기에 나타나는 불편한 증상

가슴쓰림과 속쓰림 | 임신부 50%에게서 나타나는 증세다

 위가 변덕을 부린다

임신 초기가 지나고 나면 대부분의 임신부들은 식욕이 늘어난다. 그러나 임신 7개월쯤에 들어서면 임신부의 위는 변덕을 부리기 시작한다. 가슴쓰림이 늘 임신부를 따라다니기 때문이다. 전체 임신부의 50%가 이러한 증세를 호소한다.

가슴쓰림은 식후나 취침 전에 나타난다

가슴쓰림을 경험하지 못한 여성을 위해 참고로 설명하자면, 이것은 가슴 아랫부분이 화끈거리고 쓰라린 증세로 식후, 혹은 취침 전에 주로 나타난다. 특히 임신 중에 피해야 할 것 중의 하나인 기름에 튀긴 음식이나 맵고 짜거나 자극이 강한 음식을 먹은 뒤에는 증세가 심해진다.

임신 중에는 늘 나타나는 증세다

이 시기 가슴쓰림은 식도 하단부의 생리기능과 해부구조의 변화 때문에 발생하며 임신 중에는 치료가 불가능하다. 그러나 튀기거나 기름기가 많은 음식, 혹은 자극적인 음식을 피하고, 무지방 우유를 조금씩 자주 마시며 얼음조각을 씹어 먹으면 일시적이나마 증세를 완화시킬 수 있다.

과식을 피한다

임신 말기에 들어서면 위는 가슴 쪽으로 밀려 올라간다. 이로 인해 자주 충혈이 발생하고 음식 보관 창고로서의 제 기능을 발휘하지 못하게 된다. 너무 잘 먹었다 싶을 정도로 과식을 한 경우에는 소화불량, 구역, 구토 등이 발생하기도 한다. 따라서 임신 초기와 마찬가지로 과식을 피해야 하며 식사 후에 바로 누워서는 안 된다. 달리 말하자면 눕기 전에는 음식을 먹지 말아야 한다.

출산과 함께 고통이 사라진다

드물게 나타나는 증상으로 횡격막 헤르니아가 있는데 명치 헤르니아, 혹은 식도 열공성 헤르니아라고도 불린다. 이 질병은 임신 말기에 나타나며 심한 구역과 구토를 유발한다. 때로는 감당하기 어려울 정도로 증세가 악화되므로 특별한 관리가 필요하다. 이 증상은 분만과 함께 사라진다.

숨가쁨 | 커지는 자궁이 위를 압박한다

숨을 쉴 때마다 횡격막이 팽창을 방해한다

점점 커지는 자궁이 위를 밀어 소화 기능을 저하시키며, 동시에 태아는 복부 장기를 횡격막 쪽으로 밀어붙인다. 이로 인해 가해지는 압력은 숨을 쉴 때 횡격막이 정상적으로 팽창하는 것을 막고, 그 결과 대다수의 여성은 임신 말기에 들어서면 숨가쁨을 느낀다.

 태아가 아래로 내려가면 가슴이 한결 편해진다

막달이 되면 태아가 골반 아래로 갑자기 내려가는 경우가 있다. 갑자기 태아의 무게가 가벼워지는 듯 느껴지는 이러한 현상은 진통이 시작되고 나서야 생기는 경우도 있다. 일단 태아가 아래로 내려가면 지금까지 짓눌리는 듯하던 상복부와 가슴이 한층 편안해진다. 숨쉬기도 한결 가벼워지고 소화 장애 없이 즐겁게 식사를 할 수 있게 된다.

 태아가 하복부와 골반을 눌러 소변이 자주 마렵다

이와 반대로 태아가 골반 아래쪽으로 내려가는 데 수주가 걸리는 경우도 있다. 따라서 상복부가 갑자기 편안해지는 일이 일어나지 않을 수도 있다. 어떤 방법으로든 상복부를 떠난 태아는 이제 아래쪽으로 이동해 자리를 잡게 되고, 하복부와 골반을 내리누르는 압력은 임신부로 하여금 쉴 새 없이 화장실에 드나들게 만든다.

변비 | 임신 유지 호르몬인 프로게스테론 호르몬과 직장에 가해지는 압박이 원인이다

 직장 압박과 장 기능 변화로 생긴다

변비는 하복부와 직장에 가해지는 압박과 더불어 프로게스테론 호르몬이 장 운동을 억제하여 나타나게 된다. 직장에 압박이 가해지면서 변비가 반복적으로 나타나면 치질이 생길 수도 있다. 치질의 증세로는 직장 작열감, 가려움증, 통증, 출혈 등이 있다.

장 운동으로 치질을 예방한다

규칙적이고 부드러운 장 운동은 치질 예방에 큰 효과가 있다. 일단 배변을 하고 나면 잔변감이 느껴지더라도 무리하게 힘을 주지 말아야 한다. 잔변감은 직장 혈관이 충혈돼 있기 때문에 느껴질 수도 있다. 무리하게 가해지는 힘은 충혈을 악화시켜서 혈관이 밖으로 밀려나오게 만들어 임상 치질을 유발한다. 일단 치질이 생기면 각 개인에게 맞는 치료 방법을 찾아야 하므로 주치의에게 알린다. 경우에 따라서는 임신 중이더라도 변비약을 사용해야 할 때가 있다. 변비약의 종류는 다양한데 안전성 여부는 약마다 다르다.

 변비를 예방하는 식사와 운동을 한다

변비를 방지하려면 첫째, 아침이나 저녁에 규칙적으로 화장실에 가고 둘째, 변의가 느껴지면 가능한 한 즉시 화장실에 가며 셋째, 변통 효과가 있는 과일을 생으로 먹거나 익혀 먹는다. 특히 잎이 많은 야채, 시리얼, 밀기울 같은 섬유질 식품과 고섬유질 식품을 섭취한다. 넷째, 수분을 충분히 섭취하고 다섯째, 적절한 운동을 규칙적으로 하는 것이 좋다.

임신 중 심장의 변화

 태아가 임신부의 심장에 압력을 가한다

임신부의 심장은 평상시보다 훨씬 더 많은 일을 해야 한다. 펌프질을 해야 하는 피의 양이 20%~25%나 증가하기 때문이다. 게다가 피를 순환시키는 것도 한층 어려워진다. 따라서 심장병을 앓고 있는 임신부는 임신이 진행되는 동안 더욱 세심하게 관리해야 한다.

평상시보다 심장이 빠른 속도로 뛴다

임신 중에는 횡격막이 밀려 올라옴에 따라 심장의 위치도 바뀌고 상당한 수준으로 왼쪽으로 밀려나게 된다. 그 결과 평상시보다 심박동이 뚜렷하게 느껴지고 때로는 심장이 빠른 속도로 뛰기도 한다. 전에 경험해 보지 못한 이러한 두근거림 증세는 임신부를 당황하게 만들 수도 있다. 정상적인 심장의 경우, 이러한 변화는 조금도 위험할 것이 없으며 신경 쓰지 않아도 금방 원래대로 돌아온다.

평소 심장질환이 있으면 담당의의 지시에 따른다

심장질환이 있는 임신부라면 주치의로부터 매우 특별한 주의를 받을 것이며 이를 빈틈없이 따라야 한다. 여기서 한 가지 밝혀 두고 싶은 것은 심장동맥 바이패스, 심장판막대치술, 선천결함 교정술을 비롯하여, 심지어는 심장이식수술 같은 심장수술을 받은 여성들도 분만에 성공했다는 사실이다.

분만교실

분만교실은 여러 가지 분만 유형에 대해 정확하게 이해하고, 자신의 분만 형태를 결정하는 데 도움을 준다. 요즘은 복잡한 의료 장비를 사용하는 경우가 많고 통증을 완화하는 방법들도 다양하므로 분만 시 이용할 수 있는 각종 절차에 따른 이점과 위험을 잘 알아둘 필요가 있다. 진통 중에 신속하게 결정을 내려야 할 경우가 생길 수도 있으므로 그럴 경우에 대비해 사전에 충분한 지식을 습득해 두면 도움이 될 것이다.

분만교실의 역할

분만교실에 참여하면 임신과 출산에 관해 더 많은 것을 알 수 있다. 의사에게 정기검진을 받을 때는 허락되는 시간이 많지 않아 물어보고 싶은 말이 있어도 물어볼 수 없다. 분만교실은 무엇이든지 물어볼 수 있는 여건과 분위기를 제공하며, 혹시 깜빡 잊고 물어보지 않았더라도 다른 임신부가 옆에서 물어볼 수 있다.

분만교실의 주된 목적은 출산에 대비해 임신부를 준비시키는 것이다. 임신이 심신에 어떤 변화를 가져오는지를 설명하는 한편, 여러 가지 트러블에 대처하는 방법을 구체적으로 보여 주고,

참가자들에게 연습을 시킨다. 분만교실에 참여해 다른 임신부들을 만나는 것 자체가 큰 힘이 되기도 한다.

분만교실에 참가한 여성들은 서로 비슷한 처지에 있으므로 서로를 잘 이해할 수 있다. 분만교실은 임신과 출산, 육아로 이어지는 공동의 관심을 가진 새로운 친구를 사귈 수 있는 좋은 기회가 되기도 한다. 실제로 많은 참가자들이 '졸업' 후에 초보부모모임이나 놀이모임을 결성한다.

남편도 분만교실에 함께 참가하면, 출산 중 남편의 역할에 대해 배우고, 임신과 출산 준비에 적극적으로 참여하는 데 도움이 된다. 부모가 되는 것은 정서적으로 성숙할 수 있는 기회이며, 훌륭한 강사는 이 점을 인식하고 부부가 이런 변화를 이룰 수 있도록 방법을 제시할 것이다.

 분만교실의 수업 내용

분만교실은 대개 28~32주에 시작하는 것이 이상적이다. 필요에 따라 몇 주간에 걸친 분만교실에 참가할 수도 있고, 이미 알고 지식을 1회로 압축한 분만교실에서 전체적으로 복습할 수도 있다. 수업은 주로 저녁이나 주말에 열리고, 대개 조산사가 수업을 진행한다. 강조하는 부분은 서로 다르지만, 모든 분만교실은 진통과 출산 중에 생기는 일, 병원에 가야 할 시점, 이완법과 호흡법, 통증완화책, 제왕절개, 신생아 돌보기 등 기본적인 사항들을 다룬다.

분만교실 선택하기

병원에서 운영하는 분만교실은 대개 조산사들이 강사로 나온다. 이런 분만교실은 무료로 운영되지만, 대개 대규모로 실시되어 다른 예비부모들과 교제를 하기가 쉽지 않다.

사설 분만교실은 주로 가정집이나 지역회관 같은 곳에서 열리고, 분만교실을 제공하는 기관

에서 훈련을 받은 강사가 운영한다. 이런 분만교실 중에는 한 회 정도 무료 청강 기회를 제공하는 곳도 있다. 분만교실 규모는 5~7쌍의 부부가 참여하는 것이 이상적이다. 이 정도 규모면 토론도 할 수 있고, 모든 참가자들이 충분히 개별 지도를 받을 수 있다.

많은 사설 분만교실이 특정한 시각이나 철학을 바탕으로 진통과 출산법을 제시한다. 따라서 자신의 가치관과 비슷한 시각을 가진 분만교실을 찾는 것이 중요하다. 때로는 전혀 색다른 시각을 가진 분만교실에 참가해 보는 것도 선택의 폭을 넓히는 데 도움이 된다. 대부분의 사설 분만교실은 임신 마지막 몇 주에 6~8회에 걸쳐 수업을 한다.

대표적인 분만교실로는 라마즈 분만교실과 브래들리 분만교실이 있다. 라마즈 분만교실에서는 능동적인 출산과 진통의 통증으로부터 주의를 다른 곳으로 환기시키는 특별한 호흡법을 가르친다. 브래들리 분만교실에서는 남편의 코치 아래 이루어지는 '자연' 분만을 중시하며 식습관, 산전운동, 진통의 통증에 대처하기 위한 내면에 초점 맞추기 등을 강조한다. 임신 중 요가나 긴장이완법, 수중분만 등을 전문적으로 지도하는 분만교실도 있다.

임신 25주

가려움증이 나타난다

자궁이 점점 커져 골반을 채우는 과정에서 복부 피부와 근육이 늘어나면 자연스럽게 가려움증을 느끼게 된다. 가려움증을 가라앉히기 위해 로션을 사용하는 것은 좋지만, 긁거나 피부를 자극하면 오히려 악화되기 때문에 삼가는 것이 좋다.

잇몸에 영구치 싹이 발달하고 입술 신경이 예민해진다

이제 태아는 자신의 발을 잡을 수 있고 손을 구부려 주먹을 쥘 수도 있다. 폐에서 계속 혈관이 발달하고, 콧구멍이 생기기 시작한다. 잇몸 안쪽 높은 곳에서 영구치 싹이 발달하고 있는데, 이 영구치는 아기가 여섯 살쯤 되어 젖니가 빠질 때까지 내려오지 않을 것이다. 한편 입과 입술 주변 신경이 더욱 예민해져, 출생 후 엄마 젖꼭지를 찾는 본능적인 일을 할 준비를 한다.

생명선인 탯줄이 발달한다

태반과 태아를 잇는 혈액 통로이자 중요한 생명선 역할을 하는 탯줄이 두툼하고 탄력 있게 된다. 탯줄은 서로 꼬이거나 엮이지 않도록 젤리처럼 생긴 단단한 물질에 쌓여 있으며 그 속으로 한 개의 정맥과 두 개의 동맥이 지나간다.

낙상이나 골절상에 주의한다

임신 중에는 몸의 균형을 제대로 잡기 어렵기 때문에 넘어져서 다치기 쉽다. 다행스러운 것은 대개는 넘어져도 임신부나 태아가 크게 다치지 않는다는 점이다. 복부가 골반 안쪽에 있는 자궁을 보호해 주고, 태아를 감싸고 있는 양수가 태아를 보호해 주기 때문이다. 자궁과 자궁벽도 보호책이 된다.

임신 중에 넘어졌을 때는 의사에게 연락해서 진찰을 받아 보는 것이 좋다. 진찰을 받아보고 태아의 심박동 소리를 들으면 안심이 될 것이다. 넘어진 뒤에 임신부가 태동을 느낀다면 안심하는 데 도움이 된다.

계단이나 미끄러운 도로, 겨울철 주차장을 특히 조심한다

복부의 가벼운 부상은 임신하기 전과 마찬가지로 처치해 주면 되고, X선 촬영은 피해야 한다. 넘어진 뒤에는 초음파 검사를 받아 보는 것이 좋지만, 검사의 필요성은 증세와 부상 정도에 따라 의사가 판단할 것이다.

임신이 진행되면서 배가 커지면 몸의 균형을 잡기 어렵다는 사실을 기억해야 한다. 겨울에는 주차장이나 도로가 축축하거나 미끄러울 수 있으므로 주의해야 한다. 계단에서 넘어지는 임신부들도 많은데, 계단을 오르내릴 때는 난간을 잡아야 한다.

배가 커지면서 보통 때처럼 민첩하게 행동할 수 없으므로 행동을 늦추어야 한다. 몸의 균형을 잡기 어려운데다 현기증까지 생길 수 있으므로 넘어지지 않도록 주의한다.

낙상 뒤에 출혈이나 파수(양막이 파열되었음을 알리는 증상), 심한 복통 등의 증상이 나타날 때는 주의해야 한다. 낙상이나 부상 때문에 일어날 수 있는 심각한 문제 중 하나는 태반조기박리이다. 태반조기박리란 태반이 자궁에서 일찍 떨어져 나오는 것을 말한다. 골절상이나 거동을 할 수 없을 정도로 크게 다치는 것도 심각한 문제다.

골절상을 입었을 경우 X선 촬영이나 수술이 필요할 수 있다

때로는 낙상이나 사고로 골절상을 입을 수 있는데, 이런 경우에는 X선 촬영을 하고 수술을 받아야 한다. 골절상은 출산 때까지 치료를 미룰 수 없다. X선 촬영을 할 때는 납 가리개로 골반과 복부를 가려야 한다. 간단한 골절상은 부분 마취와 진통제로 치료할 수 있다. 임신부와 태아를 위해 될 수 있으면 전신마취는 피하고, 진통제도 최소한으로 사용해야 한다.

골절 치료를 위해 전신마취를 해야 할 경우에는, 태아를 면밀히 관찰해야 한다. 이런 상황에서는 선택의 여지가 없다.

초음파나 배 모양 등으로 '아들, 딸'을 추측한다

출산을 앞둔 예비엄마나 아빠들의 가장 큰 궁금증은 '우리 아기가 아들일까, 딸일까?' 하는 것이다. 양수 검사에서 염색체를 조사해 보면 태아의 성별을 판별할 수 있다. 초음파 검사로도 태아의 성별을 판별할 수 있지만 그 결과는 정확하지 않다.

초음파 검사로 태아의 성별을 판별했을 때는 그 결과를 너무 믿지 않는 것이 좋다. 출산 전에 태아의 성별을 미리 아는 것보다 출산 때까지 설레는 맘으로 기다리는 것이 임신의 또 다른 즐거움일 것이다.

태아의 심박동수로 성별을 판별할 수 있다고 말하는 사람도 있다. 뱃속 아기의 정상적인 심장박동수는 대개 1분에 120~160회이다. 그런데 어떤 사람들은 뱃속 아기의 심장박동수가 이보다 빠르면 딸이고, 이보다 느리면 아들이라고 믿는다. 그러나 이것은 과학적으로 입증되지 않은 낭설이다. 이 설에 근거해서 담당의사에게 태아의 성별을 추측해 달라고 조르지 말자. 추측은 어디까지 추측일 뿐이다.

♡ 아내 대신 마트 쇼핑을 하세요

아내를 대신해서 쇼핑을 해 보자. 임신 중에 무거운 물건을 드는 것은 유산의 원인이 될 수 있으므로 가능한 한 아내가 무거운 물건을 들고 왔다 갔다 하지 않도록 주의를 기울일 필요가 있다. 시장바구니를 들고 혼자 쇼핑하기가 어색하고 어려우면 적어도 아내가 쇼핑하러 갈 때 함께 가서 물건을 들어 주는 것이 좋은 아빠, 좋은 남편이 되는 지름길이다.

그보다는 시어머니나 친정어머니가 임신부의 배 모양을 보고 아들인지, 딸인지를 추측하는 것이 오히려 더 정확할는지 모른다. 공식적으로 이런 말을 하는 의사는 없겠지만, 많은 의사들이 그렇게 믿고 있다. 어떤 사람은 자신이 출산 전에 태아의 성별을 추측하거나 예측하는 데 한 번도 틀려본 적이 없다고 말한다. 하지만 이것 역시 과학적으로 근거가 없다.

의사는 태아의 성별보다는 임신부나 태아의 건강과 안녕에 더 많은 신경을 쓴다. 의사의 목표는 뱃속의 태아가 아들이건 딸이건, 임신의 안전한 진행과 출산 때까지 임신부와 태아의 건강을 지키는 것이다.

34주 이전에 양수 터지면 세균감염 위험이 높다

양수를 둘러싸고 있던 막이 터지면 양수가 쏟아져 나오게 된다. 이것은 진통과 분만 시에 예상되는 정상적인 현상이다. 그러나 이런 현상이 너무 일찍 생기면 이것을 '조기파수'라 부르며, 이럴 때는 신속한 의료 처치가 필요하다.

정상적인 경우 양수가 터지고 24~48시간 이내에 분만을 해야 하고, 분만이 지연되면 유도 분만을 하게 된다. 양수가 터지면 태아가 외부 환경에 노출되어 세균에 감염될 위험이 높기 때문이다. 임신 34주 이전에 양수가 터지면 담당의사는 조산과 태아 감염 중에서 어느 쪽이 더 위험한지 상태를 판단한 뒤 출산을 결정하게 된다.

대부분의 경우 임신부를 입원시키고 절대 안정시킨 후에 태아를 관찰하게 되는데, 태아의 폐가 충분히 성숙했거나 태아 감염의 징조가 보이면 긴급히 유도 분만을 하기도 한다.

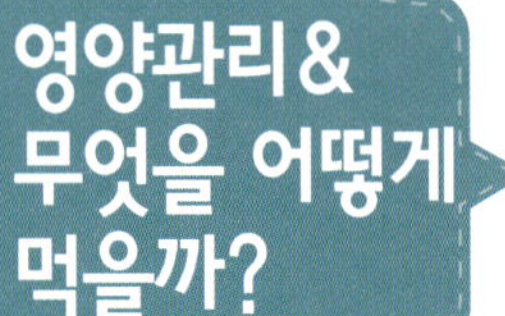

비타민과 미네랄 섭취량을 늘린다

임신을 하면 비타민과 미네랄 섭취량을 늘려야 한다. 임신 중 음식물을 통해 필요량을 모두 섭취하면 좋겠지만 현실적으로 그것이 어려울 경우에는 의사의 처방을 받아 임신부용 비타민을 먹도록 한다.

특히 10대 임신부, 저체중 임신부, 임신 전에 영양실조에 걸린 임신부, 쌍둥이 출산 경험이 있는 임신부는 비타민과 미네랄을 추가로 더 많이 섭취할 필요가 있으므로 영양제를 복용해야 한다. 담배를 피우거나 술을 많이 마시는 임신부, 만성 질환이 있는 임신부, 다른 치료약을 복용하는 임신부 등도 영양제가 필요하다. 경우에 따라선 채식만 하는 임신부도 영양제를 복용해야 한다.

임신부용 비타민 외에 추가로 영양제를 복용할 필요가 있을 때는 의사가 지시를 할 것이다. 의사의 허락이나 동의 없이 아무 영양제나 함부로 복용하지 않도록 한다.

임신 중 발마사지

소화불량일 때

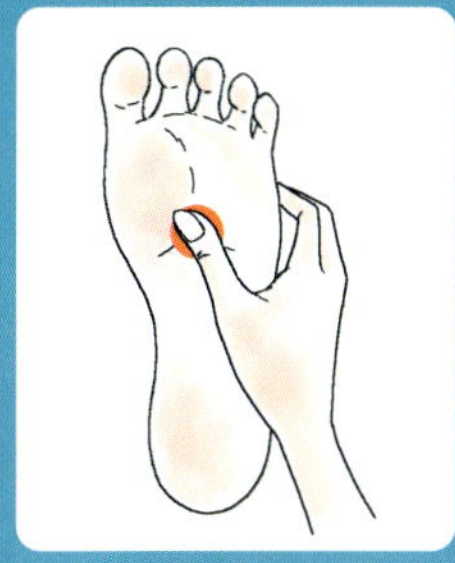 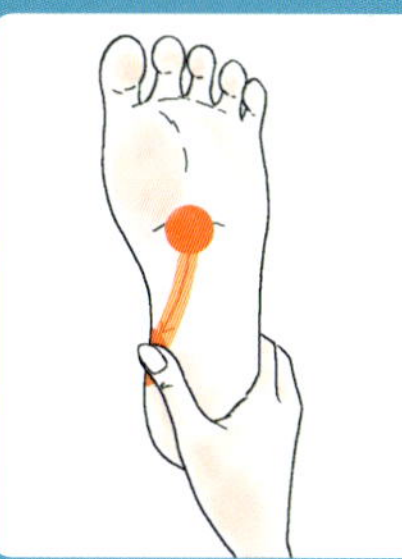 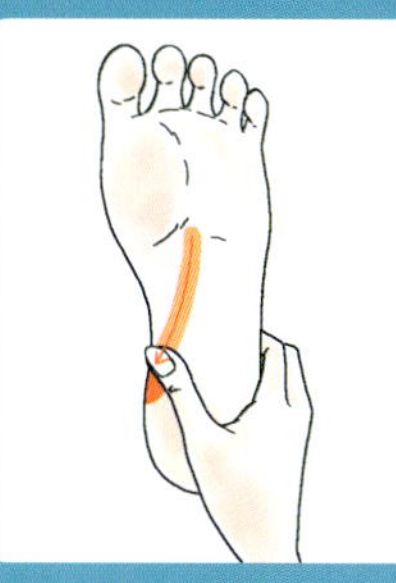 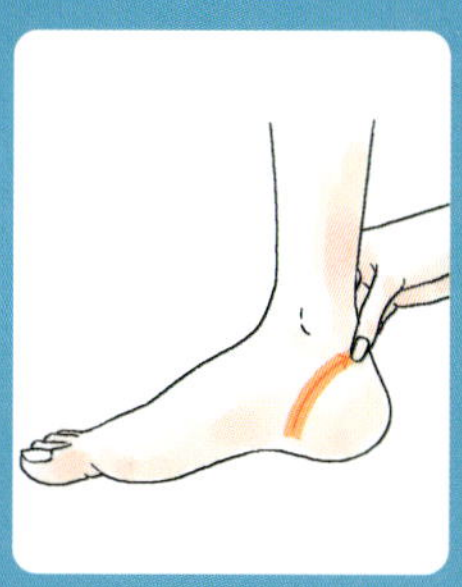

❶ 용천을 엄지손가락으로 지그시 4초씩 3회 누른다.

❷ 용천에서 방광 반사구 쪽으로 이어지는 수뇨관 반사구를 엄지손가락으로 미끄러지듯이 문지른다. 9회 반복한다.

❸ 수뇨관 반사구를 문지른 뒤 방광으로 내려와 엄지손가락으로 방광 반사구를 4초씩 3회 아프지 않게 누른다.

❹ 요도 반사구를 엄지손가락으로 아킬레스건 쪽으로 자주 쓸어준다.

입덧완화에

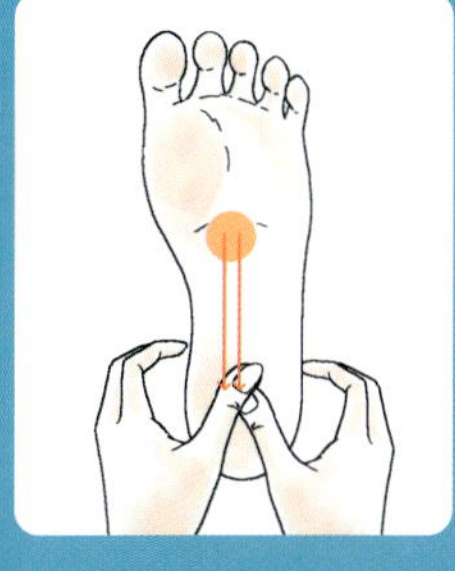 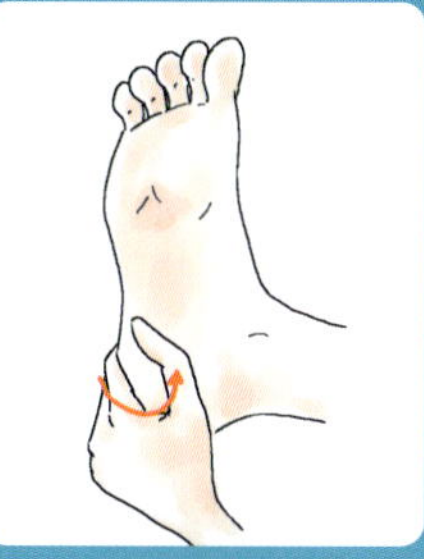 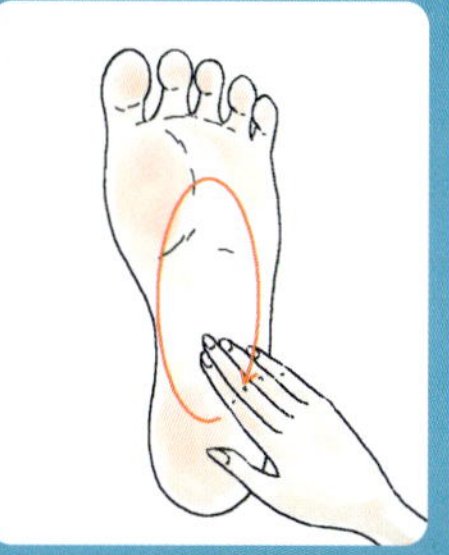 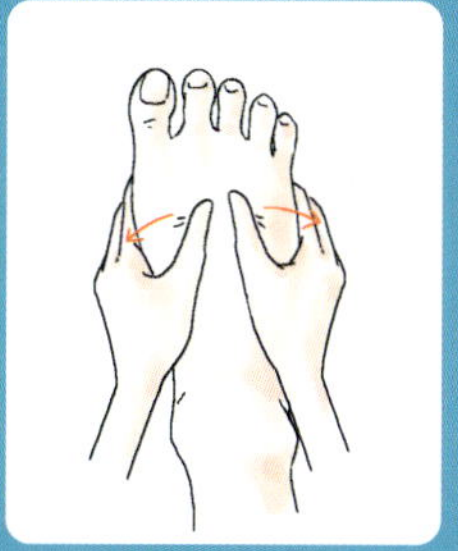

❶ 용천에서 뒤꿈치 앞까지 엄지손가락으로 지그시 쓸어내린다. 발의 안쪽으로 좁혀가면서 쓸어내리기를 3회 반복한다.

❷ 뒤꿈치를 한 손으로 꽉 움켜잡았다가 편다. 3회 반복한다.

❸ 네 손가락을 이용해 원을 그리듯 발바닥 전체를 5회 문지른다.

❹ 발등 전체를 양손으로 잡고 사과를 쪼개듯 잡아당기는 마사지를 5초씩 9회 반복한다.

감기예방에

❶ 미지근한 물에 페퍼민트 아로마를 떨어뜨려 가글을 하고 코도 닦아낸다.

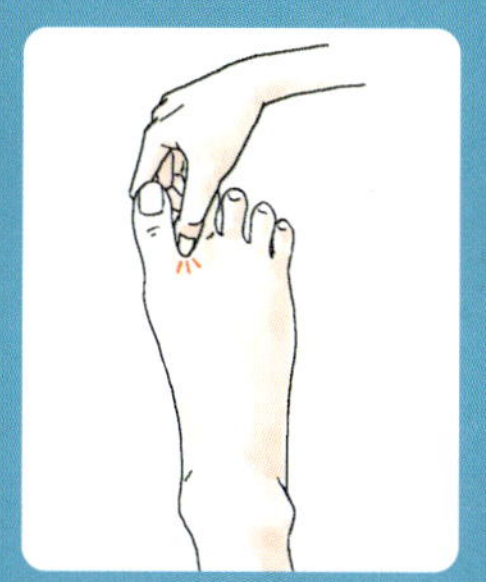

❷ 발 전용 크림에 페퍼민트 아로마를 섞는다. 엄지손가락에 크림을 묻힌 후 림프계통의 반사구인 엄지발가락과 둘째발가락 사이를 엄지와 검지로 미끄러지듯 마사지한다. 1~2회 반복한다.

임신 26주

건망증이 심해진다

내가 지금 뭘 하려고 했더라? 하며 하던 일을 멈추고 서성이거나, 무언가를 코앞에 두고도 어디에 뒀더라? 하면서 정신없이 찾는 자신을 발견하는 일이 많아질 것이다. 그리고 무언가를 생각하는 것이 귀찮고, 머리를 써서 하는 일이 부담스럽게 느껴지는 것도 임신으로 인해 나타나는 증상들이다.

정신이 흐리멍텅해지는 것은 임신부의 몸이 태아 만드는 일에만 집중하고 있기 때문에 생기는 생리적인 현상이다. 호르몬의 증가가 집중력과 기억력에 영향을 주기 때문에 이런 현상은 앞으로 더 심해질 것이다. 흐려진 기억력으로 인해 생활에 지장을 받고 있다면 다음과 같이 해 보자.

- 매일 자신이 할 일을 정확하게 기록한다.
- 남편이나 직장 동료에게 중요한 날짜나 약속을 상기시켜 달라고 부탁한다.
- 한꺼번에 너무 많은 일을 하다 보면 사고력이 떨어질 수 있으므로 일의 부담에서 벗어나도록 한다.
- 충분한 휴식과 수면을 취한다.

불쾌한 증상들이 자주 일어난다

자궁, 태반, 태아가 더 커짐에 따라 배가 더 불러오고 요통, 골반 압박감, 다리 경련, 두통 같은 불쾌한 증상들이 더욱 자주 일어난다. 어느덧 임신 중반기가 끝나가고 있다. 전체 임신 기간의 2/3가 지났다. 이제 머지않아 아기가 태어날 것이다.

태아 스스로 숨을 들이마시고 내쉴 수 있다

태아의 폐는 아직 더 발달해야 하지만, 척추는 성장하는 태아의 몸을 지탱할 수 있을 정도로 더 튼튼하고 유연해진다. 엄마의 복부에 귀를 갖다 대면 태아의 심박동 소리를 들을 수 있다. 태아는 이제 스스로 숨을 들이마시고 내쉴 수 있게 되고, 눈이 완전히 형성되며, 소리에 반응해 맥박이 빨라지고, 음악의 리듬에 맞춰 움직이기도 한다. 태아의 뇌 활동을 조사한 연구보고서에 의하면, 이제 태아는 접촉에 반응을 보일 수 있다.

심장이 덜 성숙해 심부정맥이 나타날 수 있다

태아의 심박동 소리를 들을 때 불규칙적이라면 놀랄지 모른다. 심장이 불규칙적으로 박동하는 것을 심부정맥이라고 한다. 태아 심부정맥은 드문 일이 아니며 원인은 여러 가지다. 심장이 성장하고 발달함에 따라 심부정맥이 일어날 수 있다. 심장이 성숙해지면 심부정맥이 사라진다. 모체가 루프스 질환을 앓고 있을 때 태아가 심부정맥을 보이는 경우도 있다.

진통이나 분만 중에 태아 심부정맥이 발견되면 태아의 심박동을 관찰하고, 분만 시 소아과 전문의를 참석시킬 필요가 있다. 소아과 전문의는 출산 직후 아기가 정상인지 아닌지 판별해서 문제가 있을 때는 즉각 처치하게 된다.

조산을 예방한다

과거 조산 경험이 있거나 감염증, 조기 파수, 임신성 당뇨병, 쌍둥이 임신 등 문제가 있는 임신부는 조산할 위험이 있다. 이런 임신부는 자궁 홈 모니터를 이용해 조산 위험을 피할 수 있다. 자궁 홈 모니터란 임신부가 자신의 집에서 자궁 수축 상황을 기록한 영상을 매일 의사에게 전송하면 의사가 그 영상을 보고 임신부의 상태를 평가하는 것을 말한다. 퍼스널 컴퓨터의 발달로 의사는 자신의 집에서 이 영상을 받아볼 수 있다.

자궁 홈 모니터는 비용도 많이 들고 그 효용성에 대해서도 논란이 많으므로, 이것의 필요성 여부는 각자 결정해야 한다. 과거에 조산한 경험이 있거나 조산할 위험이 있는 임신부는 이 모니터의 사용 여부를 의사와 의논해 보는 것이 좋다.

계절별·체질별 임신 증세와 해결책이 따로 있다

● 봄철 임신 … 태음인은 봄철 임신을 피한다
　　　　　　봄을 타는 임신부는 봄에 입덧이 더 심하다
　　　　　　임신 후기에 봄을 맞는 임신부는 피부병에 유의한다

한의학적으로 보았을 때 봄은 겨울 동안의 운동 부족, 비타민 부족 등으로 생체 리듬이 흐트러진 상황으로 저항력과 면역력이 떨어져 있다. 사상체질로 볼 때 봄은 태양인에게는 좋지만, 태음인에게 좋지 않은 계절이다. 그러므로 태음인은 가능하면 봄에 임신을 하지 않는 것이 좋다.

특히 평소에 봄을 많이 타고 봄을 나기가 어려운 사람이라면 봄철 임신을 피하도록 한다. 임신을 하게 되면 기초 체온이 올라가고 자각적인 체온도 올라가 더위를 많이 느끼게 된다. 게다가 기온이 상승하는 봄철은 임신부의 열을 부추기므로 입덧도 더 심해질 수 있다.

임신 후기에는 호르몬의 부조화로 피부 트러블이 생기기 쉽다. 봄철은 봄 햇살과 바람으로 피부 트러블이 많은 계절이므로 몸을 깨끗이 하고 옷을 얇게 입어 혈액 순환을 돕는다. 한의학에서는 이를 '임신 중 피풍증'이라 부르며 탕제로 증세를 가라앉힌다.

● **여름철 임신** … 소양인은 여름철 임신을 피한다
　　　　　　　여름 타는 임신부는 설사를 조심한다
　　　　　　　임신 중에 여름을 맞는 임신부는 빈혈에 신경 쓴다

높은 기온에 습하고 장마가 있는 여름은 임신부에게는 힘든 계절이다. 게다가 낮이 길어 자연히 활동량이 늘어나고 체력 소모 또한 심해 생체 리듬이 깨지기도 쉽다. 냉방시설로 인해 실내외 온도가 심하게 차이가 나면 자궁수축을 일으킬 수 있으므로 조산 위험마저 있다.

여름은 속이 냉한 소음인에게는 좋지만 열이 많은 소양인의 경우엔 더위가 열을 더 부추겨 병에 걸리기 쉽다. 더위를 많이 타는 사람이라면 늦봄이나 초여름 임신을 피하도록 한다.

임신이 진행될수록 임신부는 소화 장애로 고생하게 된다. 특히 찬 음식을 자주 먹게 돼 설사를 일으키기 쉽고 식중독에도 쉽게 노출된다. 그런데 설사를 하게 되면 장이 연동 운동을 하게 되어 자궁에 자극을 주므로 초기에는 유산의 위험이 있고, 중·후기에는 이상 태동의 위험이 있다.

한의학에 의하면 태아는 엄마의 피로 자라게 되므로 임신부는 피가 부족하게 되고 이것 때문에 여러 가지 이상이 나타날 수 있다고 한다. 그런데 이 혈액은 기가 쌓여서 만들어지는 것이기 때문에 땀을 많이 흘리는 여름철에는 기허로 인한 빈혈이나 무력증이 오기 쉽다. 그러므로 땀을 많이 흘리는 임신부가 여름을 잘 나려면 충분한 영양 섭취로 영양의 밸런스를 잃지 않도록 특히 신경을 써야 한다.

● **가을철 임신** … 태양인은 가을철 임신을 피한다

수렴의 계절이라 불리는 가을은 임신부들에게 가장 쾌적한 계절이다. 다만 음기가 성한 계절이므로 음성체질인 사람이나 가을을 타는 사람은 늦여름 임신을 피하는 것이 좋다. 사상의학에 의하면 가을은 태음인에게는 좋지만 태양인에게는 좋지 않으므로 태양인은 이 계절에 임신하는 것을 피하도록 한다.

● **겨울철 임신** … 소음인은 겨울철 임신을 피한다
　　　　　　　겨울 타는 임신부는 현기증을 조심한다
　　　　　　　임신 후기에 겨울을 맞는 임신부는 감기에 유의한다

겨울에 신체 리듬이 깨지면 임신중독증이 나타나기 쉬우므로 언제나 보온과 규칙적인 운동으로 체력 관리에 신경을 써야 한다. 겨울철 임신은 열이 많은 소양인에게는 더없이 좋지만, 속이 냉한 소음인은 임신을 유지하기가 쉽지 않으므로 이 기간 동안에는 임신을 피하는 것이 좋다.

임신 초기에는 자율 신경이 불안해지고 혈압이 낮아져 현기증이 자주 일어난다. 앉았다 일어나거나 흔들리는 버스, 전철 안에서는 더욱 심하다. 현기증이 나면 넘어지지 않도록 쭈그리고 앉도록 한다.

임신 중에는 기혈이 부족하고 내분비 호르몬의 부조화로 면역력과 저항력이 약해져 감기에 걸리면 잘 낫지 않는다. 임신 후기는 원래 열이 많을 시기인데다 감기로 인한 열까지 겹쳐 증세가 더욱 심해질 수 있다. 임신 8개월 이후에 기침이 심한 경우, 조기 파수를 일으킬 수도 있으므로 특별히 주의를 기울여야 한다.

녹황색 채소를 중심으로 식단을 짠다

이때쯤이면 임신 초기보다 식단 짜기가 더 어려워진다. 지금까지 먹던 음식에는 싫증이 났고, 태아가 점점 더 커져서 음식물이 들어갈 여지도 별로 없는 것처럼 보일 것이다. 가슴앓이와 소화불량 증세도 나타나게 된다.

그렇다고 해서 영양 섭취를 소홀히 해선 안 된다. 계속 신경 써서 태아가 태어날 때까지 태아에게 필요한 영양을 최대한 공급해야 하기 때문이다. 그러기 위해서는 녹황색 채소와 비타민 C, 비타민 A가 풍부하게 들어 있는 식품을 매일 먹어야 하며, 수분도 계속 많이 섭취하도록 한다.

균형 잡힌 식단의 예로 밥·빵·시리얼 류의 경우 빵 1조각, 건포도 롤빵 1/2개, 머핀이나 베이글 1/2개, 파스타 또는 밥 1/2컵, 크래커 4개, 시리얼 3/4컵이 적당하고 과일류의 경우 말린 과일 1/4컵, 신선한 과일 또는 통조림 과일 1컵, 과일주스 3/4컵이 적당하다. 채소류의 경우는 익힌 야채 1/2컵이나 샐러드용 채소 1컵, 야채즙 3/4컵이면 되고, 단백질원의 경우 익힌 육류나 생선 60~90g, 익힌 콩 1컵, 견과류 1/4컵, 두부 1/2컵, 달걀 2개가 적당하다. 유제품의 경우 우유 1컵, 요구르트 1컵, 치즈 45g, 크림치즈 1컵 반, 아이스크림 1컵 반 정도면 된다.

♡ 임신 중인
아내의 모습을
카메라에 담아
두세요

지금쯤 아내는 자신이 예전처럼 매력적으로 보이지 않는다고 우울해할 것이다. 이럴 때는 아내와 함께 외식도 하고 영화 구경도 가도록 한다. 그리고 아내에게 여전히 아름답다고 말해 주자. 지금의 사랑스러운 모습을 추억으로 남길 수 있도록 아내의 전신사진을 찍어 두는 것도 좋은 기념이 된다.

임신 27주

강한 태동을 느낀다

태동을 느끼는 것은 임신부에게는 가장 감동적이고도 중요한 순간일 것이다. 임신 테스트에서 양성 반응이 나왔을 때, 병원에서 태아의 심박동 소리를 들었을 때도 기쁘고 감동적이지만 많은 여성들이 태동을 느끼면서부터 자기 몸에서 생명이 자라고 있음을 실감하게 된다고 한다. 그리고 자신이 태아와 연결되어 있다는 유대감을 갖게 된다. 태동은 모체에 위안과 즐거움을 준다.

예비아빠는 태아가 활발하게 움직일 때 아내의 복부를 만져 보면 태동을 느낄 수 있다. 태동은 임신 초기에는 나비가 팔랑거리거나 가스가 올라오는 것처럼 가볍게 펄럭이는 느낌을 주다가 태아가 자라면 활동적인 움직임에서 아픈 발차기와 압박감에 이르기까지 다양한 느낌을 준다.

많이 움직이는 태아일수록 건강하다

태동을 얼마나 자주 느껴야 정상인지 궁금해하는 임신부들이 많다. 임신부들은 태아가 너무 많이 움직여도 너무 적게 움직여도 걱정이다. 하지만 태동은 사람에 따라 다르므로 이 문제에는 답이 없다. 태아가 많이 움직이면 안심이 되는 건 사실이다. 그러나 태아가 건강해도 많이 움직이지 않고 가만히 있는 경우도 흔히 있으므로 섣불리 태동을 통해 태아의 건강을 체크하는 일이 없도록 한다.

태동이 너무 적으면 심박동 체크를 해 본다

임신부 본인이 바쁘게 움직일 때는 태동을 의식하지 못할 수 있다. 태아가 움직이는지 가만히 있는지 알고 싶으면 잠시 옆으로 누워 있어 보면 된다. 태아가 밤에 더 활발하게 움직여 밤에 잠을 잘 수 없다고 말하는 임신부들도 있다. 태아가 걱정될 정도로 움직임이 적거나 가만히 있으면 의사와 상의해서 심박동 소리를 들어 보도록 한다. 대개의 경우에는 걱정할 일이 없을 것이다.

흉통이 나타날 수 있다

어떤 임신부는 태아가 움직일 때 늑골 아래쪽과 하복부에 통증을 느낀다고 하소연한다. 이것은 유별난 문제는 아니지만 걱정이 될 정도로 불편하기는 할 것이다.

태동은 임신이 진행됨에 따라 매일 느낄 수 있을 정도로 계속 증가하며 강도도 점점 심해진다. 동시에 임신부의 자궁은 점점 커져서 기관을 더욱 압박하게 되고, 소장과 방광과 직장을 누르게 된다. 통증이 너무 심할 때는 억지로 참지 말고 의사와 상의하도록 한다. 그러나 대부분의 경우 심각한 문제가 아니므로 크게 걱정하지 않아도 된다.

태아는 손가락 빠는 행동을 즐긴다

피하지방이 증가함에 따라 태아가 토실토실해진다. 엄지손가락 빨기는 이 무렵의 태아가 좋아하는 행동인데, 턱과 관절 근육을 강화하고 태아를 진정시키는 역할을 한다.

더불어 태아의 폐가 계속 발달하고, 혀와 뺨 안쪽에 있는 미뢰가 제 기능을 발휘하며, 뇌 기능이 더욱 복잡해진다. 또한 이때쯤이면 눈꺼풀이 벌어지고 망막이 형성되기 시작한다. 이제 태아는 빛의 변화를 감지할 수 있게 되는데, 연구에 의하면 모체의 복부에 전등을 비추면 태아가 빛을 향해(때로는 빛을 피해) 움직인다.

출산 후 신생아가 자궁 밖에서 가지는 최초의 시각적인 인상은 빛과 어둠으로 구분된다. 많은 신생아 장난감들이 흑백으로 되어 있는 것도 이 때문이다. 이제 속눈썹이 완성되어 출생 후 겪게 될 많은 해로운 물질로부터 예민한 안구를 보호하게 된다.

시력이 발달해 흑백의 빛을 구분할 수 있다

눈은 대개 임신 5주가 되면 생기기 시작한다. 처음에는 뇌 양쪽에 얕은 홈이 팬 것처럼 보이다가 이 홈이 발달해서 안포라고 하는 주머니가 된다. 눈의 수정체는 외피에서 생긴다. 태아의 눈은 발달 초기에는 머리 양옆에 있다가 임신 7~10주 사이에 얼굴 안쪽으로 옮겨오게 된다.

눈꺼풀은 임신 11~12주경에 융합되어 계속 그 상태로 있다가 임신 27~28주에 벌어진다. 눈 뒤쪽에 있는 망막은 빛의 이미지가 모이는 곳으로 빛에 민감하다. 망막은 임신 27주까지 여러 겹의 층으로 발달하며, 이 층은 빛과 그것의 정보를 받아들여 그것을 해석하도록 뇌로 보낸다.

선천성 백내장과 소안구증은 선천성 안질환이다

선천성 백내장은 출생 시 생길 수 있는 눈의 문제다. 백내장은 노인들에게만 생기는 것으로 알고 있지만 사실은 그렇지 않다. 신생아에게도 백내장이 생긴다. 망막에 빛을 모으는 수정체가 투명하지 않고 흐릿한 백내장은 대개 유전적 요인에 의해 생긴다. 임신 6~7주경에 풍진에 걸린 모체에서 태어난 아기도 이런 증세를 보인다.

또 다른 선천성 안질환으로 눈이 전체적으로 너무 작은 소안구증이 있다. 안구 크기가 정상인의 2/3밖에 되지 않는 소안구증은 눈의 다른 기형과 함께 생긴다. 이것은 태아가 자궁 속에서 발달하고 있을 때 모체가 세포 확대 바이러스(CMV)나 주혈원충병에 감염되었을 때 생긴다.

컴퓨터 작업이 해롭다는 과학적 증거는 없다

컴퓨터 앞에서 작업하는 것에 대해 걱정하는 임신부들이 많은데, 현재로서는 이것이 태아에게 해롭다는 과학적인 증거가 없다. 컴퓨터에서 나오는 방사선의 양은 햇빛에서 받는 방사선의 양보다 적기 때문이다. 그러므로 컴퓨터 앞에서 작업하는 것을 너무 두려워할 필요는 없다. 그래도 컴퓨터에서 나오는 방사선이 염려스럽다면 컴퓨터를 사용하지 않을 때는 컴퓨터 앞에 앉지 말고 스크린 위에 전자파 차단 장치를 해 두면 더욱 안심할 수 있다.

컴퓨터 작업을 많이 하는 것이 위험한 것은 방사선 때문이 아니라 하루 종일 앉아 일해서 육체적으로 긴장하기 때문이다. 컴퓨터 작업을 오래 하면 눈, 목, 손목, 팔 등에 무리가 가며 임신을 하면 그 증세가 더 심해진다. 이런 문제를 해결하려면 자주 휴식을 취해야 한다. 잠시 작업을 중단하고 걷는 것도 좋고, 화장실에 다녀와도 좋다.

책상에 앉아 있을 동안에는 근육이 경련을 일으키지 않도록 스트레칭 운동을 하고 발목도 돌려 보자. 어깨를 위에서 뒤로, 다시 아래로 원을 그리며 돌리고 고개도 한 바퀴 돌려 본다. 허리를 앞으로 숙여 등 근육을 긴장시켰다가 이완시키는 것도 좋다. 의자에 허리를 똑바로 세우고 앉아 어깨를 뒤로 젖혀 보는 것도 좋은 운동이 된다.

남편과 함께 분만 교실에 등록한다

분만 교실은 임신부와 예비아빠가 진통과 분만을 준비할 수 있도록 도와준다. 분만 교실에 참가하면 진통과 분만에 관해 많은 정보를 얻는 것은 물론 다른 임신부들과 접촉할 수 있는 기회를 갖게 된다. 다른 임신부들과의 대화를 나눔으로써 그들도 진통과 분만에 대해 걱정하고 있다는 사실을 알면 적잖게 마음의 위로가 될 것이다.

분만 교실에서는 예비엄마, 예비아빠들에게 임신 및 진통과 분만에 관련한 여러 가지 사항들을 교육한다. 아내와 함께 분만 교실에 참여하면 남편도 아내의 임신에 대해 좀더 잘 알게 되고 아내의 변화를 더 편안하게 받아들일 수 있다. 또한 진통과 분만 시 좀더 적극적인 역할을 할 수 있도록 도와주므로 여건이 된다면 남편과 함께 분만 교실을 찾아보는 것이 좋다.

분만 교실에 참가하면 보통 4~6주 동안 일주일에 1번 정기적인 모임을 가짐으로써 임신에 관해 많은 것을 배울 수 있다. 분만 교실에서 배우는 다양한 주제들 중에는 다음과 같은 것들이 있다.

● 회음 절개술이 필요한가?

● 관장이 필요한가?

● 언제 태아 모니터가 필요한가?

● 경막외 마취 주사나 다른 마취 주사가 필요한가?

이들은 진통과 분만에 관련된 중요한 문제들이다. 분만 교실에 참가해서 이런 것들을 배울 수 없을 때는 담당 의사에게 물어서 미리 알아 두도록 한다.

주요 비타민의 역할에 대해 알아 둔다

임신 중에 필요한 중요한 비타민으로는 비타민 A·B·E 등이 있다. 각 비타민이 임신 중에 어떤 역할을 하는지 알아보자.

비타민 A … 인체 생성에 중요한 역할을 한다. 가임기 여성에게 필요한 일일 권장량은 2,700IU, 최대한도는 5,000IU이다. 임신 중에도 권장량은 달라지지 않는다. 비타민 A는 음식물을 통해 충분히 섭취할 수 있기 때문에 임신 중에 특별히 영양제를 먹을 필요가 없다.

비타민 B … 태아의 신경발달과 혈액 세포 형성에 영향을 준다. 임신 중에 비타민 B12를 충분히 섭취하지 않으면 빈혈을 일으킬 수 있다. 비타민 B가 많이 들어 있는 식품으로는 우유, 달걀, 바나나, 감자, 아보카도, 현미 등이 있다.

비타민 E … 지방을 대사시키고 근육과 적혈구를 증가시키기 때문에 임신 중에 매우 중요한 영양소이다. 육류를 먹으면 비타민 E를 충분히 섭취할 수 있다. 채식주의자나 육류를 먹을 수 없는 임신부는 비타민 E를 충분히 섭취하기 어려울 것이다. 올리브 오일, 맥아, 시금치, 말린 과일 등에도 비타민 E가 많이 들어 있다.

#Q1 임신 후기에 접어들었는데 다른 사람에 비해 배가 덜 나왔습니다. 아기가 아직 덜 커서 예정일이 늦어지는건 아닌가요?

A … 보통 초산일 경우 배가 작은데, 배 크기와 상관없이 아기는 얼마든지 정상일 수 있습니다. 자궁이 제대로 크고 있다면 태아의 성장도 아무 문제없이 순조롭게 이루어지고 있습니다.

#Q2 초음파상으로 보면 아기 머리가 너무 커 보입니다. 자연분만을 할 수 있을까요?

A … 모니터로 보는 것과 실제 아기의 모습과는 차이가 있습니다. 예상 체중에 비해 실제 체중이 작게 나온 경우도 많고요. 걱정하지 마시고 자연분만에 도전해 보세요.

임신 28주

부종이 심해진다

배만 불러오는 것이 아니라 팔, 다리, 얼굴, 발목 등도 상당히 부어오른다. 이것은 수분이 정체되어 생기는 부종으로 날씨가 더울 때나 저녁에 더욱 심해진다. 문제는 부기를 어떻게 해결하느냐 하는 것인데, 아이러니컬하게도 수분 정체 현상으로 나타난 부기를 내릴 수 있는 방법은 물을 많이 마시는 것이다. 물을 충분히 섭취하게 되면 몸속에 정체되어 있던 수분이 몸 바깥으로 빠져나가기 때문이다. 부기가 밤에 나타날 때는 고혈압의 징조일 수 있으므로 반드시 전문의의 진단을 받아보도록 한다.

부종을 피하기 위해서는 가능한 한 다리를 위로 올려놓고 앉고, 앉을 때 다리를 꼬지 말아야한다. 종아리까지 오는 판탈롱 스타킹이나 양말은 신지 않도록 하고 신발은 헐렁한 것이 좋다. 또한 부종의 원인인 노폐물을 씻어내기 위해 물을 많이 마시도록 하고, 아침에 잠자리에서 일어나부기가 가라앉았을 때 임신부용 고탄력 팬티스타킹을 신는 것도 도움이 된다.

배 중앙에 흑선이 나타난다

임신 7개월 무렵이면 배 중앙에 수직으로 검은 선이 생기는 것을 볼 수 있다. 이것은 흑선이라는 것으로 머리가 검은 사람에게 특히 두드러진 현상이다. 이 선은 출산이 끝나고 나면 자연스럽게 사라지므로 걱정하지 않아도 된다.

갈비뼈 부위에 통증이 느껴진다

임신 7개월쯤이면 태동이 강해져 태아가 심하게 발길질을 할 때는 태아의 작은 발을 만질 수도 있을 정도가 된다. 이런 태아의 발길질 때문에 가슴 바로 밑 흉곽에 자주 경련을 느끼게 될 것이다. 이것은 태아가 머리를 아래로 두고 발을 위로 해서 갈비뼈를 차기 때문에 생기는 현상으로 태아가 정상적인 출산 위치에 있다는 좋은 징조라고 할 수 있다.

소화가 잘 되지 않는다

　　임신 전에 소화불량과 속쓰림을 경험해 본 사람은 자극적인 음식을 먹거나 한꺼번에 음식을 많이 먹으면 속이 얼마나 괴로운지 잘 알고 있다. 임신을 해도 마찬가지다. 소화불량과 속쓰림을 일으키지 않으려면 음식을 먹을 때 특히 조심해야 한다. 게다가 임신을 하게 되면 태아가 위를 눌러 소화력이 더 떨어지므로 가능하면 소화하기 쉬운 음식을 먹고, 조금씩 자주 먹는 습관을 들이도록 한다. 임신 중에는 소화불량과 속쓰림이 일어나기 쉬우므로 평소 소화력이 좋지 않았던 사람이라면 특히 신경을 써야 할 것이다.

　　소화불량 증세를 완화하려면 자극적인 식품이나 튀김, 탄산수를 멀리하고, 하루에 세 번 많이 먹는 것보다는 하루에 5~6회 조금씩 먹는 것이 좋다. 밤에 잘 때 속쓰림이 나타나면 위산이 식도로 올라가지 않도록 상체를 베개나 쿠션으로 받치고 잔다. 옷은 헐렁하게 입는 것이 좋다.

태아의 성장

태아는 엄마 목소리를 좋아한다

　　태아는 지금 최고 속도로 성장하고 발달한다. 폐로 공기를 들이마실 수 있지만, 지금 태어난다면 아직은 제대로 호흡하기 어려울 것이다. 태아는 엄마 목소리 듣는 것을 좋아하므로 태아에게 자주 말을 걸어 주어야 한다. 다음 주면 공식적으로 임신 후기가 시작되고, 그때가 되면 태아의 체중이 급속도로 증가하게 된다. 남자아기의 경우, 이 무렵에 고환이 음낭으로 하강하기 시작한다. 여자아기의 경우에는 아직 음순이 작아서 클리토리스를 덮지 못한다. 음순은 임신 마지막 몇 주 동안에 서로 더 가까워질 것이다.

뇌에 특유의 톱니 모양이 형성된다

　　지금까지 태아의 뇌 표면은 매끈해 보였다. 임신 28주가 되면 표면에 뇌 특유의 홈과 톱니 모양이 형성된다. 뇌 조직의 수도 증가한다. 태아의 눈썹과 속눈썹이 생기고 머리카락이 점점 길어진다. 또한 피하지방이 증가되면서 여위어 보였던 몸이 포동포동해지기 시작한다. 태아의 체중은 1.1kg 정도로 11주 전에 100g이었던 데 비하면 놀랄 만큼 성장했다. 체중이 11주 만에 10배로 늘어난 것이다. 임신 24주부터 태아의 체중은 2배로 늘어난다. 태아가 급성장하고 있다는 증거다.

**건강관리 &
이번 주에
꼭 챙길 일**

Rh 민감성은 Rh 면역 글로불린 주사로 예방할 수 있다

　　임신부는 혈액형이 Rh 음성인데 태아는 Rh 양성이거나, 임신부가 수혈이나 조혈 작용을 하는 약을 먹은 적이 있다면, Rh 민감성 또는 자가면역성 문제를 일으킬 수 있다. 온몸으로 돌아다니는 항체를 만드는 자가면역성은 임신부에겐 해가 되지 않지만 태아의 Rh 양성 혈액을 공격할 수 있다. 만약 태아도 Rh 음성이라면 문제가 없다.

　　항체가 태아의 혈액을 공격하면 혈액과 관련된 병을 일으킬 수 있다. 이렇게 되면 태아가 아직 뱃속에 있을 때 심각한 빈혈을 일으킬 수 있다. 다행히 이런 반응을 예방할 수 있는 방법이 있다. Rh 면역 글로불린 주사를 맞으면 문제를 해결할 수 있다. 이 주사는 임신 28주가 되면 맞을 수 있으며 Rh 양성인 아기를 출산했을 때는 분만 후 72시간 내에 아기에게 이 주사를 맞히면 된다.

태아가 Rh 음성이면 임신 중에도 분만 뒤에도 이 주사를 맞을 필요가 없다. 그러나 Rh 음성인 임신부는 임신하면 Rh 면역 글로불린 주사를 맞는 것이 좋다. 혈액형이 Rh 음성인 임신부가 자궁외 임신을 했을 때는 Rh 면역 글로불린 주사를 맞아야 한다. 유산이나 낙태를 했을 때도 마찬가지다. 임신 중에 양수 검사를 할 때도 Rh 면역 글로불린 주사를 맞아야 한다.

아직은 태아가 위치를 계속 바꾼다

이 무렵이면 태아가 어떤 위치로 있는지 물어보는 임신부들이 많다. 하지만 그냥 만져 보는 것만으로는 태아가 머리를 아래로 두고 있는지, 둔부를 아래로 두고 있는지, 옆으로 누워 있는지 알 수가 없다. 태아는 지금까지 그랬던 것처럼 앞으로 한 달 동안 위치를 더 바꿀 것이다.

앞으로 3~4주만 더 있으면 태아의 머리가 딱딱해진다. 그때가 되면 의사는 임신부의 복부를 만져 보는 것만으로도 태아의 위치를 알 수 있다. 머리나 신체의 어떤 부위가 어디에 있는지 알아보기 위해 복부를 만지는 것은 태아에게 해롭지 않다.

골반이 작고 태아가 둔위면 제왕절개가 안전하다

태아가 태어날 때 제일 먼저 나오는 부분을 전진 부위라 하는데 태아가 자궁 내에서 엉덩이 쪽을 아래로 하고 머리를 위로 하고 있으면 '둔위' 라 한다. 일반적으로 둔위가 의심되면 초음파 진단법으로 확인한다. 위험스런 자연분만을 피하기 위해서는 대개 제왕절개를 한다.

만약 첫 아기를 자연분만했고 둘째아기가 둔위인 경우는 의사와 충분한 상의를 통해 태아에게 생길 위험성을 이해한 다음 자연분만을 고려해 볼 수 있으나, 요즘에는 제왕절개 분만의 합병증이 매우 낮기 때문에 제왕절개를 선호한다.

조산아는 둔위가 많다

둔위 분만은 여러 가지 합병증이 따른다. 많은 조산아가 둔위로 태어나는데 조산아는 작기 때문에 비교적 분만이 쉽지만 조산아이기 때문에 오는 합병증이 많다. 태아에게 가장 큰 부분인 머리가 마지막으로 나오기 때문에 모체의 골반에 태아의 머리가 꽉 끼게 되어 태아가 반쯤 나온 상태로 분만이 가능하다.

둔위 분만은 문제가 많아 의사들은 임신 말기에 태아를 회전시키는 외회전술을 권하기도 한다. 하지만 이것도 탯줄이 꼬인다든지 태반이 미리 떨어진다든지 하는 위험이 따를 수 있다. 임신 32주 이전에는 태아의 위치가 쉽게 바뀔 수 있으므로 외회전술의 의미가 없다. 32주 후에도 진통이 시작되기 직전까지 저절로 돌아가는 태아가 꽤 있지만 어느 태아가 돌지 안 돌지는 사전에 분

♡ 태동의 감동을
맘껏 느껴
보세요

아내는 두세 달 전부터 태동을 느끼고 있다. 이때쯤이면 예비아빠들도 태동을 느낄 수 있는데, 아내가 태아가 움직인다고 말할 때 아내의 복부에 손을 살짝 올려놓고 가만히 있어 보자. 꼬물락꼬물락 아기의 움직임이 손에 느껴질 것이다. 뱃속아기의 움직임은 자신이 진짜 아빠가 되어가고 있다는 감동을 충분히 전해 준다.

간하기 어렵다. 태아 주위에 양수가 많고 임신부 복벽 근육이 충분히 이완되면 외회전술은 어렵지 않다.

태반은 산소와 영양분을 공급하는 생명줄이다

태반은 태아의 성장과 발달, 생존에 중요한 역할을 한다. 태반은 영양 배엽에서 형성되기 시작해, 모체의 혈관 벽을 통해 성장하며, 모체와 태아의 피를 혼합시키지 않고 모체의 혈액과 접촉한다. (태아의 혈액 순환계는 모체의 혈액 순환계와 분리되어 있다) 영양 배엽은 모체의 혈관과 연결되지 않은 별도의 혈관으로 성장한다.

임신이 진행됨에 따라 태반도 급속도로 성장한다. 임신 10주에 무게가 20g이었던 태반이, 임신 20주에는 170g, 그로부터 10주 뒤에는 430g이 된다. 심지어 임신 40주가 되면 650g이나 된다. 태반은 산소와 영양소를 공급하고 태아가 내놓는 이산화탄소와 배설물을 모체로 운반하는 역할을 하며, 임신 호르몬 HCG를 생산하기도 한다. 이 호르몬은 수정되고 10일이 지나면 혈액 검사에서 상당량 발견된다.

태반에 이상이 생기면 의사와 의논해야 한다

임신 테스트는 임신 호르몬 HCG의 수치를 검사해서 임신 여부를 알아낸다. 태반은 임신 7~8주가 되면 에스트로겐과 황체 호르몬을 만들어 내기 시작한다. 쌍둥이를 임신하면 태반이 2개 이상 생길 수 있지만, 대개 태반은 1개인데 거기에서 탯줄이 2개 이상 생긴다. 태반과 태아를 연결해 주는 탯줄에는 2개의 탯줄 동맥과 1개의 탯줄 정맥이 있어서 태아의 혈액 순환계를 만들어 낸다.

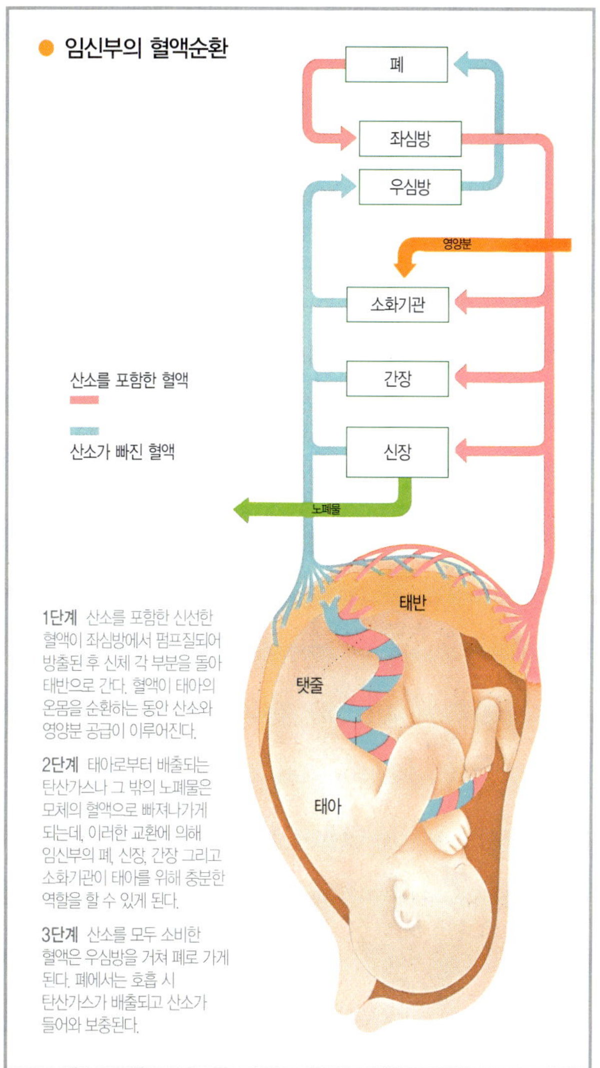

영양관리 & 무엇을 어떻게 먹을까?

1일 권장식품과 피해야 할 식품을 체크한다

임신 중에는 녹황색 과일이나 채소는 하루에 1회 섭취하고, 비타민 C가 함유된 과일과 야채는 하루에 2회, 통밀빵과 시리얼은 3회, 유제품은 4회, 육류·달걀·생선 등 단백질은 2회, 견과류도 2회 정도 섭취하면 좋다. 카페인과 지방, 당분은 제한된 양만 섭취하고, 알코올이나 첨가물이 든 식품은 피한다.

조기 양막 파열

　조기 양막 파열은 흔히 나타나는 문제로서 태아를 둘러싸고 있는 양막이 분만이 시작되기 전에 먼저 파열되는 것을 말한다. 여기서 분만 시작이란 것은 규칙적인 자궁수축과 함께 자궁경부가 점진적으로 활발하게 이완되면서 얇아지는 것을 의미한다.

💜 양막이 파열되면 진통이 따른다

　만삭, 혹은 만삭에 가까운 상태에서 양막이 조기 파열되면 약 95%의 경우 곧바로 자연스럽게 진통이 뒤따르기 때문에 큰 문제가 되지 않는다. 그러나 95%의 경우에 속하지 않는다면 유도 분만을 하거나, 경우에 따라서는 제왕절개를 해야 한다. 이때는 분만을 위해 어떤 방법을 사용하든 태아가 충분히 성숙한 상태에서 태어나기 때문에 아무 문제가 없다. 굳이 문제를 찾자면 이제부터 아기를 잘 키우는 일이 되지 않을까?

💜 출산 전 파열은 위험하다

　반면에 임신 만기 이전에 조기 양막 파열이 발생하면 매우 심각한 문제가 생겨난다. 임신부와 아기 모두가 위험에 빠질 수 있으며, 많은 경우 산부인과에서 가장 어렵고 위험한 상황이 발생할 수도 있다.

　통계에 의하면 조기 양막 파열은 전체 임신의 10% 정도에서 나타난다. 이 중 5건당 1건 정도만이 태아의 크기와 임신 주수로 보았을 때 '진정한' (임신 주수를 다 채우지 못한) 조기 양막 파열로 간주될 수 있다. 이들 중 70%가 3일 이내에 분만을 하게 된다.

　분만은 경우에 따라 긍정적일 수도, 혹은 부정적일 수도 있다. 태아가 자궁 내에 머무르는 것이 좋은 경우가 있고, 반대로 인큐베이터에 머무르는 것이 더 나은 경우가 있기 때문이다. 이것은 양막이 파열되었을 때 임신부와 태아의 상태가 어떤가에 따라 달라진다. 예를 들어, 임신부가 심각한 전자간증을 보이고 있으며 태아의 발육지연이 확실하다고 판단되면 태아는 인큐베이터에서 지내는 것이 낫다.

💜 질 내 세균감염이 원인일 수 있다

임신 주수를 다 채우지 못한 상태에서 발생하는 조기 양막 파수는 여러 가지 원인에 의해 일어날 수 있는데, 가장 흔히 볼 수 있는 원인은 질 뒤쪽에서 발견되는 박테리아 감염으로, 주로 질 세균증에 의해 나타난다. 이런 상황이 발생하면 진통이 올 수도 있고, 태아에게 이상이 나타날 수도 있으며, 감염, 탯줄 탈출, 혹은 신생아 호흡곤란증후군(RDS) 등 많은 증상이 나타날 수 있다.

💜 조기 양막 파열이 일어나면 태아 상태부터 검사한다

임신 주수를 다시 체크하거나, 초음파 검사를 몇 차례 반복해서 실시하여 태아의 성숙도를 확인하고, 양수천자를 통해서 태아의 폐 성숙도를 점검한다. 태아에 대한 검사에는 혹시라도 있을지 모르는 감염, 특히 질 감염이 확산됐는지를 살피는 일도 포함된다. 활성화된, 혹은 초기 단계의 감염이 있는 경우에는 모체에서 열이 나거나, 태아의 심장박동수가 증가하고, 양수에 이상이 생길 수 있다.

💜 태아 검사 후 분만할 것인지 아닌지를 결정한다

태아 상태를 검사해 그 결과가 나오면, 곧 분만을 해야 할지 아닌지를 결정해야 한다. 분만을 하지 않는 쪽으로 결정이 나면, 조기 진통을 예방하기 위한 여러 가지 방법을 모색해야 한다. 그러나 감염, 혹은 다른 합병증이 발생한 상태에서 임신 주수를 다 채우지 못하고 조기 양막 파열이 일어났다면 진통을 막는 것이 바람직한 선택은 아니다. 앞에서도 언급했듯이 이런 경우에는 분만을 빨리 해서 아기를 좀더 안전한 환경, 즉 신생아집중치료실에서 지내도록 하는 것이 더 낫다.

💜 감염 치료를 위해 항생제를 투여하기도 한다

경우에 따라서는 태아의 폐 성숙을 좀더 진행시키기 위해 진통이 시작되기 직전에 코르티손이나 다른 스테로이드 제제를 투여하기도 하고, 감염을 치료하기 위해 항생제를 사용하기도 한다. 이러한 약물에 대한 사용 여부를 결정하는 데는 많은 노하우와 결단력이 요구되며, 환자 각각의 경우를 분리하여 그 특성에 맞게 다루어야 한다.

항상 그랬듯이 여기서 다룬 내용들은 조기 양막 파열이라는 문제점과 그에 대한 치료 방법에 관해 매우 일반적이고도 대략적으로 설명한 것에 지나지 않는다. 이러한 문제점이 발생했다면 담당 주치의만이 최상의 치료 방식을 결정할 수 있을 것이다.

조기 출산

임신부 10명~12명 중 약 1명이 조기 분만을 경험하는 것으로 나타났다. 조기 출산은 태아나 신생아에게 심각한 문제를 초래할 수 있기 때문에 산부인과에서는 매우 중요하게 다루어진다. 믿기 어려운 사실이지만 조기 출산은 전체 미국인 사망의 주요 원인 중 하나이다.

조기 출산을 결정짓는 기준

 아기의 체중이 2.5kg 이하인 경우

일단 크기 면에서 볼 때, 출생 시 아기의 체중이 2.5kg 이하면 저체중아로 본다. 임신 기간으로는, 임신 37주 이전에 태어난 아기를 미숙아로 간주한다. 그러나 이러한 기준만으로 미숙아 여부를 결정짓는 것은 적절하지 않다. 자궁 내 발육지연 부분에서 보았듯이, 정상 임신 주수보다 빨리 혹은 체중이 작게 태어나 결과적으로 엄마의 자궁 바깥에서 스스로 생명을 이어갈 능력이 없는 아기를 미숙아라고 부르는 것이 적당할 것 같다.

태아가 위험에 처한 상황일 경우

원인들 중 다수는 서로 밀접하게 연관돼 있으며, 그렇지 않은 경우도 물론 있다. 일단 앞부분에서 살펴보았던 많은 의학적 위험 상황에서는 대부분 분만을 유도하여 조기 출산을 한다. 예를 들어, 임신성 고혈압이나 자궁 내 발육지연, 당뇨, Rh 질환 등이 있는 경우에는 태아가 자궁 내에 머무르는 것이 더 이상 안전하지 못하므로 조기 출산을 해야 한다.

조기 출산에는 임신 주수를 다 채우기 이전에 제왕절개 수술을 선택하여 시행하는 경우도 포함된다. 그러나 이와 같은 방법은 매우 제한적으로 시행되며, 이제는 조기 출산에서 매우 작은 부분만을 차지하고 있다.

조기 출산의 방법

조기 출산을 하는 것은 아마도 우주비행사가 우주복을 입고 산소 호스를 연결하기도 전에 우주선이 발사되는 상황이라고 생각하면 이해가 쉬울 것이다. 조기 출산의 가장 심각한 문제점은 태아의 폐가 아직 호흡을 할 준비가 되지 않았다는 것이다. 게다가 체온 조절 메커니즘이 아직 완전하지 못하고, 소화기 · 배설 · 효소 계통도 완벽하지 못하다. 외부의 온도 변화로부터 몸을 보호해 줄 지방층도 충분히 형성이 되지 않은 단계이다. 하지만 그럼에도 불구하고 우주선이 발사되어야 한다면 어떻게 해야 할까?

최대한 주의를 기울여 분만을 실시한다

통증 완화 조치 시에는 태아가 고통을 느끼지 않도록 신중하게 처치해야 한다. 진통과 분만 과정 동안 지속적으로 태아의 움직임과 상태를 세심하게 체크해야만 한다. 또한 분만이 이루어진 후에는 즉시 아기를 집중치료실로 옮겨야 한다. 그곳이 신생아 호흡곤란증후군을 최소화할 수 있으며 태아의 안녕을 지킬 수 있는 최적의 환경인 동시에 앞으로 일어날 수도 있는 심각한 다른 문제들에 대처하기에도 좋은 장소이기 때문이다.

🌱 미숙아는 신생아집중치료실에서 보호를 받는다

미숙아 치료 및 보호를 위한 의료기술과 환경이 크게 향상됨에 따라 오늘날 미숙아들의 생존율이 놀라울 정도로 높아졌다. 450g에도 못 미치는 아기가 태어나 신생아 집중치료실에서 생명을 이어갔으며 현재 매우 건강하게 자라고 있는 사례도 있다. 이 같은 성과는 현대의학이 만들어낸 집중치료실과 그곳에서 치료를 담당하는 간호사, 신생아 전문의, 그리고 고도의 노하우를 가진 소아과 전문의가 있었기에 가능한 일이었다.

🌱 조기 분만은 예방이 최선책이다

조기 분만에 따르는 모든 문제에 대한 최상의 해결책은 물론 조기 분만을 예방하는 것이다. 하지만 너무나 많은 변수들이 작용하기 때문에 예방이 매우 어렵다. 조기 분만의 원인들을 살펴보면, 일부는 조절이 가능하다. 전신질환을 세심하게 치료하고, 식이요법을 실천하며 약물 복용을 피하고, 건강한 성생활을 하고, 질 감염 시 조기에 치료해 상황을 크게 호전시킬 수 있다.

그래도 조기 진통이 발생한다면, 이를 조기에 감지하고 멈추도록 하는 것이 중요하다. 하지만 물론 그런 상황이 발생하기 이전에 미리 예상하여 대처하는 것이 더욱 바람직하다. 그러기 위해서는 다음과 같은 사항이 중요하다.

진통의 신호

조기 진통의 위험이 있는 임신부라면 아래와 같은 징후가 나타나지 않는지 주의 깊게 살펴보아야 한다.

- 등 아래쪽에 지속적인 통증이 있다.
- 복부가 자주 뭉친다.
- 월경통 같은 증세가 나타난다.
- 골반에 압박감을 느낀다.
- 얼룩이 있는 유점액 분비물이 눈에 띄게 증가한다.

조기 진통이 있을 때의 검사

 자궁 수축 검사

가정에서 자궁 수축을 체크할 수 있는 장비를 사용할 수 있다. 복부 변환기를 시간 간격을 정해 착용한 후, 임신부 스스로 기기에 나타나는 자궁 수축 패턴을 기록하거나 전화선을 통해 담당의에게 직접 전송할 수 있다. 이 방식이 얼마나 효과를 거두는지는 아직 명확히 입증된 바가 없다. 하지만 앞으로 그 형태가 계속 발전해 조기 진통을 더 정확하게 사전에 예상할 수 있게 해 줄 것으로 보인다.

자궁경부 길이 측정

초음파로 자궁경부의 길이를 측정함으로써 임신이 얼마나 진전되고 있는지를 알 수 있는데 그 정확도가 매우 높아졌다. 따라서 자궁경부 길이 측정으로 조기 진통 발생 가능성 여부를 어느 정도 알 수 있다. 이때 측정된 길이가 길수록 조기 분만 확률은 낮아진다.

생화학 검사

다양하면서도 새로운 생화학 검사를 통해 조기 분만의 위험을 어느 정도 예측할 수 있다. 태아의 섬유결합소나 양수의 인터루킨-6 수치, 그리고 임신부의 침샘 에스트리올을 분석하는 것이 그 예이다. 이 방법들에 대해서는 전문가들마다 각기 지지하는 쪽과 반대하는 쪽으로 의견을 달리한다. 그러나 점차 경험이 축적되어 가면서 조기 분만의 위험성에 대한 예측도 더욱 신뢰할 수 있는 방향으로 발전해 가고 있다.

진통 억제제 투여

일단 조기 분만이 시작되면 분만을 늦추기 위해 몇 가지 진통 억제제를 사용하거나, 태아의 폐를 빠르게 성숙시켜서 신생아 호흡곤란증후군을 예방할 수 있도록 코르티손(태반을 통과해 태아에게까지 이른다)을 투여하기도 한다. 단 진통 억제제는 분만을 늦춤으로써 태아의 폐를 더 성숙시킬 수 있는 장점이 있을 때만 사용한다.

이 시기에 생기기 쉬운 통증

이제 몸의 많은 부위에서 통증을 느끼고, 숨이 차고, 녹초가 될 듯 피곤하며, 몸이 붓고, 처지고, 감정이 쉽게 격해지며, 감각이 무뎌진다. 심각한 정도는 아니지만 뱃속의 아기가 자리가 좁다며 더 많은 공간을 요구하고 있다는 느낌을 받게 될 것이다.

늑골 통증이 있다

태아는 엄마의 하복부에 있었던 모든 것은 상복부로, 그리고 상복부에 있던 것들은 가슴 쪽으로 밀어올린다. 그 결과, 늑골이 팽창하게 되고, 특히 하부 늑골은 가슴뼈(복장뼈)와 분리되곤 한다. 이처럼 늑골이 움직이게 됨에 따라 국부적인 통증이, 특히 간이 위치한 곳인 오른쪽에 발생한다.

이 통증은 출산 때까지 사라졌다 나타났다가를 반복하다가, 출산을 하고 나면 늑골이 다시 제자리로 돌아오고, 분리되었던 늑골도 가슴뼈와 다시 만나게 된다. 이 시기에 견뎌내야 하는 수많은 경미한 통증들과 마찬가지로 늑골이 분리되는 것을 예방하거나 치유할 방법은 없다. 단지 시간이 지나면 모든 것이 사라질 것이다.

💜 압박감을 느낀다

태아는 또 다른 한편으로는, 방광, 직장 그리고 골반을 마치 웨이퍼를 찍어내는 압축기처럼 눌러댄다. 이로 인해 하복부에 상당한 불쾌감을 느끼게 되고, 방광과 직장에 압박감을 느끼며, 이 압박감은 허리와 다리로까지 전해진다. 경우에 따라서는 태아를 하복부로부터 위로 밀어올려 주는 역할을 해 주는 임신부용 서포팅 거들을 착용하는 것도 도움이 될 수 있다. 하지만 거들 착용이 늑골 아래쪽으로 더 많은 압박을 가하는 결과를 초래할 수도 있다.

💜 가진통이 나타난다

자궁 수축은 임신 기간 내내 계속되며 보통은 통증이 없다. 아기가 뱃속에서 뭉쳐지고 있다고 느낄 수도 있겠지만, 그것은 아기가 아니라 자궁의 근육이 그런 느낌을 초래하는 것이다. 이와 똑같은 느낌이 분만 도중에도 나타나게 될 텐데 상황이 다른 만큼 그때는 통증이 수반될 것이다. 경우에 따라 초기 자궁 수축이 고통스러울 수도 있고, 또 어떤 경우에는 가진통을 유발할 수도 있다. 물론 통증이 수반된다 하더라도 가진통이 실제 진통을 초래할 위험은 없다. 너무 심해서 괴롭다면 편안하게 누워서 진정하도록 한다.

한 가지 주의해야 할 점은 만약 앞에서 언급한 어떤 이유로 인해서 조기 진통이 올 확률이 높거나, 전문의가 조기 진통이 찾아올 가능성이 높다는 소견을 밝힌 경우라면, 통증이 있으면서 자궁 수축이 일어날 때는 절대로 그냥 넘겨서는 안 된다. 그리고 통증은 없지만 수축이 강하게 일어날 때도 반드시 전문의에게 알려야 한다.

💜 부분적으로 감각이 없어진다

이것은 일반적으로 통증과 동일하게 여겨지진 않지만 역시 불쾌한 느낌의 하나이다. 가장 흔하게 생기는 부분은 복부인데, 부위가 점차 확장되면서 피부에 퍼져 있는 얇은 신경 섬유를 팽팽하게 만든다.

그 결과, 상복부의 일부와 늑골 아래쪽이 주로 감각이 없어지고, 경우에 따라 옷으로 스치는 것까지도 거슬릴 정도로 심하게 민감해지기도 한다.

임신 말기에 손가락이 아리거나 무뎌지는 것도 자주 나타나는 증상인데, 이는 팔과 손의 주요 신경 줄기를 지탱하는 조직관이 부어서 생기는 현상이다. 이러한 증상을 손목 터널 증후군이라고 부른다.

경우에 따라 이뇨제를 통해 이런 손목 터널 증상을 치료하기도 하는데, 그리 효과적이라고 볼 수는 없으며 특히 임신 기간 중에는 권할 만한 방법이 못된다. 임신 기간 동안 생기는 손목 터널 증후군이 영구적인 손상을 초래한다는 증거는 없지만, 신경 장애가 뒤따르는 등 다른 부작용이 발생할 수도 있으므로 일단은 전문의와 상담을 하는 것이 바람직하다. 손목보다 높은 부위의 신경굴에서 부종이 발생하는 경우에는 8자 모양의 에이스 붕대를 어깨에 두르고 자면 많은 도움이 될 것이다.

💜 배꼽 탈장이 일어날 수 있다

배꼽 주위에 약간의 흉터를 지니고 있는 사람들이 꽤 있을 것이다. 이 지점이 바로 그 옛날 자신이 어머니와 연결되어 있던 곳이다. 임신 기간 동안 복부 내부 압력이 높아져서 배꼽 주위 흉터가 약간 벌어지며 장기의 일부가 돌출되어 나오는 것이 배꼽 탈장이다. 배꼽 주위가 부드러우면서 약간 불룩하게 튀어나온 것을 느낄 수 있을 것이다.

보통은 아무런 통증 없이 손가락으로 눌러 약간 들어가게 할 수 있으며 눌러서 밴드로 붙여놓는 경우도 있을 것이다. 매우 드물게 나타나지만 탈장된 부위가 들어가지 않고 튀어나온 상태로 굳어지는 경우도 있는데, 이때는 심한 통증이 발생하므로 즉시 진찰을 받아야 한다. 물론 출산 후에는 일반적으로 다시 원래의 모습을 되찾게 된다. 간혹은 배꼽이 뒤집히기도 하는데, 역시 내부 압력에 의한 것으로 안에는 아무것도 없으므로 염려하지 않아도 된다.

신생아용품 준비

곧 태어날 아기를 위해 여러 가지 출산준비물을 준비하는 예비엄마와 아빠들의 가슴은 설렘 그 자체다. 앙증맞은 신발, 양말, 배냇저고리, 손싸개, 발싸개 등 사야 할 물건들이 하나둘이 아니다. 하지만 이것저것 다 고르다 보면 비용이 만만찮다. 게다가 신생아는 놀랄 만큼 성장이 빨라 사 놓고 한 번도 사용하지 못하는 일도 생길 수 있으므로 꼭 필요한 물건과 그렇지 않은 물건을 구분할 필요가 있다. 그리고 무조건 새것만 고집할 것이 아니라 주변에서 아기용품을 물려받는 것도 충분히 고려해 볼 일이다.

구입한 기저귀나 배냇저고리, 가제수건, 턱받이 등 면제품은 삶아서 햇볕에 바짝 말린 다음 아기가 태어나면 바로 사용할 수 있게 미리미리 준비해 둔다.

출산용품 알뜰하게 구입하는 노하우

💜 필요한 물품 목록을 만든다

백화점이나 유아용품점에 가면 모든 것이 다 갖춰진 출산준비용품이 몇 십만원대의 패키지로 구비되어 있다. 하지만 세트로 구입하는 것이 능사는 아니다. 판매원들은 한꺼번에 사면 마음도 편하고 할인도 된다며 유혹하지만, 꼼꼼히 뜯어 보면 꼭 필요하지 않은 것도 많고 계절에 따라 써 보지도 못하고 지나가게 되는 용품도 있다. 친지나 친구에게서 받는 선물과 겹치기도 쉽고, 몇 번 못

쓰고 넘어가는 물건도 많다. 따라서 출산용품을 알뜰하게 준비하기 위해서는 필요한 물품의 목록을 잘 짜서 따로따로 구입하는 것이 좋다.

 유아용품 카탈로그를 살핀다

초보 엄마라면 유아용품점 등에서 흔히 나눠 주는 카탈로그를 참조하면 일단 개요는 잡을 수 있다. 윤곽을 잡고 나면 선물 받을 것, 물려받을 것, 빌릴 것, 병원에서 퇴원 시 주는 용품과 겹치지 않나를 확인한다. 예를 들어 내의나 겉옷, 신생아 양말은 선물로 받는 경우가 많다. 또 어떤 병원에서는 배냇저고리, 젖병 외에 아기욕조까지도 선물하기도 한다. 미리 확인해두면 필요 없는 물건을 구입하는 일을 막을 수 있다.

 할인매장이나 세일 기간을 이용한다

아기용품 할인매장을 이용하면 정상가격보다 20~30% 정도는 싸게 구입할 수 있다. 유아용품 할인점, 아울렛 매장, 대형할인매장, 유아 브랜드 상설할인매장, 출산용품 전문점, 인터넷 사이버 쇼핑, 렌털용품 취급점 등에 가면 할인된 물건을 구할 수 있다. 또 출산용품은 조급하게 구입할 필요가 없으므로 백화점 세일 기간을 이용해서 조금씩 구입해 두는 것도 좋다. 기저귀나 분유 같은 소모품은 인터넷 쇼핑몰 할인 행사나 대형할인점 행사 기간에 구입하는 것이 가장 싸다.

 사용 기간을 미리 체크한다

사용 기간이 몇 달밖에 안 되는 아기침대나 흔들침대, 요람 등은 빌려서 사용하는 것이 경제적이다. 베이비랜드(www.babyworld.biz) 등에서 유아용 침대 등을 대여할 수 있다. 가격은 업체와 대여 기간, 제품 출시 연도에 따라 다르다. 육아용품 대여 시 분실 및 파손의 경우 보험 처리가 되는지 계약 조건을 살펴야 한다.

그 밖에 중고 육아용품전문사이트인 아이베이비(www.i-baby.co.kr)나 해오름(http://haeorum.com), 맘스다이어리(www.momsdiary.co.kr) 등 벼룩시장 코너를 이용하면 저렴하게 중고 육아용품을 구할 수 있다.

 쓰던 물건을 물려받는다

출산용품을 준비하다 보면 의외로 비용이 많이 든다. 게다가 신생아용품은 사용 기간이 매우 짧기 때문에 전부 새것으로 구입하는 것이 아깝게 느껴지기도 한다. 따라서 물건을 구입하기 전 친척이나 친구들로부터 물려받을 수 있는 용품이 있는지 미리 체크한다.

선물로 받을 만한 것은 준비하지 않는다

아기를 낳고 나면 출산 선물을 많이 받게 되는데, 대부분 옷 종류가 많다. 하지만 이 시기에는 아기가 눈에 보이게 쑥쑥 크기 때문에 입혀 보지도 못하고 작아지는 것이 대부분. 따라서 선물로 들어올 만한 아기 옷이나 양말, 신발 등 아기 소품은 구입하지 않거나 조금만 준비하는 것이 현명하다. 또 선물해 주는 사람에게 필요한 것을 미리 말해 두는 것도 좋은 방법이다.

집안에 대용품이 없는지 살펴본다

아기욕조라든가 우유병 소독기 등은 꼭 따로 구입해야 하는 것은 아니다. 욕조 대신 커다란 플라스틱 통을 사용해도 되고, 소독기 대신 커다란 냄비 하나를 정해서 아기 우유병을 소독해도 좋기 때문이다. 따라서 물건을 구입하기 전 대신 활용해서 쓸 수 있는 것이 없는지 미리 살펴본다.

선배 엄마들의 경험을 참고한다

출산 경험이 있는 가까운 이웃이나 친구들을 통해 정보를 수집한다. 어디에 가면 용품을 싸게 살 수 있는지, 꼭 필요한 것들은 어떤 것인지 세세한 것까지 물어서 메모해 두면 큰 도움이 된다.

간단한 것은 집에서 만들어 본다

아기용품은 디자인이나 모양이 심플하고 크기가 작은 데 비해 매우 비싼 편. 따라서 임신 기간에 턱받이라든가, 가제 손수건, 기저귀 등 간단하게 만들 수 있는 것은 천을 떠다가 직접 만들어 봐도 좋다. 훨씬 저렴하게 출산용품을 준비할 수 있고 보람도 느낄 수 있으므로 일석이조다.

  아기용품 구입

속옷

아기 피부에 직접 닿는 속옷은 먼저 소재나 바느질 상태를 잘 살펴봐야 한다. 소재는 흡습성과 보온성이 뛰어난 면 100% 제품이 적당하고, 솔기는 아기 피부에 직접 닿지 않도록 밖으로 나 있어야 한다. 또 신축성이 있어서 아기의 움직임에 방해가 되지 않는 것이 좋다. 여름에는 통기성이 뛰어난 가제나 무명으로 된 것이 좋고, 봄과 가을에는 메리야스 소재, 겨울에는 보온성이 우수한 소재를 골라 사는 것이 좋다.

겉옷

옷 위에 덧입게 되는 겉옷은 신축성이 뛰어난 메리야스 소재가 기본. 목 부분에 레이스나 칼라 등이 있으면 보기에는 예뻐도 아기에게는 거추장스럽게 느껴질 수 있으므로 장식이 거의 없는 심플한 것을 선택하는 것이 좋다.

기저귀 & 기저귀커버

기저귀는 부드럽고 흡습성이 뛰어난 순면 제품을 선택한다. 보통 하루에 15회 정도 갈아 주어야 하는데, 빨아서 즉시 말리기 힘들므로 여유 있게 30장 정도는 준비한다. 기저귀커버는 아기 성장에 맞춰 사이즈를 바꿔 줘야 하므로 신생아용으로 서너 장만 준비하면 된다.

🌸 쇼핑 전 잠깐! 꼭 사야 할 것(○) vs 사지 않아도 될 것(×)

배냇저고리 & 배냇가운 ▲ 신생아의 가장 기본적인 속옷이라고 할 수 있는 배냇저고리. 면 100% 제품이 적당하며, 시접과 장식이 없는 심플한 디자인이 좋다. 하지만 오래 입혀 봐야 1개월 정도이며, 요즈음 엄마들은 대개 1주일 정도 지나면 입히지 않는다. 친척에게서 물려받을 수 있으면 좋고, 아니라면 한두 벌 정도만 준비한다. 산부인과 병원이나 산후조리원에서 챙겨 주는 경우도 있으므로 미리 다니는 병원에 물어 구입 여부를 결정하도록 한다. 배냇저고리보다는 아기 러닝이나 외출복을 겸용할 수 있는 속옷을 구입하는 게 더 실속 있을 수 있다.

내의 ● 작은 치수보다는 80정도의 치수를 사야 오래 입힐 수 있다. 선물로 들어오는 경우가 많으니 한두 벌 정도만 준비한다. 미리 구입하기보다 한 달이 지나서 구입하는 것이 좋다.

가제손수건 ● 젖을 먹일 때나 땀을 흘릴 때, 목욕을 시킬 때 등 다용도로 요긴하게 사용할 수 있다. 부드럽고 흡습성이 좋은 것으로 여러 장 준비한다.

턱받이 ● 신생아는 위와 장이 덜 발달되어 자주 토한다. 또 100일 정도가 되면 침도 심하게 흘리게 되므로 턱받이를 항상 해 주는 것이 좋다. 하루에 두세 개 정도는 바꿔 줘야 하므로 여러 장 준비하는 것이 좋다.

기저귀 ● 기저귀는 신생아용과 유아용으로 나뉘어 있으며, 부드럽고 흡습성이 좋은 순면 제품이 대부분이다. 자주 갈아 주지 않으면 엉덩이가 짓무를 수 있으므로 넉넉하게 30장 정도는 구입해야 한다. 시판하는 기저귀를 살 경우 신생아용은 10장 정도만 구입한다.

기저귀커버 ● 기저귀커버는 방수성이 생명이자 기본. 배꼽 아래 정도 오는 것이 좋으며, 크기가 몇 단계로 나뉘어 있어 금세 바꿔 줘야 하므로 서너 장 정도만 준비한다.

우주복 ● 기저귀 갈기가 쉽도록 밑 부분이 똑딱단추로 되어 있는 내의 겸 실내복. 위아래가 붙어 있어 아기가 심하게 움직여도 배가 드러나지 않는다. 100일 정도까지 가장 편하게 입힐 수 있는 아기 옷으로 한 벌 정도 구비해 두고 외출 시 입히면 유용하다.

양말&모자 ▲ 선물로 많이 들어오기 때문에 많이 사둘 필요가 없다.

손싸개&발싸개 ▲ 신생아 때는 손을 허우적거리다가 손톱으로 얼굴에 상처를 내는 일이 많다. 따라서 당분간은 집에서도 손을 감싸주는 것이 안전하다. 하지만 배냇저고리에 손싸개가 달려 있다면 굳이 따로 구입하지 않아도 된다.

아기 전용 의류용 세제 ▲ 신생아는 피부가 예민하기 때문에 한동안은 자극이 없는 전용 세제를 사용하는 것이 좋지만 민감한 아토피 피부가 아닌 이상 일반세제로 세탁한 후 한 번 정도 더 헹궈 주기만 해도 된다.

 수유용품 구입 

수유용품은 모유수유를 할 것이냐, 분유를 먹일 것이냐에 따라 필요한 것이 달라진다. 분유 수유를 할 경우에는 대부분의 수유용품들을 미리 준비하는 것이 좋고, 모유로만 키우고자 한다면 꼭 필요한 것 몇 개만 준비하는 것이 좋다. 하지만 모유를 먹이려고 마음을 먹어도 막상 그렇게 되지 않는 경우도 있으므로 나중에 당황하지 않도록 꼭 필요한 것은 미리 준비해 둔다.

🌷 쇼핑 전 잠깐! 꼭 사야 할 것(O) vs 사지 않아도 될 것(X)

분유 케이스 ● 한 번 먹을 분량씩 통에 담아 두면 집에서도, 외출할 때도 편리하다. 필요한 만큼만 사용할 수 있도록 단을 조절하게 되어 있다. 밤에 잠자기 전 미리 분유 케이스에 담아 놓으면 밤중 수유가 편리하다. 여러 종류가 있지만 5단으로 되어 있는 것을 가장 많이 사용하는 편.

유축기 ● 모유를 먹이는 경우에만 필요한 기구. 다음 번 수유 때 젖이 잘 나오게 하기 위해 남은 젖을 모두 짜낼 때 사용한다. 그래야만 젖몸살을 하지 않고 아기에게 항상 신선한 젖을 먹일 수 있다. 손으로 짜내는 유축기보다는 전동 유축기가 힘도 덜 들고 덜 아프다.

우유병 ● 끓는 물로 소독해도 되고 표면이 매끄러워 잘 닦이는 것으로 선택한다. 모유를 먹일 경우라도 최소 두세 개는 준비해야 하며, 분유 수유를 할 경우에는 소독하면서 쓸 수 있도록 7~8개 정도는 준비해야 한다. 신생아용 소형 우유병은 한두 개면 충분하다.

젖병 브러시 ● 신생아들은 감염에 매우 민감하므로 젖병 소독은 기본. 한 번 사용한 젖병은 무조건 소독해야 한다. 부드러운 스펀지 소재로 구석까지 골고루 닦이는 젖병 브러시는 필수. 크기별로 두 개 정도 구비해 놓으면 좋다.

모유 패드 ● 　모유를 먹이는 산모에게 필요하다. 브래지어 안쪽에 패드를 대지 않으면 젖이 흘러 브래지어가 축축해지므로 꼭 준비해 둔다.

수유 쿠션 ● 　수유할 때 아이를 올려놓을 수 있어 훨씬 힘이 덜 들고 편하다. 게다가 아기가 혼자 앉기 전까지 기대어 앉혀 놓을 수 있는 쿠션으로 활용할 수도 있어 생후 5개월까지는 지속적으로 사용할 수 있다.

젖병 세정제 ● 　일반 세정제보다 인체에 유해하지 않고, 소독 효과가 확실하다.

젖병 소독기 ▲ 　스테인리스 재질의 소독기와 우유병 속까지 깨끗이 닦을 수 있는 브러시, 다 소독한 우유병을 집어서 꺼내는 집게가 한 세트로 되어 있다. 물을 넣고 끓을 때 생기는 증기로 소독하는 방법인데, 굳이 구입하지 않아도 집에 있는 깨끗한 냄비를 정해 사용하고 젖병 고정 플라스틱만 구입해 사용하는 것이 훨씬 실속 있다. 전자레인지용도 있다.

회음부 쿠션 ▲ 　모유수유를 하는 사람들은 출산 후에 바로 앉아야 하는데 회음부가 많이 붓거나 통증이 심한 사람들에게는 여간 고통이 아니다. 이럴 때 가운데가 뚫린 회음부 쿠션을 사서 이용하는 경우가 많은데 회음부의 고통이 그다지 심하지 않다면 일반 방석으로 대체해도 된다.

1 분유 케이스 　**2** 우유병 　**3** 유축기 　**4** 젖꼭지 　**5** 모유 패드 　**6** 수유 쿠션 　**7** 젖병 브러시 　**8** 젖병 세정제

 실전 침구용품 구입

아기 침구를 선택할 때 먼저 결정해야 할 것이 이부자리로 할 것인지 침대를 사용할 것인지 하는 문제이다. 이부자리는 장소를 따로 마련하지 않아도 되고 이동이 간편하다는 장점이 있고, 침대는 아기만의 전용 공간을 확보할 수 있고 바닥에서 높이 떨어져 있어 먼지 때문에 고민할 필요가 없다는 장점이 있다. 특히 침대를 사용할 때는 다소 딱딱한 매트리스를 선택해야 등뼈가 정상적으로 발달하고 질식할 위험도 막을 수 있다.

♥ 쇼핑 전 잠깐! 꼭 사야 할 것(O) vs 사지 않아도 될 것(×)

아기침대 ▲ 침대에 아기를 재우는 경우 엄마는 우유를 먹이기 위해 밤에 3~4시간마다 깨서 아기를 침대에서 일으켜야 하고, 칭얼댈 때마다 아기를 뺐다 넣었다를 반복해야 한다. 게다가 침대가 아무리 커도 세 살 이상까지 사용하기는 힘들므로 꼭 필요하다면 대여해 사용하는 것이 좋다.

좁쌀베개 & 짱구베개 ● 열이 많은 아기의 경우 좁쌀베개를 사용하면 열을 식혀 깊이 잠들 수 있도록 해 준다. 땀을 많이 흘릴 것을 감안해서 흡습성이 좋은 것을 선택한다. 토끼, 병아리, 거북

1 속싸개 2 짱구베개 3 모빌 4 이부자리 5 방수요 6 흔들침대 7 아기침대

등 모양이 다양하고 예쁜 짱구베개는 머리가 닿는 부분이 오목하게 되어 있어 머리 모양을 예쁘게 만들어 준다. 순면 제품으로 촉감이 부드러운 것을 선택한다.

속싸개 ● 아기는 온몸을 감싸주어야 안정감을 느끼는데, 이때 사용하는 것이 속싸개다. 촉감이 좋은 순면 제품이 좋으며, 외출할 때는 속싸개로 싼 후 겉싸개로 한 번 더 감싼다. 특히 아기들은 쉽게 토하고 트림을 한 후에도 우유를 게우는 경우가 많다. 따라서 이불 위에 속싸개를 한 겹 깔아 주면 빨래 걱정을 덜 수 있다. 또, 여름에 바캉스 갈 때 이불 대신 사용해도 되고 아이가 어느 정도 클 때까지 한여름 이불로도 활용할 수 있어 실속 만점이다. 두 개를 구입해 번갈아 가며 사용하는 것이 좋다.

이부자리 ● 너무 푹신하지 않고 가벼우며 보온이 잘되는 것으로 선택한다. 또 신생아는 땀을 많이 흘리기 때문에 흡습성이 좋은 면 소재가 적당하다. 이불 커버가 누벼진 것은 여름에 홑이불로 사용할 수 있어서 좋다.

이불 세트 ▲ 아기들은 두 돌이 될 때까지 거의 이불을 덮지 않는다. 큰 수건을 접어 배를 덮어 주는 것이 낫다. 요도 아이가 뒤집기를 시작하면 좁아서 사용할 수 없는 경우가 많으므로, 어린 이용으로 좀더 큰 것을 구입해야 오래 쓸 수 있다.

방수요 ▲ 아기들은 땀을 많이 흘리는데, 땀이 흡수가 안 돼서 좋지 않다. 기저귀를 갈 때는 다소 편리하다.

흔들침대 ▲ 낮잠 재울 때나 보챌 때 간간이 이용하기에는 좋지만 가격에 비해 사용기간이 너무 짧은 게 흠이다. 보통 생후 2개월에서 백일 전후까지 사용하고 4~5개월 지나면 사용하지 않는 것이 대부분이므로 중고를 구입하거나 대여하는 것이 훨씬 더 경제적이다.

 목욕용품 구입

태어나서 1개월까지는 감염 위험이 있으므로 아기 전용 욕조를 사용하는 것이 좋다. 하지만 시판하는 아기욕조를 사지 않고 집에 있는 커다란 플라스틱 통을 깨끗이 씻어서 사용해도 상관없다. 또 초보엄마의 경우 아기를 목욕시키는 것이 수월하지 않기 때문에 목욕 그네 등 목욕 보조용품 등을 사용하는 것도 좋은 방법. 비누나 체온계 등은 기본으로 준비하고, 그 외의 용품들은 필요에 따라서 별도로 구입하는 것이 좋다.

쇼핑 전 잠깐! 꼭 사야 할 것(O) vs 사지 않아도 될 것(X)

비누와 로션 ● 비누와 로션은 순하고 향이 강하지 않은 아기 전용 제품을 사용한다. 보통 물로만 씻기는 경우가 많은데, 아기는 신진대사가 활발해 땀을 많이 흘리고 젖 냄새가 강하게 나므로 비누를 사용해 씻겨 준다. 또 목욕 후에는 로션을 발라 피부가 거칠어지지 않도록 한다.

면봉 · 물휴지 ● 물휴지가 있으면 아기가 변을 보고 난 후 그때마다 물로 씻기지 않아도 되므로 편리하다. 면봉도 목욕 후에 코나 귀 등을 닦아 줄 때 필요하므로 미리 준비해 둔다.

욕조 ● 목욕그네 ▲ 신생아 때는 아기 전용 욕조가 필요하다. 너무 깊지 않으며 폭은 약간 넓은 것이 좋은데, 욕조 대신 큰 플라스틱 통을 사용해도 괜찮다. 목욕그네는 엄마 혼자 아기 목욕을 시킬 때 편리하게 이용할 수 있다.

체온계 ● 전자온도계 ▲ 아기의 체온은 수시로 변하기 때문에 체온계는 필수품. 수은 체온계보다는 조금 비싸더라도 전자 체온계를 구입하는 것이 좋다.

욕조온도계 ▲ 목욕물의 온도를 정확히 잴 수 있게 욕조온도계도 준비해 두면 편리하다.

베이비파우더와 분통 ● 기저귀를 갈아 줄 때나 목욕 후에 베이비파우더를 발라 주면 땀띠나 엉덩이 짓무름을 막을 수 있다. 입자가 고운 것을 고르고, 덜어 쓸 수 있는 통도 별도로 준비한다.

스펀지타월 ● 엄마 손에 끼고 닦을 수 있도록 되어 있는 편리한 때수건. 폭신하면서 부드러운 것으로 선택한다

기저귀 크림 ● 신생아는 피부가 약해 쉽게 짓무르고 습진이 생기기 때문에 꼭 구비해 두어야 한다. 요즘은 파우더 대신 크림을 선호하는 추세이므로 하나쯤 구입해 두는 것이 좋다.

손톱가위 ▲ 신생아 때는 의외로 손톱이 쑥쑥 자란다. 그러므로 자주 잘라 주지 않으면 얼굴을 손톱으로 긁어 상처를 낼 수 있다. 하지만 반드시 신생아용 손톱가위를 살 필요는 없다.

목욕타월 · 목욕가운 ▲ 목욕타월은 아기 몸 전체는 물론 머리까지 폭 감쌀 수 있는 커다란 것

1 비누 2 물휴지 3 손톱가위 4 면봉 5 파우더 6 로션 7 욕조 8 스펀지타월 9 체온계 10 목욕그네 11 목욕가운

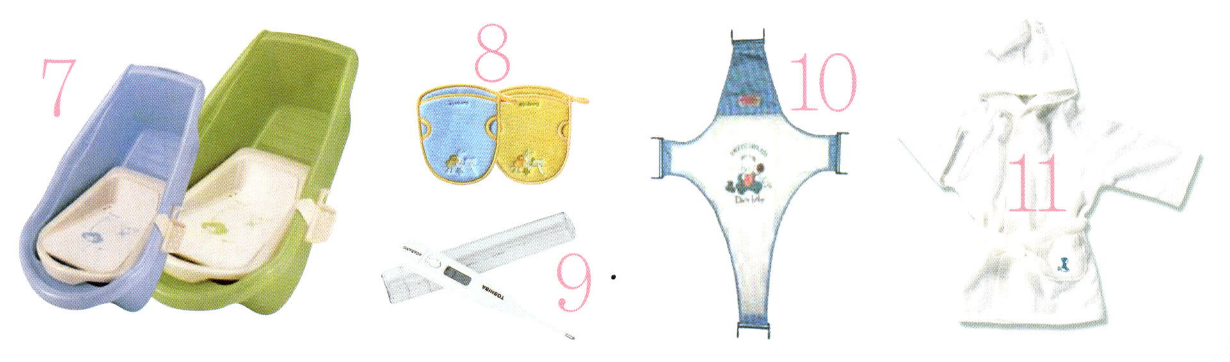

으로 준비한다. 하지만 비싸게 여러 개 사는 것보다 아기 몸을 감쌀 수 있는 커다란 목욕타월 두 개 정도만 사는 것이 좋다. 목욕가운이 있으면 더욱 편리하다.

실전 외출용품 & 육아용품 구입

외출용품들은 대부분 태어나서 바로 사용하는 것이 아니므로 출산용품을 준비할 때 꼭 구입할 필요는 없다. 게다가 아기띠나 포대기 등은 선물로 들어오는 경우가 많으므로 천천히 구입하는 것이 낫다. 외출용품에는 어떤 것이 있는지 체크해 두었다가 필요할 때 하나씩 구입한다.

쇼핑 전 잠깐! 꼭 사야 할 것(O) vs 사지 않아도 될 것(X)

유모차 아주 어릴 때보다는 돌 이후에 더 요긴하다. 특히 외출이 가능할 때쯤 되면 꼭 필요하다. 차에 넣고 빼기 쉬운 간단한 접이식이 좋고, 의자 밑으로 간단한 짐을 실을 수 있는 선반이 있는 것이 유용하다.

카시트 법적으로 만 5세까지의 아기는 카시트에 앉혀 태워야 하므로 반드시 필요하다. 아

기가 운다고 엄마가 안고 타는 경우가 많은데, 이것은 상당히 위험한 행동이다. 처음에는 많이 울어도 조금 지나면 아기가 금방 적응하므로 나중에는 엄마와 아기 모두 훨씬 더 편하다.

보행기 ▲ 6~9개월 정도면 대부분 필요하다. 하지만 비싼 가격에 비해 사용 기간이 짧기 때문에 무리해서 사는 것보다는 주변에서 얻어 쓰거나 육아 사이트에서 대여해 사용하는 것이 좋다.

보낭 & 겉싸개 ▲ 출산 후 한 달 정도만 필요하다. 날이 추울 때 아기를 낳는 경우에는 구입하고, 그렇지 않으면 구입하지 않아도 된다.

캐리어 · 슬링 ▲ 4개월부터 24개월까지 많이 이용하는 외출용품으로 아기가 목을 완전히 가눌 수 있어야 사용할 수 있다. 캐리어는 아기를 업을 때뿐만 아니라 아기를 잠시 내려놓을 때도 편리하다. 그러나 자체 무게가 있어 오래 사용하기에 어깨에 무리가 간다는 의견도 많다. 반면 슬링은 돌 전 아기에게 적합하며 부피가 작고 휴대가 간편하다.

포대기 & 처네 ▲ 예로부터 우리나라 여성들이 아기를 업을 때 사용해온 것으로 포대기 혹은 처네라고 불린다. 요즘 엄마들은 옷을 구겨가면서 아기를 업는 포대기를 그리 환영하는 편은 아니다. 하지만 집안에서 부엌일을 할 때나 가까운 곳에 외출할 때는 간편하게 업을 수 있어 편리하다.

안는 띠 ▲ 캐리어와 포대기의 장점과 단점을 아우른 제품. 일반적으로 아기띠는 아기를 앞으로 안고 싶을 때 사용하는데, 뒤로 돌려 아기를 업는 데도 사용할 수 있다. 그러나 아기 몸무게가 무거워지면 어깨에 무리가 가는 것이 단점이다.

출산준비물 손질법

출산준비물을 구입하면 그대로 두지 말고 하나하나 모두 펼쳐 보아 꼼꼼히 살펴보고 주의사항 등을 잘 읽어서 미리 사용법이나 손질법 등을 익혀 두는 것이 좋다.

또 배냇저고리나 내의, 속싸개, 턱받이, 손·발싸개, 가제손수건, 기저귀 등 아기 피부에 직접 닿는 옷이나 용품들은 미지근한 물에 가볍게 세탁하여 잘 손질해 둔다. 또 갑자기 진통이 올 때를 대비하여 입원가방에 병원에 입원할 때 가지고 가야 할 출산용품과 아기용품을 모두 챙겨 둔다.

출산을 위한 입원 준비

출산일이 다가오면 임신부는 몸과 마음이 분주해진다. 기저귀나 배냇저고리 등 태어날 아기에게 필요한 용품들을 모두 구비해 두어야 하고, 아기의 잠자리도 마련해 두어야 하며, 출산을 위해 입원 할 때 가져갈 가방도 미리 챙겨 두어야 한다. 게다가 집을 한동안 비우게 되므로 집안일도 정리해 두어야 하고, 입원비도 마련해야 하며,

출산 후 몸조리와 아기를 돌봐줄 사람도 정해 두어야 한다. 그야말로 눈코 뜰 새 없이 바쁜 시간을 보내게 될 것이다. 이 모든 준비는 진통이 시작되기 전에 끝내야 한다.

입원 준비하기

예정일에서 2주일 정도 빠르거나 늦는 것은 모두 정상이므로 너무 초조해하지 말고 매주 정기검진을 받으며 이상이 없는지를 체크하며 차분히 기다린다. 만약의 상황을 위해 분만예정일보다 며칠 정도 미리 입원할 수도 있지만 병원은 집과 달라서 정신적인 부담을 느끼기 쉽다. 반면 너무 입원을 미루다가 병원에 가는 도중에 아기를 낳게 될 수도 있으므로 매주 정기검진 시 분만예정일과 몸의 상황을 고려해 입원시기를 상의해 두는 것이 좋다.

긴급 상황에 대비해 비상 연락처를 챙겨 둔다

혼자 있거나 갑자기 진통이 와도 당황하지 않도록 미리 준비해 두는 것이 좋다. 눈에 잘 띄는 곳과 가방에 병원 전화번호와 보호자 전화번호 등 비상 연락처들과 산모수첩을 정리해 둔다.

진통이 왔을 때 어떻게 병원에 갈지 생각해 둔다

혼자 있을 때 진통이 올 수도 있으므로 이럴 경우를 미리 대비해 가까운 사람에게 부탁해 두거나, 택시회사 전화번호를 알아 두는 것도 좋다.

입원기간 동안 필요한 물품은 미리 챙겨 둔다

분만 후에도 배가 불러 있는 상태이므로 임부용 팬티, 수유용 브래지어, 세면도구와 기초화장품, 빗, 거울 등을 챙겨 놓는다. 출산 후 한기를 심하게 느낄 수 있으므로 따뜻한 가운이나 담요, 양말도 가져가면 좋다.

퇴원할 때 입을 옷은 무엇보다도 부드럽고 보온성이 강한 것으로 준비한다. 머리를 감지 못하고 있는 상태이므로 머리를 단정하게 정리할 핀과 편안한 모자를 준비해도 좋다. 그 밖에 일반적으로 과일칼, 티슈, 컵을 챙긴다. 퇴원할 때 아기가 입을 옷(배냇저고리, 배냇가운, 속싸개, 겉싸개, 기저귀, 기저귀커버)은 병원에서 주는지 여부를 확인하고 준비하는 것이 좋다.

차에 진통을 대비한 물건들을 준비해 둔다

여러 개의 베개와 모포, 보온병, 진통 주기를 잴 수 있는 시계, 수건과 토할 경우를 대비한 비닐봉투 등을 차에 미리 준비해 둔다. 아기용 좌석도 설명서에 맞게 잘 설치해 두면 좋다.

자신의 건강 상태를 꼭 체크해 둔다

임신된 날짜와 혈액형, 알레르기의 유무, 최근 복용한 약과 주치의 이름과 연락방법, 가족과 친구들의 연락처와 전에 다니던 병원의 소견서 등을 미리 잘 챙겨 놓으면 출산 시 많은 도움이 된다.

입원을 위한 짐 꾸리기

아홉 달이면 분만을 준비하기에 충분한 시간이지만, 막상 닥치면 아무 준비 없이 허둥지둥 서둘러 병원으로 가게 되는 경우가 많다. 예정일보다 최소한 3주 전에는 병원에 가기 위한 짐을 꾸려 놓고 보이는 곳에 미리 놓아 두는 것이 현명하다.

● **덧입을 옷**
입었다 벗었다 하기 편한 카디건 하나를 준비하면 좋다. 병실에서는 물론 아기를 보러 갈 때나 좌욕실을 이용할 때, 육아 교육을 받으러 갈 때 덧입으면 편리하다.

● **모유 패드**
아기를 낳고 하루, 이틀 지나면 젖이 돌기 시작한다. 브래지어만 하면 젖이 흘러 축축해지므로 안쪽에 모유 패드를 덧대어 준다.

● **타월**
세수할 때뿐 아니라 침대나 베개에 덧대기도 하고, 수유 중에 아기 머리를 받치거나 젖을 닦는 등 다양하게 사용되므로 여러 장 준비해 가는 것이 좋다.

● **세면도구 & 기초화장품**
요즘에는 입원 기간 중에도 세수를 하거나 양치질을 하는 경우가 많으므로 칫솔과 비누 등 세면도구를 준비한다. 또 피부가 거칠어지지 않도록 기초화장품도 준비하면 좋다.

● **퇴원복**
아기를 낳았다고 금세 배가 들어가지는 않는다. 따라서 퇴원복은 임신 전에 입었던 옷보다 사이즈가 넉넉한 것을 준비한다. 여름에 출산한 경우라도 긴 소매 옷을 준비한다.

● **의료보험증 & 진찰권**
갑자기 진통이 와서 혼자 병원에 가게 되더라도 진찰권과 의료보험증만은 꼭 챙겨 가야 한다. 따라서 임신 말기에 외출할 때는 반드시 몸에 지니고 다니는 것이 좋다.

● **머리빗 & 헤어밴드**
입원 중에는 머리를 감지 못하기 때문에 자주 빗을 수 있도록 머리빗을 준비하고, 머리가 긴 경우 깔끔하게 묶을 수 있도록 헤어밴드나 핀을 준비한다.

● **초침 달린 시계**
진통시간이나 간격을 알아보기 위해 초침 달린 시계는 필수. 글자나 바늘이 커서 잘 보이는 것이 좋다.

● **양말**
출산 후에는 몸을 따뜻하게 해 주어야 한다. 따라서 양말을 꼭 챙겨 신는다.

● **메모지와 펜, 공중전화 카드나 휴대폰**
출산 때의 느낌이나 생각을 적을 수 있는 메모지와 펜을 준비해 두면 좋다. 또 남편과 언제든 연락할 수 있도록 휴대폰이나 공중전화 카드도 준비하면 편리하다.

● **병원비**
병원비는 미리 준비해 가방에 넣어 두어야 한다. 보호자가 있다면 임신부가 미리 챙겨 두지 않아도 된다.

🌾 **집안 대청소는 미리미리 해 둔다**

집안 대청소를 하고 정리정돈을 하여 입원 중이나 몸조리를 하는 동안 가족들이 불편하지 않게 준비해 둔다. 공과금이나 적금 등도 밀리지 않도록 미리 조치해 두거나 가족들에게 알려 두는 것이 좋다. 집에서 몸조리를 할 예정이라면 몸조리할 방을 미리 정해 두고 아기와 엄마 본인에게 필요한 의류나 물건들을 미리 챙겨 두는 것도 좋은 방법이다.

아기방 꾸미기

아기방은 미리 아기 이부자리나 침대의 위치, 아기 물품 수납공간 등을 마련해 꾸며 놓는 것이 좋다. 출산 직전이나 후에는 엄마의 육체적인 조건이 따라주지 않기 때문이다.

특히 아기방을 꾸미면서 태교를 하면 아기의 우뇌 발달에 도움이 되므로 조금씩 시간을 가지고 남편과 함께 방을 꾸미는 것도 좋은 경험이 된다. 신생아의 경우 안방에 아기공간이 마련되는 것이 보통인데, 그렇더라도 아기방의 효과는 충분히 낼 수 있다.

벽 한글놀이, 숫자놀이 글자판을 붙이고, 동화 속 주인공들을 벽면에 적절하게 배치한다. 아기가 하루 종일 지내게 될 방인 만큼 원색의 소품을 활용해 최대한 시각적인 효과를 살리는 것이 좋다.

문 색종이를 이용해 강아지, 메뚜기 등 각종 동물이나 곤충을 접어 붙인다. 색종이는 값이 저렴하면서도 색깔이 화려해 시각적인 효과까지 얻을 수 있다.

천장 일반 벽지를 그대로 두는 것보다 시중에서 판매하는 야광별 스티커를 붙이면 차가운 느낌의 천장이 따뜻하고 부드럽게 느껴진다. 값도 저렴하므로 한번 시도해 보자.

가습기 신생아의 건강을 위해 습도 조절은 필수. 미리 가습기를 준비해 둔다. 신생아에게 적당한 방 온도는 20~22℃, 습도는 40~60% 정도이다.

수납장 시중에 3단, 5단짜리 플라스틱 수납장이 많이 나와 있다. 기저귀나 각종 아기용품을 쓰다 보면 여기저기 분산되는 경우가 많은데 한 곳에 분류해 놓으면 찾기 편하고 집도 깔끔해진다. 비싸게 아이 옷장을 살 필요 없이 마트에서 2~3만원대에 파는 플라스틱 수납장을 구입해도 좋다.

잠자리 신생아의 잠자리는 대부분 엄마 잠자리 옆에 마련하는데, 문이나 창문 주위는 기온 차가 심해 신생아의 건강을 해칠 수 있으므로 피한다. 텔레비전, 오디오 등의 가전제품은 전자파가 나올 수 있으므로 다른 방으로 옮기도록 한다.

상황별 아기의 방

● 부부랑 아기랑 같은 공간을 쓸 경우

아기 옆에서 같이 자고, 기저귀를 갈고, 우유를 먹이는 것이 당연하다고 생각하는 사람들을 위한 스타일. 부부 침대 옆에 아기침대를 놓거나 두꺼운 요 등을 이용해 아기 잠자리를 만들 수 있다. 아기용품은 집에서 쓰던 낮은 서랍장을 이용해 수납하고, 아이가 조금 컸을 때 가구를 구입해 방을 꾸며도 된다.

● 파티션으로 공간 분할을 할 경우

여분의 방이 따로 없지만 아기의 공간을 마련해 주고 싶을 때는 방 한켠을 이용해 꾸며 보자. 침대가 없어도 두꺼운 요나 매트리스로 잠자리를 만들고, 벽에 선반을 붙여 소품을 수납하면 훌륭한 아기방이 완성된다. 매트리스는 벽면 위로 약간 올라오게 깐다.

● 아기만의 공간을 따로 마련할 경우

아기방을 따로 만들더라도 아기의 잠자리는 문을 열었을 때 바로 보이는 자리에 만들어야 한다. 또한 방 위치도 부부 침실에서 가장 가까운 곳을 택해야 같이 자지 않아도 안심할 수 있다. 가구는 아이가 자라도 계속 쓸 수 있는 주니어용 침대나 큼직한 서랍장을 구입하는 것이 좋다.

Bonus idea

● 서랍 달린 아기 침대를 구입해 수납한다 ● 잠자리 옆에 매트리스를 깔아 둔다 ● 벽면에 선반을 걸어 물건을 수납한다 ● 띠벽지나 부분 컬러 시트로 벽을 장식한다

임신 29주

여드름이나 기미, 주근깨, 각질이 생기기 쉽다

임신 중엔 태반이나 난소에서 분비되는 에스트로겐이나 프로게스테론 같은 호르몬의 영향으로 피부 트러블이 생기기 쉽다. 다행히 이런 트러블은 아기를 낳고 나면 많이 진정되지만, 경우에 따라서는 흉터나 상처로 남을 수도 있으므로 피부 관리에 특별히 신경을 써야 한다.

임신을 하면 피지 분비가 늘어나 피부 표면에 먼지나 더러운 것이 묻기 쉬우며, 피부의 호흡작용을 방해하여 여드름이나 뾰루지가 생기기 쉽다. 여드름을 예방하기 위해서는 피부를 청결히 해야 하는데, 아침에는 클렌징폼으로 세안하고, 저녁에는 이중 세안으로 피부를 관리해야 한다. 또 일주일에 2회 정도 필링과 마스크를 한다면 부드러운 피부로 가꾸기가 훨씬 쉬워진다.

피부에 색소 침착도 늘어나 기미, 주근깨도 많이 생기게 된다. 이것은 자외선 차단으로 어느 정도 예방을 할 수 있지만 충분한 수면과 스트레스 없는 생활이 필요하다.

볼과 입 주위에 각질도 많이 생기게 되는데, 이는 임신 중에 유분과 수분의 불균형으로 피지선이 많은 곳에 임신 호르몬이 분비되어 번들거리고, 피지 분비가 적은 곳은 건조해져서 생기는 증상이다. 이런 피부 불균형을 완화하려면 숙면을 취해서 피부에 활력을 주는 것이 중요하다. 특히 건조함을 막을 수 있도록 수분을 충분히 섭취해야 한다.

청각과 시각, 후각, 미각이 더욱 민감해진다

태아는 계속 토실토실하게 살이 오르고, 뇌와 장기가 성장을 계속한다. 자기장과 전자파를 사용하는 MRI 스캐닝을 해 보면 연조직이 분명하게 나타난다. 이제 뱃속에 여분의 공간이 얼마 안 남았기 때문에 공중제비 기술을 자랑할 수 없지만, 안에서 바깥쪽으로 팔다리를 뻗거나 발길질을 하게 된다.

뇌가 급성장하면서 물렁한 두개골뼈가 바깥쪽으로 밀리고, 머리가 다른 신체 부위와 균형을 이룬다. 뇌의 주름이 더 많아 보이고 신경세포들 간의 연결성이 높아지며 뇌로 호흡과 체온까지 조절할 수 있다. 그 밖에 눈이 움직이고, 빛과 소리, 맛, 냄새에 더욱 민감해지며 자궁벽을 통해 자연광과 인공조명을 구분할 수 있게 된다.

문제가 있을 때는 조기 분만이 나을 수 있다

조산은 태아에게 문제를 일으킬 위험이 있으며 태아가 사망할 위험도 있다. 조산아는 대부분 체중이 2.5kg 미만이다. 1950년대에는 신생아 사망률이 2%였던 것이 지금은 조산아 생존율이 2배로 높아진 덕분에 신생아 사망률이 1%로 줄어들었다.

조산아 사망률이 줄어든 것은 대개 임신 후기(임신 27주 이후에 태어난 아기)에 체중 1kg 이상으로 선천성 결함 없이 태어난 아기들의 생존율이 높아졌기 때문이다. 임신 기간이 이보다 짧거나 출생 시 체중이 이보다 적을 때는 사망률이 높다. 조산아 생존율이 높아진 것은 이 부문 의학기술이 많이 발전했기 때문이다.

요즘에는 임신 25주에 태어난 아기도 생존할 수 있다. 그러나 이런 아기들이 장기적으로 건강하게 살 수 있는지는 그들의 성장을 지켜봐야 알 수 있을 것이다.

태아는 충분히 성장하고 발달할 수 있도록 될 수 있으면 자궁에 오래 남아 있는 것이 가장 좋다. 그러나 태아가 영양을 충분히 공급받을 수 없는 상황에서는 조기 분만이 더 나을 수도 있다.

조산의 원인은 정확하게 파악하기 어렵다. 그러나 진통이 본격적으로 시작되기 전에 조산의 원인을 알면 좀더 효과적으로 대처할 수 있기 때문에 그 원인을 찾아내려는 연구가 계속되고 있다. 대개의 경우 조산의 정확한 원인은 알 수 없다.

일반적으로 알려진 조산의 원인으로는 비정상적인 모양의 자궁, 쌍둥이 임신, 양수 과소증이나 양수 과다증, 태반 조기박리나 전치태반, 조기파수, 자궁경부 무력증, 태아의 기형, 태아 사망, 피임링 잔류, 과거에 늦게 한 낙태수술, 모체의 심각한 질환, 잘못 추정한 임신 기간 등을 들 수 있다.

태아의 자궁 내 발육이 느리면
제대 혈류 도플러 검사를 한다

'자궁 내 성장 지연' 이란 태아가 자궁에 있을 때 정상적으로 성장하지 못하는 것을 말한다. 태아가 자궁 속에서 제대로 자라지 못하면 심각한 문제를 일으킬 위험이 있다. '지연' 이란 말이 임신부를 걱정하게 만든다. 하지만 이 경우에 지연이라는 말은 태아의 두뇌 발달이나 기능에 적용되는 말이 아니다. 태아의 전반적인 성장과 전체적인 크기가 적절치 못하다는 말로, 성장과 크기가 지연되고 있다는 뜻이다.

흔치 않은 예지만 처음엔 태아가 정상적으로 자라다가 임신 말기에 이르는 수 주 동안 성장이 느려지는 경우가 있다. 이는 태아에게 필요한 영양을 충분히 공급해 주지 못하는 태아 부전증 때문이다.

발육이 미숙하다고 의심되면 제대 혈류 도플러 검사를 하면서 태아 상태에 관한 지속적인 모니터링을 해야 한다.

B군 연쇄상구균은 태아에게 위험하다

B군 연쇄상구균(GBS)은 모체에게는 별 문제가 되지 않지만, 신생아에게는 생명을 위협하는 감염을 일으킬 수 있다. 여성의 경우, 대개 질이나 직장에서 GBS가 발견된다. 체내에 GBS가 있어도 아무런 증세가 나타나지 않을 수 있다. 아무 증세가 없더라도 GBS에 감염되었을 위험이 있는 임신부는 신생아 감염을 막기 위해 검사를 받아 보는 것이 좋다. 위험 요인으로는 과거에 GBS에 감염된 아기를 출산한 경험이 있는 임신부, 조기 진통, 18시간 이상 파수, 출산 직전이나 출산 중에 체온이 38℃ 이상 올라가는 임신부 등이 있다.

임신 35~37주에 임신부의 직장이나 자궁에서 균을 채취해서 배양 검사를 한 결과 GBS 양성 반응이 나오면, 분만할 때까지 페니실린이나 암피실린 같은 항생제를 투여해야 한다.

조금씩 여러 번 먹고 간식을 미리 준비해 둔다

임신 중에는 몸이 지시하는 대로 따라야 한다. 피곤하면 쉬고, 요의가 느껴지면 화장실에 가야 한다. 음식도 마찬가지다. 시장하거나 갈증이 나면 뭔가를 먹거나 마셔야 한다. 음식은 한꺼번에 많이 먹는 것보다는 조금씩 여러 번에 나누어 먹는 것이 태아에게 꾸준히 영양을 공급하기에 좋다.

영양이 풍부한 간식을 항상 가까이 두는 것도 좋다. 직장 생활을 할 때는 건포도, 말린 과일, 견과류 등이 좋은 간식이 될 수 있다. 그리고 낮이나 밤, 어느 때에 시장기를 느끼는지 파악해서 미리 간식을 준비해 두는 것이 현명하다.

아무리 영양가가 높은 식품이라 해도 임신부가 먹고 싶지 않은 음식이라면 억지로 먹을 필요가 없다. 그것 말고도 다른 대용식품이 많이 있을 것이다. 영양 많은 음식을 먹고 자신이 먹는 음식의 유형에 신경을 쓴다면 임신부와 태아의 건강에 도움이 될 것이다.

♡ 육아휴직에
대해 미리
생각해 두세요

아기가 출생한 다음에 아기의 초기 성장 과정에 참여하고 싶다면 육아휴가를 고려해 볼 수 있다. 직장 규정상 육아 휴가가 허용되고 또 육아에 참여하고 싶은 의사가 있다면 아내가 출산하기 몇 주 전에 주변을 정리하고 육아 휴가를 준비하도록 한다. 요즘에는 아내의 출산 휴가가 끝난 뒤 남편이 출산 휴가를 내어 아기를 돌보는 경우를 어렵지 않게 볼 수 있다.

#Q 갑자기 아기가 밑으로 쏟아질 듯한 느낌이 들면서 눈물이 날 정도로 통증이 심합니다. 아직 예정일까지는 한 달가량 남았는데 태동으로 봐야 할까요? 아니면 가진통인가요?

A … 단순한 태동만으로는 통증이 심하게 느껴지지 않습니다. 가진통이라면 2~3일 내에 진통이 시작될 수 있는데, 아직 예정일이 한 달 정도 남은 상황이라면 조산 우려가 있으니 빨리 병원으로 가 보시는 것이 좋습니다.

임신 30주

숨가쁨이 나타난다

임신 8개월에 접어들면 자궁이 커져서 횡격막을 누르게 된다. 이렇게 횡격막이 눌리면 공기를 충분히 흡입하지 못하는 듯한 불쾌한 느낌마저 갖게 된다. 하지만 실제로 산소량이 부족하거나 태아에게 산소를 다 뺏기는 것은 아니므로 걱정할 필요는 없다. 임신 중에는 호흡기 계통에 변화가 생겨 평소보다 산소가 더 많이 필요하다.

숨가쁨 증세를 완화하려면 자세를 바로 해야 한다. 앉거나 설 때 자세를 똑바로 해서 횡격막에 압박을 가하지 않도록 하자. 잠자리에서 숨이 가빠질 때는 어깨와 머리를 쿠션으로 받쳐 주면 한결 기분이 나아진다. 분만 2~3주일 전에 태아가 세상에 나갈 준비를 하기 위해 골반부로 내려가면 숨가쁨 증세는 사라진다.

불쾌한 증상이 늘어난다

배가 많이 불러옴에 따라 거동도 불편해진다. 변비, 소화불량, 종아리 경련, 요통, 부기, 자궁 수축, 피로감 등 불쾌하고 힘든 증상이 계속된다. 이 무렵이면 하루빨리 임신으로부터 해방되고 싶다는 마음이 절실할 것이다. 태아에게 미안해할 필요는 없다. 임신에서 해방되고 싶은 마음이 엄마가 지녀야 할 인내심이 부족해서 생긴 것은 아니기 때문이다. 이것은 다만 모든 임신부들이 인간이며 피곤하다는 것, 그리고 드디어 인생의 다음 단계로 넘어갈 준비가 되었음을 의미할 따름이다.

머리가 아래로 향하는 '두정위' 자세를 취한다

태아의 몸을 덮고 있던 솜털이 거의 다 사라진다. 출생할 때까지 남아 있는 얼마 안 되는 솜털은 생후 몇 주 내로 사라질 것이다. 머리숱이 많아지고, 눈꺼풀이 열렸다 닫혔다 하고, 발톱이 자란다. 이제 간이 아니라 골수에서 적혈구가 생산되며, 골격이 더 딱딱해지고 뇌와 근육과 폐가 계속 자란다. 대부분의 태아들이 뱃속에서 머리를 아래로 향하는 '두정위' 자세를 취하고 있는데, 이 자세는 출산에 가장 이상적인 자세이다. 이 시기가 되면 태아가 골반저를 눌러 그 부분에 압박감을 느끼게 되며 흉곽 아래쪽에서 태아가 발로 차는 것을 뚜렷하게 느낄 수 있다.

태아의 위치

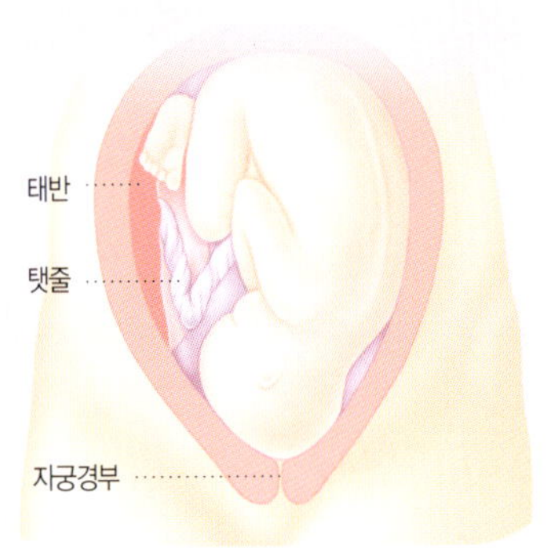

● **두정위**

태아의 머리가 아래로 향하고 있는 두정위는 분만에 가장 이상적인 태위다. 태아의 95%는 진통 시작 전에 자연스럽게 두정위가 되는데, 태아의 등이 모체의 복부를 향하고 있으면 전방두정위, 태아의 등이 모체의 척추를 향하고 있으면 후방두정위라고 한다. 후방두정위는 진통 중에 심한 요통을 초래한다.

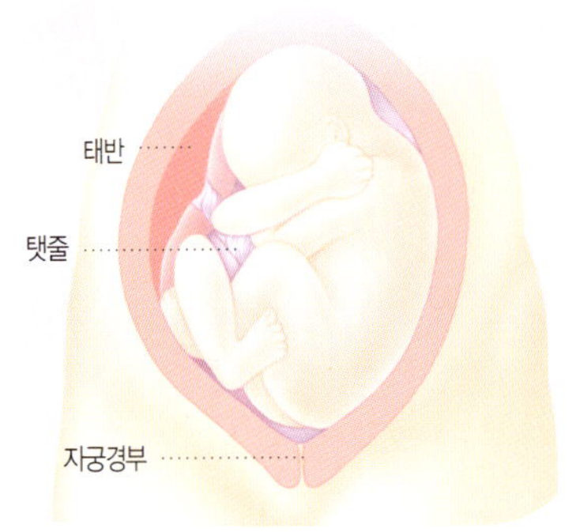

● **둔위**

태아의 4%는 둔부나 발이 아래로 향하고 있으며 이것을 둔위라고 한다. 둔위로 있는 태아(역아)는 특히 초산부의 경우에 질 분만을 하면 위험할 수 있기 때문에 일부 의사들은 제왕절개로만 분만한다. 그러나 태아의 위치를 바로잡는 운동을 하면 태아를 두정위로 돌려놓을 수 있다.

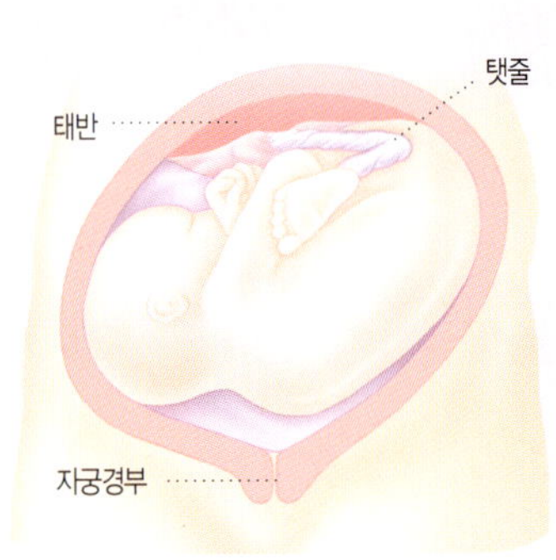

● **횡위**

태아의 1% 미만은 자궁에 옆으로 누워 있다. 횡위라고 하는 이 태위는 정상적인 질 분만을 불가능하게 한다. 임신 32주 후부터는 허리 들어올리기 운동, 임신 37주 후부터는 외부적으로 태아 바로잡기를 해서 태위를 바로 잡을 수 있다.

건강관리 & 이번 주에 꼭 챙길 일

임신 후기의 정기검진 일정을 체크한다

합병증이나 별 이상이 없었다면 지금까지는 한 달에 한 번 정기검진을 받았을 것이다. 그러나 임신 29주부터는 2주일에 한 번 정기검진을 받으러 가게 된다. 이렇게 임신 마지막 달 전까지 계속 2주일에 한 번 정기검진을 받다가 마지막 달에는 1주일에 한 번 정기검진을 받는다.

이제 의사와도 많이 친해져서 궁금한 점이나 걱정거리를 편하게 이야기할 수 있을 것이다. 진통이나 분만에 관해 궁금한 점이 있으면 지금이 의사에게 묻고 의논하기에 가장 좋은 때이다.

진통과 분만과 관련해서 관장, 정맥주사, 합병증 등 염려스러운 점이 있으면 의사나 간호사에게 물어보자. 의사와 간호사는 대부분 임신부의 질문에 기꺼이, 성의껏 대답해 줄 것이다. 그들은 임신부가 쓸데없이 혼자 걱정하는 것보다는 걱정스러운 점이 있으면 의논해 주기를 바란다는 것을 잊지 말자.

양막이 파열되면 태아가 감염될 위험이 있다

태아를 감싸고 있는 양막은 대개 진통이 시작될 때까지 터지지 않는다. 그러나 항상 그런 것은 아니다. 양막이 터져 양수가 흘러나오면 신속하게 조치를 취해야 한다. 양막은 태아를 감염으로부터 보호해 준다. 양막이 터져서 양수가 흘러나오면 태아가 감염될 위험이 있으므로 양수가 터지면 즉시 의사에게 알려야 한다.

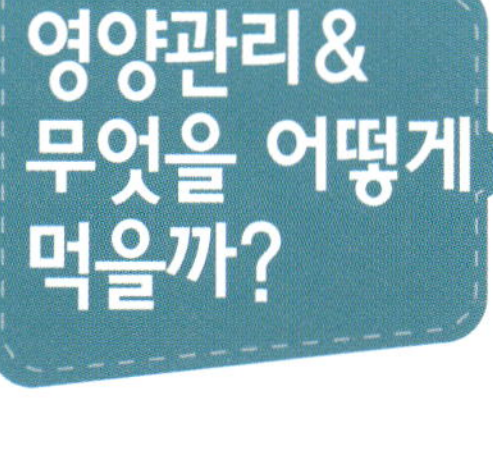

목욕물이 너무 뜨거우면 태아에게 좋지 않다

임신 후기에 목욕을 하면 태아에게 해롭지 않을까 걱정하는 임신부들이 많다. 하지만 목욕은 임신 중 어느 때에 해도 괜찮다. 그러나 욕조에 들어가고 나올 때 미끄러지지 않도록 조심해야 한다. 또한 목욕물이 너무 뜨겁지 않아야 한다. 임신 중에 목욕을 피해야 할 이유는 없지만, 양수가 터졌을 때에는 욕조 목욕은 피하도록 한다.

임신 중에는 암에 걸릴 확률이 낮다

암은 언제 발생해도 문제가 되지만 임신 중에 발생하면 문제가 더 커진다. 의사는 임신부의 암을 어떻게 치료해야 할지 연구하는 한편 뱃속 아기의 건강도 고려해야 한다. 암에 대처하는 방법은 암이 발견된 시점에 따라 다르다. 임신부는 자신이 암에 걸렸다는 사실을 알면 다음과 같은 점을 걱정하게 될 것이다. 암 치료를 위해 임신을 종료시켜야 할까? 치료제가 태아에게 해롭지 않을까? 악성 종양이나 치료를 위해 사용한 약이 태아에게 영향을 주거나 전달되지 않을까? 분만이나 임신 종료 뒤까지 치료를 미루어야 할까?

다행히 임신 중에 암에 걸릴 확률이 더 높아지지는 않는다. 임신 중에 발견될 수 있는 암으로는 유방암, 혈액암, 림프암, 자궁경부암, 난소암, 자궁암, 골수암 등이 있는데, 치료법은 상황에 따라 다르다.

임신 중에 마셔도 되는 허브차가 따로 있다

임신 중에 허브차를 마셔도 괜찮은지 묻는 여성들이 있다. 허브 차 중에는 임신부가 마셔도 괜찮은 것이 있고 그렇지 않은 것도 있다. 임신 중에 마셔도 괜찮은 차로는 카밀레, 민들레, 생강, 쐐기풀, 박하, 산딸기로 만든 차들이다.

카밀레차는 소화를 돕고, 민들레차는 부기와 위장 장애에 도움이 되며, 생강차는 메스꺼움과 코막힘에 좋다. 쐐기풀차는 철분과 칼슘을 비롯해 비타민과 무기질이 풍부하며, 산딸기차는 메스꺼움을 달래고 호르몬을 안정시키는 효과가 있다. 박하차는 위를 진정시킨다.

반면, 화란국화나 쑥, 캄프리, 머위, 향나무, 샐비어로 만든 허브차는 임신 중에 마시지 않는 것이 좋다.

임신 31주

다리 부종이 생긴다

임신 후기에는 신발을 벗었다가 다시 신으려고 하면 발이 잘 들어가지 않는데, 이것은 부종 때문이다. 임신을 하면 혈액과 체액이 50% 증가한다. 증가한 체액 중 일부는 체조직으로 흘러들어간다. 커진 자궁이 골반 혈관을 누르면 일시적으로 하반신의 혈액 순환이 정체된다. 이렇게 되면 체액이 팔다리로 흘러들어가 부종이 생기게 된다.

앉는 자세도 체액 순환에 영향을 줄 수 있다. 무릎이나 발목을 꼬고 앉아 있으면 다리로 흘러가는 혈액 순환에 장애가 생긴다. 혈액 순환을 원활하게 하려면 앉을 때 다리를 꼬지 않아야 한다.

눈동자의 색깔이 나타나기 시작한다

태아의 전체적인 성장이 둔화되지만, 체중은 계속 늘어난다. 뇌는 계속 급성장하고, 폐는 주요 장기 중에 가장 늦게 성숙된다. 지금쯤 눈동자의 색깔이 나타나기 시작하지만, 안구 색소는 빛을 봐야 완전히 형성되기 때문에 진짜 색깔은 생후 6~9개월 후에 나타난다. 자궁 속으로 침투한 붉은 빛에 반응해 눈동자가 커지기 시작한다. 태아가 활동하는 동안에는 눈꺼풀이 열려 있고, 잠을 자고 있을 때는 눈꺼풀이 닫혀 있다.

자궁 내 성장지연은 초음파 검사로 진단한다

자궁 내 성장지연은 태아가 임신 기간에 비해 작은 것을 말한다. 체중으로 따지자면 정상 발육아보다 10% 정도 체중이 적게 나간다. 임신 기간을 정확하게 계산했는데 태아의 체중이 10%나 적은 것은 당연히 걱정거리다. 성장이 지연되는 태아는 정상아들보다 신생아 사망률이 높기 때문이다.

자궁 내 성장지연은 초음파 검사로 진단하거나 확인할 수 있다. 자궁 내 성장 지연으로 진단되면 상태를 악화시킬 수 있는 일은 피해야 한다. 영양 섭취에 더욱 신경 쓰고, 약물이나 알코올, 담배는 반드시 끊어야 한다. 절대 요양도 도움이 된다. 누워서 쉬면 태아에게 혈액 공급도 잘되고, 혈액공급이 잘되면 성장에 도움이 된다. 모체의 질환이 자궁 내 성장지연의 원인이라면 모체의 건강을 회복해야 한다.

자궁 내 성장이 지연되는 태아는 분만 전에 사망할 위험이 있으므로 만삭이 되기 전에 분만하는 것이 안전하다. 이 경우 태아가 진통을 잘 견딜 수 없기 때문에 제왕절개 수술을 하는 것이 좋다. 경우에 따라선 자궁 속보다 밖이 태아에게 더 안전할 수 있다.

자궁 내 성장지연의 원인은 여러 가지인데, 흡연이나 모체의 체중증가 부족, 모체의 혈액 순환장애, 신장 질환, 알코올이나 약물 중독, 쌍둥이 임신, 태아 감염, 모체의 빈혈, 태반이나 탯줄 이상 등을 들 수 있다. 자궁 내 성장지연이 아니더라도 태아가 정상보다 작을 수 있다. 키가 작은 여성은 작은 아기를 낳을 수 있으며, 임신이 지연되면 영양 실조에 걸린 작은 아기를 낳을 수도 있다. 염색체에 이상이 있는 기형아도 정상아보다 작다.

옆으로 누워 다리를 올려놓고 잠을 잔다

규칙적으로 휴식을 취하고 잠잘 때 옆으로 자는 습관을 기르는 것이 왜 중요한지 앞에서 설명했다. 잠을 자거나 휴식을 취할 때 옆으로 누워 있지 않으면 수분이 정체되는 것을 느낄 것이다. 옆으로 누워 있으면 피로를 빨리 회복하는 데도 도움이 된다. 부종을 예방하기 위해서는 다리를 올리고 자는 것도 좋은 방법이다.

자간전증을 예방한다

자간전증은 임신 중이나 분만 직후에만 나타나는 여러 가지 증세를 말한다. 가장 흔한 증세는 부종, 단백뇨, 고혈압이며 이 외에도 오른쪽 늑골 아래쪽의 통증, 두통, 시력 변화 등이 나타날 수 있다. 이런 증세를 보이면 즉시 의사에게 알려야 한다.

자간전증은 자간증으로 발전할 수 있다. 자간증은 자간전증이 있는 임신부가 발작을 일으키는 것을 말한다. 이것은 임신 전부터 발작 장애가 있어 일으키는 발작과 다르다.

대부분의 임신부는 임신 중에 어느 정도 부종이 나타나며 부종이 있다고 해서 모두 자간전증은 아니다. 부종과 함께 다른 증세가 나타나야 자간전증을 의심할 수 있다. 고혈압 역시 꼭 자간전증이 아니더라도 생길 수 있다. 자간전증이나 자간증의 원인은 정확하게 알 수 없다. 이것은 주로 초산부들에게 잘 나타나며, 특히 30세 이상의 초산부들이 자간전증과 고혈압을 일으키기 쉽다.

자간전증을 치료하는 목적은 자간증을 피하기 위해서이다. 때문에 출산 때까지 임신부를 주의 깊게 관찰하고 정기검진 때마다 혈압과 체중을 재야 한다. 체중증가는 자간전증이나 자간전증이 악화되고 있다는 신호가 될 수 있다. 자간전증은 수분을 정체시키기 때문에 체중이 증가한다.

정기적인 혈압과 체중 체크가 예방 포인트며, 치료의 핵심은 절대요양이다

자간전증을 치료하는 첫 단계는 절대 요양이다. 일을 하거나 오랫동안 서 있으면 안 된다. 자리에 누워서 쉬면 신장이 가장 효과적으로 기능을 발휘할 수 있고 자궁으로 혈액 공급이 가장 잘 된다. 누울 때는 똑바로 눕지 말고 옆으로 눕고, 짠 음식은 수분을 정체시키므로 피해야 한다. 과

거에는 이뇨제를 처방했지만 요즘에는 자간전증 치료를 위해 이뇨제를 처방하지 않으며 권장하지도 않는다.

누워서 절대요양을 해도 증세가 좋아지지 않으면 병원에 입원해서 치료를 받거나 태아를 분만해야 한다. 태아를 분만하는 이유는 모체와 태아의 건강을 지키고 발작을 피하기 위해서이다. 전자간증 시 황산마그네슘을 투여하는데, 분만 전이나 중, 후에 발작을 방지하기 위해 정맥주사로 투여한다. 발작이 일어났다고 생각되면 즉시 의사에게 알려야 한다.

임신 중에는 머리 손질에 더욱 신경을 쓴다

임신 중에는 호르몬 변화로 모발에 유분이 많아지고 머리카락도 조금 굵어진다. 이는 평상시보다 머리카락이 줄어들기 때문이다. 그러므로 다른 때보다 머리를 더 자주 감고 빗질을 정성껏 해주어야 한다. 출산 후에는 머리가 약간 빠지기도 하는데 산후 6개월 정도가 지나면 정상으로 돌아온다. 곱슬머리를 가진 임신부는 출산 전 3개월과 출산 후에 곱슬기가 약간 덜해진다.

모발에 지방질이 많아지면 당연히 가려움증이 심해진다. 만약 머리를 매일 감는데도 가려움증이 심하다면 가볍게 마사지를 해 보자. 손톱을 세워 두피 속까지 긁지 말고 손가락 끝으로 부드럽게 지압하듯이 마사지를 한다. 그리고 샴푸를 한 후에는 충분히 헹군다.

머리를 말릴 때는 드라이어를 사용하는 것보다 수건이나 자연 바람으로 말리는 것이 좋다. 임신 중 모발은 지방질은 많지만 영양분이 없기 때문에 쉽게 푸석푸석해지고 다른 때보다 쉽게 빠진다. 가장 좋은 방법은 수건으로 부드럽게 털어내고 마를 때까지 기다리는 것이다.

임신 후기가 되면 배가 너무 불러와 머리 감기가 힘들 수 있다. 이럴 때는 부분적으로 닦아내는 방법이 있다. 먼저, 화장솜에 화장수를 적셔 두피 전체를 닦아낸다. 그런 다음 뜨거운 물에 수건을 담가 머리 전체를 스팀 타월로 감싼다. 몇 번씩 되풀이한 다음 머리를 빗으면 기분이 한결 좋아진다.

식중독에 주의한다

임신 중에는 식중독에 걸리지 않도록 조심해야 한다. 살모넬라균은 경미한 위장 장애에서 치명적인 식중독에 이르기까지 많은 문제를 일으킨다. 살모넬라균은 열에 약하기 때문에 음식을 끓여 먹으면 문제를 피할 수 있지만 항상 조심해야 한다.

식중독을 피하려면 가금류는 충분히 익혀서 먹도록 하고, 가금류나 생달걀을 조리한 다음에는 조리대와 식기, 냄비를 뜨거운 물로 씻고 소독한다. 시저 샐러드나 가정에서 만든 아이스크림 등 생달걀로 만든 음식은 피하고 케이크 반죽이나 쿠키 반죽처럼 생달걀이 들어 있는 것은 익히기 전에 맛보지 않도록 한다. 달걀을 먹을 때도 충분히 익었는지 확인해야 한다. 달걀을 삶을 때는 적어도 7분 이상 삶고, 프라이를 할 때는 한쪽 면을 각각 3분 이상 구워야 한다. 달걀노른자도 반드시 익혀서 먹는다.

태아보험

Q 태아보험은 언제부터 가입할 수 있을까?

A 가입 시기는 생명보험인지, 손해보험인지에 따라 달라진다. 보통 생명보험은 임신 16주 이후부터 보험 가입이 가능하고 손해보험은 임신한 순간부터 보험 가입이 가능하다. 만약 생명보험에 가입한 후 태아에 관한 보장을 받으려면 임신 23주 이내에 가입하는 것이 바람직하다. 단, 손해보험은 임신 22주 전에 가입하는 것이 좋다. 가입 시기를 놓치는 경우 특정 보험사를 제외하고 선천적 이상, 신체마비, 기형 같은 보장에 제한을 받게 된다.

Q 태아보험 가입 후 효력은 언제부터 발생할까?

A 손해보험은 보통 1회 보험료가 인출된 후 4시 이후부터 효력이 발생하며 생명보험은 초회 보험료가 인출된 순간부터 보상을 해 준다. 단, 피보험자가 질병 유무나 인적 사항 등 계약 전 알릴 의무 사항을 이행하였을 때 이루어진다. 효력이 발생한 이후에 나타난 이상 증세는 보상받을 수 있다.

Q 임신 초기에 유산방지 주사를 맞았다면 가입이 될까?

A 태아보험은 산모의 건강이 태아에게 영향을 미친다는 특수성 때문에 사소한 부분이라도 사전에 보험사에 알려야 한다. 만약 임신 초기 절박 유산이 있는 경우라면 생명보험 회사에 의사 소견서를 제출해야 하며 이를 통해 가입 여부가 결정된다. 손해보험의 경우 유산이나 하혈 없이 유산 방지 차원에서 주사를 맞았고 또한 산모와 태아가 건강하다는 소견서만 있으면 가입할 수 있다.

Q 임신부의 건강 상태가 좋지 않으면 태아보험을 들 수 없을까?

A 보험 가입 시 건강 상태는 반드시 체크한다. 따라서 임신성 당뇨나 고혈압 같은 질환이 있다면 사실을 밝혀야 하며 이에 따라 보험 가입이 제한될 수 있다. 또한 유산을 3회 이상 경험한 습관성 유산도 마찬가지다. 하지만 보험에 가입하기 어려울 경우, 아기가 태어난 이후에 어린이보험으로 가입할 수 있다.

Q 제왕절개 수술로 아기를 낳은 경우 보장받을 수 있을까?

A 태아보험이라는 것은 뱃속의 태아에 대한 보험이다. 태아의 조산과 선천적 이상, 신생아 질병 등 출산 후 생길 수 있는 위험에 대해 보장받을 수 있는 것이지 산모의 위험이나 치료비는 보상받지 못한다. 따라서 제왕절개수술은 보상받을 수 없다.

Q 쌍둥이 보험은 어떤 차이가 있을까?

A 다태아로 불리는 쌍둥이 임신의 경우 단태아에 비해 비교적 조산 위험이 크다. 따라서 조산 시 인큐베이터 입원비가 많이 보장되는 보험을 선택하는 것이 좋다. 하지만 일반적으로 단태아에 비해 조산 위험이 크기 때문에 먼저 나온 아이에 대해서만 보장을 해 주거나 특약 사항을 제한하는 경우가 많다. 이때 인공수정인지, 자연임신인지에 따라 보장 내용이 다르다.

Q 유산으로 태아를 잃으면 보험은 어떻게 될까?

A 임신 중 태아가 사산 또는 유산될 경우에는 보험금을 즉시 환급해 준다. 단, 태아가 사산 또는 유산되었다는 증빙 자료를 절차에 따라 구비해야 한다.

Q 보험을 중도에 해지하고자 할 때 해약환급금은 어떨까?

A 보험에 가입하고 중도에 보험 계약을 해지하면 납입한 보험료보다 적거나 경우에 따라서 없을 수 있다. 보험은 원리금이 보장되는 은행의 저축과는 달리 위험에 대한 보장에 주목적을 두며 계약자가 납입한 보험료 중 일부는 보험회사 운영비나 불의의 사고를 당한 다른 계약자에게 사용되기 때문에 해약환급금을 모두 돌려받을 수 없다. 따라서 보험에 가입할 때 상품의 보장 내용뿐 아니라 보험료, 보험료 납입기간, 보험가입 금액, 해약 환급금 등을 체크해야 한다.

** 자료 제공 키즈인슈 (무료상담전화 : 080-011-7970)*

*** 각종 태아보험 관련 문의**

현대해상화재보험	1588-5656
흥국쌍용화재보험	1688-1688
메리츠화재보험	1566-7711
삼성화재보험	1588-3339
동부화재보험	1588-0100

임신 32주

조기 진통이 느껴질 수 있다

자궁 수축과 조기 진통을 막는 데는 절대 요양이 가장 효과적이다. 조기 진통을 느낄 때는 모든 활동을 중단하고 옆으로 가만히 누워서 절대 요양을 해야 한다. 진통을 억제하기 위해 베타 아드레날린제를 사용하기도 한다. 이것은 근육 이완제로서 자궁을 이완시켜 수축을 감소시킨다.(자궁은 주로 근육으로 이루어져 있으며, 이 근육이 진통 중에 태아를 자궁경부로 밀어내는 역할을 한다.)

자궁 수축 억제제인 리토드린은 정맥주사, 근육주사, 알약의 3가지 형태로 투여된다. 대개 처음에는 정맥주사로 투여되며 2일 이상 입원할 필요가 있다. 자궁수축이 멈추면 알약으로 바꿔 2~4시간마다 1알씩 먹으면 된다. 리토드린은 임신 20주 이상 34주 미만의 임신부에게 허용되는데, 경우에 따라서는 정맥주사를 먼저 맞지 않고 바로 알약을 사용하는 수도 있다. 이것은 흔히 과거에 조산한 경험이 있거나 쌍둥이를 임신한 임신부에게 적용되는데, 이러한 약물 복용이나 주사 처방은 반드시 의사의 지시에 따라야 한다. 이렇게 해서 조기 진통을 중단시키면 태아가 문제를 일으킬 위험과 조산과 관련된 위험을 줄일 수 있다.

조기진통 시, 반드시 의사의 지시와 충고에 따라야 한다

조기 진통 증세가 있으면 정기검진을 더욱 자주 받아야 한다. 의사는 초음파 검사나 비수축 검사(NST)로 임신 상태를 면밀히 관찰할 것이다. 그 결과 조기 진통을 하고 있는 것으로 진단 받으면 의사는 절대 요양과 조기 진통을 중단시키는 약을 처방할 것이다. 더불어 휴직하고 활동을 줄이라는 충고도 하게 될 수 있다.

요실금 증상이 나타날 수 있다

웃거나 재채기를 하거나 기침을 하거나 기타 힘든 일을 할 때 자기도 모르게 소량의 소변이 새어나오는 수가 있다. 이런 요실금 현상은 방광을 누르는 자궁의 압박이 커지기 때문에 생긴다.

요실금을 막으려면 배뇨를 하고 싶다는 충동을 느끼기 전에 자주 방광을 비우고, 카페인이 많이 들어 있는 음료나 밀감류의 과일이나 주스, 토마토, 향신료가 많이 들어간 음식, 탄수화물 등을 피해야 한다. 이런 식품들은 방광을 자극하기 때문이다. 케겔운동으로 골반부 근육을 강화하고 체중 증가를 제한해서 방광의 압박감을 최소화하는 것도 도움이 된다.

♡ 비상연락망을 만들어 두세요

아내와 함께 중요한 연락처의 전화번호를 작성해서 항상 지니고 다니도록 한다. 자신의 직장, 아내의 직장, 가까운 친척이나 친구들, 병원 전화번호는 물론 아기를 낳은 뒤에 출산 소식을 알리고 싶은 사람들의 전화번호부를 작성하여 병원에 갈 때 가지고 가도록 한다. 이 전화번호부는 유사시 아내의 안전을 위해서도 꼭 필요하다.

호흡연습을 통해 폐를 강화시킨다

태아의 오감이 제 기능을 발휘하고, 태아는 머리를 옆으로 돌리는 새로운 기술을 보여 준다. 장기는 계속 성숙해 가고, 발톱이 완성되며, 머리카락은 아직도 자란다. 눈을 깜빡거리는 연습을 계속하지만, 하루 중 90~95%는 눈을 감고 잔다. 태아는 호흡연습을 통해 계속 폐를 강화하고 성숙시킨다. 최근 연구에 따르면 이 중요한 연습이 폐가 건강하게 발달하는 데 꼭 필요한 단백질인 계면활성제를 생산하도록 폐를 자극하는 역할도 한다는 것이 밝혀졌다.

걷는 운동이 부종을 막아 준다

걷는 운동은 다리 정맥의 혈액이 발로부터 위로 보내지는 것을 촉진하며, 발목의 경미한 부종과 다리의 무거운 느낌을 해소하는 데 도움을 준다. 다리가 부어오르면 다리를 높여서 휴식을 취하고, 등을 편안하게 받쳐 주는 것이 좋다. 단, 걷는 운동을 알맞게 하면 이롭지만 장시간 서 있는 것은 피해야 한다. 또한 자동차 여행 시 의자의 가장자리가 딱딱하면 다리 정맥을 압박하므로 주의한다.

분만 후 심각한 하혈은 위험하다

분만 뒤 하혈을 심하게 하는 것은 심각한 문제로, 그 원인은 여러 가지다. 가장 흔한 원인은 자궁이 수축되지 않는 것과 분만 과정에 질이나 자궁경부가 파열된 것이다.

또 다른 원인으로는 자궁에 상처가 나거나 파열되는 등 생식기에 외상이 생긴 경우이다. 자궁 안의 혈관이 압착되지 않아 하혈이 계속될 수도 있다. 이런 현상은 갑작스러운 진통, 오랜 진통, 다산, 자궁 감염, 쌍둥이 임신으로 인한 지나친 자궁 팽창이 원인이거나 자궁이 수축되지 못하기 때문에 일어날 수도 있다.

태반 조직이 몸속에 남아 있기 때문에 심한 하혈이 계속될 수도 있다. 자궁에 남아 있는 태반 조직은 즉각 하혈을 일으킬 수도 있고, 몇 주나 심지어 몇 달 뒤에 하혈을 일으킬 수도 있다. 혈액 응고에 문제가 있어도 하혈이 계속될 수 있다. 이것은 임신과 관련된 문제일 수도 있고 유전적인 문제일 수도 있다. 분만 후 하혈을 할 경우 지속적으로 의료진의 관리를 받아야 한다.

철분 비타민을 챙겨서 먹는다

임신부용 비타민에 들어 있는 비타민과 철분은 임신부와 태아의 건강을 위해 꼭 필요한 영양소이다. 분만 시 빈혈이 있으면 임신부나 태아에게 나쁜 영향을 줄 수 있으며 최악의 경우 수혈을 받아야 할지도 모른다. 빈혈 증세가 있다면 전문의와 상의하여 임신부용 비타민을 매일 복용해야 한다.

임신 개월

임신 말기에 하는 검사

💜 내진과 골반 크기 검사

　주치의는 임신 말기가 되면 임신부를 내진하기도 하는데 그 횟수는 필요에 따라 다르다. 또한 이 시기에 이르면 골반 크기를 다시 측정한다. 임신 말기에 이런 검사를 되풀이하는 이유는 태아의 몸에서 가장 큰 부분인 머리가 골반 안, 혹은 골반 가까이에 와 있기 때문이다.

　일반적으로 분만이 가까워지면 자궁경부는 얇아지고 부드러워지며 열리기 시작한다. 그러나 때로는 자궁경부가 전혀 준비되어 있지 않은 상태에서 진통이 시작되기도 한다.

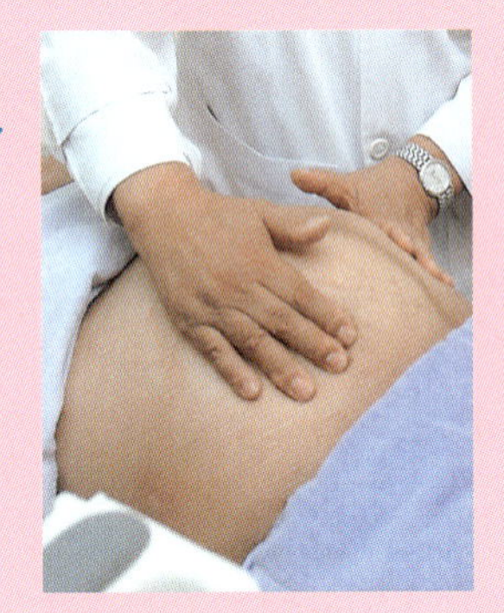

💜 태아의 위치와 크기 검사

　이 시기에 이르면 태아의 머리가 정상적인 위치에 있는지, 그리고 순조롭게 골반 안으로 내려오고 있는지를 알아낼 수 있다. 주치의는 검사 결과를 종합하여 분만이 얼마나 가까웠는지를 예측할 수 있으며, 자궁경부의 상태를 통해서도 분만이 임박했는지, 혹은 아직 한참을 기다려야 하는지를 예견할 수 있다.

　임신 말기에 이루어지는 이러한 검사들은 현대 산부인과 의학에서는 일반적인 관행으로 여겨진다. 검사를 받은 뒤 수 시간 동안 피가 비칠 수 있으나 조금도 걱정할 필요가 없다. 그러나 간혹 다량의 하혈을 할 수도 있는데, 여러 시간에 걸쳐 출혈이 계속되거나 그 양이 증가하면 반드시 병원으로 되돌아가야 한다.

진통과 출산의 과정

분만은 자궁에 있는 아기와 태반을 질을 통해 힘차게 밀어내는 것이다. 분만 시기는 보통 임신 이후 총 265일에서 1주일 내지 2주일 정도 빨라질 수도 있고 느려질 수도 있다. 분만에 걸리는 시간은 개인에 따라 차이가 매우 심하지만 대체로 첫 임신에서는 약 12시간 정도이고, 두 번째 분만부터는 6시간 내지 8시간 정도가 걸린다.

1단계 → 가진통 | 규칙적으로 약간의 통증이 느껴진다

임신 10개월이 되기 몇 주 전부터 자궁이 매우 심하게 수축할 수 있는데, 통증이 약간 있으면서 이런 수축이 일어나는 것은 정상적인 현상이다. 이런 현상이 규칙적으로 발생하면서 좀더 심하게 통증이 있다면 가진통일 수 있다. 가진통의 자궁 수축 양상은 매우 규칙적이다. 예를 들어 30초씩 5분 간격을 두고 수축이 일어나다가 몇 시간 동안은 잠잠해진다. 가진통과 실제 진통에는 여러 차이가 있는데 그 차이를 구별해 내는 것이 그리 쉽지는 않다.

가진통은 진전이 없다

가진통은 아무리 오랜 시간 지속되어도 자궁경부가 이완되지는 않는다. 실제 진통을 할 때만 자궁경부가 이완된다. 하지만 이 차이는 확실히 구별하기가 매우 어렵다.

시간이 지나도 진통 간격이 5분이라면 가진통이다

자궁 수축이 규칙적으로 일어나고 통증도 약간 따르지만 시간이 아무리 흘러도 진통이 일어나는 시간 간격이 늘 일정하다. 따라서 4시간 정도가 지났는데도 진통 간격이 여전히 5분이라면 가진통일 확률이 높다.

가진통은 그냥 사라지기도 한다

가진통에 의한 자궁 수축은 경우에 따라 그냥 사라지거나 약한 진정제로도 사라질 수 있다.

양막 파열이나 출혈이 없다

가진통에는 분만의 징후인 '양막 파열'이나 '출혈'이 없다. 이런 기준들이 있다 해도 사실상 가진통과 실제 진통을 구별하는 것이 힘든 경우가 많으므로 의심이 들 경우에는 담당의에게 문의한다. 담당의조차도 이야기만 듣고 확신이 서지 않을 수 있기 때문에 정확한 상황을 파악하기 위해 바로 병원으로 오라고 할 수도 있다.

2단계 → 진진통 | 월경통과 비슷한 느낌으로 찾아온다

실제 진통인 진진통은 보통 월경이 시작되려 할 때 찾아오는 월경통과 비슷한 느낌으로 시작되는데, 주로 등 아래쪽에서 시작해서 하복부로 이동한다. 처음에는 30분 정도 간격을 두고 통증이 있다가 점점 간격이 짧아지고, 진통 시간은 더 길어지며, 통증은 더 심해진다. 의사들은 보통 수축 주기가 8분에서 10분 정도 되면 전화를 하라고 한다. 물론 그 전에 양막 파수가 일어나거나 그 외 다른 심각한 문제가 있는 경우라면 즉시 병원으로 가야 한다.

심한 진통이 갑자기, 빠른 주기로 발생한다

아주 드물게는 심한 진통이 갑자기, 그리고 매우 빠른 주기로 발생하는 경우도 있다. 그런 경우에는 병원으로 전화를 하고 즉시 출발해야 한다. 이슬이라고 하는 혈액이 섞인 점액이 흐르면 마침내 진통이 시작된 것이다. 이슬이 비치면 분만이 이제 몇 시간 남지 않은 것이며 생리보다 많은 양의 하혈이 있으면 즉각 병원으로 가야 한다.

분만 이전에 양막 파수가 일어나기도 한다

경우에 따라 양막 파수는 분만이 시작되기 이전에 일어날 수도 있고 분만 초기에 일어날 수도 있다. 이때 질로부터 양수가 걷잡을 수 없이 쏟아져 나오거나 조금씩 계속해서 나오기도 한다. 양막이 파열된 느낌이 들면 하던 일을 멈추고 즉시 병원으로 가야 한다.

극히 드물기는 하지만 이때 불행한 사고가 일어날 수도 있기 때문이다. 만약 태아가 골반 내에서 똑바로 자리를 잡고 있지 못하다면, 혹은 비정상적인 자세로 있다면 양막이 파열되면서 탯줄이 탈출될 수도 있다. 이때 탯줄이 아래로 내려와 질 바깥으로 돌출되어 만져지거나 보일 수도 있다. 이러한 경우 태아에 심각한 문제가 발생할 수도 있기 때문에 빠른 조치가 필요하다.

탯줄 탈출이 있을 때는 탯줄에 박동이 있는지 확인한다

박동이 있는 한 아기는 무사하다. 박동이 있는지 없는지 확실치 않더라도 이런 상황에서는 일단 즉시 자리에 누워서 태아가 골반으로 떨어지지 않도록 엉덩이 밑에 여러 개의 베개를 받쳐 준다. 머리는 몸보다 높게 두고 배는 골반과 다리보다 훨씬 더 낮게 해 누워 있어야 한다. 그리고 구급차를 불러 병원으로 가야 하는데, 구급차 안에서도 같은 자세를 유지하고 있어야 하며, 탯줄에 계속해서 떨림이 있는지 주시해야 한다. 하지만 이런 상황은 매우 드문 경우이며, 신속하게 대처하면 최악의 상황은 충분히 막을 수 있다. 탯줄이 보일 정도로 내려오진 않았다 하더라도 양막 파열이 일어난 후에 태아가 자궁 내에서 갑자기 심한 움직임을 보인다면 위험할 수 있다. 이때도 누워서 엉덩이를 높이 올리고 도움을 청해야 한다.

아기를 세상으로 출생시키기 위해서는 3단계에 걸친 분만이라는 과정을 거쳐야 한다. 제일 먼저 자궁경부가 완전히 열리고(이완되고), 골반을 통해서 태아의 몸 중 가장 밑으로 내려와 있는 부분(주로 머리)이 나오며, 이어서 아기의 몸 전체가 밖으로 나오게 된다.

3단계 → 분만 1기 | 자궁경부가 완전히 이완된다

자궁경부 이완은 보통 1~3cm 정도에서 시작된다. 10cm 정도까지 완전히 이완되는 데 걸리는 시간은 초산인 경우 8~10시간 정도가 되고 경산인 경우에는 훨씬 줄어드는 것이 보통이다. 이 시간 동안 태아의 몸 중 가장 밑으로 내려와 있는 부분(주로 머리)이 서서히 골반을 통해 내려온다.

 분만이 시작되면 수축이 달라진다

자궁경부의 이완은 자궁강의 부피가 줄어들면서 이루어진다. 임신 기간 동안 느끼는 자궁 수축은 팔을 굽히는 동작과 비슷하다. 즉, 근육을 팽팽하게 만들었다가 팔을 곧게 펴고 근육 전체를 이완시키는 것이다. 이제 분만이 시작되면 수축은 완전히 달라진다.

근육은 팽팽해질수록 길이가 더 짧아진다. 다시 팔에 비유해 보면 근육을 수축시킬 때마다 팔꿈치는 조금씩 더 굽혀지다가 마침내 손이 어깨에 닿게 되는 것과 마찬가지이다. 따라서 자궁강 내의 근육이 짧아질수록 태아가 들어 있는 자궁의 용량은 줄어들게 되고, 그러므로 아기를 출구 쪽인 자궁경부를 향해 밀어내게 되는 것이다.

첫 단계에서는 힘을 줄 필요가 없다

분만의 첫 단계에서는 일부러 힘을 주고 아기를 밀어내려고 할 필요가 없다. 문이 잠겼는데 억지로 민다고 잠긴 문을 열 수는 없는 것처럼 자궁경부가 열리지 않은 상태에서 아기를 밀어낼 수는 없으므로 그렇게 힘을 주어 체력을 소진할 필요가 없다. 보통은 이때 정맥주사로 수액을 투여하고, 복부에는 모니터를 연결하여 계속 지켜본다. 그리고 임신부의 희망이나 준비자세, 그리고 느껴지는 통증의 정도에 따라 통증 완화를 위한 약물을 투여하기도 한다.

자궁이 3~4cm 정도 열렸을 때 마취를 하게 된다

경막외 마취를 하기로 했다면 통상적으로 자궁이 3~4cm 정도 열렸을 때 약을 투여하는데, 진행 속도가 매우 느리고 태아가 골반 쪽으로 많이 내려오지 않았다면, 혹은 임신부가 아직 큰 통증을 호소하지 않는다면 투여를 뒤로 미루기도 한다. 출산 준비 교육을 받았다면 이때는 최대한 몸을 이완시키도록 총력을 기울이면서 통증을 다른 감각으로 바꾸는 연상을 지속적으로 하는 것도 좋다.

4단계 → 분만 2기 | 아기를 밖으로 밀어내야 한다

자궁경부가 완전히 이완된 후에 아기를 밖으로 밀어내야만 한다. 이는 1분이 걸릴 수도 있고 몇 시간이 걸릴 수도 있다. 일반적으로 아기를 낳은 경험이 많을수록 더 빨리 이루어진다. 마취제를 투여하지 않았다면 대변을 볼 때와 같으면서도 매우 강력한 통증을 느낄 것이다.

바로 이 순간에 수의근(자신의 의지로 움직일 수 있는 근육)이 작용하여 복부 근육의 도움을 받아 아기

를 밀어낼 수 있게 된다.

💜 자궁 수축이 줄어들면서 아기가 밀려 나온다

경막외 마취를 했다면 이때는 아무런 통증도 느끼지 못한다. 이제 자궁 수축이 줄어들면서 아기가 골반을 지나 밖으로 밀려 나온다. 이 두 번째 단계를 단축시키기 위해, 특히 아기 머리의 위치가 비정상적일 때는 흡입기를 이용해 아기 머리를 돌리거나 질 입구 쪽으로 옮겨 줄 필요가 있다. 흡입기는 보통 사람들이 생각하는 것과 달리 숙련된 의사가 사용하면 매우 안전한 장비이다.

💜 아기를 엄마의 품에 안겨 준다

이 두 번째 단계의 마지막 순간에는 회음절개를 한다. 그리고 아기를 산모의 품에 안겨 줌으로써 아기와 엄마의 유대감 형성이 시작된다.

5단계 → 분만 3기 | 태반이 나온다

태반은 아기가 태어난 후 즉시 나오거나 몇 분이 걸릴 수도 있고, 때로는 외부의 도움을 받아야만 나올 수도 있다. 지그시 탯줄을 당겨 저절로 나오기를 기다리는 경우가 대부분이고 출혈이 많이 있거나 시간이 오래 걸리는 경우 인위적으로, 손을 집어넣어 끄집어낸다.

이 단계에서는 산모가 특별히 할 일이 없다. 더군다나 산모는 아기를 보고 있느라 무슨 일이 일어나고 있는지조차 모를 것이다.

💜 아기의 혈액형을 체크한다

보통 태반이 나오기 전에 탯줄에서 채취한 혈액 샘플을 연구실로 보내 아기의 혈액형이 무엇인지, 중요한 항체는 있는지 알아보게 되고, 또 특별한 지시가 있는 경우에는 여러 가지 혈액 검사 등을 실시하기도 한다. 예를 들어 아기가 분만 시 어떤 이유에서든 호흡 곤란을 겪었다면 의사는 아마도 호흡 곤란이나 산증의 정도를 알기 위해 혈중 산소 수치와 이산화탄소 포화도, 수소이온 농도 등을 검사할 것이다.

앞에서도 언급했듯이 최근에는 제대혈을 보관해 두는 사람들이 늘고 있는데 이것은 혹시라도 아이나 다른 가족 구성원이 특정 암에 걸렸을 때 골수 이식 방법이 아닌 줄기세포를 이용하는 치료에 사용하기 위해서다.

💜 태반이 제거되면 분만이 끝난다

이제 태반만 제거되면 분만은 끝이 난다. 의사는 산도에 남아 있는 조직이나 양막은 없는지, 산도에 찢어진 흔적은 없는지 살펴본다. 아무런 이상이 없으면 회음부를 봉합한다. 이제 다시 혼자 몸이 된 것이다.

하지만 진짜 고생은 이제부터다. 넘어갈 듯 울고 있는 아기가 그 증거이다. 아기에 대해서는 아프가(Apgar) 점수를 두 번에 걸쳐 측정하여 기록한다. 한 번은 생후 1분 후, 그리고 또 한 번은 5분 후에 측정한다.

🌱 아기를 엄마 아빠의 품에 안겨 준다

이제 아기를 닦고 부드러운 이불로 싸서 엄마와 아빠의 품에 안겨 준다. 혹시 태어날 때 무언가 불안정한 것이 있었다면 잠깐 보거나 만져 보는 것으로 만족하고 아기가 안정을 되찾을 수 있도록 치료해 줄 신생아 집중치료실로 보내야 한다.

진통 시 남편의 역할

진통 중에 산모가 원하는 것은 개인마다 차이가 나기 때문에, 곁에서 지켜보고 있다가 아내가 무엇을 원하는지를 잘 파악해 도와주어야 한다. 다음과 같이 하면 아내가 진통에 대처하는 데 도움이 될 것이다.

🌱 곁에 가까이 머문다

진통 중에 누군가가 곁에서 어루만져 주기를 바라는 여성이 있는가 하면 그렇지 않은 여성이 있다. 접촉은 사랑과 관심을 전달할 수 있고 단절감을 차단할 수 있다.

🌱 아내가 청결을 유지할 수 있도록 도와준다

진통을 하다 보면 배변이나 배뇨를 할 수 있으며, 언젠가는 양수가 터지게 된다. 이때 아내의 몸을 재빨리 깔끔하게 닦아 준다.

🌱 입이 건조해지지 않도록 도와준다

호흡법을 이용하다 보면 입이 마를 수 있으므로, 아내가 액체를 마시거나 얼음을 빨 수 있게 도와주어야 한다. 립밤을 이용해 입술을 촉촉하게 해 주고, 양치질을 할 수 있도록 도와준다.

🌱 시원하게 해 준다

시원한 수건으로 아내의 얼굴, 목, 기타 신체 부위를 닦아 준다. 아내의 얼굴에 물을 살짝 스프레이하는 것도 좋은 방법이다.

🌱 냉온습포를 사용한다

자궁 수축은 요통이나 경련을 일으킬 수 있다. 아내의 허리에 따뜻한 수건을 올려놓으면 통증을 줄일 수 있다.

💜 등과 허리를 마사지해 준다

옆으로 누우라고 하고 로션을 이용해 등을 문질러 준다. 이것은 진통의 통증을 등으로 느끼는 사람에게 특히 많은 도움이 된다. 그러나 아내가 자궁 수축 중에 마사지를 중단하는 것을 더 좋아할 수 있다는 사실을 명심한다.

💜 배뇨를 돕는다

방광이 차 있으면 진통이 느리게 진행되므로, 아내에게 자주 화장실에 가라고 상기시킨다. 최소한 한 시간에 한 번은 배뇨를 해야 한다.

💜 이완법을 시도한다

진통이 시작되기 전에 이것을 연습하면 이상적이다. 한 가지 간단한 이완법은 상체에서 시작해서 발끝까지 차례대로 천천히 각 근육을 긴장시켰다가 이완시키는 것이다.

💜 호흡법을 도와준다

아내가 하고 싶어 하는 호흡법을 미리 배워서 진통 중에 거기에 집중할 수 있도록 도와준다. 자궁 수축이 일어날 때마다 심호흡을 했다가 한숨을 내쉬게 하면 긴장을 완화하는 데 도움이 된다.

💜 프라이버시를 지켜준다

진통 중에 아내의 요구에 따라 옷이나 덮개를 덮어 주거나 벗겨 준다.

💜 정서적으로 안정을 취하게 한다

아내의 귀에 대고 격려의 말을 속삭인다. 아내에게 "잘하고 있어!" 하고 칭찬하거나 여러 가지 애정 어린 말로 아내에게 애정을 표현한다. 더불어 진통이 진행되면 곧 끝날 것이라고 말해 준다.

분만 지연

분만 시간이 어느 정도 걸리는 것이 정상인지를 딱 잘라 말하기는 곤란하다. 과거에는 총 분만 시간이 초산인 경우 18시간, 초산이 아닌 경우 12시간 정도이면 정상적인 것으로 파악했다. 그러나 이러한 기준도 여러 가지 이유로 인해 변했다.

앞에서 살펴본 바와 같이 오늘날은 초산인 경우 약 12시간, 초산이 아닌 경우에는 6시간에서 8시간 사이를 정상 범주로 본다. 하지만 이러한 기준은 모두 추정치이며 개인에 따라, 그리고 상황에 따라 크게 차이가 날 수 있다.

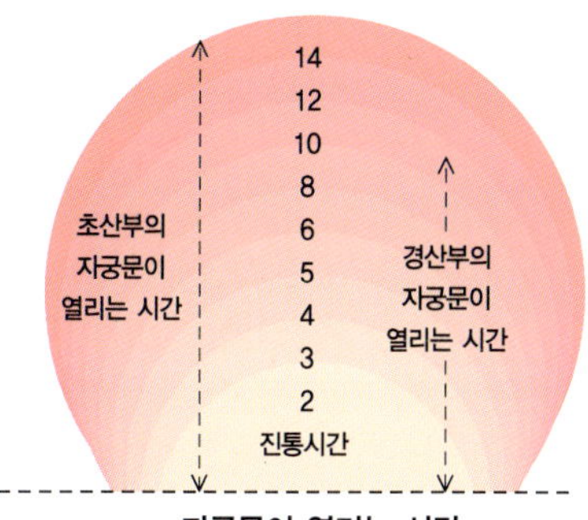

분만 시간이 길어지는 원인

자궁이완증일 때

자궁 수축이 적거나 불규칙적이면 진행이 느려진다. 이처럼 자궁이완증이 생기는 것은 진통제를 너무 많이 썼거나 다태아를 임신했기 때문일 수도 있다. 또한 출산 경험이 많아서일 수도 있으며 심리적 두려움 때문일 수도 있다. 보통 피토신을 투여하여 수축을 자극시키면 시간이 많이 지연되지 않고 문제를 해결할 수 있다.

태아의 머리와 산모의 골반이 맞지 않을 때

이것은 분만이 정상적으로 시작되었지만 어느 순간 멈춰 버리는 것으로 매우 심각한 상황이다. 일반적으로 이러한 문제가 발생하는 것은 태아의 머리와 산모의 골반 사이에 불균형이 발생하기 때문이다. 태아가 약간 몸을 움직여 산도를 찾으면 상황은 저절로 해결된다.

그러나 태아가 안전하게 산도를 찾지 못하는 경우가 있으므로 주의 깊게 관찰하고 판단을 내려야 한다. 이로 인해 분만 시간이 지연되면 산모나 아기에게 모두 좋지 못하므로 제왕절개를 이용하는 것이 바람직하다.

#Q1 회음절개를 꼭 해야 하나요?

A … 우리나라에서는 회음절개가 일반적이지만 유럽에서는 회음절개보다는 회음열상이 치유가 빠르고 문제도 적기 때문에 절개 없이 분만을 한다고 합니다. 단, 아기의 머리가 아주 크거나 조산일 경우에는 아기의 머리에 가해지는 압박을 줄이기 위해 반드시 회음절개를 해야만 합니다. 또한 태아의 심음이 가빠져서 서둘러 분만을 진행해야 하는 경우나 흡입분만 등 기구를 이용하여 분만하는 경우, 엄마가 충분히 힘을 주지 못해 아기가 산도에서 빠져나오지 못하는 경우에도 회음절개가 불가피합니다.

#Q2 예정일보다 양수가 빨리 터지면 어떻게 해야 하나요?

A … 양수가 바로 터지는 조기 파수가 되면 빨리 병원으로 가세요. 세균감염 우려가 있으니 휴지나 물로 닦지 말고 그대로 가는 것이 중요합니다. 자궁경관무력증, 쌍둥이 임신, 4kg 이상의 거대아 임신 시 조기파수를 일으킬 수 있는데 태아의 건강상태를 체크하여 출산 여부를 결정하는 것이 좋습니다.

#Q3 무통분만을 하면 정말 통증 없이 아이를 낳을 수 있을까요?

A … 무통분만은 경막외 마취라고 하여 의식은 그대로 남긴 채 통증만 제거하여 자연분만이 가능하도록 하는 부분 마취술입니다. 자궁 문이 3~4cm 정도 벌어진 상태에서 마취를 하기 때문에 마취 이전에는 다른 산모와 마찬가지로 진통을 느낄 수 있지요. 대신 마취 이후부터 회음부 절개에 이르는 과정에서는 통증을 느끼지 못해 진통시간을 단축할 수 있으며 체력소모가 적어 출산 후 회복이 빠르다는 장점이 있습니다.

임신 33주

체중이 급격히 늘고, 가슴앓이가 심해진다

임신이 진행됨에 따라 체중도 계속 증가한다. 이때쯤이면 태아가 급속도로 성장하고 있기 때문에 다른 때보다 체중이 더 빨리 증가해서 1주에 220g 정도씩 증가한다. 이럴 때일수록 균형 잡힌 식생활을 계속해야 한다. 태아가 커지면서 뱃속에 여유 공간이 별로 없어 가슴앓이가 더욱 심해질지 모른다. 그러므로 하루에 세 번 한꺼번에 많이 먹는 것보다는 대여섯 번에 걸쳐 조금씩 먹는 것이 훨씬 편하게 느껴질 것이다.

척추변화로 인해 요통이 나타날 수 있다

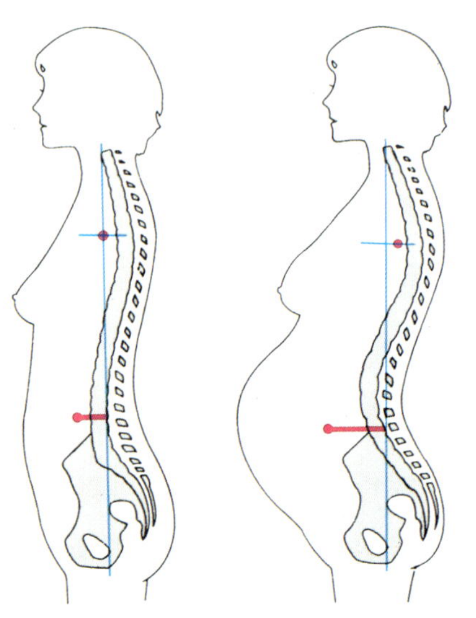

임신 중에는 중력의 중심점이 척추로부터 약간 앞쪽으로 가게 되는데, 이 때문에 어깨를 뒤로, 척추를 구부리는 자세를 취하기 쉽다. 이런 자세는 허리나 등에 통증을 가져오고 긴장을 가져오는 결과가 되므로 등을 똑바로 하고, 걸을 때나 서 있을 때 복부근육에 힘을 주어 배가 불룩 나오지 않게 한다.

임신 중에는 황체 형성 호르몬으로 인한 척추와 골반 관절에 변화가 생긴다. 이런 변화로 인대가 부드러워지고 유동적으로 변해 등 근육에 주의하지 않으면 올바른 자세를 유지하기가 어렵다. 이 때문에 요통이 발생하기도 한다.

또 임신 중에는 신체 무게 중심이 변한다. 임신하지 않은 여성의 경우, 신체의 중심이 척추 앞의 신장 높이에 있는데, 임신부는 자궁이 위로 올라가고 신체의 중심이 지나치게 앞으로 전진하게 되어 신체의 균형을 유지하기가 어렵다. 이 때문에 임신부는 어깨를 뒤로 젖히게 되는데 이것이 피로감을 유발한다.

균형을 잃은 신체를 바로 잡으려면 척추를 똑바로 세우고 장시간 서 있는 것을 피해야 한다. 구두는 임신부가 좋은 자세를 유지하는 데 도움을 준다. 지나치게 높은 굽이나 낮은 굽보다는 척추를 꼿꼿하게 세우는 데 도움이 되는 2~5cm 높이의 구두를 신도록 한다. 또한 높이 차이가 있는 구두를 두 켤레 정도 구비해 두고 번갈아가며 신으면 균형이 흐트러진 자세를 바로 잡을 수 있다.

태동에 변화가 생긴다

양수의 양이 최고로 늘어나며 이 양은 출산 때까지 유지된다. 뇌가 급성장하면서 한 주 동안에 머리가 9.5mm 정도 자란다. 피하지방이 계속 축적되고, 이 때문에 피부색이 붉은색에서 분홍색으로 변한다.

이제 태아는 팔다리를 움직일 여유 공간이 거의 없기 때문에 태아의 움직임이 발길질을 한다기보다는 구르는 것처럼 느껴질 것이다. 엄마의 행동이 태아의 행동에 영향을 준다. 엄마가 언제, 얼마나 많이 먹느냐, 어떤 자세를 하고 있느냐, 바깥세상에서 어떤 소리가 들리느냐 등이 태아의 활동 수준에 영향을 미친다. 매일 잠깐씩 짬을 내어 긴장을 풀고 태동을 점검해 보자. 태동을 어느 정도 느껴야 하는지에 대해서는 의사가 지침을 줄 것이다.

액체가 계속 새어나오는 것은 양수가 터졌다는 신호다

양수가 터졌다는 것을 어떻게 알 수 있을까? 양수가 터지면 대개 물 같은 액체가 쏟아져 나오다가 조금씩 새어나온다. 경험자들은 다리로 액체가 줄줄 흘러내릴 정도라고 한다. 양수는 대개 물처럼 맑고 투명하다. 가끔 피가 섞여 있거나 황색 또는 녹색일 때도 있다.

양수는 임신 중 언제라도 터질 수 있다. 따라서 진통할 때만 양수가 터진다고 생각하지 말고 평소 조심해야 한다. 양수가 터졌다고 생각되면 즉시 의사에게 알려야 한다.

회음 절개술에 대해 알아둔다

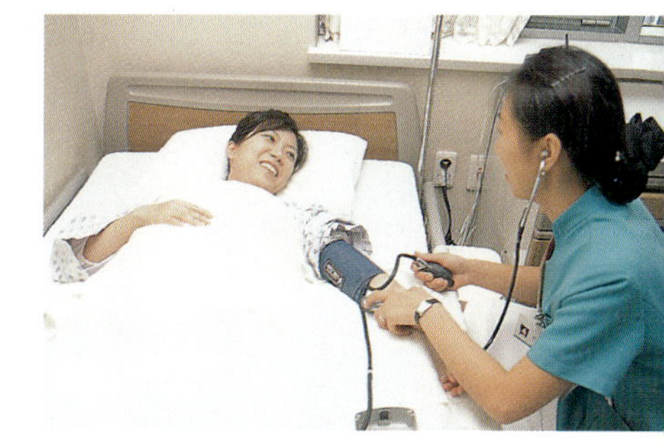

회음 절개술은 태아의 머리가 산도를 지날 때 질이 과도하게 찢어지는 것을 방지하기 위해 분만 중에 질에서 직장 쪽으로 절개하는 것을 말한다. 어떤 사람은 이것을 피하기 위해 진통이나 분만 중에 산도를 크게 벌리는 연습을 한다. 그런 연습이 도움이 되는 사람도 있지만 그렇지 않은 사람도 있다. 어떤 사람은 질이나 방광, 직장이 늘어나는 것을 방지하기 위해 오히려 회음 절개술을 원한다. 질이 늘어나면 대소변을 조절하지 못하는 일이 생길 수 있고, 성관계 중에 느낄 수 있는 성감에 변화가 생길 수도 있기 때문이다.

태아를 분만하고 난 뒤에는 절개 부위를 봉합해야 한다. 출산 후에 가장 아프고 힘든 부위는 회음 절개 부위일지 모른다. 절개 부위는 회복되는 동안 계속 통증을 초래할 수 있다. 통증이 심할 때는 억지로 참지 말고 진통제를 먹도록 한다. 태아에게 수유를 하는 사람도 안심하고 먹을 수 있는 약이 많으므로 전문의와 상의하여 처방을 받도록 한다.

자신의 신체에 일어나는 변화나 통증을 다른 이에게 알리고 도움을 받는 것은 모체의 건강을 위한 것이므로 부끄럽게 생각하지 말고 이야기하도록 하자.

출산 계획서를 작성한다

출산 계획서는 진통, 분만, 출산 후 처리 과정에서 자신이 필요로 하고 원하는 것을 서면으로 작성하는 것을 말한다. 출산 계획서를 작성해 보면 진통과 분만 과정에서 자신이 무엇을 원하는지 생각해 볼 수 있다. 이것은 담당의사에게 태아를 어떻게 출산시켜 달라는 지시서가 아니다. 분만에 필요한 최종적인 결정은 지금까지 그래왔던 것처럼 의사에게 맡기고 의사의 결정을 믿고 따라야 한다. 다만, 임신부가 원하는 것을 의사에게 알려 좀더 편안하게 출산할 수 있도록 하는 것이 출산 계획서의 목적이다. 출산 계획서 견본을 토대로 자신이 원하는 바를 정리해 보자.

일단 출산 계획서를 작성했으면 의사에게 검토를 부탁하고 가능한 것과 가능하지 않은 것에 대해 답변해 달라고 하자. 진통과 분만에 관한 문제는 진통이 시작되기 전에 미리 의논해 두는 것이 안전하다.

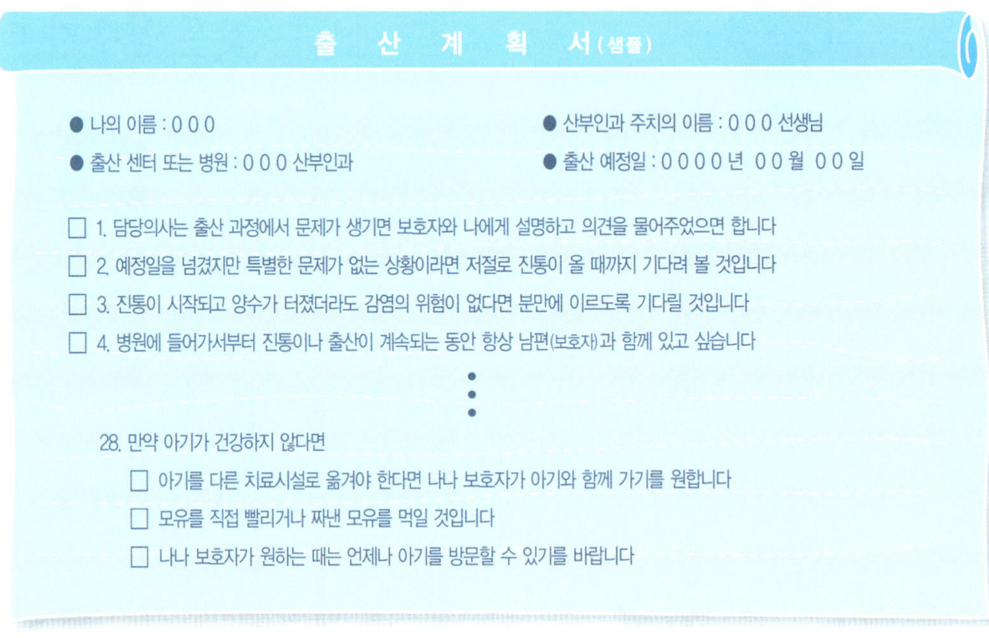

태아가 좋아하는 식품이 따로 있다

임신 중 균형 잡힌 식생활이 얼마나 중요한지 이미 충분히 인식하고 있을 것이다. 신선한 과일이나 채소, 유제품, 정백하지 않은 곡류, 단백질 등은 태아의 건강과 성장에 꼭 필요한 식품이다.

그리고 될 수 있으면 첨가제가 들어간 식품은 피하도록 한다. 첨가제가 태아에게 어떤 영향을 주는지는 확실히 입증되지 않았지만 가능한 한 피하는 것이 좋다. 살충제도 조심해야 한다.

과일이나 채소는 조리하거나 먹기 전에 철저히 씻고 닦아야 한다. 오염 물질이 손에 묻어 있을 수 있으므로 손도 철저히 씻어야 한다. 또한 과일은 반드시 껍질을 깎아서 먹는 것이 좋다. 그리고 폴리염화비페닐(PCB)에 오염되었을지 모를 생선은 피해야 한다. 태아를 보호하기 위해서는 항상 음식에 조심해야 한다는 것을 잊지 말자.

임신 34주

하강감이 느껴진다

진통이 시작되기 몇 주 전이나 진통이 시작될 때 복부에 변화를 느끼게 된다. 배꼽에서 자궁 상부까지의 길이가 지난 정기검진 때 측정했던 것보다 짧아졌을지 모른다. 이런 현상은 태아의 머리가 산도로 들어가면서 생긴다. 양수가 줄어들기 때문에 그럴 수도 있는데, 양수는 조기 파수 되지 않더라도 줄어들 수 있다. 이런 변화를 하강감이라고 한다.

하강감이 들지 않는다고 해도 걱정할 필요는 없다. 모든 임신부가 하강감을 갖는 것은 아니기 때문이다. 진통 중이나 진통이 막 시작될 때 태아가 산도로 내려가는 경우도 흔히 있다. 태아가 하강하면 좋은 점도 있고 나쁜 점도 있다. 장점은 상복부에 공간적인 여유가 생겨 숨쉬기가 편해진다는 것이고, 단점은 골반, 방광, 직장에 더 많은 압박감이 들게 되어 더 불편할 수 있다는 것이다.

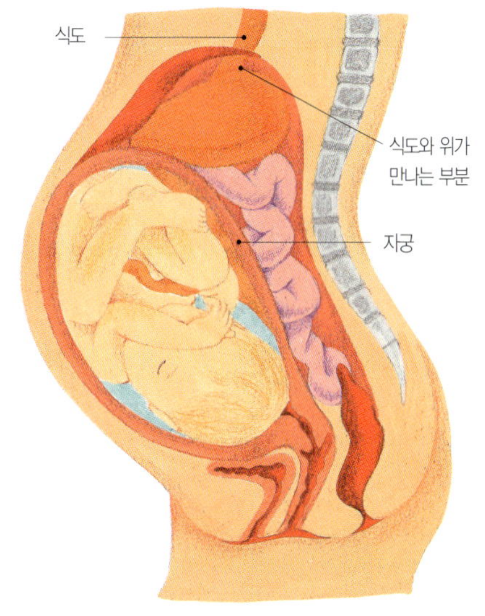

❂ 출산일이 임박해지면 태아가 방광, 직장, 골반을 눌러 하복부에 불쾌감을 느끼게 된다. 이 압박감은 허리와 다리까지 퍼지기도 한다.

압박감이 증가한다

임신 34주쯤 되면 태아가 '떨어질 것 같은' 불편함을 느끼는 임신부들이 있다. 이런 느낌은 태아가 산도로 내려와서 압박을 가하기 때문이다. 어떤 임신부는 이런 느낌을 압박감이 증가한다고 표현한다. 이런 느낌 때문에 걱정이 되면 골반 검사를 받아 보도록 한다. 하지만 대부분의 경우 걱정할 일은 아니며 태아가 지금까지보다 좀더 골반으로 내려왔기 때문에 더 많은 압박감이 들게 되었을 뿐이라는 결과가 나올 것이다.

압박감 증가와 관련해서 임신부들이 갖게 되는 또 다른 느낌이 있다. 어떤 임신부는 그것을 '바늘로 콕콕 찌르는 듯한' 느낌이라고 표현한다. 이것은 태아가 골반 부위를 압박해서 골반이나 그 부위에 따끔따끔한 느낌이 들기 때문에 생기는 것이다. 이는 흔한 현상으로 걱정할 일이 아니다. 이런 느낌은 분만 때까지 계속될 수 있다. 압박감이 심할 때는 옆으로 누우면 골반 통증을 줄일 수 있다.

태아의 면역계가 발달한다

경미한 감염증에 대항할 수 있도록 태아의 면역계가 발달한다. 손가락 끝이 아주 작지만, 손톱이 날카롭게 자라 있다. 이제 태아는 너무 커서 양수에 떠 있을 수 없으며, 움직임이 더 크고 느려진다. 머리를 아래로 향한 '두정위'로 고정되어 있겠지만, 전체 태아의 3~4%는 둔부나 다리를 자궁경부 쪽으로 향하는 '둔위'를 하고 있다. 가끔 의사가 '외두위전향'이라는 절차를 통해 태아를 두정위로 돌려놓는다. 이것은 복부를 통해 태아의 위치를 손으로 조절하는 것으로, 모체와 태아를 면밀히 관찰하면서 진행해야 하므로 병원에서 실시하는 것이 이상적이다. 쌍둥이의 경우에는 태아 한 명만 두정위를 하고 있고, 다른 한 태아는 그 아기 주변에 최대한 편하게 자리 잡는다.

태아 테스트로 기형과 스트레스 여부를 알아낼 수 있다

출산 전에 태아의 건강 상태를 알아보는 검사가 있다. 이 검사를 하면 태아에게 심각한 기형이 있는지, 스트레스를 받고 있는지 알 수 있다. 초음파 검사를 하면 자궁 속에 있는 태아를 관찰하고 태아의 뇌와 심장을 비롯한 기관을 평가함으로써 이를 알아낼 수 있다. 초음파 검사와 함께 비수축 검사(NST)와 수축 자극검사(CST)로 태아를 관찰해도 태아의 건강 상태와 문제를 알아낼 수 있다.

누구나 진통에 대한 두려움이 있다

임신의 끝은 진통과 함께 시작되며 진통의 결과는 출산이다. 어떤 임신부는 자신의 어떤 행동이 혹시 진통을 유발하지 않을까 걱정한다. 차를 타고 비포장도로를 달리다가 오랫동안 산책하면 진통이 시작된다는 말이 있지만 그것은 근거 없는 말이다. 성관계나 유두 자극이 진통을 유발하는 것은 사실이지만 이것 또한 모든 임신부들에게 적용되는 것은 아니다. 태아가 스스로 나올 준비가 되기 전까지는 일상적인 어떤 행동도 진통을 유발하기 힘들다.

임신 마지막 달이 되면 비수축 검사(NST)를 받는다

비수축 검사는 임신부의 복부에 태아 모니터를 부착해서 태아의 움직임이 느껴질 때마다 임신부가 버튼을 누르면 모니터 종이에 표시가 되고, 그와 동시에 모니터는 태아의 심박동을 기록한다.

태아가 움직이면 대개 태아의 심박동이 올라간다. 의사는 이 검사 결과를 근거로 태아가 뱃속에서 얼마나 잘 견디고 있는지 판단한다. 합병증이 있거나 고위험군에 속하는 임신부는 임신 마지막달에 이 검사를 매일 받게 될 수도 있다. 검사는 20~40분 정도 걸리며 태아가 자고 있는 경우라면 검사 시간이 길어질 수도 있다.

진통에 대처한다

진통이 시작되면 어떤 일이 생기고 어떻게 대처해야 하는지 미리 알아두어야 한다. 진통은 왜 일어날까? 진통의 정확한 원인은 밝혀지지 않았지만 여러 가지 주장이 있다. 그중 하나는 모체와 태아가 만들어 내는 호르몬이 진통을 유발한다는 것이다. 태아가 만들어 내는 호르몬이 자궁을 수축시킨다는 주장도 있다. 진통은 근육으로 이루어진 자궁이 수축하면서 안에 있는 태아를 밀어 내기 때문에 생긴다. 자궁이 태아를 밀어내면 자궁경부가 늘어난다. 수축이나 경련을 느끼더라도 엄밀하게 말하면 자궁경부가 팽창할 때까지는 진통이 시작되었다고 말할 수 없다.

가진통인 브랙스턴 힉스 자궁수축운동에 대해 알아둔다

브랙스턴 힉스 자궁수축운동은 통증 없이 불규칙적으로 일어나는 것으로 복부에 손을 올려놓으면 느낄 수 있다. 흔히 가진통이라고 부르기도 한다. 이것은 임신 초기부터 불규칙적으로 느낄 수 있으며, 진짜 진통을 알리는 신호가 아니다.

대개의 경우, 가진통 수축은 불규칙적이며 짧게 45초 미만으로 진통이 지속된다. 수축의 불편한 느낌은 서혜부, 하복부, 허리 등 신체의 여러 부위에 나타난다. 진짜 진통이 시작되면 자궁 상부에서 시작해서 자궁 전체로 퍼져 나가며, 허리 아래를 지나 골반 전체에 통증을 느끼게 된다.

가진통은 대개 임신 후기에 나타나는데, 과거에 임신 경험이 있거나 분만 경험이 많은 여성에게 더 자주 일어난다. 하지만 가진통이 있다고 해서 태아에게 위험한 것은 아니다.

조기 진통이 시작되면 이슬이 비칠 수 있다

골반 검사를 받은 뒤나 초기 진통이나 수축이 시작되는 것과 더불어 약간의 출혈이 있을 수 있다. 이것을 '이슬'이라고 한다. 이것은 자궁경부가 늘어나 팽창할 때 생긴다. 출혈이 너무 많아 걱정스러울 때는 의사와 의논하도록 한다.

이슬과 함께 진통이 시작될 때 점액전이 분비될 수 있다. 이것은 양수가 터진 것과는 다르다. 점액전이 분비된다고 해서 곧 태아를 낳게 되거나 몇 시간 내로 진통이 시작되는 것은 아니다. 이것은 임신부나 태아에게 위험하지 않으므로 크게 걱정하지 않아도 된다.

진통시간은 14~15시간 정도지만 개인차가 크다

자궁경부가 열리고 아기를 분만하기까지 진통 1단계에서 2단계까지의 시간은 14~15시간 정도 걸리는데, 초산부의 경우에는 이보다 더 오래 걸릴 수 있다. 경산부는 대개 진통 시간이 이보다 짧지만 모든 임신부가 그렇지는 않다. 진통이 시작되고 병원에 가자마자 출산하는 임신부가 있는가 하면, 병원에 도착하고 1시간쯤 더 진통하다가 출산하는 여성도 있다. 심지어 24시간 이상 진통을 하고도 출산하지 못하는 임신부도 있다. 진통이 얼마나 지속될지는 아무도 모른다.

진통은 개인차가 커서 의사에게 물어봐도 추측 시간만 말해줄 수 있을 뿐이다. 자궁수축이 얼마나 오래 지속되는지 시간을 재려면 수축이 시작될 때부터 수축이 끝나서 사라질 때까지 잰다. 자궁수축의 빈도를 아는 것은 중요하다. 자궁수축이 시작되면 임신부나 남편 혹은 보호자가 수축

♡ 가장 안전하고 빠르게 병원으로 가는 길을 알아 두세요

아내가 출산을 위해 병원에 갔을 때 시간을 절약하고 불편함도 덜고 싶다면 아내가 출산할 병원에 미리 입원 수속을 밟아 두는 것도 좋다. 특히 제왕절개 수술로 아기를 낳을 계획이라면 그 날짜에 맞춰 입원 준비를 끝내 두면 안심할 수 있다. 그리고 빠르고 안전하게 병원으로 가는 코스도 알아 둔다.

● 진통의 4단계

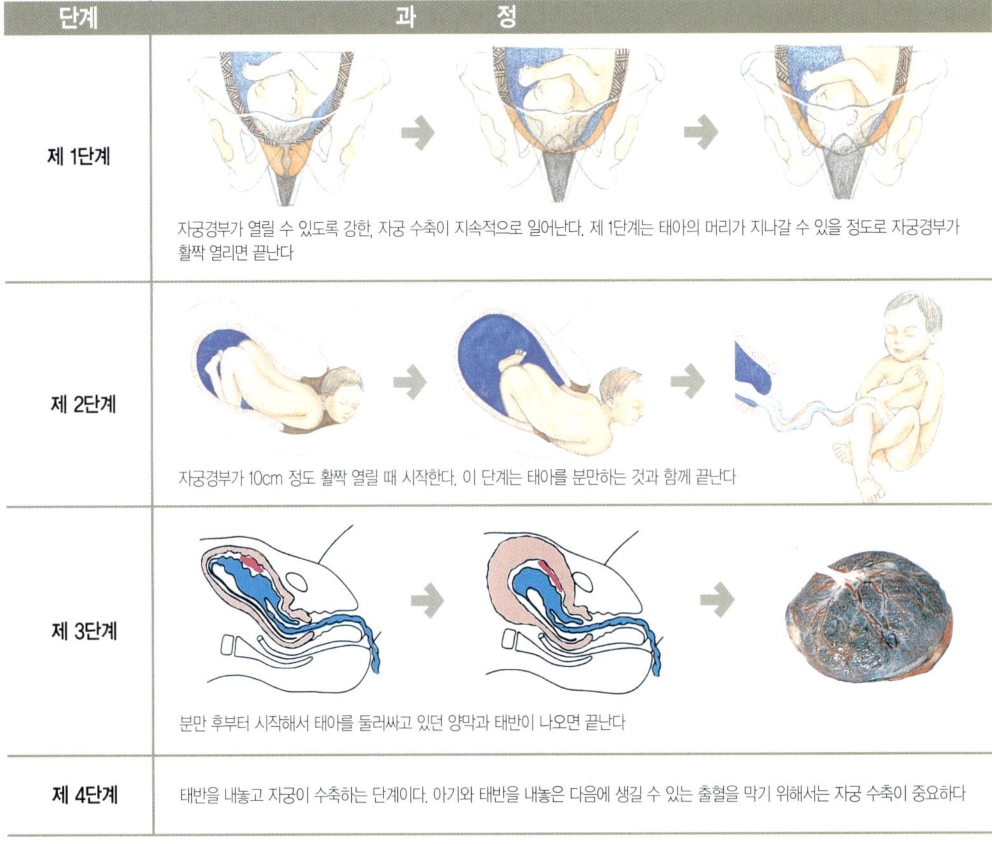

시간을 재고 의사에게 연락하도록 한다. 의사는 수축의 빈도와 지속 시간을 근거로 병원에 와야 할 시간을 알려 준다.

콜레스테롤 검사는 출산 후로 미룬다

임신 중에 콜레스테롤 수치를 측정하는 것은 시간과 노력의 낭비이다. 임신 중에는 호르몬의 변화 때문에 혈액 속에 들어 있는 콜레스테롤 수치가 높아진다. 아기를 출산하고 수유를 끝낼 때까지 콜레스테롤 검사는 미룬다.

비타민이 풍부한 간식을 먹는다

구운 감자는 훌륭한 간식이 될 수 있다. 감자에는 단백질, 섬유질, 칼슘, 철분, 비타민 B, 비타민 C가 풍부하게 들어 있다. 감자 몇 개를 한꺼번에 삶아 냉장고에 넣어 두었다가 시장할 때 1개씩 데워 먹으면 좋다. 브로콜리도 비타민이 풍부한 식품이다. 구운 감자와 브로콜리에 저지방 요구르트나 사우어 크림을 곁들이면 영양 많고 맛있는 간식이 된다.

임신 35주

감정이 변덕스러워진다

분만이 가까워지면 임신부들은 앞으로 닥쳐올 일들이 걱정스러워진다. 그래서 아무 이유 없이 심한 변덕을 부리고 걸핏하면 짜증을 내는 바람에 남편과의 관계가 삐거덕거리는 경우도 있다.

임신 마지막 몇 주 동안에는 태아가 건강하고 탈이 없는지 걱정이 늘어난다. 이 외에도 진통을 잘 견뎌낼 수 있을지, 무사히 분만을 할 수 있을지, 좋은 엄마가 될 수 있을지, 아기를 제대로 돌볼 수 있을지, 모든 것이 걱정스럽고 두렵기만 하다.

내면적으로는 이런 감정에 휘말리는 한편, 배는 점점 커지고 지금까지 잘하던 일도 잘할 수 없다는 걸 알게 된다. 몸은 더욱 불편해지고 잠을 푹 잘 수 없다. 이 모든 요인들이 결합되어 감정 기복이 더욱 심해진다.

이 시기에 감정의 기복이 심해지는 것은 정상적인 현상이다. 자신만이 이런 감정을 겪는 것이 아니라 다른 임신부들도 마찬가지라는 사실을 알고, 남편에게 자신의 기분과 감정을 솔직히 이야기하고 걱정되는 점을 의논해 보자. 그러면 남편은 아내가 심한 변덕을 부리는 이유를 알고 더 잘 이해할 수 있게 될 것이다.

신경계와 소화계, 폐 등이 완전히 성숙한다

태아가 지금 태어난다면 99%는 별 문제없이 생존한다. 중앙신경계가 성숙되고, 소화계가 거의 완성되고, 대개는 폐도 완전히 성숙해서 조산이 되더라도 호흡 장애를 일으킬 염려가 거의 없다. 태아의 팔다리가 포동포동해지고, 자궁의 대부분을 차지할 만큼 커져서 움직일 공간이 거의 없다. 쌍둥이의 경우에는 자궁이 더욱 비좁아진다.

초음파로 태아의 체중을 측정할 수 있다

임신이 진행됨에 따라 임신부의 배는 점점 커진다. 이렇게 배가 커지는 것은 태아가 성장하고 있기도 하지만, 태반과 양수가 늘어나기 때문이기도 하다. 태아의 체중을 알아내기가 어려운 것은 이런 요인 때문이다.

초음파 검사로 태아의 체중을 추정할 수 있지만 추정이 잘못되는 경우도 더러 있다. 태아의 체중을 정확하게 추정하는 것은 중요하다. 의학 기술의 발달로 초음파 검사로 체중을 추정할 때의 정확도가 개선되어가고 있다. 컴퓨터 프로그램을 이용해서 태아의 체중을 추정하기도 한다. 태아의 머리지름, 머리둘레, 복부둘레, 대퇴골 길이 등을 근거로 체중을 추정한다.

많은 전문가들이 태아의 체중을 추정하는 데에는 초음파 검사가 가장 효과적이라는 데 의견을 같이 한다. 그러나 초음파 검사로도 200g 이상 오차가 생길 수 있다.

태아의 체중을 추정할 수 있다고 하더라도 태아가 산도를 통과하기에 너무 커서 제왕절개 수술이 필요한지 아닌지를 판별하기는 어렵다. 태아가 산도를 통과할 수 있는지 없는지 여부를 알아내기 위해서는 진통 때까지 기다리는 수밖에 없다.

어떤 임신부는 평균치 이상으로 골격이 큰데도 불구하고 2.7~2.9kg의 태아가 지나갈 수 없을 정도로 산도가 좁다. 반대로 어떤 여성은 골격은 아주 왜소한데도 3.4kg 이상 되는 아기를 별 어려움 없이 분만한다.

진통에 대비해 출산준비를 해 둔다

이때쯤이면 출산 때문에 신경이 예민해져 있을 것이다. 언제 의사에게 연락하고 병원에 가야 할지도 궁금하고 걱정될 것이다. 그럴 때는 정기검진을 받으러 가서 의사에게 물어보면 자세히 설명해 줄 것이다. 분만교실에 다니게 되면 진통의 신호와 언제 병원에 가야 할지를 배울 수 있다. 자궁수축은 대개 규칙적이며, 시간이 지날수록 지속 시간과 강도가 증가한다. 진짜 진통은 규칙적인 리듬을 느낄 수 있다. 자궁수축의 빈도와 지속 시간을 재 두었다가 이것을 근거로 병원에 가야 할 시간을 결정해야 한다.

진통이 시작되기 전에 양수가 터지는 수가 있다. 대개의 경우, 물 같은 액체가 쏟아져 나오다가 조금씩 새는 것을 느낄 수 있다. 임신 마지막 몇 주 동안에는 언제든지 병원에 갈 수 있도록 준비를 해 둬야 한다. 그리고 진통이 시작되었을 때를 대비해 남편이나 도움을 받을 수 있는 곳의 전화번호를 메모해 두도록 한다.

진통이 시작되었다고 생각되면 어떻게 해야 할지 우선 병원에 전화를 걸어보도록 한다. 의사에게 먼저 연락을 해 보는 것이 좋을까? 바로 병원으로 달려가는 것이 좋을까? 출산이 임박한 때가 되었을 때 어떻게 해야 하며 어제 그렇게 해야 하는지를 미리 알아 두면 마음이 놓이고 진통과 분만에 대한 걱정을 조금이나마 덜 수 있을 것이다.

임신 후기 질 출혈은 위험할 수 있다

전치태반은 태반이 자궁경부 부근에 위치하거나 자궁경부를 막는 것을 말한다. 전치태반은 심한 출혈을 일으킬 수 있으므로 심각한 문제라고 할 수 있다. 이것은 흔히 일어나는 문제는 아니며 임신부 170명 중 1명꼴로 발생한다. 전치태반의 원인은 아직 확실하게 밝혀지지 않았지만, 전치태반을 일으키기 쉬운 요인으로는 제왕절개 분만 경험, 잦은 임신, 고령 임신 등이 있다.

전치태반의 가장 대표적인 증세는 자궁수축이나 통증 없이 출혈이 일어나는 것이다. 이것은 보통 자궁경부가 열리면서 태반이 느슨해지는 임신 중기 말이나 그 후에 발생한다. 전치태반으로 인한 출혈은 아무 예고 없이 일어날 수 있으며, 출혈이 심할 수도 있다. 경우에 따라서는 초기 진통과 함께 자궁경부가 열리면서 발생할 수도 있다.

임신 후기에 질 출혈이 있으면 전치태반을 의심해 봐야 한다. 골반 검사를 하면 출혈이 더 심해질 수 있으므로 피하는 것이 좋다. 전치태반은 물리적인 검사로 진단할 수 없고, 초음파 검사로 진단해야 한다. 초음파 검사는 자궁과 태반이 크게 자란 임신 후반기에 하면 특히 정확하다.

'전치태반'일 경우 자궁수축 없이 출혈이 나타난다

전치태반의 경우 진통이 생기면 자궁경부가 확장되면서 출혈이 생기게 된다. 따라서 실제적으로 모든 경우의 전치태반에서 분만은, 제왕절개 수술로 이루어진다.

진통과 분만의 목표는 건강한 아기를 출산하는 것이다. 이를 위해서 제왕절개 수술을 받았다면 그것은 실패한 것이 아니다. 제왕절개 수술로 무사히 아기를 출산한 것을 감사하게 생각해야 한다. 예전 같으면 살릴 수 없었을 아기를 제왕절개 수술 덕분에 무사히 출산했다면 대단한 일을 해 낸 것이다.

출혈이 동반되면서 자궁수축이 나타나면 '태반조기박리'가 의심된다

태반조기박리는 분만 전에 자궁에서 태반이 떨어지는 심각한 문제로, 임신부 150명 가운데 1명꼴로 일어나는 현상이다. 태반조기박리는 태반이 자궁벽에서 전부 떨어지는 경우도 있고 일부 떨어지는 경우도 있다. 문제가 가장 심각한 것은 태반이 자궁벽에서 전부 떨어질 때이다. 태반이 떨어지면 태아가 탯줄을 통해 혈액을 공급받을 수 없다.

태반조기박리 증세는 다양한데, 질 출혈을 많이 할 수도 있지만 출혈이 전혀 없을 수도 있다. 또 다른 증세로는 요통과 자궁수축이 있다. 태반조기박리가 되면 갑자기 많은 하혈을 하며 쇼크 상태 같은 심각한 문제를 일으킬 수 있다. 혈액을 응고시키는 인자가 모두 소모되어 출혈이 계속될 수 있는 소모성 혈액응고장애도 커다란 문제가 될 수 있다.

태반조기박리는 임신 중기와 후기에 생길 수 있는 가장 심각한 문제 가운데 하나이므로, 질 출혈(75%)이 있거나, 자궁동통과 요통(60%)이 생기거나, 태아 곤란증과 태아 심박동(60%)에 문제가 있거나, 자궁 수축(34%)이 일어나거나, 원인 불명의 조기진통(20%)을 하는 경우에는 즉시 의사에게 알려야 한다.

태반조기박리가 일어나는 원인은 무엇일까? 엽산이 부족할 때 나타난다고 하는 전문가들도

♡ 아기의 출생
순간을 카메라에
담아 두고 싶다면
의사와 상의하세요

아내가 출산을 할 때 손수 탯줄을 끊고 싶다든지, 아기의 탄생 순간을 녹화하고 싶다든지, 자신이 하고 싶은 역할이 있으면 정기검진을 받으러 갈 때 아내와 동행해서 담당 의사와 미리 상의하도록 한다. 요즘은 출산에 직접 참여하고 싶어 하는 예비아빠들이 많고 산부인과 병원에서도 이런 아빠들의 태도를 긍정적으로 받아들이고 있어 어렵지 않게 아기 탄생을 지켜볼 수 있을 것이다.

있고, 담배를 피거나 술을 마실 때 나타날 확률이 높다는 전문가들도 있다. 문제는 태반조기박리는 재발 위험이 높아 과거에 태반조기박리를 경험한 여성이 다시 임신했을 때 재발할 확률이 10%를 넘는다. 그 때문에 태반조기박리 경험이 있는 임신부는 고위험군 임신부로 분류된다.

태반조기박리가 의심이 되면 바로 제왕절개를 시행한다.

● **태반조기박리의 여러 형태**

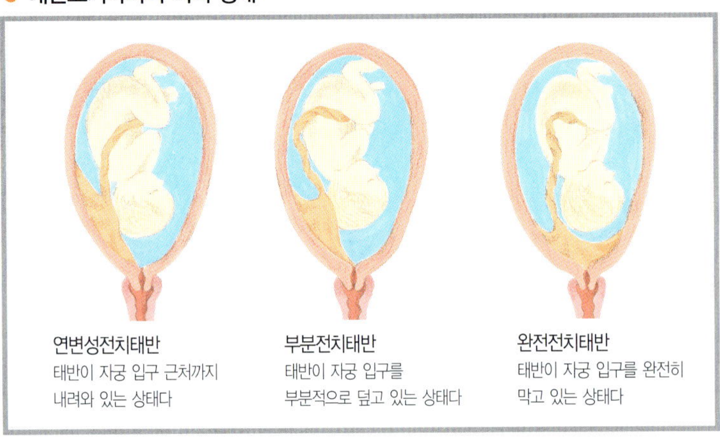

모유수유 위해 영양섭취에 신경 쓴다

아기의 건강과 성장을 위해서 계속 비타민과 미네랄을 섭취해야 한다. 모유를 먹일 경우에는 비타민과 미네랄이 더 많이 필요하다.

비타민 A의 경우 임신 중에는 800mcg, 수유 중에는 1300mcg가 필요하고, 티아민은 임신 중에는 1.5mg, 수유 중에는 1.6mg, 리보플라빈은 임신 중에는 1.6mg, 수유 중에는 1.8mg이 필요하다. 니아신은 임신 중에는 17mg, 수유 중에는 20mg, 비타민 C는 임신 중에는 70mg, 수유 중에는 95mg, 칼슘은 임신 중과 수유 중에 각각 1200mg, 비타민 D도 임신 중과 수유 중에 10mcg씩 필요하다.

비타민 E는 임신 중에 10mg, 수유 중에는 12mg, 엽산은 임신 중에 더 많이 필요해서 400mcg, 수유 중에는 280mcg, 철분도 임신 중에 더 필요해서 30mg, 수유 중에는 15mg을 섭취해야 한다. 마그네슘은 임신 중에 320mg, 수유 중에 355mg, 아연은 임신 중에 15mg, 수유 중에 19mg가 필요하다.

임신 36주

태동이 변화한다

이제 분만예정일까지 4~5주밖에 남지 않았다. 하루빨리 아기를 분만하고 싶겠지만, 그렇다고 의사에게 유도분만을 부탁해서는 안 된다. 이때쯤이면 체중이 11~13kg 증가했겠지만 출산까지는 아직 한 달이나 남았다. 이번 주부터는 체중에 거의 변화가 없을지 모른다.

앞으로 몇 주 동안 태아는 성장을 계속하겠지만 양수의 일부는 임신부의 체내에 흡수된다. 따라서 태아를 둘러싸고 있는 양수와 태아가 움직일 수 있는 공간이 줄어들어 예전처럼 태동이 활발하지 않음을 느낄 수 있다. 하지만 태동이 지속적으로 감소한다면 담당의사와 상의하여 태아의 건강을 확인해야 한다.

태아의 움직임이 줄어든다

자궁이 더욱 비좁아짐에 따라 태동에도 변화가 생긴다. 자궁이 비좁아져서 태아의 움직임이 줄어들긴 하지만, 일반적으로 태동은 더 강하고 확실해진다. 복부 아래로 태아의 팔꿈치나 발꿈치 같은 특정 부위의 윤곽이 드러나는 것을 볼 수 있다. 이때쯤이면 대부분의 태아가 출산에 대비해 머리를 아래로 향하는 두정위를 하고 있게 된다.

태아의 폐가 완전히 성숙한다

아기를 조산하면 폐가 아직 덜 성숙해 혼자 힘으로 호흡을 할 수가 없다. 이것을 신생아 호흡곤란증 또는 초자양막증이라고 한다. 이런 증세가 있는 아기는 인공호흡기 같은 특별한 도구의 도움을 받아 산소를 공급받게 된다.

1970년대 초에 태아의 폐 성숙도를 평가하는 두 가지 검사 방법이 개발되었다. 이 검사를 하려면 임신 36주쯤에 양수 검사를 해야 한다. 그중 하나인 L/S(레시틴/스핀고미엘린) 수치 검사는 분만 뒤에 아기가 혼자 호흡할 수 있는지 여부를 알려 준다.

L/S 수치검사를 해 보면 대개 적어도 임신 34주까지는 태아의 폐가

덜 성숙했다는 것을 알 수 있다. 임신 34주가 되면 양수 안에 있는 레시틴과 스핀고미엘린이라는 두 개의 혈액 인자 간의 관계가 달라져서 레시틴 수치는 올라가고 스핀고미엘린의 수치는 내려간다. 이 두 수치 간의 관계는 태아의 폐가 성숙했는지 여부를 알려 준다.

L/S 수치 검사와 인지질(PG) 검사로 태아의 호흡곤란증 여부를 알 수 있다

태아의 폐가 성숙했는지 여부를 알아보는 또 한 가지 방법은 인지질(PG)을 검사하는 것이다. 양수에 인지질이 있으면(양성반응), 태아는 출산 뒤에 호흡곤란증으로 고생하지 않을 것이므로 안심해도 좋다.

폐에 있는 특별한 세포는 출생 직후에 호흡하는 데 필수적인 계면활성물질이라는 화학물질을 만들어 낸다. 조산아는 폐에 이 계면활성물질이 부족할 수도 있다. 신생아의 폐에 계면활성물질을 바로 투여하면 호흡곤란증을 막을 수도 있다. 계면활성물질을 투여 받은 조산아는 인공호흡기에 의존하지 않고 독자적으로 호흡할 수 있다.

건강관리 & 이번 주에 꼭 챙길 일

제왕절개 수술을 받는 이유는 다양하다

대부분의 임신부는 정상적인 자연분만을 계획하지만 뜻밖의 상황이 발생했을 때는 제왕절개 수술을 받아야 한다. 제왕절개 수술이란 모체의 복부 벽과 자궁을 절개해서 아기를 꺼내는 것을 말한다.

제왕절개 수술을 받는 이유는 다양하다. 가장 흔한 이유는 과거에 제왕절개 수술을 받은 경험이 있을 때이다. 하지만 과거에 제왕절개 수술을 받았더라도 다음 번 출산 때 자연분만을 할 수 있다. 물론 첫아이를 제왕절개 수술로 낳은 임신부가 둘째 아이를 자연분만 하고자 한다면 미리 의사와 충분히 의논해야 한다.

태아가 너무 커서 산도를 지나갈 수 없을 때도 제왕절개 수술을 받아야 한다. 태아 곤란증도 역시 제왕절개 수술을 받아야 할 이유가 된다. 의사는 진통 중에 태아 모니터 장치로 태아의 심박동과 진통에 대한 태아의 반응을 관찰하다가, 태아가 진통 때문에 괴로워서 심박동에 이상이 생

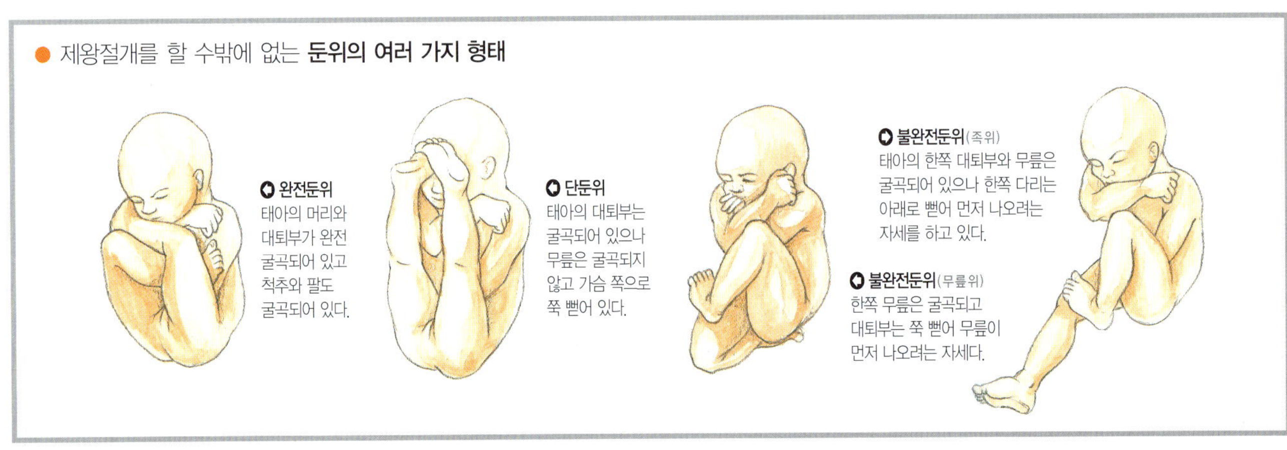

● 제왕절개를 할 수밖에 없는 **둔위의 여러 가지 형태**

기면 태아의 안전을 위해 제왕절개 수술을 결정할 수 있다.

탯줄이 탈출되었을 때도 제왕절개 수술을 받아야 한다. 탯줄이 태아의 머리보다 먼저 질 쪽으로 내려오면 탯줄이 눌리면서 태아에게 흘러들어가는 혈액이 차단될 수 있기 때문에 위험하다.

태아의 다리나 둔부가 먼저 산도로 나오는 '진둔위' 역아의 경우에도 제왕절개 수술이 필요하다. 태아의 다리와 몸이 먼저 빠져나오고 나중에 어깨와 머리가 나오려 하면 머리나 목을 다칠 수 있다.(특히 첫아기인 경우).

'태반조기박리'나 '전치태반'도 제왕절개 수술을 받아야 할 이유가 된다. 분만하기 전에 태반이 자궁에서 떨어져 나가면(태반조기박리) 태아에게 산소와 영양소가 공급되지 않는다. 태반이 산도를 막고 있으면(전치태반) 태아를 자연분만할 수 없다.

제왕절개 수술을 받을 때는 전신마취를 하지 않아도 되며, 대개 경막외 마취나 척수 마취를 받을 수도 있다. 수술 중에 의식이 있으면 분만 직후에 아기를 볼 수 있다.

제왕절개 수술 시 자궁을 가로로 절개하면 이후에 자연분만이 가능하다

가로 절개 → 회복이 빠르고 이후에 자연분만이 가능하다

제왕절개 수술은 먼저 복벽을 통해 자궁 벽을 절개하고 그 다음 태아와 태반이 들어 있는 양막을 절개한다. 그런 다음 절개 부위를 통해 아기를 꺼내고 그 다음에 태반을 꺼낸다. 그리고 피부에 흡수되어 제거할 필요가 없는 특수소재 실로 자궁의 절개부위와 복부를 봉합하여 마무리한다.

요즘에는 대개 자궁 아랫부분을 가로로 절개한다. 과거에는 자궁 한복판을 세로로 절개했는데, 이렇게 절개하면 가로로 절개했을 때보다 회복하는 데 시일이 많이 걸린다. 또 자궁의 근육 부분을 절개하기 때문에 다음에 임신했을 때 자궁 수축이 일어나면 찢어지기 쉽다. 그렇게 되면 심한 출혈이 일어나고 아기에게 이상이 생길 수 있다.

세로 절개 또는 T절개 → 이후에 자연분만이 불가능하다

세로로 절단하는 제왕절개 수술을 받은 여성은 다음 임신 때도 제왕절개 수술을 받아야 한다. 제왕절개 수술의 또 다른 형태로 'T절개'라는 것이 있다. 이것은 자궁을 T자 모양으로 가로, 세로로 절단하는 것을 말한다. T절개를 하면 아기를 끄집어낼 공간이 많이 생긴다. 그러나 다음 임신 때도 제왕절개 수술을 받아야 한다.

제왕절개와 자연분만은 각각 장단점이 있다

자연분만을 할 것인지 제왕절개 수술을 할 것인지 최종적으로 결정하기 전에 두 가지 분만 유형의 장단점을 가늠해 볼 필요가 있다. 경우에 따라서는 선택의 여지가 없을 때도 있지만, 진통이 진행되는 상태에 따라서 자연분만이 가능할 수도 있다.

자연분만의 장점은 제왕절개 수술 같은 수술에 따르는 위험을 줄일 수 있고, 분만 후 회복기간이 짧다는 것이다. 제왕절개 수술 후에는 최소 5일간 입원을 하는 반면 자연분만의 경우 출산 후 이틀이면 퇴원하는 것만 봐도 알 수 있다.

제왕절개 수술의 가장 큰 이점은 자연분만이 어려운 아기를 건강하게 분만할 수 있게 해 준다는 점이다. 자연분만을 하기에 아기가 너무 크다고 할 때도 제왕절개 수술이 가장 안전한 분만 방법이다. 제왕절개 수술의 단점은 수술에 따르는 각종 위험이다. 위험으로는 출혈, 출혈로 인한 쇼크, 응혈, 방광이나 직장 같은 다른 기관의 상처 등이 있다.

제왕절개 수술을 받으면 자연분만을 했을 때보다 오래 입원해 있어야 하는 것도 단점이다. 또 제왕절개 수술을 받으면 집에서 산후조리를 하는 데도 자연분만보다 시간이 많이 걸린다. 제왕절개 수술을 받고 완전히 몸이 회복되려면 보통 4~6주는 걸린다.

건강상태에 따라 분만 방법을 결정한다

임신부의 골반이 작고 태아가 크면 제왕절개 수술을 받아야 할지 모른다. 쌍둥이 임신이거나 고혈압, 당뇨병 같은 문제가 있을 때도 제왕절개 수술을 고려해야 한다. 제왕절개 후 자연분만을 하는 VBAC(Vaginal Birth after Cesarean delivery)를 하기 위해서는 이전 제왕절개 시 자궁절개의 방향, 왜 제왕절개를 했는지 등 수술기록이 필요하다. 담당의사와 면밀한 상담을 통해 VBAC의 위험성에 대해 충분히 인지하고 계획을 세워야 한다. 진통이 있을 때 태아 모니터로 관찰하다가 제왕절개 수술이 불가피하다고 판정되면 제왕절개 수술을 받아야 한다.

분만하기 전에 제왕절개 수술을 받아야 한다는 것을 미리 알 수 있다면 진통을 겪을 필요가 없어 좋을 것이다. 그러나 진통이 시작되기 전에는 태아가 진통 때문에 괴로워할지 어떨지 알 수 없고, 또 아기가 산도를 지나가기에 적합한지 아닌지 예측할 수 없기 때문에 안타깝게도 진통을 할 때까지 기다렸다가 제왕절개 수술을 결정하는 수밖에 없다.

어떤 임신부들은 제왕절개 수술로 분만하면 '아기를 낳는 기분이 들지 않을 것'이라고 생각한다. 하지만 그것은 잘못된 생각이다. 그들은 제왕절개 수술을 받으면 출산의 모든 과정을 경험하지 못할 것이라고 잘못 이해하고 있는 것이다.

제왕절개 수술 시 부분마취를 하면 아기와의 만남을 경험할 수 있다

제왕절개를 했다고 해서 아기와 친밀감을 형성할 기회를 놓치게 되는 것은 아니다. 다만 그 시기와 관여하는 사람들의 역할이 조금 달라질 뿐이다. 제왕절개를 할 때는 가능하면 부분마취를 요청하는 것이 좋다. 전신마취를 하면 출산 내내 잠들어버리므로 무슨 일이 일어났는지 모르고, 아기를 낳은 다음에도 출산에 대한 애틋한 기억을 가질 수 없으므로 부분마취를 선택해 아기와 처음 만나는 감동을 느끼고 친밀감을 맺는 즐거움을 맛보도록 하자. 하지만 임신부나 태아의 상황에 따라 부분마취를 못하게 되는 경우도 생길 수 있다.

제왕절개 수술로 분만을 했다고 해서 실패했다는 생각은 하지 말자. 태아를 낳기까지는 40주라는 오랜 시간이 걸린다. 제왕절개 수술로 성공적으로 아기를 분만했다면 이 또한 대단한 일을 해 낸 셈이다.

**영양관리 &
무엇을 어떻게
먹을까?**

♡출산 후 퇴원 시
필요한 물품을
미리 가방에
챙겨 두세요

임신부는 물론 예비아빠
도 분만에 대비해 짐을
챙겨 둬야 한다. 전화번
호부, 속옷, 갈아입을 옷,
수건, 치약, 칫솔, 비누,
물컵, 카메라, 핸드폰, 잡
지나 책, 여분의 돈 등
준비할 것들이 많이 있
다. 퇴원 시 아기에게 필
요한 물품인 신생아용
배냇저고리와 속싸개,
겉싸개, 모자 등도 준비
해 두어야 한다.

생선은 태아의 뇌 발달을 돕는다

임신 중에 생선을 먹으면 건강에 좋다. 생선에 많이 들어 있는 오메가3 지방산은 고혈압과 자간전증을 예방하는 데에도 도움이 되고 태아의 뇌 발달에도 좋다. 그렇다고 오메가3 지방산을 너무 많이 먹을 필요는 없다. 하루에 2.4mg 이상은 필요 없다. 오메가3 지방산이 풍부하게 들어 있는 생선으로는 연어, 고등어, 정어리, 참치 등이다.

임신 중에 생선을 다양하게 많이 먹은 여성은 상대적으로 임신기간이 길고 건강한 아기를 낳는다는 보고서가 있다. 그러나 안타깝게도 환경오염 때문에 생선이 메틸수은에 감염되어 있을 수 있다. 이런 독소가 포함된 생선을 많이 먹으면 메틸수은에 중독될 위험이 있다.

메틸수은은 태반을 통해 태아에게 전달된다. 임신 중에는 상어, 황새치, 참치를 한 달에 한 번 이상 먹지 않는 것이 좋다. 참치 통조림은 더 안전한 편이지만 이것도 일주일에 180g 이상은 먹지 않는 것이 좋다.

임신부에게 필수적인 영양소와 비타민, 미네랄을 공급해줄 수 있는 생선은 많이 있다. 대부분의 생선은 지방분이 적고 비타민 B, 구리, 철분, 셀레늄, 아연이 풍부하다. 임신 중에 언제 먹어도 상관없는 생선과 조개류로는 농어, 메기, 대합, 게, 대구, 가자미, 정어리, 바다가재, 고등어, 굴, 연어, 조가비, 새우, 가자미 등이 있다.

임신 10개월

맞춤 분만법

이제는 예전처럼 아기가 나올 때까지 마냥 기다리면서 진통하던 시대는 지났다. 진통을 덜기 위한 다양한 방법이 있을 뿐 아니라 내가 원하는 방법으로, 원하는 장소에서 분만을 할 수 있다. 자연분만이 어려운 경우에는 어쩔 수 없이 제왕절개를 해야 하지만 자연의 순리에 따라 자연분만을 할 경우 입맛에 딱 맞는 방법을 고를 수 있다.

자연의 순리 **자연분만**

현재 우리나라는 세계 최고의 제왕절개율을 자랑하고 있다고 한다. 물론 자연분만을 할 수 없는 경우에는 당연히 수술이 필요하지만 처음부터 수술을 결심하고 있는 임신부들도 많을 뿐 아니라 수술을 권유하는 병원도 있다고 한다. 하지만 자연분만을 할 수 있다면 가능한 수술을 피하는 것이 좋다.

♥ 자연분만, 왜 좋을까?

자연분만은 말 그대로 임신부의 힘으로 하는 질식분만을 말하는데 자연분만을 했을 때는 제왕절개수술을 했을 때보다 산모의 회복 속도가 빠르다. 또한 마취에 대한 위험 부담과 항생제로 인한 후유증도 적고, 입원 기간이 길어 봤자 3일 정도밖에 되지 않으므로 비용도 훨씬 저렴하다.

산모에게 좋은 이유 자연분만을 한 산모는 생체 리듬에 맞춰 분만이 진행되므로 출산 후 부작용이 적다. 분만한 당일 자연스럽게 걷고 움직일 수 있으며 통증도 쉽게 가라앉아 회복이 빠르다. 게다가 자궁 속에 남아 있던 노폐물이 아기와 함께 빠져나오기 때문에 몸속이 깨끗해지고 진통이 오면 아기와 함께 고통을 견디어내므로 둘 사이의 친밀한 유대 관계도 형성된다.

물론 자연분만을 한 경우 회음부에 힘을 주게 되고, 회음부 절개 등으로 질 근육이 느슨해진다는 단점은 있지만 출산 후 케겔 운동을 열심히 하면 충분히 회복될 수 있다.

아기에게 좋은 이유 자연분만으로 태어난 아기는 좁은 산도를 통과하면서 기관지 속의 분비물과 양수를 모두 토해내 활발하게 폐호흡을 할 수 있다. 그리고 차츰차츰 기압의 변화에 적응하게 되므로 태어났을 때 잘 울고 웃게 된다. 분만 중 좁은 산도를 통과하기 위해 오랜 시간 힘들게 견디었기 때문에 인내심이 좋다고 한다.

💜 자연분만을 위해 노력할 일

순조롭게 자연분만을 하려면 임신 기간 동안 건강한 몸 상태를 유지해야 한다. 그러기 위해서는 분만에 필요한 체력을 기르고 마음의 안정을 얻는 것이 중요하다.

💜 자연분만에 대한 자신감 갖기

자연분만을 하려면 먼저 임신부가 자연분만에 관한 지식과 자신감을 가져야 한다. 제왕절개를 하면 진통의 고통에서 벗어날 수 있으며 자연분만보다 더 안전할 것이라는 생각은 버린다.

골고루 잘 먹기 임신 중 지나치게 체중이 증가할 경우 지방으로 인해 산도가 좁아져 자연분만이 힘들 수 있으며 임신중독증, 임신성 당뇨 등 합병증이 동반될 수 있으므로 고단백, 저칼로리, 철분이 풍부한 음식 등으로 골라먹고 적정 체중을 유지하도록 한다. 또한 인스턴트 음식이나 카페인이 든 음식은 피한다.

규칙적인 생활하기 규칙적이고 정상적인 생활은 임신 기간 중 필수사항. 잦은 야근이나 출장 등으로 피로가 쌓이지 않게 한다. 또한 출산이나 앞으로의 생활에 관한 스트레스 등으로 마음이 불편하면 육체에까지 영향을 미치므로 편안한 마음을 갖도록 노력한다. 임신 중 성생활은 특별히 자제할 필요는 없으나 조기진통이나 출혈 등이 있는 경우에는 조심하는 것이 좋다.

적당하게 운동하기 임신 중기에 들어서면 순산을 위한 운동을 시작하는 것이 좋다. 요가나 간단한 체조, 산책 등을 가볍게 시작한다. 과도하게 할 경우 유산이나 조산을 일으킬 수 있으므로 절대 무리하지 않는다. 또한 분만교실 등을 이용해 분만에 도움이 되는 호흡법이나 마사지, 골반운동 등을 미리 익혀 두는 것도 도움이 된다.

내 몸이 원하는 맞춤 분만

자연분만을 할 경우 진통을 줄이면서 좀더 편안하고 쉽게 아기를 낳을 수 있는 다양한 분만법이 있다. 최근에는 맞춤 분만이 가능한 병원이 점점 늘고 있으므로 미리 자신에게 맞는 분만법을 찾아 출산의 고통에서 조금이라도 벗어나 보자.

💜 라마즈 분만

라마즈 분만은 제왕절개와 진통제 사용 등 현대적인 의료기술에 의존하던 분만의 권리를 임신부에게 돌려주자는 목적으로 처음에 프랑스에서 시작됐다. 그래서 많은 임신부들이 라마즈 분만법을 통해 호흡을 조절하고 정신적인 격려를 받으면서 편안하게 분만을 할 수 있게 되었다.

우리나라에서는 1970년대 초에 도입되었는데, 임신부의 통증을 감소시키고 진통에 대한 두려움을 없애 주는 등 다양한 장점으로 인해 현재 많은 병원에서 시행 중이다.

라마즈 분만법은 정신적인 스트레스를 줄이기 위한 연상법과 몸의 근육을 이완시키기 위한 이완법, 진통의 통증을 감소시키기 위한 호흡법으로 나뉜다.

연상법 즐거운 생각을 하게 되면 우리 몸에서는 진통제로 잘 알려져 있는 모르핀과 비슷한 물질인 엔도르핀이 나오게 된다. 특히 임신 말기가 되면 엔도르핀의 양이 많아지는데 연상법은 기분 좋은 생각으로 엔도르핀 분비를 더 증가시켜 진통을 줄이는 데에 목적이 있다.

연상법은 진통이 올 때 사용할 수 있는데 평소에 준비가 안 돼 있으면 쉽게 생각이 안 날 수 있으므로 미리 연습을 해 놓아야 한다. 한적한 바닷가에서 여유를 즐기고 있는 상상이나 남편과의 즐거운 시간을 보냈던 추억 등 여유로움과 편안함을 느낄 수 있는 장면이나 상황을 떠올려 본다.

이완법 이완법은 머리에서 발끝까지 온몸의 근육을 이완시키는 데 목적이 있는데, 몸이 이완되면 자궁문이 빨리 열려 진통 시간이 짧아지는 효과가 있다.

온몸의 힘을 빼려면 우선 몸의 관절 부위부터 힘을 빼는 연습을 해야 한다. 일상생활에서 긴장을 많이 하고 살기 때문에 몸의 힘을 빼기가 힘들지만 손목, 발목, 팔꿈치, 어깨관절, 무릎관절 등 각 관절 한 가지씩부터 연습해 보자.

호흡법 호흡법은 다양한 분만법이 우리나라에 소개되기 전부터 많은 임신부들이 도움을 받았던 방법으로 라마즈 분만의 핵심이라 할 수 있다. 라마즈 호흡은 산소를 충분히 공급함으로써 근육 및 체내 조직을 이완시키고 태아 건강에도 도움을 줄 수 있다. 또한 호흡에 집중하면서 관심을 진통에서 호흡으로 전환시킬 수 있다는 것도 장점이다.

자궁문이 3cm 정도 열리는 분만 1기에는 준비기 호흡을 한다. 진통이 시작되면 심호흡을 하고 느린 흉식호흡을 한다. 1분에 12회 정도면 적당하다.

자궁문이 7~8cm 열리는 분만 1기에는 개구기 호흡을 한다. 이때는 짧게 1초 들이마시고 1초 내쉬는 호흡을 한다. 자궁문이 7~8cm 이상 완전히 열리는 분만 1기에는 이행기 호흡을 한다. 이때는 3회에 한 번씩 숨을 쉬는 듯한 호흡을 하는데 일명 '히-히-후' 호흡을 하면 된다. 호흡을 내쉴 때 소리낼 필요는 없고 입 모양을 '히-히-후'로 하면 된다. 이때 3번째 호흡은 깊이 내쉬도록 하며 입이 마르지 않게 하기 위해 호흡은 코로 하도록 한다.

자궁문이 열리고 아기가 태어나는 순간까지인 분만 2기에는 만출기 호흡을 한다. 우선 심호흡을 하듯이 크게 숨을 들이마신 뒤 입을 다물고 힘을 주어 속으로 숫자를 센다. 가능한 만큼 세다가 다시 크게 숨을 들이마신 뒤 바로 숨을 참으면서 또다시 힘주기를 반복한다. 이런 과정을 한 번 진통할 때 3~5회 되풀이한다.

소프롤로지 분만

소프롤로지 분만법은 정신과 육체를 편안한 상태로 훈련시켜 진통을 감소시키는 방법이다. 이 분만법은 인간의 의식을 잠들기 직전이나 잠이 깨기 직전인 소프로리미널 단계로 유도해 편안한 상태에서 진통하고 아기를 만날 수 있게 한다.

특히 책상다리 자세를 기본으로 하고 있어 진통 시간을 단축시키고 진통을 줄여 주는 효과가 있다. 이 자세는 누워서 분만하는 자세와 달리 중력을 이용해 자궁문이 빨리 열리게 한다. 게다가 산도를 충분히 이완시켜 회음부 출혈이나 열상이 적어 회음부 절개가 필요 없을 수도 있다.

소프롤로지 분만은 연상훈련, 호흡법, 이완훈련으로 나뉘는데 보통 임신 14주부터 연상훈련을 시작하고 임신 7, 8개월이 되면 호흡법을 이완법 훈련과 같이 하게 된다.

연상법 임신부가 잔잔한 명상음악을 들으면서 태아와 자신의 변해가는 모습, 분만 장면 등을 상상하면서 분만에 대한 자신감을 갖도록 마인드 컨트롤을 한다.

호흡법 소프롤로지 분만에서는 복식호흡을 기본으로 하고 있다. 복식호흡을 하면 몸 구석구석까지 산소가 전달돼 태아에게 산소를 충분히 보낼 수 있어 태아가 가사상태에 빠지는 일이 줄어든다. 초기에 진통이 오면 배를 부풀리면서 숨을 들이마신다. 그런 다음 될 수 있는 한 천천히 숨을 내쉰다. 자궁문이 열리면 배꼽을 누르듯이 깊고 천천히 숨을 내쉬며 다시 숨을 들이마시고 내쉬기 전에 잠시 숨을 멈추고 복부 근육 밑으로 압박한다. 그리고 다시 서서히 깊게 숨을 내쉰다.

이완법 이완훈련은 몸의 긴장을 풀고 이완시켜 릴랙신과 엔도르핀의 분비를 촉진시켜 진통을 가볍게 한다. 소프롤로지 교육을 받은 산모의 경우 진통이 오면 대기실에서 책상다리 자세를 하고 자궁이 8~10cm 정도 열릴 때까지 명상을 하게 된다. 그런 다음 분만실에 들어가 상체를 약간 일으킨 반 좌식 자세로 출산한다.

르봐이예 분만

르봐이예 분만법은 임신부의 진통을 줄이기 위한 분만법이 아니라 태어난 아기를 위한 분만법이라 할 수 있다. 이 분만법에서는 아기가 태어나자마자 울음을 터뜨리는 이유를 낯선 세계에 대한 공포심과 스트레스 때문이라고 보고 있기 때문에 아기가 처음 접하는 환경을 최고로 만들어 주는 데 목적이 있다.

우선 아기가 태어나기 전 밝은 조명에 놀라지 않게 최소한의 불을 제외한 실내등을 모두 끈다. 또한 태아의 감각 중 청각이 가장 발달해 있으므로 소음도 최대한 줄인다. 10개월 동안 있었던 엄마 뱃속과 비슷한 상태를 만들어 주기 위해 그 자리에 모인 사람들은 모두 조용한 목소리로 대화를 나눠야 한다. 아기가 태어나면 바로 탯줄을 끊지 않고 엄마 배에 올려 젖을 빨게 한 후 탯줄의 박동이 멈추면 그때 탯줄을 자른다. 그러면 아기는 울지도 않고 편안한 표정으로 잠을 자게 된다.

공 분만

분만용 공은 처음에 정형외과 등에서 치료 목적으로 사용되어 오다가 지금은 많은 병원에서 진통을 줄이기 위한 방법으로 사용되고 있다.

분만 공을 이용하면 진통 시 다양한 자세를 취할 수 있다. 임신 말기에는 의자에 앉아 있기도 불편하고 움직이기도 힘들어지는데 이때 의자나 소파 대신 분만 공을 이용하면 좋다. 또한 공에 앉아 있는 동작은 골반을 흔들어 주고 회전시켜 주기 때문에 아기가 내려오는 분만과정을 쉽게 하고 골반 내에 아기가 맞춰지도록 도와준다. 게다가 공 위에 앉아 있는 자세는 골반을 잘 열리게 해서 분만을 쉽게 해 준다.

일반적으로 분만 공의 크기는 임신부의 크기에 따라 달라지는데 대부분의 임신부에게 잘 맞는 크기는 65cm 정도이다. 공 위에 앉았을 때 임신부의 엉덩이와 무릎이 직각으로 구부러지고 무릎이 발목 위로 똑바로 모아질 수 있으면 된다.

아로마 분만

식물의 꽃, 잎 등에서 에센셜 오일을 추출해 인체에 사용하는 아로마 테라피를 분만에 용용한 방법. 두 가지 이상의 오일로 피부 마사지를 해 혈액 순환이 잘되게 하고 자궁 근육의 긴장을 해소시켜 편안하게 분만할 수 있도록 도와준다. 아로마 오일을 사용하는 방법은 오일을 손바닥에 덜어 마사지를 하는데 허리 아래쪽 엉덩이 뼈 부분, 척추 부위, 복부, 복사뼈 안쪽 등을 마사지한다.

분만에 사용되는 아로마 오일에는 아래와 같은 것들이 있다.

라벤더 진통의 아픔을 줄여 주는 효과가 있으며 특히 허리 뒤쪽을 마사지하면 분만을 촉진시켜 준다. 저혈압을 가진 임신부의 경우 라벤더 오일로 마사지를 받으면 감각이 둔화되어 졸음이 오기도 한다.

만다린 몸에 생기를 불어넣어 분만에 적극적으로 참여할 수 있다.

일랑일랑 진정작용이 있어 혈압을 낮추고 분만에 대한 불안감을 없애 편안한 감정을 들게 한다. 특히 자궁의 가장 좋은 강장제로 꼽히며 신경을 이완시켜 주는 효과가 있다.

자스민 분만 시에는 자궁 수축을 강화해 분만을 촉진시키고 고통을 덜어 준다.

그네 분만

그네 분만은 분만을 위해 제작된 특수 그네에서 진통을 하고 분만하는 방법이다. 진통 중인 임신부가 그네에 앉아 있는 듯한 자세로 골반을 앞뒤, 옆으로 흔들어 진통을 분산시키고 기계 조작을 통해 좌식 분만의 자세로 분만을 진행할 수 있다.

그네 분만대를 이용하면 바로 앉거나 쪼그리고 앉는 등 임신부가 원하는 자세로 진통을 할 수 있고 몸을 자유롭게 움직일 수 있어 분만이 더 편안하고 순조롭게 진행된다는 장점이 있다. 특히 바로 선 자세나 쪼그리고 앉은 자세를 취하면 중간 골반 직경과 골반 출구 직경도 더 넓어지기 때문에 분만 시간을 단축시킬 수 있다. 가족이 모두 분만 과정에 동참할 수 있다는 것도 또 다른 장점. 반면 진통 시 중력에 의한 힘이 강화돼 회음부에 부종이 생길 수 있다는 단점도 있다.

수중 분만

수중 분만은 물 속에서 앉은 자세로 진통을 하고 아기를 낳는 분만법을 말한다. 이 분만법은 진통 시간과 분만 시간을 단축시키며 물 속에서는 신체가 이완되기 때문에 편안함을 느낄 수 있다. 또한 수중 분만을 할 경우 쪼그린 자세로 진통을 하기 때문에 분만이 쉬워지고 물의 탄성에 의해 자궁 입구가 빨리 이완돼 회음부를 절개하지 않고 분만이 가능하다.

수중 분만은 태어난 아기에게도 좋은 환경을 제공한다. 따뜻한 물 속은 엄마의 양수와 비슷한 환경으로 적응하기도 쉬울 뿐 아니라 부드러운 피부 접촉으로 인해 한결 편안함을 느낄 수 있다. 하지만 감염이 쉽다는 것이 가장 큰 단점으로 출산 시 분비물 등으로 물이 오염되면 위험할 수 있다. 또한 임신부의 상태에 따라 수중 분만이 불가능한 경우도 있다.

수중 분만이 불가능한 경우

- 태아가 임신부의 뱃속에서 태변을 본 경우
- 양수가 터진 후 시간이 많이 지났을 때
- 일반적인 분만에서 합병증이 있는 경우
- 자궁 수축 촉진제를 사용하는 경우
- 진통제를 사용한 지 2시간이 지나지 않았을 때

듀라 분만

'듀라' 는 출산 보조자로 임신부의 옆에서 출산을 도와주는 사람을 말한다. 듀라는 라마즈 호흡법과 마사지로 통증을 덜어 주고 기운을 북돋워 주는 역할을 하는데 대부분 의사나 간호사, 미리 교육을 받은 남편, 가족 등이 듀라가 될 수 있다.

이 분만법은 원래 필리핀에서 산부인과 의사들이 임신부들의 통증을 덜어 주기 위해 사용하던 방법으로 현재 국내병원에서 시행하고 있는 곳은 많지 않다. 분만 비용에 따른 추가 비용도 없고 별도의 교육과정을 거치지 않아도 이용할 수 있지만 듀라와 임신부의 호흡이 잘 맞지 않는 경우 큰 효과를 보지 못한다는 단점도 있다.

지압 분만

지압 분만은 인체의 특정 부위를 눌러 아픈 곳을 치료하는 지압의 원리를 분만에 응용한 방법. 진통 중 지압을 받으면 임신부는 고통이 가벼워지면서 정신적으로 편안함을 느끼게 된다. 또한 신체적으로도 주요 혈자리의 신경을 자극해 엔도르핀의 분비를 촉진시켜 정신을 진정시킬 수 있다.

지압을 할 때는 조심스럽게 해야 하는데 척추뼈 위는 직접적으로 누르지 않도록 한다. 자궁 수축과 동시에 하면 더욱 효과적이며 한 부위에 3~5회 정도 하는 것이 적당하다. 특히 합곡과 삼음교를 지압하면 분만을 유도하는 데 효과적이므로 임신 38주 이전에는 절대 지압하지 않도록 한다.

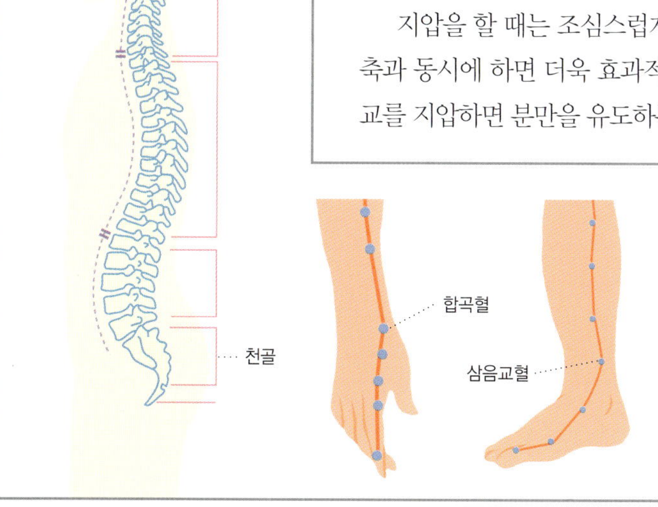

지압으로 하는 진통 조절

① 분만 1기의 활성기에 자궁 수축이 오면 손이나 어떤 물건을 쥐어짜는 임신부들이 있는데 이런 임신부에게는 손바닥과 합곡 부위를 지압하거나 마사지를 한다.

② 천골 부위에 역삼각형 모양으로 5분 동안 지압이나 마사지를 한다.

③ 난산을 할 경우는 삼음교를 마사지한다.

④ 임신부의 배 부위를 둥글게 돌리며 5분 동안 마사지를 한다.

💜 가족 분만

임신부 혼자 진통을 하고 분만을 하는 것이 아니라 온 가족이 모여 고통을 함께 나누고 생명의 탄생을 느낄 수 있는 분만법. 가족 분만을 할 경우 진통과 분만을 한 장소에서 할 수 있어 임신부는 번거롭지 않고 가족들로부터 위로와 격려를 받으며 분만할 수 있어 분만이 훨씬 순조롭게 진행된다. 또한 아빠가 직접 탯줄을 자를 수 있어 부모와 자식 간의 애정을 더욱 끈끈하게 해 줄 수 있다.

미리 보는 분만실 풍경

분만 준비 교육을 받은 임신부라면 자신이 입원할 병원에서 어떤 방법으로 분만이 진행될 것인지 대강 알고 있을 것이다. 임신부들이 경험하게 될 기본적인 분만 과정에 대해 알아보자.

1단계 진통이 시작되었는지를 검사한다

우선 의사나 간호사가 진통이 시작되었는지를 내진을 통해 자궁문의 개대 정도와 골반에의 진입 여부를 판단하게 된다. 그리고 임신부의 전반적인 상태를 살펴보기 위한 검사를 시행하는데 검사 항목으로는 자궁 수축 및 태아 심박동률 측정, 출혈 여부 체크, 양막 파열 여부 체크 등은 물론이고 체온, 맥박, 호흡률, 혈압 같은 기본 항목들도 포함된다.

2단계 진통이 시작되면 제모를 하고 관장약을 주입한다

진통이 시작되었거나 곧 시작될 것으로 판단될 때, 혹은 양막이 파열되었음이 확실할 때는 임신부를 입원시킨다. 간호사는 경우에 따라 임신부의 질 주변에 나 있는 음모를 깎기도 한다. 분만 준비 교육을 받은 사람이라면 가정에서 스스로 제모할 수도 있다. 또한 임신부의 상태와 주치의의 지시 사항에 따라 소량의 관장약을 주입할 수도 있다.

3단계 수시로 상태를 체크한다

준비가 끝나면 임신부는 수시로 상태를 체크받게 되며, 그동안 가족과의 면회는 허용된다.

4단계 진통이 격렬해지면 마취를 하고 링거 주사를 투여한다

마침내 진통이 격렬해지면 감시 장치를 통해 임신부의 상태를 주의 깊게 관찰하면서 진정제를 투여하거나 경막외 마취를 할 수도 있다. 물론 이런 조치들은 임신부의 상태와 병원의 방침, 그리고 담당의사와의 사전 협의에 따라 결정된다. 한편 대부분의 경우, 병원은 임신부에게 링거 주

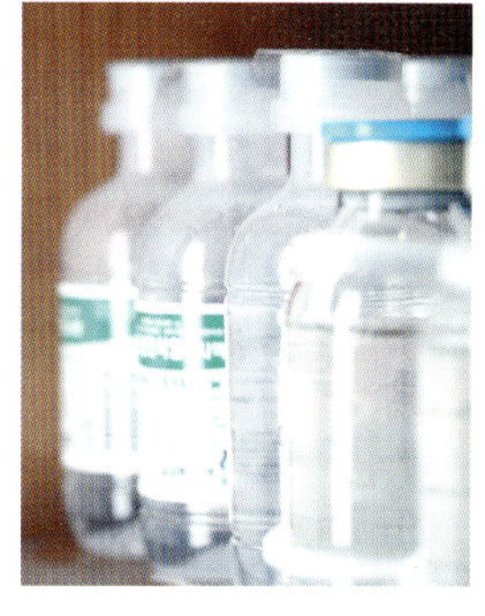

사를 놓는다. 링거 주사는 진통, 분만, 그리고 회복 과정을 통해 지속적으로 투여하게 된다.

5단계 1차 조치가 끝나면 분만실로 옮겨 아기를 낳는다

이상과 같은 조치가 끝나면 임신부의 침대를 분만 테이블로 전환하거나 임신부를 분만실로 옮긴다. 그리고 깨어 있건, 마취 상태이건 상관없이 임신부의 다리를 등자에 올려놓은 뒤 최대한 조심스럽게 소독약으로 국부를 닦고서 시트로 덮어 준다. 곧 이어 탯줄을 자름과 동시에 임신부와 태아는 분리가 되고, 아기를 어머니의 팔에 안겨 주는 순간 두 사람은 다시 하나가 된다.

6단계 산모의 팔에 아기를 안겨 준다

남편이 입회하고 있다면 좋겠지만 그렇지 않을 경우, 산모가 깨어 있는 상태라면 손수 아기를 데려갈 수 있다. 그러나 특별한 이유로 인해, 산모가 마취 상태이거나 진정제를 투여 받은 상태라면 아기를 데려갈 수 있을 때까지 누군가가 곁에서 도와줄 것이다. 일반적으로 산모는 분만 직후에 아기를 안을 수 있다. 이에 앞서 아기를 깨끗이 씻기고 따뜻하게 감싸야 함은 물론이다. 바로 이 순간부터 유대감 형성(bonding)을 위해 아기는 부모와 함께 남겨지게 된다.

7단계 산모는 회복실로 옮겨 휴식을 취한다

마침내 산모는 회복실로 옮겨져서 한두 시간 동안 휴식을 취하게 된다. 이 중요한 시간 동안 특수 교육을 받은 간호사는 산모의 맥, 호흡, 체온, 혈압 같은 활력징후를 체크하고, 자궁 수축 상태를 관찰하며 자궁 수축을 돕기 위해 복부를 마사지해 주기도 한다. 또한 임신 전 상태로 돌아간 방광이 지나치게 차오르지 않도록 세심한 관찰을 하며 과다 출혈 여부를 체크한다. 일부 분만센터에서는 산모를 1인용 회복실로 옮겨서 가족과 함께 있게 한다.

8단계 회복상태가 양호하면 입원실로 옮긴다

회복실을 담당하는 간호사는 회복 상태가 양호하다고 판단되면 산모를 입원실로 옮긴다. 산부인과 병동의 면회 시간은 상당히 유동적인데 아기가 산모의 방에 있을 때는 가족 이외의 사람은 면회를 거절당할 수 있다. 물론 아기를 돌보기 위해 사전에 고용된 사람이라면 가족이 아니더라도 산모와 아기를 만날 수 있다.

대부분의 경우, 입원 기간 동안 남편은 산모와 함께 머물 수 있는데, 이는 바람직한 현상이다. 신생아실에 보호되고 있는 아기는 정기적으로 어머니의 방으로 옮겨져서 부모와 자식 간의 정을 키우도록 해 준다. 아기의 상태가 좋지 않아서 신생아실을 떠날 수 없을 경우에는 부모가 찾아가서 신생아실 유리창 너머로 면회를 해야 한다.

아기와 유대감 형성하기

 유대감(Bonding) 형성이란?

유대감이라는 개념을 만들어서 최초로 산부인과에 적용시킨 것은 약 20년 전 클리블랜드 (Cleveland)에 있는 케이스 웨스턴 리저브(Case Western Reserve) 대학의 의과대학이었다. 그 이후로 의학계는 물론이고 대중언론들도 깊은 관심을 보이면서 이 문제에 대해 많은 연구를 진행해 오고 있다.

유대감은 자궁에서부터 형성된다

자궁 안에서 태아는 어머니의 목소리와 손길을 분별하기 시작한다. 그러나 탄생의 순간에 이르러서야 비로소 둘 사이의 결속이 다져지게 된다. 이제 어머니와 아기는 서로를 바라보고, 느끼고, 만지고, 잡을 수 있으며 상대방의 목소리를 또렷하게 들을 수 있고, 서로에게 부드럽게 이야기할 수 있다. 드디어 영원한 유대감이 생겨나는 것이다. 물론 이러한 심리적인 융합은 특히 엄마와 아기 사이에 가장 강하게 일어나지만 가족 구성원 모두가 유대감 형성에 참여해야 한다.

병원환경이 유대감 형성을 돕는다

오늘날의 분만 기술과 병원 환경은 유대감 형성을 한층 수월하게 해 준다. 예를 들자면, 병원은 분만 직후에 아버지와 어머니 모두가 아기를 만지고, 느끼고, 말을 건넬 수 있는 환경을 조성해 준다. 정상적으로 분만이 이루어졌으며 아기의 건강 상태가 양호하다면 이 같은 긴밀하고 따스한 접촉은 여러 시간 동안 지속될 수 있다.

유대감은 적응력 향상에 도움이 된다

새로운 일을 시도할 때는 늘 그렇듯이 유대감 형성 역시 극단적으로 해석해서는 안 된다. 분만 직후 유대감 형성에 오랜 시간을 할애하지 않은 부모, 혹은 더 나아가 진통과 분만 과정에 이상이 생겨 이러한 시간을 갖지 못한 부모에게 죄의식을 느끼게 할 수도 있기 때문이다.

이러한 개념이 도입된 초창기에는 유대감 형성이 체계적인 절차를 따라 이루어져야 하며 신생아의 심리적 건강을 위해 절대적으로 필요한 것으로 간주되었다. 그러나 이제 그러한 생각에서 벗어나 유대감 형성이 인간의 적응력을 향상시키고 애정을 싹틔워 나가는 데 도움이 된다는 쪽으로 해석이 바뀌고 있다.

출생 직후의 신체적 접촉이 유일한 방법은 아니다

부모는 여러 가지 방법을 통해서 아기와 가까워지고 정서적으로 밀접한 관계를 키워나갈 수 있다. 분만 직후에 이루어지는 신체적 접촉은 이를 위한 한 가지 방법일 뿐이다. 따라서 출생 직후의 유대감 형성이 이상적인 방법이 될 수는 있지만 유일한 방법이라고 말할 수는 없다.

탄생의 순간에 유대감 형성이라는 목적을 달성하지 못했다고 해서 상처받을 필요는 없으며 수치심이나 죄의식을 느낄 필요도 없다. 20년 전까지만 해도 우리는 이러한 개념조차 몰랐음을 기억하자. 물론 어머니와 아기는 유대감이 무엇인지 본능적으로 알고 있었으며 이러한 절차를 자연스럽게 밟아왔다. 단지 자신들의 행동을 어떤 말로 표현할지를 몰랐던 것뿐이다.

유도분만

유도분만은 자연분만이 시작되기 전에 미리 원하는 시간을 정해 분만을 할 수 있도록 의도적으로 분만과정을 유발하는 것이다. 유도분만에는 선택적 유도분만과 필연적 유도분만이 있다.

유도분만의 종류

필연적 유도분만

필연적 유도분만은 산모나 태아, 혹은 둘 모두에 문제가 있어 조기에 분만을 해야 하는 경우에 행해진다. 가장 흔한 원인으로는 심각한 임신성 고혈압이 있거나 비수축 검사에서 이상 소견이 나왔을 때이다. 이 때는 정상적인 분만 준비를 할 시간이 없기 때문에 보통 매우 어렵고 위험한 과정이 된다. 불가피한 유도분만은 강제 분만이라고도 한다.

선택적 유도분만

선택적 유도분만은 임신 기간을 다 채웠고, 태아의 크기도 정상이며 모든 조건에 아무 이상이 없어서 정상적인 분만이 가능한 경우에만 할 수 있다. 따라서 편의를 위한 분만이라고 볼 수 있다. 원하는 날짜에 유도분만을 선택하면 임신부는 집안일을 계획에 맞게 정리한 뒤 편안하게 병원으로 갈 수 있다. 또한 분만실도 미리 예약되어 있고, 분만에 참여할 의사와 간호사들도 여유 있게 대비할 수 있다. 임신부와 가족, 그리고 의사의 편의를 위한 분만 형태이므로 혹시 자연적으로 분만이 시작되더라도 큰 문제가 되지 않는다.

수많은 선택적 유도분만에 대한 연구 결과에 따르면, 선택적 유도분만이 경험이 풍부한 의사에 의해 적절하게 시행되면 자연분만보다 임신부나 태아에게 미칠 수 있는 위험 가능성이 더 감소된다고 한다. 하지만 임신부를 주의 깊게 관찰한 후 결정해야 하며 이 분야에서 경험이 풍부한 의사가 주관해야 한다.

강제 유도분만

어떤 경우에는 선택적 유도분만이지만 강제 유도분만과 다름없는 때도 있다. 예를 들어 병원에서 아주 먼 곳에 살고 있는 임신부는 병원까지 갈 교통수단이 늘 대기 상태에 있는 것도 아니고, 기상 상태도 예측할 수 없으며 분만이 매우 빠르게 진행될 수도 있으니 염려할 수밖에 없다. 이럴 때 날짜를 정해 유도분만을 하는 것이 안전하고 편리하다. 그런 경우에 임신부가 분만을 위한 모든 준비를 마치고, 느긋하게, 그리고 위를 비운 상태로 병원에 갈 수 있다는 장점이 있다.

유도분만의 절차

공복 상태로 가서 링거주사를 맞는다

임신부는 이른 아침 공복 상태로 병원에 가서 링거 주사를 맞기 시작한다. 자궁 자극제인 옥시토신을 정맥주사로 조심스럽게 투여하면서 이에 따라 발생하는 자궁 수축과 태아의 심장박동수를 체크한다.

양막이 파열되면 의료적인 조치를 하고 분만을 유도한다

모든 것이 적절하게 이루어지면 곧 양막이 파열된다. 경막외 마취를 하고 있다면 어느 정도 진행된 후에 옥시토신을 투여하고, 나머지는 위와 동일하게 진전된다. 강제 유도분만을 시행할 때, 때로는 프로스타글란딘 크림이나 좌약을 질 내에 삽입해야 자궁경부가 부드러워지면서 분만이 시작되는 경우도 있다. 이때 약 삽입은 유도분만을 시작하기 전에 적절하게 이루어져야 한다.

출산예정일이 지난 경우

예정일보다 2주 정도까지는 안심해도 된다

출산예정일로부터 2주 정도까지는 출산이 이루어지지 않을 수도 있다. 따라서 이는 지연 임신이 아니다. 하지만 그렇게 설명해도 많은 임신부들이 걱정을 한다. 임신부가 건강하다면 분만은 출산예정일을 기준으로 해서 2주일 전후를 포함한 기간에 일어날 수 있다.

42주가 넘어가면 태반의 능력이 떨어진다

임신 기간이 42주가 확실히 넘어가면 문제는 달라진다. 과숙 임신 혹은 지연 임신이므로 담당의의 세심한 관찰이 필요하다. 전체 임신부의 5% 정도가 이에 속하는데, 이때 태반은 이미 37주 정도부터 완전히 성숙해 있다고 봐야 한다. 태반이 노후할수록 태아에게 영양분과 산소를 공급하는 능력이 떨어지므로 위험할 수 있다.

따라서 이런 위험을 막기 위해 42주가 끝날 때쯤에는 대부분 유도분만을 실시한다. 만약 그 시기에 유도분만을 하는 것이 바람직하지 못한 것으로 판단되면, 태아의 상태를 체크하는 검사를 계속 실시하면서 주의 깊게 살펴보아야 한다.

42주가 넘으면 태아 상태를 계속 체크한다

검사로는 비자극 검사나 수축 자극 검사, 생체 계수 검사, 양수 천자, 혈액 호르몬 수치 검사 등이 포함된다. 검사 결과 태아가 위험한 상태인데도 자궁경부가 아직 준비가 안 됐다면, 제왕절개를 실시해야 한다.

출산 후 성생활

임신 기간 동안 제대로 성관계를 갖지 못하고 꾹꾹 참아온 남편이 출산 후 서둘러 성관계를 요구해 온다면 어떻게 해야 할까? 출산 후 여성의 질과 자궁은 매우 예민한 상태이기 때문에 완전히 회복되기 전까지는 성관계를 가지면 안 된다. 아름다운 성관계를 위해서는 아내의 몸과 마음이 충분히 안정된 후 남편의 애정어린 배려가 어우러져야 한다. 출산 후 언제부터 성생활이 가능한지, 나에게 맞는 피임법은 어떤 것이 있는지 알아보자.

💜 오로가 끝나고 최소 6주가 지나야 안전하다

무슨 일이든 처음 했을 때의 느낌이 이후에도 영향을 미치듯 출산 후 처음 하는 섹스가 서로에게 불쾌하게 느껴진다면 그 이후의 성생활도 원만하지 못할 수 있다. 그래서 첫 단추를 잘 꿰어야 하듯 출산 후 부부관계를 갖는 것도 그 시기와 방법에 주의를 기울여야 한다.

출산을 하고 난 여성의 몸은 다시 임신 전의 몸으로 돌아가기 위해 변화가 일어난다. 4주에 걸쳐서 오로가 나오고 자궁이 원래 크기대로 수축하면서 산욕열을 일으키기도 한다. 회음 절개한 부분에 미세한 통증을 느끼기도 한다. 비단 이런 신체적인 변화뿐만 아니라 산후우울증 같은 정신적인 고통을 겪기도 한다. 출산하기만을 기다리던 남편은 고달프지만 아내의 몸이 정상을 되찾기까지 기다리는 자세가 필요하다.

출산 후 첫 부부관계는 대개 1개월이 지난 후 의사의 진단을 받고서 갖는 것이 좋다. 여성의 경우 막상 의사의 진단을 받아도 혹시 새로운 상처가 생기는 것은 아닌지 하는 두려움을 느끼게 된다. 자궁이나 질 등의 상처가 완전히 아물고 산모의 신체 상태가 순조롭게 되는 데 필요한 최소한의 기간인 6주가 지나서 하는 것이 안전하다.

💜 남편의 배려는 기본이다

오로가 끝나고 자궁이나 질이 회복되어 성생활을 다시 시작할 때는 먼저 서로 합의하에 부드럽고 조심스럽게 시작해야 한다. 오래 기다려온 만큼 아름다운 관계를 맺기 위해서는 어느 일방의 요구로 무리하게 진행되어서는 안 된다. 아내가 미처 마음이나 몸의 준비가 되지 못했다고 느낄 수도 있기 때문이다. 이때는 남편이 먼저 아내의 신체 변화를 이해하고 아내에게 따뜻한 말을 건네 부담을 갖지 않게 한다. 서로가 마음이 편한 상태에서 즐길 수 있어야 한다. 아내도 신체적으로나 심리적으로 문제가 있다면 남편과 마음 편히 의논하여 이해를 구한다.

무리한 체위는 삼간다

몸이 회복되었다 해도 예전처럼 무리한 체위를 처음부터 하는 것은 피한다. 정상위처럼 결합이 얕고 안전한 체위는 괜찮지만 결합이 깊으면서 몸에 무리한 힘을 주는 체위는 산모의 질과 자궁에 상처를 줄 수 있으므로 당분간 피하는 것이 좋다. 충분한 전희를 거쳐 부드럽게 천천히 한다. 몸이 완전히 회복된 상태가 아니므로 성관계 전후에 청결을 유지하는 것도 잊지 않는다.

첫 성관계부터 피임을 한다

출산 후 생리를 하기 전에는 임신이 되지 않는다고 믿는 여성들이 많다. 이런 잘못된 상식 때문에 방심하다가 원치 않는 임신이 되는 경우가 있다. 일반적으로 배란 후 2주 정도 지나서 생리가 시작되는데 출산 후 생리가 시작되기 전에 난소의 기능이 회복되어 배란이 되는 것이다.

배란기에는 생리가 없어도 임신이 될 수 있으므로 피임을 해야 한다. 모유를 먹이는 경우에는 대개 자연 피임이 되지만 이때도 완전한 것은 아니다. 10~20%의 여성은 모유를 먹이는 동안에도 12주 내에 배란이 시작되기 때문에 피임을 하는 것이 안전하다.

터울을 생각해 가족계획을 세운다

둘째를 계획할 때는 적절한 터울을 생각하여 가족계획을 세운다. 빨리 낳아 빨리 키우고 싶더라도 최소 1년은 지난 뒤에 아기를 가지는 것이 좋다. 출산 후 난소의 기능이 순조롭게 되고 호르몬 분비가 정상적으로 되는 데는 약 1년 정도 걸리기 때문이다. 회복이 덜된 상태에서 임신을 하면 산모의 몸이 약해져 조산을 하거나 저체중아를 낳을 가능성이 높다.

경제적인 여유, 현재 부부 나이, 첫아이와의 터울 등을 동시에 고려하여 가족계획을 세우고 임신을 원하지 않는 기간에는 자신에게 맞는 피임법을 정해 두어야 한다. 일반적으로 터울은 3~4세가 좋다고 전문가들은 말한다.

출산 후 성감이 좋아지거나 혹은 나빠진다

출산 후에 가지는 성관계에서 느끼는 감정은 여성들마다 다른데 진정한 행복감을 느꼈다고 이야기하는 사람들이 있는가 하면 자궁의 상처나 아기를 돌보는 일에 지쳐서 아예 관심이 줄어들었거나 성감이 떨어졌다고 호소하는 사람들도 있다.

여성이 오르가슴을 느끼는 데는 질의 괄약근과 회음부의 근육이 중요한 역할을 한다. 성적으로 흥분하면 질 심부 조직의 혈관이 충혈되고 질 내 점액질이 분비되며 질을 둘러싼 조직이 충혈되어 입구가 크게 부풀게 된다. 극치감에 달하면 질의 괄약근과 회음부 근육이 주기적으로 수축하게 된다. 성감이 풍부해졌다고 하는 경우는, 출산 전에는 미숙하던 자궁과 질 부위 혈관과 근육이 임신과 출산으로 단련이 되었기 때문이다.

반면 성감이 나빠졌다고 하는 경우, 출산 후 질의 점액질 분비가 적어져 통증을 느끼거나 출산과 육아로 인한 스트레스로 성관계 자체에 거부감이나 흥미가 떨어지기 때문이다. 특히 모유를 먹이는 경우에는 젖 분비 호르몬이 증가하면서 여성호르몬인 에스트로겐 비율이 낮아져 질이 위축되고 건조해져서 성관계에 어려움이 따른다. 이때는 에스트로겐 질 크림을 발라 주면 좋아진다.

🌸 성감을 되찾는 방법

산후조리 확실하게 하기 산욕기 즉 출산 후 4~6주 되는 기간에 확실하게 산후조리를 한다. 고른 영양 섭취와 충분한 휴식, 적당한 운동 등을 통해 몸이 정상적으로 회복되는 데 힘을 쓴다. 산후조리가 제대로 이뤄지지 않아 몸의 회복이 더디면 심리적으로도 산후우울증 같은 증세가 나타날 수 있다. 그러면 당연히 성관계에 대한 흥미가 떨어져 기피하게 된다.

케겔 운동으로 질 근육의 탄력 되찾기 자연분만을 한 경우 질이 느슨해져 예전보다 성감이 떨어진다고 말하기도 한다. 이때 질 근육을 오므렸다 펴기를 반복하는 케겔 운동이 필요하다. 항문과 질 근육에 탄력을 줘 예전의 성감을 되찾을 수 있다. 요실금을 예방하는 데도 도움이 된다. 케겔 운동은 시간과 장소를 가리지 않고 할 수 있는 간단한 운동으로, 항문을 조일 수 있는 만큼 조인 후 다시 풀어 주기를 반복한다.

윤활제 사용하기 질의 점액이 떨어져 통증이 생기면 거부감이 생기거나 성감이 떨어질 수 있다. 이때는 로션 같은 윤활제를 사용해 보는 것도 괜찮다. 처음에는 생경함 때문에 윤활제 사용이 거북하지만 잘 사용하면 부부관계를 회복하는 데 도움이 된다.

편안한 마음 갖기 피임에 대한 걱정과 육아에 대한 부담과 책임감, 지나친 피로감 등도 성생활을 방해하는 요소들이다. 또 불안한 임신 기간을 보냈거나 출산 시 고통이 심했을 경우에도 회복하기까지 시간이 걸린다. 피임에 대해서도 미리 남편과 상의하여 알맞은 피임법을 정해 두고 여유 있는 기분으로 긴장을 풀 수 있는 시간을 많이 가지도록 한다.

몸매 다듬기 출산을 한 후 일정 기간이 지났는데 몸매나 체중에 변화가 없다면 몸에 대한 자신감이 떨어지면서 남편도 멀리하게 된다. 출산 후 아기 돌보기에만 전념하지 말고 자신의 몸매를 다듬는 데도 신경을 쓴다. 출산 후 6개월 이내에 살을 빼지 못하면 산후비만으로 이어지기 쉬우므로 부지런히 산후 운동을 하여 임신으로 찐 살을 빼도록 한다.

임신 37주

자궁경부가 물렁해지고 얇아지면서 짧아진다

임신 37주쯤 되면 의사가 임신의 진행 상태를 알아보기 위해 골반 검사를 할지 모른다. 의사는 먼저 양수가 새는지 살펴볼 것이다. 양수가 새는 기미가 있으면 의사에게 사실을 알려야 한다. 골반 검사를 할 때 자궁경부도 검사할 것이다. 자궁경부는 대개 진통 중에 물렁해지고 얇아지면서 짧아진다. 의사는 자궁경부가 물렁한지 단단하지, 얼마나 짧아졌는지 살펴본다. 진통이 시작되기 전에는 자궁경부가 두껍게 완전히 닫혀 있다.

골반 검사로 자궁경부의 상태를 체크한다

진통이 본격적으로 시작되면 자궁경부가 얇아지고 짧아지면서 열리기 시작해서 분만 직전에는 100% 활짝 열린다. 의사는 태아의 머리가 먼저 나올지 다리가 먼저 나올지도 알아보고, 골반의 형태도 알아볼 것이다.

산도는 골반대에서 골반을 지나 질로 연결되는 관과 같다. 태아는 자궁에서부터 이 관을 따라 내려온다. 진통 중에 자궁경부가 열렸는데 태아가 골반으로 내려오지 못하는 수가 있다. 이것은 태아의 머리가 너무 커서 골반대에 맞지 않는 것으로, 제왕절개 수술을 해야 한다.

태아는 이제 만삭, 언제라도 태어날 수 있다

이제 태아는 언제라도 태어날 수 있는 만삭이 되었다. 모습은 신생아와 거의 흡사하게 성숙해 있다. 아직도 태아가 둔위로 있다면 의사가 '외두위전향'을 권할지 모른다. 지금 진통이 시작된다면 진통을 지연시킬 이유가 없다. 연구에 의하면, 사실 비좁은 환경에 대한 반응으로 호르몬을 생산하고 진통을 유발하는 것은 태아라고 한다.

임신 기간 내내 태아는 모체에 의존해 각종 감염으로부터 보호를 받았지만, 차츰 독자적인 면역계가 발달하기 시작한다. 면역계는 출생 후에도 계속 발달하는데, 모유를 먹이면 아기의 면역력은 더욱 향상된다. 초유는 영양과 항체를 풍부하게 함유하고 있으며, 그 뒤에 나오는 모유는 영양학적으로 균형을 이루고 있고, 감염으로부터 아기를 보호하며, 아기의 면역력을 향상시킨다.

태아의 머리가 아래를 향해 골반으로 내려간다

출산 때까지 남은 몇 주 동안에도 태아는 계속 성장하고 체중이 증가한다. 대개 이맘때쯤이면 태아의 머리가 아래를 향해 골반으로 내려가 있다. 그러나 약 3%의 태아는 둔부나 다리가 먼저 골반으로 내려가 있게 되는데 이를 '역아' 라고 한다.

언제쯤이면 태아의 머리가 아래를 향하고 있는지, 둔부나 다리가 아래를 향하고 있는지 알 수 있을까? 언제쯤이면 태아의 현재 위치가 분만 때까지 그대로 유지될까? 대개 임신 32~34주가 되면 태아의 머리가 배꼽 밑 하복부로 내려오는 것을 느낄 수 있다. 사람에 따라서는 이보다 빨리 태아 신체의 다른 부위를 느낄 수도 있다. 그러나 머리는 아직 알아볼 수 있을 정도로 단단하지 않을지도 모른다. 태아의 머리는 두개골에 칼슘이 축적되면서 서서히 단단해진다.

태아의 머리는 독특한 느낌이 있다. 태아가 거꾸로 있을 때는 만져 보면 느낌이 다르다. 임신 32~34주가 되면 의사는 태아가 자궁 속에 어떤 위치로 있는지 알아보기 위해 복부를 만져 본다. 태아의 위치는 임신 중에 몇 번이나 바뀌지만, 임신 34~36주가 되면 대개 분만 때까지 유지할 위치를 잡게 된다. 임신 37주에 거꾸로 있던 태아가 분만 전에 위치를 바꾸어 머리가 아래로 내려갈 수 있다. 그러나 분만이 가까워올수록 태아가 위치를 바꿀 가능성은 희박하다.

운동으로 꾸준히 건강을 관리한다

평소에 운동을 많이 했던 임신부와 운동을 즐기지 않았던 임신부는 운동 선택에 차이를 두어야 한다. 예를 들어 초보자의 경우엔 걷기, 수영, 실내 자전거 타기 정도가 적합하고 운동 경험이 많은 임신부는 평소에 하던 운동들을 그대로 유지하되, 시간을 줄이고 강도를 낮추면 된다. 특히 체온 상승과 근육이 과로하지 않도록 주의해야 한다. 운동에 경험이 많고 적고를 떠나 모든 임신부들이 건강관리를 위해 할 수 있는 운동들이 있다.

케겔운동 … **분만할 때 힘을 많이 써야 하는 질 근육을 강화한다**

케겔운동은 언제, 어디서나 특별한 도구나 준비 없이 할 수 있다. 소변이 몹시 급한데 화장실에 갈 수 없는 상황일 때 소변을 참아야 한다고 가정해 보자. 질 근육을 바짝 긴장시켜야 할 것이다. 이것이 바로 케겔운동이다.

이 운동을 하려면 질과 항문 주변의 근육(괄약근)을 될 수 있는 한 오래(10초 이상) 긴장시키도록 한다. 그런 다음 근육을 풀어 주는데, 이것을 하루에 25회 이상 반복하면 분만이 쉬워지고 분만 후에도 회복이 빠르다.

복부운동 … 허벅지와 허리의 압박감을 줄이고 배를 편안하게 해 준다

임신 중에 복부운동을 할 때는 지나치게 근육을 긴장시키지 않고 간단하게 할 수 있는 운동이 좋다. 우선 서 있거나 앉아 있거나 누워 있을 때 배를 안으로 당기면 복부 근육을 긴장시킬 수 있다. 복부 근육을 긴장시키고 천천히 셋을 센 다음 긴장을 푼다. 이 동작을 하루에 두 번, 한 번에 5회씩 반복한다.

또 한 가지 방법은, 긴장을 풀고 바닥이나 벽 쪽에 허리를 바싹 붙인다. 배 근육이 당기는 것이 느껴지면 그대로 셋을 센 다음 긴장을 푼다. 이 동작을 하루에 두 번, 한 번에 5회씩 반복한다.

다리운동 … 혈액 순환을 돕고 발목과 종아리의 부기와 경련을 막아 준다

먼저 머리를 베개 위에 올려놓고 옆으로 눕는다. 아래쪽 다리는 무릎을 굽히고 위쪽 다리는 똑바로 편다. 그런 다음 발끝을 똑바로 하고 위에 있는 다리를 힘들게 느껴지지 않을 때까지 높이 들어올렸다 내렸다를 4회 반복한다. 반대쪽도 똑같은 방법으로 한다.

스트레칭 … 인대와 관절 주변의 근육을 강화한다

임신 중에는 인대와 관절이 부드러워져 다치기 쉽다. 그러므로 매일 가볍게 스트레칭을 해 주면 인대와 관절 주변의 근육을 강화할 수 있어 좋다. 먼저 팔을 머리 위로 올리고 쭉 편다. 그리고 허리를 굽힌 다음 크게 원을 그리며 돌린다. 그리고 어깨를 위로, 뒤로, 아래로 원을 그리며 돌린다. 그런 다음 발끝을 똑바로 하고 발목 부분을 10회 돌린다.

운동 중 근육에 경련이 일어나면 운동을 중단해야 한다. 등 뒤로 양손을 잡고 올릴 수 있는 데까지 높이 팔을 들어올리는 운동도 도움이 된다. 그 상태로 몇 초 동안 가만히 있다가 팔을 내린다.

요통으로 고생한다

어떤 임신부는 진통과 분만 시 요통 때문에 고생한다. 태아가 고개를 들고 산도를 지나가면 임신부는 등 쪽으로 통증을 느끼게 된다. 머리가 산도를 지나갈 때 태아가 고개를 숙이고 있으면 진통이 훨씬 덜하다. 그런데 태아가 고개를 숙이지 않으면 턱이 가슴 쪽으로 향하게 되고, 그렇게 되면 진통을 하는 동안 등 아래쪽이 아프다.

이런 진통은 지속 시간도 길다. 태아가 고개를 숙이고 나올 수 있도록 의사가 태아를 돌려놓을 필요가 있을지도 모른다.

♡ 아내와는
언제라도 연락이
가능하도록
조치해 두세요

아내가 언제든지 연락할 수 있도록 외근 중일 때도 연락처를 알려 주고 휴대폰이 충전되어 있는지 자주 확인하도록 한다. 아내는 남편이 필요할 때 혹시 연락이 되지 않을까 봐 걱정할 수도 있으므로 휴대폰을 항상 가지고 다녀 아내를 안심시키도록 한다. 이렇게 하면 남편의 마음도 한층 편안할 것이다.

역아일 경우 겸자분만이나 흡입기분만을 하게 된다

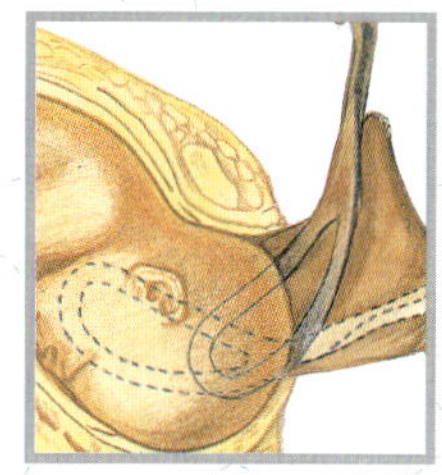

겸자분만 … 겸자란 아기를 분만할 때 사용하는 금속도구를 말한다. 분만 2기 무렵에 태아의 심장박동수가 느려지고 태아가 위험에 처할 것이 명확해질 경우 의사가 겸자 사용을 결정한다. 태아를 빨리 분만하지 않으면 산소 결핍으로 인해 사망할 수도 있는 경우, 임신부에게 심한 심장질환이나 폐질환, 고혈압이 있을 때 임신부의 부담을 줄이기 위해 겸자를 사용하기도 한다.

임신부가 발을 등자에 걸치면 의사는 질 입구 주위를 소독액으로 깨끗이 닦고 무균 상태의 포를 다리와 배에 덮는다. 그리고 방광의 피해를 방지하기 위해 도뇨관을 이용해서 방광의 소변을 비운다. 그런 다음 태아 머리의 위치를 확인하고 적당한 겸자를 골라 조심스럽게 갖다 댄다. 만일 겸자가 태아를 빼내는 데 사용된다면 자궁 수축 시에 잡아당겨야만 자궁과 겸자가 서로 보조를 맞춰 작용하게 된다. 겸자 분만한 아기는 얼굴에 겸자로 인한 흔적이 남지만 대개는 하루나 이틀이 지나면 없어진다.

최근에는 여러 가지 이유 때문에 겸자를 사용하는 예가 줄어들었다. 그 중 하나는 골반 위에 있는 태아를 분만하는 데 겸자 대신 제왕절개 수술을 더 많이 하게 되었기 때문이다. 사실 분만이 다 끝나가는 상황이 아니면 제왕절개 수술을 하는 것이 훨씬 안전하다.

진공흡입기분만 … 금속이나 플라스틱 컵으로 되어 있는 기구를 태아 머리에 부착해 자궁수축과 동시에 조심스럽게 잡아당기는 분만법이다. 진공흡입기는 제왕절개를 하지 않고도 분만 제2기에 분만할 수 있도록 해 준다. 겸자와 비교할 때 진공흡입기의 장점은 분만 도중 태아의 머리가 스스로 회전한다는 것이다. 그러나 컵이 머리에 20분 이상 부착되어 있으면 두피에 손상을 줄 수 있으므로 주의한다. 만약 컵이 두 번 이상 벗겨지면 일단 이 방법을 포기하고 상황에 따라 겸자나 제왕절개 수술을 해야 한다.

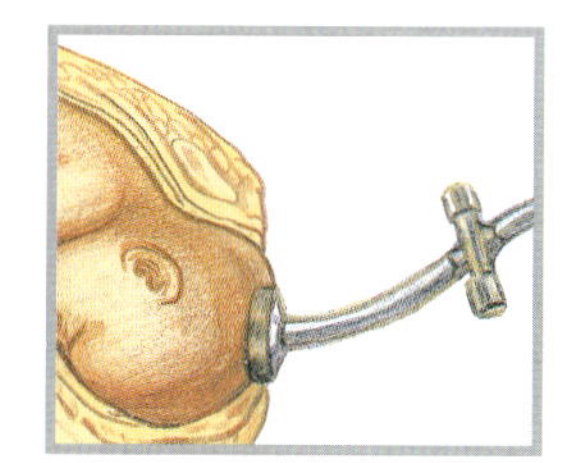

출산 직전까지 식생활에 주의한다

이제 임신 기간이 거의 끝나가고 주별로 영양 섭취를 충분히 했을 것이다. 그렇다면 이제부터는 마음대로 먹고 마셔도 될까? 물론 안 된다. 출산할 때까지 균형 잡힌 식생활을 그대로 유지해야 건강한 아기를 낳을 수 있다.

임신부와 태아의 건강을 위해 외식할 때 주의해야 할 것들이 있다. 먼저, 음식은 신선하고 따뜻할 때 먹도록 한다. 음식이 나온 지 오래되면 박테리아가 번식하기 시작했을지 모르기 때문이다. 그리고 시장한 상태로 모임에 가면 고지방, 고칼로리 음식에 손이 가기 쉬우므로 집에서 간단하게 요기를 하고 물을 많이 마시고 가도록 한다. 당연한 것이지만 알코올이나 청량음료는 피하고 과일주스를 마시도록 하며, 신선한 과일이나 채소를 먹도록 한다. 생선회나 육회, 연성치즈에는 리스테리아균이 있을 수 있으므로 가능하면 먹지 않는 것이 좋다.

임신 38주

균형감각을 잃을 수 있다

변화하는 신체의 크기를 잘못 판단하거나 무게중심이 바뀌어 균형 감각을 잃어버려 어딘가에 잘 부딪히는 경향이 있을 것이다. 하지만 몇 주 후에 아기를 출산하고 나면 예전의 균형 감각과 조정능력을 회복할 것이므로 걱정할 필요가 없다.

좋은 부모가 될 수 있을까 걱정하게 된다

이제 출산이 초읽기에 들어감에 따라 자신이 과연 좋은 부모가 될 수 있을까 하는 걱정에 사로잡힐 수 있다. 최후의 순간에 부모가 되는 것이 두렵더라도, 이것이 부모가 되기로 한 자신의 결정이 잘못된 것이라는 증거라고 해석하지 말자. 출산 몇 주 전에 이런 걱정을 하는 것은 지극히 정상적이다. 아기를 출산하기도 전에 부모가 되는 것에 대해 그만큼 생각하고 열성을 쏟는다는 것은 오히려 남들보다 더 헌신적인 부모가 될 가능성이 높다는 것을 뜻한다.

태아는 완전히 성숙해 있다

태아는 임상학적으로 완전히 성숙해, 언제라도 태어날 준비가 되어 있다. MRI 스캐닝을 해 보면 신체 계통이 완전히 발달해 있음을 확인할 수 있다. 장에는 태변이라고 하는 찐득찐득하고 검푸른 노폐물이 축적되어 있으며, 이것은 출생 직후에 배출된다.

머리둘레와 복부둘레가 거의 동일한데, 이때쯤 의사가 태아의 크기를 알려줄 것이다. 하지만 이것은 어디까지나 추정치이다. 태아가 얼마나 클지는 출산할 때까지 정확하게 알 수가 없다.

태반이 노화한다

태반은 이제 태아를 지원하는 역할이 끝나가기 때문에 노화하기 시작한다. 영양을 전달하는 효율성이 떨어지고, 응혈과 석회화된 조각이 나타나기 시작한다.

진통 중에도 태아의 건강상태를 관찰할 수 있다

임신부가 진통을 하는 동안 태아가 무사한지 여부를 어떻게 알 수 있는지 궁금해하는 사람들이 많다. 문제를 해결하기 위해서는 문제를 일찍 발견하는 것이 중요하기 때문에 많은 병원에서 진통이 진행되는 동안 태아의 심박동을 관찰한다.

태아 모니터 장치로 태아 심박동을 체크한다

진통 중에 자궁이 수축될 때마다 모체에서 태반으로 전달되는 혈액에 산소가 줄어든다. 대부분의 태아는 이런 스트레스를 무난하게 잘 견뎌내지만, 어떤 태아는 영향을 받게 되는데, 이것을 태아 곤란증이라고 한다. 진통 중에 태아의 심박동을 관찰하는 방법에는 두 가지가 있다. 하나는 외부 태아 모니터 장치로, 양수가 터지기 전에 임신부의 복부에 수신기를 부착시켜 관찰한다. 이 방법은 초음파로 태아의 심박동을 알아내는 것과 비슷한 원리를 적용한다.

내부 태아 모니터 장치는 태아의 심박동을 더욱 정밀하게 관찰할 수 있는 것으로, 태아의 두피에 전극을 꽂고 그것을 전기로 모니터에 연결해서 태아의 심박동을 기록한다. 이것은 양수가 터지고 자궁경부가 적어도 1cm 정도 열린 임신부에게 적용된다.

태아 심음 모니터

● **태아 심음 모니터 – 정상일 때**

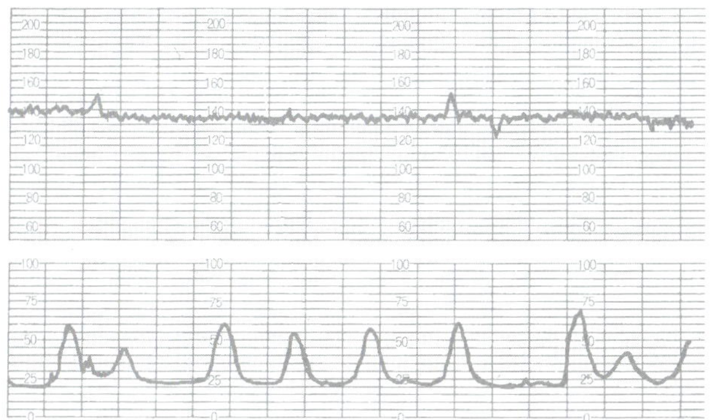

위 선은 심장박동을 나타내며 아래 선은 자궁 수축이 언제 일어나는지를 알려준다. 이와 같이 태아가 정상일 경우에는 자궁이 수축하는 동안에도 심장박동은 일정하다.

● **태아 심음 모니터 – 비정상일 때**

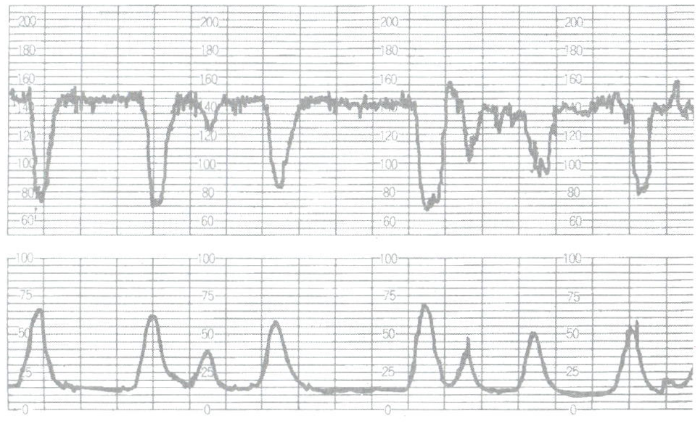

태아가 장애를 받고 있음을 알려준다. 자궁 수축이 일어날 때 심장박동은 늦어지며 회복하는 데 시간이 걸린다. 이와 같이 태아의 상태가 나빠지면 급히 분만해야 한다.

산후에 정서불안이 나타날 수 있다

아기를 출산하고 난 뒤에 기분이 우울해지는 수가 있다. 아기를 낳은 것이 과연 잘한 일인지 의문이 생길 수도 있다. 이것을 산후 정서불안이라고 한다. 통계에 따르면 약 80%의 산모가 이런 증세를 경험한다고 한다.

이런 증세는 보통 출산하고 2일~2주 사이에 찾아온다. 산후 정서불안은 일시적인 현상으로 쉽게 걸렸다가 대개는 쉽게 낫는다. 증세는 다양한데, 근심, 무기력, 흥분, 아기에 대한 애정결핍, 과민성, 이유없는 울음, 조바심, 자신감 결여, 자기 비하, 불안 등으로 나타난다.

산후 정서불안은 2주 정도 계속되고 증세가 악화되지는 않는다. 산후 정서불안보다 심각한 증세로 산후우울증이란 것이 있다. 이것은 약 10%의 산모에게 영향을 미친다. 산후 정서불안과 산후우울증의 차이는 빈도와 강도, 지속기간에 있다.

산후우울증과 산후 정서불안은 서로 다른 증세다

산후우울증은 짧게는 일주일에서 길게는 1년까지 간다. 산후우울증에 걸린 산모는 분노, 혼돈, 공황, 절망을 느낀다. 식습관과 수면습관에도 변화가 일어난다. 아기를 다치게 하지 않을까 두렵기도 하고 미칠 것 같다고 느끼기도 한다.

산후 정서불안 중에 가장 심각한 문제는 산후 정신이상이다. 이런 문제가 있는 산모는 환영을 보고 자살을 생각하거나 아기를 해치려고 하기도 한다.

산후 정서불안의 정확한 원인은 알 수 없으며 모든 여성들이 경험하는 것은 아니다. 호르몬 변화에 특히 더 민감한 것이 문제의 원인으로 지적되고 있지만, 호르몬은 원인의 일부일 뿐이다.

산후 정서불안을 극복할 수 있는 가장 좋은 방법은 주위 사람들의 지원을 받는 것이다. 가족이나 친구들에게 도움을 청하거나 친정어머니나 시어머니께 한동안 같이 있어 달라고 부탁하는 것이 좋다. 가능하다면 남편에게 잠시 휴가를 내도록 부탁해 보고 매일 집안일과 육아를 도와줄 사람을 고용하는 것도 한 방법이다.

산후 정서불안에 대처하는 방법에는 여러 가지가 있는데 우선 다른 사람에게 도움을 청하고 비슷한 처지에 있는 산모를 알아내어 서로 감정과 경험을 이야기해 본다. 또 영양 많은 음식을 먹고 수분을 많이 섭취하며 매일 적당히 운동을 하는 것도 좋다. 아기가 잘 때는 반드시 휴식을 취하고 매일 외출을 하는 것도 도움이 될 수 있다.

옥시토신 주사로 자궁 수축을 돕는다

아기를 분만하고 나면 자궁이 수축하고, 자궁이 수축하는 동안에 태반이 자궁벽에서 떨어져 나온다. 이때 자궁 안쪽에서 출혈이 생겨 태반이 떨어지고 있다는 신호를 보낸다. 태반이 다 나오면 옥시토신이라는 주사를 맞게 되는데, 이것은 출혈이 생기지 않도록 자궁 수축을 도와준다.

자연분만을 하고 난 뒤에 심한 출혈이 있는 것을 산후 출혈이라고 한다. 자궁을 부드럽게 마사지하고 자궁 수축을 도와주는 약을 사용하면 산후 출혈을 어느 정도 막을 수 있다. 산후 출혈의 가장 주된 원인은 자궁이 제대로 수축하지 않기 때문이다.

역아일 경우 제왕절개 분만이 안전하다

태아의 머리가 아래로 내려와 있는 것이 아니라 위로 가 있고, 태아의 둔부나 다리가 아래로 내려와 있는 것을 '역아' 라고 한다. 앞에서도 설명했지만 임신 초기에는 흔히 태아가 거꾸로 있다. 그러나 진통이 시작되었을 때는 3~5%의 태아만이 거꾸로 있을 뿐 대부분의 태아는 머리를 아래로 향하고 있는 자세를 취하게 된다.

역아를 분만하는 방법에 관해서는 산부인과 의사들 사이에 약간의 논란이 있다. 최근에는 특히 초산부의 경우에는 제왕절개 수술이 가장 안전하다는 것이 지배적인 견해다. 그러나 일부 의사들은 상황에 따라선 역아라도 별 어려움 없이 자연분만을 할 수 있다고 주장한다. 특히 과거에 정상적으로 자연분만을 한 경험이 있는 경산부일 경우, 태아가 두 다리를 다 구부리고 있을 때는 자연분만이 가능하다. 그러나 태아가 한쪽 다리는 펴고 있고 한쪽 다리는 구부리고 있을 때는 제왕절개 수술을 받아야 한다.

역아의 머리를 아래로 내려가도록 돌려놓는 시도를 할 수도 있는데, 이런 시도는 진통이 시작되거나 양수가 터지기 전에 해야 한다. 진통 중에 태아가 정상 위치로 바뀌지 않을 경우, 태아가 옆으로 누워 있는 경우도 있는데, 이때도 유일한 해결책은 제왕절개 수술이다.

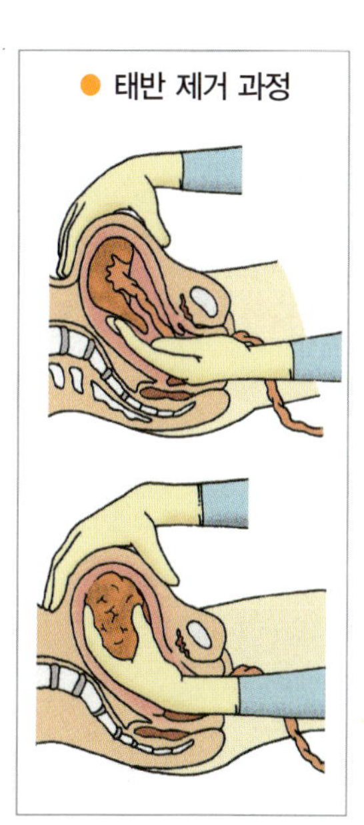

잔류 태반을 조심한다

대부분의 경우, 출산하고 30분 안에 태반이 나오고 이것은 분만 과정의 일부라고 할 수 있다. 그러나 어떤 경우, 태반이 자연스럽게 나오지 않고 자궁에 남아 있는 경우가 있다. 이렇게 되면 자궁이 제대로 수축하지 못해 심한 출혈이 일어난다.

또 어떤 경우에는 태반이 아직 자궁벽에서 떨어지지 않고 붙어 있을 때도 있는데, 이것은 매우 심각한 문제다. 그렇지만 이런 문제가 발생하는 예는 극히 드물다. 이럴 때는 대개 심한 출혈이 일어나고, 태반을 제거하는 수술을 받아야 한다.

태반이 비정상적으로 자궁에 잔류하는 데에는 여러 가지 원인이 있다. 과거에 제왕절개 수술을 받았던 부위나 자궁의 다른 절개 부위에 태반이 붙어 있을 수도 있고, 수파 수술을 받은 부위나 언젠가 감염된 자궁 부위에 태반이 붙어 있을 수도 있다.

진통 초기에 관장을 한다

진통과 분만을 위해 병원에 가면 대부분의 병원에서는 진통 초기에 관장을 시키는데 관장을 꼭 해야만 하는 것은 아니다. 그러나 진통 전에 관장을 하면 이점이 있다. 분만 직후에 배변을 보려면 회음절개로 인해 불편한데, 미리 관장을 하고 나면 출산 후 이런 불편을 겪지 않아도 되기 때문이다.

진통 전에 관장을 하면 출산을 좀더 즐거운 경험으로 만들 수 있다. 산도를 통해 태아의 머리가 빠져나올 때 직장에 있던 것들도 같이 나온다. 관장은 진통이나 분만 중에 배변으로 인한 오염을 줄이고 감염을 방지해 줄 수 있다.

식욕이 떨어져도 영양 섭취에 소홀해선 안 된다

이때쯤 되면 별로 먹고 싶은 생각이 없을 것이다. 그러나 모체와 태아의 건강을 위해 균형 잡힌 식생활을 계속 해야 한다. 한꺼번에 많은 양의 음식을 먹지 말고 조금씩 자주 먹어서 에너지를 유지하고 가슴앓이를 방지한다. 임신부들의 영양섭취에 도움이 되는 간단한 간식거리에는 다음과 같은 것들이 있다.

● 바나나, 건포도, 말린 과일이나 망고는 단것을 먹고 싶은 욕구를 충족시키고 철분, 칼륨, 마그네슘 같은 영양분 섭취에 도움이 된다.

● 스트링 치즈에는 칼슘과 단백질이 많이 들어 있다.

● 탈지우유나 요구르트, 아이스크림으로 만든 과일 셰이크에는 칼슘, 비타민, 미네랄이 많이 들어 있다.

● 섬유질이 풍부한 크래커에 땅콩버터를 발라 먹으면 맛과 단백질이 풍부하다.

● 소금을 뿌리지 않은 감자칩.

● 치킨 샐러드나 참치 샐러드.

♡ 출산을 위한
입원 가방을
챙기세요

입원 가방을 챙길 때는 아내에게 CD플레이어나 녹음기 등 특별히 병원에 갖다 주기를 바라는 물건이 있는지 물어보자. 그런 것들이 있다면 미리 준비해 두도록 한다. 아내가 분만할 병원에 미리 가서 입원실 환경을 봐 두면 아내와 아기를 위해 무엇이 필요한지 알아내는 데 도움이 된다.

임신 39주

출산을 앞두고 둥지본능을 경험한다

무기력해져서 아무 일도 하고 싶지 않거나 반대로 강력한 둥지본능을 느끼고 하루에도 몇 번씩 아기 방을 정리하기도 한다.

둥지본능은 출산을 앞두고 갑자기 에너지가 증가해 아기 맞을 준비에 힘을 쏟는 것을 말한다. 이러한 둥지본능이 생물학적이거나 심리적인 이유로 일어나는 현상인지, 생화학적 변화 때문인지, 아기를 낳을 때가 됐는데 아직 할 일이 많다는 것을 지각하기 때문인지는 몰라도 대부분의 여성들은 둥지본능을 경험한다. 아기 방을 정리하고 또 정리하고 싶은 충동을 느끼더라도 진통에 대비해 에너지를 비축해 둬야 한다. 밤새 아기 방의 벽지를 바르느라 녹초가 된 상태에서 진통을 시작하고 싶지는 않을 것이다.

둘째 아이 출산을 앞둔 경우 더 두려울 수 있다

경산부의 경우에는 큰아이가 있는데, 새 아기에게 베풀 사랑이 있을지 은근히 걱정될 것이다. 또한 아기를 한 명 더 출산해서 큰아이를 힘들게 하는 것이 아닐까 걱정도 될 것이다. 이런 걱정은 두 명 이상의 자녀를 둔 부모라면 누구나 한 번쯤 하게 되는 걱정이다. 이 경우 최근에 새로 아기를 출산한 다른 부모들과 대화를 나누고, 아이들 문제에 관한 책을 읽으면 이런 걱정을 해소하는 데 도움이 될 것이다.

태아는 솜털을 삼켜 태변으로 배출한다

태아가 태어날 준비를 하면서 솜털이 거의 사라진다. 태아는 다른 분비물과 함께 솜털을 삼켜 장에 저장하는데, 이것이 태아의 장 운동을 도와 태변이라고 하는 검푸른 노폐물을 배출시킨다. 폐가 계속 성숙하고 계면활성제 생산이 증가한다. 이 단계에서도 지속적인 태동을 확인해야 한다. 이 시기 태아의 탯줄은 51cm 가량으로, 태아의 머리에서 발끝까지의 길이와 비슷하다.

태아의 유방이 불룩해 보이고 성기가 확대되어 보인다

모체가 생산하는 임신호르몬 때문에 신생아는 남아든 여아든 출생 시 유방이 불룩 튀어 나와 있으며 소량의 젖이 나오기도 한다. 여아의 음순과 남아의 음낭 같은 생식기도 확대되어 보인다. 이런 현상은 태아가 모체로부터 분리되는 출산 직후에 모두 사라진다. 성인의 뼈는 206개인데 비해 출생 시 아기의 뼈는 300개 정도 되는데, 이 뼈들 가운데 일부는 성장 과정에서 융합한다.

모유수유를 준비한다

모유수유를 하느냐 마느냐는 각자 결정할 문제이다. 모유수유의 가장 큰 장점은 산모와 아기 사이에 유대감이 생긴다는 것이다. 어떤 여성은 분만 직후 바로 모유수유를 하는데, 그렇게 하면 자궁 수축을 자극해서 출혈을 막는 데도 도움을 줄 수 있다. 수유는 엄마와 아기 사이에 자연스러운 친밀감을 길러 주고 산모의 긴장을 풀어 주기도 한다.

모유수유를 하면 산모와 아기에게 모두 이롭다. 모유는 출생 직후 처음 몇 달 동안 아기에게 필요로 하는 모든 영양소를 가지고 있기 때문에 아기의 건강에 좋다. 분유에도 비타민, 단백질, 당분, 지방, 미네랄이 골고루 들어 있지만 모유와 비교될 수 없다.

모유는 질병에 대한 저항력을 높여 준다

모유수유의 또 한 가지 이점은 모유를 통해 아기에게 각종 질병에 대한 저항력을 전달할 수 있다는 것이다. 모유를 먹는 아기는 우유를 먹는 아기보다 감기나 바이러스에 덜 감염된다. 모유를 먹으려면 아기는 우유병 꼭지를 빨 때보다 더 힘차게 젖꼭지를 빨아야 하기 때문에 아기의 치아와 턱 발달에도 도움이 된다.

모유수유는 다이어트에 도움이 된다

산모에게 좋은 점은 우선 우유를 사 먹일 때와 비교해 비용이 덜 든다는 것이다. 또한 외출 시 우유와 우유병을 들고 다닐 필요도 없고 임신 전 몸매를 되찾는 데에도 도움이 된다. 초유는 보통 분만하고 2~3일 뒤에 나온다. 아기가 젖꼭지를 빨면 산모의 뇌에 메시지가 전달되어 모유를 자극하는 호르몬인 프로락틴이 생산되어 초유가 나온

수유 중에는 임신 때와 마찬가지로 계획적인 식생활을 해야 한다. 매일 적어도 500kcal를 추가로 섭취해야 한다.(임신 중에는 300kcal를 더 섭취했다.) 수유를 하는 동안 임신부용 비타민 복용을 계속하는 것이 좋다고 권장하는 의사들도 있다.

수유를 하면 모유를 통해 모든 영양소가 아기에게 전달되기 때문에 음식물에 특히 조심해야 한다. 자극성이 강한 음식과 초콜릿은 아기의 위장에 좋지 않은 영향을 줄 수 있다. 카페인이나 알코올도 아기에게 전달될 수 있다.

불임수술에 대해 알아 둔다

어떤 여성은 출산 후 입원해 있는 동안 나팔관 결찰 수술을 받고 싶어 한다. 하지만 그 전에 불임수술을 받겠다고 결정한 것이 아니라면 지금은 나팔관 결찰 같은 불임수술을 결정할 때가 아니다.

분만한 뒤에 불임수술을 받으면 몇 가지 이점이 있기는 하다. 우선 이왕 병원에 입원해 있으므로 다시 입원할 필요가 없다. 하지만 나팔관 결찰 수술은 수술 후 나팔관을 다시 복원하기가 힘들 수 있다. 때문에 출산 후 몇 시간 뒤나 하루 뒤에 나팔관을 묶었는데, 그 뒤에 마음이 바뀌면 수술 받은 것을 후회하게 될지 모른다.

나팔관 결찰 수술 분만을 위해 경막외 마취주사를 맞았으면 그것을 마취제로 이용해 나팔관 결찰 수술을 받을 수 있다. 경막외 마취주사를 맞지 않았으면, 마취를 받을 필요가 있다. 난관 결찰 수술은 대개 출산 다음 날 시술하는데, 이 수술을 받는다고 해서 입원 기간이 길어지는 것은 아니다.

영구불임수술인 나팔관 결찰 수술에는 여러 가지 방법이 있다. 가장 많이 하는 것은 배꼽 아래쪽을 1cm 가량 작게 절개해 복강경을 집어넣어서 나팔관을 실리콘 링으로 묶거나 전기로 지져서 난자가 자궁 안으로 들어오지 못하도록 해 영구적으로 피임하는 방법이다.

피임 효과는 매우 높지만 다시 제대로 복원하기가 힘든 방법이라 신중하게 결정해야 하며, 간혹 하복부 통증이나 허리 통증이 생기는 사람도 있다. 수술은 15~20분이면 끝나고 수술 후 2~3시간 후면 집에 가도 된다. 그러나 상처가 아물 때까지 1~2주간 금욕기간을 가져야 한다. 최근에는 출산 장려 정책의 일환으로 영구 피임술에 보험이 적용되지 않는다. 또한 영구 피임수술 후 복원 성공률이 50%를 넘지 않으므로 시행을 신중하게 결정하는 것이 좋다.

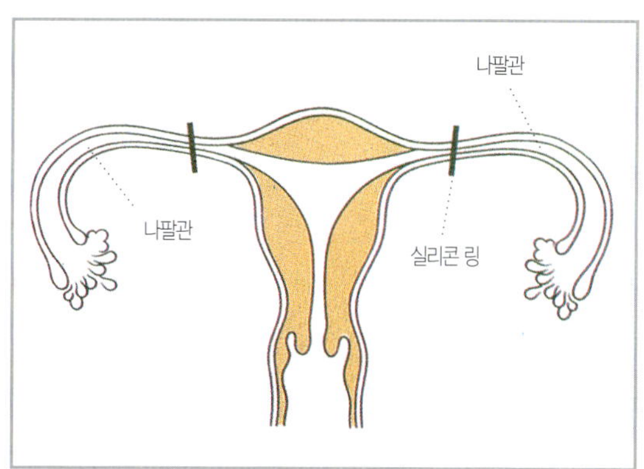

마취에도 여러 가지 방법이 있다

진통 중에 통증을 다스릴 수 있는 방법은 여러 가지가 있다. 그러나 이런 방법들은 임신부 본인뿐만 아니라 태아에게도 영향을 준다는 사실을 기억해야 한다. 진통이 시작되기 전에는 자신에게 어떤 방법이 가장 효과적인지 알 수 없다. 그러나 진통을 다스릴 수 있는 방법으로 어떤 것들이 있다는 것을 미리 알아두면 나중에 결정을 내리는 데 도움이 된다.

규칙적으로 자궁 수축이 일어나고 자궁경부가 열리기 시작하면 통증을 느끼게 된다. 진통 초기의 이런 통증을 다스리기 위해서 많은 병원에서 마취제와 진정제를 사용한다. 이것은 통증을 줄이고 수면을 유도하며 진정작용을 한다. 하지만 마취제는 태반을 통해 태아에게 전달되며, 신생아의 호흡기능을 저하시킬 수 있다. 게다가 신생아의 아프가 검사 결과에도 영향을 미칠 수 있다. 그러므로 분만이 임박했을 때는 마취제를 사용하면 안 된다.

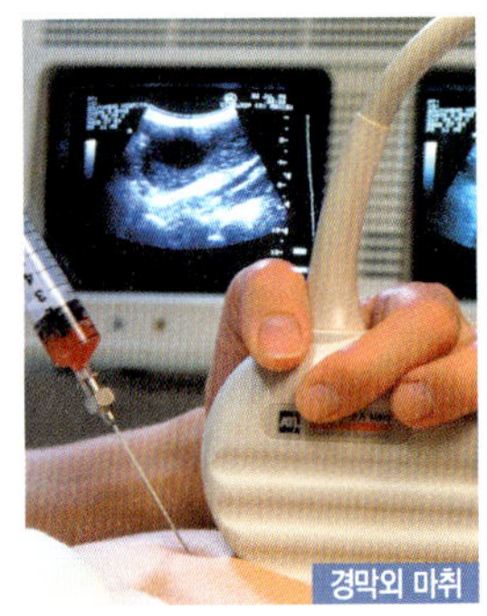

많은 병원에서 몸의 특정 부위에만 마취제를 주사하는 국소마취를 한다. 국소마취에는 외음부 마취, 경막외 마취, 자궁경부 마취 등이 있다. 국소마취에 사용되는 마취제는 치과에서 사용하는 것과 비슷하다. 급히 제왕절개 수술을 받아야 할 때를 비롯해 전신마취가 필요할 때도 가끔 있다.

국소마취로 가장 많이 사용되는 것은 경막외 마취다. 이것은 자궁 수축과 분만의 통증을 덜어 준다. 경막외 마취는 경험이 많은 의사만 취급해야 한다. 병원에 따라서는 산부인과 의사가 직접 경막외 마취 주사를 놓기도 하지만, 대부분의 경우에는 마취 전문의가 마취 주사를 놓는다.

경막외 마취는 국소마취로 가장 많이 사용된다

경막외 마취의 문제는 임신부의 혈압이 내려갈 수 있다는 것이다. 혈압이 내려가면 태아에게 전달되는 혈액의 흐름에 지장이 생긴다. 다행히 경막외 마취제와 함께 투여되는 정맥주사액이 저혈압의 위험을 막아 준다. 경막외 마취는 분만 중 밀어내는 힘에도 영향을 줄 수 있다.

제왕절개 수술 때는 척추 마취를 받아야 한다. 이 주사를 맞으면 제왕절개 수술이 끝날 때까지 마취 효과가 지속된다. 진통 중에는 척추 마취보다 경막외 마취가 더 많이 사용된다. 가끔 사용되는 또 다른 유형의 마취로는 외음부 마취가 있다. 이것은 산도 자체의 통증을 줄이는 역할을 하는 것으로, 주사를 맞아도 자궁 수축과 이로 인한 통증은 느낀다.

어떤 병원에서는 자궁경부 마취를 하기도 한다. 이것은 자궁경부가 확장될 때의 통증을 덜어 주지만, 자궁 수축의 통증을 덜어 주지는 못한다.

수유에 필요한 영양을 생각해서 식단을 짠다

아기에게 모유를 먹이려면 수유에 필요한 영양을 생각해 두어야 한다. 수유 중에는 하루에 500kcal를 추가로 섭취해야 한다. 젖 먹이는 엄마는 하루에 425~700kcal를 모유로 소모한다. 추가로 섭취하는 칼로리는 건강을 유지하는 데 도움이 될 것이다. 이 칼로리는 임신 중에 그랬던 것처럼 영양 많고 건강에 좋은 식품을 통해 섭취해야 한다.

출산 때까지 수분과 칼슘 섭취에 신경을 쓴다

수유 중에는 모유를 통해 아기에게 위장장애를 일으키지 않도록 음식을 가려 먹어야 한다. 초콜릿, 자극성이 강한 음식, 뱃속에 가스를 유발하는 음식은 피한다. 균형 잡힌 식생활과 함께 수분을 많이 섭취해야 하는데, 아기를 위해 모유를 충분히 생산하고 체내에 적절한 수분을 유지하려면 적어도 하루에 2ℓ 이상의 수분을 섭취해야 한다. 날씨가 더울 때는 이보다 더 많이 섭취해야 한다.

카페인은 이뇨작용을 하기 때문에 카페인이 들어 있는 음료는 피하는 것이 좋다. 카페인은 보통 3~5시간이 지나면 혈액에서 빠져나가지만, 아기의 혈액에는 96시간 이상 남아 있을 수 있으며, 심지어 모유를 통해 아기에게 전달될 수 있다.

칼슘 섭취에도 계속 신경을 써야 한다. 수유를 할 때는 칼슘이 중요하다. 수유를 하는 동안은 임신부용 비타민과 철분제를 출산 후 3개월까지 계속 복용한다.

임신 40주

**임신부
몸의 변화**

자궁 무게가 임신 전보다 10배 이상 증가한다

임신 전에는 자궁의 무게가 70g 정도로 15cc 정도의 액체를 담을 수 있었다. 하지만 출산 때가 되면 자궁의 무게가 1100g 정도로 증가하고 약 1ℓ 의 양수를 담을 수 있게 된다. 아기도 놀라운 성장과 발달을 겪었다. 3.6kg의 아기라면, 출산으로의 긴 여행 동안 난자 때의 무게에 비하면 거의 20억 배 정도 무게가 증가한 셈이 된다. 아기의 체중은 대부분 임신 마지막 2개월 동안 증가한다. 대부분의 아기는 임신 마지막 2개월 반 동안 체중이 두 배로 늘어난다.

진통에 대한 마음의 준비를 해 둔다

진통과 분만을 계획할 때는 경막외 마취를 받을 것인지, 약에 의존하지 않고 자연분만을 할 것인지, 회음절개술을 받을 것인지 고려해야 한다. 진통과 분만의 양상은 사람마다 다르다. 진통과 분만 중에 어떤 일이 일어날지, 통증을 가라앉히기 위해 어떤 조치가 필요하게 될지 예측하기는 어렵다. 진통이 3시간 걸릴지, 20시간 걸릴지는 아무도 알 수가 없다.

그러므로 만약의 경우를 대비해 진통 중에 어떤 조치를 받을 수 있으며, 어떤 선택을 할 수 있는지 미리 알아 두는 것이 좋다. 임신 마지막 2개월 동안에는 진통과 분만 시 발생할 수 있는 응급사태와 응급조치에 대해 의사에게 물어보도록 하자.

태아의 성장

태아는 자궁 밖으로 나올 준비가 되었다

이제 아기는 70가지 이상의 반사 능력을 가지고 자궁 밖에서 새로운 삶을 시작할 준비가 완료되었다. 이 무렵이면 태지가 대부분 사라지고, 몸의 15%는 지방이 차지하고, 흉부가 튀어나온다. 출산 시 자궁 측면에서 태반이 떨어져 나오고 아기가 최초의 공기를 들이마심에 따라 탯줄이 기능을 중단할 것이다. 아기가 호흡을 시작하면 심장과 동맥의 구조에 변화를 일으켜 혈액이 아기의 폐로 전달된다.

미숙아는 신생아 황달이 나타날 확률이 높다

아기가 출생 후에 적혈구가 분해되어 생기는 빌리루빈을 제대로 처리하지 못하면 혈액 속에 빌리루빈 수치가 높아져서 피부와 눈의 흰자위가 노랗게 변하는 황달 증세를 보이게 된다. 빌리루빈 수치는 아기를 분만하고 3~4일 동안 올라가다가 그 다음에 내려간다.

황달이 있는 아기는 광선 요법으로 치료한다. 아기에게 특수 광선을 쏘이면 광선이 피부 속에 침투해 빌리루빈을 파괴한다. 빌리루빈 수치가 극도로 높을 때는 핵황달이라는 심각한 문제가 생길 수 있는데, 핵황달은 만삭이 되어 출생한 아기보다 미숙아들에게 더 자주 발생한다.

아기가 핵황달에서 살아남는다고 하더라도, 경련성 마비, 근육 조절 결핍, 정신 지체 등 신경 계통의 문제를 겪을 수도 있다. 그러나 만삭아가 핵황달을 일으키는 경우는 극히 드물다.

분만실에 들어올 사람을 미리 정해 둔다

초산부는 출산을 앞두고 설레기도 하지만 약간 걱정이 되기도 할 것이다. 출산은 오랫동안 기억에 남게 될 중요한 사건이다. 분만 중에 누구와 함께 있고 싶은지 미리 결정해 둘 필요가 있다. 가끔 가족 구성원 중에 당연히 자신이 분만실에 함께 있을 것으로 지레 짐작하는 사람이 있다.

어떤 부부는 동생이 태어나는 장면을 볼 수 있도록 큰아이를 분만실에 데려오고 싶어 한다. 이런 계획이 있을 때는 먼저 담당의사와 상의해서 의사의 의견을 들어보는 것이 좋다. 임신부 본인이나 남편에게는 분만 순간이 흥분되고 특별한 순간일지 모르지만, 어린 아이에게는 당황스러운 일일 수도 있으므로 쉽게 결정할 문제는 아니다.

진통 여부 확인 절차는 당연히 거치는 과정이다

병원에 가서 진통인지 아닌지를 확인받는 것을 미안하게 생각할 필요는 없다. 그것은 의사나 간호사를 귀찮게 하는 일이 아니다. 진통이 시작된 것 같은데 확실하게 잘 모를 때는 의사와 간호사에게 전화로 의논하면 병원에 와야 하는 상황인지 아닌지 판단해 줄 것이다.

진통이 시작되었다고 생각되면 아무것도 먹지 말고 일단 병원으로 간다. 병원에 도착하면 진통실이나 진찰실로 가서 정말로 진통이 시작되었는지 검사를 받을 것이다. 자궁수축을 하는지, 자궁수축의 정도와 지속시간은 어떻게 되는지 파악하는 것이 중요하다. 이것은 대개 외부 태아 모니터 장치로 검사하게 된다. 임신부의 복부에 모니터를 올려놓으면, 자궁 수축의 빈도와 지속시간을 알 수 있다.

양수가 터졌는지 알아보는 것도 중요하다. 자궁경부가 열렸는지도 검사받게 될 것이다. 검사를 하는 데에는 꽤 많은 시간이 소요된다.

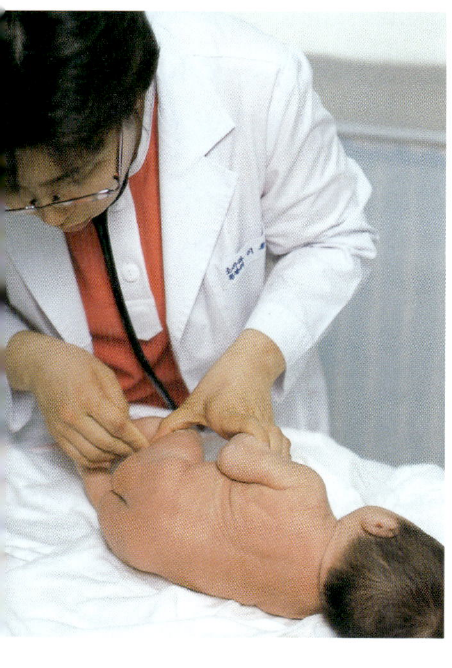

'수술동의서'에 서명하고 입원수속을 밟는다

검사 결과 진통이 시작되었고, 입원을 해야 한다면 남편이나 보호자는 입원 수속을 밟아야 한다. 수술 동의서에 서명하라는 요구를 받을 수도 있는데, 이것은 임신부가 받을 수술 절차와 그와 관련된 위험을 알고 있다는 것을 확인하기 위해서이다.

입원 수속이 끝나면, 관장을 하고 필요에 따라 정맥주사를 맞게 된다. 헤마토크리트나 혈구검사(CBC)를 위해 채혈을 하는 경우도 있다. 이 외의 절차는 병원마다 다르다.

출산을 위해 병원에 가면 다음과 같은 질문을 받게 된다. 양수가 터졌나요? 언제 터졌나요? 출혈을 하나요? 자궁수축을 하고 있나요? 얼마나 자주 있나요? 얼마나 오랫동안 있나요? 마지막으로 먹은 것이 언제이며 무엇을 먹었나요? 등이다.

이 외에도 임신부가 가지고 있는 의학적인 문제와 복용 중이거나 임신 중에 복용한 약품에 대해 질문을 받을 수 있다. 전치태반 같은 합병증이 있을 때는 미리 이야기해야 한다.

출산 후 신생아는 신체검사를 받는다

아기를 출산하면 의사는 탯줄을 끊고 아기의 입과 목에 들어 있는 이물질을 흡입해낸다. 그리고 아기를 깨끗한 담요에 싸서 산모가 볼 수 있도록 배 위에 올려놓거나, 기초 검사를 위해 간호사나 소아과 의사에게서 아기를 건네 준다.

출산 후 1~5분 뒤에는 아기에게 아프가 검사를 실시해서 점수를 기록하고, 신생아실에서 아기가 바뀌는 일이 없도록 신원을 나타내는 팔찌나 발찌를 채운다.

출산 직후에는 아기를 따뜻하게 해 줘야 한다. 그러기 위해서 간호사는 아기의 몸에 묻은 물기를 닦아내고 따뜻한 담요로 아기를 감싼다. 난산인 경우에 아기는 신생아실에서 더욱 철저한 검사를 받을 필요가 있다.

무엇보다도 중요한 것은 아기의 건강과 안정이다. 아기를 안고 젖을 먹일 수도 있겠지만, 아기가 호흡하는 데 문제가 있거나 특별한 보살핌을 필요로 하는 경우에는 즉각적인 평가가 시급하다.

간호사나 남편이 아기를 신생아실로 데리고 가면, 아기는 신생아실에서 체중을 재고, 키를 재고, 발도장과 손도장을 찍게 된다. 감염을 막기 위해 눈에 안약을 넣는다. 출산하고 24시간 안에 아기는 신체검사를 받는다.

건강상태 체크를 위해 아프가 검사는 필수다

아기는 출생 후 1분과 5분 뒤에 각각 한 차례씩 아프가 검사를 받는다. 아프가 검사란 신생아의 건강을 전반적으로 검진해서 점수로 평가하는 검사이다. 일반적으로 아프가 검사 점수가 높을수록 아기는 건강하다. 아기는 5개 부문에서 검진을 받는데, 각 부문은 0, 1, 2점으로 평가되며 총점은 10점이다.

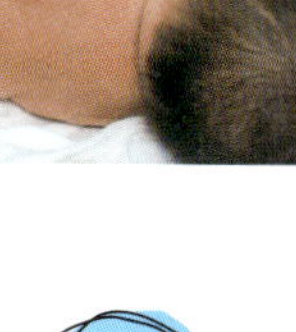

♡ 진통과 분만에서
산후조리까지
남편의 배려가
필요해요

아내가 진통과 분만을 할 때 아내를 도와줄 수 있는 방법을 미리 생각해 두자. 위로의 말은 어떻게 할지, 아파하는 아내를 어떻게 도와줄 수 있을지. 축하객이 많이 찾아와 병실이 너무 소란스럽거나 북적댈 때는 어떻게 해야 할지 등을 미리 생각해 두도록 한다. 남편은 아내가 최대한 편히 쉬면서 몸조리를 할 수 있게 도와주어야 한다.

10점 만점을 맞는 아기는 드물다. 정상 분만의 경우 아기들은 대부분 7~9점을 받는다. 1차 아프가 검사 점수가 낮은 아기는 인공호흡기를 부착해 분만 스트레스를 해소하고 호흡할 수 있도록 자극을 준다. 대부분의 경우, 분만 5분 뒤에는 아기가 더욱 활발해지고 자궁 밖의 환경에 더 잘 적응하게 되어 2차 아프가 검사 점수가 1차 아프가 검사 점수보다 좋게 나온다.

● 신생아 아프가 검사

기능	검 진 내 용	점수
심장 기능	심박동이 없다	0점
	심박동이 분당 100회 미만으로 느리다	1점
	심박동이 분당 100회가 넘는다	2점
호흡 기능	아기가 호흡을 하지 못한다	0점
	아기가 느리게, 불규칙적으로 호흡한다	1점
	아기가 울음소리를 내고 호흡을 잘한다	2점
근육 기능	팔다리가 맥없이 축 늘어져 있다	0점
	움직임이 있고, 팔다리를 약간이라도 구부린다	1점
	활발하게 잘 움직인다	2점
반사작용 기능	등이나 팔을 문지르는 등 자극을 가해도 아무 반응이 없다	0점
	자극을 주었을 때 약간 몸을 움직이거나 얼굴을 찌푸린다	1점
	활발하게 움직인다	2점
피부색	아기가 창백한 청색이다	0점
	몸은 분홍색인데 팔다리는 청색이다	1점
	몸 전체적으로 완전히 분홍색이다	2점

진통이 시작되면 금식한다

진통이 시작되었다고 생각되면 아무것도 먹지도 마시지도 말아야 한다. 가벼운 음식물이라도 위 속에 들어 있으면 진통 중에 메스꺼움을 느끼고 구토를 일으킬 수 있다. 임신부의 건강과 쾌적함을 위해서는 이런 문제를 피하는 것이 좋으며, 이를 위해서는 위장을 비워 놓아야 한다.

먹고 싶은 생각은 없을지 모르지만 갈증은 느낄 수 있다. 그러나 진통 중에는 앞에서 말한 것과 같은 이유로 아무것도 마시지 않는 것이 좋다. 찬물로 입술을 축이거나 얼음을 빨아먹거나 젖은 수건을 빠는 것은 괜찮다.

진통시간이 길어지면 정맥주사로 체내에 수분을 공급한다. 출산 뒤에는 별 문제가 없는 이상 금방 음식을 먹을 수 있다.

제대혈

'제대' 는 아기가 나온 후 남은 탯줄과 태반을 말하는 것으로 '제대혈' 은 바로 신생아의 탯줄과 태반에 있는 혈액이다.

제대혈에는 혈액과 면역체계의 기초가 되는 조혈모세포와 근육, 연골, 신경, 뼈 등을 만드는 간엽줄기세포가 포함되어 있다. 보통 골수나 아기의 태반과 탯줄에 존재하는 조혈모세포는 생명을 이어가는 데 있어 절대적으로 필요한 것이다. 이 세포는 모든 혈액 세포, 골수세포 등의 시초가 되는 세포로 스스로 복제를 할 수 있을 뿐 아니라 어떤 혈액세포로도 나누어질 수 있는 세포이다.

제대혈로 치료가 가능한 질병

현재 제대혈로 치료가 가능한 질병에는 백혈병과 암 질환, 선천성대사장애, 악성 혈액질환, 면역장애질환 등 골수 이식을 필요로 하는 질병들이 있다. 하지만 앞으로는 당뇨병이나 파킨슨병 같은 노인성 질환도 치료가 가능할 것으로 보인다.

가족 제대혈과 공여 제대혈의 구분

제대혈 은행에는 탯줄을 보관한 본인이나 가족의 질병 치료를 목적으로 보관하는 가족 제대혈 은행과 탯줄을 보관한 본인과 가족은 물론 타인까지 혜택을 누릴 수 있는 공여 제대혈 은행이 있다. 단, 공여 제대혈은 제대혈을 보관한 본인이 소유권을 포기하는 것이므로 본인의 제대혈을 사용할 수 없다는 단점이 있다. 또한 타인의 제대혈을 사용할 경우 추가 비용이 발생한다.

내용	가족 제대혈 은행	공여 제대혈 은행
제대혈 보관 비용	평균 100~130만원 선	약 30만원 지불 or 무상 기증
신청서	개인보관 신청서	기증동의서
소유권	의뢰인	없음
사용 시 절차	일반적으로 바로 사용 가능	추가 비용 지급 후 사용
보관 목적	아기와 가족의 질병 치료	본인, 가족, 타인의 질병 치료

제대혈 은행을 고를 때 체크 포인트

● 지속적으로 운영하는 회사인지 확인한다

제대혈 보관기간은 해당 업체마다 조금씩 차이가 있지만 평균 15년에서 20년으로 기간이 길다. 지속적으로 믿고 맡길 수 있는 회사를 선택한다.

● 기업의 전문성과 기반 시스템을 확인한다

제대혈에 관한 전문적인 지식과 시스템을 갖춘 회사인지 확인한다. 제대혈 전용 보관 시설은 어떠한지, 정확한 시간에 운반, 보관, 관리가 가능한지, 꼼꼼히 체크해야 한다.

● 이식 경험이나 규모를 고려한다

보관하고자 하는 회사의 이식 경험을 확인한다. 이식 경험이나 기술력, 안전 보관이 검증된 업체를 선택하는 것이 좋다.

제대혈 궁금증 베스트

Q 제대혈 보관 시 사용할 수 있는 사람의 범위는 어떻게 되나요?
A 제대혈은 본인과 조직적합성 항원이 맞는 형제자매, 부모까지 사용이 가능하다. 6개의 조직적합성 항원 중 일정 개수 이상 일치가 되어야 이식이 가능한데, 형제자매 간 조직적합성 항원이 완벽하게 일치될 확률은 약 25% 정도이다. 또 부모, 자식 간에는 완벽하게 일치하긴 어려우나 의학적 적합성 범위 내에서 이식이 가능하므로 제대혈을 공유할 수 있다.

Q 공여 제대혈 이식 시 비용은 얼마인가요?
A 일반적인 공여 제대혈 은행은 단순 기증의 의미를 지니므로 본인의 제대혈을 사용할 수 없다. 공여 제대혈 이식 시 한국조혈모협회를 통해 약 800만원을 지불한 후 사용할 수 있다. 따라서 기증한 본인보다는 타인을 위한 제공의 의미가 크다.

Q 제대혈 보관 신청은 언제 해야 하나요?
A 평소 다니는 병원 담당 의사에게 제대혈 채취 의사를 알리고, 탯줄 은행으로 신청하면 된다. 시기는 출산 전 업무처리절차를 감안하여 보통 출산예정일 1개월 전에 신청하는 것이 좋다.

Q 아기와 혈액형이 다른데 이식이 가능한가요?
A 조혈모세포 이식은 일반적인 장기이식과는 다르므로 혈액형이 달라도 이식이 가능하다. 게다가 혈액형 항체를 제거하거나 최소화하므로 부작용은 없다.

* 자료 제공 메디포스트 셀트리

3

태교지수 높이는 행복한 태교40주

건강한 아기, 똑똑하고 머리 좋은 아기, 상상력이
탁월하고 감성이 풍부한 아기, 마음이 따뜻하고
자연친화력이 뛰어난 아기를 낳고 싶은 것은 세상
모든 부모의 소망이다. 엄마와 아빠의 사랑을 듬뿍
실어 이야기를 나누며 태아의 정서발달을 돕는
태담태교, 아름답고 지혜로운 이야기를 들려주며
태아의 잠재력을 키워주는 동화태교, 태아의 두뇌에
최고의 영양분을 제공하고 풍부한 감성을 자극하는
음악태교와 미술태교, 총명하고 튼튼한 아기 낳는
전통태교 등으로 우리아기 태교지수를 높여보자.

맞춤태교플랜

왜 태교를 해야 할까?

태교를 해야만 하는 이유에 대해서 깊이 생각하는 부모는 그리 많지 않을 것 같다. 그저 '남들이 다 하니까, 해서 나쁠 것은 없으니까' 하는 생각이었고, 그것도 그저 가끔 익숙지 않은 클래식 음악 듣고, 남편이 동화책 읽어 주는 정도면 훌륭한 태교라고 생각했다.

하지만 최근 들어 태교의 효과가 과학적으로 입증되면서 태교에 대한 인식이나 태도도 많이 바뀌고 있다. 특히 주목할 만한 것은 우리 전통 태교법에 대한 관심이 전에 없이 높아지고 있다는 사실이다. 이는 세계적인 전문가들이 제시한 태교 지침들이 우리나라 전통태교의 그것과 거의 흡사하다는 사실에 따른 것이다.

예전에는 막연히 "태교를 잘해야 똑똑한 아이가 태어난다."고 했다. 그런데 과학적으로 그것을 입증해 줄 만한 연구 결과가 발표되었다. 또한 "태교를 잘해야 건강한 아이를 낳을 수 있다."고 했는데, 이것 또한 태교와 생후 아이 건강의 연관성을 밝혀 주는 연구 결과가 발표되었다. 그런가 하면 "심성이 고운 아이를 낳으려면 태교를 잘해야 한다."는 말도 있었는데, 태아 시절 극심한 스트레스를 겪었던 엄마에게서 태어난 아이들에게서 정신질환 등의 문제가 많이 나타난 사실도 입증되었다. 이런 연구 결과 덕분에 이젠 그 누구도 태교의 필요성과 중요성에 이의를 제기하는 사람이 없게 되었다.

"태어나 10년 교육보다 태아 10개월 교육이 중요하다." 조선시대 태교 입문서라고 할 수 있는 영조 때 사주당 이씨 부인이 쓴 〈태교신기〉의 한 구절이다. 태교의 중요성과 그 효과를 단적으로 보여 주는 문구다. 태어나 받는 조기교육, 영재교육, 영어교육 등 각종 교육보다 태중에서의 열 달 교육이 훨씬 더 중요하다는 말이다. 사정이 이렇고 보니 앞으로 이 나라의 국가경쟁력은 태아를 품고 있는 임신부의 몫이라고 말해도 과언이 아닐 것이다.

역사적으로 위대한 인물들의 뒷얘기 속에는 언제나 어머니의 훌륭한 태교가 있었다. 조선시대의 어진 임금들의 내력을 살펴도 이들을 하늘같이 모셨던 태중 시절이 있었음을 알 수 있다. 이처럼 예전부터 어머니들은 본능적으로 뱃속의 태아를 위해 태아교육을 하고 있었던 것이다. 그것이 우리나라에서는 '태교'라는 이름으로 불리웠고, 서양에서는 최근 '태아 프로그래밍'이라는 이름으로 불리고 있다.

오늘날 많은 부모들이 태교를 하는 가장 핵심적인 이유는 태교를 함으로써 똑똑하고 건강한 아이를 낳을 수 있다는 믿음 때문일 것이다. 각종 연구 결과를 보면 이런 사실을 입증할 수 있다. 인간의 지능은 80%가 유전이라는 것이 오랫동안의 상식이었는데, 최근 미국의 한 연구팀이 오랜 연구를 통해 지능에서 유전자가 차지하는 비율은 단지 48%일 뿐이며, 나머지는 태내환경이 결정한다는 놀라운 연구 결과를 발표한 것이다.

평생 건강 좌우하는 태교

동양에서는 아기들이 태어나자마자 한 살이라고 친다. 태어나서 열두 달을 살아야 비로소 한 살로 인정하는 서구의 경우에 반해 동양에서는 엄마 뱃속에서의 열 달까지 아이의 삶으로 인정해 주는 것이다.

뱃속에서 이미 보고 듣고 느끼기까지 하는 태아를 하나의 생명체로 인정하는 것이 사실상 더 정확하고 과학적이라는 주장이 나오고 있다. 이런 분위기에 힘입어 최근 서구에서도 엄마 뱃속은 물론 임신 전의 시간까지도 중요시하는 경향이 확산되고 있다.

최근 서구에서 인기를 얻고 있는 임신 프로그래밍에서는 임신부들에게 자신만의 임신 프로그램을 만들라고 제안한다. 임신부는 자신의 건강과 식습관, 운동 스타일, 스트레스 정도에 따라 자신에 어울리는 임신 프로그램을 짜야 한다.

임신 프로그램이라는 것이 바로 '태교'다. 어차피 사람들은 각자의 생활 패턴이 있으므로 보편적인 프로그램과 함께 자신의 라이프 스타일에 맞는 태교 프로그램을 가져야 한다는 말이다. 그런데 진정으로 완벽한 임신 프로그램을 원한다면 임신하기 전부터 자궁뿐 아니라 여성의 몸 전체를 임신할 수 있는 최상의 상태로 만들어 놓아야 한다는 주장이 있다. 건강한 아이는 건강한 임신부로부터 나온다는 믿음 때문이다.

아기의 건강은 태내 환경에서 결정된다. 신체적 기형은 물론 심장병, 고혈압, 당뇨, 암, 정신적 질환까지 자궁 환경이 결정적인 영향을 끼친다. 결국 임신부의 건강이 태아의 건강을 지키는 지름길임은 물론 앞으로 국가 경쟁력의 뿌리라고도 할 수 있다.

거창하게 나라를 걱정하지 않더라도 건강한 아기를 낳는 것은 엄마가 자녀에게 해 줄 수 있는 최고의 선물이자, 나아가 화목한 가정을 이루는 밑거름이 된다.

IQ를 결정하는 태교

우리나라뿐만 아니라 서양에서도 '인간의 IQ는 80%가 유전된다'는 것이 정설이었다. 그러나 최근 여러 연구 결과에 의해 이런 믿음이 조금씩 흔들리고 있다.

최근의 많은 연구 결과들 중 가장 믿을 만한 것은 미국 피츠버그 대학팀의 연구 결과이다. 이 연구에 의하면 유전자는 사람의 IQ를 결정짓는 데 48%의 역할밖에 하지 않는다고 한다. 인간의 지능지수 형성에는 자궁 내 환경, 즉 태내 환경이 결정적이라는 것이 이들이 내놓은 결론이었다.

이런 결과를 보고 너무 태교로만 몰고 가는 것 아니냐고 반기를 드는 사람도 있을 지도 모른다.

하지만 이 연구는 무려 5만 명의 어린이를 대상으로 한 것이었고, 세계적인 과학전문지인 〈네이처〉에 실린 것이어서 설득력을 더한다.

이 연구 결과가 발표되기 전에도 사람들은 지능지수라는 것이 뇌와 관련이 있는 것으로, 지능지수가 좋다는 것은 곧 뇌가 잘 발달된 것을 말하는 것이라는 사실을 잘 알고 있었다. 그리고 태아 시기에 사람의 뇌가 폭발적으로 발달하는데 스트레스나 나쁜 영향을 받으면 뇌가 수축하기도 하고, 제대로 발달하지 못한다는 사실도 익히 알고 있는 것이었다.

이런 사실에 비추어 보더라도 태아 시절 태교가 제대로 되지 못하면 뇌가 제대로 발달하지 못할 것이고, 제대로 발달되지 못한 뇌를 갖고 태어난 아이가 똑똑하긴 어렵다는 것은 누구나 알 수 있다.

물론 여기서 태교가 결정적이라는 것이지 전부라는 얘기는 아니다. 그러므로 태어난 후의 교육과 육아도 중요하다. 하지만 똑똑한 아이를 얻고 싶고 그러기 위해 노력하는 부모가 되고 싶다면 태교부터 차근차근 아이의 뇌 발달을 위해 애쓰라는 것이다.

똑똑하고 재능 있는 아기 낳는 태교

스세딕태교

네 자녀를 천재로 만든 평범한 부부의 태교법

미국의 평범한 부부가 IQ 160이 넘는 천재들을 낳아서 화제가 된 태교법이다. 스세딕태교는 엄마 아빠의 충만한 사랑을 바탕으로 철저하게 계획을 세우고 적극적으로 실천하면 누구나 똑똑한 아기를 가질 수 있다는 것을 보여 준다.

기계공인 아버지와 평범한 어머니 사이에서 태어난 네 명의 딸들이 모두 IQ 160 이상이어서 한때 미국인들을 놀라게 했다. 이것은 유전을 뛰어넘어 다른 뭔가가 있음을 시사하는 일대 사건이었다.

이 평범한 부부가 실천한 것은 태내교육이었다. 아기는 태어나기 전부터 배우기 시작한다는 건 누구나 아는 사실이지만 태아에게 무엇을 가르쳐야 할지는 막막한 문제다. 그러나 스세딕 부인은 태아에게 무엇을 가르쳐야 할지 알고 있었다. 뱃속아기에게 끊임없이 말을 거는 자궁대화법과 카드를 이용해 숫자와 글자를 가르치는 카드학습법을 꾸준히 실천했다. 이것이 스세딕태교의 핵심이다.

스세딕태교에서는 임신 5개월을 기준으로 임신 기간을 전기, 후기로 나눠서 태내교육을 하라고 한다. 그 실천방법들이 특별한 것은 아니다. 누구나 아는 방법들이지만 태아에 대해 얼마나 신념을 가지고 얼마만큼 노력하며 실천하는지에 따라 결과가 달라질 뿐이다.

스세딕 부부는 '태아는 천재'라는 믿음 아래 임신 때부터 태아에게 꾸준히 말을 걸고 카드로 글자와 숫자도 가르쳤다. 음악도 들려주고 그림책도 읽어 주며 엄마 아빠의 생활을 자연스럽게 이야기해 주었다.

스세딕태교의 포인트

♥ 자궁대화를 나눈다

스세딕 부인은 어떻게 네 딸 모두를 똑똑하게 낳았을까. 그녀의 태교에서 빼놓을 수 없는 한 가지가 바로 '자궁대화'이다. 자궁대화란 특별한 기술을 요하는 어려운 태교법이 아니라 동서고금을 막론하고 어머니들이 해오던 태교법이었다.

다른 것이 있다면 좀더 적극적으로 뱃속에 있는 태아와 끊임없이 대화를 나누었다는 것. 아이를 키울 때 엄마는 수다쟁이가 되어야 한다고 하지만 실은 태아 때부터 엄마는 수다쟁이가 되어 일상에서 벌어지는 일들부터 시작해 엄마가 오감으로 느끼는 것들을 아기에게 전해 주는 것이 좋다.

스세딕 부인은 아기를 가질 때마다 뱃속아기와 끊이지 않고 대화를 나누었다. 대화를 통해 뭔가를 학습시키려는 것이 아니라 가슴에서 우러나는 아기에 대한 애정을 바탕으로 자연스럽게 대화를 한 것이다.

태어난 후에도 그녀는 아기에게 사랑을 듬뿍 담아 이름을 불러 주며 얼러 주고 노래를 불러 주는 등 많은 이야기를 들려주었다고 한다.

💜 그림책을 많이 읽어 준다

동화태교가 좋다는 것은 익히 아는 사실. 스세딕 부인도 소박하면서도 아름다운 그림이 그려진 책을 통해 많은 이야기를 들려주었다. 선과 색이 선명하면서 아름다운 내용을 담고 있는 이야기를 통해 꿈과 희망, 우정 등을 알게 하고 자궁대화의 내용을 폭넓게 했다.

💜 카드를 활용한다

숫자, 글자, 도형 등 다양한 인지학습을 시키는 데 있어 카드를 활용했다. 흰 도화지에 선명한 색으로 글자나 숫자 등을 써서 카드를 만드는데, 손쉽게 만들어 다양하게 활용할 수 있다. 생긴 모양을 설명해 주기도 하고 연상되는 이미지를 이야기하기도 하며 실생활에서 보이는 물건들을 직접 예로 들어 말해 준다.

💜 사랑을 듬뿍 준다

스세딕 부인은 태교를 하고 조기교육을 시켜 네 자매가 모두 똑똑하고 감성이 풍부하고 정서적으로 안정된 아이들로 자랐다.

이런 결과는 태교도 태교지만 무엇보다 흘러넘치는 사랑이 없었다면 나올 수 없었다. 스세딕태교에 유달리 특별한 것이 없는 것만 봐도 알 수 있다. 다만 이들 부부처럼 신념을 가지고 적극적으로 실천하는 것이 어려울 뿐

이다. 뭔가를 바라면서 목적을 가지고 하는 것이 아니라 아기에 대한 넘치는 애정이 그 바탕이 되었을 때 좋은 결실을 맺을 수 있다는 걸 보여 준다.

스세딕태교 방법

💜 임신을 미리 계획한다

흔히 태교라고 하면 임신하고 난 후부터 시작하는 것이라고 생각하기 쉬운데 진정한 태교는 초경의 시작부터 난자와 정자가 만나는 수태기, 임신 후까지 부모가 미래의 아기를 위해 만들어 가는 환경과 교육 전부를 말한다.

스세딕 부인도 임신 전부터 엄마 아빠가 될 마음의 준비를 특히 강조한다. 엄마 아빠가 깊이 사랑하고 미리 계획을 세운 다음 건강한 정자와 난자가 만나야 한다는 것.

건강한 정자와 난자가 만나기 위해서는 엄마 아빠가 육체적으로나 정신적으로 건강해야 하는 것은 당연지사다. 마음이 불안정하면 혈액이나 체액이 산성으로 기울어 결과적으로 태아에게 안 좋은 영향을 미치기 때문이다.

임신을 미리 계획하는 것도 중요하다. 계획 하에 임신을 하면, 임신 사실을 확인하지 못했을 때라 할지라도 임신이 되는 기간 동안 태아에게 위험한 행동이나 나쁜 말을 하지 않을 것이기 때문이다. 실제 계획임신을 하면 기형아 출산율도 낮다는 보고가 있다. 임신부도 덜 불안하기 때문에 태아가 태내에서 편안하게 보낼 수 있다.

💜 태교를 위한 준비를 한다

임신 계획이 세워졌다면 임신 동안 쓸 태교 준비물도 미리 마련한다. 우선 꿈과 희망이 있고 색채가 풍부한 그림책들을 준비한다. 글자카드와 숫자카드도 필요한데, 이것은 임신 후기에 사용하게 되지만 임신 전에 미리 만들어 둔다. 1부터 10까지 씌어진 숫자카드 두 벌과 '+, -, =' 등의 수식을 쓴 카드를 만든다. 카드는 하얀 바탕에 여러 가지 색을 잘 조화시켜 한눈에 들어올 수 있도록 만들어야 한다. 글자카드도 준비한다.

모음과 자음을 따로 준비하고 또 그것들이 합쳐진 문자카드도 준비한다. 각각의 낱말을 사용한 단어카드도 만든다.

💜 태교 실전을 익힌다

임신 초기 (수태~임신 16주)

● 태아에게 말을 많이 건다

한마디로 엄마가 수다쟁이가 되어 아침에 잠에서 깰 때부터 잠들 때까지 무슨 생각을 하고 있으며 어떤 행동을 하고 무엇을 느꼈는지 태아에게 들려준다.

태담을 하다 보면 아기의 존재감이 생기게 되고 부모의 사랑을 빨리 전해 줄 수 있게 된다. 임신 순간부터 태아를 실제 아기로 인식해야 진정한 태아와의 대화가 이뤄진다.

● 그림책을 많이 읽는다

색채가 풍부하고 아름다운 내용의 동화책을 많이 읽어 주는 것은 태아의 상상력과 독창력을 길러 주는 데 도움이 된다.

스세딕 부인은 임신 2개월이 지나면서 동물그림이 많이 있는 소박하고 아름다운 동화책을 읽어 주었다고 한다.

이야기의 전개에 따라 희로애락의 감정을 담아 목소리의 높낮이를 달리 해 가며 읽어 주되 책에 싫증을 느끼지 않게 여러 권을 준비해 돌려 가면서 읽는다.

스세딕 부인은 아기가 좋아하는 그림책이 따로 있다고 한다. 빨강, 파랑, 초록 등 원색적인 색감에 선이나 색이 분명하고 그림이 단순한 책이다. 글도 너무 많은 것은 피하는 게 좋은데, 페이지의 반을 넘지 않는 것을 고른다.

● 아빠의 목소리를 자주 들려준다

아빠의 목소리는 저음이어서 엄마 목소리보다 태아가 더 잘 듣는다고 한다. 그러나 엄마와 지내는 시간이 많다 보니 태아는 아빠의 목소리에 익숙하지 않다. 그러므로 태아가 아빠의 목소리에 익숙해질 수 있게 시간을 정해 놓고 상냥한 목소리로 그날 있었던 일상적인 일들에 대해 이야기하면 된다. 이때, 아빠는 엄마의 배에서 50cm 정도 떨어진 곳에서 이야기하는 것이 좋다.

● 주변에서 보고들은 것을 말해 준다

산책을 하거나 혹은 거리를 걸을 때는 주변의 풍경에 대해서 이야기한다. 하늘의 구름, 놀이터의 아이들, 진열대에 걸린 예쁜 색깔의 옷, 지나가는 자동차 등 거리에서 보이는 모든 사물들에 대해 태아에게 이야기해 준다.

엄마가 흥미와 관심을 가지고 보면 이것이

태아의 감각과 사고를 자극시켜 풍부한 간접 경험을 할 수 있게 한다.

● 음악을 듣거나 노래를 부른다

엄마가 좋아하는 음악 위주로 다양한 장르의 음악을 듣거나 노래를 직접 부른다. 태아에게 음악을 들려주면 감수성이 풍부해지고 정서가 발달된다. 늘 조용하고 아름다운 선율의 음악을 가까이 한다. 평소에 좋아하는 음악 중에 밝고 평온한 곡으로 골라 몇 곡을 녹음해 되풀이해서 듣는 것도 도움이 된다.

임신 후기 (임신 17주~출산)

● 숫자카드로 숫자와 수학을 가르친다

임신 5개월부터는 태아에게 본격적인 학습을 시킬 수 있다. 태아가 받아들일 수 있는 이야기의 범위도 넓어진다.

임신 전에 미리 준비한 숫자카드로 숫자를 가르친다. 예를 들면 '1'이라는 숫자를 볼 때 '연필을 세워 놓은 모양', '오이를 닮았다'고 연상하고 설명하는 식이다. 또 가까이에 보이는 물건을 들어 '한 권의 책' 등으로 표현한다. 물건을 직접 보여 주며 '하나', '일' 하고 또렷한 목소리로 되풀이해 소리 내어 말을 해야 한다.

그리고 "여기 있는 사과 한 개와 저기 있는 사과 한 개를 합치면 모두 몇 개일까요?" 한 다음 앞에 놓인 사과를 뚫어지게 쳐다보며 태아와 함께 생각한다. 그리고 "두 개." 하고 말한다. 다 끝난 후에는 "참 잘했어요." 등으로 격려나 칭찬의 말을 꼭 한다.

스세딕 부인은 엄마가 태아와 함께 생각하는 과정에서 태아는 뇌를 자극 받아 학습하게 된다고 주장한다. 그러나 이 또한 엄마 자신이 즐겁게 하지 않으면 그 감정이 태아에게 전달되어 아무리 가르쳐도 전혀 성과를 거두지 못할 수도 있다고 당부한다.

● 글자카드로 단어 · 말 · 글자를 가르친다

태아의 기억력은 임신 6개월에서 시작되어 8개월이면 완성된다. 이 무렵 글자카드로 글자를 가르치면 효과를 볼 수 있다. '가' 부터 '하' 까지 받침이 없는 글자를 하루에 다섯 자씩 가르친다.

그리고 그 글자로 시작되는 몇 개의 단어를 가르치는데, 글자를 가르칠 때는 여러 번 정확하게 발음하면서 글자 모양을 손가락으로 그려 나간다. 단어는 한 글자당 3개 정도를 가르치며 단어에 대한 이미지도 곁들여 설명한다.

● 산책으로 세상을 보여 준다

산책은 맑은 공기를 쐴 수 있고 운동도 되고 태아에게 다양한 경험을 줄 수 있어 많은 도움이 된다.

산책을 하면서 눈에 보이는 모든 것들을 태아에게 전달한다. 자연과 사람의 모습, 여러 색깔의 물건들, 계절의 변화, 바람 등을 실제로 느끼며 설명해 준다.

산책을 할 때는 처음부터 빠른 속도로 오랫동안 걸으면 피로하기 쉬우므로 서두르지 말고 느긋하게 걷는다. 산책 시간은 오전 10시부터 오후 2시 정도가 좋은데, 이 시간대는 하루 중 자궁 수축이 가장 적고 배도 안정되어 있다.

● 동화책을 통해 용기 · 정의 · 우정 등에 대해 알려 준다

용기나 정의, 우정 등 추상적인 개념들을 동화책을 통해 알게 해 준다. 사진이나 그림에 나오는 갖가지 동식물과 세계의 풍경, 육지와 하늘의 탈것 등을 엄마의 목소리로 설명해 준다. 피터팬이 펼치는 꿈의 세계나 돈키호테의 용기를 엄마의 머릿속에서 충분히 이미지화하여 태아에게 전달해 준다.

● 일상생활 이야기를 들려준다

일상생활에서 접하는 모든 느낌과 감정을 태아에게 이야기해 주면 태아의 지능을 높일 수 있다. '딱딱하다', '부드럽다', '달콤하다' 등 오감을 통해 느끼는 것을 말로 표현해 주면 태아의 인식을 훨씬 빠르게 하고 감각 발달을 좋게 한다.

● 아빠의 목소리로 뇌를 자극한다

임신 후기에는 청각이 어른처럼 발달해 외부의 모든 소리에 민감하게 반응한다. 아빠의 목소리 또한 아기를 기분 좋게 하는 소리로, 태아의 뇌를 자극한다.

아빠는 태아가 신뢰감을 가질 수 있도록 또렷하면서도 상냥한 목소리로 하는 일이나 희망, 취미 등 다양한 주제에 대해 이야기해 주는 것이 좋다. 태아의 탐구욕과 지적 호기심이 왕성해져 정서가 풍부하고 머리 좋은 아이로 자랄 수 있게 된다.

수학태교

뇌 발달을 자극하는 수리태교

수학태교는 말 그대로 수학과 관련한 태교법인데, 학습능력이 생기기 시작하는 임신 4개월 이후부터 시작하는 것이 좋다. 수학태교를 통해 아기는 숫자와 친근해지고, 다양한 문제들을 풀어 가는 방법을 발견하면서 사고력을 키우게 되며 논리성과 창의력도 키울 수 있다.

수학태교의 방법

💜 셈과 도형, 숫자를 이야기해 준다

생활 속에서 간단하게 수학과 연결된 부분을 찾아보자. 시계를 보는 것부터, 가계부를 쓰고, 물건을 살 때 개수를 세고 무게를 다는 것, 과일을 모양내어 깎는 일까지도 전부 수학과 관련된 일이다.

그런 장면들을 놓치지 말고 태아에게 이야기해 주자. 예를 들어, 귤 하나를 들고서도 "아까 가게에서 이 귤을 10개에 2,000원 주고 사왔어. 이 새콤달콤한 귤은 한 개에 200원인 셈이지." 하는 식으로 이야기해 줄 수 있다. 이런 방법들은 뱃속의 아기에게 실물과 숫자를 연결시켜 느끼게 해 준다. 사물을 이용해서 분류하기, 짝짓기, 구분하기, 순서 만들기 등 다양한 수학 놀이를 할 수 있다.

💜 숫자 카드를 이용한다

도화지에 숫자를 색색깔로 써서 숫자카드를 만든다. 카드의 숫자를 여러 번 정확하게 발음하면서 숫자 모양을 손가락으로 그리고, 숫자마다 연상되는 여러 가지 모양을 덧붙여서 설명해 주면 좋다.

스케치북에 숫자 '2'를 쓰고 읽어 준 다음 "숫자 2는 오리 모양과 닮았단다." 하는 식으로 이야기해 주면서 숫자 위에 오리를 두 마리 그려 주는 것도 재미 있는 방법이다.

💜 수학 관련 동화책을 활용한다

유아의 수 개념이나 도형 개념, 공간 개념과 관련된 그림책이나 동화책을 읽으면서 이야기해 주는 방법도 있다. 그림책이나 동화책에는 다양한 그림과 재미있는 이야기가 자연스럽게 곁들여져서 수학의 딱딱함이 느껴지지 않아서 좋다.

영어태교

글로벌시대에 꼭 필요한 언어태교

태아에게 영어태교를 한다고 하면 많은 이들이 어처구니없어 할지 모른다. 하지만 영어태교는 영어보다는 태교에 중점을 두고 있다. 태교를 하는데, 이왕이면 영어로 하자는 것이다. 태아 때부터 엄마가 영어를 사용해 영어에 익숙한 환경을 만들어 주자.

태교를 하되 그냥 막연히 태담을 나누는 것이 아니라 영어라는 테마를 가지고 하는 것이 영어태교이다. 요즘 많은 임신부들이 관심을 갖고 있는데, 영어태교는 태내에서부터 하는 교육에 특히 중점을 둔 것이라고 생각하면 된다.

태아의 뇌는 무한한 잠재력을 가진 백지와도 같은 상태이다. 그만큼 이 시기에 받는 자극이 중요하다는 얘기다. 태아는 엄마의 뱃속에서 엄마가 보고 듣고 느끼는 모든 것에 고스란히 영향을 받는다. 엄마의 목소리를 기억하고 태아 때 들었던 음악을 기억하는 등 뱃속에 있을 때 어떤 자극을 받았느냐는 태어난 이후에도 영향을 미친다.

물론 영어태교를 한다고 해서 영어를 아주 잘할 거라는 지나친 기대는 하지 말자. 음악을 열심히 듣는다고 태어난 아이가 모짜르트처럼 위대한 음악가가 되는 것이 아니고 미술태교를 열심히 한다고 화가가 되는 것이 아니듯 같은 이치다.

영어태교의 기본 또한 엄마가 즐겁게 하는 것이다. 즐거운 마음으로 편안하게 태아에게 영어로 말하고, 노래를 들려주면 태아에게 좋은 뱃속 환경을 만들어 주게 된다. 뱃속에서부터 영어를 접한 태아는 그만큼 지능이 좋아지고 태어난 후에도 영어에 훨씬 친숙한 느낌을 갖게 된다.

💜 영어태교는 엄마가 즐거워야 한다

영어 하면 주눅부터 드는 사람들이 많다. 머릿속에서는 영어가 맴도는데도 막상 입 밖으로는 내뱉지 못한다. 발음이나 액센트 등에 자신이 없기 때문이다. 문장은 맞는 건지, 발음은 정확한 건지 등 걱정부터 앞선다.

영어태교는 태아가 영어 특유의 리듬감이나 액센트, 발음 등에 미리 익숙해질 수 있도록 하는 데 의의가 있는 것이지 제대로 된 학습을 시키려는 것이 아니다. 그리고 엄마가 시험을 보는 것도 아니기 때문에 영어태교로 인해 오히려 스트레스를 받는다면 하지 않는

것이 낫다.

전문가들에 의하면 반나절, 또는 하루 종일 태아와 영어 공부를 하지 않는 이상 태아가 엄마의 발음을 닮는 일은 없다고 한다.

영어태교에 있어 무엇보다 중요한 것은 영어에 대한 거부감 없이 즐겁게 하려는 마음가짐이다. 영어를 잘하지 못해도 즐겁게, 편안하게 공부할 자세가 되어 있으면 그 마음이 그대로 태아에게 전달되어 좋은 자극이 된다.

💜 외부의 소리를 듣는 임신 6개월 무렵부터 시작한다

'영어 잘하는 엄마' 로 소문난 서현주 씨는 아기로 하여금 뱃속에서부터 영어에 익숙해지게 하려고 동요를 듣고 동화책을 읽는 영어태교를 실천했다. 아들, 딸 두 아이에게 모두 영어태교를 하였는데, 태교의 효과를 실감한다고 말한다. 그녀는 영어는 빨리 시작할수록 외국어라는 거부감 없이 모국어처럼 쉽게 받아들일 수 있다고 말한다. 그래서 이왕이면 태교부터 영어로 해 주면 좋다는 것이 서현주 씨의 생각이다.

태교를 영어로 하려고 하는데 막상 어떻게 시작해야 하는지 막막하다. 언제 시작하는 것이 좋을까. 태아는 임신 6개월 무렵부터 외부의 소리를 듣기 시작한다. 엄마의 심장 소리, 말소리, 아빠의 목소리, 이 밖에 크고 작은 소음들을 듣기 시작한다.

이때 태아는 외부의 소리에 민감하게 반응하고 동시에 들은 정보를 뇌에 저장한다. 이 시기에 영어태교를 본격적으로 하면 된다. 그러나 반드시 시기에 구애받을 필요는 없다. 언제든 엄마가 영어를 공부하고 싶은 때에 시작하는 것이 좋다. 굳이 태아에게 기준을 맞출 필요는 없는 것이다.

임신을 기회로 영어 공부를 본격적으로 시

작하면 두 마리 토끼를 잡을 수 있다. 첫째는 뱃속아기에게 일찍부터 영어를 접하게 할 수 있고, 둘째는 엄마 자신의 영어 실력 향상을 꾀할 수 있다는 것. 영어 없이는 활동하기가 불편한 시대에 살고 있는 만큼 누구든 영어를 배워야 한다는 데는 공감하고 있다.

영어태교의 방법

💜 영어로 뱃속아기와 대화한다

태아의 뇌 속에는 수많은 신경세포들이 있다. 이 신경세포들은 자극을 많이 받을수록 성장, 발달한다. 태아의 뇌세포를 자극시킬 수 있는 가장 좋은 방법이 태담이라고 전문가들은 말한다. 엄마, 아빠가 꾸준히 태아에게 말을 걸어 주는 것만큼 좋은 자극은 없다.

이때 뱃속아기와 영어로 대화를 나눠 보자. 우리말로 하는 태담도 어색해서 하기가 힘든데, 어떻게 영어로 하느냐고 반문하는 사람이 많을 것이다. 하지만 뱃속아기에 대한 사랑과 무한한 잠재성에 대한 신념이 있다면 그리 어려운 일도 아니다. "Good morning, baby." 하고 가볍게 아침인사부터 시작해 보자. 배를 부드럽게 쓰다듬으며 뱃속아기에게 영어로 한두 마디씩 건네다 보면 익숙해진다. 또 애칭을 만들어 부르면서 하면 말 걸기가 좀더 쉽다.

단, 무슨 말을 해야 할지 불안해하면서 억지로 하게 되면 뱃속아기에게 엄마의 감정이 그대로 전해지므로 좋지 않다. 언제나 즐거운 마음으로 시작해야 한다는 것을 명심하자.

태담을 하면서 엄마와 아기 사이에 유대감

이 돈독해지고, 엄마 목소리를 들음으로써 정서적으로 안정된 아기가 태어난다. 영어에 대한 감각은 이런 과정에서 자연스럽게 따라오는 효과이다.

💜 교재는 쉽고 재미있는 것을 선택한다

사람마다 취향도 다르고, 수준도 다르기 때문에 영어교재를 선택하는 것도 각양각색일 것이다. 일반적으로 태교에 좋은 영어교재는 쉽고, 재미있는 영어동화책이 손꼽힌다. 영어에 자신이 없는 엄마가 읽기에도 부담이 없어 좋다.

동화책을 고를 때는 우선 그림이 아름다운 것으로 고른다. 뱃속의 아기는 우뇌로 엄마와 감정을 교류하는데, 우뇌는 이미지와 관련 있는 뇌이다. 엄마가 아름답다고 느끼는 그림을 보면서 책을 읽어 주면 아기에게 더 많은 자극을 줄 수 있다.

내용은 꿈과 희망, 행복, 자연, 동물 등을 담은 것이 좋다. 읽고 듣는 재미를 더하기 위해 라임(운 또는 운율)이나 의성어, 의태어가 많이 들어 있는 것으로 고른다. 영어 동화책을 미리 구입해 태교에 이용하고, 아기가 태어나면 영어 교육용으로 쓰면 된다.

💜 구연동화를 하듯 감정을 살려 읽는다

영어 공부는 매일 정해진 시간에 하는 것이 좋다. 동화책도 일정한 시간을 정해 읽어 준다. 태아의 청각 신경이 오후 8시에서 오후 11시 사이에 가장 예민하다고 하니 이왕이면 이 시간대에 읽으면 좋겠다.

배를 천천히 쓰다듬으며 대화하듯이 읽는

다. 구연동화를 하는 것처럼 재미있게 들려주는 것이 단조로운 목소리보다 태아의 뇌 발달에 훨씬 좋다고 한다. 그리고 남편이 적극적으로 참여해 함께 읽는 것이 좋다. 아빠의 나직한 목소리가 태아에게 쉽게 전달되기 때문이다. 다 읽고 난 후에는 칭찬의 말을 건네거나 배를 가볍게 두들겨 준다.

🌸 오디오나 비디오를 이용한다

동화책을 읽는 것에 영 자신이 없다면 오디오나 비디오 테이프를 활용해 우선 시작해 보자. 엄마의 목소리로 하는 것이 가장 좋지만 가끔은 오디오나 비디오 테이프의 도움을 받는 것도 괜찮다.

쉬고 싶을 때나 목이 잠겼을 때 특히 더 유용하다. 그렇지 않은 경우라도 다양한 매체를 이용해 소리를 많이 들려주면 효과가 배가 된다. 엄마가 반복해서 읽어 준 내용을 오디오 테이프로 다시 들려주어 원어민의 정확한 발음을 듣게 한다.

과거에 감명 깊게 본 영화를 비디오로 구해서 다시 한 번 음미해 보는 것도 좋은 방법이다. AFKN 등 영어 방송을 듣는 것도 도움이 된다. 유아용 영어 비디오를 구해서 보는 것도 한 방법이다. 색감이 뛰어나고 내용도 밝고 좋아 태교용 비디오로 적당하다. 태어날 아기를 위해 미리 구입해도 아깝지 않을 것이다.

🌸 영어 단어 카드를 만든다

영어태교를 할 때 카드를 이용하면 재밌게 할 수 있다. 두툼한 종이에 동물이나 사물의 이름, 특징 등을 영어로 적어 알록달록한 카드를 만든다. 동물 그림을 소재로 이야기를 만들어 보는 것도 좋다.

그림을 잘 그리지 못할 때는 잡지나 책에서 그림을 오려 붙여서 만들어도 된다. 그림과 글자가 적힌 카드를 읽을 때는 재미있는 목소리와 제스처로 한다. 이 카드는 나중에 아기가 태어나서도 활용할 수 있어 일석이조다.

🌸 영어로 자장가를 불러 준다

전문가들은 음악태교를 할 때 가장 좋은 것은 엄마 아빠가 직접 노래를 불러 주는 것이라고 말한다. 엄마가 노래를 부르면 저절로 기분이 좋아질 것이고 표정도 밝아져 태아에게 고스란히 전달되기 때문이다.

누구나 아는 'The ABC song', 'Ten little indian boys' 부터 미국에서 아기들을 재울 때 불러 주는 'Rock-a-by(e)', 'Hush little baby' 등 부르기 쉽고 엄마가 좋아하는 곡으로 골라 태아에게 들려준다. 책이나 테이프를 구입하거나 인터넷에서 영어 자장가 가사나 곡에 대한 정보를 구할 수 있다.

🌸 영어 동요를 즐겨 듣는다

쉽고 재미있는 영어 동요를 듣는 것도 좋은 방법이다. 영어 동요야말로 자연스럽게 태아에게 영어 환경을 만들어 줄 수 있다. 멜로디가 흥겹고 가사도 밝고 아름다워 엄마나 태아의 정서를 안정시킨다. 자주 듣다 보면 자연히 가사도 외울 수 있을 정도로 짧은 것이 장점이다. 나중엔 엄마 목소리로 직접 동요를 불러 주는 것도 좋다.

음악태교

두뇌에 영양분 공급하는 집중력 태교

음악태교는 임신부들이 태담태교 다음으로 많이 하는 태교이다. 음악은 때로 말보다 더 직접적으로 감정을 보듬어 주고 마음을 안정시키는 효과가 있다.

음악은 우리 삶에서 많은 역할을 한다. 때로는 흥을 돋우고 기분을 좋게 하며 때로는 우울한 기분을 풀어 주기도 한다. 삶의 청량제 같은 음악은 임신부나 태아에게도 마찬가지 역할을 한다. 그런데 임신부가 음악을 듣는다고 해서 뱃속의 태아도 과연 들을 수 있을까?

임신부가 음악을 들으면 태아도 음악을 듣는다. 옥스퍼드대 출판부에서 출간된 〈음악의 시작-음악적 능력의 기원과 발달〉이라는 책에 소개된 최신 연구 결과를 보면 태아는 임신 28주가 지나서야 귀가 제 모습을 갖추지만 3개월부터 소리를 들을 수 있다고 한다.

💜 24주 이후의 태아는 소리에 민감해진다

자궁 속에서 태아가 듣는 소리는 임신부의 소화계, 순환계에서 나오는 소리나 엄마의 목소리, 바깥의 소리 등이다. 20주에서 24주가 지난 태아는 청각 기능이 완전히 발달해 외부 소리를 들으면 심장박동이 빨라지거나 느려지는 등 반응을 보인다고 한다.

이처럼 소리를 들을 수 있기 때문에 음악을 들려주는 음악태교는 태아에게 많은 영향을 미치게 된다. 음악태교를 한 아이와 그렇지 않은 아이를 비교하면 감수성과 집중력에서 차이가 난다는 연구 결과도 있다.

태아심리학에서는 뱃속아기들이 대체로 임신 6주에서 12주 사이에 소리와 진동에 반응을 보인다고 말한다. 태아의 귀는 임신 6주부터 조금씩 만들어져 임신 20주가 지나면 소리를 전달하는 내이가 완성되면서 어른과 같은 청각 기능을 갖게 된다.

초기의 태아는 엄마의 큰 목소리나 폭발음, 큰 소리의 음악 등을 들을 수 있다. 그러나 귀가 완전히 만들어지게 되면 외부의 소리에 민감하게 반응을 보인다.

특히 이 시기에 좋은 소리를 많이 들려주어 기분 좋은 자극을 주면 정서가 안정된 아기가 태어난다.

음악태교가 좋은 이유

💜 정서가 안정되고 집중력이 높아진다

음악태교는 태아에게 어떤 영향을 미칠까. 기본적으로 음악은 신경에 영향을 미친다. 1998년 타임지에서는 음악이 신경에 미치는 영향과 그 중요성을 강조하면서 음악이 21세기 의학 분야에 큰 영향을 미칠 것이라고 예견했다.

21세기에 접어든 지금 의학계에서 음악요법이 새로운 관심을 받고 있고, 음악치료사라는 신종 직업도 생겨났다. 음악을 들을 때는 감각이 적당히 자극되고 근육은 부드럽게 이완되어 뇌의 활성 호르몬 분비를 촉진하게 된다. 그래서 음악은 듣는 사람의 심리를 안정시키는 효과가 있다.

부드러운 선율과 리듬을 가진 아름다운 음악을 듣게 되면 임신부는 마음이 안정될 것이고 자연히 태아에게도 그 영향이 미치게 된다. 기분 좋은 소리를 듣게 되면 뇌에서 알파파가 많이 나오게 되는데 알파파는 뇌가 활성화할 때 증가하는 뇌파이다. 음악을 들으면 뇌는 알파파가 주도하는 환경으로 바뀐다.

또한 알파파는 뇌 안에서 천연적으로 만들어지는 엔도르핀 분비를 촉진시킨다는 연구 결과도 있는데, 그 효과로 행복감을 느끼게 되고 마음이 편안해진다는 것이다. 반면 좋지 않은 청각 환경에서는 베타파가 나와 뱃속의 아기를 불안케 하고 교감신경을 긴장시키는 작용을 한다.

💜 두뇌 발달을 돕는다

사람의 뇌세포 수나 형태는 모두 같지만 세포를 연결하는 회로가 많으면 많을수록 머리가 좋아진다. 임신 5개월째가 되면 태아의 뇌세포 수는 성인과 같은 140억 개로 성장하

게 되는데 이때 자극을 많이 주면 세포를 연결하는 회로가 많아져 두뇌 발달을 도울 수 있게 된다.

태아의 뇌 발달을 돕는 데 청각이 차지하는 부분이 무려 90%나 된다고 한다. 청각을 자극하는 음악태교가 중요한 또 하나의 이유가 바로 여기에 있다. 음악은 감각 영역을 담당하는 우뇌를 자극하게 되는데, 계속 음악을 듣게 되면 상상력, 창의력 등이 좋아진다.

뱃속에서 음악을 즐겨 들었던 태아들은 태어난 후에 말을 빨리 배우고 집중을 잘하고 감수성이 뛰어나다.

💜 엄마·아빠와 유대감이 커진다

음악을 듣거나 노래를 부르고 악기를 다루는 등 음악태교 활동을 통해 태아가 정서적, 심리적, 정신적, 신체적으로 건강하고 원만하게 성장, 발달하는 것은 물론이고 무엇보다 엄마·아빠와 태아 사이에 유대감을 형성하는 데 큰 도움을 준다.

엄마와 아빠 그리고 형제 등 가족들과 맺는 이러한 유대감은 태아로 하여금 자신에 대한 존재감을 형성하게 하고 편안하게 성장하도록 돕는다. 특히 엄마는 물론 아빠가 음악태교에 함께 참여하는 것이 중요한데, 부부 간에 만들어지는 친밀감을 태아도 느낄 수 있기 때문이다. 〈아빠도 임신한다〉는 책을 쓴 토마스 파리와 아일린 부부는 이런 이유로 아빠들도 태아를 위해 음악활동에 참여해야 한다고 역설한다.

음악태교 방법

💜 노래를 부른다

음악태교의 주된 방법으로는 노래하기, 움직이기, 듣기 등이 있다. 노래 부르기는 부모가 손쉽게 할 수 있는 음악태교 방법이다. 노래 부르기는 엄마의 가장 자연스런 활동 중 하나로서 노래 부를 때의 소리와 감정이 태아에게 전달된다.

친근한 민요 또는 동요를 골라서 엄마, 아빠가 가사를 바꾸어 부르는 것도 유대감을 강화하는 데 효과적이다. 예비엄마 아빠가 태아의 애칭을 넣어 간단한 노래를 만들어 불러준다. 이는 태아와 의사소통을 하도록 돕는 효과적인 수단이 된다.

💜 음악을 들으며 춤을 춘다

음악에 맞춰 활동적인 춤을 추면 태아도 유쾌해지고, 건강하고, 편안해진다. 스카프나 리본 등을 이용하여 춤을 추거나 음악을 잔잔하게 틀어 놓고 박자에 맞추어 분위기 있게 춤을 추는 것도 좋다.

💜 음악 감상을 한다

음악 감상은 태아를 가장 풍요로운 느낌으로 감싸는 음악태교 방법이다. 태아의 흥미를 끌 수 있는 음악으로는 형식이 분명하고 담백한 고전음악이 좋다. 바하의 G선상의 아리아, 헨델의 수상음악, 모짜르트의 사단조 심포니 제1악장, 파헬벨의 캐논 등이 태교음악으로 많이 추천되는 클래식 작품이다.

산부인과 전문의 슈왈츠(Schwartz) 박사

는 "분만 시 음악은 긴장감을 감소시키고 고통에 처해 있는 태아를 치료하는 효과가 있다."고 했다.

태교 음악 선택 요령

🌷 임신부의 취향에 따른다

어떤 소리를 들었을 때 쾌적하고 편안함이 느껴지는 경우가 있다. 이유는 이런 소리들에 생명의 리듬이 있기 때문이다. 전문적인 용어로 'F분의 1(1/F)의 흔들림' 이라고 하는데, 이 흔들림에는 불안한 마음을 가라앉혀 주는 효과가 있다.

클래식 음악에는 이 흔들림이 많이 포함되어 있기 때문에 태교음악으로 확고부동한 자리를 차지하고 있다. 그러나 태교음악이 꼭 클래식이어야만 하는 것은 아니다.

🌷 국악도 훌륭한 태교음악이다

대구 효성병원, 한국과학기술원(KAIST) 김수용 박사, 전주우석대 정동규 박사가 국악이 태교음악으로서 효과가 있다는 것을 입증하기 위해 실험을 하였다.

7개월 된 임신부들을 모아서 한 그룹은 모짜르트 음악을, 또 한 그룹은 국악을, 또 한 그룹은 아무것도 듣지 않게 하였다. 이후 태어난 신생아를 살펴본 결과 국악을 듣고 태어난 신생아의 경우 가장 정서가 안정되고 자율신경계가 조화로웠다고 한다.

태교음악으로 흔히 서구의 클래식을 권하고 있지만 전통국악도 훌륭한 태교음악이 될 수 있음을 보여 준 연구였다. 정악(正樂) 같은 우리나라 전통 궁중음악과 창작국악동요들도 클래식과 마찬가지로 이상적인 파형인 1/F의 흔들림을 나타내고 있다.

🌷 엄마의 자장가는 최고의 음악태교다

태아가 특히 좋아하는 소리는 엄마의 목소리다. 임신부의 목소리는 공기 진동뿐만 아니라 골격이나 신체조직의 진동을 통해 자궁에 전달되어 그 어떤 외부 소리보다 강하게 들린다. 평소에 엄마가 부드럽게 배를 두드려 가면서 자장가나 동요를 불러 주면 태아는 다정한 엄마의 목소리에 리듬감을 익히게 되고 엄마와의 유대감도 더 강해진다.

산책을 하면서 나지막한 콧노래를 부르거나 엄마 아빠가 직접 부르기 쉬운 곡으로 작곡하여 부르는 것도 좋다.

🌷 밝고 차분한 음악이 좋다

태아에게 가장 익숙한 소리는 엄마의 심박동 소리다. 때문에 심박동 소리와 유사한 1분에 60~70박 정도의 빠르기인 음악들이 태교용으로 적당하다. 슬픈 곡보다는 밝고 차분한 음악이 정서에 좋다. 규칙적인 음향, 안정된 멜로디, 포근하고 감미로운 분위기 등의 음악을 골라서 듣는다.

아트태교

미적인 감각을 키워 주는 감성태교

아트태교는 직접 수를 놓아 아기용품을 만들거나, 명화를 감상하거나 그림을 그리고 색칠을 하거나 색깔을 통해서 태아의 감성을 훈련시키는 태교방법이다. 엄마가 보고 느끼는 만큼 태아의 미적 감각이나 감성이 길러지므로 많은 것을 보고 느끼고 만들어 보자.

청각 자극 못지 않게 시각 자극도 중요하다. 태아의 청각은 임신 초기부터 꾸준히 발달해 임신 20~24주가 되면 어른과 같은 청각 기능을 갖게 된다. 하지만 시각은 비교적 늦게 발달하는 편이다. 그렇다고 시각 자극을 소홀히 생각해서는 안 된다.

시각을 통한 자극도 태아의 정서에 큰 영향을 미치기 때문이다. 시각은 비교적 복잡한 기능을 필요로 하기 때문에 태어날 때까지도 완성되지 못한다. 게다가 성인과 같은 완전한 시각을 가지려면 8세는 되어야 한다. 이렇게 긴 시간을 요하기 때문에 태아의 시각은 기껏해야 빛의 명암을 느낄 수 있을 뿐이다.

엄마의 눈을 통해 들어온 빛이 멜라토닌이라는 호르몬을 조절하여 태아가 명암을 느끼게 된다. 멜라토닌 호르몬은 밝은 것을 보면 줄어들고, 어두운 것을 보면 늘어나는데 이것을 통해 명암을 구분할 수 있는 것이다. 임신 7개월 정도가 되면 태아는 외부의 빛에 반응을 하기 시작한다.

아트태교가 좋은 이유

오감을 자극해 뇌 발달을 돕는다

렘브란트의 사랑이 넘치는 부부의 초상화나 모네의 아름다운 푸른 숲을 그린 수련 연못 같은 그림을 보면 자연히 마음이 편안해지고 즐거워진다. 그림 속에는 화가의 정신이 담겨 있고 그 정신이 에너지가 되어 감상하는 사람에게 감동을 주는 것이다.

또한 그림을 보면서 이야기를 하면 청각 자극까지 하는 셈이 된다. 임신 6~7개월이 지나면 태아는 오감을 느끼게 되는데 아트태교는 그야말로 오감을 자극하는 태교가 된다. 태아의 뇌는 감각을 느끼면서 발달하므로 오감을 두루 자극하면 뇌 발달을 도울 수 있다.

인내심을 길러 주고 미적감각을 높인다

아트태교 하면 제일 먼저 떠오르는 것이 명화 감상이다. 그림을 감상하는 것이 아트태교의 대표라고 알려져 있지만 손뜨개, 십자수, 종이접기, 도예, 서예, 원예, 인테리어 등도 아트태교의 한 부분이 될 수 있다. 손끝을 이용해 할 수 있는 십자수나 손뜨개, 종이접기 등은 집중력을 키울 수 있을 뿐만 아니라 마음의 안정을 얻을 수 있어 임신부들의 취미 생활로 인기가 높다.

그러나 작품을 완성하기까지는 많은 시간이 걸리기 때문에 인내와 끈기가 필요하다. 바로 이런 점이 태교로서 그 역할을 톡톡히 해 내고 있는 셈이다. 태아에게 자연스럽게 은근과 끈기를 길러 줄 수 있기 때문이다. 자연스럽게 색감도 키울 수 있고 미적 감각도 높일 수 있다. 임신을 계기로 가까운 문화센터나 사회복지관을 찾아 각자에게 맞는 아트태교 방법들을 찾아보자.

아트태교의 종류

명화감상태교
감성과 미적감각을 길러 준다

음악태교나 태담태교, 동화태교에 비해서 막연하고 어렵게 다가오는 것이 아트태교. 그러나 아트태교 또한 누구나 쉽게 할 수 있다. 미술에 대해 아는 거라곤 밀레의 '이삭 줍는 사람들', 레오나르도 다빈치의 '모나리자' 정도에 불과하다 해도 상관없다. 사람은 누구나 기본적인 색감을 가지고 있기 때문이다. 그림에 대해 거부감만 없다면 누구나 아트태교의 대표격인 명화감상태교를 시작할 수 있다.

명화 감상에서 가장 중요한 것도 미술에 대한 지식이 아니라 그림을 보는 것에 거부감이나 부담감을 갖지 않는 것이다. 아무리 훌륭한 태교라 해도 엄마가 스트레스를 받아 가며 하는 것은 도움이 되지 않기 때문이다.

💜 전람회나 미술관을 다니며 명화를 감상한다

좋은 그림을 보면 아름다운 선율을 듣거나 감동적인 글을 읽을 때처럼 즐거워지거나 편안해지며 때로는 마음이 깨끗이 정화되는 느낌마저 들게 한다. 사진이나 그림, 조각, 도예, 판화 등 갖가지 전람회를 찾아다니며 감상하는 것은 태교에 많은 도움이 된다.

일주일에 한 번씩이라도 남편과 함께 가까운 미술관이나 전람회를 찾아 다양한 그림을 접한다면 뱃속아기도 무척 즐거워할 것이다. 미술관과 전람회를 다니는 것은 운동 효과까지 덤으로 얻을 수 있어 좋다. 집에만 있다가 모처럼 바깥 외출을 하게 되면 태아와 나눌 이야깃거리도 풍성해진다.

💜 직장여성은 화집을 이용한다

문화적 여건이 다소 열악한 지방에 살거나 집 가까이에 미술관이 없을 때는 화집을 이용하는 것도 좋다. 서점에 가 보면 화집들도 무척 많고 다양해 선택의 폭 또한 넓다.

화집을 고를 때는 무엇보다 엄마의 취향이 중요한 선택 기준이 된다. 남들이 좋다고, 훌륭하다고 하는 작가의 작품을 고르기보다는 엄마가 좋아하는 화가의 작품이나 명화를 고른다. 혹은 학교 다닐 때 미술시간이나 미디어를 통해 자주 접했던 작품들로 시작하는 것도 좋다. 익숙하기 때문에 친숙한 느낌을 받을 수도 있다.

💜 미술지식을 전달하려 하지 않는다

음악태교를 한다고 훌륭한 음악가가 태어나는 것이 아니듯 미술태교를 한다고 해서 미술 감각이 탁월하고 그림을 잘 그리는 아기가 태어날 것이라는 기대는 하지 말자.

자칫 미술태교가 학습이 되어 색을 가르치고 그림에 대한 많은 지식을 주입시키려고 애쓰게 될 수 있기 때문이다. 그림에 대한 지식을 심어 주려고 하다 보면 재미가 없어지고 스트레스까지 받을 수 있게 된다. 그림 감상으로 엄마의 정서가 풍부해지고 그 감동이 태아의 뇌에 전달되어 좋은 자극이 되는 것이 옳은 미술태교 방법이다.

💜 사이버 갤러리도 좋은 미술태교의 장이다

명화을 보기 위해 꼭 미술관이나 전람회를 찾아야 하는 것은 아니다. 수고로움 없이 편하게 앉아서 작품을 감상할 수 있는 곳이 있다. 바로 사이버 갤러리다. 인터넷을 자주 활용하는 임신부라면 가끔은 인터넷 속의 미술관을 찾아 그림 감상을 해 보자.

수만 개의 작품을 올려놓은 곳도 있고 작품마다 자세한 설명과 작가 소개를 싣고 있는 곳도 있다. 단, 전자파가 나오기 때문에 컴퓨터를 사용하는 시간은 6시간을 넘지 않도록 하고 1시간에 한 번씩은 휴식을 취하도록 한다.

💜 부드러운 그림을 주로 본다

명화감상태교를 하려고 하면 막상 무슨 그림을 봐야 할지 막막해진다. 태교에 좋은 그림은 먼저 아름다움을 느끼기에 충분하고 선과 색이 선명하며 이미지가 부드러운 그림이다. 이런 면에서는 밝은 색깔과 빠른 붓놀림으로 빛에 따른 색감의 변화를 잘 살려 낸 인상주의 화풍의 그림이 좋다.

★ 명화 감상 포인트
💜 처음에는 풍경화를 선택한다

처음부터 어려운 추상화를 보는 것보다는 한눈에 작가가 무엇을 그리려 했는지 이해할 수 있는 풍경화를 선택하는 것이 좋다. 아름다운 자연을 감상하는 것은 자연의 소리를 듣는 것만큼이나 정서를 안정시킨다.

💜 전시물에 대한 기본 정보를 알고 간다

미술관에 가기 전, 그곳에서 무슨 전시가 열리고 있는지 미리 알아본다. 아는 만큼 보인다고 했듯이 작가와 작품에 대한 기본적인 정보를 가지고 그림을 접하면 그림을 보는 눈과 느끼는 감흥이 달라진다. 작가가 이 그림을 언제 그렸는지, 대표작품의 제목은 무엇인지 정도는 알고 간다. 기본 정보를 알고 가면 그림에 대한 궁금증도 많아지고 그만큼 많은 감동을 받고 돌아오게 된다. 임신부가 느끼는 점이 많아야 뱃속아기한테도 좋은 영향을 미칠 수 있다.

💜 작품을 반복해서 감상한다

한 전시회를 반복해서 보는 것도 좋다. 같은 책이라도 읽을 때마다 느낌이 달라지듯이 그림도 마찬가지다. 똑같은 그림이라 해도 볼 때마다 다른 느낌을 받는다. 지난번에 미처 깨닫지 못했던 부분을 발견해 내는 기쁨도 맛볼 수 있다. 그림 속에 등장한 인물의 눈동자가 무엇을 바라보고 있는지, 같은 나무라도 왜 색의 농도를 달리했는지 등을 꼼꼼히 살펴보면 시나브로 그림에 대한 식견이 생기게 된다.

💜 꾸준히 접한다

미술태교도 다른 태교와 마찬가지로 꾸준히 해야 효과나 만족을 얻을 수 있다. 몇 번 전람회를 갔다 오고 그림책을 한두 번 봤다고 해서 미술태교가 끝나는 것이 아니다. 꾸준히 그림을 접해야 태교로서 효과가 있는 것이다. 그렇게 하려면 무엇보다 '재미'를 느껴야 한다.

그림태교
상상력과 표현력을 길러준다

평소 그림에 소질이 없다고 생각해 온 사람이라면 하얀 도화지가 두려움의 대상이 되기도 한다. 그러나 미술로 심리 치료를 하듯이, 그림을 그리는 것은 억눌려 있던 마음의 스트레스를 시원하게 날릴 수 있는 취미활동일 뿐만 아니라 태교의 효과도 그림 감상에

비할 때 몇 배나 더 높다.

💜 직접 그림을 그려 본다

그림태교는 누구에게 보여 주기 위해서 하는 것이 아니므로 꼭 그림을 잘 그릴 필요는 없다. 그림을 잘 그리느냐 못 그리느냐 하는 것보다는 그림을 그리는 동안 편안하게, 뱃속아기와 함께한다는 마음가짐을 갖는 것이 더 중요하다. 평소 생활하면서 예술적 감성을 기르면 도움이 된다. 주변의 사물을 볼 때도 가벼이 지나치지 말고 아름답게 보려 하고 그림으로 표현했을 때 어떻게 되는지 상상해 본다.

💜 다양한 색깔과 소재로 그림을 그린다

그림을 그릴 때는 다양한 색깔과 소재를 이용한다. 크레파스, 물감, 색연필 등 다양한 그림 도구를 써서 아름다움을 표현해 본다. 그림의 소재 또한 하늘, 구름, 예쁜 아기 모습 등 다양하게 표현해 보자. 병원에서 받아 온 태아의 초음파 사진을 보며 현재 뱃속아기의 모습을 그려 보아도 좋다. 꼭 그림이 아니더라도 찰흙이나 지점토, 모자이크 등으로도 표현해 보면 재미있다.

만들기태교
손끝 자극으로 두뇌를 발달시킨다

손가락을 많이 쓰면 쓸수록 뇌가 발달한다. 아이들에게 손을 많이 사용하는 놀이를 권하는 것도 이런 이유다. 손을 쓰는 것 중에는 종이접기, 도예, 퀼트, 십자수 등 다양한 방법들이 있지만 비교적 기법이 간단해 쉽게 배울 수 있는 손뜨개가 매력적이다. 바늘을 교차해 가며 한 코 두 코 떠 가다 보면 마음이 차분히 가라앉고 집중력이 길러진다.

색감이 길러진다

손뜨개는 다양한 색의 실을 가지고 무늬를 뜨기 때문에 자연스럽게 색감과 색의 조화 능력이 길러진다. 임신했을 때 아름다운 색과 형태를 많이 보면 태아도 미적 감각을 갖게 된다. 어떤 임신부의 경우 임신 후 빨간 립스틱을 자주 발랐는데 신기하게도 태어난 아기가 미술 방면에 뛰어난 재능을 보였다고 한다.

피곤하지 않게 1시간 이내로 한다

뜨개질을 하다 보면 눈과 신경을 온통 바늘 끝에 집중해야 하기 때문에 쉽게 피곤해진다. 뜨개질을 하는 자세 또한 임신부에게는 그리 좋은 자세가 아니기 때문에 뜨개질을 하는 시간은 1시간 이내로 한다. 그리고 빨리 끝내야 한다는 강박관념을 갖지 말고 허리에 쿠션을 받친 다음 편안한 마음으로 뜨개질을 한다.

뜨개질을 하면서 태아와 대화를 나눈다면 더 좋다. 베개, 턱받이, 아기 이불, 양말 등을 뜨면서 아기에게 무엇을 만들고 있는지, 색깔은 어떤 것인지, 엄마의 기분이나 느낌은 어떤지 말을 건네면 자연스럽게 태담까지 이루어진다.

웰빙태교
머리를 맑게 해 준다

태아에게 좋은 환경은 바로 임신부에게 좋은 환경을 말한다. 태아는 엄마의 감정에 따라 즐겁기도 하고 편안함도 느낀다. 마음을 안정시킬 수 있는 분위기의 태교 인테리어로 쾌적한 임신 기간을 보내자.

실내화원을 꾸민다

실내 인테리어를 태아 중심으로 새롭게 바꿔 보자. 인테리어 태교를 하기에 적당한 시기는 임신 5~8개월경. 먼저 실내에 녹색식물을 들여놓아 집 안에서 자연을 느낄 수 있게 해 보자. 녹색식물은 바라보는 것만으로도 심리적인 안정을 얻을 수 있으며 녹색식물이 뿜어내는 좋은 기운은 머리를 맑게 해 준다. 그리고 커튼이나 쿠션의 색깔을 바꿔 분위기를 새롭게 하는 것도 도움이 된다.

사진이나 그림을 장식한다

집 안 곳곳에 명화나 아름다운 풍경이 담긴 엽서나 사진을 붙여 놓고 감상하거나 예쁜 아기 사진을 걸어 두는 것도 좋다. 특별한 사연이 있는 작품이나 태아에게 감동과 교훈을 줄 수 있는 작품이면 더더욱 좋다.

건강한 아기 낳는 태교

운동태교

체력을 길러 주고 순산 돕는 건강태교

적당한 운동은 임신부의 생활에 활력이 되고 태아의 뇌 활성화를 돕는다. 자신에게 맞는 운동을 찾아 몸 상태에 맞게 적당히 해 주면 임신 기간을 좀더 활기차게 보낼 수 있다.

적당한 운동은 임신부의 건강을 유지해 줄 뿐만 아니라 출산을 수월하게 만들어 준다. 또, 분만할 때 필요한 다리와 허리의 근육을 단련시켜 준다.

또한 자연스럽게 호흡법을 익히게 되고 폐활량도 좋게 하여 진통을 이겨 낼 수 있게 해준다. 한 연구 결과를 보면 임신 중에 규칙적으로 운동한 임신부의 경우 진통 시간이 짧고, 유도 분만 필요성이 훨씬 줄어들었다고 한다.

이상 증세가 있을 때는 운동을 피한다

무엇을 하든 욕심은 금물이다. 운동에 빠져들어 자기도 모르게 무리할 수 있으므로 주의한다. 몸 상태를 살펴 자신에게 꼭 맞는 운동을 찾아 적당하게 운동하는 것이 필요하다. 운동 중이라도 피곤함이 느껴질 때는 바로 휴식을 취해야 한다.

특히 질 출혈이 있거나 물 같은 질 분비물이 있을 때, 관절이나 손발, 얼굴이 갑자기 부을 때, 혈압이 상승할 때, 지속적인 수축이나 복통이 있을 때는 운동을 바로 중단한다. 그리고 임신중독증, 고혈압, 쌍태임신, 심장 질환, 전치태반이 있을 때도 운동을 하지 않는 것이 좋다.

운동태교가 좋은 이유

태아의 몸과 뇌 발달을 돕는다

운동을 하면 엄마의 몸을 통해 들어온 신선한 산소가 태아에게 공급된다. 산소는 뇌를 활성화하고 신체 각 기능이 원활하게 움직이는 것을 도와주는 역할을 한다.

체중 조절을 할 수 있다

임신을 했다고 무턱대고 먹었다가는 너무 비만해져 임신중독증이나 거대아를 출산할 가능성이 높아진다. 또한 출산할 때도 어려움이 있다. 몸이 무겁다고 먹기만 하고 가만히 누워 있는 것은 좋지 않다. 적당한 운동을 하면 비만을 예방할 수 있고 출산 후에도 빠르게 몸매를 회복할 수 있다.

 기분이 좋아지고 마음이 안정된다

체형의 변화나 임신에 대한 불안 등으로 스트레스를 받는 임신부뿐만 아니라 태아에게도 적당한 운동은 보약과 같다.

운동을 하게 되면 엄마 몸에서 엔도르핀이 분비되는데, 엔도르핀이라는 호르몬의 영향으로 기분이 좋아지고 정서가 안정된다. 엄마의 배와 근육이 자연스럽게 움직여 태아를 마사지함으로써 태아도 안락함을 느끼게 된다.

운동태교의 종류

수영태교
엄마와 태아가 함께 편안해진다

의학이 발달하지 못했을 때는 물이 만병통치약으로 여겨졌을 정도로 질병이나 장애를 치료하는 데 쓰였다.

수영은 이런 물의 의학적 효과를 잘 살린 운동이다. 우리나라에서는 아직까지 수영이 임신부에게 일반적인 운동으로 자리 잡지 못해 임신했을 때 수영이 주는 효과에 대해서도 알려진 바가 부족한 것이 사실이다.

임신부가 수영을 하게 되면 무거운 자궁을 지탱하고 있던 근육의 부담을 줄일 수 있다. 태아도 자궁 안에서 마치 수영을 하는 듯한 상태로 떠 있는데 엄마가 두 다리로 서 있을 때는 체중을 지탱해야 하기 때문에 자궁에도 힘이 가게 된다.

그러나 엄마가 수영을 하면 자궁이 물 속에서 편안하게 둥둥 뜨게 되고 덩달아 자궁 안의 아기도 편안한 자세가 된다. 물 속에서는 가벼운 점핑이나 러닝 등 다양한 행동을 할 수 있을 정도로 몸이 자유롭다.

Good 수영태교의 좋은점

 다리 부기와 허리통증을 완화시킨다

임신을 하면 체중이 기본적으로 10kg 이상 늘어난다. 많게는 20kg 이상 늘기도 하는데, 이렇게 체중이 늘면 근육이나 관절에 무리가 가는 것은 당연하다. 이런 경우 걷기만으로도 발목이나 무릎에 통증이 느껴질 수 있다.

이때 수영은 어떤 운동보다 효과적이다. 물의 부력을 이용해 물 속에서 수평을 유지하게 되므로 몸이 훨씬 가볍다. 발목이나 무릎 등 근육과 관절에 무리를 주지 않으며 다리가 붓고 허리 통증이 있을 때도 이를 완화시켜 준다.

순산을 돕는다

수영은 자궁을 이완시키고 근력을 붙여 주고 심폐기능을 강하게 하여 출산할 때 순산할 수 있게 도와준다. 임신부들이 순산을 위해

라마즈 호흡을 배우는데, 수영을 하면 자연스럽게 호흡법도 익히게 된다.

태아의 뇌 발달에 좋다

임신부가 적당한 운동을 하면 똑똑하고 건강한 아기를 낳을 수 있다. 수영도 마찬가지다. 산소를 많이 받아들이게 되어 태아의 뇌를 활성화시킨다. 혹자는 수영이 태아에게 나쁜 영향을 미치는 것은 아닐까 염려하지만 오히려 이런 긍정적인 효과가 있다.

그러나 배가 팽팽하게 긴장해 있거나 출혈이 있을 때, 열이 나거나 피곤함을 느끼는 등 상태가 좋지 않을 때는 수영을 하지 말아야 한다. 물론 어떤 경우라도 무리하게, 장시간, 수영을 하는 것은 좋지 않다.

How to 수영태교의 방법

운동시간은 1시간 이내로 한다

임신부 수영은 크게 준비운동, 본운동, 정리운동으로 나누어진다. 몸에 무리가 가지 않도록 1시간 내에 이런 순서대로 운동을 진행한다. 평소 수영을 못하던 사람도 얼마든지 할 수 있다. 임신부 수영은 수영을 잘하기 위해서 하는 것이 아니기 때문이다. 배가 불러 물에 뜨기 쉬우므로 누구나 쉽게 할 수 있다는 것이 장점이다.

오전 10시에서 오후 2시 사이가 좋다

모든 운동이 그렇듯 무리하게 하는 것은 금물이다. 수영을 하는 시간은 20~30분 정도가 적당하다. 그리고 오전 10시에서 오후 2시 사이에 하는 것이 좋다. 이때는 하루 중 자궁수축이 가장 드문 시간이기 때문이다. 일주일에 2~3회 정도 하도록 하고, 수영하는 중간에 배에 긴장감이 느껴지거나 피곤할 때는 수시로 휴식을 취한다.

반드시 준비운동을 한다

물에 들어가기 전에는 반드시 따뜻한 물로 샤워를 해서 몸을 풀어 준다. 그런 다음 준비운동으로 근육을 이완, 수축시킨다. 5~10분 정도 준비운동을 하는데, 팔다리를 움직이면서 기초 체조를 한다. 몸이 풀리면 물 속에 들어가 제자리에서 천천히 일어나는 연습을 한다. 다리를 옆으로 벌리고 무릎을 굽혔다가 일어나는 동작을 반복한다.

이때 '후, 하, 후, 하' 하면서 출산을 위한 호흡법을 함께 연습한다. 물 속에 들어가 자유롭게 걷거나 점핑을 하면서 심장박동수를 서서히 증가시킨다.

물 속에서 본운동을 한다

근력을 강화시키고, 스트레칭, 균형 잡기 등으로 근육을 이완하는 운동을 한다. 이미 수영을 할 수 있는 사람이라도 패들을 잡고 좌우로 흔들어 주며 발차기 연습부터 한다. 숨이 차면 서서 숨을 고른 후 다시 시작한다.

가슴과 발목에 부력기구를 착용해 몸이 물에 뜨게 한 후 균형을 유지하여 편안하게 눕는다. 몸을 물에 맡긴 상태에서 숨을 들이마신다.

스트레칭과 심호흡으로 마무리한다

정리운동은 본운동으로 올라간 심장박동

수를 내리면서 마무리한다.

임신부는 특히 준비운동과 정리운동이 더 중요하므로 반드시 해야 한다. 물 속에서 팔, 어깨, 아킬레스건을 풀어 주는 간단한 스트레칭을 하고 물 밖으로 나와 간단한 체조를 한 후 끝낸다.

요가태교
고대 인도에서 출발한 임신부 요가

동서양을 막론하고 요가가 전 세계적으로 주목을 받고 있다. 건강에 대한 관심이 날로 증가하면서 자연스럽게 요가에 대한 관심도 높아지고 있는 것. 요가는 5,000~6,000년 전 고대 인도에서 시작되었다. 범어로 '나를 완성하는 길' 이라는 의미를 담고 있는 요가는 심신의 '결합·조화·균형·통일' 을 이루기 위한 명상과 호흡, 수행동작으로 구성된다.

Good 요가태교의 좋은점

긴장된 몸을 유연하게 풀어 준다

요가는 긴장된 몸을 유연하게 풀어 주며, 심신의 휴식과 안정을 도모하고, 마음을 고요하게 함으로써 몸과 마음의 평안을 찾는 것이기 때문에 복잡한 일상을 사는 현대인들에게 더욱 좋은 운동이다.

이런 의미에서 임신부에게도 요가는 좋은 운동이다. 고대부터 순조로운 출산을 위해 임신부 요가가 행해졌다. 우리나라에서는 근래 들어서야 각광을 받고 있지만 인도에서는 이것이 임신부 요가태교의 기원이라고 할 수 있다.

요가는 여성 특히 임신한 여성에게 더욱 이상적이다. 건강을 유지하고 몸이 부드럽게 이완되며 마음을 편히 갖게 하여 모체와 자궁 내 환경을 개선시켜 주기 때문이다.

임신 중 신체의 균형을 잡고 심신의 안정을 찾는다

요가 수행법은 크게 세 가지로 나뉜다. 신체를 단련하여 건강하게 만드는 운동법, 생명력을 강화시키는 호흡법, 마음을 닦아 내적인 평화와 깨달음에 이르는 명상이 그것이다.

운동법은 요가체조를 통해 뼈와 근육, 몸의 각 부분을 골고루 풀어 주어 신체를 강하게 하는 것을 말한다.

호흡법은 마시고 내쉬는 호흡 조절을 통해 기를 불어넣어 몸에 활력을 주고 마음에 평화를 가져다 준다. 명상법은 마음을 바르게 갖는 것으로, 마음의 동요를 없애고 생각을 단순하게 만들어 하나로 모은다. 명상을 통해 진정한 마음의 주인이 되어 자유로운 삶을 살게 하는 것이다.

이 세 가지 수련을 통해 임신부의 마음가짐과 몸가짐을 바로잡아 균형을 회복시켜 주는 것이 임신부 요가태교이다.

임신 기간을 건강하게 보낼 수 있다

임신을 하면 신체적, 정신적으로 많은 변화를 겪게 된다. 혈액량이 증가하여 심장에 부담이 가고, 뼈대와 다른 근육의 무게도 증가하여 관절에 무리가 온다. 신경과 감각도 예민해져 감정이 쉽게 동요되고, 스트레스를 받는다.

이때 요가태교를 하면 많은 도움을 받는다. 운동과 호흡, 명상을 통해 체내 활동을 최대한 효율적으로 만들어 줌으로써 몸과 마음을 가볍게 유지시켜 준다. 요가는 에너지를 생산함과 동시에 효율적인 관리에도 중점을 두기 때문에 임신부가 요가를 수련하면 임신 기간을 건강하고 편안하게 보낼 수 있다.

💜 자연분만의 가능성을 높여 준다

제왕절개 분만율이 세계 최고라는 불명예를 갖고 있긴 하지만 최근 들어 이런 우리 사회의 분만 실태와 환경에 문제 제기를 하며 자연분만의 중요성을 강조하는 분위기가 일고 있다. 자연분만은 여성의 평생 건강에 영향을 주기 때문에 의학적 필요가 있을 경우를 제외하고는 가급적 제왕절개를 피하는 것이 좋다.

요가의 좋은 점은 바로 자연분만을 유도한다는 것이다. 심지어 심신성 무통분만을 할 수 있도록 도와준다. 많은 임신부들이 요가 수련을 한 후 무통분만을 했다고 말한다.

💜 태아의 성장 발달을 돕는다

임신부의 건강은 태아의 건강과 직결된다. 임신 중에 요가를 하면 태아가 움직일 수 있는 공간을 확보해 주며 그것이 곧 태아의 성장, 두뇌 발달에 직접적으로 영향을 준다. 명상과 호흡으로 정신을 맑게 하고 요가체조로 몸의 기운이 잘 흐르게 하면 이 기운이 태아에게도 영향을 미쳐 두뇌 발달을 돕는다. 또한 엄마의 몸이 신선하고 맑은 상태가 되면 태아 역시 뱃속에서 정서적으로 안정감 있고 밝게 자라나게 된다.

💜 출산 후 건강의 밑거름이 된다

임신을 하면 대다수가 요통이나 부종을 호소한다. 요통이나 부종 또한 요가를 함으로써 예방할 수 있다.

출산 후에도 산모의 회복과 이후의 건강한 삶에 기본 바탕을 마련해 준다. 출산한 산모는 인생에서 가장 큰 일 하나를 치러 신체적으로는 지쳐 있고 정신적으로는 일종의 흥분과 책임감에 부담을 느끼기도 한다. 요가는 이러한 변화에 산모의 심신이 빨리 적응하고 최대한 역량을 발휘할 수 있게 도와준다.

How to 요가태교의 방법

준비운동

요가를 하기에 앞서 준비운동을 하면 혈액 순환이 증가하여 체온이 상승하고 근육이 부드러워진다. 또 몸이 요가 자세에 훨씬 쉽게 적응할 수 있고 갑작스런 근육 경련을 예방할 수 있다.

💜 목 돌리기

귀가 어깨에 닿을 정도로 목을 천천히 크게 왼쪽으로 몇 바퀴 돌린다. 이때 눈을 뜨고 눈동자도 함께 굴려 시선이 목과 함께 가도록 한다. 반대쪽으로도 한다. 어지러울 수도 있으므로 앉아서 천천히 하고 운동 효과를 높이려면 입술을 다문다.

손과 손목 운동

① 팔꿈치를 살짝 구부려서 주먹을 10~30회 쥐었다 편다. 혈액 순환과 에너지 순환을 돕는다.

② 가볍게 주먹을 쥐고 손목을 왼쪽으로 10~20회 돌린다. 반대쪽으로도 한다.

③ 쥔 주먹을 펴서 손의 물기를 털듯이 빠르게 아래, 위, 옆으로 흔든다. 손가락과 손의 피로가 풀려 시원해진다.

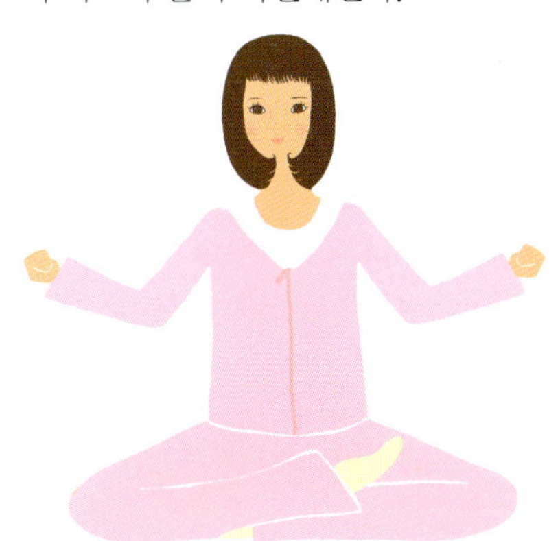

무릎 운동

① 두 발을 붙이거나 어깨 너비로 벌려 선다.

② 두 손으로 각각의 무릎을 잡고 숨을 내쉴 때 앉고 들이마실 때 일어서기를 되풀이한다.

허리 돌리기

① 두 발을 어깨 너비로 벌려 선다.

② 손을 허리에 짚고 허리와 엉덩이를 양옆으로 왔다갔다 움직인다. 옆으로 움직일 때 숨을 내쉰다.

발가락과 발목 돌리기

① 두 발을 어깨 너비로 벌려 서서 왼쪽 발끝을 세워 발목을 돌린다.

② 오른쪽 발목도 같은 방법으로 돌린다.

임신 초기

앉은 산 자세

① 책상다리를 하고 편안히 앉아 몸통을 자연스럽게 수직으로 세우고 어깨와 얼굴의 힘을 뺀다.

② 두 손을 깍지 껴서 머리 위로 뻗어 올린다. 이때 손바닥이 천장을 향하게 한다.

③ 숨을 내쉬면서 팔꿈치를 귀 옆에 붙여서 쭉 펴고 손바닥까지 팽팽하게 늘린다.

④ 숨을 천천히 고르게 쉬면서 몇 초 동안 그대로 있는다. 턱을 앞으로 내밀어서는 안 된다.

⑤ 천천히 팔을 내리고 깍지를 푼다. 손을 무릎 위에 올려놓고 힘을 뺀다.

★ 효과 가슴, 배, 골반을 포함한 몸통 근육 전체를 유연하면서 힘 있게 만든다. 또 골반에 느껴지는 압박을 줄여 주고 골반구조를 강화하며 가슴을 완전히 확장시켜 산소가 더 많이 들어오게 하고 폐활량을 증가시킨다.

골반 펴기

① 두 다리를 뻗고 편안하게 척추를 세워 앉는다.

② 발바닥을 마주 붙이고 두 손으로 깍지를 끼어 발을 감싸쥔다. 발뒤꿈치를 회음부 쪽으로 바짝 당긴다.

③ 척추를 바로 세우고 멀리 앞쪽이나 코끝

을 바라본다. 고르게 숨쉬면서 편안하게
할 수 있는 만큼 그대로 있는다.
④ 그 상태에서 무릎이 바닥에 닿을 정도로
올렸다 내렸다를 할 수 있는 만큼 되풀이
한다.

⭐ **효과** 매일 꾸준히 몇 분 동안 이런 자세로 앉아
있으면 출산 시 통증을 훨씬 줄일 수 있다. 또한 콩팥, 전립
선, 방광을 건강하게 한다. 임신 전부터 남편과 함께 하면
부부의 건강을 증진시켜 튼튼한 아기를 낳을 수 있다.

💜 완전 휴식 자세

① 등을 대고 누워 두 눈을 살며시 감는다.
② 두 팔은 몸 옆에서 자연스럽게 떼어 놓고
손바닥이 위로 향하게 한다.
③ 다리는 편안하게 벌려 힘을 빼고 복사뼈가
바닥 쪽으로 향하게 한다. 머리나 팔, 다리
가 한쪽으로 기울지 않게 똑바로 눕는다.

⭐ **효과** 저녁에 이 자세를 하면 짧은 시간 내에 하루
의 피로를 풀 수 있다. 신경과 근육을 편안하게 이완시켜야
하므로 몸 각 부분의 움직임을 최대한 받아들이도록 한다.

임신 중기

💜 앞으로 숙이기

① 두 다리를 앞으로 뻗어 앉는다.
② 두 팔을 머리 위로 들어 올려 가슴을 펴면
서 숨을 들이마신다.
③ 숨을 내쉬면서 가능한 한 멀리 상체를 앞
으로 숙이고 수건이나 벨트로 발바닥을
감싸듯이 걸고 잡아당긴다.
④ 무릎 뒤가 바닥에 닿도록 하여 고르게 숨
쉬면서 그대로 있는다. 단, 아랫배를 압박
하지 않도록 등 전체를 꼿꼿이 펴며, 억지

로 힘을 주지 않는다.
⑤ 천천히 상체를 들어 올리고 길게 숨을 고
르면서 몸을 이완한다.

⭐ **효과** 복부 전체를 자극하여 소화불량, 식욕부진,
변비를 없애고 아랫배와 허리의 체지방을 없애 준다.

💜 쉬운 기울기

① 왼쪽 다리를 안으로 구부리고 오른쪽 다
리를 바깥쪽으로 구부려 앉는다.
② 양손을 깍지 끼고 머리 위로 올려 상체만
왼쪽으로 돌린다.
③ 양손을 머리 뒤에서 깍지 낀 후 오른쪽으
로 기울인다.
④ 머리 위로 깍지를 뻗어 같은 방향으로 기
울인다.

⭐ **효과** 고관절의 유연성을 높여 주고 요통, 엉치뼈
통증을 줄여 주며 허리를 중심으로 등 전체의 긴장과 피로
를 풀어 준다.

💜 소머리 자세

① 무릎을 꿇고 앉는다
② 오른팔을 들어 팔꿈치를 구부려 어깨 뒤로
넘기고 왼팔은 등 뒤로 보내 마주 잡는다.
③ 등 뒤에서 오른손과 왼손을 마주잡고 내
쉬면서 당긴다. 고르게 숨쉬면서 15~20초
정도 머문다.

④ 천천히 손을 풀고 팔 위치를 바꾸어 반대쪽으로도 되풀이한다.

⑤ 어깨를 들었다 내렸다 하면서 숨을 고르고 몸을 이완시킨다. 두 손을 잡기 어려운 사람은 수건이나 벨트를 이용한다.

⭐ **효과** 가슴 근육의 탄력성을 높여 출산 후 모유 수유를 돕는다. 흉곽을 확장시키고 폐활량을 높이는 등 허파의 기능을 좋게 한다.

임신 후기

고양이 자세

① 손바닥과 무릎을 바닥에 대고 기어가는 자세를 한다. 무릎과 손바닥을 어깨 너비로 벌리고, 팔과 무릎이 바닥에서 수직이 되도록 한다.

② 숨을 들이마시면서 고개로 뒤로 젖혀 천장을 쳐다보는 동시에 허리를 우묵하게 내리며 엉덩이만 천장 쪽으로 올리듯 한다. 팔꿈치를 편 채로 손바닥과 무릎에 힘을 주어 바닥을 계속 밀어낸다.

③ 숨을 내쉬면서 배를 쳐다보듯이 머리를 내리고 어깨를 구부린다. 동시에 배를 등 쪽으로 끌어올려 수축시킨다.

④ 천천히 자세를 풀고 처음부터 ②~④번의 과정을 되풀이한다.

⑤ 무릎을 꿇고 앉거나 다른 편안한 자세로 몸을 이완한다.

⭐ **효과** 임신으로 커진 자궁이 골반의 혈관과 허리의 척추를 압박하고 다리와 콩팥의 혈액 순환을 방해하는 것을 줄여 준다. 커진 자궁의 무게를 효과적으로 지탱할 수 있도록 배의 균형을 잡고 척추를 둘러싼 근육과 인대의 균형을 잡고 튼튼하게 한다.

다리 올려 쉬기

① 쿠션을 어깨나 머리 밑에 받치고 등을 대고 눕는다. 바닥에서 45° 정도 각도가 되게 하여 벽에 다리를 올린다. 이때 등이 굳어지지 않도록 주의한다. 팔은 몸 옆 또는 바깥쪽에 쭉 뻗어 놓는다.

② 몇 분 동안 이 자세를 하는데 발이 차가워지거나 쥐가 날 때까지 해서는 안 된다. 눈을 감고 편안하고 리듬 있게 호흡한다.

⭐ **효과** 다리를 들어 올림으로써 혈액이 심장으로 되돌아가는 순환을 도와주므로 붓고 피로해진 임신부의 팔과 다리를 풀어 준다. 허리를 자연스럽게 펴 주어 요통을 줄이고 예방한다.

박쥐 자세

① 두 다리를 쭉 뻗어 최대한 옆으로 벌린 후 발뒤꿈치를 늘려 허리를 꼿꼿이 세운다.

② 숨을 내쉬면서 두 손을 앞으로 뻗어 천천히 상체를 앞으로 숙인다.

③ 고르게 숨쉬며 10~20초 동안 버틴다.

④ 숨을 들이마시면서 천천히 상체를 들어 올린다.

⑤ 다리를 천천히 가운데로 모아서 쉰다.

⭐ **효과** 다리 안쪽과 뒤쪽 근육을 늘려 주고 근육통, 근육 경련을 없애며 골반의 유연성을 높여 준다. 간, 콩팥의 기능을 정상적으로 만든다.

음식태교

태아의 몸과 마음을 살찌우는 영양태교

음식태교는 엄마가 할 수 있는 최고의 태교라 해도 과언이 아니다. 매일 영양이 풍부한 음식을 골고루 섭취하는 것이야말로 태아에게 엄마의 사랑을 듬뿍 전하는 방법이다. 현명한 엄마의 바른 먹거리, 바른 식습관이 머리 좋은 아기를 만든다.

임신 기간 동안 엄마가 먹는 것은 곧 태아의 밥과 반찬이 된다. 때문에 무엇을 먹느냐가 아기의 지능은 물론 성격까지 좌우한다. 어머니 뱃속에서의 280일 동안 태아는 놀라울 정도로 많이 자란다. 인간의 일생을 통해 가장 많이 자라는 시기가 바로 이때인 것이다.

수정란으로 시작된 세포는 신체 각 기관을 형성하는데, 뼈를 구성해 골격을 이루고, 신체 내부 장기를 만들고, 두뇌와 피부, 근육을 만든다. 그러기 위해서는 많은 영양분이 필요하므로 세포가 왕성하게 분열할 수 있도록 충분한 영양공급을 해 주어야 한다.

음식태교가 좋은 이유

태아의 두뇌 발달을 좌우한다

일반적으로 사람은 160억 개 가량의 뇌세포를 갖는데, 그 중에서 140억 개의 뇌세포가 엄마의 뱃속에서 만들어진다. 한 개의 세포가 140억 개로 분열되려면 그만큼 많은 영양소가 필요한데, 만약 영양소를 충분히 공급해 주지 못하면 뇌는 제대로 발달할 수가 없게 된다.

뇌세포는 임신 중 가장 활발히 증식하여 출생 후 6개월까지 계속된다. 이 시기에 증식한 세포들은 다시 분열을 반복하지 않기 때문에 임신 중에 영양 결핍으로 세포에 손상을 주게 되면 나중에 아무리 좋은 영양을 공급한다고 해도 회복이 어렵다. 반대로 이 시기에 충분한 영양을 골고루 공급해 주면 뇌세포의 발달이 활발해지고 잠재된 능력까지 계발할 수 있다.

💜 태아의 성격 형성에 영향을 미친다

사람이 섭취하는 음식물은 몸을 유지시키는 기능뿐 아니라 성격 형성에도 많은 영향을 미친다. 인스턴트 식품을 주로 먹인 아이들이 난폭하고 발육도 늦다는 연구 결과는 오래 전에 발표된 바 있다. 음식이 성격 형성에 미치는 영향은 뱃속의 아기에게도 마찬가지이다.

임신 중에 설탕, 육류, 밀가루, 흰쌀 등 산성식품을 과잉 섭취하게 되면 태아의 체질이 산성화되어 질병에 걸리기 쉽고 성격에 결함을 가질 확률이 높다. 정서가 불안한 아이, 주위가 산만한 아이, 신경질적인 아이, 생각하는 능력이 떨어지는 아이들은 임신 중의 잘못된 식생활이 원인인 경우가 많다. 정서적으로 건강하고 안정된 아이를 낳으려면 임신 중 올바른 음식 섭취가 중요하다.

시기별 음식태교의 방법

임신 중에는 시기별로 다른 증상이 나타나 임신부를 괴롭히는가 하면 태아의 성장에 따라 특별히 더 필요한 영양소도 있다. 각 시기별로 임신부와 태아에게 필요한 영양소가 무엇이며, 어떤 음식을 어떻게 먹어야 하는지 알아보자.

임신 초기에 임신부를 가장 힘들게 하는 것은 입덧이다. 입덧 때문에 제대로 먹지 못하면 태아가 급성장하는 시기에 영양의 불균형을 초래할 수 있다. 이 시기에 꼭 필요한 영양소는 탄수화물이다. 그러나 입덧으로 음식섭취가 어렵기 때문에 자극적이지 않은 상큼한 요리가 좋다. 하지만 무리하면 토하기 십상이므로 신선한 과일이나 야채샐러드를 조금씩 천천히 먹도록 한다. 떡이나 빵, 비스킷 등도 좋다.

간혹 이유 없이 마음이 불안해지고 초조해지는 경우가 있는데, 이를 방지하기 위해서는 달걀을 하루 1개 정도 꾸준히 섭취하도록 한다. 달걀에는 진정 효과가 있는 콜린과 엽산이 풍부하기 때문이다.

임신 중기가 되면 식욕이 되살아난다. 이 시기에는 비만이 되지 않도록 주의하면서 영양섭취를 해야 한다. 저칼로리·고단백 식사가 적합한데 해조류나 버섯류가 좋고, 고기류에 야채를 듬뿍 넣어 조리해 먹는다.

임신 후기에는 임신중독증에 주의해야 한다. 평소 싱겁게 먹는 습관을 들이고 맛이 없게 느껴지면 향이 진한 향신료나 야채를 이용해 조리하도록 한다.

임신 전반기에 걸쳐서 비타민 A·B·C·E를 비롯해서 충분한 단백질과 칼슘을 섭취해야 한다. 현미·곡물배아·통밀·콩나물·두부·완두콩·검은콩 등 곡물류를 비롯해, 신선한 야채, 과일을 꾸준히 먹는 것이 좋다. 시금치·쑥갓·당근·토마토 등 색이 짙은 야채는 아침, 점심, 저녁 식탁에 없어서는 안 될 식품들이다.

또한 태아가 성장할수록 모체와 태아 모두에게 칼슘과 비타민 D가 많이 필요해지므로 이 두 가지가 풍부하게 들어 있는 우유·달걀노른자·멸치·뼈째 먹는 생선·간유 등의 식품을 충분히 섭취하도록 한다.

임신 1~4주 … 착상을 돕는 음식을 먹는다

뼈째 먹는 생선, 현미, 곡물배아, 통밀, 콩나물, 두부, 완두콩, 검은콩, 시금치, 쑥갓, 당근, 토마토, 우유, 달걀노른자, 간유

*마른새우청경채볶음

재료 마른새우 100g, 청경채 3포기, 홍고추 · 청양고추 1개씩, 소금 조금
볶음장 … 간장 · 참기름 · 다진마늘 · 청주 1작은술씩, 소금 · 후추 · 깨소금 조금씩

만들기 01 마른새우는 체에 밭쳐 잔가루를 털어낸다.
02 청경채는 한 잎씩 떼어 소금물에 씻어 3등분하고, 청양고추 · 홍고추는 송송 썰어 씨를 털어낸다.
03 팬에 기름을 두르고 마른새우를 넣고 볶다가 볶음장을 넣고 간이 배도록 재빨리 볶는다.
04 ③에 청경채와 홍고추, 청양고추를 넣어 버무린 다음 소금 · 후추로 간한다.

임신 5~8주 … 입덧을 예방하는 음식을 먹는다

견과류, 녹황색 야채, 현미, 메밀, 달걀, 우유, 어패류, 쇠고기, 돼지고기, 콩, 식물성기름

*호두장과

재료 호두 100g, 다진쇠고기 50g
고기양념 … 간장 1/2큰술, 설탕 · 참기름 · 다진마늘 1/2작은술씩, 다진파 1작은술, 후추 조금
조림장 … 간장 2큰술, 설탕 · 물엿 1/2큰술씩, 꿀 1작은술, 물 1/2컵

만들기 01 호두는 끓인물에 1~2분 담갔다가 꼬치를 이용해 속껍질을 벗겨 낸다.
02 다진쇠고기는 고기양념을 하여 기름 두른 팬에 볶다가, 호두를 넣어 함께 볶는다.
03 꿀을 제외한 조림장 재료를 분량대로 넣고 끓여, 걸쭉해지면 ②를 넣고 섞어 가며 조린다. 검은빛이 나고 윤기가 돌면 꿀을 넣는다.

임신 9~12주 ··· 철분을 충분히 섭취한다

굴, 두부, 돼지고기, 간, 해조류, 당근, 달걀노른자, 콩, 멜론, 현미, 달걀, 대합, 모시조개

*굴두부탕

재료 두부 1/4모, 굴 1/2컵, 다시마물 3컵,
새우젓국물 1큰술, 마늘즙 1/2큰술,
소금 · 후추 · 생강즙 조금씩, 건홍고추 1/2개,
참기름 2방울, 송송썬 대파 · 쑥갓 조금씩

만들기 01 두부는 2cm 크기, 0.7cm 두께로
썰고, 굴은 연한 소금물에 씻어 건진다.
02 건홍고추는 속씨를 털어내고 부수어 둔다.
03 다시마물에 두부를 넣고 새우젓국물을 넣고
끓이다가 두부가 부드러워지면 마늘즙과
생강즙을 넣고 굴을 넣어 끓인다.
04 굴이 부풀어오르면 소금과 후추로 간을
맞추고 건홍고추를 넣고 참기름을 뿌려 담는다.
대파와 쑥갓을 올려 낸다.

임신 13~16주 ··· 태아의 발육을 돕는 음식을 먹는다

두부, 현미, 유제품, 뼈째 먹는 생선, 해조류, 바나나, 당근, 쑥갓, 미역, 장어, 달걀노른자, 셀레늄 함유 식품

*두부명란찜

재료 두부 150g, 명란 2쪽, 실파 4대, 달걀
1개, 우유 1/2컵, 다시물 1/2컵, 소금 조금

만들기 01 두부는 물기를 빼고 칼끝으로
곱게 으깨어 놓는다.
02 명란은 겉의 막을 벗겨내고 알만 준비한다.
03 달걀은 잘 풀어놓고, 실파는 송송 썰어 놓는다.
04 볼에 풀어놓은 달걀과 우유, 다시물, 으깬
두부를 넣고 고루 섞는다. 여기에 명란을 넣고
섞은 다음 소금으로 간한다.
05 작은 그릇에 담고 위에 송송썬 실파를 얹은
다음 밥솥에 넣어 찐다. 수저로 눌러보아 단단하면
다 된 것이다.

임신 17~20주 … 근육과 뼈 형성을 돕는 음식을 먹는다

육류, 우유, 뼈째 먹는 생선, 생선, 우엉, 연근, 셀러리, 양상추, 감자, 고구마

*쇠고기등심마늘구이

재료 쇠고기 등심 300g, 통마늘 1통, 소금 · 후춧가루 조금씩, 버터 1큰술
구이소스 … 토마토케첩 · 우스터소스 · 흑설탕 1큰술씩, 잘게 채썬 양파 · 우유 2큰술씩, 올리브유 · 레드와인 1큰술씩

만들기 01 통마늘은 반으로 편썰기하고, 쇠고기는 소금, 후춧가루를 뿌려 둔다.
02 양파를 볶다가 갈색이 돌면 케첩과 우스터소스, 흑설탕, 레드와인을 넣고 끓이다가 우유를 넣고 걸쭉해지면 내린다.
03 팬에 버터를 두르고 ①을 넣어 굽는다.
04 굽는 중간에 쇠고기의 육즙이 흘러나오면서 익으면 구이소스를 넣어서 지글지글 굽는다.
05 쇠고기등심과 마늘을 소스와 함께 담아낸다.

임신 21~24주 … 신장과 간장 발달을 돕는 음식을 먹는다

모시조개, 대두, 문어, 오징어, 새우, 굴

*모시조개샐러드

재료 모시조개 2컵, 양상추 4컵, 당근 · 적채 조금씩, 화이트와인 1/3컵, 방울토마토 8개
드레싱 … 양파 1/2개, 당근 1/4개, 간장 · 레몬즙 4큰술씩, 식초 2큰술, 설탕 1큰술, 소금 조금, 후춧가루 조금

만들기 01 조개는 해감을 토하게 한 후 깨끗이 닦아 끓는물에 넣고 삶다가 와인을 부어 익힌 후 건져 식힌다.
02 당근과 적채는 얇게 채썰어 찬물에 담갔다가 건지고 양상추는 씻어서 적당한 크기로 자른다.
03 드레싱의 재료를 모두 믹서기에 넣고 간다.
04 모시조개와 야채를 접시에 보기 좋게 돌려 담고 드레싱을 끼얹는다.

 임신 25~28주 … 태아의 두뇌 발달을 돕는 음식을 먹는다

해조류, 어패류, 버터, 마늘, 동물의 간, 현미, 조, 수수, 콩, 땅콩, 해바라기씨, 우유, 달걀, 밀, 감자, 토마토, 감귤, 김치, 유제품

*전복데리야키

재료 전복 4개, 버터 1큰술
데리야키소스 … 간장 3큰술, 청주 1큰술, 물엿 1큰술, 물 2큰술

만들기 01 전복은 살을 떼어내 뒷면의 내장을 제거하고 옆면의 딱딱한 부분을 잘라낸 다음 검은 부분을 문질러 씻고 앞면에 칼집을 넣는다. 전복 껍질은 깨끗이 씻어 둔다.
02 팬에 분량의 데리야키소스 재료를 넣고 끓여 걸쭉한 데리야키소스를 만든다.
03 달군 팬에 버터를 두르고 전복을 넣어 앞뒤로 재빨리 구운 다음 데리야키소스를 뿌려 간이 배도록 빠른 시간 안에 지져 낸다.

임신 29~32주 … 양질의 단백질을 충분히 섭취한다

닭고기, 생선, 대두, 녹색 야채, 호밀, 모시조개, 대합, 현미

*삼계탕

재료 닭(영계) 2마리, 밤·대추 4개씩, 찹쌀 1컵, 물 6컵, 수삼 2뿌리, 통마늘 10개, 대파 2대, 황기 2뿌리, 소금·후추 조금씩

만들기 01 찹쌀은 씻어 30분 정도 불린다.
02 닭은 깨끗이 손질해 뱃속에 찹쌀을 넣고, 다리를 엇갈려 끼워 실로 묶는다. 냄비에 물을 붓고 닭, 마늘, 대파를 넣어 끓인다.
03 수삼과 황기는 솔로 깨끗이 씻어 준비한다.
04 30분 정도 끓이면서 기름을 건어내고 마늘과 대파를 건져낸 다음 수삼, 황기, 대추, 밤을 넣어 20분 정도 중불로 끓여낸다.
05 그릇에 담고 소금과 후추를 곁들여 낸다.

임신 33~36주 ··· 해조류 섭취를 늘린다

미역, 김, 파래, 대추, 양파, 녹황색 채소

*미역낙지샐러드

재료 불린 미역 80g, 낙지 2마리, 붉은고추
1/2개, 실파 1뿌리, 오이 1개, 양파 1/4개, 소금
조금
고추장소스 ··· 고추장 1큰술반, 다진마늘 · 깨소금
1/2큰술씩, 물엿 · 고춧가루 · 설탕 · 간장 · 식초 ·
레몬즙 1큰술씩

만들기 01 불린 미역을 끓는물에 소금을
넣고 데친 후 찬물에 헹궈 적당하게 찢는다.
02 낙지는 4cm 길이로 썰어 끓는물에 데친다.
03 고추는 어슷썰고 오이 1/2개와 양파는 5cm로
썰고, 나머지 오이는 길고 썰어 소금에 절여 둔다.
04 고추장소스를 만들어 낙지와 미역, 양파를
버무린 다음, 접시에 절인 오이를 깔고 담아 낸다.

임신 37~40주 ··· 면역력 강화 식품을 섭취한다

피망, 파슬리, 양배추, 시금치, 귤, 달걀, 육류, 녹황색 채소, 팥, 콩

*피망양송이볶음

재료 양송이 12개, 피망 2개, 양파 1/4개,
소금 · 다진마늘 1큰술씩, 맛술 · 고추기름
1작은술씩, 통깨 · 송송썬 실파 2큰술씩, 실고추
조금

만들기 01 양송이는 밑동을 잘라내고 껍질을
벗긴 뒤 4등분하고, 피망은 씨를 말끔히 도려내
4등분한 다음 2cm로 넓적하게 썬다.
02 양파는 피망 크기로 썰고 실파는 송송 썬다.
03 팬에 기름을 두르고 다진마늘과 양파를 넣고
볶다가 양송이, 피망을 차례로 넣어 볶는다.
04 ④에 맛술과 고추기름, 소금으로 간을 하고
실고추, 통깨, 실파를 넣고 버무려 완성한다.

#Q1 태교가 얼마나 효과가 있을까요?

A … 예전에는 막연히 "태교를 잘해야 아이의 두뇌와 정서발달에 좋다."고 했는데, 최근 각종 연구결과를 통해 태교의 효과가 입증되고 있습니다. 인간의 지능 중 80%는 유전에 의해 결정된다고 알려졌지만, 미국의 한 연구팀이 오랜 연구를 통해 지능에서 유전자가 차지하는 비율은 단지 48%일 뿐이며, 나머지는 태내 환경이 결정한다는 놀라운 연구결과를 발표한 것입니다. 또한 영국의 저명한 생의학 박사인 피터 너대니얼스는 비만, 당뇨, 암, 심장병 등 각종 질병들이 태내 환경의 영향을 받는다고 발표하여 한 사람의 평생 건강을 좌우하는 데 태아 시기보다 중요한 때는 없다는 결론을 내기도 했습니다.

#Q2 태교는 언제부터 시작해야 좋은가요?

A … 임신 3개월을 시태(始胎)라고 합니다. 말 그대로 태아가 엄마와 탯줄로 연결되어 육체적으로 긴밀한 관계를 갖기 시작한다는 의미입니다. 늦어도 이 시기부터는 태교를 시작해야 효과를 높일 수 있습니다.

#Q3 태반을 관리하는 방법이 따로 있나요?

A … 먼저 태반의 기능을 손상시킬 수 있는 저산소증을 예방하는 것이 필요한데, 이를 위해선 임신부의 스트레스 관리가 무엇보다도 중요합니다. 임신부가 스트레스를 받게 되면 태반의 혈관이 수축되어 결과적으로 태반 저산소증이 유발됩니다. 따라서 임신 기간 중 스트레스를 받지 않는 것이 중요하며, 주위에서도 임신부를 자극하지 않도록 주의해야 합니다. 만약 스트레스를 받더라도 오래 간직하지 않고 빨리 해소할 수 있도록 자신만의 스트레스 관리법을 갖고 있는 것도 좋습니다.

#Q4 아기를 위해 몸에 좋은 것, 맛있는 것만 먹으라고 하는데 실제로 아기가 음식 맛을 알까요?

A … 직장을 다니는 임신부 중에는 바쁘다는 이유로 음식 섭취를 소홀히 하는 경우가 있습니다. 음식의 맛이나 질과는 관계없이 단순히 영양분을 섭취하면 그만이라는 태도로 임신 전과 다름없는 식생활을 하는데 이것은 큰 잘못입니다. 태아는 28주 무렵부터 완전한 미각을 갖게 됩니다. 따라서 음식 맛에 따라 태아의 기분도 크게 좌우된답니다.

#Q5 남편이 아내의 배를 쓰다듬는 것만으로도 태교가 되나요?

A … 신체접촉이 아이의 정서함양과 지능계발에 얼마나 중요한 역할을 하는지는 강조하지 않아도 잘 알려진 사실입니다. 그런데 이것은 태어나기 전에도 마찬가지 역할을 합니다. 엄마의 배를 쓰다듬어 주면 그 감촉이 태아에게도 전달되어 태아의 두뇌 발달과 임신부의 정서 안정에 큰 도움이 됩니다.

여행태교

삶에 활력을 불어넣는 즐거운 태교

잠시 일상을 벗어나 낯선 곳으로 여행을 떠나는 것은 삶에 활력소가 된다. 임신부에게도 여행은 태교와 별개로 생각할 수 없을 만큼 중요하다. 여행은 임신 초기와 말기 때는 삼가고 중기에 하는 것이 바람직하다.

여행을 떠나면 낯선 환경 속에서 다른 사람들의 삶, 문화, 자연, 음식 등 평소 접하지 못했던 다양하고 새로운 경험을 하게 된다. 엄마가 많은 경험을 함으로써 태아도 간접 경험을 하게 된다. 그래서 임신부에게 여행은 태교와 분리해 생각할 수 없다.

몸과 마음이 자유롭지 못한 때이지만 조금만 조심하고 철저히 준비하면 특별히 여행을 기피할 이유가 없다. 무조건 몸을 사리면서 열 달을 보내는 것은 오히려 좋지 않다.

임신 16주부터 27주까지는 임신부나 태아 모두 안정된 상태이기 때문에 여행하는 데 무리가 없다. 그러나 임신 초기와 말기에는 장거리 여행을 되도록 삼간다.

여행태교가 좋은 이유

태아에게 깨끗한 산소를 넉넉히 전달한다. 엄마 뱃속은 고산지대보다 더 산소가 부족한 곳이라고 한다. 그래서 임신부에게 복식 호흡을 하라고 권한다.

태아는 모체의 혈액을 통해 산소를 받아들이는데, 태아에게 산소를 듬뿍 주기 위해서 공기 좋은 곳으로 여행을 떠나는 것도 한 방법이다. 녹색의 자연은 임신부의 눈을 편안하게 하고 맑은 공기는 답답했던 가슴을 탁 트이게 해 준다.

박물관이나 이벤트가 펼쳐지고 있는 여행지 등을 찾아서 떠나 보자. 엄마가 느끼고 흥미 있는 것에 대해 상세하게 태아에게 들려준다. 그러면 태아와 나눌 대화 내용이 풍성해진다. 평소 도심에서 들을 수 없었던 새소리,

바람소리, 물소리, 진기한 유물까지, 보고 듣는 모든 것에 대해 말해 준다.

여행은 태아에게 특별 야외학습이 되는 셈이다. 사람은 자연과 가까이 있으면 몸과 마음이 가장 평온한 상태가 된다고 한다. 그래서 자연과 함께하는 여행은 좋은 태교가 된다.

여행태교 체크포인트

의사와 상담한 후 떠난다

임신 중에는 의사를 귀찮게 해야 임신부의 불안감을 해소할 수 있다. 의사를 귀찮게 한다는 것은 궁금한 것에 대해서는 망설이지 말고 질문을 하는 것이다.

여행을 떠날 때도 미리 의사와 상담하는 것이 좋다. 일반적으로 임신부의 몸 상태가 정상이라면 해외여행을 해도 무방하다. 임신부에게 무리가 가지 않는다면 여행 횟수를 제한할 필요도 없다.

여행 준비와 마무리는 모두 남편에게 맡긴다

여행의 목적은 임신부의 스트레스를 풀고 태교도 하려는 데 있다. 그러나 여행을 준비하는 것은 그리 쉬운 일이 아니어서 자칫 여행을 떠나기도 전에 지칠 수 있으므로 주의한다.

특히 임신 중에 여행을 떠날 때는 평상시보다 더 철저한 준비가 필요하다. 따라서 여행 준비는 남편이 나서서 하는 것이 좋다. 임신한 아내를 위해 남편이 적극적으로 준비하는 모습을 보인다면 아내는 더없이 고마움을 느낄 것이고, 여행에 따른 피로도 줄어들 것이다.

위험한 활동은 하지 않는다

답답한 일상을 떠나 낯선 곳으로 여행을 떠나게 되면 누구나 마음이 들뜨게 마련이다. 들뜬 기분에 위험이 따르는 활동을 하게 될지도 모른다. 스노보드, 스키, 수상스키, 놀이기구 등 위험이 따르는 스포츠나 행동은 삼간다.

화장실은 보일 때마다 간다

임신 중에는 평소보다 훨씬 자주 화장실을 찾게 된다. 자궁이 커져 방광을 압박하기 때문이다. 여행을 다닐 때는 화장실이 보일 때마다 꼭 들른다. 소변을 자주 보지 않으면 방광염에 걸리기 쉽다. 화장실을 자주 드나드는 것이 귀찮아 수분 섭취를 줄여서는 안 된다. 임신부의 몸은 태아를 위해 많은 수분을 필요로 하기 때문이다. 빈뇨를 줄이고 싶다면 소변을 볼 때 몸을 앞으로 숙여 방광을 완전히 비운다.

여행지의 맛있는 먹거리를 즐긴다

'금강산도 식후경'이라고 여행의 즐거움 중 하나가 색다른 음식을 맛보는 것이다. 각 지방 향토음식이나 그 지역 특산품으로 만든 별미를 맛보는 것은 놓치기 아까운 즐거움이다. 산지에서 신선하고 맛있는 음식을 먹으며 영양섭취도 하고 기분전환도 한다면 임신부는 물론 태아도 행복해질 것이다.

산소태교

뇌세포를 활성화시키는 호흡태교

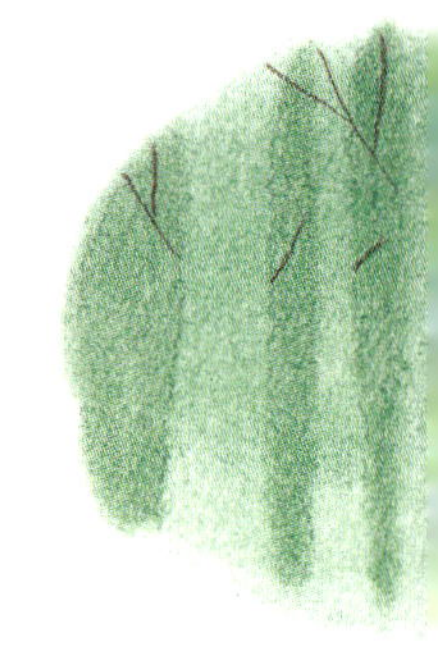

산소가 상품으로 팔릴 정도로 오염된 공기 속에서 살고 있는 현대인들. 임신부들에게 산소는 더욱 필요하다. 맑은 공기를 마시게 되면 태아의 뇌 세포가 활성화돼 머리가 좋아지고 감성이 풍부해진다. 삼림욕과 산책으로 맑은 공기를 즐겨 보자.

산소는 인간의 두뇌 활동에 매우 중요한 역할을 한다. 만약 뇌에 산소 공급이 단 10초라도 중단되면 뇌 기능에 치명적인 영향을 미치게 된다. 임신을 했을 때는 뱃속아기 때문에 더 신경 써야 한다. 태아의 두뇌는 임신 4~6개월 사이에 가장 활발하게 발달하는데, 이때 충분한 산소와 영양분이 공급돼야 머리 좋은 아기가 태어날 가능성이 높다.

산소태교가 좋은 이유

💜 태아의 뇌 발달을 돕는다

미국의 피츠버그대학 연구팀에 따르면 조용하고 영양과 산소가 풍부한 자궁 내 환경에서 자란 아기가 지능지수가 훨씬 높았다고 한다. 자궁 내 환경이 지능지수의 52%를 결정한다고 하니 건강하고 똑똑한 아기를 원한다면 특히 산소태교에 관심을 가져야 할 것이다.

산소태교를 할 수 있는 방법 가운데 가장 손쉽고 일반적인 것이 산책과 삼림욕이다. 적당한 산책과 삼림욕으로 신선한 산소를 충분히 마시게 되면 태아의 뇌 발달도 돕고 우울해지기 쉬운 임신부의 기분전환에도 도움이 된다.

추운 겨울이나 바깥 외출이 어려울 때는 집에서 틈틈이 창문을 열어 환기를 하고 간단한 체조로 산소 흡입량을 늘린다.

💜 산소를 듬뿍 마실 수 있다

산책의 가장 큰 효과는 뭐니뭐니해도 산소 공급량이 늘어난다는 것이다. 산책을 하면 가만히 앉아 있을 때보다 산소를 2~3배나 더 들이마실 수 있다. 답답하거나 우울했던 기분마저 상쾌해진다. 엄마가 들이마신 산소는 탯줄을 타고 아기에게 전달된다. 이렇게 들어간 산소는 뇌세포를 활성화하는 데 사용된다.

💜 부종, 요통이 사라진다

흙길을 걷고 맑은 공기를 쐬는 일이 건강에 좋지 않을 수가 없다. 장수하는 사람들에게

무슨 운동을 하느냐고 물어보면 특별한 운동을 따로 하는 게 아니라 꾸준히 가벼운 산책을 했을 뿐이라는 대답을 흔히 들을 수 있다.

산책은 특히 혈액 순환을 좋게 한다. 임신한 여성들이 흔히 겪게 되는 요통과 다리의 통증도 혈액 순환이 잘 되지 않는 데 원인이 있다. 따라서 가벼운 산책을 하면 부종이나 요통의 괴로움을 덜 수 있다. 이 밖에 심폐기능도 좋아지고 자연스럽게 복식호흡을 익히게 되어 출산 때 진통도 덜 겪게 된다.

태아의 피부를 기분 좋게 자극한다

산책은 자궁이 규칙적인 수축을 할 수 있게 해 주어 태아에게 가장 기분 좋은 피부 자극을 준다. 피부는 제 2의 뇌라 불릴 정도로 뇌와 비슷한 성질을 가지고 있다. 피부가 자극을 받으면 뇌도 자극을 받게 되고 이것은 뇌신경 발달에 큰 도움이 된다.

그럼 뱃속아기에게 어떻게 피부 자극을 줄 수 있을까? 뱃속아기가 느끼는 피부 자극은 자궁의 자동적인 수축에 의한 자극이 주가 된다. 자궁이 리듬을 갖고 수축을 반복하면 아기의 피부도 규칙적으로 눌렸다가 풀리게 된다. 엄마의 마음이 안정된 상태에서 산책을

하면 자궁 수축이 이뤄져 아기에게도 기분 좋은 자극을 줄 수 있게 된다. 반면 진동이 심하거나 불규칙적인 자극은 오히려 아기에게 스트레스를 주게 된다.

스트레스가 싹 사라진다

태교의 기본은 임신부와 태아에게 스트레스가 없는 상태를 만드는 데 있다. 의학적으로 스트레스가 전적으로 나쁜 것만은 아니다. 적당한 스트레스는 오히려 세포생존에 필요한 산소 등 에너지를 얻게 되는 것이지만 문제는 과도한 스트레스에 있다.

임신부가 과도한 스트레스를 받게 되면 부신에서 스트레스 호르몬을 분비하게 되고 이렇게 분비된 스트레스 호르몬은 임신부의 신체에서 혈관이 연결되는 모든 부위에 전달되므로 거의 모두가 태반을 통하여 태아에게도 전달된다.

산책은 스트레스를 푸는 데 한몫 단단히 한다. 맑은 공기를 쐬면서 숲길을 걸으면 자연스럽게 잔병이나 스트레스까지 날릴 수 있다.

산소태교의 종류

산책태교
임신 초기는 피하고 16주 이후부터 시작한다

유산 위험이 있는 임신 초기에는 피하는 것이 좋으므로 산책은 16주부터 시작하는 것이 좋다. 처음부터 빠른 속도로 걸으면 쉽게 피로해지기 쉬우므로 편안한 마음으로 느긋하

게 걷는다. 산책은 오전 10시부터 오후 2시 사이에 하는 것이 좋다. 이 시간이 하루 중 배의 상태가 가장 안정되어 있는 때이기 때문이다.

그렇다고 꼭 그 시간을 고집할 필요는 없다. 다만 자외선이 너무 강한 날이나 식사 직후는 피해야 한다. 하루 30분 정도 걸으면 임신부나 태아 모두에게 적당한 운동이 될 수 있다. 1주일에 3~5일 산책하는 것이 적당하지만 자신의 몸 상태를 봐 가며 조절한다.

How to 산책태교 방법

💜 배가 당길 때는 즉시 중단한다

피곤하면 배가 당기기 쉬운데 산책을 하는 도중 배가 당기거나 심한 피로감이 느껴질 때는 즉시 중단한다. 걷는 도중 조금 피로해질 때는 잠깐씩이라도 쉬어 가면서 산책한다. 식은땀이 나거나 어지러울 때는 중단하고 병원에 가서 진단을 받는다.

💜 몸 상태를 꼭 체크한다

몸 상태 점검하기　걷기 시작하기 전에 몸에 문제는 없는지 확인한다. 임신부이기 때문에 각별히 주의해야 한다.

편안한 신발 신기　맨발 산행이나 산책이 유행이어서 공원에 가면 맨발로 걸을 수 있는 코스를 따로 만들어 놓기도 했다. 그러나 발 전문가들은 맨발 산책은 좋은 운동이긴 하나 무엇보다 안전을 먼저 생각해야 한다고 충고한다. 파상풍이나 유행성 출혈열 등 주의를 요하기 때문이다. 임신부에게 맨발 산책은 무리가 따르기 때문에 맨발 대신 편안한 신발을 신는다. 발 폭이 넓고 밑창이 탄력 있는 신발이 좋다. 또 양말을 신어 발에 충격을 주지 않도록 한다.

수분 섭취하기　보리차나 이온음료 등을 미리 준비해 산책 도중에 마신다. 수분 공급을 충분히 해야 탈수증을 예방할 수 있다. 빈속에 산책을 하면 피로감이 더 빨리 찾아오므로 산책하기 1시간 전에 뭔가를 먹는다.

휴식 취하기　몸이 지치고 피곤한데도 무리하게 걷는 것은 오히려 좋지 않다. 즐겁게 몸 상태에 맞게 속도를 조절하며 해야 산책의 효과를 얻을 수 있다. 피곤할 때나 기분이 나쁠 때는 앉아서 쉬도록 한다.

걷기　임신을 하면 관절이 느슨해져 발을 삐는 등 쉽게 다칠 수 있으므로 평평한 곳을 골라서 걷는다. 또 오르막길은 배에 무리를 주기 때문에 좋지 않다. 평평한 흙길이나 잔디가 걷기에 가장 좋다.

숨쉬기　맑은 공기를 많이 받아들이기 위해 호흡법이 중요하다. 코로 길게 숨을 들이쉰 후 입으로 '후' 하고 내쉰다. 진통이 올 때도 '히히' 하고 들이쉬었다가 '후' 하고 내쉬는 호흡을 하므로 호흡법을 미리 연습하는 효과도 있다.

걷는 자세 걷는 자세 또한 중요하다. 머리를 숙이고 걸으면 목과 어깨에 무리를 주게 된다. 가슴을 쫙 편 상태로 앞을 바라보며 걷는다. 보폭은 크게 하는 것보다 적당하게 해서 발을 자주 놀리는 것이 좋다.

삼림욕태교
몸과 마음이 상쾌해진다

건강에 대한 관심이 높아지면서 삼림욕에 대한 관심도 덩달아 높아졌다. 삼림욕이란 '신선하고 상쾌한 공기를 들이마시며 숲속을 걷거나 머물러 있는 일'을 말한다.

스트레스와 공해 등에 100% 노출되어 있는 현대인에게는 물론이거니와 임신부에게도 삼림욕은 몸과 마음을 상쾌하게 해 주는 자연 건강법이다.

숲속에 들어가서 나무의 은은한 향내와 맑고 상쾌한 공기를 폐 깊숙이 마시면 몸과 마음의 피로가 싹 사라져, 생활에 다시 활력을 불어넣기에 충분하다. 숲의 공기가 건강에 좋다는 것은 과학적 연구 결과로도 입증되고 있다.

피톤치드를 뿜어내는 숲 주위 1m 내에는 세균이 거의 없고, 신선한 떡갈나무나 자작나무 잎을 잘라 그곳에 결핵균이나 대장균을 투입하면 몇 분 안에 죽고 만다는 것 등이 그 예다.

Good 삼림욕태교의 좋은점

피톤치드와 음이온이 건강에 좋다

수목이 울창한 숲속을 거닐면 누구나 상쾌한 기분이 되는데, 이것은 '피톤치드' 때문이다. 피톤치드는 나무들이 각종 박테리아로부터 자신들을 보호하기 위해 끊임없이 발산하는 '방향성 물질'인데, 이는 숲속의 식물들이 만들어 내는 살균성을 가진 모든 물질을 일컫는다. 삼림욕의 효능이 바로 이 피톤치드 때문이다.

숲속에 들어갔을 때 특유의 향긋한 냄새를 맡은 적이 있을 것이다. 이것은 피톤치드의 주성분인 테르펜이다. 테르펜은 항균작용을 하면서 신체의 활성화를 돕는다. 테르펜이 몸에 흡수되면 피부를 자극해서 신체를 활성화하고 피를 잘 돌게 하며, 마음도 편안하게 하는 것으로 알려져 있다.

특히 우울증 등 정신적인 문제를 향기로 치료하는 향기요법에서도 테르펜계 물질이 쓰이고 있다. 삼림욕의 또 하나의 효능은 음이온을 얻을 수 있다는 것이다. 음이온은 자율신경을 진정시키고 신진대사와 세포, 장기의 기능을 강화시키는 역할을 한다.

심신 안정과 태교에 도움이 된다

삼림욕은 스트레스가 많은 임신부에게 큰 도움이 된다. 숲속의 맑은 공기를 맡으며 천천히 걷다 보면 노폐물이 배출되어 신진대사 및 심폐기능이 강화되며, 스트레스와 피로로 뭉쳐진 근육과 신경들이 부드럽게 풀어진다.

산소 공급도 원활하게 이루어져 반사신경

등 운동신경을 단련시켜 준다. 또한 피톤치드가 피부에 자극을 주고 몸에 자연스럽게 흡수된다. 시냇물 소리, 새소리 등 여러 자연의 소리를 들을 수 있는 것도 태교에 도움이 된다.

How to 삼림욕태교의 방법

🌱 최적기는 초여름에서 초가을 사이, 오전 10시부터 12시다

삼림욕의 최적기는 가지와 잎사귀가 풍성한 초여름에서 초가을 사이다. 일조량이 많고 온도와 습도가 높은 날에 피톤치드가 많이 나오기 때문이다. 또한 하루 중 오전 10시에서 12시 사이에 많이 나오므로 가급적 이 시간을 이용해 삼림욕을 한다.

🌱 활엽수보다 침엽수가 우거진 곳이 좋다

나무가 우거진 곳이면 어디나 삼림욕이 가능하지만 활엽수보다는 소나무, 전나무, 잣나무 등 침엽수가 많은 곳이 좋다. 특히 편백나무, 눈측백나무, 구상나무, 삼나무 등이 피톤치드를 많이 함유하고 있다. 편백나무 숲이 삼림욕에 가장 좋다는 실험 결과가 나온 바 있다.

편백나무의 향기는 우리 건강에 좋은 60여 가지의 신비한 물질로 이뤄져 있다. 그리고 어린 나무보다는 수명이 오래된 나무가 좋으며 산 위나 아래보다 중턱이 좋다. 산 중턱의 숲 가장자리에서 100m 이상 들어간 깊은 숲일수록 방출되는 피톤치드 양이 많다.

🌱 복식호흡을 한다

산책과 마찬가지로 삼림욕을 할 때도 뱃속 가득히 공기를 채우는 기분으로 숨을 깊이 들이마신다. 산소와 피톤치드를 많이 흡수하기 위해서는 이런 복식호흡이 바람직하다. 나무 사이를 가볍게 뛰거나 체조, 스트레칭 등을 하면 효과가 더 좋다.

🌱 헐렁한 옷을 입는다

꼭 끼는 옷보다 헐렁하고 간편한 옷차림이 적당하다. 공기 중의 피톤치드가 피부에 직접 닿을 수 있기 때문이다. 숲의 공기를 마시며 산길을 걷는 것이기 때문에 신발 선택도 중요하다. 신발은 밑창이 두꺼운 운동화가 좋다.

🌱 마음을 편안히 한다

숲속에서 머릿속을 말끔히 지우고 자연을 즐기면 상쾌함이 온몸으로 느껴진다. 가벼운 시나 수필집, 명상록 등을 가져가 나무에 기대어 앉아서 읽으면 정신적인 평화를 얻을 수 있다.

피로감이 들 때는 멈춰 서서 큰 나무를 향해 심호흡을 길게 하여 나쁜 기를 토해내고 테르펜과 음이온을 마음껏 들이마신다.

성품이 고운
아기 낳는 태교

태담태교

아기에게 사랑을 전하는 대화태교

태교방법 중 가장 많이 알려진 것이 바로 태담태교다. 태담은 모든 태교의 기본이다. 엄마나 아빠가 사랑을 듬뿍 실어 말을 걸면 태아의 정서가 안정되고 태어난 후에는 아기의 감성에 좋은 영향을 미치게 된다.

태교 방법 중 가장 많이 알려져 있을 뿐 아니라 특별한 준비나 기술이 필요치 않아 누구나 손쉽게 할 수 있는 것이 바로 태담태교이다.

태담(胎談)이란 말 그대로 뱃속아기와 이야기를 나누고, 대화를 통해 사랑을 전하는 것이다. 엄마 아빠가 일상에서 겪은 작은 사건, 작은 느낌을 태아와 함께 나누면 된다. 엄마나 아빠가 뱃속아기에게 말을 걸면 태아는 확실하게 반응을 나타낸다.

배에 손을 얹고 부드럽게 쓰다듬으며 다정한 목소리로 이야기를 해 주면 태아는 정서적으로 안정감을 느낄 뿐만 아니라 엄마와 태아 사이에 유대감도 깊어진다.

태담태교가 좋은 이유

뇌 발달을 돕는다

태아의 뇌세포는 엄마 뱃속에 있을 때 가장 많이 발달하며 끊임없이 자극을 받아야만 성장이 가능하다. 태아의 뇌는 2개월부터 형태가 만들어지고, 5개월 무렵이 되면 80% 정도가 완성되어 어른과 다름없는 뇌 기능을 갖게 된다.

인간의 뇌세포는 약 140억 개인데, 그중 100억 개 정도가 태아시절에 만들어진다. 이렇듯 뇌세포의 대부분이 엄마의 뱃속에서 형성되기 때문에 태내에서의 발육이 강조되는 것이다. 태아의 뇌세포를 자극하는 방법으로 가장 효과적인 것이 태담이다. 태아의 뇌를 자극하고 뇌세포를 서로 연결하는 회로를 증가시켜 주기 때문이다. 엄마와 따뜻하고 정겨운 대화를 나눔으로써 태아의 뇌는 자극을 받고 성장하게 된다.

정서가 안정되고 사회성이 발달한다

 뱃속에 있을 때부터 엄마, 아빠와 충분한 이야기를 나누고 태어난 아기와 그렇지 못한 아기는 출산 후 발육 상황이나 행동에서 차이를 보인다. 태담을 나누고 자란 아기의 경우 자신의 의사를 울음으로 확실하게 표현할 줄 안다. 원인 없이 울거나 떼를 쓰거나 밤에 우는 경우가 거의 없어 아기 키우기가 훨씬 수월하다. 결국 태담은 아기의 정서를 안정시키고 따뜻하고 바른 성품을 가진 아이로 자라게 해 준다.

엄마와 아기의 유대감이 깊어진다

태아는 엄마로부터 신체적인 면뿐만 아니라 정서적인 면에서도 직접적인 영향을 받게 된다. 엄마가 태아에게 꾸준히 이야기를 들려주면 태아는 엄마의 부드러운 목소리를 기억하고 그 목소리에 반응을 보인다. 이런 과정을 통해서 엄마와 태아 사이에는 더욱 끈끈한 유대감이 형성된다.

엄마의 마음을 차분하게 안정시킨다

 임신했을 때 가장 조심해야 할 것이 스트레스다. 임신부가 심한 스트레스에 시달리게 되면 아드레날린이 분비되고 그 아드레날린이 혈액을 통해 태아에게도 전달되어 태아 역시 스트레스를 받게 된다. 한 조사에 따르면 전쟁 중에 태어난 아이들 중에는 저체중아가 많고 초조하고 신경질적인 아이가 많은 것으로 나타났다.

그러나 생활을 하면서 스트레스를 전혀 받지 않기란 힘든 일이다. 엄마가 스트레스를 덜 받고 받은 스트레스를 빨리 풀기 위해서도 태담은 필요하다. 태아에게 이야기를 하면서 엄마도 마음을 편안하게 가라앉힐 수 있기 때문이다.

태담을 하다 보면 엄마 스스로 밝은 얼굴을 가지려 노력하게 되고 태아를 사랑으로 대하게 된다. 태아를 향한 엄마의 이러한 노력은 모성애와 자긍심을 길러 준다.

태담태교의 방법

애칭을 만들어 부른다

 뱃속아기에게 말을 건다는 것은 좀 어색하고 쑥스러울 수 있다. 태아를 부를 때 막연히 '아기야' 하고 부르기보다 애칭을 지어 부르면 대화하기가 훨씬 수월해진다. 게다가 어색함도 덜하고 유대감도 커져 더욱 친밀하게 이야기를 할 수 있다.

또박또박 말한다

말을 건네도 대꾸가 없기 때문에 혼자서 떠드는 것만 같아 태담을 할 때 속으로만 중얼거리는 사람이 있다. 하지만 태담태교를 할 때

는 옆에 있는 친구에게 이야기하듯 나지막한 목소리로 또박또박 이야기하는 것이 좋다.

억양의 높낮이를 살리고 정확한 발음으로 말을 한다. 또한 차분하고 사근사근한 목소리로 말해야 태아에게 거부감을 주지 않는다. 배를 사랑스럽게 어루만지면서 상냥하게 이야기하면 엄마의 정서가 태아에게 그대로 전달된다.

💛 아침인사로 시작한다

상쾌한 아침을 맞이하는 순간, 태아와 즐거운 인사로 하루를 열어 보자. 엄마가 활동을 시작하면 뱃속아기도 잠에서 깨어난다. 이럴 때 태아에게 "콩이야, 안녕! 잘 잤니? 오늘 하루도 즐겁게 보내자." 이렇게 말을 걸면 말을 하는 엄마의 기분도 좋아지고 태아도 행복한 마음으로 하루를 시작할 수 있게 된다.

💛 많은 이야기를 들려준다

여러 가지 이야기를 수시로 들려주는 것은 태아의 뇌에 좋은 자극이 된다. 정서적으로 안정된 아기를 낳으려면 임신부가 태아의 뇌에 좋은 자극을 많이 주어야 한다. 보고 듣고 느낀 여러 경험을 바탕으로 다양한 이야기를 들려주면 태아의 정서 형성에 도움이 된다.

💛 음악을 들으며 이야기한다

태담을 하면서 동시에 손쉽게 할 수 있는 것이 음악을 듣는 것이다. 좋아하는 음악을 틀어놓고 음악과 관련된 이야기로 대화를 풀어나가면 어색하지 않게 태담을 할 수 있다. 음악을 들으면서 엄마가 느끼는 감정이나 그 음악이 담고 있는 내용, 사용된 악기는 어떤 것인지 등을 이야기해 준다.

이야기뿐만 아니라 태아의 애칭을 넣어 노래를 직접 지어서 불러 주거나 동요를 불러 주는 것도 좋다. 태교로 동요를 자주 들려준 경우 태어나서 그 노래를 들려주니 아기가 반응을 보였다고 말하는 엄마도 있다.

전문가들도 엄마 뱃속에서부터 노래를 들은 아이가 정서적으로 다른 아이들보다 더 안정되어 있다고 말한다. 엄마 아빠가 노래 가사를 만들고 음을 붙여 직접 불러 주면 재미도 있고 자연스럽게 태교도 되어 일석이조다.

💛 저음인 아빠 목소리를 좋아한다

요즘 아빠들은 태교에 많은 관심을 보인다. 아빠가 태교에 적극적일수록 정서적으로 안정되고 똑똑한 아기를 낳는다는 사실을 잘 알기 때문이다.

그러나 여전히 많은 아빠들이 태교에 무신경한 것 또한 사실이다. 임신부들을 대상으로 한 설문 조사에서 남편의 태교 참여에 대한 만족도를 물었더니, 평균 만족도가 100점 만점에 30점 정도 나왔다.

태담의 경우 더 어색하고 쑥스러워 감히 엄두를 못 내는 경우가 많은데, 아내의 도움을 받거나 병원에 함께 가서 초음파를 보며 태아에 대한 실재감을 느껴 보는 것이 도움이 된다. 태아는 엄마의 목소리는 항상 접하기 때문에 기억하고 있지만 아빠의 목소리는 그렇지

못하다. 태아와 한몸으로 연결되어 있는 엄마와는 자연스럽게 유대감이 형성되지만 임신 출산에 있어 보조적인 역할을 하는 아빠와는 유대감을 덜 느낄 수밖에 없는 것이다.

그러므로 틈나는 대로 아빠의 목소리를 들려주어 태아와 친숙해지려고 노력해야 한다. 태아는 여자보다 남자의 목소리에 더 민감한 반응을 보인다는 점만 보더라도 아빠의 태담이 얼마나 중요한지 알 수 있다.

임신 기간 동안 끊임없이 아빠의 목소리를 듣고 자란 태아는 태어난 후에도 아빠의 목소리를 알아듣는다.

말을 걸 때는 아내의 배 옆에서 혹은 배를 어루만지며 사랑을 속삭이듯 나긋나긋한 말투로 이야기한다. 배를 쓰다듬으면 태아의 몸을 간접적으로 만지는 것이 되어 태아의 기분까지 편안하고 좋아진다.

💜 사랑받고 있음을 알게 한다

태담을 할 때 잊지 말아야 할 것이 사랑의 메시지다. 태아로 하여금 자신이 얼마나 사랑받고 있는지를 알게 하는 것이 태담의 포인트다. "사랑해.", "환영한다." 같은 긍정적인 말을 자주 들려주어 자신이 사랑받고 있다는 확신을 심어 준다.

반면 부정적인 말이나 언행은 삼간다. 태아는 엄마의 정서적 변화를 누구보다 빨리 감지할 수 있기 때문이다. 병원에 갔다 온 날이나 태동이 많은 날, 엄마 컨디션이 좋은 날 등은 특히 뱃속아기에게 칭찬을 아끼지 않는다. 긍정적인 말을 자주 하고 밝은 생각을 해야 태어나는 아기도 밝고 긍정적인 성격이 된다.

💜 음식을 먹을 때도 태담을 잊지 않는다

건강한 태아를 위해서는 엄마의 섭생이 중요하다. 필요한 영양을 적극적으로 섭취하고 균형 있는 자연식을 섭취해야 한다. 밥이나 간식을 먹을 때도 태담을 잊지 않는다.

엄마가 먹는 음식이 태아를 건강하게 만들어 줄 것이라는 바람을 담은 말을 건네도록 한다. "멸치에는 칼슘이 듬뿍 들어 있어서 네 뼈를 튼튼하게 해 준단다.", "사과 향과 맛이 참 좋네. 사과에는 비타민이 많이 들어 있단다." 하는 식이다.

💜 임신 기간에 따라 대화 내용을 달리한다

태담은 빨리 시작할수록 좋다. 임신 사실을 안 순간부터 시작하면 가장 좋은데, 임신 사실을 알았을 때의 설렘과 기쁨, 행복을 태아에게 자주 들려주도록 하자. 중기가 되면 태아의 성장에 대해서 말해 주고 건강하게 자라기를 바라는 내용의 대화를 나눈다.

임신 8개월이 되면 태아가 소리의 강약과 높이를 구별할 수 있어 어느 때보다 태담태교의 효과를 극대화할 수 있다. 이때 더 적극적으로 책을 읽어 주거나 음악을 듣고, 노래를 불러 주고, 이야기를 하며 자극을 준다.

동화태교

태아의 잠재력을 길러 주는 감성태교

아빠와 함께 태아에게 동화책을 읽어 주자. 아름다운 이야기를 통해 태아의 잠재력이 쑥쑥 자란다. 하루 30분, 동화태교를 하다 보면 아빠 엄마와 태아의 유대감이 깊어질 뿐만 아니라 가족 모두가 행복해진다.

이미지란 그림, 사고, 경험, 지식, 습관 등이 바탕이 되어 만들어진 머릿속에 있는 사물의 영상을 말한다. 외부의 정보들이 지속적으로 입력되고 뇌가 그 데이터를 이해하고 저장함으로써 이미지는 만들어진다.

이미지 형성은 이런 유기적인 과정과 함께 뇌세포와 뇌세포가 연결되기 때문에 가능하며, 이런 연결망을 시냅스라고 한다. 태아에게도 시냅스 형성이 가능하도록 해 주는 것이 중요하다. 적절한 자극이 주어지지 않으면, 태아의 뇌세포는 많이 파괴된 채로 태어나게 된다. 그래서 영재는 타고난다고 하는 것이다.

시냅스를 많이 만들고 뇌세포를 활성화하기 위해서는 자극이 중요한데, 그중 하나가 동화책 읽기다. 엄마의 목소리로 여러 가지 아름다운 이야기를 들려주면 태아가 좋아할 뿐만 아니라 태아의 두뇌 발달을 돕는 데도 좋은 자극이 된다.

동화태교가 좋은 이유

쉽게 이야기를 나눌 수 있다

실재감이 없는 뱃속아기와 이야기를 나눈다는 것이 쉬운 일은 아니다. 태담이 좋다는 것은 다 알지만 실천은 어려운 법. 이때 동화태교를 하는 것이 도움이 된다. 동화태교는 태담에 기초를 두고 있다.

뱃속아기와의 대화를 이끌어 내는 도구로 동화책을 읽는 것은 좋은 방법이다. 특히 엄마보다 아빠가 태아와 이야기하는 것을 쑥스러워하는데, 잠들기 전에 동화책을 읽어 주는 것으로 아기와의 대화를 시도해 보자.

아빠와 함께할 수 있어 좋다

남편을 태교에 적극적으로 참여시키는 방법 중 가장 손쉬운 것이 동화태교다. 아빠의 목소리는 대체로 저음이어서 엄마의 고음에 비해 양수를 통해 소리가 잘 전달되는 장점도 있다. 엄마 아빠가 동시에 목소리를 냈을 때 태아가 아빠의 목소리에 더 잘 반응하는 것을 초음파를 통해 확인할 수 있다.

태아와 유대감이 깊어진다

엄마의 사랑을 듬뿍 담아 뱃속아기에게 아름다운 이야기를 읽어 주면 태아와 엄마의 공감대가 형성되어 유대관계가 깊어진다. 언어발달이나 상상력이 풍부해지고 표현력이 좋아지는 등 효과는 부수적인 것에 불과하다. 동화태교를 하는 중요한 이유는 바로 태아와 엄마 사이의 애착 형성에 있다고 해도 과언이 아니다.

뱃속에서 쌓은 엄마와의 돈독한 유대감은 태어난 후에 아이의 성품이나 성격 형성에도 큰 영향을 미친다. 태어난 후 모유수유를 하고 신체적 접촉을 많이 하는 것도 아기와 유대감을 쌓는 것이 중요하기 때문이다.

뇌를 자극해 잠재력을 이끌어 낸다

임신 중기의 태아는 청각 기능이 발달되어 외부의 자극에 반응을 보이게 된다. 이때 부모가 따뜻한 목소리로 동화책을 읽어 주면 태아의 뇌가 자극되므로 잠재력을 이끌어 내는 효과가 있다. 잠자리에 들기 전 하루 10~20분만이라도 시간을 내어 태아에게 동화를 들려 주면 뱃속아기의 잠재력은 쑥쑥 자란다.

상상력과 호기심을 기른다

뱃속아기에게 용기와 우정 등 다양한 주제의 이야기를 읽어 준다. 이런 과정을 통해 상상력과 호기심을 키울 수 있다. 동화책 속에 담긴 꿈의 세계에 엄마의 풍부한 상상력을 실어 전달해 주면 태아는 건전하고 안정된 정서를 갖는 한편 상상력과 호기심이 풍부한 아이로 자라게 된다.

감성을 자극한다

태아는 엄마의 목소리를 단순히 귀로만 듣는 것이 아니라 온몸을 통해 받아들인다. 그러므로 책을 읽을 때 감정을 실어서 읽으면 감성발달에 큰 도움이 된다.

동화태교의 방법

정확한 발음으로 들려준다

누구에게 책을 읽어 주든 정확한 발음으로

읽어 줘야 의미전달이 되는 법이다. 태아에게 읽어 줄 때도 예외가 아니다. 발음이 정확하지 않으면 태아에게 전달되는 효과가 떨어질 수밖에 없다.

💟 대화체로 바꾸어 읽는다

뱃속아기의 애칭을 정하고 동화책의 주인공 이름을 애칭으로 바꾸어 대화체로 읽어 준다. 그렇게 책을 읽어 주다 보면 태아와 동화책의 주인공이 동일 인물처럼 느껴져 태아와 더 친숙해진 느낌이 들 것이다. 태아도 엄마가 재미있게 읽어 주어야 이야기에 집중하는 법이다.

💟 따뜻하고 다정한 목소리로 읽는다

태담을 할 때 가장 중요한 것은 목소리다. 편안하고 부드러운 목소리를 들려줘야 태아도 정신적 안정감을 갖게 된다.

태아는 언제나 엄마의 부드러운 목소리를 기대하고 있으므로 밝은 목소리로 신나게 읽어 준다. 엄마가 이야기를 직접 지은 듯 감정을 실어 상냥하고 따뜻한 어조로 읽는다.

💟 아기를 쓰다듬듯 배를 만지며 읽는다

태담을 할 때와 같이 동화책을 읽을 때도 배를 어루만지면서 읽는다. 그러면 엄마 손의 온기가 태아에게 전달되어 효과가 더 커진다.

💟 매일매일 꾸준히 한다

동화태교 또한 꾸준히 해야 효과가 있다. 짧은 시간이라도 매일 가장 편안한 시간을 정해 동화책을 읽어 준다. 아빠와 함께하고자 한다면 퇴근 후 8시 무렵이 적당하다. 태아는 잠을 자는 시간이 많은데, 청각 신경이 가장 민감한 때가 저녁 8시경이므로 이때 아빠가 책을 읽어 주면 효과가 크다.

💟 책 속에 나온 사물에 대해 설명한다

태아는 세상의 모든 것에 대해 백지 상태다. 책 속에 등장하는 사물에 대해서도 호기심이 생기는 것은 당연하다. 동화 속에 나오는 사물에 대해서도 친절하게 설명을 곁들인다.

💟 편안한 상태에서 읽어 준다

책을 읽는 자세가 불편하면 뱃속아기도 불편할 수밖에 없다. 가장 편안한 상태에서 천천히 읽어 주되, 때로는 가볍게 걸으면서 책을 읽는 것도 한 방법이다. 임신부에게는 운동을 하는 효과가 있고 태아에게는 진동 효과가 있어 자극이 된다.

💟 가끔은 그림을 보면서 이야기를 꾸민다

때로는 읽는 대신 그림을 먼저 보면서 이야기를 직접 꾸며 보는 것도 재미있다. 그림을 통해 엄마의 집중력과 상상력은 날로 커지고, 태아의 상상력 또한 쑥쑥 자라게 된다.

💟 읽고 난 후 느낌을 이야기해 준다

흥미를 가지고 책을 읽은 후라면 그 이야기에 대한 느낌이 생기게 마련이다. 책을 읽고 난 후의 감상을 태아에게 상세하게 들려준다.

전통태교

선조들의 지혜를 엿볼 수 있는 과학태교

전통태교는 임신 전의 마음가짐과 음식, 조심해야 할 행동, 부성태교의 중요성 등을 두루 담고 있는 종합태교법이다.

임신 전 태교는 장차 뱃속에 잉태될 생명을 위하여 몸과 마음의 준비를 철저히 해야 한다는 것인데, 이는 계획임신을 강조하고 있는 것과 일맥상통한다.

🌱 태교를 처음 한 사람은 문왕의 어머니 태임

동양에서 최초로 태교를 시행한 사람은 주나라 문왕의 어머니 태임이다. 문왕의 어머니 태임은 사악한 빛을 보지 않고 음란한 소리를 듣지 않았으며 오만한 말을 하지 않는 등 몸가짐과 마음가짐을 조심했다는 기록이 남아 있다. 이런 태교를 통해 지혜로운 문왕을 낳을 수 있었다고 한다.

전통태교가 좋은 이유

🌱 마음가짐과 언행을 중요시한다

〈태교신기〉에는 "스승의 10년 가르침보다 어머니 뱃속의 10개월이 낫다."는 말이 기록되어 있다. 태교가 얼마나 중요한가를 단적으로 보여 주는 말이다. 성품이 바르고 총명한 아이를 낳기 위해선, 태어나서 선생님으로부터 10년을 배우는 것보다 엄마 뱃속에 있을 때가 더 중요하다는 것이다. 전통태교의 큰 줄기가 바로 이것이다.

🌱 아빠의 적극적인 태교를 강조한다

부성태교는 자식을 사람답게 가르치는 것이 우선이라는 전통적인 교육 관점이 태교에까지 이어지고 있는 것이다. 우리 선조들은 남편이란 모름지기 아내가 정서적, 심리적으로 건강한 상태에서 임신할 수 있도록 힘써야 하며, 금기 사항을 잘 지키고 법도를 따르면 덕과 복, 지혜가 있는 자식을 얻게 된다고 했다.

전통태교 방법

🌱 자궁 내에 좋은 환경을 만들어 준다

엄마의 자궁은 뱃속아기의 최초 학교가 되는 셈이다. 임신 10주가 지나면 태아는 자기 조절, 불안정한 자극에 대한 자기 방어, 관심의 표현 등 자기 표현을 하려고 한다.

실제 15주가 된 태아는 엄마의 기침이나

웃음에 따라서 움직인다는 사실이 초음파를 통해 관찰되었다.

💜 스트레스가 없도록 가족 모두 협조한다

임신부가 스트레스를 받으면 뱃속아기도 자연히 스트레스 상태가 된다. 남편이나 가족들이 엄마에게 스트레스를 주지 않도록 협조해야 한다.

사주당 이씨가 〈태교신기〉에서 지적한 바와 같이 온 가족이 마음을 다한 태교야말로 참된 인간성을 갖춘 2세의 출산을 가능하게 한다. 화기애애하고 쾌적한 가정 분위기가 엄마를 편안하게 하고 태아도 안심시킨다.

임신부가 스트레스를 받으면 태아의 뇌 발달도 방해할 수 있다. 행복한 엄마가 행복한 아기를 낳는다는 사실을 늘 명심해야 한다.

💜 영양상태를 관리한다

임신 초기에는 태아의 뇌가 왕성하게 발달하기 때문에 이때 영양 상태가 불량하면 신경세포가 분열하는 횟수가 늘어나지 않는다. 뇌세포 발달을 위해서는 단백질 섭취가 필요하다. 임신부가 단백질 섭취를 게을리 하면 태아의 뇌 신경세포가 두 개로 분열될 때까지 걸리는 시간이 매우 길어진다는 사실도 이미 밝혀졌다.

💜 음악을 들려준다

사주당 이씨의 〈태교신기〉를 보면 시를 곁들인 음악을 뱃속에 있는 아기에게 들려주었다는 기록이 있다. 현대과학에서도 음악이 태아의 뇌 기능 향상과 기억 형성에 기여한다는 증거들이 속속 밝혀지고 있다.

똑똑한 아기를 낳으려면 뇌가 왕성하게 발달하고 청각 기능이 발달된 임신 5개월 이후부터 음악을 들려주면 좋다. 태아 때부터 엄마가 좋아하는 음악을 접했던 아이가 태어난 후에도 정서가 안정되고 집중력이 있다.

옛 문헌들을 통해 본 전통태교 방법

💜 임신한 여성이 지켜야 했던 〈칠태도〉

제 1도 아기를 낳을 달이 되면 머리를 감지 말고, 높은 마루나 바위 등에 오르지 않는다. 또 술을 마시지 말고, 무거운 짐을 지지 말며, 험한 산길과 냇물을 건너지 않는다.

제 2도 말을 많이 하거나 지나치게 웃지 않는다. 또 놀라거나 겁을 먹거나 울지 않는다.

제 3도 임신 첫달은 마루, 둘째 달은 창과 문, 셋째 달은 문턱, 넷째 달은 부뚜막, 다섯째 달은 평상, 여섯째 달은 곳간, 일곱째 달은 확돌(절구와 비슷한 큰 돌), 여덟째 달은 측간(화장실), 아홉째 달은 문방(서재)에 가지 않는다. 이런 곳에는 태아를 해치는 기운이 있다.

제 4도 조용히 앉아 아름다운 말을 듣고, 성현의 문구를 외고, 시를 읽거나 붓글씨를 쓰고, 노래를 듣는다. 또 나쁜 말과 일은 듣지 말고 보지 말며 나쁜 생각은 품지 않는다.

제 5도 가로로 눕지 말고, 기대어 앉지 말며, 한쪽 발로만 서 있어도 안 된다.

제 6도 임신 3개월부터 태아의 기품이 형성되므로 주옥, 명향 등 기품이 있는 물건을 가까이 두고 감상한다.

제 7도 임신 중에는 금욕한다.

💜 태교신기

〈태교신기〉는 조선시대 영조 때 사주당 이씨가 직접 겪은 것과 중국의 관계 문헌을 참고하여 '태교'에 관한 내용을 집대성한 것이다. 1796년에 책으로 만들어졌으니 동양에서는 물론 세계 최초로 태교에 관한 사항만을 집대성한 태교 전문서라 할 수 있다.

● 기질이 한쪽으로 기울면 선한 성품을 가린다
● 가르치기를 잘하는 사람은 뱃속에서부터 가르친다
● 태교의 도는 아버지, 태교는 어머니에 책임이 있다
● 몸과 마음이 반듯하면 뛰어난 아기를 낳는다
● 태교를 하지 않으면 못난 자식을 낳는다
● 태교는 온 가족이 함께 해야 한다

💜 내훈

성종 어머니인 소혜왕후가 1475년 부녀자의 교육을 위해 펴낸 총 3권의 한글 여성교훈서. 태교의 효시라 할 수 있는 중국 문왕의 어머니 태임과 무왕의 어머니 태사의 이야기를 바탕으로 태교에 대해서도 기록해 놓았다. 태임이 태교에 힘썼기 때문에 문왕같이 어진 임금을 낳았다고 적고 있다. 임신 기간 중에는 마음을 깨끗이 하는 것이 중요하다고 강조한다.

💜 동의보감

허준이 쓴 〈동의보감〉에는 임신 석 달째가 되면 태아에게 기(氣)가 생긴다고 말한다. 그래서 항상 살얼음을 걷는 마음으로 모든 행동에 주의하고 부부의 교합이나 약 복용도 삼가야 한다고 강조했다. 임신 다섯 달째에는 태아에게 지(知)가 생긴다고 한다. 규칙적인 생활리듬을 갖지 않으면 성장을 방해하거나 정서에 문제가 생길 수 있으므로 주의하고 항상 바른 자세로 걷고 앉아야 한다.

임신 일곱 달째가 되면 정(情)이 생긴다고 적혀 있다. 엄마의 마음이 태아에게 그대로 전해지기 때문에 바른 말을 사용하고 항상 즐거운 마음을 가져야 한다고 당부한다.

4

조금 걱정되는
상황별 임신출산

일하는 여성들이 늘고 결혼연령이 늦춰지면서 늦은
나이에 임신을 하는 고연령 임신부가 늘고 있다.
더불어 직장여성의 임신도 늘어나는 추세다.
고연령임신과 직장여성의 임신은 쌍둥이임신과
더불어 유산이나 기형아 출산, 임신중독증, 조산 등의
우려가 높은 고위험 임신에 속한다. 하지만 이처럼
조금 걱정되는 상황에 처한 임신부라 하더라도 일반
임신부보다 조금 더 세심한 주의를 기울이고 철저한
산전관리와 정기검진이 뒷받침된다면 얼마든지
건강한 아기를 낳을 수 있다.

늦은임신

세계보건기구(WHO)에서는 임신부의 연령이 만 35세 이상인 경우를 고령임신이라고 하여 위험 임신군으로 분류하고 의학적으로 주의를 기울이도록 권고한다. 고령출산, 고령 임신부의 기준이 만 35세인 것은 이때가 바로 인체의 노화가 시작되는 시점으로, 이 시기에 임신, 출산이라는 큰일을 겪는 과정에서 자칫 몸이 갑작스런 변화를 이겨내지 못해 모체나 태아의 건강에 악영향을 주는 경우가 생길 우려가 있기 때문이다.

그러나 고령임신의 기준으로 보는 만 35세는 어디까지나 통계학적인 기준으로, 실제로 노화가 시작되는 신체 연령은 개인마다 차이가 있다. 따라서 30대 초반의 여성이라면 자신이 신체연령상 고령임신에 해당하지는 않는지 임신을 계획하기 전에 충분히 알아본 후 만약 고령임신의 우려가 있다고 판단되면 건강한 몸을 만드는 생활습관을 실천하여 건강한 임신이 되도록 하는 것이 필요하다.

건강한 아기를 임신하기 위한 건강 상식

💛 미리 몸 상태를 체크한다

임신을 계획하고 있다면 임신 전에 미리 건강검진을 받아 두는 편이 좋다. 혹시라도 미처 몸의 이상을 알지 못한 채 임신을 시도하게 되면 쉽게 임신이 되지 않거나 임신이 되더라도 태아나 모체의 건강에 문제가 생길 수 있기 때문이다. 임신 전에 받아 두면 좋은 검사로는 빈혈, 간기능, 소변 검사, 갑상선기능 검사 등의 혈액 검사, 결핵, 간염, 풍진, 성병 등 전염성 질환 여부를 확인하는 검사와 자궁근종, 자궁기형 등 자궁 이상에 대한 검사가 있다. 검사를 받기가 부담스럽다면 간단한 혈압과 당뇨 체크만으로도 임신 후의 위험을 크게 줄일 수 있다.

💛 적당한 몸무게를 유지한다

30대에 들어서면서 신체의 신진대사가 저하되면서 20대 초, 중반에 비해 쉽게 살이 찌거나 붓게 된다. 이는 오장육부, 특히 생식기능을 떨어뜨리는 원인이 되어 쉽게 임신이 되지 않거나 임신이 되더라도 임신 기간 중 임신중독증, 임신성 당뇨, 임신성 고혈압 등 각종 임신 합병증을 유발하기도 한다. 따라서 앞으로 태어날 아기의 건강과 안전한 출산을 위해 임신을 계획하기 전에 미리 살을 빼는 것이 좋다.

단, 음식물 섭취를 지나치게 제한하거나 약물에 의존하는 다이어트는 몸의 균형을 깨뜨릴 수 있으니 영양균형을 고려한 식이요법이나 적절한 운동을 통해 다이어트를 하도록 하자.

💜 술, 담배를 끊는다

임신을 계획하고 있다면 술, 담배를 멀리하도록 하자. 특히 알코올에 비해 니코틴은 체내에 축적되는 기간이 긴데, 최소 6개월 정도는 금연을 한 후 임신을 하는 것이 좋다. 엄마뿐만 아니라 아빠와 주위 사람들의 금연 협조도 필수이다.

금주, 금연 습관은 임신 중에도 계속되어야 하는데, 술은 태아의 성장을 더디게 하고 기형아 출산율을 높일 수 있으며, 담배는 뇌 발달에 영향을 줄 뿐만 아니라 저체중아, 조산의 원인이 되기도 하기 때문이다. 모두 고령임신의 경우에 생기기 쉬운 위험인데 술, 담배로 인해 더욱 심해질 수 있으니 반드시 금연, 금주한다.

💜 몸을 따뜻하게 한다

해마루한의원 박광옥 원장은 "나이가 들면 여성의 몸이 차지면서 임신이 되기 어려울 수 있다"고 경고한다. 한방에서 잘 쓰는 '몸이 차다'는 표현은 정확히는 생식기능을 관장하는 기관 전반의 상태가 위축되어 약해져 있다는 의미로, 이 상태에서는 임신이 제대로 되지 않고 임신이 되더라도 태아가 성장하는 환경에 문제가 생길 수도 있다. 이럴 때는 한약을 먹는 것도 좋은데, 자궁을 비롯한 생식기관을 튼튼하게 하고 혈액 순환을 원활하게 만들어 주어 수정과 착상이 잘되게 하는 효과가 있다.

여기에 몸을 따뜻하게 해 주는 생강차나 유자차, 박하차, 검은콩, 검은깨, 당근, 양배추, 브로콜리, 된장, 두부, 청국장 같은 음식을 챙겨 먹고 요가, 반신욕, 스트레칭으로 몸의 순환과 유연성을 높이는 습관을 들이면 약해진 생식기능이 되살아나면서 나이와 상관없이 건강한 임신이 가능해진다.

💜 아빠 몸도 업그레이드한다

엄마뿐만 아니라 아빠의 나이도 태아의 건강에 영향을 미칠 수 있다. 미국 마운트 시나이 의대와 영국 킹스 칼리지 연구팀이 1980년대에 이스라엘에서 태어난 아이들을 조사한 결과 40세 이상 아빠는 30대 아빠에 비해 자폐증 아이를 낳을 확률이 6배 이상 높은 것을 발견했다.

실제로 나이가 들수록 정자의 힘이 약해지면서 돌연변이가 오거나 염색체에 이상이 생기기 쉬워지기 때문에 태아의 기형이나 성장장애 등 각종 이상이 오기 쉽다. 만약 임신을 계획하고 있다면 아빠도 금연과 금주, 스트레스 관리 등 생활습관을 개선하고, 기름지고 자극적인 음식을 피하며 과식과 폭식을 하지 않는 식습관과 규칙적인 운동습관 등을 통해 신체 나이를 젊게 만드는 것이 좋다.

늦은임신을 했을 때 위험 요소

결혼 시기가 늦어져서, 혹은 결혼은 했지만 경제적으로 안정된 후에 아기를 갖고 싶다는 이유로 임신을 늦추는 경우가 늘고 있다. 하지만 엄마와 아빠의 나이가 많아질수록 불임 확률도 높아지고 아이에게 이상이 생길 우려도 크다. 30대 고령임신이 20대 임신과 어떤 점이 다른지 알아보자.

기형아 출산 확률이 높다

임신부의 연령이 높아질수록 기형아 출생률도 높아진다. 난자가 노화하면서 생식세포 분열이 정상적으로 이루어지지 못하고 문제를 일으킬 가능성이 높아지기 때문이다. 보건복지부가 2007년 발표한 신생아 조사결과에 따르면 임신부의 나이가 35세 이상일 경우 35세 미만 임신부에 비해 다운증후군과 무뇌증, 사지감소성결손, 척추갈림증 등 선천성 이상아를 출산할 확률이 약 2배 가량 높아진다고 한다. 또한 20~25세의 임신부에 비해 2배 가까운 미숙아 출생률을 보이기도 한다.

유산 가능성이 높다

늦은임신을 한 경우 자연유산이 될 확률도 높다. 생식기능이 저하되어 자궁이 약해졌거나 착상 과정에서 문제가 생겨 자연유산으로 이어지는 경우가 많기 때문이다. 나이가 들어 유산을 할 경우, 모체에 미치는 위험은 더욱 크므로 출산과 마찬가지로 몸조리에 각별한 신경을 쓰는 것이 좋다.

임신성 당뇨와 고혈압이 증가한다

고령 임신부에게는 임신중독증, 임신성 고혈압, 임신성 당뇨 등 각종 임신 합병증이 많이 나타난다. 나이가 들면 대사변화가 생겨 내당능력이 떨어지고 당뇨소인을 갖게 되는데, 임신을 하면 태반호르몬의 영향으로 당뇨소인이 가중되어 임신성 당뇨가 더 많이 발생한다. 고혈압 역시 나이가 들수록 더 많이 생기게 된다.

제왕절개 확률이 높아진다

초산의 고령 임신부가 제왕절개로 분만할 확률은 20대 임신부의 2배에 달한다고 한다. 따라서 자연분만 과정에서 생길 수 있는 위험을 미연에 방지하기 위해 제왕절개를 결정하는 경우도 그만큼 많다.

난산이 되기 쉽다

나이가 많을수록 출산이 어려워진다고 하는 말은 의학적으로 근거가 있다. 나이가 많을수록 자궁과 질 등 생식기관의 순환이 제대로 되지 않고 딱딱하게 굳어 있는 경우가 많다. 순산을 위해선 아기가 나오는 길인 산도가 충분한 운동성과 유연성을 갖고 아기를 밀어내 주어야 한다. 만약 산도의 운동성과 유연성이 떨어지면 진통 시간이 길어지면서 난산으로 이어지게 된다.

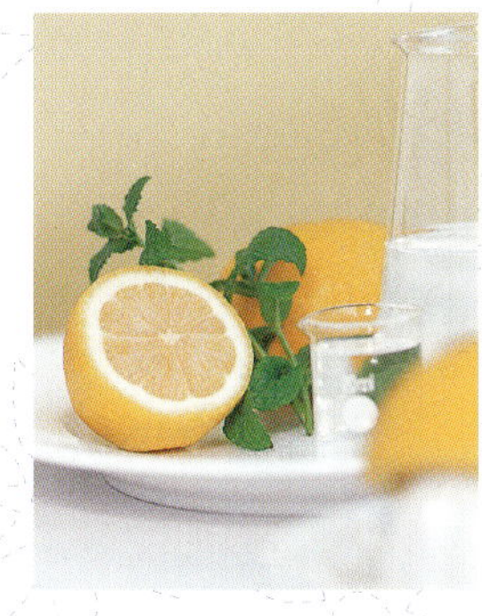

늦은임신이어서 좋은 점

늦은임신은 위험할 수 있다는 우려 때문에 아예 임신 자체를 거부하는 경우도 있다. 그러나 늦은임신이라고 해서 무조건 위험하거나 산모와 태아의 건강에 해로운 것만은 아니다. 오히려 임신을 하지 않는 것보다 여성의 건강관리에 많은 도움이 된다.

🌷 모유수유로 유방암을 예방한다

모유수유가 여성의 유방암 발병률을 낮춘다는 것은 이미 잘 알려진 상식이다. 유방암에 걸릴 확률은 여성호르몬인 에스트로겐에 많이 노출될수록 높아지는데, 모유수유 기간 동안에는 생리가 멈추면서 동시에 에스트로겐의 분비도 휴지기에 들어가기 때문이다.

🌷 난소암 발병율을 낮춘다

미국 캘리포니아대학의 파이크 박사 연구팀의 연구 발표에 따르면 35세 이후에 출산을 하게 되면 아예 출산 경험이 없는 여성과 비교했을 때 난소암 발병률이 크게 낮아진다고 한다. 물론 초산연령이 낮을수록 난소암 발병률도 낮아지지만, 35세 이후 고령출산의 경우도 난소암의 위험에서 벗어날 수 있다는 점을 생각한다면 늦은 나이의 임신이 반드시 산모와 아이의 건강을 위협하는 것만은 아니라는 것을 알 수 있다.

임신 중 관리

늦은임신과 그렇지 않은 임신의 개념이 뚜렷하게 구분이 되어 있는 것은 아니다. 일반적으로 늦은임신으로 분류하는 기준인 만 35세 이상이라는 것도 어디까지나 통계 차원의 분류일 뿐, 반드시 일치하는 것은 아니다. 만약 30대 초반이라도 건강에 자신이 없거나 병원 진단을 통해 신체 나이가 실제 연령에 비해 높게 나왔다면 임신 기간 중 주의를 기울여야 하며, 35세 이상이더라도 20대 못지않은 체력과 건강을 자랑한다면 자신을 갖고 임신을 준비해도 좋을 것이다.

고령 임신부 필수 검사

늦은 나이에 첫 임신을 했다고 해서 누구나 위험한 것은 아니다. 하지만 고령임신으로 인해 임신 합병증과 태아의 성장장애, 기형아 발생 등의 우려가 높아진다는 점은 무시할 수 없다. 임신 기간 중의 불안을 없애기 위해서라도 꼼꼼한 검사는 필수이다. 임신 전은 물론이고 임신 기간 중에도 각종 검사를 통해 태아나 산모의 몸에 일어나는 작은 이상이라도 조기에 발견해야만 더 큰 위험을 막을 수 있다.

💛 산전 검사

임신 사실을 알게 된 후에는 병원에서 권하는 산전 검사를 꼼꼼하게 받아 두는 것이 좋은데, 특히 임신 초기의 자궁경부암 검사, 양수 검사나 융모막 검사 등 산전 세포유전학적 검사, 기형아 선별 검사, 태아안녕평가 검사, 초음파 검사는 잊지 말고 챙겨 두자.

💛 초음파 검사

초음파 검사에는 일반 초음파 검사와 정밀 초음파 검사가 있다. 일반 초음파 검사는 정밀 초음파 검사의 절반 정도의 비용으로 검사가 가능해 경제적인 부담이 적지만, 태아의 발육과 뼈의 상태 정도만 파악할 수 있는데 비해 정밀 초음파 검사로는 장기 상태까지 파악할 수 있어 더 정확한 진단이 가능하다는 장점이 있다.

💛 태아안녕평가 검사

태아의 호흡운동, 근긴장도, 운동성, 양수의 양 등을 검사하는 태아생물리학적 계수 검사와 탯줄과 자궁동맥, 대동맥, 뇌혈관 등 태아의 주요 혈관에서 혈액공급이 원활하게 이루어지고 있는지 살펴보는 도플러 혈류속도 파형 검사를 1주에 1~2회 가량 실시한다.

이 검사는 모든 임신부에게 해당되는 것이 아니라 자궁 내 태아발육부진, 임신성 고혈압 등의 고위험 임신부를 대상으로 한다.

💛 기형아 선별 검사

임신 11~14주나 15~20주 사이에 시행하는 검사로, 임신부의 혈액 검사를 통해 기형아를 선별하는 검사이다. 임신 11~14주에 듀얼 검사를 시행하는데 이때 임신부 나이와 태아 뒷목덜미 투명대 두께도 재서 종합할 시 다운증후군 발견률은 90%에 달한다.

또한 15~20주에 다운증후군 같은 염색체 이상이나 신경관 결손기형 가능성을 알 수 있는데, 산모의 혈액 속에서 4가지 물질을 종합, 검사하는 쿼드가 있다. 쿼드 검사는 정확도가 높지만 기형아 판정이 아니라 선별이므로 검사 결과에 대해선 신중한 태도를 갖는 것이 필요하다.

고령 임신부의 생활 수칙

💛 임신 초기에는 충분한 안정을 취한다

늦은임신의 경우 유산 확률이 높으므로 임신 초기에는 안정을 취하는 것이 좋다. 유산 확률이 가장 높아지는 시기는 임신 8~11주로, 이 기간 중에는 회사일이나 집안일에서 잠시 손을 떼고 건강관리에 집중하는 것도 유산을 막는 데 도움이 된다. 안정기에 접어든 후에는 일단 안심을 해도 좋지만, 임신 기간 중 지나친 과로와 스트레스는 피하는 것이 좋다.

과다한 음식 섭취에 주의한다

나이가 든 임신부일수록 아이를 튼튼하게 키워야 한다는 강박관념에 스스로, 혹은 주위의 권유에 따라 임신 기간 중 음식 섭취를 과다하게 하는 경우가 많다. 그런데 나이가 들면 20대 초, 중반에 비해 신진대사량이 줄어들기 때문에 에너지로 소비되지 않고 그대로 몸에 축적되면서 쉽게 살이 찌게 된다. 임신 중 지나치게 살이 찌게 되면 늦은임신에서 특히 많이 나타나는 임신중독증이나 임신성 당뇨, 임신성 고혈압 등 각종 임신 합병증에 걸릴 확률이 더욱 높아지니 식사량 조절에 각별한 주의가 필요하다.

체중이 적정 수준 이상으로 불어나면 엄마뿐만 아니라 태아에게도 영향을 미치는데, 태아가 지나치게 자라서 조산이나 난산의 원인이 되기도 하며 소아비만으로 이어지기도 한다.

균형 잡힌 식생활은 필수다

태아의 균형 잡힌 성장과 출산 후의 건강과 몸매를 한 번에 잡고 싶다면 미네랄과 섬유질이 풍부한 야채와 과일 섭취량을 늘리고 저지방, 고단백 음식을 중심으로 식단을 짜도록 하자.

특히 빈혈과 태아의 기형을 예방하는 효과가 있다고 알려진 엽산 섭취는 필수이다. 매일 0.4mg 이상 섭취하도록 하는데, 닭이나 소의 간, 브로콜리, 시금치, 양배추, 콩, 땅콩, 호두, 잣 등이 대표적인 엽산 공급원이다.

주위에 협력을 구한다

늦은임신을 하는 여성 중에는 직장에서 책임이 막중한 위치에 있는 경우가 많다. 그래서 안정을 취해야 할 시기에도 임신 전과 마찬가지로 과로를 계속하기도 하는데, 이는 자칫 돌이킬 수 없는 결과로 이어질 수도 있다는 점을 명심하도록 하자.

임신 사실을 알게 되면 먼저 주위에 알려 양해를 구한 후 부하직원이나 동료들의 협조를 구해서 과중한 업무를 피하는 것이 좋다. 업무상 책임과 사회생활을 통한 성취감도 중요하지만 무엇보다도 우선해야 할 것은 모체를 손상시키지 않고 건강한 아이를 출산하는 일이라는 사실을 잊지 말자.

안심하고 자연분만에 도전한다

임신부의 나이가 많으면 제왕절개를 하는 편이 낫다는 생각을 하는 경우도 많다. 하지만 전문가들이 지적하는 늦은임신으로 생길 수 있는 여러 가지 위험 중에 출산 시 위험은 크게 해당되지 않는다는 점에 주목하자.

늦은임신을 한 임신부들 상당수가 출산 과정에 두려움을 느끼고 미리 제왕절개를 결정하는 경우가 많은데, 나이가 많다는 것만으로는 자연분만을 하지 못할 이유가 되지 않는다. 임신 합병증이 있거나 태아의 건강에 이상이 있지 않다면 자신 있게 자연분만에 도전하도록 하자.

출산 후 관리

모든 산모에게 중요한 기간이지만, 특히 고령 산모라면 출산 후에도 자궁수축이 원활하게 이루어지지 않거나 자궁근종의 우려도 높아지며 임신 기간 중 발생한 합병증이 쉽게 낫지 않아 고생하게 되는 경우도 많다. 이 외에도 탈모, 치아와 잇몸의 이상, 몸의 부기, 관절통 등 출산 후 일반적으로 나타나는 증상들이 젊은 산모에 비해 심하게 나타나며 회복기간이 더디면서 만성질환으로 발전할 가능성도 높아진다.

늦은 출산 후의 산후조리

나이가 들면 우리 몸이 갖고 있는 자연적인 회복력이 떨어지면서 작은 이상도 만성화되거나 더 큰 질병으로 발전할 수 있으니 몸에 생기는 이상은 아무리 작은 것이라도 바로 해결을 하는 것이 좋다. 특히 산후에도 출혈이나 통증이 지속되면 곧바로 담당의사를 찾아가도록 하자.

 **꾸준한 운동이 회복을 앞당긴다**

마돈나, 줄리아 로버츠, 신디 크로포드, 사라 제시카 파커…. 수많은 할리우드 스타들이 35세가 훨씬 넘은 늦은 나이에 성공적인 임신, 출산을 마치고 출산 이전의 완벽한 몸매와 체력으로 대중 앞에 다시 나타날 수 있었다. 전 세계 임신부들의 부러움을 한몸에 받는 그녀들의 비결은 다름 아닌 규칙적인 운동과 식사 제한. 산후 운동은 몸의 유연성과 순환을 높여 몸이 빨리 회복될 수 있도록 해 주며 출산과정을 거치면서 약해진 근육의 힘을 키워 주어 출산 이전의 체력으로 돌아갈 수 있게 도와준다. 이 외에도 출산 후 비만과 산후우울증을 예방하는 효과도 있다.

최고의 피트니스 전문가에게 1:1 밀착 지도를 받는 스타들과 비교하기엔 현실적인 문제들이 많지만 특별히 시간을 내거나 별다른 공간도 필요없다. 간단한 맨손체조나 스트레칭만 규칙적으로 해 줘도 운동 효과를 볼 수 있다.

 **고단백 저칼로리 식사로 부기를 뺀다**

출산 후 빠른 회복을 위해선 많이 먹어야 한다고 주위에서 권한다. 그런데 중요한 것은 단순히 많은 음식을 양껏 먹는 것이 아니라 음식을 통해 양질의 영양소를 다량 섭취하는 것이다. 산후조리를 할 때 가장 중요한 영양소는 단백질과 비타민, 철분, 칼슘을 들 수 있다. 특히 신경 써야 하는 것이 단백질 섭취인데, 오로를 통해 체외로 단백질이 대량 빠져나간 상태이기 때문에 산후조리 기간 동안 충분히 공급해 주어야만 몸의 부기가 빠지고 산후 비만을 예방할 수 있다. 단백질이 부족하면 모유가 잘 나오지 않거나 산모의 체력 회복에도 문제가 생길 수 있으니 우유, 치즈 등 고단백 식품을 섭취하여 양질의 단백질을 체내에 충분히 공급해 주도록 하자.

대표적인 산후조리 음식인 미역에는 요오드를 비롯하여 비타민과 칼슘이 풍부하기 때문에 따로 섭취를 할 필요는 없지만, 철분은 음식을 통해 섭취하기가 힘들다. 만약 난산으로 인해 출산 중 출혈이 심했다면 임신 중 먹었던 철분제를 산후 3개월 정도까지 계속 복용하는 것도 증상을 개선하는 데 도움이 된다.

 보약으로 어혈을 제거한다

나이가 들면서 혈액 순환이 떨어져 체내에 노폐물이 많이 쌓이게 된다. 한방에서는 이를 어혈이라고 하는데, 어혈이 많아지면 오장육부의 기능이 떨어지고 혈액 순환이 더욱 악화되어 각종 심혈관계 질환에 걸릴 가능성도 높아진다고 경고한다. 뿐만 아니라 오십견, 관절염 등 노화와 관련된 질환이 빨리 오기도 한다. 이와 같은 위험을 막기 위해 고령 임신부 중에는 출산 후 건강관리를 위해 한약을 선택하기도 한다.

인터넷이나 홈쇼핑에서 판매하는 건강식품을 먹는 경우도 있지만, 전문 한의사들은 "산모의 몸 상태나 체질을 고려하지 않고 녹용 등 건강식품을 복용하는 것은 문제가 있다"고 경고한다. 특히 한약재 중에는 모유가 잘 나오지 않게 하거나 아이에게 좋지 않은 영향을 주는 것도 있기 때문에 전문 한의사의 처방을 따라 한약을 복용하는 것이 안전하다. 산후에는 먼저 오로와 어혈, 부종을 제거하는 한약을 먹어 출산으로 생긴 몸의 이상요소를 제거한 후 개개인의 건강상태에 맞춰 몸 상태를 개선하는 한약을 먹는 것이 순서다.

늦은 출산 후 생기는 산후우울증

일본의 유명 아나운서가 42세라는 늦은 나이에 출산을 한 후 불면증과 우울증을 견디지 못해 육아휴직 중에 자택에서 투신자살을 하여 일본 열도를 충격에 빠뜨린 사건이 있었다. 극단적인 사례이긴 하지만 이처럼 늦은임신에서 오는 우울증은 돌이킬 수 없는 결과로 이어지는 경우도 있으니 각별한 주의를 기울이는 것이 좋다.

 나이가 많을수록 우울해진다

고령 임신부일수록 임신, 출산에 대한 스트레스와 산후우울증에 시달리는 정도가 커진다고 한다. 임신, 출산 과정 동안 사회활동을 단절함에 따른 여파가 20대에 비해 더욱 크기 때문이기도 하며, 출산 후 육아에 대한 두려움과 불안이 커지면서 우울증이 심해지기도 한다. 개중에는 나이가 많을수록 20대 젊은 엄마와 자신을 비교하면서 수치스러운 감정에 빠지기도 하여 병원이나 놀이방 등 다른 엄마들과 접할 기회가 많은 장소를 피하는 경우도 있다고 한다.

방치하지 말고 해결책을 찾는다

산후우울증의 근본 원인은 임신, 출산 중 생기는 호르몬 분비량의 변화이기 때문에 일정 기간이 지나서 호르몬 분비가 정상으로 돌아오면 우울한 감정이 저절로 사라지기도 한다. 하지만 나이가 들어 출산한 여성들에게는 쉽게 낫지 않고 오히려 심해지는 경우도 많다. 출산과 상관없이 나이가 들면서 여성호르몬의 분비량이 현저하게 떨어지면서 우울증이 생기기도 하는데, 여기에 임신, 출산으로 인한 호르몬 변화가 겹치면서 우울증의 정도가 더욱 심해진다. 조기에 손을 쓰지 않고 방치하면 만성화되어 만성 우울증, 육아 포기로 이어질 수도 있으니 산모가 우울증에서 빨리 벗어날 수 있도록 남편과 가족의 애정어린 응원이 필요하다. 만약 일정 기간이 지나도 나아질 기미가 보이지 않는다면 상담치료를 해 보는 것도 좋다.

🌸 산후우울증을 달래 주는 아로마테라피

분위기를 바꿔 주거나 기분전환이 될 수 있는 작은 배려 하나에도 우울한 감정을 날려버릴 수 있다. 아로마 향기로 방을 채우거나 가볍게 몸을 마사지하면 기분이 좋아지면서 긴장감과 스트레스가 해소되고 우울증이 완화되기도 한다.

〉〉 아로마테라피 방법

입욕법 욕조에 물을 받고 아로마 오일을 20~30방울 정도 떨어뜨린다. 목욕하는 내내 아로마 향기를 맡으면 기분이 맑아지는 것은 물론이고 아로마 향이 피부를 통해 혈액을 타고 온몸에 작용하여 근육의 긴장을 풀어 주고 피부를 깨끗하게 해 주는 효과도 볼 수 있다.

발향법 아로마 전용 램프를 사용하는 것으로, 접시에 물과 아로마 오일 10방울 정도를 떨어뜨리면 접시 아래 있는 양초 열기에 의해 물이 증발하면서 자연스럽게 발향이 되는 원리이다. 거실이나 방의 탈취 효과도 덤으로 얻을 수 있다. 단, 아이와 함께 쓰는 방에 발향을 하면 아이에게 부작용이 나타날 수도 있으니 피한다.

아로마 목걸이 작은 병 안에 오일을 넣은 후 목에 걸고 다니는 것으로, 휴대와 착용이 간편한 것이 장점이다. 목걸이를 걸고 있는 본인에게만 향이 나기 때문에 아이에게 영향을 미칠 우려 없이 안심하고 사용할 수 있다.

마사지 아로마 오일을 호호바 오일이나 스위트아몬드 오일과 같은 캐리어 오일에 3% 희석하여 보디 마사지 오일로 사용한다. 피부 미용과 근육의 긴장을 풀어 주는 효과도 기대할 수 있다.

〉〉 오일 선택 요령

클라리세이지 향긋한 풀 향의 클라리세이지는 여성용 아로마 오일로 알려져 있다. 자궁을 튼튼하게 해 주어 생리불순과 생리통 등 여성 질환에 도움이 될 뿐 아니라 여성호르몬을 안정시키는 작용과 가라앉은 기분을 명랑하게 만들어 주는 효과가 있어 산후우울증 해소에도 효과가 있다.

일랑일랑 이국적인 꽃 향의 일랑일랑은 여성호르몬을 조절해 주어 우울증을 개선해 주는 효과가 있다. 피부와 모발에 윤기를 주고 가슴 탄력을 되살려 주는 효과가 있어 산후 여성들의 고민 해소 효과도 기대할 수 있다.

재스민 재스민은 우울증을 해소하고 여성의 생식기능에 작용하여 자궁을 튼튼하게 해 주고 호르몬 균형을 맞춰 주는 효과가 있어 산후우울증 관리를 위한 최고의 오일로 꼽힌다. 또한 모유 분비를 촉진하고 손상된 피부를 되살려 주는 효과가 뛰어나 임신선의 회복과 출산 후의 잔주름 제거, 피부의 탄력 증가 등 출산 후 망가진 피부와 몸매를 되살리는 데도 도움이 된다.

워킹맘의 임신

　임신부와 직장인, 하나만으로도 힘겨운 일을 동시에 수행해야만 하는 만큼 직장여성의 임신과 출산은 주의해야 할 사항도 많다. 특히 사회인으로서 지켜야 할 책임을 지키면서 엄마가 될 준비를 해야만 하기 때문에 영양섭취나 건강관리에 문제가 생길 수 있으며 두 가지 역할 사이에서 적절한 타협점을 찾지 못하면 심하게 스트레스를 받기도 한다.

직장, 계속 다닌다 vs 쉰다

　임신이라는 판정을 들어도 마음 편하게 반가워할 수만은 없는 것이 직장여성의 현실이다. 바로 직장을 그만두라고 권고하는 어른들의 말을 듣다 보면 반발감이 들다가도 지금까지와 다름없이 일을 할 수 있을지 걱정이 들면서 '정말로 직장을 그만두는 것이 아이를 위하는 일인가' 하는 갈등에 사로잡히기도 한다.

💜 직장생활과 임신은 별개이다

　임신을 했다고 업무에 큰 지장이 생기는 것은 아니다. 간혹 임신 초기에 입덧으로 고생하는 경우가 예외적이지만, 이것 역시 안정기에 들어서면서 점차 나아진다. 사실 임신은 병이 아니기 때문에 직장을 쉬어야 하는 것은 아니다. 오히려 다른 사람들과 소통하여 사회생활을 계속 해나감으로써 임신 기간 동안 생길 수 있는 우울증을 예방할 수도 있고, 출산과 육아에 대한 폭넓은 정보도 모을 수 있다는 장점이 있다.

💜 임신 사실을 직장 내에 소문낸다

　'임신=퇴직'이라는 공식은 옛말이다. 강제 퇴직을 피하기 위해 임신 사실을 숨겨야만 했던 과거와는 달리, 현대의 워킹맘은 임신과 동시에 그 사실을 주위에 널리 알리는 홍보가 필수다. 임신 전에 비해 행동에 제약이 따르는 만큼 주위의 이해와 협조를 미리 구하지 않으면 자칫 건강한 출산과 원만한 직장생활 둘 다 실패할 수도 있기 때문이다. 출산 휴가 일정도 사전에 공지하여 다른 사람들이 업무를 조정할 수 있도록 해 주면 출산휴가로 인해 업무상 공백이 생기는 것을 막을 수 있다.

🧡 신체에 부담이 간다면 쉬는 편이 좋다

가뜩이나 체력적인 부담이 큰 임신 기간 동안 직장생활까지 병행한다는 것은 산모뿐만 아니라 태아에게도 부담이 갈 수 있다. 특히 출퇴근 시간이 오래 걸리거나 버스나 전철을 여러 번 갈아타야 하는 등 교통이 열악한 경우, 장시간 같은 자세로 앉아 있거나 서 있어야 하는 업무에 종사하는 경우, 유독물질을 다루거나 지속적인 소음과 진동이 있는 곳이라면 휴직을 하는 편이 산모와 태아의 건강과 정서적인 안정을 유지하는 데 도움이 된다.

직장 환경에 큰 이상이 없더라도 이전에 자연유산이나 조산 경험이 있다면 임신 안정기에 들어서기까지는 휴직을 하면서 안정을 취하는 것이 좋다.

워킹맘의 임신 트러블

직장여성들은 조직에 얽매여 있어 자유롭게 시간을 쓰지 못하므로 임신 기간 중에 생기는 각종 트러블에 대해 신속하게 대처할 수 없다는 문제에 부딪히기도 한다. 또한, 전업주부와는 다른 생활습관을 갖고 있는 만큼, 똑같은 트러블이라도 유독 워킹맘에게 심각한 문제로 다가오는 경우도 있다. 구체적으로 어떤 문제가 있으며, 그에 대한 적절한 해결책은 무엇인지 알아보자.

🧡 충분한 휴식과 수면을 취한다

출근시간을 맞추기 위해 아침 일찍 일어나고 퇴근 후에도 집안일을 마친 후에야 하루를 마감할 수 있는 워킹맘에게 가장 필요한 것은 충분한 휴식과 수면이다. 특히 워킹맘 중에는 직장과 가정, 양쪽의 일을 모두 완벽하게 해 내려고 하는 슈퍼우먼들이 많은데, 임신 기간만이라도 지금의 자신에게 가장 중요한 것은 휴식이라는 점을 염두에 두고 집안일은 잠시 눈감아 두는 여유를 갖는 것이 필요하다. 남편을 비롯한 집안사람들 중 집안일을 도와줄 수 있는 사람을 찾거나 정기적으로 가사도우미의 손을 빌리는 것도 좋은 방법이다. 청소와 빨래, 밑반찬 만들기 등 기본적인 일만 해결되어도 큰 도움이 될 것이다.

🧡 정기검진

임신부에게 빼놓을 수 없는 중요한 과제가 정기검진이지만, 자칫 회사 업무와 맞물리면 뒷전으로 밀리기 십상이다. 하지만 정해진 날짜를 어기고 2개월 이상 정기검진을 받지 않으면 태아와 모체에 생길 수 있는 문제에 대해 적절하게 대처하지 못하는 결과로 이어질 수 있다.

효과적인 트러블 대처법

집에서 편하게 쉴 시간이 상대적으로 적은 워킹맘은 사소한 임신 트러블도 제때에 대처하지 못하는 경우가 많다.

💜 유산

워킹맘뿐만 아니라 모든 임신부들에게 가장 무서운 임신 트러블이다. 유산을 막기 위해선 임신 초기에는 과로나 과격한 성생활을 피하고 최대한 안정을 취하는 것이 필수이다. 유산 우려는 임신 후기에 또 다시 높아지니 출산 순간까지 마음을 놓지 않도록 하자.

💜 입덧

임신 초기에 입덧이 시작되면 행동이나 음식물 섭취에 장애가 생기는 만큼 순조롭게 업무에 종사할 수 없게 된다. 입덧으로 인해 집중을 하지 못하거나, 영양부족으로 극심한 체력저하가 올 수도 있기 때문. 개인차는 있지만, 보통 임신 8~16주 사이에 나타났다가, 이 시기가 지나면 아무렇지도 않게 정상으로 회복될 수 있으니 안심하도록. 입덧이 심하면 임신부가 먹을 수 있는 재료로 도시락을 싸 가지고 다니는 것도 좋다.

💜 임신성 부종

직장이라는 한정된 공간 내에서 하루의 대부분을 보내야 하기 때문에 혈액과 림프순환에 이상이 올 수 있다. 특히나 체중이 많이 불어나는 임신 20개월 이후부터는 팔다리나 손발이 퉁퉁 붓는 임신성 부종이 나타날 수 있다. 임신성 부종을 예방하기 위해선 같은 자세로 오래 있지 않는 것이 좋은데, 만약 책상에 앉아서 하는 업무가 많으면 매시간 의자에서 일어나 스트레칭을 해 주고,

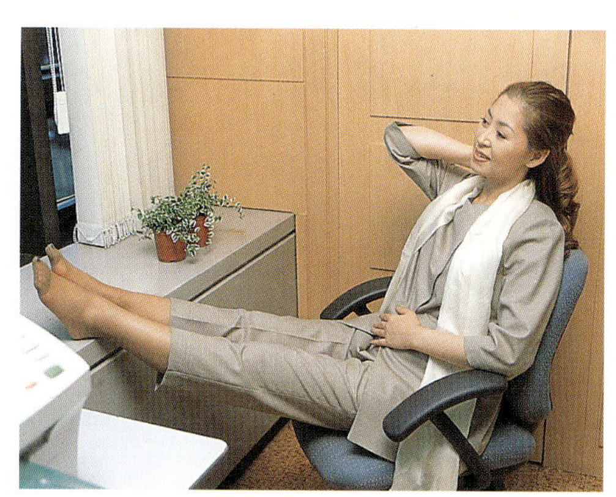

서 있는 일이 많으면 잠시라도 의자에 앉아 휴식을 취하거나 앉았다 일어서기를 하면서 다리의 순환력을 높여 주는 것도 좋다. 퇴근 후에는 반드시 샤워 후 다리 마사지를 하는데, 시중에 나와 있는 부기 제거용 제품을 사용하는 것도 도움이 된다.

가벼운 부기라면 크게 걱정하지 않아도 좋지만, 만약 부기가 심하거나 마사지나 스트레칭으로도 좀처럼 가라앉지 않는다면 담당의사와 상담을 하는 것이 좋다. 또한, 임신성 부종으로 오인하기 쉬운 것이 바로 임신중독증이니 만약 평소 붓던 부위가 아닌 얼굴이나 등, 가슴에도 부기가 나타난다면 곧바로 병원을 찾아가야 한다.

💜 피부 트러블

임신을 하면 갑자기 얼굴 전체에 여드름이나 기미가 생기기도 한다. 이는 호르몬 변화에 의한 자연스러운 현상이지만 매일 직장에서 사람들과 얼굴을 마주해야 하는 상황이라면 큰 고민거리가 아닐 수 없다. 메이크업으로 감추면 오히려 피부 호흡을 막아 피부 트러블이 더욱 심해질 수 있으니, 기초화장 후 파우더를 바르는 식으로 가볍게 화장을 하는 것이 증상을 완화하는데 도움이 된다. 임신 전의 매끄러운 피부를 되찾고 싶다면 직접 천연 팩을 만들어 하는 것도 좋은데, 진정과 미백효과가 있는 레몬, 오이, 감자, 황토 등 천연재료를 사용하면 얼굴의 혈액 순환이 개선되면서 두통과 부기가 사라지는 효과도 함께 얻을 수 있다.

 변비

　임신 중기에 들어서면서 변비가 심해지는데, 외식이 많고 운동량이 적은 워킹맘에게 특히 심하게 나타난다. 변비가 심해지면 몸의 부기나 피로감, 피부 트러블이 더욱 심해지고 식욕이 떨어지면서 영양불균형을 초래할 수 있으니 주의하도록 하자. 아침마다 야채 주스나 요구르트, 바나나를 먹거나 양배추쌈, 고구마, 사과 등 변비 해소에 좋은 음식을 먹으면 효과를 볼 수 있다. 서양자두주스나 유산균 과립도 변비해소에 도움이 된다.

워킹맘의 생활 수칙

　임신으로 인한 변화에 어느 정도 적응이 되었다면 이제 태아의 성장에 전념해 보도록 하자. 엄마의 영양상태와 심리상태에 따라 아이의 성장과 성격이 결정된다는 점을 잊지 말자.

 책상 서랍에 스낵을 준비한다

　입덧이 지나면서 급격히 식욕이 늘어나지만 마음놓고 음식을 먹을 수 없는 워킹맘은 이 시기에 충분한 영양을 섭취하지 못하는 경우가 대부분이다. 오전과 오후에 한 차례씩 간식시간을 갖는 것이 좋지만, 시간 내기가 여의치 않다면 간단하게 먹을 수 있는 스낵류를 서랍 속에 넣어 두었다가 편한 시간에 꺼내 먹는 것도 좋다. 과자, 빵, 초콜릿 같은 과자류보다는 태아의 영양균형을 고려한 간식이 좋은데, 우유나 두유, 과일주스를 마시거나 검은콩이나 현미를 불려서 볶아 먹으면 공복감 해소에 도움이 된다. 이 외에도 프룬, 블루베리, 바나나, 사과 등 과일 말린 것도 변비해소와 영양 공급에 좋은 간식거리이다.

적정 체중을 유지한다

　식사시간에 제약을 받게 되는 워킹맘은 임신부에게 필요한 칼로리를 제대로 섭취하지 못해 좀처럼 체중이 늘어나지 않는 경우가 많다. 그런데 체중이 늘어나지 않으면 태아에게 가는 영양분이나 칼로리에도 지장이 생기게 되니 반드시 하루 세 끼, 고단백식사를 통해 적정체중을 유지할 수 있도록 노력하자. 필요하다면 영양 보조제를 복용하여 영양균형을 맞춰 주는 것도 좋다. 특히 태아의 뇌가 급속히 발달하며 태반이 완성되는 시기인 임신 15~16주 이후라면 더욱 더 영양공급에 주의를 기울여야 한다.

편한 옷과 관리가 편한 헤어스타일을 한다

　임신 중에는 몸을 조이지 않고 움직임이 편한 옷을 입는 것이 가장 좋지만, 임신부이기 이전에 직장여성이기도 한 워킹맘으로선 꿈 같은 이야기일 뿐이다. 과거에는 임신복이 대부분 홈웨어 스타일이었던 것에 반해, 요즘에는 커리어우먼을 위한 정장풍 임신복부터 캐주얼 임신복까지 다양한 디자인을 고를 수 있으며, 백화점 전문매장부터 도매시장의 저렴한 제품까지 다양한 가격대의 임신복이 나와 있어 선택의 폭이 넓어졌다.

옷차림 못지않게 신경 써야 하는 것이 바로 신발인데, 가능하면 스니커즈나 굽이 3cm 이하인 단화 가운데 바닥이 미끄럽지 않은 것을 고른다. 사무실에서는 편한 신발로 갈아 신어 다리가 붓지 않도록 예방하는 것도 중요하다.

임신 중 출장

임신했다고 해서 회사 업무에 예외를 둘 수 없다고 생각한다면 임신 중 출장은 상당한 고민거리가 된다. 얼마 전까지만 해도 임신 기간 중에는 외출은 물론이고 장거리 여행은 피하는 것이 좋다는 인식이 컸지만, 최근에는 안전한 임신 관리에 대한 정보도 늘어나고 도로사정이나 편의시설 등도 임신부에게 별 무리가 없을 정도로 좋아져 임신 중 출장과 여행이 가능해졌다.

 **모체에 이상이 있다면 출장은 삼간다**

습관성 유산 병력이 있거나 입덧이 심한 경우, 아직 안정기에 들어서지 않은 임신 초기의 임신부, 임신중독증이나 임신성 당뇨 같은 건강상의 문제가 있다는 판정을 받은 경우라면 자칫 돌이킬 수 없는 결과로 이어질 수 있다. 태아와 본인의 건강을 챙기고 싶다면 아무리 다급한 출장이라도 주위 사람들에게 양해를 구하고 안정을 취하도록 하자.

 **안전한 출장을 위한 수칙**

1. 편안한 옷과 신발을 준비한다.
2. 너무 큰 가방은 모체에 부담이 될 수 있으니 짐을 가볍게 싸자.
3. 산모수첩을 반드시 휴대하며 해외출장이라면 만약을 위해 담당의의 소견서를 지참한다.
4. 복용 중인 영양제는 넉넉하게 챙긴다.
5. 소변을 참지 않도록 장소 이동 시 화장실 체크를 하고, 미팅 중에도 바로 화장실에 갈 수 있도록 미리 동행인들에게 양해를 구해놓는다.
6. 찬 음료와 익히지 않은 음식은 피한다. 특히 해외출장 중이라면 물은 반드시 생수로 마신다.
7. 일과가 끝난 후에는 반신욕과 마사지로 피로를 풀고 부기를 예방한다.
8. 출장업무 중간에 적절히 휴식을 취할 수 있도록 스케줄을 조정한다.
9. 위생상태가 좋으며 24시간 고객의 요청에 응해줄 수 있는 호텔을 선택한다.

10. 승용차로 이동해야 한다면 직접 운전을 하지 않도록 하며 1~2시간에 한 번은 휴게실에 들러 휴식을 취하고 화장실을 이용한다.
11. 고속버스로 이동한다면 만약의 경우, 운전기사에게 도움을 요청할 수 있도록 앞쪽의 좌석에 앉는다. 여름이라면 냉방에 대비하여 긴팔 옷을 지참하는 것도 좋다.

12. 비행기 출장은 항공사마다 다르지만 임신 28~32주 이전이라는 제약이 따른다. 임신 주수가 32주 이상인 임신부에게는 항공사 안전규약에 따라 탑승이 금지될 수 있기 때문에 진단서가 필요할 수 있다. 공항 내 금속 탐지기나 X-Ray 투과대 통과가 태아의 건강에 나쁜 영향을 미칠 수도 있으니 사전에 공항 직원에게 말을 해 두자. 비행기 탑승구에서도 노약자와 임신부는 우선 탑승시키는 것을 원칙으로 하고 있으니 탑승 시작 전에 항공사 직원에게 얘기한다.

워킹맘의 출산 준비

임신 중기에 접어들면 서서히 출산 준비 과정에 돌입해야 한다. 가능하면 출산 전에 출산용품도 준비해 두고, 출산휴가는 언제부터 시작하며, 다시 출근하면 아이는 누가 돌볼 것인지에 대해서도 미리 정해 두어야 불안감을 덜 수 있다.

출산휴가 정하기

출산휴가 신청부터 90일간의 휴가를 어떻게 사용할 것인가를 결정하는 것도 중요한 산전 준비 중 하나이다. 출산휴가 신청부터 급여 지급까지 꼭 알아 두어야 할 정보들을 모아 보았다.

💜 휴가 시작일을 정한다

경험자들은 보통 예정일 일주일 전부터 휴가에 들어갈 것을 권장하는데, 이는 출산 후 아이와 함께 보낼 수 있는 시간을 조금이라도 더 갖기 위한 것이다. 만약 출산준비가 덜 됐거나 조산 우려가 있는 경우에는 예정일 한 달 전부터 휴가에 들어가는 것이 좋다. 출산휴가를 신청할 때는 출산 후 최소한 45일이 남도록 날짜 조절을 해야 하는데, 만약 예정일이 늦어져서 산전에 45일 이상의 휴가를 썼더라도 이 원칙은 그대로 지켜진다. 예를 들어 예정일 45일 전부터 휴가에 들어갔다가 예정일보다 3일 늦게 출산을 한 경우라면, '출산 전 48일+출산 후 45일'을 합친 93일이 휴가가 된다. 단, 초과된 날 수는 무급휴가로 처리되어 임금이 지급되지 않는다.

💜 산전후 휴가급여 지급기준을 알아둔다

출산한 여성근로자의 근로의무를 면제하고 임금상실 없이 휴식을 보장받도록 하는 제도로, 지급대상은 산전후 휴가가 끝난 날 이전에 고용보험 피보험단위기간이 통상하여 180일 이상이어야 하며, 산전후 휴가를 시작한 날 이후 1개월부터 휴가가 끝난 날 이후 12개월 이내 신청하여야 한다.

대기업의 경우 출산휴가 급여 중 2개월분은 회사가, 나머지 1개월분은 고용보험에서 지급하게 되는데, 이때 고용보험에 6개월 이상 가입된 사람을 대상으로 한다. 또한 우선지원 대상기업인 300인 이하 사업장에서는 3개월간의 급여 전체를 정부에서 지급한다.

지급액은 통상임금의 50%이며, 지급 상한액은 135만원이다. 30일분의 통상임금이 135만원을 초과하는 경우 135만원을 받게 된다. 예를 들어 통상임금이 200만원인 경우 100만원을 지급받게 되며, 통상임금이 300만원인 경우 150만원이 아니라 상한액인 135만원을 지급받게 된다.

산후조리 방법 정하기

퇴원 후 산후조리를 어디에서 하는 것이 좋은가 생각해 보자. 마음 편한 친정집과 합리적인 시스템이 있는 산후조리원, 내 집의 편안함과 전문가의 보살핌을 한 번에 누릴 수 있는 산후 도우미 등 다양한 방법이 있다. 이 가운데 출산 후 트러블을 최소화하고 육아에 실질적인 도움을 줄 수 있는 방법을 선택하면 된다.

💜 산후조리원

친정에서 산후조리를 하기 어렵거나, 좀더 전문적인 산후조리를 받기 위해 산후조리원을 선택하는 경우도 늘어나고 있다.

산후조리원의 가장 큰 장점은 산모 중심으로 구성된 시설. 몸조리에 도움이 되는 좌욕, 마사지, 요가 등 프로그램을 마련돼 단시간 내에 산후조리를 마쳐야 하는 워킹맘에게 유리한 점들이 많다. 또, 산후조리원 직원이 알려 주는 육아법이나 같은 시기에 출산을 한 다른 엄마들과 공유하는 정보도 육아에 큰 도움이 된다. 또, 집이나 친정에서 산후조리를 하게 되면 상황에 따라 집안일을 거들거나 아이를 돌봐야 하지만, 산후조리원은 전문 시설이기 때문에 청소나 식사준비, 아이 돌보기 등 가사에서 완전히 해방되어 산모만을 위한 시간을 가질 수 있어 충분한 휴식이 가능하다는 점도 장점으로 꼽힌다.

하지만 가격이 비싸고 신생아가 한 공간에 모여 있으면서 각종 감염성 질병에 걸릴 확률이 높아진다는 단점이 있는 것도 사실이다. 또, 남편과 함께 지낼 수 없고 친정어머니나 친구들이 찾아오는 데도 제약이 있기 때문에 산모가 외로움을 느낄 수도 있다. 간혹 부실한 식단이 제공되거나 위생관리를 소홀히 하는 곳도 있고, 업체나 연계된 병원 측에서 분유나 기타 육아용품 홍보를 위해 산후조리원을 활용하는 경우도 있으니 선배 엄마들에게 충분히 물어본 후 믿을 수 있는 곳을 선택하는 것이 중요하다.

💜 산후도우미

내 집에서 편안하게 산후조리를 하고 싶다면 집으로 직접 찾아와서 아이를 돌봐주고 산후조리를 도와주는 산후도우미를 선택하는 것도 좋다. 대부분 입주해서 밤에는 아기와 함께 자면서 산모가 숙면을 취할 수 있도록 도와주지만, 입주가 어려운 집이라면 출퇴근 형식으로도 가능하다. 무엇보다도 산모 마사지, 모유수유 등 전문적

인 교육을 받은 도우미가 24시간 밀착하여 돌봐주기 때문에 단기간에 몸조리를 마칠 수 있다는 점에서도 인기를 끌고 있다.

또, 산후조리원에 비해 감염 위험이 적고 가족과 함께 지낼 수 있다는 장점이 있지만 내 집인 만큼 집안일에서 100% 손을 뗄 수는 없다는 점과 1:1로 돌봐주는 만큼 비용이 만만치 않은 것도 단점으로 꼽힌다. 간혹 산후도우미와 산모, 혹은 친정어머니와 마음이 맞지 않아 트러블이 생기기도 한다.

자격요건을 갖춘 산모의 경우 정부지원 산후도우미를 이용할 수 있다.(각 지역 보건소에 문의)

출산 후 관리

출산휴가 기간 내내 한마음으로 지냈던 엄마와 아기지만, 일터로 돌아간 후에는 각자의 시간을 보내야만 한다. 따로 떨어져 있어도 스트레스 없이 안심하고 지낼 수 있도록 출산휴가 기간 중에 반드시 해 두어야 하는 사항들을 모아 보았다.

수유 방법 정하기

모유수유가 아이를 위한 최선의 선택이라는 것은 누구나 알고 있는 상식이지만, 하루의 대부분을 아이와 떨어져 있어야 하는 워킹맘에게는 다소 망설여지는 것도 사실이다. 출산휴가 동안에는 모유수유를 한다고 해도 이후의 수유법은 어떻게 해야 할지 결정해 아이와 주위 사람들이 결정된 수유 방법을 따르도록 하는 것도 출산휴가 동안의 중요한 과제이다.

 모유수유

유축기를 사용하여 미리 젖을 짜서 얼린 후 필요할 때마다 녹여서 수유하는 방법이 있다. 지속적으로 모유수유를 할 수 있다는 장점이 있지만, 1년 가까운 기간 동안 유축기를 사용해야 하기 때문에 유두가 붓고 염증이 생기는 등 고통이 뒤따르기도 한다. 또 출근 전의 바쁜 아침시간이나 퇴근 후 지친 몸을 쉴 틈도 없이 젖을 짜야 하기 때문에 육아 스트레스의 원인으로 작용할 수도 있다. 이 외에도 사무실이나 출퇴근길에 젖이 불어 애를 먹거나 패드 밖으로 젖이 새서 옷을 버리는 등 사회생활을 하는 데 불편한 점이 많다.

분유수유

아이의 성장과 면역력 증강을 고려해 보면 피하고 싶은 선택이지만 엄마가 편하다는 점에서 선호된다. 보통 출산 전에 분유수유를 결정하면 초유가 끝나면서부터 곧바로 분유수유로 변경하거나 한밤중에는 분유를 먹이는 혼합수유를 하는 경우가 많은데, 모유야말로 아이의 평생 건강을 좌우할 수도 있는 면역체와 영양의 중요한 공급원이라는 사실을 명심하도록 하자.

아이 맡길 사람 정하기

언제까지라도 아이 옆에 붙어서 돌봐주고 싶은 마음은 굴뚝같지만 현실적인 여건이 되지 않는 이상 엄마 다음으로 아이를 잘 돌봐줄 수 있는 양육자를 찾는 것이 현명하다. 보통은 친정어머니나 시어머니 중 여력이 되는 사람에게 아이를 맡기는데, 최근에는 전문적인 보육인력에게 맡기는 경우도 늘고 있다.

🌿 친정어머니 or 시어머니

이미 임신, 출산, 육아의 모든 과정을 끝낸 육아의 고수이자 아이에게 최고의 애정을 쏟아줄 수 있는 혈육이라는 점에서 가장 적격이라고 볼 수 있다. 미혼의 삼촌이나 고모, 이모가 한집에 산다면 아이가 여러 사람들의 애정 속에서 정서적인 안정감을 느끼며 자랄 수 있으며, 어떤 면에서는 엄마보다 아이에 대해 더 큰 관심을 기울여 줄 수 있어 일하는 엄마가 놓치기 쉬운 아이의 건강이나 버릇을 고칠 수 있다는 점도 친정어머니나 시어머니를 선호하는 중요한 이유이다.

또한, 출퇴근 시간이 불규칙해도 큰 부담 없이 아이를 맡길 수 있으며, 집으로 와서 아이를 돌봐주실 경우 육아 외에도 식사나 청소 등 집안일도 거들어 주시므로 한결 편해지기도 한다.

하지만 육아나 아이들 교육에 대한 관점이 다르거나 감정적인 트러블이 생길 경우에는 심한 스트레스로 작용할 수 있으며, 심한 경우에는 아예 관계가 틀어지는 수도 있으니 아이를 맡기기 전에 심사숙고하는 것이 좋다.

선배 엄마들이 꼽는 가장 큰 문제는 아이 양육과 관해 이견이 있어도 쉽게 문제제기를 하기 힘들다는 점이다. 양육 태도에 불만이 있어도 마음을 상하게 할까봐 쉽게 지적하지 못한다는 것이다. 부모님이 아닌 주변 식구들에게 눈치를 받는 일이 생길 수도 있고, 육아를 이유로 다른 대가를 요구하는 경우도 있으므로 미리 각오를 해 두는 편이 좋다.

하지만 무엇보다도 큰 문제는 정신적, 체력적으로 힘든 육아를 담당하면서 어머니의 건강에 문제가 생길 수도 있다는 점이다. 아이를 키우는 일은 직장생활 이상으로 힘들고 스트레스가 많다는 점을 명심하여 어머니가 건강을 상하는 일이 없도록 항상 관심을 기울이도록 하자.

영양제나 보약을 챙겨 드리거나 정기검진을 받게 해 드리고, 본인이나 남편 중 한 명이라도 시간이 날 때는 육아 이외에 취미생활을 즐길 수 있도록 신경을 써 드리도록 하자. 육아 비용을 직접 부담하는 것은 물론이고 용돈을 넉넉하게 드리는 것도 육아 스트레스를 줄이고 원만한 관계를 만들어 가는 데 도움이 된다.

🌿 베이비시터

집으로 방문하여 아이를 봐주는 베이비시터는 아이가 일정한 환경에서 양육될 수 있어 심리적인 안정감을 느낄 수 있으며, 부모 입장에서도 일일이 데려다 주고 다시 데리고 와야 하는 번거로운 과정을 거치지 않아도 된다는 편리함 때문에 선호되고 있다. 여러 아이들이 모여 지내는 보육시설처럼 전염성 질환에 감염될 우려도 없고 친정어머니나 시어머니께 맡길 때 생기는 심리적인 부담감에서 자유로울 수 있다는 점도 베이비시터 육아의 장점이다.

하지만 베이비시터의 성품이나 양육태도를 확인할 수 없다는 점은 단점으로 꼽힌다. 실제로 베이비시터에 의한 아동학대 사례가 심심치않게 보도되는 것도 엄마의 마음을 불안하게 만드는 요인 중 하나이다. 요즘에는 전문 베이비시터 소개업체들이 있어 믿을 만한 베이비시터를 찾는 엄마들에게 도움을 주고 있다.

보육시설

보육시설에는 국공립 보육시설과 민간 보육시설이 있다. 이중 국공립 보육시설은 보육료가 저렴하고 독립 건물을 사용하는 등 시설 면에서 우수하기 때문에 선호도가 높지만 보육이 필요한 아이들을 모두 수용하기에는 시설 수가 턱없이 부족해서 최소 1년 이상 대기를 해야 들어갈 수 있을 정도다. 따라서 대부분의 아이들이 민간 보육시설에서 보육되고 있는 실정이다.

민간 보육시설에는 법인시설, 직장시설, 가정보육시설이 있는데 엄마들이 쉽게 접근할 수 있는 시설은 바로 가정보육시설이다. 집 근처에 있어 다니기가 편하고, 대부분 가정집을 개조한 것이라 아이들이 집과 비슷한 환경에서 자랄 수 있다는 장점이 있기 때문이다. 독립 건물 내에 모든 시설을 다 갖춘 국공립 보육시설에 비하면 부족한 점도 많지만, 대신 보육교사의 자질에 따라 더 전문적인 보육 프로그램을 제공받을 수도 있다는 점에서 가정보육시설을 선호하는 엄마들도 있다.

real tip ▶ **보육시설 결정**

1. 집에서 20분 거리에 있어야 한다

아무리 시설과 조건이 좋다고 하더라도 집에서 멀리 떨어져 있다면 바쁜 출퇴근 시간에 더 힘이 들고 아이에게 트러블이 생겨도 제대로 대처를 하지 못하는 경우가 생길 수 있다. 한번 보육시설을 정하고 나면 취학 이전까지 매일 아이와 함께 다녀야 하므로, 집에서 가까운 곳을 선택해야 아이와 부모, 모두에게 부담이 덜하다.

2. 보육시설의 위치와 시설을 확인한다

가능하면 단독 건물을 사용하는 곳이어야 아이가 정서적인 안정을 유지하는 데 도움이 된다. 마당과 실외 놀이터까지 딸려 있다면 금상첨화이다. 또, 건물 옥상에 놀이시설이 있거나, 보육시설이 있는 건물이 큰길가에 있다면 교통사고 우려도 있고, 소음이나 매연 등 여러 문제가 생길 수도 있으니 피하도록 하자.

3. 주방과 화장실을 점검한다

보육시설의 위생상태를 가장 정확하게 파악할 수 있는 바로미터이다. 청소는 제대로 되었는지, 쓰레기 처리는 어떻게 하는지 꼼꼼하게 살펴보자.

4. 식단 구성을 살펴본다

유치원과는 달리 아이의 식사와 간식을 보육시설 내에서 해결해야 하는 만큼 식단 구성을 살펴보는 것은 매우 중요하다. 영양 균형이 제대로 이루어졌는지, 아이들의 입맛을 돋우는 다양한 조리법을 사용하고 있는지, 믿을 수 있는 경로로 구입한 신선한 식재료를 쓰고 있는지 미리 살펴보는 것이 아이의 건강한 성장에 도움이 된다.

5. 원장과 교사들에 대한 평판에 귀를 기울인다

소중한 내 아이를 보살펴 주는 보육시설의 원장과 교사는 아이와 엄마에게 매우 중요한 존재이다. 그런 만큼 보육시설을 결정하기 전에 원장과 교사의 자질과 인격을 살펴보는 것이 중요하다. 인터넷 검색을 통해 해당 보육기관에 문제는 없는지 살펴보거나 같은 동네 엄마들 사이에서 도는 입소문을 사전에 체크하도록 하자.

6. 일과표와 교육 프로그램을 확인한다

아이가 보육시설 내에서 지루해하지 않고 즐겁게 보내는 것은 엄마로서 바라는 가장 큰 소망일 것이다. 여기에 월령에 따라 반드시 익혀야만 하는 내용이 수업으로 구성되어 있는지 살펴본다.

7. 먼저 다니고 있는 아이들의 표정을 관찰한다

아무리 꼼꼼하게 살펴본다고 해도 그곳에서 매일 시간을 보내는 아이들의 판단은 따라가지 못한다. 먼저 다니고 있는 아이들이 즐거워하고 원장과 교사를 진심으로 따르는 곳이라면 주저없이 선택해도 된다.

직장 복귀 준비하기

아이와 함께 애정을 나누고 익숙지 않은 육아에 치이다 보면 어느새 출산휴가의 끝이 보인다. 준비없이 지내다 허둥대며 출근하는 것보다는 출산휴가가 끝나기 2주 전부터 조금씩 복귀 준비를 하는 편이 낫다. 복귀 후 직장에서의 적응도 빨라지고 육아 스트레스도 줄일 수 있다.

휴가가 끝나기 전에 사무실 분위기를 파악해 둔다

휴가가 끝나기 전에 미리 직장을 찾아가 사람들에게 인사도 하고 사무실 분위기도 살펴보도록 하자. 90일이라는 적지 않은 기간 동안 생긴 변화나 업무 내용을 미리 듣고 사람들에게 자신이 얼마 안 있어 복귀할 거라는 사실을 인지시켜 주는 것이 중요하다. 상사에게 복귀 후에 맡게 될 업무에 대해 상의한 후 업무 방향과 그에 필요한 사전 정보 등을 미리 파악해 두는 것도 출산 전에 쌓아왔던 커리어를 이어가는 데 도움이 된다.

아이에 대한 죄책감은 접어 둔다

직장 복귀를 앞두고 가장 많이 드는 생각은 아이에 대한 죄책감이다. 직장에 나가는 것은 곧 아이를 방치하는 것인 양 여겨져서인데, 아이를 24시간 돌보는 것만이 최선의 자녀양육은 아니라는 점을 명심하자.

아이에 대한 일차적인 책임자는 자신이며, 일을 하는 동안에도 아이와 관련한 사항들은 충분히 컨트롤할 수 있을 것이라는 자신감을 가져야만 아이의 보육자에게도 당당한 자세를 취할 수 있다. 그리고 무엇보다도 일터에서도 마음 놓고 업무에 집중할 수 있다. 죄책감이 크면 엄마의 불안감이 아이에게 전달되어 오히려 악영향을 줄 수 있으니, 여유시간 동안에는 아이에게 충분한 관심과 애정을 쏟아 주고 보육자와 충분한 대화를 통해 일과시간 동안 있었던 일을 공유할 수 있도록 복귀 전에 친밀한 관계를 만들어 가도록 한다.

쌍둥이 임신

임신 기간 중 갑작스럽게 체중이 늘어났거나 자궁이 정상보다 커져 있다면 쌍둥이 임신일 확률이 높다. 특히 부모 중 어느 한쪽 집안에 쌍둥이 분만을 한 사람이 있다면 반드시 검사를 받아 보도록 하자. 임신 6~7주에 접어들면 쌍둥이 여부를 확인할 수 있는데, 간혹 '소실성 다태아' 라고 하여 임신 초기에 쌍둥이 중 한 명이 자연유산되는 일도 있으니 정기적인 검사를 통해 아기가 잘 자라고 있는지 확인하는 것이 중요하다.

일란성 쌍둥이와 이란성 쌍둥이

쌍둥이는 외모가 똑같은 일란성 쌍둥이와 다른 외모를 가진 이란성 쌍둥이로 나뉜다.

 하나의 태반에서 자라난 똑같은 외모의 일란성 쌍둥이

하나의 정자와 하나의 난자가 만나 하나의 수정란을 이루는 것이 일반적이지만, 간혹 시간이 지나면서 수정란이 두 개로 분리되기도 한다. 이 경우, 수정란의 유전물질을 똑같이 공유하게 되기 때문에 같은 성, 같은 외모의 일란성 쌍둥이가 생기게 된다. 수정란이 분리되는 이유에 대해선 아직까지 확실히 밝혀지지 않았지만, 일란성 쌍둥이의 2/3는 자궁에 착상된 후에 분리되고, 나머지 1/3은 착상되기 전에 분리된다.

만약 착상 이전에 분리된다면 이란성 쌍둥이와 마찬가지로 각각 별개의 융모막과 양막을 갖게 되며, 착상 이후에 분리되면 양막만 다를 뿐, 융모막은 그대로 공유한 채 자라나게 된다. 드문 경우이지만 동일한 양막과 융모막을 갖고 성장하기도 하는데, 이 경우 신체의 일부가 붙은 채 태어나기도 한다.

외모도 개성도 제각각인 이란성 쌍둥이

수정란 상태에서 분리되는 일란성 쌍둥이와는 달리, 처음부터 별개의 수정란에서 자라나기 때문에 각자 다른 외모와 다른 성격, 다른 유전물질을 갖고 태어난다. 그래서 이란성 쌍둥이 중에서는 이성(異性) 쌍둥이도 가능하다.

💜 세 쌍둥이, 네 쌍둥이도 있다!

쌍둥이 중에는 세 쌍둥이, 네 쌍둥이, 다섯 쌍둥이처럼 둘 이상의 아기가 태어나는 경우도 있다. 쌍둥이와 마찬가지로, 모두 외양과 유전물질이 똑같은 일란성일 수도 있고, 일란성과 이란성이 섞여서 태어나는 경우도 있다. 이는 쌍둥이와 마찬가지 원리로, 하나의 수정란이 세 개, 네 개로 분리되면 일란성으로, 여러 개의 수정란이 착상한 경우에는 이란성으로, 하나의 수정란이 분리하고, 그 외의 수정란이 별개로 수정이 된다면 일란성과 이란성이 섞이게 되는 것이다.

최근에는 인공수정이나 시험관 아기 시술 등 불임시술이 늘어나면서 세 쌍둥이 이상 착상되는 경우도 많아지고 있다. 이 경우 영양보급이나 성장환경이 태아에게 불리해져 임신 중 자연유산이 되거나, 조산 · 난산, 신생아의 저체중 등 다양한 문제를 야기할 수 있기 때문에 임신 초기에 선택유산을 하기도 한다.

난성진단

난성진단은 태아가 일란성 쌍둥이인지 이란성 쌍둥이인지를 확인하는 진단으로, 지필 검사, 혈액형 검사, 인체 측정 검사, DNA 검사 등 다양한 검사법이 있다.

💜 지필 검사

설문지를 통한 검사법인데, 가족, 친척, 친구 그 외의 낯선 사람들이 쌍둥이들의 외관을 구별할 수 있는지를 물어본다. 특히 키, 몸무게, 눈동자 색깔, 머리색, 피부색 등 유전적인 영향을 받는 외모의 특징이 얼마만큼 일치하고 있는가도 난성을 구분하는 데 중요한 요소가 된다.

일란성 · 이란성 쌍둥이 구별법

일란성 쌍둥이

이란성 쌍둥이

- 두 아기의 성별이 다르면 반드시 이란성 쌍둥이다.
- 두 아기가 한 개의 양막에 싸여 있다면 일란성 쌍둥이다.
- 현미경으로 판독하여 양막이 2겹으로 분리되어 있다면 일란성 쌍둥이다.
- 태반이 하나뿐일 때는 일란성 쌍둥이고, 둘이거나 두 개가 겹쳐 있을 때는 일란성 쌍둥이, 혹은 이란성 쌍둥이다.
- 판독이 어려울 때는 혈액 검사나 DNA 분석을 통해 확실한 결과를 얻을 수 있다.

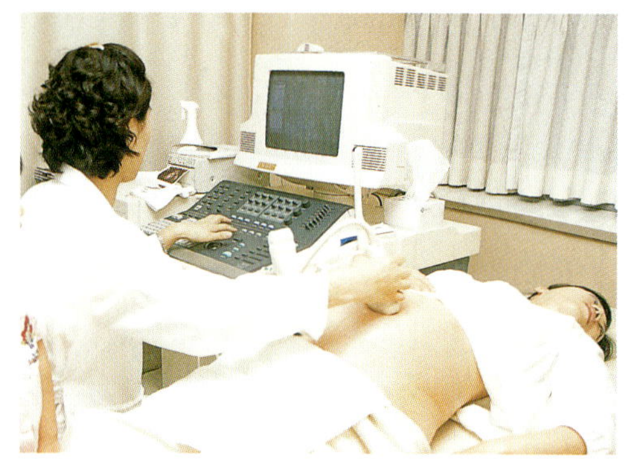

초음파 검사

임신 단계에서 난성을 확인할 수 있는 검사법이다. 초음파를 통해 태아의 성별을 알아본 다음, 서로 다른 성일 경우에는 이란성 쌍둥이로 본다. 만약 동성일 경우에는 융모막 두께를 통해 알아보게 되는데, 태반을 형성하고 있는 융모막 상태를 살펴 난성을 판정하는 방법이다.

임신 초기에는 융모막이 한개인지 두개인지 확인하기 용이하므로 이때 진단하는 것이 가장 좋으나 그 시기를 놓쳤을 때는 양막의 두께를 알아본다. 만약 쌍둥이 사이에 있는 막의 두께가 2mm 이하면 융모막이 한 겹인 단일 융모막으로 보고 일란성 쌍둥이라는 판정을 내린다.

혈액형 검사

ABO, MNS, Rh, Haptoglobin, Gm 혈청 등 다양한 혈액그룹의 검사를 통해 난성을 판단한다. 만약 모든 혈액그룹에서 일치한다면 일란성 쌍둥이, 혈액그룹 중 맞지 않는 것이 하나라도 나온다면 이란성 쌍둥이로 판정한다. 정확도는 약 95% 내외로 알려져 있다.

인체 측정 검사

이름 그대로 인체의 각 부위를 측정, 비교하여 일치점을 찾아내는 검사이다. 키, 몸무게 등 기본적인 신체 사이즈와 손가락과 손바닥, 발가락의 지문 등 다양한 부위를 측정하여 난성을 판단하는 지표로 사용한다.

DNA 검사

쌍둥이의 난성 검사 중 가장 높은 정확도를 자랑하는 검사법으로 혈액이나 구강 상피를 채취한 후 DNA를 분석하는 검사법이다. DNA는 사람마다 달라 난성을 판단할 수 있다.

쌍둥이 임신의 임신&출산 관리

쌍둥이 임신은 한 명만 임신했을 때에 비해 임신 중 영양섭취나 휴식, 출산 후 관리 등 모든 면에서 2^2인 4배로 조심해야 한다. 특히 조산할 가능성이 높고, 태아가 거꾸로 자리잡고 있는 등 출산 시 위험한 상황이 생길 확률도 높으므로 발 빠르게 대처할 수 있는 전문병원을 찾도록 한다.

쌍둥이 임신, 관리도 남다르다

의학기술의 발달로 예전처럼 쌍둥이 임신이 위험하다는 인식은 덜해졌지만 여전히 임신부나 태아에게 부담이 되는 것은 사실이다. 통계에 의하면 쌍둥이 임신부가 임신 중 합병증을 일으킬 우려는 한 명만 임신했을 때에 비해 무려 다섯 배나 높다. 따라서 쌍둥이를 임신했다면 임신 기간 중에도 절대 마음을 놓아서는 안 된다.

임신부에게 생기는 대표적인 합병증으로는 임신중독증, 임신성 당뇨, 빈혈 등이 있으며 태아에게 오는 위험으로는 전치태반, 발육부전 등을 들 수 있다. 그 밖에 발육부전 상태에서의 조산이나 뇌성마비, 언어마비 같은 선천성 기형으로 태어날 위험도 높다.

영양섭취에 신경 쓴다

쌍둥이 임신부는 뱃속의 태아가 둘인 만큼 영양섭취도 2배가 되어야 한다. 보통의 임신부가 임신 전보다 300~400kcal 이상의 영양을 섭취해야 한다면, 쌍둥이 임신은 그 배에 해당하는 600~700kcal를 섭취해야만 한다.

단, 너무 짜거나 기름진 음식, 고칼로리 음식을 많이 섭취하면 임신중독증이 올 수 있으니, 한 가지 음식으로 배를 채우는 것보다는 다양한 음식을 통해 영양소를 골고루 섭취할 수 있도록 식단을 잘 짜야 한다.

필요하다면 영양제도 섭취한다

음식으로 섭취하기 어려운 영양소라면 영양제를 먹도록 하자. 임신 초기라면 종합비타민제 복용을 통해 임신 중 결핍되기 쉬운 엽산을 규칙적으로 섭취하는 것도 좋고, 철분제나 임신부 전용 칼슘제도 임신 중 건강을 유지하여 튼튼한 아이로 기르는 데 도움이 된다.

최근에는 내분비 계통을 튼튼하게 해 주어 임신 중 체력 관리와 면역력 증강 효과가 있는 영양제도 등장해 영양소의 균형을 효율적으로 유지할 수 있도록 도와준다.

real tip 임신 중 지나친 체중 증가는 금물!

임신 중 체중 증가는 모든 임신부들에게 생기는 현상이지만, 특히 아기가 작게 태어날지도 모른다는 걱정에 싸인 쌍둥이 임신부는 '입맛 당기는 대로 먹는 것이 좋다'는 의견과 '적정 수준에서 체중조절을 하는 것이 좋다'는 의견 사이에서 고민하게 된다. 인터넷 쌍둥이 카페나 국내에서 출판된 쌍둥이 육아서를 보면 "엄마가 잘 먹어야 아이도 잘 자라니 걱정 말고 많이 먹어라."는 조언을 심심찮게 볼 수 있다.

그렇다면 정말로 늘어난 체중만큼 아이도 건강하고 크게 자랄 수 있는 것일까? 하버드 의대의 에밀리 오큰 교수 연구팀은 논문을 통해 "지나친 체중 증가는 임신부의 건강을 위협하고 태아 과체중의 원인이 된다."는 연구 결과를 발표했다. 3세 자녀를 둔 여성 1,044명을 대상으로 실시한 조사 결과 절반가량의 여성이 임신 중 체중이 적정량보다 더 증가했는데, 이 경우 적정체중 이하로 증가한 임신부에게서 태어난 자녀에 비해 4배 이상 높은 비만 발생률을 보였다는 것이다.

우리나라에서는 일반적으로 쌍둥이를 임신했을 경우 15~20kg 정도의 체중 증가가 적정하다고 권장한다.

쌍둥이 임신 중 올 수 있는 몸의 이상

 배가 심하게 당긴다

태아에게 특별한 이상이 없는데도 배가 심하게 당기기도 하는데, 이는 자궁의 크기가 급격히 늘어나면서 자궁의 수축 빈도도 더 빨라져서 나타나는 증상이다. 주로 임신 20주 전후부터 나타나기 시작한다. 이는 단태아를 임신했을 때에 비해 자궁이 늘어나는 속도가 빠르기 때문에 상대적으로 더 빠른 시기에 자궁수축이 나타나는 것뿐이니 걱정하지 않아도 좋다. 증상이 심하면 왼쪽을 보면서 옆으로 누워 안정을 취하도록 하자. 만약 그래도 증상이 가라앉지 않는다면 병원을 찾아가도록 한다.

부기가 심하다

쌍둥이 임신에서 가장 우려되는 합병증은 바로 임신중독증이다. 쌍둥이 임신부의 약 40%가량이 임신중독증으로 고생을 한다. 만약 본인이나 직계 가족 중 고혈압이 있다면 임신 초기부터 임신중독을 예방하는 생활습관을 들이는 것이 필요하다. 임신 중 염분 섭취를 자제하고 저칼로리 메뉴로 식단을 구성하는 것도 좋다. 증상이 심해지면 입원을 해야 하므로 임신중독증 증세를 보인다면 만약의 경우에 대비하여 입원 가능한 산부인과를 미리 알아 두는 것이 좋다.

 당 수치가 높아졌다

임신부의 2~4%가 임신성 당뇨로 고생을 하는데, 쌍둥이 임신부에게 특히 많다. 임신성 당뇨가 일반 당뇨보다 위험한 이유는 태반을 통해 태아에게도 영향을 미치기 때문. 태아의 당 대사에 이상을 초래하는 것은 물론이고 적혈구 과다증, 저혈당증, 저칼슘증, 신생아 호흡 곤란증 등으로 선천성 기형을 유발하기도 한다. 또한 임신성 당뇨를 앓고 있으면 양수 과다증, 임신중독증, 유산, 조산 등 각종 합병증을 유발할 가능성도 높아지니 임신 기간 중에는 당분 섭취와 과도한 체중 증가에 주의하고 정기적으로 당 수치를 확인하여 만약의 사태에 대비해야 한다.

 자궁이 심하게 늘어난 것 같다

자궁은 태아가 자라나면서 태아의 크기나 활동량에 맞춰 조금씩 늘어나게 된다. 하지만 태아가 두 명이 되면 그만큼 공간에 제약이 생기면서 자궁이 과도하게 늘어나기도 한다. 이것이 바로 과대자궁으로, 심한 경우에는 조산할 우려도 커지며 분만 후 자궁이 제대로 수축되지 않아 산후 출혈을 야기하기도 한다.

현기증이 심하다

태아가 자라면서 임신 전에 비해 훨씬 많은 혈액이 필요한데, 특히 쌍둥이를 임신했을 때는 임신 전보다 50~60%나 더 필요해 임신성 빈혈로 이어질 우려

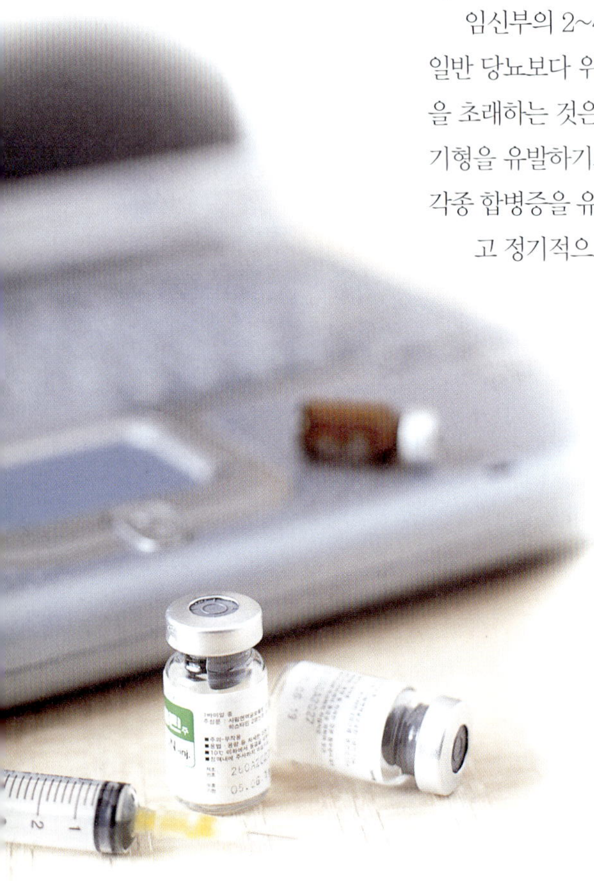

가 높다. 보통 임신 20주부터 출산 후 3개월 정도까지는 철분제를 복용하도록 권하는데, 이는 쌍둥이 출산 시 출혈량이 단태아 출산의 2배에 달하는 1000ml나 되기 때문이다. 만약 임신 중 빈혈 증상이 두드러지지 않더라도 출산 후를 대비하여 철분과 엽산 섭취에 각별하게 신경을 쓴다.

🌿 소변량이 갑자기 줄어들었다

쌍둥이 임신의 대표적인 합병증 중 하나로 양수 양이 많아지는 양수과다증이 있다. 양수과다증이 발생하면 신장 기능에 이상이 생길 수 있으니 만약 임신 중 소변량이 갑자기 줄어들면 즉시 병원을 찾아가도록 하자. 양수 양이 늘어난 것은 초음파 검사를 통해 확인할 수 있는데, 방치할 경우 조산으로 이어질 수 있으니 반드시 증상이 생긴 원인을 찾아내어 악화되지 않도록 주의하며, 조산에 대한 만반의 준비를 갖춰야 한다.

쌍둥이 출산을 위한 전문병원 선택

쌍둥이 임신은 임신 기간 중 다양한 합병증부터 조산이나 예정에 없던 제왕절개, 미숙아 출산 등 출산 시 생길 수 있는 위험상황이 단태아 출산에 비해 많다. 따라서 모든 상황에 적절히 대처할 수 있는 전문병원을 선택하는 것이 무엇보다도 중요하다. 보통 임신 초기에는 왕래가 편한 집 근처 개인병원을 다니다가 20~25주즈음부터 전문병원으로 옮기는 경우가 많다. 병원을 선택할 때는 쌍둥이 출산 경험이 얼마나 많은지, 병원 내에 소아과와 내과, 외과 전문의가 있는지, 인큐베이터와 수술 설비를 갖추었는지를 살펴보고 결정하도록 하자.

쌍둥이를 위한 출산 준비

단태아에 비해 출산 시기가 빠르고 조산하는 경우도 많기 때문에 출산 준비는 8개월 이전에 미리 해 두는 것이 좋다.

🌿 출산준비 전

쌍둥이 출산을 준비하려면 뭐든지 두 개씩 장만해야 하므로 필요한 물품을 예산에 맞춰 준비하는 일만으로도 큰일이다. 자칫 매장 직원이 권하는 대로 충동 구매하는 일이 생기지 않도록 미리 쇼핑 리스트를 정리해 둘 필요가 있다. 주변에서 얻거나 물려받을 수 있는 물건은 없는지 미리 확인해 두는 것도 절약할 수 있는 비결이다.

★ 쌍둥이 출산을 위한 준비

 **아기침대** 쌍둥이가 함께 잘 수 있는 넓은 침대가 경제적이긴 하지만, 잠결에 서로 부딪쳐 잠을 설치거나 기껏 먼저 재운 아이가 다른 아이의 움직임에 잠을 깨는 등 어려움이 생길 수도 있으니 공간에 여유가 있다면 따로 재울 수 있도록 두 개를 장만하는 것이 좋다.

수유쿠션 　두 아이를 한꺼번에 안고 수유하기란 엄마뿐 아니라 아이에게도 불편하고 힘든 일이다. 이때 수유쿠션을 미리 준비해 두어 쌍둥이들의 자세를 편안하게 잡아 주면 아이들도 엄마도 수유시간이 편안해져 육아 스트레스를 줄일 수 있다.

회음부 방석과 좌욕기 　자연분만을 했다면 반드시 준비해 두자. 단태아 출산에 비해 회음부의 손상 정도가 심하고 그만큼 회복기간도 더뎌지는 만큼 출산 후 제대로 관리해 주어야만 산후 후유증에 시달리지 않게 된다.

유축기 　한밤중에 젖 달라고 깨는 쌍둥이들에게 시달리고 싶지 않다면 미리 유축기를 준비해 두자. 모유를 짜서 얼려 두면 남편이나 주위 사람들도 수유를 도울 수 있으므로 힘을 덜 수 있다.

복대 　두 배로 늘어난 배가 빨리 원상복귀할 수 있도록 도와준다.

육아 지원군 　한 번에 두 아이를 돌봐야 하는 만큼 엄마의 체력도 두 배 이상 소요되므로 육아를 도와주는 사람이 없다면 탈진하기 십상이다. 특히 아이들이 병이라도 걸리게 되면 엄마 혼자서는 간호할 수 없을 정도로 큰일이 되어 버린다. 남편이나 친정어머니, 도우미 아주머니 등 만약의 경우에는 언제든지 도움을 청할 수 있는 원군을 가까이 두고 있는 것이 좋다. 육아 경험 풍부한 선배 엄마들의 조언을 받을 수 있는 인터넷 카페에 가입하는 것도 도움이 된다.

미리 준비하는 쌍둥이 출산

두 배로 부른 배만큼 힘겨웠던 임신 기간이 지나고 드디어 다가온 분만의 순간! 곧 아이들을 만날 생각에 설레기도 하지만 분만과정에서 생길 수 있는 각종 위험에 대한 걱정도 크다.

출산방법의 선택

사전에 태아의 발육정도와 산모의 건강상태, 그리고 태반 내에 자리한 모습을 살펴 분만방법을 결정해 두어야 한다. 예전에는 대부분의 병원에서 쌍둥이 출산 중 생길 수 있는 위험요소들을 미연에 방지하기 위해 제왕절개를 권장했는데, 요즘에는 자연분만으로도 얼마든지 안전한 출산이 가능해졌다. 단, 자연분만을 결정했더라도 도중에 제왕절개를 받아야 하는 경우도 있으니, 수술이 가능한 병원에서 분만을 하는 것이 좋다.

분만 방법을 결정할 때는 태아의 발육 상태뿐 아니라 임신부의 건강도 고려해야 한다. 많은 병원에서 쌍둥이 분만 시 제왕절개를 하는 이유는 태아와 임신부의 안전을 고려한 최선의 방법이라고 생각하기 때문이다. 쌍둥이 임신은 자체로도 위험이 커서 임신 중 고혈압, 당뇨병, 임신중독증 등으로 난산을 겪기 쉽고 조산으로 저체중아를 낳을 수도 있다. 이러한 확률은 이란성 쌍둥이보다 일란성 쌍둥이에게서 더 많이 나타나는 것이 특징이다.

또 쌍둥이 임신부는 분만 시 진통 시간이 길고, 자궁 근육이 과도하게 늘어난 상태이기 때문에 자궁이 파열될 위험이 있어 좀더 안전한 분만법을 찾는다.

♥ 자연분만

자연분만의 필수요소는 바로 쌍둥이들의 자세다. 둘 다 머리를 아래로 하고 있다면 자연분만이 가능하지만 둘 중 제1태아가 머리가 위에 있는 역아 자세로 있다면 망설임 없이 제왕절개를 받아야 한다. 이때 분만 순서에 따라 아래쪽에 위치한 아이를 제1태아, 위쪽의 아이를 제2태아라고 하는데, 이 순서가 출산 후 서열이 되는 것이다.

이 외에도 태반과 태위에 이상이 발견되지 않을 때, 제왕절개나 자궁근종 수술 병력이 없다면 자연분만을 해도 큰 문제가 없다.

♥ 제왕절개

제1태아가 똑바로 위치해 있거나 과거 제왕절개 수술 경험이 있다면 제왕절개를 받아야 한다. 또한 쌍둥이 분만은 단태아 분만에 비해 출산시간이 훨씬 더 걸리기 때문에 만약 산모가 체력이 약하거나 나이가 많아 긴 출산시간을 견디기 어려울 것으로 판단될 경우에도 제왕절개를 권장한다.

단, 수술 중 출혈이나 수술 후 염증, 특히 켈로이드성 체질일 경우 수술자국이 쉽게 아물지 않는 등 위험이 따르는 만큼 제왕절개 선택에는 신중을 기하는 것이 좋다.

♥ 자연분만＋제왕절개

무리하게 자연분만을 고집하다가는 자칫 태아나 산모에게 치명적인 위험이 닥칠 수도 있으니, 자연분만을 시도하던 중이라도 산모나 태아에게 문제가 생기게 되면 곧바로 제왕절개를 받는 것이 좋다.

원칙적으로 태아의 머리가 아래를 향하고 있다면 자연분만을 해도 괜찮지만, 제2태아가 제1태아보다 큰 경우, 제1태아 분만 후 자궁경부가 닫혀버리는 경우에도 태아와 산모의 건강을 고려하여 제왕절개를 하도록 권장한다.

분만 시 생길 수 있는 위험

쌍둥이 임신은 일반 단태아 임신에 비해 위험한 임신으로 보는 만큼 산모는 물론이고 가족들도 분만 중 생길 수 있는 위험한 상황들에 대해 사전에 충분히 이해해 둘 필요가 있다.

💜 조산 ｜ 예정일보다 빨리 진통이 시작된다

쌍둥이 임신부가 준비하고 있어야 할 위험상황 1순위는 바로 조산. 일반적으로 쌍둥이 임신의 정상적인 임신 기간은 38주이지만, 1/3가량이 이보다 빠른 임신 35~37주즈음에 출산하게 된다. 조산을 막기 위해선 임신 28~30주에 들어서면서부터 장시간 운동을 하거나 장시간 성관계를 갖는 등 격렬한 움직임은 피하는 것이 중요하다.

이 외에도 지나치게 체중이 증가했거나 심한 스트레스, 수면 부족 등도 조산의 원인이 될 수 있으니 주의하도록 하자.

💜 전치태반 ｜ 태반이 앞으로 밀린다

정상적인 상태라면 자궁경부에서 멀리 떨어져 있어야 할 태반이 자궁경부 바로 앞에 위치해 있거나, 심한 경우 아예 자궁 전체를 뒤덮고 있는 경우가 있다. 이를 전치태반이라고 한다. 주로 임신 32주 전후에 나타나는데, 이 즈음에 출혈이 온다면 전치태반일 수 있으니 빨리 병원진료를 받아 보도록 하자.

출혈량은 자궁경부를 덮고 있는 모양과 정도에 따라 달라지는데, 출혈량이 많을수록 자궁경부를 덮고 있는 정도가 심하다고 볼 수 있다. 조기진통이 오거나 출혈이 심한 경우에는 예정일이 남았더라도 제왕절개를 하는 것이 좋다.

과거 전치태반이나 제왕절개 수술을 한 경험이 있는 임신부는 다음 임신에서 전치태반이 올 가능성이 높아지며, 뚜렷하게 밝혀진 원인은 없지만 쌍둥이 임신부도 단태아 임신부에 비해 전치태반 확률이 높다고 알려져 있다.

전치태반 진단을 받은 상태에서 흡연을 하면 태아의 생명이 위험할 수도 있다는 얘기가 있긴 하지만, 하혈이 없다면 크게 걱정할 필요는 없다. 태아와 산모가 안정을 찾을 수 있도록 충분히 침대에서 쉬도록 하며 필요하다면 입원을 하는 것도 좋다.

💜 단일양막 쌍태아 ｜ 탯줄이 엉켜 있다

일란성 쌍둥이의 약 1%는 하나의 양막 안에 나란히 자리한 단일양막 쌍태아다. 태아를 구분해주는 양막이 없기 때문에 움직이는 중에 제1태아와 제2태아의 위치가 뒤바뀔 수도 있고, 이 과정에서 탯줄이 엉켜 목숨을 잃기도 한다.

💜 태반 조기박리 ｜ 태반이 분만 전에 분리된다

쌍둥이 임신이라면 분만 전에 태반이 자궁벽에서 떨어지는 증상인 태반 조기박리에 주의해야 한다. 예정일 이전에 태반이 분리되면서 조산의 원인이 되거나 분만 후 신생아 사망이라는 결과로 이어지기도 한다. 그러므로 예방을 위해 임신 중에 영양균형을 잘 챙기고 알코올 섭취를 삼가는 것이 좋다.

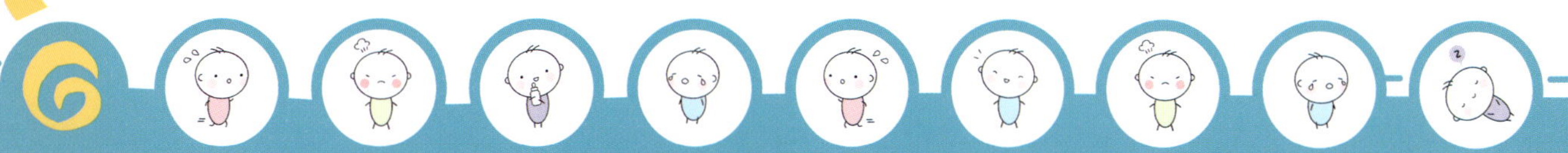

1. 출산 축하 지원

출산장려를 위해 10개 광역 자치단체 및 138개 기초자치단체에서 출산 축하금을 지급한다. 지원금액과 지원대상는 자치단체마다 차이가 있으므로 알아보아야 한다.

2. 신생아 장애 예방검사

신생아 장애 예방을 위해 보건소에서, 모든 신생아를 대상으로 선천성대사이상 6종에 대한 검사를 실시한다.

3. 미숙아와 선천성 이상아의 의료비 지원

4인 가구 기준 월평균 소득 658만원 이하의 가정을 대상으로 미숙아 및 선천성 이상아 자녀에 대해 의료비를 지원한다. 자세한 사항은 주소지 보건소나 보건복지부 콜센터 129로 문의한다.

4. 영유아의 국가 필수예방접종 지원

건강보험 가입자 및 의료급여수급자 대상 가정의 만 6세 미만의 모든 영유아를 대상으로 검진기관으로 지정된 인근 병의원(건강보험공단에서 조회 가능) 및 보건기관에서 영유아 건강검진 7회, 구강검진 3회를 무료로 진료 및 검진을 받을 수 있다.

5. 난임부부의 시험관아기 시술비용 지원

전국가구 월평균 소득 150% 이하 및 만 44세 이하 여성의 난임가정에 인공수정 시술비 1회 50만원(기초생활보장수급자도 동일) 3회까지, 체외수정 시술비 4회 180만원(기초생활보장수급자도 동일) 범위 내에서 지원한다.

6. 임신부&영유아 영양서비스

4인 가구 기준 최저 생계비 200%(월평균 소득 299만원) 미만 가정의 임산부와 영유아를 대상으로 실시하는 영양평가. 위험요인이 발견되면 가능한 한 월 1회 영양교육 및 상담서비스를 실시하고 부족한 필수영양소를 공급하는 식품 패키지를 제공하기도 한다. 대상자의 식생활에서 부족한 필수영양소 보충을 위해 쌀, 감자, 달걀, 우유 등의 식품을 대상 별로 지급하기도 한다.

7. 산모 도우미 서비스

전국가구 월평균 소득 50% 이하 출산 가정(유산 및 사산 포함)에 대하여 2주 12일 범위 내에서 산모 도우미를 파견한다. 쌍둥이 산모는 3주, 세쌍둥이 이상 및 중증장애인 산모는 4주 동안 산모 도우미 서비스를 받을 수 있다.

8. 임산부 철분 영양제 지원

모든 임신부에게 임신 5개월부터 분만 전까지 보건소에서 철분영양제를 지원한다. 보건소에 임신 20주 이상 임신부로 등록되면 5개월분의 철분제를 받을 수 있도록 되어 있다. 단, 각 자치단체 보건소마다 지원대상 및 지원내용에 차이가 있을 수 있으므로 자세한 사항은 주소지 보건소나 보건복지부 콜센터로 문의한다.

9. 의료기관 외 출산 시 출산비 지급

병, 의원이나 조산원이 아닌 곳에서 출산을 한 경우 건강보험관리공단에서 25만원의 출산비를 지급한다. 신청은 건강보험관리공단 지사로 하면 된다.

10. 모유수유 지원

모유수유를 돕기 위해 모유수유 클리닉을 운영하는데, 지방자치단체별로 구청 또는 보건소에서 모유수유클리닉을 운영해 상담과 교육프로그램을 진행한다. 엄마젖 인터넷 상담실도 운영하고 있어서 궁금한 것에 대한 전문의의 답변을 들을 수 있다.

11. 출산·양육 정보 및 상담서비스 지원

보건복지부에서 운영하는 종합정보사이트 마음더하기 정책포털(momplus.mw.go.kr)을 통해 임신, 출산, 육아 관련 정보를 제공받을 수 있다. 인터넷 뿐만 아니라 콜센터 129를 통해 전화상담도 가능하므로 도움이 필요한 경우 이용해보도록 한다.

12. 출산전후 휴가

여성근로자가 출산을 할 경우 출산을 전후해 90일간의 산전후 휴가를 받을 수 있으며, 여성근로자가 임신 16주 이후 유산 또는 사산을 하였을 경우, 임신기간에 따라 휴가를 받을 수 있다.

13. 배우자의 출산휴가

배우자가 출산을 한 경우 남성근로자는 3일간 출산휴가를 받을 수 있다.

두 배로 행복한 쌍둥이 육아

출산 후 본격적인 육아가 시작되면서 쌍둥이 엄마들의 행복한 고민이 시작된다. 젖을 줄 때도, 잠을 재울 때도, 울면서 보챌 때도, 뭐든지 함께하는 쌍둥이를 키우는 수고와 그에 따른 스트레스는 단태아 엄마들이 상상도 하지 못할 만큼 크다. 하지만 그만큼 보람도 있다. 엄마를 향한 아이들의 웃음도, 엄마의 손가락을 꼭 잡는 아이들의 보드랍고 따스한 손도, 아이들의 성장을 통해 얻는 성취감도 두 배이기 때문이다.

쌍둥이 모유수유

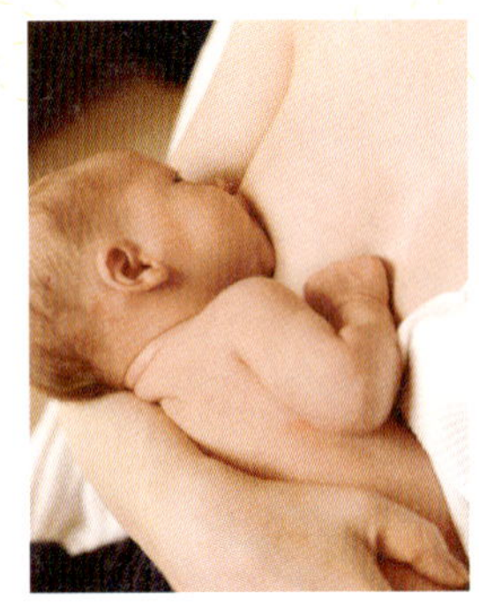

쌍둥이 엄마들이 가장 곤란을 느끼는 것 중 하나가 바로 모유수유이다. 특히 대부분의 초산 산모들이 수유 초기에 쌍둥이가 먹을 만한 양의 모유가 충분히 나오지 않는다는 생각으로 분유수유를 결정하는 경우가 많은데, 모유의 양은 수유를 시작하면서 조금씩 늘어나며 쌍둥이 엄마에게는 쌍둥이를 배불리 먹일 만큼의 충분한 양의 모유가 나온다는 점을 명심하여 끝까지 모유수유를 포기하지 않는 것이 중요하다.

단, 쌍둥이 수유에서는 반드시 일정한 수유간격을 정해 두는 것이 중요한데, 그렇지 않을 경우 모유 양이 순조롭게 늘어나지 않을 수도 있고, 무엇보다도 아기들이 시도 때도 없이 젖을 달라고 하면 육아 스트레스가 급증할 수 밖에 없다. 두 아이가 젖을 먹는 만큼 엄마에게는 수분 부족 현상이 올 수도 있으니 수유가 끝난 다음에는 물을 충분히 마시는 것도 모유수유 중 꼭 알아 두어야 할 사항이다. 간혹 모유 양이 부족한 엄마도 있는데, 이 경우에는 쌍둥이가 좀처럼 포만감을 느끼지 못해 불만을 표시할 수도 있고, 양쪽으로 수유를 하는 쌍둥이 수유 방법에 산모가 체력적인 어려움을 느낄 수도 있다. 특히 젖 먹는 양이 늘어나는 생후 2개월 즈음에 들어서게 되면 자주 젖을 달라고 보채는 쌍둥이와 젖 양이 딸리는 엄마 사이의 전쟁 아닌 전쟁이 벌어지기도 한다. 이 시기의 엄마에게 경험자가 권하는 해결책은 바로 혼합수유이다.

돌까지 '완모(완전 모유수유)'를 꿈꾸던 엄마로선 망설임도 있지만, 모유만으론 한창 자라나는 쌍둥이의 식욕과 영양분 공급을 충족시킬 수 없다면 차선책으로 모유가 나오지 않을 때만 분유수유를 하는 것도 나쁘지 않다는 것이 경험자들의 충고이다. 혼합수유를 하게 되면 한밤중이나 외출 시, 엄마가 없어도 굳이 수유를 걱정하지 않아도 좋다는 장점이 있어 엄마의 육아 스트레스를 덜어 주는 효과도 있다.

엄마의 수면장애

출산 직후 대부분의 산모가 밤낮을 가리지 않는 아기 때문에 잠이 부족하다. 쌍둥이 엄마는 더욱 심한데, 하나도 아닌 두 아이가 각자 보채기 시작하면 엄마는 휴식을 취할 틈이 없다.

전문가들은 신생아 시기에 밤낮을 확실히 구분해 두어야 육아에 도움이 된다고 충고하는데, 일단 낮에 충분히 놀아 주어 밤에 깨지 않고 잘 수 있도록 쌍둥이들의 생체시계를 맞추는 것이 중요하다. 특히 아무리 보채도 안아서 재우는 습관을 들이면 쌍둥이의 성장에 따라 엄마가 힘들어할 요소가 하나 더 늘어나는 것이니, 가능하면 잠자리에 눕혀 놓고 다독거리는 습관을 들이도록 하자. 쌍둥이는 서로에게 영향을 받기 때문에 둘 중 쉽게 잠이 들 것 같은 아이를 재워 두면 남은 아이도 크게 힘 들이지 않고 재울 수 있다.

미숙아

산달을 다 채우지 못하고 미숙아로 태어났다면 병원에서 각종 검사를 통해 쌍둥이에게 이상이 없는지 알아봐야 한다. 보통 미숙아 망막증과 심장 초음파, 혈액 검사를 통해 몸의 이상을 확인한다. 생후 6개월부터 성장발달 클리닉을 다니도록 권하는 병원도 있는데, 아이의 발육상태를 꼼꼼하게 확인할 수 있으며, 가정에서는 좀처럼 발견하기 어려운 이상을 조기에 발견할 수 있다는 장점이 있다.

real tip ▶ 쌍둥이 상식

1. 쌍둥이 출산 확률 인종에 따라 다르지만 한국인의 경우에는 쌍둥이를 낳을 확률이 산모 150명 중 한 명꼴로 비교적 흔한 편이다. 그리고 세 쌍둥이는 8,000명, 네 쌍둥이는 70만 명에 한 명꼴로 보고되고 있다.

2. 쌍둥이는 단태아에 비해 미숙아가 많다 임신 기간 중 영양분 섭취에 제약이 생기는 만큼 단태아에 비해 작게 태어나는 경우가 많다. 특히 조산이라도 하게 되면 미숙아로 태어나는 경우도 적지 않다. 하지만 대부분 출생 이후의 성장과정에서 정상을 찾게 되므로 크게 걱정하지 않아도 좋을 것이다. 실제로 유아기에는 단태아에 비해 성장이 다소 뒤처지는 것으로 나타나다가도 대부분의 쌍둥이들이 초등학교 취학 이후에는 표준체형을 따라잡게 된다. 임신부의 영양섭취가 여의치 않았던 과거에는 선천성 기형으로 태어나는 경우도 많았고, 난산이 많아 출산 중 겪는 문제들이 출산 후에도 쌍둥이들에게 후유증을 미치는 경우가 많았지만, 최근에는 의학기술의 발달로 출산 중에 생기는 문제는 거의 사라졌다는 것이 전문가들의 의견이다.

3. 불임치료가 쌍둥이를 낳는다 과배란 유도, 인공수정, 시험관아기 시술 등 불임치료 과정을 거친 산모들 중에 유독 쌍둥이 임신이 많이 나타난다. 보조 생식술에 의한 임신 중 20~40%가 쌍둥이, 혹은 다태아라고 할 정도로 흔하다. 자연임신에서는 성숙되어 난소 밖으로 나온 난자와 정자가 만나서 수정이 된다. 하지만 불임치료에서는 과배란 유도를 통해 난자를 여러 개 만들어 인공적으로 수정, 자궁 내에 이식하기 때문에 2개 이상의 수정란이 자궁벽에 착상할 가능성이 높아진다. 보통 2~4개의 수정란이 동시에 착상되면서 '불임치료=다태아 임신'으로 이어지는 결과를 가져오게 된다.

4. 다태아 임신의 선택유산 인공수정이나 시험관 아기 시술로 다태아를 임신하게 되면 다태아 출산에 따른 산모의 부담을 줄이기 위해 선택유산을 하는 경우도 있다. 일반 유산과는 달리 바늘을 아기집에 넣고 아기를 제거하기 때문에 유산 후에도 아기집은 그대로 남아 있지만 태아의 성장에 따라 자연스럽게 태반에 흡수된다.

습관성 유산

습관성 유산이란 과거의 분만 경험에 관계없이 연속 2회 이상 자연유산이 반복되거나 임신 20주 이전에 자연 임신이 3회 이상 반복적으로 손실된 경우를 말한다.

이는 임신의 합병증 중 상당수를 차지하고 있으며 아이를 원하는 부부나 가족들에게 심리적 상처와 경제적 부담을 주기도 한다. 하지만 많은 사람들은 이 같은 현상을 운명적으로 받아들이거나 돌이키고 싶지 않은 과거로 묻어 두면서 새로운 임신 소식만을 기다린다.

그런데 또다시 아이를 갖는 데 실패했을 때 그 원인은 결국 여자 탓으로 돌리기 십상이다. 한마디로 자궁이 약하다고 결론짓는 것이다. 이렇게 되면 습관성 유산 환자는 아이를 갖고자 하는 자신감을 잃게 되고 방황하게 된다.

💜 전체 임신의 1~3%에서 습관성 유산이 나타난다

의학적인 측면에서 보면 인간의 수정란은 70% 정도가 지속적인 성장을 못 하고 임신 초기 착상에 실패한다고 보고되어 있다. 단지 정상적으로 임신을 경험한 여성들은 이러한 착상 실패 현상을 스스로 인지하지 못하고 정상적으로 아이를 갖게 된다.

그러나 가임 여성의 약 20% 정도가 임상적으로 자연유산을 경험하고 수술을 받게 된다. 또 그 중에서는 두 번째 자연유산을 경험한 여성들도 적지 않으며 미국에서는 수백 명 중 한 명은 잇따라 세 번씩 자연유산을 했다는 통계가 나와 있어 여성들이 순조롭게 아이를 낳는다는 것이 그렇게 쉬운 일이 아니라는 사실을 말해 주고 있다.

임신 20주 이전에 생기는 자연유산의 빈도는 약 15~20%이며, 습관성 유산의 빈도는 전체 임신의 1~3% 정도로 보고되고 있다. 첫 자연유산 후 반복 자연유산의 빈도는 25%, 2회 연속 자연유산 후 다시 유산될 확률은 26%이며, 3회 연속 자연유산 후 위험율은 32%의 빈도를 나타내고 있다.

습관성 유산의 원인

습관성 유산의 원인으로는 태아나 부모의 염색체 이상, 자궁의 해부학적 이상, 호르몬 이상, 면역학적 이상으로 크게 분류할 수 있으며 기타 감염, 대사장애, 스트레스 등도 영향을 줄 수 있

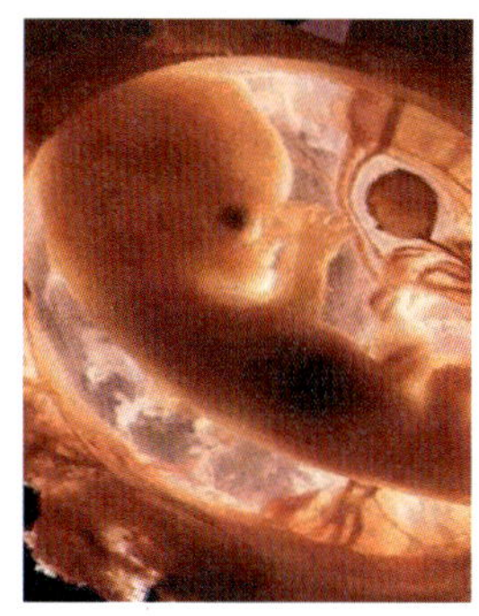

다. 그렇지만 아직까지도 25~60%가 원인불명으로 간주되고 있으며 이에 대해 전문가들은 면역학적 요인으로 설명하고 있다. 실제로 현재 자연유산의 원인은 많이 체계화되어 있으며, 그 원인에 따른 진단과 치료방법 개발을 위해 많은 의료진이 노력하고 있다. 실제로 원인이 규명된 대부분의 경우 그 원인에 따라 적절한 치료가 가능하다.

유전적 요인

유전학 검사상 자연유산의 50~60%에서 태아의 염색체 이상이 발견되나, 실제로 습관성 유산을 경험한 부부 가운데 염색체 이상은 5%정도로 낮다. 부모가 정상일지라도 수정 과정에서 유사분열과 감수분열 이상으로 유전적으로 기형이 초래될 수 있으며 부모의 연령, 감염, 태아성별, 약물, 방사선노출 등 외적인 영향도 무시할 수 없다. 치료법은 확실히 정립되지는 않았으나 최근에는 분자세포학의 발달로 착상 전 유전병 진단으로 정상 수정란 이식을 시행함으로써 유산을 방지하고 있다.

호르몬적 요인

황체기 결함은 임신 초기 황체 호르몬인 프로게스테론 생성에 장애가 있거나 자궁내막에 있는 황체 호르몬 수용체가 부적절한 반응을 일으켜 착상과 임신 유지에 장애를 초래하는 경우를 말한다. 정상 여성에게서는 3%의 낮은 빈도를 보이나 습관성 유산 여성에게서는 35~50%로 빈도가 높다.

진단은 배란 이후 혈청 프로게스테론 검사와 월경 2~3일 전에 자궁내막 검사를 시행하며, 특정 원인이 없는 경우 프로게스테론 투여가 도움이 된다. 또한 당뇨병과 갑상선 기능저하증도 반복 유산이 초래될 수 있는 내분비 질환이며 산전에 전문가와 상의가 필요하다.

해부학적 요인

자궁경관 무력증과 선천성 또는 후천성 자궁결함으로 나눌 수 있다.

자궁경관 무력증 자궁경관의 선천성 또는 외상성 결함에 의하여 임신 18~32주에 진통이나 출혈 없이 자궁경관이 열려 태아나 양막이 밖으로 나오는 것으로, 진단에는 산과·부인과적 진찰, 초음파 촬영이 도움이 된다. 치료는 임신 12~16주에 자궁경관 봉합술을 시행하는데, 이때 태아는 산과적 합병증이 없어야 한다.

질식 자궁경부 원주 봉합법이 권장되며, 1~2회 질식수술 실패 후 자궁경관에 깊은 상흔이 있을 경우에는 개복 후에 자궁경협부를 돌려 묶어 주는 복식 자궁경협부 봉합술 TCIC(transabdominal cervioisthemic cerclage)이 권장되기도 한다.

자궁결함 선천성 자궁기형이 있는 경우는 대부분 임신 중반기에 유산이 된다. 간혹 부적절한 태반의 착상으로 초기 유산을 초래하기도 하며, 신장(콩팥) 이상을 수반하기도 한다. 치료는 진단에 따라 개복과 자궁내시경에 의한 수술적 방법이 있으며 산전에 분만방법에 대해 상의가 필요하다.

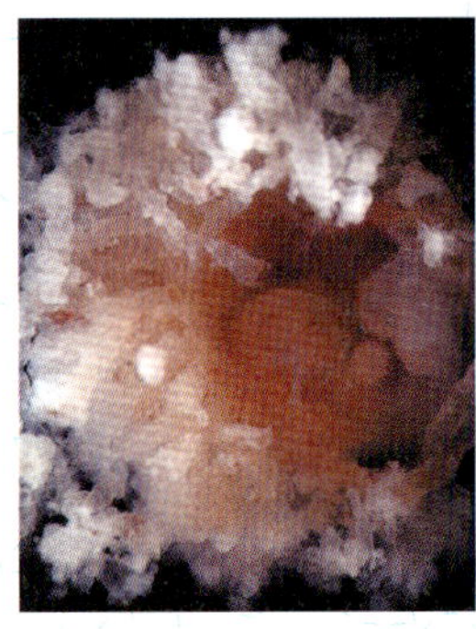

🍂 감염성 요인

유산을 일으키는 원인균은 다양하며, 임신 중 산도의 염증은 병원균 자체가 태아나 태반에 독성으로 작용할 수 있다. 또한 면역학적인 활성에 의해 유해하게 작용하여 초기 유산뿐 아니라 임신 중반기 이후 태아 발육장애 및 조기 양막 파수, 조산을 초래하기도 한다. 병원균 배양검사를 통하여 적절한 항생제 요법이 필요하다.

🍂 면역학적 요인

최근에는 면역 유전학이 발달해 많은 원인 불명의 습관성 유산을 면역학적으로 규명하는 데 초점이 맞추어져 있다. 실제로 태아와 태반이 모체의 자궁에 대해서 타 장기임에도 거부 반응을 일으키지 않아 임신이 순조롭게 유지되는 것은 면역학적으로 관용을 허락하는 여러 인자들이 모체와 태아, 그리고 태반 및 자궁 내에 존재하기 때문이다.

그러나 어떤 경우는 이러한 태아 모체의 면역 반응에 변화가 초래되어 착상장애와 불임을 초래하거나 초기 유산 및 산과적 합병증을 초래할 수 있다.

면역학적 검사는 자가항체 검사 중 대표적인 항–인지질 항체 및 루프스 항체 검사를 시행하고 있으며, 특히 원인 불명 습관성 유산 환자를 진단하는 데는 배아 독성 검사를 이용하고 있다. 면역학적인 검사와 치료는 지속적인 관찰이 가능한 기관에서 엄격한 관리 하에 해야 하며 전문가와 상담이 필요하다.

습관성 유산 막는 임신 전후 관리

습관성 유산의 진단 및 치료 시기는 매우 중요하다. 적어도 2회 이상 자연유산을 경험한 경우, 35세 이상 고령 임신부, 그리고 불임증과 동반된 습관성 유산 부부는 우선 전문의와 상담한다.

유산 전 지켜야 할 일

🍂 부부가 함께 노력해야 한다

실패를 했더라도 끝까지 좌절하지 말고 전문의와 상의하여 적절한 검사와 치료를 통해 충분히 극복할 수 있다는 자신감이 필요하다. 그리고 무엇보다 중요한 것은 부부가 함께 노력하는 자세라고 할 수 있다.

 태아 상태를 주의 깊게 관찰하고 합병증에 유의한다

임신 후에는 정신적 안정 및 태아의 자궁 내 생존을 확인하기 위하여 주의 깊게 관찰해야 하고, 자궁외 임신 및 융모성 질환이 증가할 가능성을 염두에 두어야 한다.

임신합병증이 생길 가능성은 자연유산을 제외하고는 반복성 유산을 경험했던 임신부나 정상

임신을 했던 임신부 사이에 차이가 없다. 그러나 항인지질 항체 또는 자궁 내 감염, 자궁유착증이 있는 경우는 임신합병증이 높으므로 주의해야 한다.

초음파 검사는 환자의 이전 유산시기에 도달할 때까지 1주마다 시행해야 하며, 태아 심박동이 멎을 경우는 소파술을 시행하여 태아 조직의 염색체 검사를 실시해야 한다.

유산의 원인이 태아의 염색체 이상에서 기인한 것인지도 꼭 확인해 두도록 한다. 과거에 유산되었던 시기를 2주 정도 넘기면 대부분 성공적인 임신으로 간주해도 좋다.

 자연유산의 증상을 알아 둔다

환자가 느낄 수 있는 유산의 증상은 출혈과 하복부 통증이다. 물론 출혈만 있고, 복통이 없는 경우도 있으며, 출혈의 양이나 통증도 사람에 따라 다르게 나타난다.

출혈은 처음에는 적은 양으로 시작하여 점차 많아지는데, 때에 따라서는 그 양이 아주 많을 수도 있다. 출혈의 양이 많고, 색이 선홍빛에 가까우며, 출혈 기간이 길수록 위험하다고 할 수 있다. 그렇지만 임신 초기에 통증 없이 암갈색 출혈이 소량 있는 것은 태반의 착상 출혈이므로 크게 염려할 필요는 없다.

유산의 종류

절박유산

임신전반기에 질 출혈이나 혈성 분비물이 있는 경우를 절박유산이라 하는데 유산 중 가장 많은 형태로 임신부 4~5명 중 1명 정도로 비교적 흔하다.

일반적으로 경미한 경우가 대부분이나 경우에 따라서는 장기간 계속되는 경우도 있다. 자궁입구가 아직 열리지 않았기 때문에 적절한 조치와 안정으로 임신을 지속시킬 수도 있다.

 진행유산 (불가피한 유산)

자궁 입구가 열려 자궁 속 태아와 태반의 일부가 나오기 시작한 상태를 말한다. 출혈이나 하복통이 심하며, 난막이 찢겨져 양수가 흘러나오기도 한다. 이런 경우는 대부분 유산을 피할 수 없다.

 불완전 유산

태아와 태반이 각각 따로 배출되거나 태반 조직이 남아 있으면 출혈이 계속되는데, 출혈의 양이 적을 수도 있으나 빈혈을 일으킬 정도로 과다한 출혈이 일어나기도 한다. 완전 유산이 되는 경우는 드물고 대개는 불완전 유산이 된다. 불완전 유산인데 아무런 처치를 하지 않고 그냥 내버려두면 자궁이 감염돼 자궁내막염으로 발

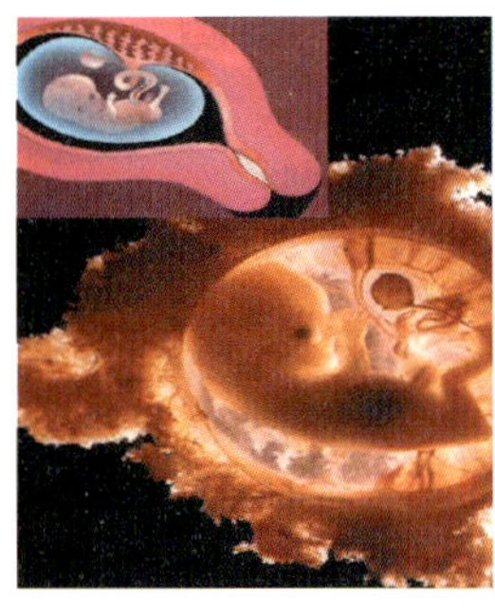
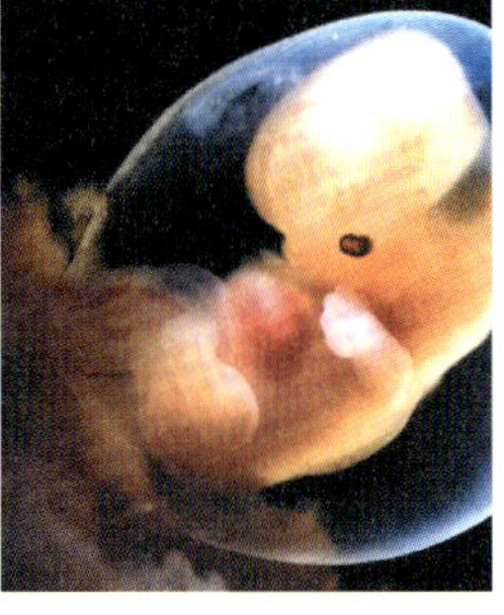

전할 수 있다. 열이 나거나 많은 출혈을 하게 될 뿐 아니라 자궁내막에 유착이 생겨 불임의 원인이 되기도 한다.

💜 완전 유산

드물기는 하지만 태아도 태반도 완전히 자궁 밖으로 나와 버린 형태의 유산을 말한다. 이럴 경우 자궁은 자연스럽게 수축하고, 출혈도 시간이 지나면 자연히 멈춘다.

💜 계류유산

임신 초 사망한 태아가 자궁 속에서 계속 그대로 남아 있는 경우 계류유산이라고 한다. 출혈, 통증 같은 증세도 나타나지 않아 대부분 유산 사실을 모르고 지내기도 하는데, 염색체 이상 등 비정상적인 태아인 경우가 많다. 초음파 검사로 초기 태아의 발육성장 상태를 알 수 있으므로 비정상 발육상태 및 계류유산을 늦지 않게 진단하여 처치할 수 있다.

유산 예방책

● 임신 가능성이 있다면 약물 복용은 의사와 상담 후 처방을 받도록 하고, 방사선 촬영은 피해야 한다.
● 금연을 한다.
● 금주를 한다. (1주에 2회 이상 술을 마시면 유산위험이 2배로 늘고, 매일 마시면 3배로 증가한다.)
● 카페인 음료도 되도록 피한다. (커피는 하루에 2잔 이상은 마시지 않는 것이 좋다.)
● 충분한 수분 섭취와 규칙적인 운동을 한다.
● 긍정적이고 편안한 마음을 가지며 격렬한 흥분이나 슬픔, 놀람 등의 정신적인 스트레스가 없도록 한다.
● 유산이나 조산의 위험이 있는 경우에는 성관계를 피한다.
● 임신 중 운동을 계속 해도 큰 문제는 없지만 새로 운동을 시작하거나 운동량을 늘려서는 안 된다.
● 자전거를 타거나 그 밖의 격렬한 운동은 피한다.
● 부담이 되는 힘든 일은 피하고 일을 하더라도 피곤할 때까지 하지 않도록 하며, 일하는 동안 적절한 휴식을 취한다.
● 오랜 시간 서서 일을 하거나 장기간의 쇼핑, 집들이, 이사, 야근, 장시간 회식 등은 피한다.
● 아랫배에 충격이 가해지는 것을 피하고 무거운 것을 들거나 힘을 주지 않도록 한다.
● 버스나 승용차를 장시간 타는 것, 그리고 너무 오래 앉아 있는 것도 피한다.
● 자주 계단을 오르내리지 말고, 계단 등에서 넘어지지 않도록 유의한다.
● 기후, 풍토, 환경의 급격한 변화를 피한다.

유산 후 지켜야 할 일

담당 주치의의 지시에 따라 유산 후 진찰 및 치료를 꼭 받도록 한다. 유산 후 며칠 동안 가벼운 출혈 현상이 있거나 하복통이 계속될 수 있다. 그러나 7일에서 10일 이상이 지난 뒤에도 출혈이 있거나 복통이 있고 열이 나는 경우에는 자궁의 수축이 좋지 않거나 세균 감염에 의해서 자궁이나 부속기관에 염증이 생겼을 가능성이 있으므로 즉시 의사의 진찰을 받도록 한다.

 유산 후 몸조리를 잘해야 건강을 되찾을 수 있다

치료 후 출혈이나 하복부 진통이 진정된 뒤라도 유산 후 2주간 정도는 안정을 취해야 한다. 유산 몸조리에는 영양섭취에 특히 신경을 써야 한다. 고단백 음식과 과일, 야채를 골고루 섭취하고 철분과 비타민이 결핍되지 않도록 충분히 먹어 두어야 한다. 무거운 짐을 옮기거나 무리한 운동, 장거리 여행도 피하는 것이 좋다. 운동을 하더라도 집 안에서 할 수 있는 가벼운 운동으로 30분을 넘지 않도록 해야 한다.

차분하게 다음 임신을 준비하는 것이 현명하다.

세균감염의 위험이 있으므로 목욕은 출혈이 완전히 멈춘 후에 한다

찬물은 피하고, 2~3주일 정도는 입욕을 삼가도록 하며, 따뜻한 물로 간단하게 샤워만 한다. 유산한 후 한 달 정도는 부부생활을 금해야 한다. 몸에 무리가 가는 성행위는 질 점막을 손상시킬 수 있기 때문이다. 유산 후 가장 조심해야 할 것이 피임인데, 유산 후 바로 임신을 하게 되면 건강에 좋지 않으므로 3개월 이상 임신을 피하도록 한다.

습관성 유산 극복 사례

"선천성 자궁기형으로 3회 유산, 교정수술로 1년 만에 임신에 성공했어요"

연거푸 3회 유산이 되면서 나는 주위 사람들의 권유로 모 대학병원을 찾았다. 검진 결과는 자궁모양이 선천성 기형이니 수술을 해야 한다는 것이었다.

하지만 우리는 수술 결정을 내리지 못하고 먼저 여러 가지 민간요법과 한방요법을 시도해 보았다. 그러다 수개월이 지나 다시 불안한 마음으로 습관성유산 클리닉을 방문하게 되었다. 나는 몰래 진단 명을 감추고 진찰에 임했

지만 당일 초음파 검사에서 쌍각자궁으로 선천성 자궁기형이라는 말을 또 들어야 했다. 당시 상당히 흥분되어 있었던 남편은 도전적으로 의사선생님에게 대답을 요구했다.

담당 선생님은 안경을 쓰고 계셨는데 안경을 벗으시더니 "제가 정상입니까? 제가 안경을 벗으면 제 눈은 기능을 못합니다. 그렇지만 안경을 쓰면 문제점이 교정되지요." 한 마디로 선생님은 수술을 권유하였다.

그러시면서 습관성유산은 예기치 않은 동반원인이 있으므로 기초적인 습관성유산검사를 빼놓지 말아야 한다고 하셨다.

다행히 유산의 원인은 자궁모양 이상이었으므로 나는 개복수술을 받고 6개월 이상 피임약을 복용한 뒤, 자연임신을 시도했다. 그 결과 수술 1년만에 임신에 성공하여 제왕절개수술로 정상아를 분만했다.

5

산후조리 &
모유수유

출산 후 3·7일은 여성의 평생 건강을 좌우한다고
해도 과언이 아닐 정도로 중요한 시기다.
이 시기에 산모가 꼭 해야 할 일과 하지 말아야 할 일
등을 체크하고 몸에 좋은 산후보양식에 어떤 것이
있는지 꼼꼼히 소개한다. 더불어 자연분만과
제왕절개를 한 경우를 나누어 달리 해야 할 산후조리
방법과 산후회복 운동도 소개한다. 모유수유와 산후에
흔한 트러블 & 질병에 대해서도 알아두었다가
현명하게 대처하도록 한다.

산후 변화

신체변화

산후에 흔히 나타나는 트러블 & 질병

출산 후에 일어나는 육체적인 변화는 매우 충격적이다. 자궁이 수축하고, 오로가 나오고, 회음부가 쓰리고 무감각해지고, 유방이 돌처럼 딱딱해진다. 출산하느라 애를 쓴 것만으로도 헤비급 선수와 10회전 경기를 치른 듯한 느낌일 것이다. 배가 많이 줄어들었지만, 축 늘어지고 불룩한 것이 실망스럽기 짝이 없고, 배가 다시 팽팽해질 수 있을지 걱정스럽기만 할 것이다.

그뿐만 아니라 더 이상 필요 없게 된 호르몬의 수치가 급격히 떨어지면서 예측할 수 없는 감정적인 반응이 일어나기도 한다. 불안하거나 우울한 기분이 들 때는 몸이 회복되고 나면 이런 증세가 사라질 것이라는 사실을 기억하자. 그러나 뭔가 이상한 느낌이 들거나 걱정스러운 점이 있으면 전문가의 도움을 받아야 한다.

💜 산후통 (훗배앓이)

아기를 낳고 난 직후에 생리통과 비슷한 심한 복통이 일어날 것이다. 산후통 또는 훗배앓이라고 부르는 이 통증은, 진통을 촉발하고 자궁을 수축시키고 출혈을 감소시키는 호르몬인 옥시토신 때문에 생긴다.

원인 태반을 배출한 직후 자궁의 무게는 1kg 정도 되지만, 6주 후에는 그 무게가 95% 정도 줄어든다. 모유수유를 하는 경우에는 수유 중에 옥시토신이 더 많이 분비되기 때문에 자궁이 더 빨리 수축한다. 산후 1주가 지나면 자궁 상단이 배꼽과 치골 상부 중간 지점으로 내려온다. 2주가 지나면 만져 봐도 자궁 상단을 느낄 수 없을 것이다.

임신 후기에 태아와 태반과 양수가 들어 있었을 때 자궁이 얼마나 컸던가를 생각하면 이것은 놀라운 변화이다. 출산을 하고 나면 아무래도 자궁이 임신 전보다는 더 크겠지만 복근력이 회복되고 나면 언제 그랬냐는 듯 원래의 크기로 복귀한다.

산후통의 회복 산후 자궁수축으로 인한 불쾌한 느낌은 나날이 줄어들 것이다. 약이 필요할 정도로 통증이 심한 경우에는 의사의 처방을 받아 이부프로펜(소염진통제)이나 파라세티몰(해열 진통제)을 먹으면 수유 중에도 안전하게 통증을 가라앉힐 수 있다.

아스피린은 출혈을 증가시키기 때문에 먹지 않는 것이 좋으며, 모유를 통해 아기에게 해를 끼칠 수도 있다. 소염진통제를 먹어도 통증이 가라앉지 않으면 의사에게 알려야 한다. 따뜻한 물에 목욕을 하면 통증이 좀 가라앉겠지만, 목욕은 출혈이 줄어들 때까지 기다렸다가 하는 것이 좋다.

💜 오로 분비

출산을 하고 나면 혈액, 점액, 자궁 조직 등으로 이루어진 분비물이 나온다. 오로라고 하는 이 분비물은 주로 태반이 있던 자리에서 출혈이 일어나기 때문에 양이 매우 많다. 검붉은색에 매우 진하고 큰 응혈이 들어 있을 수도 있다. 자고 일어났을 때 특히 심하다.

분비물의 변화 오로는 보통 6주간 계속되지만, 양이 차츰 줄어들고 색깔은 적갈색에서 노란색으로 그리고 결국에는 거의 투명한 색으로 바뀐다. 산모용 생리대를 사용해서 분비물을 흡수하도록 한다. 탐폰을 사용해서는 안 된다. 처음에는 화장실에 갈 때마다 생리대를 갈아야 할 것이다. 갑자기 출혈이 심해지거나, 색깔이 선홍색으로 변하거나, 전에 없이 큰 응혈이 섞여 나오거나, 불쾌한 냄새가 날 때는 감염증의 신호일 수 있으므로 즉시 의사에게 알려야 한다.

💜 회음통

출산하고 나면 생식기 주변이 붓고, 쓰리고, 늘어나 있을 것이다. 오랫동안 힘들게 진통을 했거나 회음부 절개를 한 경우에는 통증과 불편이 더 심하고, 회음부(질과 항문 사이 부위)에 아무 감각이 없을 것이다. 출산한 날부터 골반저운동을 하면 근력을 되찾고 그 부위의 혈액 순환을 촉진해 회복을 앞당길 수 있다.

출산 중에 요도 주변이 늘어나 심하게 마모되었을 수 있다. 이것은 금방 회복되기 때문에 봉합이 필요 없지만, 소변을 볼 때 쓰라림을 느낄 수 있다. 회음부 절개나 열창 부위를 봉합했더라도 요즘은 몇 주 내로 녹아 없어지는 봉합사를 사용하기 때문에 실밥을 빼러 병원에 갈 필요가 없다. 방광을 비울 때 그 부위에 소변이 지나가면 쓰리고 아플 것이다.

회음부 관리 감염증을 피하려면 생식기 주변 위생에 각별히 신경을 써야 한다. 회음부를 씻거나 대소변을 볼 때 항상 앞에서 뒤로 닦아야지 박테리아가 회음부에서 요도로 전염되는 것을 막을 수 있다.

또한 최소한 4~6시간마다 생리대를 갈아 생식기 주변을 청결하게 유지하고 출혈량을 확인한다. 회음부를 닦은 다음이나 생리대를 간 다음에는 항상 손을 깨끗이 씻어야 한다. 좌욕을 하는 것도 회음부 통증 감소에 도움이 된다.

배뇨의 어려움 특히 산후 24시간 동안에 배뇨에 어려움을 겪을 수 있다. 요의를 전혀 느끼지 못하거나, 요의는 느끼는데 배뇨를 할 수 없는 경우도 있다. 분만 후 6~8시간 이내에 방광을 비워야 방광염을 피할 수 있고, 방광이 팽창해 근육이 느슨해지는 것도 막을 수 있다.

물을 많이 마시고 분만 후에 의사의 허락을 받는 대로 일어나 돌아다니면 배뇨에 도움이 된다.

출산하고 8시간 이내에 배뇨를 하지 못하면, 의사가 요도에 튜브를 삽입해 방광을 비우자고 제안할 것이다. 24시간 후에는 몸에서 임신 중에 늘어났던 체액이 빠져 나감에 따라 자주 그리고 많이 배뇨하게 될 것이다.

첫 배변에 대한 두려움 분만 후 첫 배변이 걱정스러울 수 있다. 분만 중에 봉합을 한 경우에는 혹시 배변을 보다가 봉합 부위가 터질지 않을까 걱정이 되고, 치질이 있는 경우에는 치질이 더 악화되지 않을까 걱정될 것이다. 배변을 할 때 사용하는 복근이 늘어나서 일시적으로 제 기능을 못하는 수도 있다.

배변을 해야 한다는 압박감이 강할수록 배변에 성공하지 못할 가능성이 높다. 그러므로 너무 걱정하지 말고 마음을 느긋하게 가지는 것이 최선이다. 처음 몇 번은 배변을 할 때 고통스럽겠지만 봉합 부위에 영향을 주지 않을 것이며 며칠 내로 정상으로 돌아갈 것이다. 통곡류, 신선한 과일, 채소 등 섬유소가 풍부한 음식을 먹고 물을 많이 마시면 배변에 도움이 된다. 가벼운 운동과 골반저 운동도 고통을 완화하는 데 도움이 된다.

💜 산욕열

자연분만의 약 3%, 제왕절개분만의 12~25%에서 생기는 흔한 증세다. 출산 후 2~3일 정도에 갑자기 오한이 나고 체온이 38~39℃까지 오르면 산욕열을 의심할 수 있다. 산욕열은 간단히 말하면 염증으로 인해 체온이 38℃ 이상으로 오르는 것을 말한다.

원인 분만 과정에서 태반이 떨어져 나간 자궁벽, 아기가 나오는 길인 산도와 질, 외음부 등에 여러 가지 상처가 생기는데 이 상처에 세균이 들어가면 염증이 생긴다. 그영향으로 고열이 나는 것이다. 가볍게 오한이 나거나 열이 좀 오르다가 이틀 정도 지나면 가라앉는다. 그러나 일주일이나 열흘까지 계속되면서 패혈증 등을 일으킬 수도 있다.

예방 & 치료 세균 침입으로 생긴 감염이 원인이기 때문에 가장 중요한 예방법은 소독이다. 출산 후 외음부를 청결한 붕산 면으로 잘 닦아야 한다. 세균에 감염되었을 때는 절대 안정을 취하고 영양가 높은 식사를 한다. 열이 올라 탈수증이 생길 수 있으므로 물을 충분히 마신다. 심한 경우에는 항생제 치료를 받는다.

💜 잔류태반

출산 후 10일이 지나도 붉은색 오로가 계속되거나 출혈량이 많으면 잔류태반일 가능성이 높다. 이때는 바로 병원으로 가야 한다. 유산이나 중절수술을 자주 한 경우 태반이 잔류할 위험이 높다. 유산이나 중절수술을 하면서 자궁벽을 긁어내어 약해지기 때문에 태반이 들러붙어 잘 떨어지지 않기 때문이다.

원인 아기가 나오고 난 후 20~30분 후에 태반이 밖으로 빠져나오는데, 이때 전부가 빠져나오지 못하고 일부가 자궁 안에 남아 있는 상태를 잔류태반이라고 한다. 태반이 자궁 안에 남게 되면 자궁수축을 방해하여 혈성 오로나 하혈을 유발한다.

예방 & 치료 빠른 시간 안에 태반을 나오게 하기 위해 자궁수축제를 맞거나 기구를 이용해 자궁 안에 남아 있는 잔류물을 제거한다.

♥ 요통

요통은 임신 중과 출산 후에 흔히 나타나는 것으로 몇 달 동안 계속될 수 있다. 임신해 있는 동안 여성의 허리는 뱃속에서 자라는 아기의 무게를 지탱하는 한편 약해진 복근의 역할을 보충해야 했다. 출산 시 출산 유도 호르몬인 릴랙신이 분비되어 인대와 관절이 느슨해진 것도 요통의 원인이 된다.

임신을 하면 무게중심이 달라져서 몸을 뒤로 젖히고 배를 앞으로 내미는 경향이 있다. 출산도 요통을 악화시킬 수 있는데, 특히 진통이 길고 힘들 때 그렇다. 또한 경막외 마취 주사를 맞았을 경우에는 마취제를 주입한 등허리 부위가 아플 수 있다.

출산을 하고 난 다음에는 아기를 안아 올리거나 내려놓거나, 모유를 먹이기 위해 몇 시간 동안 앉아 있어야 하기 때문에 요통이 더 심해질 수 있다.

완화 방법 요통이 얼마나 오래 지속될지는 개별적인 상황에 따라 다르지만 서서히 운동을 시작해 배와 등의 근육을 강화하면 문제를 많이 완화할 수 있다.

그러나 운동을 시작하기 전에, 미저골 타박상이나 골절 같은 심각하고 근원적인 문제가 있어서 요통이 지속되는 것은 아닌지 의사나 물리요법사에게 검사를 받아야 한다.

서 있을 때의 자세를 확인하려면, 전선이 머리를 천장 쪽으로 당긴다고 상상한다. 흉부가 답답하지 않도록 어깨에 힘을 빼고 서서히 배를 안으로 당겨 척추를 똑바로 편다. 장시간 앉아 있을 경우에는 항상 등허리를 받쳐야 한다. 목을 천천히 앞으로 숙였다가 옆으로 돌려 어깨의 긴장을 풀어 준다.

♥ 유방 울혈

모유수유를 하지 않더라도 유방은 모유수유를 준비하기 위해 호르몬의 변화를 일으킨다. 뇌하수체는 프로락틴을 생산하고 분비함으로써 모유수유 과정을 준비하기 시작한다. 일단 이 과정이 시작된 다음에는 아기가 자주 젖을 빨면 모유 생산이 촉진된다.

모유수유를 하든 안하든 출산 후 2~4일이 지나면 유방이 더 커지고 딱딱해지면서 모유를 공급할 준비를 하느라 통증이 생길 수 있다. 이것을 유방 울혈이라고 한다.

완화 방법 모유를 먹이기 전에 따뜻한 물에 샤워를 하거나 유방에 온습포를 하는 것도 통증을 완화하는 데 도움이 된다. 열기가 유관을 팽창시켜 아기가 젖을 빨 때 젖이 더 쉽게 나오고 유방이 압통으로부터 벗어날 수 있기 때문이다.

모유를 먹이지 않을 작정이라면 유방에 냉습포를 올려놓고 파라세타몰이나 이부프로펜 같은 진통제를 먹는 것이 좋다. 물론 의사의 처방을 받은 것이어야 한다. 압통을 완화하려고 유방을 자극하거나 젖을 짜내면 젖이 더 많이 생산되므로 주의한다. 울혈은 보통 2~5일 정도 계속되다가 아기가 젖을 빨아 자극을 주지 않으면 모유 생산이 줄어들어 결국 중단된다. 건강한 유방은 특별히 관리할 필요가 없다. 순한 비누로 유방을 씻고 잘 헹구기만 하면 된다. 유방에 염증이 있어 특히 통증이 심하거나 유두가 갈라진 경우, 특별한 관리가 필요하다.

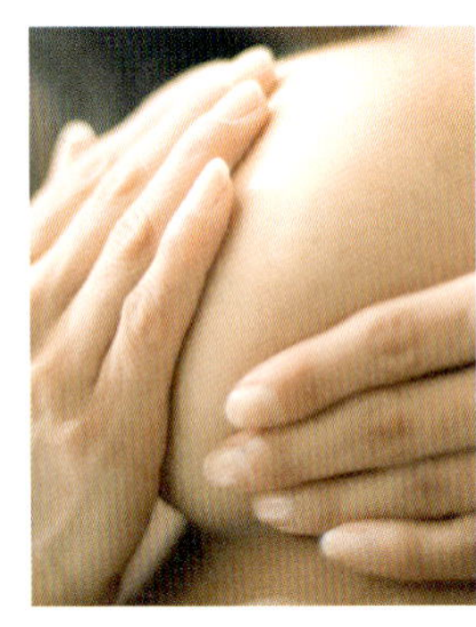

유선염

유선염이 생기면 유방이 빨갛게 붓고 딱딱해지면서 38℃ 이상으로 열이 나면서 온몸이 쑤시고 아프다. 특히 초산인 산모에게 많이 나타나는데 증세가 악화되면 겨드랑이의 임파선이 붓고 유두에서 고름이 나오기도 한다.

원인 유선염은 유방염이라고도 하는데, 잘못된 수유 방법으로 유두에 상처가 생기거나 아기가 빠는 힘이 강해 유두의 피부가 벗겨지고 짓무르면 여기에 균이 침입해 생긴다. 산후 2~3주경에 주로 생기지만 모유수유를 하는 중엔 어느 때나 생길 수 있다.

브래지어나 옷이 꽉 끼어 유선에 압박이 가해져서 유선이 막혔을 때나 수유 시 유방을 완전히 비우지 않아 유방울혈이 생겼을 때, 산모가 피곤하여 신체 면역이 떨어졌을 때도 생길 수 있다.

예방 & 치료 유선염에 걸리지 않으려면 수유가 끝난 뒤 유방을 완전히 비워야 한다. 수유 전후에 유두와 유방을 깨끗하게 관리하는 것도 중요하다. 뜨거운 스팀타월로 마사지하고 깨끗한 거즈로 닦아낸 뒤 청결한 상태에서 먹이도록 한다. 유선염에 걸려 열이 하루 내내 계속되면 의사와 상담하여 항생제와 해열제를 복용한다. 항생제는 6~10일 정도 먹어야 한다. 물을 많이 마시고 푹 쉬고 유방에 따뜻한 찜질을 해 준다. 수유 전에 따뜻한 물로 샤워하거나 물주머니를 대주면 된다.

유선염에 걸렸다고 해서 모유수유를 하지 못하는 것은 아니다. 모유수유에 지장이 없는 약을 처방하기 때문이다. 심할 때는 젖을 미리 짜 놓았다가 간접 수유를 하면 된다. 모유는 아기에게 가장 좋은 영양식이므로 지금 비록 많이 아프더라도 계속 먹이도록 한다.

산후 부기

대개 산모는 어느 정도 부기가 있다. 출산 후 산욕기가 지나면 부기는 빠진다. 비만인지 부기인지 헷갈리는 경우가 있는데 출산 후 21일이 지나도 체중에 변화가 전혀 없거나 100일까지도 변화가 거의 없으며 서서히 부기가 빠지는 느낌을 갖지 못하고 평소 잘 먹었다면 산후비만이다.

원인 한방에서 산후부종은 신장질환이나 이뇨가 잘 안 되어 오는 것이 아니라, 기혈이 허해져서 대사기능이 미약해 생긴다고 본다. 그래서 기혈을 보하고 어혈을 제거하여 순환시키거나 습을 제거하여 땀으로 발산시키는 약을 선별하여 쓴다. 산후 부기에 호박이나 가물치가 좋다고 알려져 있는데 사실 이 식품들은 신장이 나빠 부기가 생겼을 때 해당하는 것이다. 산후 부기는 신장과는 아무 관계가 없으므로 오히려 땀을 많이 내는 것이 부기를 빼는 데 도움이 된다.

예방 & 치료 빨리 산후 부기를 빼기 위해서는 영양이 풍부한 음식을 충분히 섭취하고 푹 쉬어 체력을 기른다. 모유를 먹이는 경우 돌아서면 배가 고프다고 하는 사람들이 많다. 자주 허하기 때문에 입맛이 당길 수 있는데 과식을 피해야 한다. 간식이 먹고 싶을 때는 생야채를 먹는다. 또 당귀차나 수박차, 녹차, 생맥산차 같은 한방차로 수분을 보충하면 좋다. 단, 찬 음식은 삼간다. 출산 후 찬 음식을 많이 먹게 되면 몸이 냉기를 쉽게 느껴 혈액 순환과 소화 능력이 많이 떨어지기 때문이다. 산후 부기는 빠지지 않으면 비만으로 연결될 수 있으므로 찬물에 목욕을 하거나 찬바람을 쐬는 일도 피하도록 한다.

어깨 결림

출산 후 뼈와 근육, 관절이 모두 좋지 않은 시기인 산욕기에 산모는 몸을 추스르기도 전에 아기를 돌봐야 한다. 아기를 자주 안아 주다 보면 임신 중 쓰지 않아 느슨해진 관절과 근육에 갑작스럽게 무리가 갈 수 있다. 또는 아기를 안은 자세에 문제가 있다든지 출산과 육아라는 큰 변화에서 오는 스트레스로 어깨 결림이 생길 수 있다.

예방 & 치료 피로나 스트레스가 쌓이지 않게 자주 스트레칭을 해 주고 목욕을 하여 긴장을 풀어 준다. 아기를 안을 때도 바른 자세로 안아 어깨에 무리를 주지 않는다. 산욕기에 도와주는 이가 있다면 산모가 되도록 아기를 많이 안지 않는다. 어깨가 자주 결릴 때는 뜨거운 수건으로 아픈 부위를 찜질하면 좋아진다. 통증이 심할 땐 얼음찜질을 해 주면 좀 가라앉으며 수영을 하는 것도 도움이 된다.

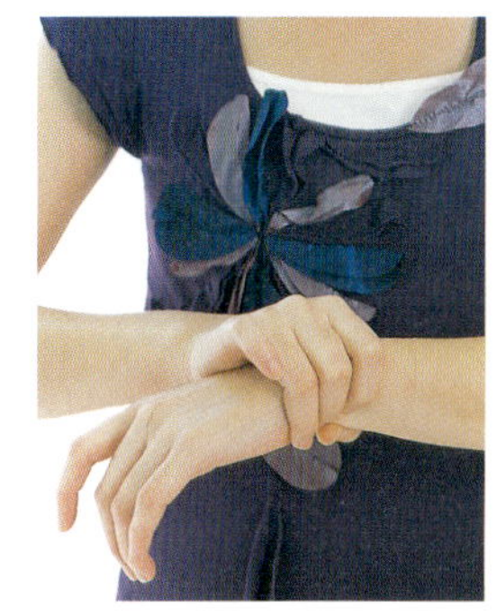

손목 결림

관절이 느슨해져 있는 상태에서 아기를 안고 젖을 먹이다 보니 손목관절에 무리가 가서 손목 결림을 호소하는 산모들이 많다. 손가락에도 통증이 생기는 경우가 있다. 이 역시 시간이 지나면 자연스럽게 나아지지만 한 달이 지나도 계속되면 물리치료를 받는 것이 좋다.

예방 & 치료 관절 자체가 느슨해지고 약해진 상태이므로 조금이라도 무리를 줘서는 안 된다. 빨래를 심하게 짠다든지, 무릎을 꿇고 앉아 장시간 청소를 한다든지, 무거운 것을 든다든지 하면 손목에 무리가 가므로 주의한다. 아기에게 젖을 먹일 때는 자세를 자주 바꿔 주고 밤중에는 되도록 옆으로 누워서 먹인다. 통증이 심할 때는 따뜻한 찜질을 해 준다. 만약 통증이 계속되고 심하거나 염증이 생긴 경우에는 전문의와 상담하고 때에 따라 진통제를 투여받을 수도 있다.

무릎 통증

임신을 하면 몸무게가 늘면서 무릎에 하중이 가해진다. 몸무게가 5kg 늘 경우 무릎 하중은 20kg이 된다. 그러니 임신 후 무릎에 무리가 가는 것은 당연하다. 이때 무릎통증을 그대로 두면 출산 후까지 이어진다. 출산을 경험한 20~30대 여성이 무릎 통증을 호소하는 경우 대개 연골연

하중이다. 연골연하증을 그대로 두면 관절염으로 발전하게 되므로 주의해야 한다.

예방 & 치료　임신 중에 무릎 관절이 아프면 적절한 운동과 바른 생활 습관으로 무리가 가지 않도록 조심해야 한다. 앉을 때는 의자 깊숙이 등을 기대고 누울 때는 무릎을 약간 구부리거나 무릎 아래 베개를 놓아 다리를 높여서 눕는다. 걸레질을 할 때는 긴 막대걸레를 이용해 서서 닦는 것이 좋다. 신발은 충격 흡수가 잘되는 것으로 고르고 운동을 할 때는 준비운동과 마무리운동까지 정확하게 해야 관절에 무리를 주지 않는다. 습기와 찬 기운은 무릎뿐 아니라 모든 관절통의 적이다. 마른 수건으로 관절 부위를 수시로 문질러 건조하게 하면 마사지 효과뿐만 아니라 통증을 줄이는 데도 효과가 있다. 관절을 튼튼히 해 주는 칼슘이나 철분, 비타민B_1·C·E를 함유하고 있는 식품을 충분히 섭취하는 것도 잊지 않는다.

💜 피부변화 & 탈모

산후에는 호르몬 변화로 피부가 더 건조해지고, 더 민감해지고, 발진이 더 많이 생긴다. 흑선과 기미 같은 피부 착색 현상은 점차 사라지겠지만 어떤 것은 완전히 없어지지 않는다. 검은 부위가 더 검게 변하는 것을 방지하려면 햇빛에 지나치게 많이 노출되지 않도록 하고 자외선 차단 효과가 높은 크림으로 피부를 보호해야 한다.

튼살은 시간이 지나면 조금씩 사라질 것이다. 레틴A 크림이나 젤을 바르거나 레이저 치료를 받으면 어느 정도 도움이 되겠지만, 모유수유를 할 경우에는 이런 치료의 안전성을 반드시 확인해야 한다.

과도한 땀 분비　출산을 하고 나면 임신 중에 몸에 축적되었던 여분의 수분을 제거하기 위해 몸에서 땀이 많이 난다. 이런 현상은 6주 정도 계속될 수 있다. 모유수유를 하면 신진대사가 빨라져서 땀을 더 많이 흘리게 되는데, 물을 많이 마시면 이 과정을 촉진할 수 있다. 면이나 모 같은 천연 섬유를 입으면 피부가 숨을 쉬는 데 도움이 된다. 걱정스러울 정도로 땀을 많이 흘리는 경우에는 체온을 재 본다. 체온이 37℃ 이상이면 감염증에 걸렸을 수 있으므로 병원에 가 봐야 한다.

탈모　산후에 머리를 빗으면 모발이 한 움큼씩 빠져 깜짝 놀라게 된다. 그러나 이것은 매우 정상적인 현상으로 걱정하지 않아도 된다. 임신 중에는 호르몬이 모발의 정상적인 성장과 탈모를 억제한다. 출산 후에 호르몬 수치가 뚝 떨어지면서 모발이 대량으로 빠지는데, 사실 그것은 보통 임신해 있는 9개월 동안 빠져야 했을 양이다.

출산하고 6개월이 지나면 모발이 정상적인 성장과 탈모의 패턴을 되찾게 된다. 그동안에는 건강에 좋은 음식을 먹고 모발을 조심스럽게 다루어야 한다. 순한 샴푸와 영양 컨디셔너를 사용해서 필요할 때만 머리를 감도록 한다. 롤러나 헤어드라이어나 스트레이트 아이언을 사용하면 모발이 손상될 수 있으므로 사용하지 않는 것이 좋다. 모발이 정상으로 돌아올 때까지는 파마나 염색도 피한다.

💜 요실금

자신도 모르게 소변이 흘러나와 속옷을 적시는 증세를 '요실금'이라 한다. 우리나라 여성의 약 40%가 요실금을 경험하고 있다. 분만 과정에서 골반 근육이 약해진 산모들이나 출산 경험이 많은 갱년기 여성들에게 주로 나타난다. 위생적으로도 문제가 있지만 더 큰 문제는 사회활동을 할 때 제약을 받아 자신감 상실이나 스트레스 등 정신적인 피해를 불러오기도 한다. 그러나 요실금은 완치 또는 조절할 수 있으므로 혼자 고민하면서 끙끙대지 말고 빨리 병원을 찾아야 한다.

원인 방광은 소변이 꽉 차서 늘어나게 되면 요도의 각이 꺾여 소변이 새지 못하게 되어 있는데 임신으로 커진 자궁이 방광을 누르면서 요도의 각이 제대로 꺾이지 못해 조금만 자극을 주어도 소변이 샌다. 요실금까지 가지 않더라도 임신 기간에 자주 소변이 마렵고 참기 힘든 것도 이 때문이다. 또 아기를 낳으면서 질 근육이 늘어나면 요도 근육의 기능도 약화되어 요실금 증상이 나타난다. 아기를 많이 낳을수록 질 근육은 점점 더 늘어난다.

예방 & 치료 늘어난 질 근육에 다시 탄력이 생기도록 산후회복운동을 열심히 해야 한다. 질 근육과 연결된 요도 근육도 자연히 탄력을 회복하게 된다. 출산 3주 후부터 질 근육 단련운동인 케겔운동(항문을 오므렸다 폈다 하는 운동)을 반복하면 요실금을 예방하고 치료까지 할 수 있다. 시간과 장소에 구애받지 않는 운동이므로 하루 200회 이상 하면 좋다. 또 배에 힘이 들어가지 않도록 무거운 짐을 드는 등의 행동은 하지 않는다. 경우에 따라 요도감염으로 요실금이 생기는 경우도 있는데 이때는 의사의 진찰을 받고 적절한 약물치료를 받아야 한다.

💜 방광염과 신우신염

방광염에 걸리면 소변 횟수가 잦아지고 소변을 볼 때 아프고 열이 나기도 한다. 소변을 봐도 개운하지 않고 여전히 소변이 남아 있는 듯하며 구토감이 생긴다. 소변의 색이 지나치게 하얗거나 노랗거나 하는 등 평상시와 색이 다르면 병원에 가는 것이 좋다.

신우신염은 허리 뒤쪽에 있는 신장에 염증이 생기는 것으로 옆구리나 허리가 아프다. 갑자기 오한과 열이 나 산욕열 증세와 비슷하지만 신장 부근에 통증과 심한 압박이 있다.

예방 & 치료 항상 외음부를 청결히 해야 한다. 좌욕을 하고 수분을 많이 섭취하여 몸속의 세균이 소변과 함께 씻겨 내려가게 한다. 또 소변을 보고 싶으면 참지 말아야 한다.

💜 월경 재개

모유수유를 하지 않으면 아마도 6주 이내에 월경이 다시 시작될 것이다. 모유수유를 할 경우에는 이 무렵에 월경이 다시 시작되거나, 주기가 불규칙해지거나, 모유수유를 완전히 중단할 때까지 월경이 다시 시작되지 않는 등 사람에 따라 다르다. 많은 여성들이 출산하고 나면 임신하기 전보다 생리통이 훨씬 덜하다고 말한다. 그 원인은 확실치 않지만 바람직한 변화인 것만은 틀림없다.

출산하고 처음 몇 번의 월경 주기 동안에는 월경량이 많았다가 적었다가 변덕스러울 수 있지만 곧 일정한 패턴으로 안정이 된다. 월경을 한 날짜와 양을 기록해 두었다가 의사에게 보여 주면 도움이 된다. 생리통 등 다른 불편한 증세가 나타나면 그것도 의사와 상의해야 한다.

 출산 후 첫 월경을 하기 전에 배란이 일어나기 때문에, 피임을 하지 않고 부부관계를 하면 다시 임신이 될 수 있다. 그러므로 부부관계를 재개하자마자 피임을 해야 한다. 자궁경부가 완전히 아물 때까지 삽입형 피임 도구는 사용하지 않는다. 모유수유를 하지 않는다면 출산 2~3주 후에 피임약을 복용할 수 있다. 모유수유를 하는 경우, 에스트로겐이 함유된 피임약은 모유의 양과 질에 나쁜 영향을 줄 수 있으므로 피하고 프로게스테론 성분이 들어 있는 피임약만 복용한다.

감정변화

산후 긴장 풀기

💜 엄마가 된 기쁨을 마음껏 누린다

친구들이나 친지들이 아기를 만나러 오기 전에 출산 후 며칠 동안은 조용하게 아기와 시간을 보내고 싶을 수 있다. 남편과 상의해서 방문객을 맞이할 것인지, 맞이한다면 누구를 맞이할 것인지, 방문객이 얼마나 오래 머물고 또 어떻게 도와줄 수 있는지를 결정한다.

출산 전에 친구와 친지들에게 자신의 생각을 말할 수 있고, 자신이 무엇을 원하고 필요로 하는지 분명히 안다면 스트레스를 줄일 수 있다.

친구나 친지들은 새로 아기가 태어나면 어떻게든 도와주려 하기 때문에 그들의 열성에 약간 당황스러울 수 있다. 그 사람들에게 아기 돌보기를 도와달라고 부탁하고, 손님 대접을 해야 한다는 부담을 갖지 말고 되도록 푹 쉬는 것이 좋다.

💜 주변의 도움을 받으며 최대한 푹 쉰다

산후 처음 며칠 동안에는 친정어머니나 친구에게 하루에 한두 시간 와서 세탁, 청소, 요리 같은 집안일을 도와달라고 부탁할 수도 있다. 마땅히 도움을 부탁할 사람이 없으면 출산 도우미를 부르면 된다. 아기를 자신의 일정에 맞추려고 애쓰지 말자. 최소한 생후 처음 몇 주 동안에는 엄마가 아기에게 맞추는 것이 훨씬 덜 힘들다. 과로하지 않도록 주의하고, 아기가 잘 때는 함께 자도록 한다.

💜 운동으로 긴장을 이완시킨다

산후에 어떤 긴장이완법이 도움이 될지 결정할 때 임신 중 긴장이완에 효과적이었던 방법들, 즉 마사지, 명상, 심호흡을 활용하면 도움이 된다. 이 기법을 현재의 상황에 맞게 조금 수정해 적용하면 긴장을 이완하는 데 매우 효과적일 것이다. 예를 들어 주문을 '고요'나 '에너지'처럼 현재 자신이 느끼고 있는 것에 맞는 것으로 바꾸어 외우면 된다.

규칙적인 운동도 긴장이완에 도움이 된다. 하지만 잠자리에 들기 직전에 너무 힘든 운동을 하면 잠이 오지 않을 수 있으므로 삼가는 것이 좋다. 아기를 위해 에너지를 유지해야 하기 때문에 너무 에너지를 많이 소모하는 운동은 피해야 한다. 운동하는 시간을 이용해 일상적인 일에서 벗어나 머리를 식히고 자기 자신과 자신의 기분에 충실하도록 하라.

 대인관계를 활발히 한다

긴장을 풀 수 있는 또 한 가지 방법은 대인관계를 활발히 하는 것이다. 아기를 돌보느라 시간과 에너지가 제한되어 있는 산후에 새 친구를 사귀기는 힘들겠지만, 지금까지 친하게 지내왔던 친구들과의 관계를 더욱 돈독히 할 수는 있다. 너무 많은 것을 하려고 하지 말고, 활동이 아니라 관계에 집중한다. 친구에게 더 자주 전화를 걸고, 메일을 보내고, 간식을 마련해 친구를 초대해 수다를 떠는 것도 좋다. 원만한 대인관계는 스트레스를 해소하는 데 도움이 된다.

갓난아기를 다른 사람에게 오래 맡기고 싶지는 않겠지만, 아기가 건강하게 잘 자라고 있고 젖을 자주 먹일 필요가 없으면 남편과 단둘이서 잠깐 외출하는 것도 좋다. 젖을 먹이는 틈틈이 공원을 산책하거나 카페에 들러 차를 한 잔 마시면서 기분전환을 한다. 핸드폰이 있으면 아기 보는 사람과 언제든지 연락할 수 있으므로 아기 걱정은 잠시 접어 둔다.

산후우울증 관리하기

산후우울증은 산후스트레스증후군이라고 하는 산후의 가벼운 우울증과는 다르다. 후자는 흔히 있는 것으로 증세가 곧 사라지지만, 전자는 감정적으로 쇠약하게 만들고 산모와 아기 모두에게 지속적인 영향을 줄 수 있다. 이 두 가지를 구분하는 것이 중요하다.

산후스트레스증후군

85%의 산모가 산후스트레스증후군을 경험하는데 이것은 대개 정상적인 현상으로 간주된다.

증상 변덕스런 기분, 민감성, 두려움, 혼란, 눈물, 식욕장애 등이 있다. 식욕장애는 분만한 하루나 이틀 뒤에 나타나서 10~14일 동안 지속되는 증상이다.

원인과 치료법 산후스트레스증후군의 정확한 원인은 알려져 있지 않지만, 급격한 호르몬 변화와 수면 부족, 육아에 대한 걱정 등이 영향을 주는 것으로 추정하고 있다. 산후에 틈날 때마다 낮잠을 자고 긴장이완법을 배워 푹 쉬라고 조언하는 것도 이 때문이다. 아기가 좀더 자라고 수유 시간이 일정해지면 한 번에 많은 양을 먹고 좀더 오래 잠을 잘 것이다.

산후우울증

산후스트레스증후군을 보이는 산모 가운데 10~20%는 산후우울증으로 발전한다. 이들 가운데 절반 이상은 산후 6주 이내에 발병해서 산후 10주에 절정에 이른다.

증상 일상생활의 흥미 상실, 집중력과 결단력 부족, 과도한 피로감, 죄책감과 무능함, 체중 증가나 감소, 식욕이나 수면 패턴의 변화, 아기의 건강에 관한 지나친 걱정 등이 있다.

산후우울증은 흔히 본인이 아니라 아기의 건강 검진을 위해 병원에 들렀을 때 의사들이 발견한다. 그러나 자신이 산후우울증에 걸린 것 같은 느낌이 들면 주저하지 말고 의사에게 이야기한다. 산후우울증은 치료하지 않고 방치해 두면 재발할 위험이 있을 뿐만 아니라 장기적으로 아기의 성장과 행동에 영향을 줄 수 있다.

원인 산후우울증의 원인에 관해서는 몇 가지 이론이 있지만, 임신 후 호르몬 수치의 급격한 변화가 가장 중요한 원인으로 지적되고 있다. 아직 생물학적인 근거는 밝혀지지 않았지만, 여성은 임신을 하면 갑상선에 이상이 생기기 쉬운데 이것을 치료하면 우울증을 치료할 수 있다.

산후우울증이 의심되면 의사는 갑상선 검사를 제안할 수 있다. 가족 중에 우울증에 걸린 사람이 있거나, 그 전에 임신했을 때 산후우울증에 걸린 경험이 있거나, 경제적인 문제나 가족의 지원 부족 같은 외적인 문제로 스트레스를 받을 경우에 산후우울증에 걸릴 가능성이 높다. 이런 것들은 의사에게 알려야 할 중요한 정보이며, 증세를 일찍 확인하면 병을 빨리 치료할 수 있다.

치료법 자신이 산후우울증에 걸린 것 같은 기분이 들지만, 아기 엄마는 당연히 행복해야 한다는 일반적인 믿음 때문에 의사나 심지어 자기 가족에게도 자신의 기분을 솔직히 말하기가 어렵다. 그러나 산후우울증은 병이기 때문에, 숨기지 말고 의사에게 알려야 한다. 의사가 상담과 약물 치료를 권할 수도 있고, 가벼운 운동이나 몇 가지 자가 치료책들을 권할 수도 있다. 모유수유를 하는 경우에는 의사가 수유에 영향을 주지 않는 약을 처방해 줄 것이다. 상담이나 약물 치료 중 하나만을 이용할 수도 있지만, 대부분의 경우에는 이 두 가지 치료법을 병행한다.

산후우울증 이겨 내기

● 죄책감을 가지거나 엄마로서 자격이 없다고 느끼지 말자

완벽한 부모나 완벽한 아기는 없다. 시간이 지나면 다른 엄마들과 마찬가지로 아기를 잘 돌보게 될 것이고, 그렇게 된 뒤에도 완벽을 기대해서는 안 된다.

● 건강에 좋은 음식을 먹고 웃을거리를 찾는다

진정작용을 하는 설탕, 초콜릿, 알코올은 삼간다. 좋아하는 코미디 프로를 시청하는 등 웃을거리를 찾는다. 웃음은 우울함을 해소할 수 있는 좋은 방법이다.

● 명상이나 긴장이완법을 시도해 보고 외모에도 신경을 쓴다

자신이 아름다워 보이면 기분이 좋아질 것이다.

● 초보엄마들 모임이나 산후 운동교실에 참가하는 등 외출을 한다

비슷한 처지의 사람들끼리 경험담을 주고받다 보면 스트레스가 해소된다. 혹은 아기를 데리고 산책을 나가거나 남편에게 아기를 부탁하고 친구와 돌아다니다 보면 기분전환이 된다.

● 남편을 멀리하지 않는다

출산 직후에는 부부 간의 커뮤니케이션이 매우 중요하다. 남편이 아내의 기분을 안다면 아내를 지원해 줄 수 있을 것이다.

산후 관리

산후 검진

아기를 출산하고 난 다음에는 산후 회복이 제대로 되고 있는지 의사에게 검진을 받아야 한다. 이것은 대개 산후 6주 후에 하지만 의학적으로 걱정되는 점이 있거나, 우울증이 있거나, 제왕절개를 했거나, 실밥을 제거할 필요가 있을 경우에는 이보다 빨리 산후 검진을 받을 수 있다.

산후에 받는 검사

산후 검진의 목적은 산모의 몸이 건강하게 잘 회복되고 있는지를 알아보고 신체적인 변화를 점검하기 위한 것이다. 병원에 가면 체중과 혈압을 재고, 자궁이 임신 전의 크기에 가깝게 수축되었는지 골반 검사를 할 것이다. 지난 3년 동안 자궁경부암 검사를 하지 않았다면 그것도 하게 될 것이다. 제왕절개나 회음부 절개를 받은 경우에는 절개 부위가 잘 아물고 있는지 검사할 것이다. 그리고 의사가 장과 방광 기능, 유방의 변화, 통증 여부와 수유 방법에 관해 질문할 것이다.
산후 검진 때 물어볼 질문을 미리 기록해 두면 도움이 된다. 특히 유난히 피곤하거나 우울하다든지, 식욕에 큰 변화가 생겼다든지, 출산 전에 기대했던 것과 기분이 많이 다르다든지 할 때는 의사와 그런 문제를 상의할 수 있다. 적절한 피임법에 관해서도 상의할 수 있다. 산후 검진은 그동안의 궁금증을 해결하고 자신의 육체적, 정서적 건강에 관해 이야기할 수 있는 또 다른 기회이다. 검진을 하는 것은 그 때문이므로 이 기회를 충분히 이용해야 한다.

영양관리

출산을 하고 난 뒤에도 계속 건강에 좋은 균형식을 유지해야 한다. 산후에는 영양 상태를 회복하고 전체적인 건강을 증진하는 것이 중요하며, 특히 아기에게 모유를 먹이는 산모의 경우에는 더욱 그러하다.

임신 중에 특별히 잘 먹은 경우를 제외하고, 대부분의 산모들은 임신과 출산을 거치는 동안에 영양이 부족한 상태가 되기 쉽다. 유난히 진통을 오래 해 고생했을 수도 있고 출혈을 많이 했을 수도 있다. 건강을 회복하고 신생아를 돌보는 데 필요한 에너지를 얻기 위해서는 균형식을 하는 것이 중요하다.

그러나 신생아를 돌보다 보면 임신 중에 그랬던 것처럼 건강에 좋은 음식을 직접 요리해 먹을 시간이 거의 없을 수 있다. 이런 경우에는 기회 있을 때마다 먹을 수 있도록 건강에 좋은 스낵류를 항상 근처에 둔다. 종합비타민과 미네랄 영양제로 부족한 영양을 보충하는 것도 좋은 방법이다.

산모가 꼭 먹어야 하는 음식&식사패턴

소화되기 쉬운 담백한 음식이 좋다

출산은 에너지 소비가 엄청난 일이어서 출산 후에는 누구나 기력이 쇠하고 피로하고 지친 상태가 된다. 이때 소화기능 또한 약해져 있기 때문에 처음에는 부드럽고 소화가 잘되어 위에 부담이 가지 않는 음식을 주로 먹고 점차 그 종류를 늘려 가면서 균형 잡힌 식사를 한다. 한꺼번에 많은 양을 먹기보다는 조금씩 자주 먹는 것이 위에 부담을 주지 않고 비만을 예방할 수 있다.

조금씩 자주 먹는다

산모는 평소보다 더 많은 칼로리가 필요하다. 그렇다고 너무 많은 칼로리를 섭취할 경우 자칫 산후 비만이 되기 쉽다. 자연식품으로 구성한 식단을 짜서 하루 세 끼 규칙적으로 먹되 매끼 배부르게 먹지 않는 것이 좋다. 중간에 허기가 진다면 간식을 조금씩 먹는다.

젖을 먹이는 경우 돌아서면 배가 고프다고 말할 정도로 허기가 자주 생기는데, 그렇다고 많이 먹는 것은 곤란하다. 젖을 먹이기 위해 500~700kcal가 더 필요할 뿐이므로 한 끼당 밥 1/3공기 정도를 더 먹는다고 생각하면 된다. 지나친 열량 섭취는 오히려 건강의 적이 된다는 사실을 명심하자. 젖을 먹이지 않는 산모의 경우도 200~300kcal를 더 섭취해 주어야 한다. 몸이 빠르게 회복되기 위해서는 평소보다 열량이 더 필요하다.

산후보양식보다 '골고루 먹는 것'이 보약이다

호박, 가물치, 흑염소, 개소주 등 민간에서 전해 내려오는 전통적인 산후 보양식이 여러 가지 있다. 하지만 요즘은 옛날과 달리 산모 영양 상태가 많이 좋아졌고, 잘못 알려진 산후 보양식도 있다. 애써 보양식을 찾아 먹기보다 매끼 영양가 있는 음식을 골고루 먹는 것이 더 중요하다.

단백질 섭취로 원기를 회복시킨다

단백질은 기력을 회복하고 모유를 만들어 내는 데 없어서는 안 될 영양소이다. 모유를 통해 아기에게 단백질이 공급되는데, 아기의 뇌나 몸의 세포를 만드는 데 중요한 역할을 한다. 고등어, 정어리 같은 등푸른 생선이나 두부, 우유, 요구르트, 치즈, 달걀 등에 양질의 단백질이 많이 들어 있다. 육류는 지방이 유선을 막히게 할 수도 있으므로 살코기 위주로 먹는 것이 좋다.

💜 수분을 충분히 섭취한다

출산 후에는 땀과 노폐물, 소변 등의 양이 늘어나 체액이 부족해져 갈증이 나기 쉽다. 게다가 모유의 주성분이 수분이기 때문에 수분을 충분히 섭취해야 모유 분비가 잘된다. 따뜻한 물을 평소보다 800ml 이상 먹고 식사 때도 국물요리를 꼭 곁들이도록 한다. 하지만 청량음료는 갈증 해소에도 도움이 되지 않을 뿐만 아니라 비만의 원인이 되므로 피한다. 갈증을 느낄 때나 기운이 없을 때마다 수시로 따뜻한 보리차나 결명자차, 둥글레차 등을 마시는 습관을 들인다.

💜 철분 섭취로 빈혈을 막는다

출산과 출산 후에 생기는 출혈로 빈혈이 찾아오기 쉽다. 철분은 체내 흡수가 잘 되지 않아 식품만으로 필요한 철분을 섭취하기가 힘들므로 산후 3개월까지는 철분제를 복용할 것을 권한다. 만약 위장장애가 있거나 배변장애가 있다면 약보다는 철분이 많이 든 식품을 적극적으로 섭취해야 한다. 철분이 풍부한 식품은 시금치, 간, 육류, 생선, 해조류, 흰콩, 견과류 등이 있다.

💜 섬유질을 먹어 변비를 예방한다

열량 섭취는 많으나 몸을 움직이는 일이 적기 때문에 변비에 걸릴 가능성이 높다. 임신 때부터 변비가 있었던 경우 출산 후에도 이어질 수 있다. 변비에는 섬유질이 가득 든 식품을 꾸준히 먹어 주는 것이 좋다. 섬유질은 장 운동을 도와 배변을 원활하게 해 준다. 미역, 쑥갓, 김, 우엉, 강낭콩, 콩나물, 당근, 참깨 등 섬유질이 풍부한 식품을 섭취한다. 조리할 때도 채소는 섬유질의 결에 따라 잘라야 하고 날것으로 먹는 것보다는 삶거나 불에 익혀 먹는 것이 변비 예방에 더 효과적이다. 밥도 흰쌀밥보다는 현미나 잡곡밥을 해서 먹는다.

산모가 피해야 할 음식

💜 맵고 짠 음식, 찬 음식은 먹지 않는다

위장 기능이 떨어진 상태이고 잇몸이 들떠 있어 먹는 것 하나하나에 신경을 써야 하는 때다. 이때 맵고 짜고 찬 음식을 먹으면 산후회복이 더디다. 매운 음식은 위에 자극을 주고 혈액 순환을 방해할 뿐만 아니라 모유 분비를 막아서 모유수유에 좋지 않다. 체내 호르몬이 아직 정상적으로 회복이 안 되어 부기가 많이 남아 있는데 짠 음식을 많이 먹으면 정도가 더 심해질 수 있으므로 가능한 한 싱겁게 조리해 먹어야 한다.

특히 우리나라 사람들은 거의 매끼 국을 먹기 때문에 서양사람들에 비해 염분 섭취율이 높다. 국 한 그릇을 다 먹으면 그만큼 소금 섭취량이 높아지기 때문이다. 모유수유를 위해 국을 먹는 것은 좋지만 이때 국의 간을 평소보다 좀더 싱겁게 하여 되도록 염분 섭취를 줄인다.

게다가 찬 음식은 혈액 순환을 방해하고 소화력을 떨어뜨린다. 약해진 치아에도 좋지 않다. 찬물이나 차가운 음료수, 얼음, 아이스크림 등은 피해야 한다. 마른 오징어같이 딱딱하고 질긴 음식도 삼간다.

💟 인스턴트 식품을 멀리한다

인스턴트 식품에는 방부제, 인공착색료, 인공감미료 등 몸에 좋지 않은 성분들이 들어가 있다. 아기를 돌보다 보면 시간이 없어서, 식욕이 없어서, 혹은 귀찮아서 간단하게 인스턴트 식품으로 한 끼를 때우기 쉬운데 이것이야말로 건강을 해치는 지름길이다. 영양소가 골고루 들어간 자연식이야말로 몸을 빨리 회복시키고 모유의 질도 높이는 방법이다. 아무리 피곤하고 시간 여유가 없다고 해도 인스턴트 식품은 가급적 멀리하자.

💟 흡연과 음주를 삼간다

흡연과 음주가 누구에게나 해롭다는 것은 상식이다. 특히 흡연은 평상시에도 백해무익한데 임신과 출산 때는 두말하면 잔소리다. 그러나 술이나 담배를 끊는 일이 그리 쉬운 일은 아니다. 임신 기간 동안 술과 담배를 참아온 경우라면 출산 후 몸이 홀가분해지면 욕구가 다시 생기기 시작하는 경우도 있다.

출산을 했다고 해도 산후조리 기간에는 나쁜 영향을 줄 수 있으므로 피해야 한다. 또 모유수유를 한다면 아기에게 전달될 수 있으므로 삼가야 한다. 약간의 술은 오히려 혈액 순환에 도움이 된다는 말도 있지만 그렇다 해도 출산 후 3주 정도는 지나야 한다. 젖을 먹이는 산모가 술을 마시면 모체의 혈액을 통해 90% 이상이 젖으로 들어가므로 습관적으로 술을 마시지 않도록 한다. 기분 전환을 위해 가끔씩 소량을 마시는 것은 큰 영향을 미치지 않는다.

산후 트러블 치료하는 산후보약

💟 오로 분비에 좋은 음식

오로 분비에 좋은 음식으로 잣죽과 미역국이 있다. 잣은 여성의 자궁을 안정시켜 주고 자궁출혈이 생기는 것을 막아 준다. 잣죽을 끓여 먹거나 그냥 잣만 씹어 먹어도 좋다. 미역은 요오드가 많이 들어 있는 음식으로 대표적인 산후조리 음식이다. 요오드와 칼슘이 다량 함유된 미역은 자궁수축을 돕고 피를 맑게 해 주며 지혈에도 효과적이다. 오로 분비를 돕고 유즙 분비를 촉진시키는 효과도 있다. 익모초도 오로 분비에 도움을 주는 식품이다.

💟 뼈를 튼튼하게 하는 음식

산후조리를 제대로 하지 않으면 평생 뼈마디가 욱신거리는 산후풍에 시달릴 수 있다. 게다가 임신과 출산을 겪으면서 철분과 칼슘이 많이 손실돼 뼈가 약해지기 쉽다. 때문에 칼슘을 다량 섭취해야 하는데, 칼슘은 인체에 잘 흡수되지 않는 단점이 있다.

결국 칼슘이 듬뿍 든 식품을 섭취하는 것도 중요하지만 뼈를 약하게 하고 칼슘을 배출시키는 식품을 섭취하지 않는 것도 중요하다. 뼈를 약하게 하는 것은 음주와 흡연이고, 칼슘을 배출시키는 것은 커피와 탄산음료이다. 뼈를 튼튼하게 하는 식품에는 우유, 요구르트, 뼈째 먹는 생선, 굴, 대하, 두부, 깨, 호두, 미역, 쥐눈이콩 등이 있다.

💜 빈혈에 좋은 음식

출산 후 나타나는 빈혈은 대개 일주일 후면 정상으로 돌아온다. 하지만 산욕기 내내 철분이 많이 든 음식과 철분제 등을 복용하여 빈혈을 예방하도록 한다. 비타민 C는 철분의 흡수를 돕기 때문에 함께 먹으면 좋지만 칼슘, 섬유질이 많이 든 식품은 철분흡수를 방해하므로 지나치게 먹지 않는다. 시금치, 배추, 파래, 다시마, 미역, 조개류, 동물의 간 등이 빈혈에 도움을 준다.

💜 몸의 회복을 돕는 음식

몸이 빨리 회복되기를 바란다면 산욕기 동안 고단백 식품을 많이 섭취해야 한다. 호두, 땅콩, 시금치, 조개류, 잉어, 닭고기, 호박, 아욱, 해삼, 소라, 대구, 깨, 잣, 찹쌀, 장어 등이 몸의 회복을 돕는 식품이다.

💜 부기 쏙 빼는 음식

산후 부기는 피부에 쌓인 수분에 의해 생기는 것으로 출산 후 부기는 소변이 아닌 땀을 빼서 가라앉혀야 한다. 부기가 느껴지면 숙면을 취하기가 어렵고 소변을 시원하게 보지 못하는가 하면 팔다리가 저리거나 어지럽고 잔기침을 하는 현상도 나타난다. 부기에 효과적인 식품으로는 수박, 녹두, 오이, 연뿌리, 보리, 팥, 메밀, 미역, 다시마, 파래, 대합, 배추, 포도 등이 있다.

💜 젖이 잘 나오게 하는 음식

모유는 아기에게 최상의 자연식품이다. 모유수유 시 엄마가 먹는 음식이 그대로 아기에게 전달되므로 평소 영양가 높고 젖 분비를 도와주는 음식을 먹어야 한다. 돼지족, 우족, 호두, 땅콩, 팥, 잣, 깨, 잉어, 붕어, 전복, 꿀, 완두, 딸기, 상추, 파 등이 젖을 잘 나오게 하는 식품이다.

💜 소화를 돕고 입맛 돋우는 음식

출산 초기에는 부드럽고 소화에 부담이 없는 유동식으로 먹고 점차 밥으로 옮겨가는 것이 좋다. 산후 며칠 사이에는 입맛이 좋아졌다가 점차 입맛을 잃는데 이때는 평소 좋아하는 요리를 먹고, 몸에 좋다고 하여 입맛에 맞지 않는 산후 보양식을 억지로 먹지는 않도록 한다. 입맛을 돋우는 식품에 율무와 토란, 콩, 앵두, 수수, 냉이, 사과, 무, 배추, 생강, 모과, 밤, 잉어, 닭고기, 쇠고기, 당근 등이 있다.

💜 탈모를 예방하는 음식

출산 후 6개월이 지나면 다시 새 머리카락이 나므로 크게 걱정을 하지 않아도 되지만 간혹 잘못된 산후조리와 육아 스트레스로 영구적인 탈모를 보이는 경우도 있다. 탈모에는 양질의 단백질 섭취가 중요하며, 민간요법으로 구기자를 달여 물처럼 마시거나 구기자를 우린 물에 머리를 감는 것도 도움이 된다. 미역, 검은깨, 콩, 국화잎, 복령, 돼지간, 해조류, 효모, 꿀, 로열젤리, 바나나, 현미 등이 탈모를 예방한다.

운동 관리

산후에는 건강에 좋은 균형식을 계속 유지하고, 급격한 체중 감소 계획을 시작하지 않는 것이 중요하다. 그러나 과도한 체중 증가나 출산 후 과체중 상태가 장기적으로 유지되면 건강에 해로울 수 있다.

서서히 운동을 시작한다

모유수유를 하는 산모는 몸이 계속 새로운 역할에 적응하느라 힘들기 때문에 과도한 운동을 피하고 탈수가 되지 않도록 조심해야 한다. 오로가 계속 나오는 동안에는 출혈이 중단되고 산후 첫 정기검진에서 의사가 운동을 해도 좋다고 말할 때까지 운동을 시작하지 않는 것이 좋다. 그때까지는 운동을 하고 싶고 또 분만으로 인한 합병증이 아무것도 없다 하더라도 아기를 데리고 산책을 하는 정도에서 만족해야 한다.

운동을 하고 싶은 기분이 들면 지난 9개월 동안에 특히 약해졌거나 예전의 상태로 돌아가기 위해 가장 노력이 많이 필요한 신체 부위를 목표로 몇 가지 간단한 운동을 시작할 수 있다. 그러나 항상 몸의 상태에 주의를 기울여 피곤한 느낌이 들면 즉시 운동을 중단하고 쉬어야 한다.

운동을 해도 좋은지 확인한다

운동을 시작하기 전에 복부의 수직근이 임신 중에 벌어지지 않았는지 확인할 필요가 있다. 이것은 '복직근 이개'라는 흔히 있는 현상으로 임신 중에 자궁이 확장하도록 복벽의 근육이 중간에서 벌어지는 것을 말하는데, 산후에도 이 근육이 계속 벌어진 상태로 남아 있을 수 있다.

복직근 이개를 확인하려면, 바닥에 등을 대고 누워 무릎을 구부리고 배꼽 아래 복부에 손가락 두 개를 수평으로 놓는다. 제왕절개를 한 경우에는 특별히 주의해야 한다. 손가락 두 개 굵기 이상으로 측면으로 손가락을 움직일 수 있다면, 복직근 이개가 일어났다고 볼 수 있다. 복직근 이개가 확인되면 원래 상태로 돌아올 때까지 3~5일에 한 번씩 확인을 한다. 출산 후 12주가 지나도 원상회복되지 않으면 병원에 가 봐야 한다.

골반저 운동으로 요실금을 예방한다

출산 직후에는 골반저가 몹시 쓰리겠지만 어느 정도 회복되었다 싶으면 부드럽게 몇 번 골반저 운동을 시작할 수 있다. 이 운동을 일찍 시작할수록 질 근육이 빨리 회복된다. 10회 연속해서 골반저 근육을 죈다. 운동을 할 때마다 골반저 근육 죄기가 점점 더 쉬워지는 것을 느낄 것이다. 회음부 통증이 있을 경우에는 골반저 근육을 조인 상태로 앉아 있기가 더 편안할 것이다.

골반저 운동을 규칙적으로 계속 하면 요실금 위험을 줄이고, 폐경기 후 질의 탄력을 유지하는 데도 도움이 된다.

유산소운동 시 반드시 준비운동과 마무리운동을 한다

합병증 없이 순산한 경우에는 대개 출산하고 6~10주가 지나면 유산소운동을 시작할 수 있다. 제왕절개를 한 경우에는 절개부위가 아물어 쓰라림을 느끼지 않으려면 최소한 10주 정도 기다려야 할 것이다. 의사가 운동을 해도 좋다고 허락하면, 운동을 다시 시작해도 좋다.

산후에 운동을 다시 시작할 때는 서서히 해야 한다는 것을 명심해야 한다. 운동을 할 때는 민감해지고 커진 유방을 잘 받칠 수 있는 브래지어를 착용하고, 모유수유를 하는 경우에는 수유를 한 다음 남은 모유를 모두 짜내고 운동을 해야 한다. 모유 속에서 젖산이 증가할 수 있으므로 수유를 완전히 끝낼 때까지는 격렬한 운동은 피하는 것이 좋다.

어떤 운동을 하든 5~10분간의 준비운동과 마무리운동이 필요하다는 것을 기억하고 전체 운동을 거기에 맞춰 조절해야 한다. 스트레칭과 이완운동을 근육강화운동이나 유산소운동의 준비와 마무리운동으로 도입할 수 있다.

근력운동과 심폐운동 시 운동 전후에 물을 마셔 탈수를 막는다

최근에는 엄마가 운동을 하는 동안 아기를 돌봐주는 헬스클럽도 있고 산후 특별운동 프로그램을 제공하는 헬스클럽도 있다.

웨이트리프팅을 시작하고 싶다면 안전과 적절한 기법에 신경을 써야 한다. 반드시 자격증이 있는 강사로부터 지도를 받고 너무 무거운 것은 들지 않는다. 12~15회 반복 동작을 두 세트 정도 편안하게 할 수 있는 무게가 적당하다.

컨디션과 운동을 할 수 있는 시간을 고려해 일주일에 3회 정도 운동하는 것으로 시작한다. 그 다음에 서서히 시간을 늘려 최고 일주일에 5회 정도까지 할 수 있다. 너무 피곤하다 싶으면 3회로 줄인다. 특히 모유수유를 하는 경우에는 운동 후에 몸이 회복될 수 있도록 이틀에 한 번 정도만 운동을 한다.

운동 전후와 운동 중에 물을 마시는 것도 잊지 말아야 한다. 물이 부족하면 탈수증에 걸릴 수 있고, 모유를 충분히 생산하지 못할 수 있기 때문이다.

윗몸일으키기로 복근에 탄력을 찾는다

복근의 탄력성을 회복하려면 운동을 해야 한다. 복근운동은 자세를 개선하고 요통 위험도 줄인다. 산후 복근의 탄력성을 어느 정도 회복해 두면 나중에 많은 문제를 덜 수 있다. 윗몸일으키기 정도의 가벼운 운동은 출산 당일부터 할 수 있다. 바닥에 등을 대고 누워서 머리를 천천히 들었다가 내려놓는다. 이때 시선은 천장을 향하고 어깨는 바닥에 붙여 두어야 한다.

이 운동은 침대에서 하지 말고 딱딱한 바닥에서 해야 한다. 복근을 수축했다가 이완하는 운동도 도움이 된다. 이 운동은 근육을 긴장시키지 않기 때문에 산모가 하기에 좋다.

산후조리

산후조리 어디에서 할까?

친정에서 하는 산후조리

아직까지 가장 일반적이며, 아주 오랫동안 당연한 것으로 받아들여져 왔던 산후조리 방법이다. 자기가 자라온 집에서 편안한 마음으로 지낼 수 있고, 무리한 일을 하지 않고 자신의 몸을 돌보며 아기와 오롯이 시간을 보낼 수 있어 좋다. 또한 아기 입장에서도 항상 엄마가 곁에 있고 가족들의 애정을 듬뿍 받을 수 있어 정서적으로 안정감을 가질 수 있다.

장점 우선 아이들을 낳고 키운 경험이 풍부한 친정어머니가 옆에 계시므로 심리적으로 든든하다. 첫아기를 낳은 산모의 경우 아기를 안는 것조차 서툴기 마련인데 친정어머니에게서 많이 배우고 의지할 수 있어 좋다. 또한 산후조리원이나 산후도우미를 이용할 경우 만만치 않은 비용을 지불해야 하는데 비해 친정에서 산후조리를 할 경우 비교적 비용이 덜 든다. 그리고 친정어머니가 좋은 재료를 사다가 정성껏 만들어 주시는 각종 보양식을 확실하게 챙겨 먹을 수 있는 것도 무엇보다 큰 장점이라 할 수 있다. 한가지 흠이라면 식단이 단조로울 수 있다는 점이다.

단점 친정이 멀리 있어 남편과 떨어져 지내야 한다면 혼자 지내야 하는 남편 걱정으로 마음이 편치 않을 수 있다. 그리고 친정부모님은 너무 편하다 보니 오히려 갈등이 쉽게 표면화될 수 있다. 가장 흔한 경우가 어른들이 당신들의 산후조리 방법이나 육아 방식을 고집하는데, 그것이 현실과 잘 맞지 않아 쉽게 수긍하기 힘든 경우이다. 이때는 견해 차이가 있더라도 일단은 그분들의 방식을 인정하고 따르는 것이 도리다. 정 받아들이기 힘들 때는 직접적인 말로 표현하기보다는 책이나 전문가의 말을 인용하여 부드럽게 표현해 본다.

친정에서 산후조리를 하는 경우 아무리 편하더라도 3주를 넘기지 않는 것이 좋다. 가까운 사이라도 지킬 것은 지켜야 감정이 상하는 일이 없다. 친정부모라고 너무 편하게 대하기만 하면 곤란하다. 산후조리가 끝난 후에는 선물이나 용돈 등으로 감사의 표현을 꼭 하도록 한다.

💜 미리 챙겨야 할 일

● **신생아를 돌보는 요령을 미리 익혀 둔다**

출산과 육아 경험이 풍부한 어른이 있긴 하지만 오래 전 일이라 잊어버렸을 수 있으므로 산모가 미리 알아 두는 것이 좋다.

● **가족들이 다 건강한지 확인한다**

부모님이나 다른 가족들, 친지들이 방문하는 경우 통제가 쉽지 않으므로 해로운 균에 전염될 가능성이 높다. 그러므로 가족들의 건강을 챙기는 것은 필수다.

● **독립된 공간이 있는지 체크한다**

아기는 새로운 환경에 적응하는 기간이고 산모는 심신이 지쳐 있는 상태이므로 조용하고 쾌적한 공간이 필요하다. 시끄러운 소리, 갖가지 냄새, 찬바람 등을 막아 주는 안정적인 공간이 있어야 한다.

● **청결관리에 특별히 신경 쓴다**

신생아는 저항력이 약하므로 쉽게 질병에 감염될 수 있다. 아기를 만지기 전에는 꼭 손을 씻고 아기용품도 청결하게 관리한다. 젖병이나 옷은 살균소독을 철저히 한다.

● **가까운 의료기관을 알아 둔다**

언제 응급한 상황이 닥칠지 모르므로 집에서 가까운 산부인과와 소아과의 위치와 전화번호를 알아 둔다.

내 집에서 하는 산후조리

집에서 산후조리를 하기로 결정했다면 산후도우미를 부르는 것이 좋다. 혼자서 산후조리를 하는 경우도 있으나 아무래도 집안일과 육아 때문에 편안하게 쉬지 못한다. 몸조리를 잘못하면 평생 여기저기가 쑤시고 아파서 후회할 수 있고, 남편이 적극적으로 도와주지 않으면 부부갈등까지 초래할 수 있으므로 혼자서 감당하기보다는 산후도우미의 도움을 받는 것이 바람직하다.

비용은 입주할 경우와 출퇴근하는 경우, 큰아이가 있는 경우, 쌍둥이를 돌봐야 하는 경우 등 상황에 따라 차이가 있다. 산후도우미를 이용할 때 가장 필요한 것은 신뢰와 존중이다. 산후조리를 도와주러 온 고마운 분이라는 마음가짐으로 대하면 편안하고 만족스러운 산후조리를 할 수 있다.

장점 우선 눈치볼 사람도 없고 산후조리원처럼 아기랑 떨어져 있어야 하는 것도 아니며 남편과 함께 지낼 수 있어 좋다. 아기도 처음부터 집 분위기에 적응할 수 있게 된다. 산후조리 교육을 받은 사람으로부터 전문적인 보살핌을 받을 수 있고, 남편식사와 큰아이까지 챙겨 주어 더욱 편안하게 쉴 수 있다.

단점 언뜻 산후조리원보다 싸게 느껴질 수 있지만 실상 산모와 신생아에게 들어가는 비용까지 다 계산하면 산후조리원을 이용하는 비용과 별 차이가 없다. 그리고 산후도우미와 성격적으로 맞지 않는 경우 도움이 아니라 오히려 스트레스가 증가할 수 있다. 간혹 이런 경우가 있으므로 미리 만나 이모저모 살펴보아 자신에게 맞는 사람으로 고르도록 한다.

💜 미리 챙겨야 할 일

산후도우미의 자질 공신력 있는 단체에서 교육을 받은 사람을 구하도록 한다. 미리 면접을 봐서 성실한지, 아기를 대하는 태도는 어떠한지, 경험은 많은지 등을 살펴보고 가능하면 다른 산모의 평가를 들어보는 것도 도움이 된다.

육아와 가사의 비율 산후도우미를 부르기에 앞서 도우미에게 맡길 육아와 가사의 범위, 비상시에는 어떻게 해야 하는지 등도 미리 합의를 해 둔다.

산후조리원에서 하는 산후조리

산후도우미와 산후조리원을 이용하는 산모가 40%에 이를 정도로 점점 늘어나고 있다. 산후조리원은 산모가 아기와 함께 2~3주 동안 머물면서 집중적으로 산후조리를 할 수 있게 도와주는 곳이다.

시설은 산후조리원마다 차이가 있지만 대개 2~3평 크기의 산모방 20여 개를 비롯해 신생아실, 수유실, 식당, 휴게실, 화장실, 좌욕실 등을 갖추고 있고, 온돌방과 침대방이 있어 선택이 가능하다. 아기는 신생아실에 맡겨져 24시간 간호사가 돌봐준다. 요즘은 황토찜질방, 화강암 한증막, 유기능 뷔페, 가까운 병·의원과의 교류 등 호텔식 서비스를 제공하는 곳도 생겨나고 있다.

비용은 보통 2주 단위로 계산되며 쌍둥이인 경우, 기간을 연장하는 경우 비용이 추가로 들어간다. 산후조리원을 이용하려면 출산 1~2개월 전에 미리 예약을 해 두는 것이 좋다.

장점 집이나 친정에서 산후조리를 할 경우 아무래도 자질구레한 집안일에 신경이 쓰여 몸을 움직이게 된다. 하지만 산후조리원에 있는 동안은 전적으로 자신의 몸만 돌보며 생활할 수 있어

충분한 휴식을 취할 수 있다. 전문의의 체계적인 도움을 받을 수 있고 산모의 회복이 빠르다는 것도 장점이다. 그리고 산모는 먹어야 할 것과 먹지 말아야 할 것 등 먹거리에 신경을 많이 써야 하는데 산후조리원에서는 산모 위주의 식단과 간식이 끼니마다 다양하게 제공되기 때문에 다양한 메뉴로 영양을 섭취할 수 있다. 또한 혼자 식사를 하는 것이 아니라 다른 산모들과 함께 식사를 하게 돼 즐겁게 먹을 수 있다는 것도 장점이다.

또한 산후조리원마다 산후조리에 도움이 되는 요가, 마사지, 체형회복 스트레칭 등 다양한 프로그램이 운영되고 있어 산후회복에 도움이 되며 함께 있는 산모들과 다양한 육아정보를 공유할 수 있어 산후우울증을 겪을 위험도 확실히 줄어든다. 게다가 아기와 산모를 분리시켜 놓고 전문 간호사가 목욕, 수유, 정기검진 등 24시간 아기를 돌보며 적절한 보호를 하기 때문에 산모가 아기 돌보는 일에 신경 쓰지 않아도 된다.

단점 산후조리원은 많은 사람들이 공동생활을 하는 곳이어서 위생에 문제가 생길 수 있다. 신생아도 한 곳에 모아놓고 돌보기 때문에 감염 위험이 있다. 또한 단체생활이 좋을 수도 있지만 산모의 성격에 따라서는 개인생활을 침해받는 느낌을 가질 수도 있다. 남편과 떨어져 지내야 하고 아기와도 떨어져 지내야 하는 생활이 외로움을 부추길 수도 있다. 게다가 대략 2주에 150만원 이상의 비용이 들어가므로 경제적인 부담이 크다.

♥ 미리 챙겨야 할 일

● 신생아실이 청결한지 확인한다

갓 태어난 아기에게 어떤 환경을 제공하는지부터 꼼꼼히 살핀다. 신생아들의 간격이 30cm 이상 떨어져 있는지, 습도와 온도가 적당한지, 아기용품을 개별 사용하고 있는지, 살균과 소독을 철저하게 하고 있는지, 신생아 세탁물을 따로 모아 세탁하는지 등을 살핀다.

● 주변 환경이 조용한지 살핀다

어디에 있는지도 중요하다. 산모는 조용한 곳에서 휴식을 취해야 하는데 길가에 있어 시끄러우면 곤란하다. 신생아도 마찬가지. 엄마 뱃속에서 나와 낯선 환경에 적응 중인 신생아는 작은 소음에도 민감하다. 그러므로 아기와 산모 모두가 안정감을 가질 수 있는 곳을 고르는데 가능하면 자연을 느낄 수 있고 계단이 많지 않은 곳이 좋다.

● 내부 시설을 둘러본다

공동생활을 하는 곳이므로 무엇보다 위생적인 관리가 중요하다. 화장실, 샤워실, 식당 등이 깨끗한지 살핀다. 공기정화기와 살균소독기가 설치되어 있는지, 온수와 난방은 잘되고 있는지, 쾌적한지, 산모와 아기가 사용하는 옷이나 타월, 침구류가 깨끗하게 관리되는지 주의 깊게 살핀다.

● 전문 간호사가 있는지 눈여겨본다

아기들은 저항력이 약해 언제 어떻게 아플지 모른다. 갑작스런 응급상황에 대처하기 위해서는 전문 간호사가 있는 곳을 선택한다. 24시간 동일한 조건에서 아기들을 보살피고 있는지, 종사자들의 교대상황, 건강상태 등을 두루 살핀다. 대개는 3교대로 24시간 상주하며 아기를 돌본다. 무엇보다 아기를 정성스럽게 대하고 애정을 가지고 있는지 눈여겨보고 적정한 인원을 수용하고 있는지도 살핀다. 너무 많은 숫자의 신생아가 함께 지내다 보면 관리도 소홀하고 위생적으로도 좋지 않다.

● 전문 영양사가 있는지 알아본다

산모에게는 특별한 영양관리가 필요하므로 산모들의 식단을 책임질 전문 영양사가 있는지도 확인해야 한다. 전문 영양사가 짠 식단으로 음식이 제공되는지, 산후조리원에서 제공하는 보양식의 품질도 꼼꼼하게 따진다.

● 산부인과 & 소아과와 연계되어 있는지 체크한다

산후조리원은 의료 처치를 할 수 없으므로 응급상황이 발생했을 때 어떤 조치를 취하는지도 미리 알아 둔다. 소아과와 산부인과가 연계되어 운영하는 곳이면 더 안심할 수 있다.

● 보험에 가입되어 있는지 확인한다

계약하기 전에 약관을 꼭 읽어 환불이 가능한지 살피고, 사고에 대한 피해보상이나 보험가입 여부도 살핀다. 이용 도중이나 계약금만 낸 상태에서 이용하지 않을 때 환불이 되지 않는 곳이 있어 문제가 되기도 한다.

산후조리 어떻게 할까?

산후조리의 의미

출산을 하고 나면 모든 것이 끝이라고 생각하는 산모들이 많다. 그래서 자신의 몸은 뒷전으로 하고 아기 돌보기에 집중하게 되는데, 그러다 보면 나이 들어 여기저기 쑤시고 아파 후회하게 된다.

임신의 끝은 결코 출산이 아니다. 산후조리 기간을 잘 보내 산모의 몸이 임신 전으로 완전히 회복되어야 비로소 끝이 나는 것이다. 예전에는 산후조리가 단순히 쉬는 것으로만 인식되었지만 요즘은 산모 몸을 회복시키는 치료의 개념으로 접근한다.

산욕기는 출산 후 6~8주 동안을 말한다. 임신과 출산으로 엄청난 변화를 겪은 여성의 몸이 임신 전으로 돌아가기까지 기간을 산욕기라고 하는데, 그중에서도 반드시 모든 것을 삼가고 조심하며 몸조리를 해야 할 때라 하여 예로부터 삼칠일을 중히 여겼다.

💜 오로가 분비되는 3주간은 특히 산후조리가 중요하다

삼칠일이란 임신과 출산으로 흐트러진 산모의 몸이 새롭게 태어나는 시기로 이때 산후조리가 필요하다는 것이다. 의학적으로도 맞는 말이다. 삼칠일 즉 3주 정도 기간에 오로가 분비된다. 오로는 출산 후 태반이 떨어져 나온 자리에서 자궁내막이 만들어지면서 나오는 분비물이다. 오로의 색과 양을 통해 자궁과 질의 회복 정도를 알 수 있다.

오로 분비가 끝나면 자궁이 어느 정도 수축되어 자궁과 질이 회복되었음을 의미한다. 자궁이 수축되어 원래 크기로 돌아갈 수 있도록 돕는 것이 산후조리다. 그래서 삼칠일이 중요하다.

 산후조리를 소홀히 하면 평생 고생한다

자궁이 건강하지 못하면 하복통, 요통, 골반통, 비만, 기미, 전신통, 두통 등 다양한 질병이 생긴다. 모든 여성의 병은 자궁에서 비롯된다고 해도 과언이 아닐 정도로 자궁은 건강의 척도이다. 이렇게 중요한 자궁이 회복되는 시기가 바로 삼칠일이다. 그 기간에 산후조리를 제대로 하지 못하면 평생 출산 후유증에 시달리게 된다.

그러므로 삼칠일 동안은 산후조리원이나 친정어머니, 산후도우미에게 모든 것을 맡기고 산모는 자신의 몸을 회복하는 데만 신경을 써야 한다.

산후조리 기간에 산모가 지켜야 할 일

 안정을 취한다

몸과 마음이 지칠대로 지친 산모에게 필요한 것은 안정이다. 최소 삼칠일까지는 집안일이나 아기 돌보기를 하지 않도록 전적으로 책임지는 사람이 있어야 한다. 산후조리는 산모 혼자 하는 것이 아니므로 남편이나 다른 가족의 적극적인 도움이 필요하다. 산모 스스로도 몸과 마음을 편안하게 가지려고 애쓰면서 몸을 빨리 회복할 수 있도록 한다.

 몸을 따뜻하게 한다

산후조리의 첫째 원칙은 몸을 따뜻하게 하는 것이다. 몸 안의 온도를 높여서 땀을 개운하게 많이 흘리는 것이 좋다. 출산 후의 부기는 신장이 나빠서 생기는 병적인 부종과는 달리 몸 안에 수분이 많이 쌓여 생기는 것이므로 땀을 흘려서 빼내야 한다. 따뜻한 음식을 먹고 잠을 자면서 땀을 흘리는 것이 최고인데, 체력소모가 적은 오전 10시~12시 사이에 땀을 내는 것이 적당하다. 땀을 잘 흡수하는 면 소재로 된 얇은 옷을 여러 벌 겹쳐 입는 것이 좋고, 양말은 꼭 신는다.

찬바람은 철저히 차단한다

손발이 시리거나 저리고 무릎이 쑤시고, 허리가 아픈 산후풍을 예방하기 위해서는 찬바람을 쐬어서는 안 된다. 출산 후에는 온몸의 뼈마디가 벌어지거나 느슨해진 상태이고 땀구멍도 열려 있는 상태여서 몸을 회복하기도 전에 찬바람을 쐬면 기와 혈액 순환이 순조롭게 이뤄지지 않아 관절에 통증이 생기고 팔다리가 저리거나 시린 증세가 나타난다. 특히 관절 부위가 찬바람에 노출되지 않게 주의한다. 삼칠일 동안은 바깥출입을 삼가고 실내생활을 하는 것이 좋다.

찬음식을 피한다

몸 안의 노폐물이 빠져나간 상태인데다 치아도 약해진 이때 차가운 음식을 먹는 것은 금물이다. 치아가 들떠 있어 풍치가 생길 수 있기 때문이다. 또한 혈액 순환에 방해가 되며 소화력도 떨어뜨린다. 찬물, 차가운 음료수, 얼음, 아이스크림 모두 멀리한다.

꾸준히 좌욕을 한다

분만 방법에 상관없이 회음부 청결은 필수다. 분비물이 나오기 때문에 청결하게 하지 않으면 세균에 감염될 수 있다. 좌욕은 회음절개 부위의 염증을 막고 따끔거리는 통증도 감소시키며 치질 예방에도 효과가 높다. 좌욕은 40℃의 뜨거운 물에 엉덩이를 담그고 있는 것인데, 출산 후 12시간이 지난 후부터 하루에 1~2회, 퇴원 후에는 하루 2~3회가 적당하다. 좌욕 시간은 출산 후 1주일까지는 20분, 이후부터 4주까지는 10분 정도면 충분하다.

입욕은 4주 이후부터 시작한다

출산 후에는 땀이나 오로 같은 분비물이 많기 때문에 씻지 않고 그냥 두면 피부 상태도 나빠지고 위생상 좋지 않다. 간단한 샤워는 출산 후 3~4일이 지나면 할 수 있다. 제왕절개를 했다면 일주일쯤 지나 실을 뽑은 후에 샤워도 10분을 넘기지 않도록 하고 찬바람에 노출되지 않도록 욕실 안에 온기가 퍼진 뒤 들어가서 샤워를 하도록 한다. 샤워 후에는 오한이 들지 않도록 바로 물기를 꼼꼼히 닦아낸다. 욕탕에 몸을 담그는 것은 오로가 끝나는 6주 후부터 가능하고, 대중목욕탕 이용은 3개월이 지난 후에나 하는 것이 바람직하다.

고단백, 저칼로리를 섭취한다

산후조리의 기본은 영양 섭취다. 산욕기에 필요한 하루 열량은 2,700kcal로, 질 좋은 단백질, 비타민류, 철분, 칼슘 등을 고루 섭취한다. 수분 섭취도 중요하므로 과일과 우유 등을 충분히 섭취한다. 짜고 매운 음식이나 술과 담배는 피한다.

분만 직후부터 산후 운동을 시작한다

늘어난 복부와 골반 근육을 수축시켜 원래대로 회복시키기 위한 것이 산후 운동이다. 분만 직후 누운 자세에서 심호흡을 하면서 발목이나 손목을 움직이는 체조를 시작하여 1주일간 하나씩 운동을 더해 간다. 2주부터 무리가 없다면 횟수를 좀더 늘려서 한다. 그러나 삼칠일 동안 복부나 허리근육 운동을 너무 심하게 하게 되면 무리가 갈 수 있으므로 자신의 몸 상태에 맞게 강도를 조절한다. 푹 퍼져 있는 모습이 싫더라도 이 시기에 다이어트를 하는 것은 금물이다.

성생활은 오로가 멈추면 시작한다

오로도 끝나지 않은 상황에서 서둘러 성생활을 하다가 감염이나 회음부 봉합 부위가 찢어져 병원에 오는 일이 있다. 출산 후 6주 정도 되면 오로가 멈추는데 이때부터 성생활을 해도 된다. 산후 검진을 통해 자궁이 제대로 회복되었는지 확인한 후 의사의 허락을 받고서 성생활을 시작하는 것이 가장 안전하다.

첫 생리는 분유수유를 할 경우 6주가 지나서, 모유수유를 할 경우 대개 5~8개월 사이에 시작된다. 여기서 알아 두어야 할 것은 생리를 하지 않는다고 해서 반드시 임신이 되지 않는 것은 아니라는 점이다. 생리와 상관없이 배란이 될 수 있으므로 임신이 될 수도 있다. 그러므로 연년생을 원치 않는다면 출산 후 첫 관계를 맺을 때부터 피임을 확실하게 한다.

매일 산후조리

무엇보다 푹 쉬면서 그간 쌓였던 긴장과 피로를 푼다. 출산 후엔 신체적·정신적 변화로 때론 임신 중일 때보다 더 고달프게 느껴질 수 있다.

♥ 몸의 변화
- 자연분만의 경우 ···▶ 자궁이 어른 머리 크기로 줄어든다.
  - ···▶ 적색 오로가 나온다.
  - ···▶ 훗배앓이를 한다.
  - ···▶ 몸무게가 줄어든다.
  - ···▶ 회음부 통증이 있다.
  - ···▶ 오한이 들고 잠이 쏟아진다.
- 제왕절개의 경우 ···▶ 마취가 깨면서 통증이 심하다.
  - ···▶ 움직이기 어렵다.

♥ 산후조리 방법

● 외음부를 소독해 산욕열을 예방한다

출산 후 외음부 소독을 제대로 하지 않으면 세균이 침입하여 감염이 생길 수 있다. 감염으로 인해 열이 오르는 산욕열이 발생하지 않도록 외음부 소독을 철저히 한다. 방법은 탈지면에 과산화수소를 묻혀 질에서 항문 방향으로 닦아 낸다. 반대 방향으로 닦으면 항문 주위의 대장균 등이 분만 과정에서 생긴 상처로 침입해 염증을 일으킬 수 있으므로 주의한다.

과산화수소는 흔히 '빨간약'이라고 불리는 소독약으로 일반의약품이므로 가까운 약국에서 처방전 없이 구입할 수 있다. 산후 2주일 동안은 소독을 해 주는 것이 좋다.

● 유방 마사지로 젖몸살을 막는다

산후 일주일은 유방 건강에 아주 중요한 시기다. 출산 후부터 젖이 돌 준비를 하는데 젖이 나오지 않더라도 아기에게 물리는 것이 좋다. 산후 30분~1시간 내에 아기에게 젖을 물리면 좋다. 하루 이틀이 지나야 젖이 나오기 시작하는데 그 전에 마사지를 해 두면 젖몸살을 예방할 수 있다.

유방 마사지는 먼저, 따뜻한 타월로 유방 전체를 감싸 따뜻하게 한 다음 손바닥으로 동글동글

원을 그리듯 가볍게 마사지한다. 그런 다음 엄지와 검지로 젖꼭지 주변을 누르면서 젖을 짜내듯 마사지한다. 마지막으로 엄지와 검지로 젖꼭지를 잡아당겨 젖을 짜낸다.

젖몸살은 '유방울혈'이라고 하는데, 모유 분비를 위해 갑자기 유방에 혈액 공급이 증가되어 생긴다. 유방이 돌덩이처럼 딱딱해지고 몸에서 열이 나는 것으로 아주 고통스럽다. 유방이 딱딱해졌을 땐 아기에게 젖을 물리고 난 후 남은 젖은 유축기로 짜내야 고통이 덜하다. 단, 너무 많이 짜내면 몸이 모유 생산을 늘려야 하는 것으로 착각해 더 많은 모유가 생산될 수 있으므로 주의한다. 이 증상은 대개 3~4일 정도 지속되는데 그 후에 자연스럽게 가라앉는다.

유방울혈을 예방하려면 1~3시간 간격으로 아기에게 젖을 물리며, 젖을 물릴 때는 반드시 양쪽 젖을 다 먹이되 각각 10~20분 이상 물려서 먹이도록 한다.

만약 아기가 한쪽 젖만으로도 양이 차는 경우 다른 쪽 젖은 다 짜내도록 한다. 그래야 양쪽 젖의 분비가 자연스럽게 이루어진다.

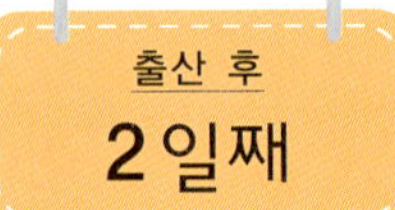

붉은색 오로와 회음부 통증이 계속된다. 좌욕을 하고 패드를 자주 갈아 세균감염을 예방한다. 노란 초유가 살짝 비칠 수도 있고, 얼굴이나 손 등의 부기가 조금씩 빠지기 시작한다.

💟 몸의 변화

- 자연분만의 경우
  - ⋯ 소변과 땀이 많아진다.
  - ⋯ 회음절개 부위가 여전히 아프다.
  - ⋯ 무기력한 느낌이 든다.
  - ⋯ 얼굴이나 손 등의 부기가 빠진다.
  - ⋯ 빠르면 초유가 나온다.
  - ⋯ 식욕이 왕성해진다 .
- 제왕절개의 경우
  - ⋯ 미열이 날 수 있다.
  - ⋯ 소변줄을 제거한다.
  - ⋯ 통증이 계속된다.
  - ⋯ 젖이 돌기 시작한다.
  - ⋯ 금식이 계속된다.

💟 산후조리 방법

● **하루 세 번 유방 마사지를 한다**

젖이 돌기 시작하므로 하루 세 번 정도 유방 마사지를 꾸준히 한다. 유방 마사지를 하면 유방의 통증을 줄일 수 있고 유즙 분비를 좋게 해 준다.

● **꾸준히 좌욕을 한다**

출산이 끝난 후부터 좌욕을 꾸준히 해 줘야 한다. 특히 자연분만을 했을 경우에는 회음부 절개 부위의 염증 예방과 통증 완화를 위해서 좌욕을 해 주는 것이 더 중요하다. 좌욕을 하면 대소변이나 출혈 등으로 더러워진 회음부를 깨끗이 씻어 회복을 빠르게 하므로 대부분의 산모가 경험하는 치질 예방에도 효과가 높다.

좌욕은 엉덩이가 충분히 들어갈 정도의 넓은 세숫대야를 이용하여 상체와 다리는 밖으로 내 놓은 채 배꼽 아래 엉덩이만 담그는 목욕법이다. 40~42℃ 온도의 물에 10~20분 정도 담그고 있 으면 되는데 너무 자주 하면 항문이 짓무르므로 하루에 10회 이상 하는 것은 피한다. 좌욕 물에는 병원에서 주는 소독약 외에 그 어떤 것도 섞어서는 안 된다.

좌욕이 끝난 다음에는 마른수건으로 부드럽게 닦거나 헤어드라이어로 잘 말린다. 대개 6주, 즉 오로가 끝나는 시기까지 하루 2~3회 꾸준히 하면 좋다. 좌욕은 여성의 요통과 생식기 질환에 도 효과가 있는데 특히 생리통과 자궁질환에 시달리는 여성들에게 좋은 치료 방법이다.

● 산욕기 체조와 걷기 운동을 한다

충분히 휴식을 취한 산모는 마음의 안정을 찾는다. 몸이 어느 정도 가벼워졌다면 산욕기 체조 를 한다. 처음부터 무리한 자세나 운동은 피하고 누워서 할 수 있는 손목 돌리기, 발목 움직이기 정도가 적당하다. 가볍게 걷는 것도 도움이 된다. 출산 후 24~28시간 이내에 걸으면 산모의 방광 이나 장의 기능을 촉진해 주고 산후합병증도 예방할 수 있다.

● 가급적 빨리 젖을 물린다

병원에 따라 퇴원 후부터 젖을 물리게 하는 곳이 있지만 가급적 빨리 아기에게 젖을 물리는 것 이 좋다. 아직 젖이 분비되지는 않기 때문에 하루 두 번 정도 아기에게 젖을 빠는 연습을 시킨다.

● 상체를 약간 높인 자세로 눕는다

산후에는 빈혈이 생기기 쉬우므로 누워 있을 때 상체를 약간 높여 주는 것이 좋다. 병원 침대 는 높낮이 조절이 가능하므로 상체 부분을 높여 준다. 그러면 어지럼증이나 두통을 줄일 수 있다. 이때 양쪽 무릎은 가볍게 세우고 눕는다. 오로가 잘 나오게 하고 자궁수축을 도와주는 효과가 있 으며 출산 후 골반이 벌어지는 것을 예방한다.

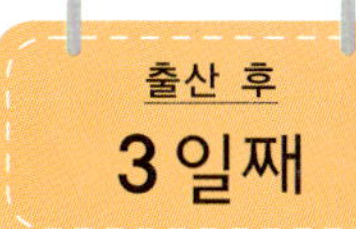

훗배앓이가 어느 정도 사라지면서 몸 상태가 편안해진다. 자연분만을 한 경우 병원에서 퇴원하는 날이기도 하다.

💜 몸의 변화

- 자연분만의 경우 ⋯▶ 자연분만을 한 산모는 퇴원하는 날이다.
  - ⋯▶ 유방이 커지고 체온이 올라간다.
  - ⋯▶ 배가 처진다.
  - ⋯▶ 보이지는 않지만 자궁이 배꼽과 치골이 결합하는 중간 정도로 내려온다.
  - ⋯▶ 회음절개 부위의 통증이 조금 죄는 듯한 느낌으로 남아 있지만 많이 부드러워진다.
  - ⋯▶ 여전히 붉은색 오로가 나온다.

● 제왕절개의 경우　⋯▶ 가스가 나와 식사를 할 수 있다.
　　　　　　　　　　⋯▶ 통증이 어느 정도 가라앉는다.

🌿 산후조리 방법

● **가벼운 샤워를 하되 머리는 샤워기를 이용해 서서 감는다**

　몸 상태가 좋다면 산후 3일 정도부터 가볍게 샤워를 해도 된다. 감기나 산후풍에 걸리지 않도록 따뜻한 물로 하루 1~2회 샤워를 한다. 머리는 3일 이후부터 감되 쭈그리고 앉아서 감으면 회음부에 무리를 줄 수 있으므로 샤워기를 이용하여 서서 감는다. 목욕은 4주 이후부터 하도록 하고 앉아서 머리를 감는 것도 이때부터 하는 것이 좋다.

● **철분과 단백질이 풍부한 식품을 섭취한다**

　빈혈 예방을 위해 철분과 단백질을 충분히 먹는다. 철분이 풍부한 식품으로는 간, 콩팥, 쇠고기, 양, 달걀노른자, 견과류, 푸른잎채소, 콩가루 등이 있다. 커피나 녹차, 홍차 등에는 철분 흡수를 방해하는 타닌이 들어 있으므로 피하는 것이 좋다.

● **수분 섭취를 충분히 한다**

　소화가 잘되는 식품으로 조금씩 자주 먹으면서 충분한 수분 섭취를 하도록 한다. 모유수유를 할 경우 자주 갈증을 느끼게 되는데 하루에 3000ml 이상의 수분을 섭취해야 젖이 잘 분비되고 변비도 예방할 수 있다.

● **칫솔질에 주의한다**

　출산을 하고 나면 치아도 약해진 상태라 딱딱하거나 질기고, 차가운 음식은 삼가는 것이 좋다. 자칫 치아에 균열이 가거나 풍치가 올 수 있기 때문이다.

　임신을 하면 에스트로겐이라는 여성호르몬이 증가하는데 이로 인해 입 안의 세균들이 증식하여 혈관벽이 손상을 입게 된다. 때문에 작은 자극에도 잇몸이 쉽게 붓고 염증이 발생하게 되는 것이다. 그러므로 산후에는 잇몸과 치아에 무리가 가지 않도록 부드러운 칫솔모를 사용해 이를 살살 닦도록 한다.

　훗배앓이나 회음부 통증이 사라지면서 몸이 편해진다. 제왕절개를 한 산모의 경우 수술 부위의 통증이 가라앉는다. 찬바람을 쐬지 않도록 조심하고 땀을 충분히 내면서 휴식을 취하는 것이 바람직하다.

🌿 몸의 변화

● 자연분만의 경우　⋯▶ 오로가 적색에서 갈색으로 바뀐다.
　　　　　　　　　　⋯▶ 모유 분비가 많아진다.
　　　　　　　　　　⋯▶ 산후우울증이 올 수 있다.
　　　　　　　　　　⋯▶ 자궁이 눈에 띄게 작아진다.
　　　　　　　　　　⋯▶ 임신선과 정맥류가 엷어진다.

● 제왕절개의 경우 ⋯▶ 수술 부위의 통증이 많이 사라진다.

⋯▶ 산후우울증이 심하고, 오래 갈 수 있다.

⋯▶ 배변이 시작된다.

⋯▶ 초유가 분비된다.

💜 산후조리 방법

● 몸을 따뜻하게 한다

출산 후에는 몸을 따뜻하게 해서 땀을 내는 것이 좋다. 땀이 나면 몸 안의 노폐물이 빠지면서 신장의 부담이 줄어든다. 그런데 찬바람을 쐬면 말초신경이 응고돼 노폐물이 빠지지 않고 그대로 굳게 된다. 특히 아랫배와 외음부를 따뜻하게 해야 하며 손목과 발목도 찬바람을 쐬지 않도록 주의한다. 잘 때도 양말을 신고서 자는 것이 좋으며 여름이라도 가벼운 이불을 덮도록 한다. 아무리 더워도 선풍기나 에어컨은 멀리해야 하며 삼칠일까지는 긴 소매에 발목까지 내려오는 옷을 입는다.

● 허리에 무리가 가지 않게 한다

출산을 경험한 여성들이 호소하는 통증 1순위가 요통이다. 산욕기 때 허리를 조심하지 않으면 요통으로 이어지므로 조심해야 한다. 무거운 것을 든다든지, 구부리는 자세를 피한다. 젖을 물리는 자세가 잘못되었을 때도 허리에 무리가 가기 쉬우므로 올바른 수유 자세를 익혀 둔다.

● 산후 1주일까지는 집안일을 하지 않는다

자연분만한 산모는 산후 1주일간 가만히 누워서 휴식을 취하면서 가볍게 산후체조를 해주는 정도로만 움직이는 것이 좋다. 집안일은 당분간 주변사람들의 도움을 받는다. 가벼운 집안일은 최소 2주일 후에나 한다.

● 복부 마사지를 한다

임신으로 커졌던 자궁이 원래 크기로 돌아오는 기간 동안 자궁이 자리하고 있던 복부에 지방이 채워지지 않게 복부 마사지를 해주면 좋다. 복부 마사지는 배에 탄력이 생기게 하고 신진대사를 촉진해 부종과 복부 비만을 예방하며 오로가 잘 나오게 하고 자궁수축에도 도움이 된다.

출산 4~5일부터 1주일간은 약하게 하고 그 후 2~3주 동안은 몸 상태를 봐가며 세게 하는데, 배에 손을 얹고 시계 방향으로 부드럽게 원을 그리듯 16~20회 정도 반복하며 마사지한다.

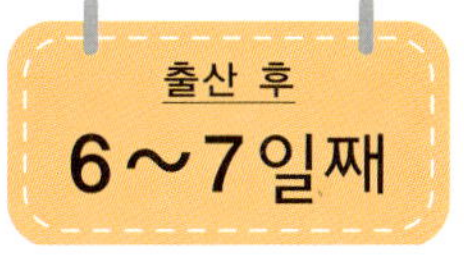

제왕절개한 산모가 퇴원하는 날. 몸의 통증이 많이 가라앉고 오로 양도 급격히 줄어들며 모유 색도 뽀얗게 변해 성숙유가 나오기 시작한다. 여전히 충분한 휴식이 필요하다.

💜 몸의 변화

● 자연분만의 경우 ⋯▶ 자궁의 크기가 작아진다.

⋯▶ 젖몸살이 가라앉는다.

⋯▶ 소변의 횟수와 양이 정상으로 돌아온다.

··▶ 머리카락이 많이 빠진다.

··▶ 뽀얀 젖이 나온다.

··▶ 갈색 오로가 나오지만 눈에 띄게 양이 줄어든다.

··▶ 부기가 많이 가라앉는다.

··▶ 회음절개 부위가 아물어 똑바로 앉을 수 있다.

● 제왕절개의 경우 ··▶ 수술 부위가 거의 아물고 통증도 거의 사라진다.

··▶ 오로의 색이나 양에 주의를 기울인다.

💜 산후조리 방법

● 유두에 상처가 생기지 않게 주의한다

아기에게 젖을 물리기 시작한 첫 주에 상처가 나기 쉽다. 아기가 젖꼭지를 당겨 쓰리고 아플 수 있는데 잘못된 수유 자세가 원인일 수도 있다. 가장 이상적인 수유 방법은 아기를 편안하게 안은 다음 가운뎃손가락과 집게손가락으로 젖꼭지를 가볍게 잡아 아기의 입술 근처에 대 준다. 이때 젖꼭지의 검은 부분, 즉 유륜까지 깊숙이 물려야 한다. 젖꼭지가 입 속 깊숙이 물려 있어야 입과 젖꼭지 사이에 마찰이 생기지 않아 아프지 않다.

● 산욕기 체조를 적극적으로 한다

산후 1주일 전까지는 몸이 제대로 회복된 상태가 아니므로 한 동작씩 단계별로 해왔다면 1주일 이후부터는 좀더 적극적으로 시작해도 좋다. 그러나 아직도 무리를 하면 안 되므로 주의를 기울일 필요는 있다. 출산 직후에는 5분 정도로 시작해서 서서히 운동 시간과 강도를 늘려간다.

● 땀이 날 때까지 푹 잔다

산모를 괴롭히는 산후 부기나 스트레스를 해소하려면 잠을 충분히 자야 한다. 땀이 날 때까지 푹 자야 산후조리에 도움이 된다. 그렇다고 두꺼운 이불을 덮거나 두꺼운 옷을 입어서, 또는 뜨거운 방바닥에 누워 몸을 뜨겁게 해서 억지로 땀을 빼는 것은 곤란하다. 외부 온도를 높여서 땀을 내면 몸이 지치고 체력이 떨어진다. 요즘 산모들은 찜질방에 가서 땀을 내기도 하는데 이 또한 별 도움이 안 된다. 찜질방이나 사우나는 산욕기가 지난 후에 가는 것이 좋다. 감기에 걸렸을 때 약을 먹고 푹 자고 일어났을 때처럼 개운한 땀이 나야 한다.

● 남편의 도움을 받는다

아기를 낳고 기르는 일이 모두 아내의 몫이라고 생각했던 과거의 남편들과는 달리 요즘 남편들은 평소에도 집안일을 많이 하고 육아에 대한 관심도 높다. 임신과 출산 과정도 아내와 함께하기 위해 애쓴다. 산후조리 기간은 두말할 나위도 없다. 출산 후 휴식이 필요한 아내를 위해 자발적으로 집안일을 하고 밤에 깨서 우는 아기를 달래는 일도 맡아서 한다.

만약 남편이 무심하다면 좀더 적극적으로 자신의 상태를 알리고 이 기간을 어떻게 보내야 좋은지 이야기하고 남편이 할 수 있는 일을 정리해 준다. 남편의 도움 없이는 집에서 편안한 휴식을 취할 수가 없기 때문이다. 출산 후 3주까지는 무리한 일은 절대 피해야 한다.

몸이 한결 가벼워져 이제 무엇이든 할 수 있을 것 같은 기분이 들겠지만 아직은 충분한 휴식을 취해야 한다. 자칫 방심했다간 두고두고 쑤시고 시리고 저리는 산후풍에 시달릴 수 있음을 잊지 말자.

몸의 변화

⋯▸ 자궁이 골반 안으로 들어간다.
⋯▸ 오로가 황색으로 바뀐다 .
⋯▸ 변비가 생길 수 있다.
⋯▸ 모유 분비량이 일정해진다.
⋯▸ 산후우울증이 심해질 수 있다.

산후조리 방법

● 앉아 있는 시간을 늘린다

전체적으로 몸이 회복되면서 홀가분한 느낌이 든다. 그렇다고 함부로 몸을 움직이기에는 아직 이르다. 산후 1주간 대체로 누워서 생활을 했다면 이제부터는 일어나 앉아 있는 시간을 조금씩 늘린다. 아직 집안일이나 아기 돌보기를 본격적으로 하는 것은 무리이므로 기저귀를 갈고 수유를 할 때 빼고는 아기를 오래 안고 있지 않는다. 손목과 팔에 무리가 갈 수 있기 때문이다. 2주째도 충분히 안정을 취하고 영양 섭취에 신경을 써야 한다.

● 찬바람을 쐬지 않는다

몸이 가벼워졌다고 해서 외출이나 산책을 하는 것은 무리다. 산모의 몸에 수분이 많기 때문에 찬 기운에 노출되면 몸 안의 수분이 뭉쳐 산후풍을 유발할 수 있다. 누워 있기 지루하면 집 안을 가볍게 왔다 갔다 하면서 몸을 움직인다.

● 오로처리나 좌욕을 꾸준히 한다

오로의 양이 많이 줄어들지만 여전히 나오고 있으므로 세심한 관리가 필요하다. 패드를 자주 갈아 주고 좌욕을 꾸준히 한다. 아침저녁으로 좌욕을 해 주면 된다.

● 자기 전에 따뜻한 물로 샤워한다

아직 목욕을 하는 것은 안 되지만 샤워는 가능하다. 잠자기 전 따뜻한 물로 샤워를 하면 혈액순환에 도움이 된다. 오래 하는 것은 오히려 안 하느니만 못하므로 10분 정도로 짧게 끝낸다. 샤워기의 수압을 이용해 마사지하듯 몸에 물을 뿌리면 땀의 배출도 원만하게 되고 숙면을 취하는 데도 도움이 된다.

● 통풍이 잘되는 면 소재의 옷을 입는다

땀을 많이 흘리므로 땀 흡수가 잘되는 면 소재 옷을 입는다. 속옷 또한 땀과 분비물이 잘 흡수되는 것으로 헐렁하고 넉넉한 것이 좋다. 모유수유 시 한쪽 젖을 물리는 동안 다른 쪽에서 젖이 흐를 수도 있고 젖이 불어 모유가 흘러내릴 수도 있으므로 수유용 브래지어를 하고 안에 패드를 착용한다. 젖은 패드를 오래 하고 있으면 딱딱하게 굳어서 유두에 상처가 날 수 있으므로 패드를 자주 갈아 준다.

● **따뜻한 음식을 먹는다**

산욕기에 필요한 하루 열량은 2,700kcal. 질 좋은 단백질과 철분, 칼슘, 비타민을 적극적으로 섭취한다. 아기에게 젖을 먹이는 동안은 영양 섭취에 각별히 신경을 써야 한다. 음식을 먹을 때도 따뜻한 음식을 먹어서 몸에서 자연스럽게 열이 나게 한다. 몸의 내부 온도를 높여서 땀을 내야 부기가 잘 빠진다.

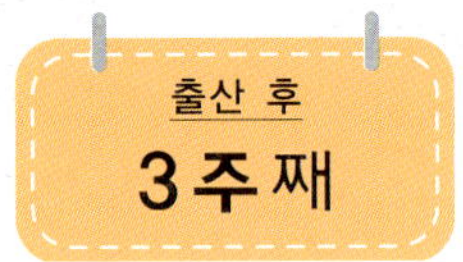

삼칠일의 마지막 주간이다. 지금까지 잘해왔듯이 남은 일주일도 산후조리에 신경을 쓴다. 삼칠일은 오롯이 자신의 몸을 돌보는 최소한의 시간이므로 최대한 휴식을 취해서 예전의 몸 상태로 돌려놓도록 한다.

몸의 변화

···▶ 질이나 회음부의 부기가 가라앉는다.

···▶ 황색 오로가 거의 없어진다.

···▶ 질의 탄력성이 떨어진다.

···▶ 심한 피로감을 느낀다.

산후조리 방법

● **산후 보약은 오로가 멈춘 후에 먹는다**

출산 후 어느 정도 기간이 지나고 산후조리도 열심히 했으나 몸이 여전히 허약하다면 산후 보약을 먹는 것도 고려해 본다. 산후 보약은 오로가 멈추는 이 시기부터 먹는 것이 원칙이다. 산후 초기부터 시작하고 싶다면 생화탕으로 자궁수축을 도운 후 몸을 보충해 주는 '보허탕' 이나 '팔물탕' 을 먹는다. 산후 보약은 허약해진 몸을 보호하고 산후 트러블을 예방하는 효과가 있다. 산후 보약을 먹은 후에는 잠을 충분히 자서 땀을 내면 좋다.

● **가벼운 집안일과 아기 돌보기가 가능하다**

지금까지는 아기에게 젖을 먹이는 일 외에 모든 일을 다른 사람에게 맡겼다면 이제부터는 조금씩 아기 돌보기를 해도 된다. 기저귀를 가는 것부터 잠깐씩 아기를 달래는 일, 옷 입히기, 목욕 시키기를 한다. 간단한 청소나 빨래 개기, 화분 물 주기 등의 집안일도 몸에 무리가 가지 않는 한도 내에서 조금씩은 해도 된다. 하지만 아직도 집안일과 아기 돌보기의 주체는 친정어머니나 산후도우미 등임을 잊어서는 안 된다.

● **평균 8시간은 수면을 취하고 낮잠도 2시간씩 챙긴다**

한밤중에도 일어나 아기에게 수유를 해야 하기 때문에 산모는 잠이 부족하다. 그러므로 밤이든 낮이든 아기가 잘 때는 같이 자고 혼자 놀 때는 옆에 누워 틈틈이 휴식을 취하도록 한다. 하루 평균 8시간은 자도록 하고 낮잠도 2시간 정도는 자는 것이 좋다. 너무 많이 자도 혹은 너무 적게 자도 피곤하므로 적당한 수면시간을 찾는 것이 중요하다.

● **가벼운 산책이나 조깅을 한다**

찬바람이 부는 날이 아니라면 남편의 부축을 받아 산책을 시작한다. 몇 주간 집에서만 지내왔기 때문에 기분 전환이 필요하다. 천천히 걸으면서 맑은 공기를 마시고 자연을 즐기다 보면 우울증도 막을 수 있다. 이때 피곤하지 않을 정도로만 걷는다. 지금까지 산후 체조를 꾸준히 해 왔다면 차츰 빠른 걸음으로 가벼운 조깅도 할 수 있을 정도가 된다. 그러나 복부나 허리근육을 무리하게 움직이면 자궁이 과다수축해 심한 복통이 생길 수 있으므로 주의한다.

산후 검진을 통해 몸이 제대로 회복되고 있는지 확인할 수 있다. 대개 4주 정도가 되면 몸이 어느 정도 회복이 되므로 일상생활을 할 수 있게 된다. 하지만 피로하지 않도록 신경을 쓴다.

몸의 변화

···▶ 오로가 없어지고 흰색의 분비물이 된다.
···▶ 산후 검진으로 몸의 회복 여부를 체크한다.
···▶ 눈이 쉽게 피로해진다.

산후조리 방법

● **목욕이 가능하다**

욕조에 물을 받아놓고 입욕을 할 수 있다. 하지만 많은 사람들이 이용하는 대중목욕탕은 산후 3개월이 지날 때까지 가지 않는다.

● **서서히 일상생활로 돌아간다**

이제 혼자서 본격적으로 아기를 돌보고 집안일을 챙긴다. 거의 대부분의 집안일을 할 수 있을 정도로 몸이 회복되었지만 그래도 아랫부분에 힘이 들어가는 일은 하지 않는다. 무거운 짐을 들거나 오래 서서 해야 하는 일은 관절에 무리를 주므로 남편에게 도움을 청한다.

● **요통 방지에 수영이 효과가 있다**

관절에 무리를 주지 않고 할 수 있는 운동이 수영이다. 그래서 산모들에게 특히 권장되는 운동이다. 산후에 흐트러진 몸매를 바로잡고 요통을 예방하는 데 효과적이다. 그러나 물에 들어가야 하므로 오로가 끝나고 회음 절개 부위가 완전히 아물어 감염의 위험이 없을 때, 즉 산후 4~6주가 지나서 시작한다.

● **모유 양이나 횟수 등이 적당한지 체크한다**

많은 산모들이 자신들의 모유가 부족하다고 생각한다. 하지만 대개는 아기에게 필요한 만큼 충분한 양을 만들어 내고 있다. 유방 조직이나 호르몬에 장애가 있어서 젖의 양이 부족할 수 있는데 이런 엄마는 소수에 불과하다. 아기에게 젖을 자주 물리다 보면 젖의 양은 늘어난다. 빨면 빨수록 늘어나기 때문이다.

따라서 젖의 분비량이 늘기를 원하면 아기가 오래, 자주 빨 수 있게 한다. 또한 수유 후 아기가 남긴 젖이 유방에 고여 있으면 유선세포를 압박해 젖 분비가 감소되므로 남은 젖은 짜내는 것이 좋다. 모유 분비가 잘되도록 유방 마사지를 꾸준히 하고 충분한 휴식을 통해 스트레스가 쌓이지 않도록 한다.

● 아기의 체중변화와 변 상태로 모유가 충분한지 알아본다

모유가 충분한지 알아보는 데는 세 가지 방법이 있다. 먼저 아기가 젖을 빠는 상태이다. 꿀꺽 꿀꺽 넘어가는 소리가 들리면서 입 가장자리에 젖이 넘치면 듬뿍 나오고 있다는 증거. 아기는 젖을 빨 때보다 삼키는 데 시간이 더 걸리기 때문이다. 젖을 삼키려고 몇 초간 빠는 것을 멈추고 쉬는 것을 계속하면 젖이 잘 나오고 있다고 볼 수 있다.

둘째, 아기의 체중변화이다. 아기의 체중을 1주일 단위로 재 보아 평균 증가량과 비교해 본다. 한 달에 평균 0.5~1kg씩 꾸준하게 증가하면서 보채지 않고 잘 논다면 안심해도 된다.

셋째, 아기의 변 상태이다. 처음 몇 주 동안은 아기가 변을 보지 않을 수도 있고 너무 자주 변을 볼 수도 있다. 중요한 것은 아기가 잘 먹고 잘 논다면 하루에 10회 정도 변을 보아도 이상이 없다는 것이다. 소변의 경우 하루 6회 이상 보고 색이 옅으면 아무 문제가 없다.

임신과 한약

임신 중에 가벼운 감기나 소화불량 등이 나타날 때 민간요법이나 한약으로 증세를 다스릴 수 있는 방법이 있다. 하지만 모든 한약이 안전한 것은 아니며, 임신 중에는 쓰면 안 되는 약도 있으므로 반드시 한의사와 상의하여 처방을 받는다.

● **입덧을 덜어주는 한약** … 입덧이 심할 때는 보생탕(保生湯), 이진탕(二陳湯) 등을 처방한다. 민간요법으로는 오수유 열매 달인 물(오수유 3g+물 2컵)이나 모과 달인 즙(모과 1개+물 1/2컵), 생강구이(얇게 썬 생강), 매실차, 말린 귤껍질차(진피 5~6g+물 2컵) 등이 효과가 있다.

● **태동에 이로운 한약** … 태동에는 임신 중에 나타나는 모든 질병의 기본 처방인 안태음(安胎飮), 보중익기탕(補中益氣湯)을 주로 쓴다.

● **태루(유산)에 좋은 한약** … 출혈과 함께 배가 아프고 아랫배의 긴장감이 나타나는 태루에는 교애궁귀탕(膠艾芎歸湯), 교애사물탕(膠艾四物湯)류를 쓴다. 민간요법으로는 검은콩꿀조림(검은콩 1컵+꿀 2큰술+물 5컵)이나 파뿌리 달인 즙(파뿌리 20개+물 20컵 넣고 5컵이 될 때까지 졸인다), 목이버섯가루(목이버섯 30g을 뜨거운 물에 타서 마신다), 차조기 달인물 등이 효과가 있다.

● **빈혈에 좋은 한약** … 임신 빈혈에 철분제와 함께 한약을 복용하면 소화장애도 없어지고 빈혈이 빠르게 개선된다. 한의원에선 형방패독산(荊防敗毒散), 형방지황탕(荊防地黃湯), 태음조위탕(太陰調胃湯), 열다한소탕(熱多寒少湯) 등을 처방한다.

● **임신중독증을 치료해 주는 한약** … 임신중독증일 때는 염분을 제한하고 고단백·저에너지의 식생활을 한다. 민간요법으로 수박껍질 달인 물이나 잉어찜, 으름덩굴 달인 즙(덩굴 말린 것 10g+물 3컵), 늙은 호박 삶아 짠 즙 등이 좋다.

● **순산을 돕는 한약** … 임신 후기에는 건강한 출산을 위해 달생산(達生散), 궁귀탕(芎歸湯), 자소음(紫蘇飮), 불수산(佛手散)을 쓰고 분만에 임박하면 자소음(紫蘇飮), 단녹용탕(單鹿茸湯), 불수산, 곽향정기산(藿香正氣散)을 써서 분만을 촉진한다.

충분한 휴식과 영양을 섭취하고 땀을 내는 등 산후조리를 잘해 온 경우, 이맘때쯤이면 자신의 몸이 임신 전으로 돌아간 것을 느낄 수 있을 것이다. 성생활을 다시 시작하고 본격적인 몸매관리에 돌입할 수 있는 시기다.

몸의 변화

- ⋯ 처진 배가 상당히 제자리를 찾는다.
- ⋯ 생리를 시작한다.
- ⋯ 자궁이 회복된다.
- ⋯ 성생활을 시작할 수 있다.

산후조리 방법

피임을 시작한다

첫 성관계를 가질 때부터 꼭 피임을 해야 한다. 모유수유를 할 경우 한동안 생리가 나오지 않기 때문에 임신이 되지 않는다고 생각하는 경우가 있는데, 이는 잘못된 상식이다. 생리가 없어도 배란이 될 수 있어 임신이 될 수 있다. 출산 후 월경을 하기 전에 난소의 기능이 회복되어 배란을 하고 그 첫 배란에서 수정이 되면 임신이 이루어진다.

아기와 외기욕을 즐긴다

일광욕과 외기욕은 아기 건강에 도움이 될 뿐 아니라 산모의 기분 전환에도 도움이 된다. 특히 아기에게 태열이 있을 때는 약을 바르기보다 햇볕으로 자연소독을 해 주는 것이 좋다. 단, 엄마나 아기 모두 자외선에 노출되지 않아야 한다. 햇볕이 강하지 않은 시간대를 골라 나가고 모자를 쓰거나 엄마는 자외선 차단제를 바르고 외출한다.

다이어트를 시작해도 된다

아무리 늦어도 6개월 이내에는 임신 전 체중을 되찾는 것이 좋다. 6개월이 지나면 불어난 몸무게가 그대로 고착될 수 있기 때문에 살을 빼기가 쉽지 않다. 그렇다고 굶거나 무리한 운동을 하는 것은 산모나 아기의 건강을 해칠 수 있으므로 피한다. 또 산욕기에 다이어트를 감행할 경우 산후풍 등 산후 후유증에 시달릴 수 있다. 모유수유를 하는 경우 감량에 신경 쓰지 않아도 대개 6개월이면 예전의 몸무게로 돌아온다. 수유는 많은 열량을 소모하기 때문에 저절로 감량이 된다.

다이어트는 산욕기 동안 충분히 체력을 보강한 다음 산욕기가 끝나는 6주경부터 서서히 시작해 3~6개월 사이에 본격적으로 하는 게 좋다. 칼로리 높은 음식을 자제하고 영양가 높은 음식을 먹으며 운동을 꾸준히 하여 몸매 관리를 한다.

자유롭게 외출할 수 있다

산후조리 마무리를 잘 끝내고 몸이 예전의 상태로 돌아오는 시기. 집 안에서 아기와만 있다 보면 정신적으로 우울해질 수 있고 육체적으로 운동량이 부족해질 수 있다. 이제부터는 자유롭게 외출을 해도 좋으므로 친구들과 즐거운 시간을 보내거나 아기와 함께 외출을 할 수 있다.

행복한 모유수유

유방과 모유

모유수유를 하면 처음 몇 주 동안은 육체적으로 힘들 수 있다. 모유수유를 제대로 하려면 시간이 걸리고 아기에게 수유를 하고 돌아서서 좀 쉬려고 하면 아기가 다시 모유를 먹으려 하는 것 같은 느낌이 들 것이다. 그러나 지금 시간을 투자하면 앞으로 시간을 절약할 수 있다. 젖병에 분유를 타는 것은 모유를 먹이는 것만큼 빠르고 편리하지 않으며, 한밤중이나 외출할 때 특히 그렇다. 모유수유를 꼭 익혀야 할 기술이라고 생각하자.

유방의 구조

여성의 유방은 모유를 생산하도록 만들어져 있다. 각 유방 안에는 약 20개의 소엽이 있고 각각 독자적인 유관 계통을 가지고 있다. 주된 유관은 더 가는 유관으로 갈라지며 그 끝에는 유포라고 하는 모유를 생산하는 세포 덩어리가 있다. 유관은 소량의 젖이 일시적으로 고여 있는 팽대부라고 하는 저장소로 넓어졌다가 유두에서 모인다. 근육 세포가 유포를 둘러싸고 있다.

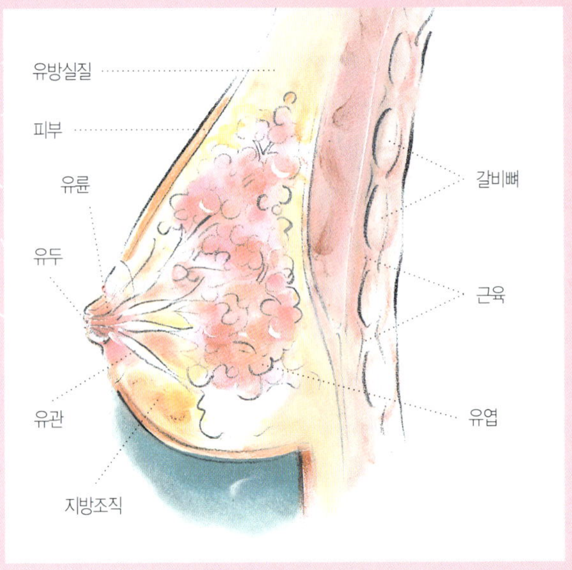

모유가 형성되는 과정

모유의 생성은 아주 경이로운 작업이라고 해도 과언이 아니다. 모유를 생산하기 위해서는 무수한 과정들이 진행된다. 그것은 유선세포에서 시작하여 호르몬을 거쳐 심리 상태에까지 이르는 거대한 과정이다.

모유의 생산 조건

아기가 젖을 빨아 신경 말단을 자극하면 신경이 프로락틴과 옥시토신이라는 두 가지 호르몬을 분비하도록 뇌에 메시지를 전달한다. 프로락틴은 유포를 자극해서 모유를 더 많이 생산하게 하고, 옥시토신은 유포 주변의 근육 세포를 수축시켜 아기의 입이 닿은 저장소에 젖을 짜놓는다. (이렇게 젖을 짜는 것을 유즙 사출 반사라고 한다.)

아기가 젖을 많이 빨수록 모유가 더 많이 생산된다. 수요와 공급의 원리가 적용되는 간단한 사례라고 할 수 있다.

❤ 조건 1 ··· 유방

포도알갱이 모양의 유엽에서 모유가 생산된다

유방에는 각각 15~20개의 유엽(乳葉)이 있다. 유엽은 별 모양의 실타래처럼 생겼으며, 가슴을 거쳐 유두로 향한다. 각각의 유엽은 여러 개의 유선 조직(Alveoli)으로 이루어져 있는데, 이 조직은 포도송이처럼 유엽에 붙어 있으며, 유선과 연결된다. 이 '포도송이'에는 10~100개 정도의 '포도알갱이'가 달려 있다.

모유는 이 각각의 포도알갱이에서 생산된다. 이 포도알갱이는 옥시토신 호르몬에 의해 자궁 수축을 자극하는 근육층에 둘러싸여 있다. 옥시토신 호르몬이 자궁을 수축시키면 각 포도알갱이에서 모유를 생산해 미세한 유선을 통해 젖샘으로 밀어낸다. 그리고 유선을 타고 유두 방향으로 이동한다.

각 유선에서 흘러 들어온 모유는 유두 바로 밑에 있는 작은 저장고인 유관동에 모인다. 유관동은 유륜 밑에 존재하며 상당히 많은 양의 모유를 저장할 수 있다. 아기가 젖꼭지와 유륜을 입에 물면 혀와 턱관절을 이용해 모유를 빨아먹는다.

❤ 조건 2 ··· 호르몬의 작용

프로락틴 호르몬의 왕성한 활동으로 모유 생산이 촉진된다

이미 임신 기간에 모유생성세포를 발달시키는 여러 호르몬이 분비된다. 이 호르몬들은 분만 며칠 전 혹은 몇 주 전에 초유(colostrum)를 생성한다. 분만 후에는 프로락틴 호르몬 활동이 더욱 왕성해지는데 젖을 먹이면 프로락틴 생산이 촉진된다.

아기가 젖을 먹기 시작하면 바로 유두 신경이 뇌하수체에 옥시토신 호르몬을 분비하라는 신호를 보낸다. 옥시토신은 모유생성세포를 수축하게 하고 모유가 유선을 통해 유출되게 해 준다.

단계별 모유의 유형과 성분

모유는 혈액과 비슷한 성분이지만, 적혈구가 없다. 그 대신 모유에는 아기의 신체기관을 질병으로부터 보호하는 백혈구가 들어 있다. 그 외에도 면역보호성분, 효소, 호르몬과 아기의 건강

한 발달을 촉진시키는 기타 활성물질이 함유되어 있다. 또 비타민, 무기질, 미량요소가 풍부하므로, 산모는 임신 때와 마찬가지로 영양에 신경을 써야 한다. 모유의 성분은 항상 일정한 것이 아니라, 아기의 성장과 요구에 따라 조금씩 달라진다.

유형 1 ··· 초유(colostrum)

처음 며칠 동안 나오는 모유로, 단백질과 항체가 풍부하고 매우 진하다

사실, 아기에게 처음 초유를 먹일 수 있는 양은 1티스푼 정도밖에 되지 않는다. 초유는 아기의 내장을 채우고 유해한 박테리아로부터 아기를 보호한다. 초유는 점차 양이 줄어들어 3~5일 후에는 본격적으로 모유가 나온다.

초유는 이미 임신 말기에 생성되므로 분만 후 곧바로 아기에게 먹일 수 있다. 초유는 크림처럼 걸쭉하고 연한 노란색을 띤다. 초유의 양은 아주 적지만 영양소가 아주 풍부하므로 생후 첫 며칠간 아기에게는 충분하다.

초유에는 나중에 나오는 모유보다 단백질, 비타민 A·B·E와 아연 같은 무기질이 훨씬 많이 들어 있으며, 지방과 유당은 적게 들어 있다. 게다가 초유는 설사제 효과가 있어 태변을 빨리 배출하게 하므로 소화기를 깨끗하게 해 준다.

유형 2 ··· 이행단계 모유(transitional milk)

초유가 희석되어 나오는 모유로, 형태는 걸쭉해지고 영양성분은 조금 떨어진다

모유가 가슴에서 계속 생성되면서 초유가 희석되어 이행단계의 모유가 된다. 이 시기의 모유는 덜 걸쭉하며, 단백질과 항체의 함유량도 약간 낮아진다.

유형 3 ··· 성숙유(mature milk)

분만 후 약 2주일이 지난 후 생산되는 모유로, 수분의 양이 많다

성숙유에는 수분의 양이 많으며 지방, 단백질, 유당, 비타민, 무기질이 잘 혼합되어 있다. 성숙유는 다시 전유와 후유로 나뉜다. 아기가 젖을 입에 물자마자 나오는 것은 전유이다. 전유는 열량이 적고, 수분이 풍부하여 아기의 목마름을 충족시켜 준다. 몇 분이 지나면 열량이 두 배로 높은 후유가 나오며, 아기의 배고픔을 채워 준다.

전유(foremilk) 저장소에 저장되어 있다가 수유 초반에 나온다. 양이 많고 아기의 갈증을 해소해 준다.

후유(hindmilk) 젖먹기가 끝날 때쯤 전유에 이어서 나온다. 영양이 풍부하고 크림같이 생겼으며, 지용성 비타민이 많이 들어 있다. 가벼운 수프로 식사를 시작하고 나서 먹는 메인 코스 요리와 같다. 아기에게는 전유와 후유, 둘 다 필요하다.

모유수유를 해야 하는 이유

질병으로부터 아기를 보호한다

전문가들은 모유야말로 신생아에게 가장 이상적인 식품이라는 데 의견을 같이 한다. 사실, 모유는 매우 위생적이며 아기에게 꼭 필요한 항체와 영양소가 풍부하게 들어 있는 이상적인 식품이다. 모유는 아기의 성장(두뇌) 발육에 맞추어 지방의 농도가 변화하며 모유 속에 함유된 항체들은 질병으로부터 아기를 보호해 준다. 때문에 모유로 키운 아기는 그렇지 않은 아기에 비해 질병에 걸릴 확률이 확실히 낮다.

엄마와 아기 사이에 친밀감을 높여 준다

모유를 먹이는 것은 어머니와 아기가 서로 적응해 나가는 훌륭한 육아 과정이기도 하다. 즉 자궁 내에서 아기가 어머니의 탯줄로부터 영양을 섭취하던 생활의 연장이다. 그러므로 임신의 매듭은 출산을 함으로써 끝나는 것이 아니라 이유기에 접어들면서 끝난다고 할 수 있다. 열심히 젖을 먹는 아기를 바라보는 일만으로도 어머니는 큰 성취감을 느낄 수 있다.

비록 많은 여성들이 출산 후 아기를 키우면서 피로와 짜증을 느끼고 때로는 두려워하지만 젖 먹이는 데 익숙해지면서 엄마의 생활을 자신의 것으로 받아들이게 된다.

산후 회복이 빠르고 다이어트가 절로 된다

아기에게 젖을 먹임으로써 얻을 수 있는 또 다른 장점은 임신 기간 동안 축적되었던 지방조직이 빠져나가서 산모의 체중이 정상으로 돌아가며, 산후 회복이 빠르고 난소암과 유방암 발병률도 줄어든다. 그러나 국내 모유수유율은 경제협력개발기구(OECD) 국가 중 꼴찌다. 1968년 95.6%이던 모유수유율은 1970년대 분유가 나오면서 떨어지기 시작해 2004년에는 20%대가 됐다. 미국의 경우 1972년 22%에 불과했던 모유수유가 이후 모유수유운동이 일어나면서 최근엔 70~90%를 유지하고 있다. 모유에 대해 잘 알수록 더 잘 먹이게 된다고 할 수 있다.

자연 피임이 된다

모유를 먹이면 자연 피임이 되는데, 몇 가지 규칙이 있다. 우선, 하루 종일 무제한 젖을 먹인다. 아기 옆에 누워서 밤중에도 수시로 젖을 먹이며, 가짜 젖꼭지를 사용하지 말고 엄마 젖꼭지를 언제나 대 주도록 한다. 그리고 이유식 먹이는 시기를 늦춘다. 이런 규칙을 지켜 젖을 먹일 경우 95%는 평균 13~16개월 동안 생리가 멎게 된다는 연구보고가 있다.

아기에게 젖꼭지를 물리면 프로락틴이라는 호르몬의 분비가 이루어지는데 프로락틴은 에스트로겐과 프로게스테론이라는 호르몬을 억제하는 작용을 한다. 이 에스트로겐과 프로게스테론은 배란과 자궁 내벽 준비에 필요한 호르몬이다. 배란이 없고 자궁 내벽에 변화가 없으면 생리가 없어지게 된다.

모유수유의 자세와 방법

출산 전 미리 모유 먹이는 방법과 수유 자세에 대해 익혀 두어야 한다. 수유 자세가 좋지 않으면 유두에 상처가 생기게 되고 아기도 젖 먹기를 힘들어하게 되어 젖몸살이 생길 수 있기 때문이다. 가슴 쥐는 방법에서 앉아서 젖 먹이기와 누워서 젖 먹이기까지 모유수유 방법을 하나하나 살펴본다. 아기가 젖을 빠는 동안에는 아기와 엄마가 직접 접촉을 하면서 먹게 되므로 스킨십을 통해 포근함을 느껴 안정된 정서를 형성한다. 이때 엄마가 아기와 눈을 맞추고 부드러운 목소리로 아기의 반응에 응대해 주면서 먹인다면 더욱 좋다.

수유의 기본 자세

1 등을 똑바로 세우고, 무릎을 평평히 한 다음 양 발을 바닥에 붙이고 똑바로 앉는다.

2 베개를 이용해서 아기의 무게를 덜고 아기를 유방 바로 밑에까지 올려놓는다.

3 왼쪽 젖을 먹일 때는 오른팔로 아기를 안는다.(반대일 경우에는 반대로 한다.) 아기의 머리, 목, 등을 일직선으로 똑바로 하고 머리를 약간 뒤로 젖힌다.

4 아기의 턱과 목이 아래위로 자유롭게 움직일 수 있도록 목과 머리의 아랫부분을 받친다.

5 아기를 몸 쪽으로 당기고 아기의 코가 유두와 대충 평행이 되도록 위치를 잡는다.

6 유방에 기댄 아기의 입을 살짝 건드리고, 아기가 하품하듯이 입을 크게 벌릴 때까지 기다린다.

7 아기가 입을 크게 벌리면 아기를 재빨리 유방 쪽으로 옮겨서 아기의 턱이 먼저 유방에 닿고 유두가 아기의 입 위쪽을 향하게 한다. 가능하면 아기의 아랫입술이 유두의 기부를 향해야 유륜(유두 주변의 갈색 착색 부위) 아랫부위가 아기의 입 속에 더 많이 들어가게 된다.

8 아기가 젖을 잘 먹고 있을 때, 원한다면 아기를 받치는 팔을 바꿔도 좋다.

💜 **올바른 수유 자세 체크리스트**

● 아기가 입을 크게 벌리고 있는가?

● 아기가 턱을 들어 유방을 누르고 있는가?

● 아기의 몸이 똑바른가?

● 아기의 입이 유두와 그 밑의 유륜에 닿는가?

● 유방이 아기의 입 속에 깊이 들어갔는가?

● 아기의 입술이 넓게 퍼졌는가?

● 아기의 코가 유방에 눌리지 않았는가?

● 즉각 빨기 시작해서 길고 깊게 빨기로 넘어가는가?

● 젖을 삼키는 동안 턱이 움직이고 귀가 살짝 움찔거리는가?

● 아기와 시선을 마주치고 있는가?

여러 가지 수유 방법

 가슴 쥐는 법

수유 전문가들은 소위 'C자형 쥐기'를 권한다. 아기에게 왼쪽 젖을 먹이기를 원한다면 오른손의 네 손가락을 젖꼭지에서 약 3cm 떨어진 가슴 아랫부분에 갖다 댄다. 엄지는 젖꼭지에서 약 3cm 위쪽에 올려놓는다. 이렇게 하면 C자형이 된다. 가슴이 제대로 잘 받쳐지고 젖꼭지가 아기의 입 높이에 있어야 아기가 젖꼭지와 유륜을 동시에 입에 물 수 있으며, 엄마는 손가락으로 유관동을 안 눌러도 된다.

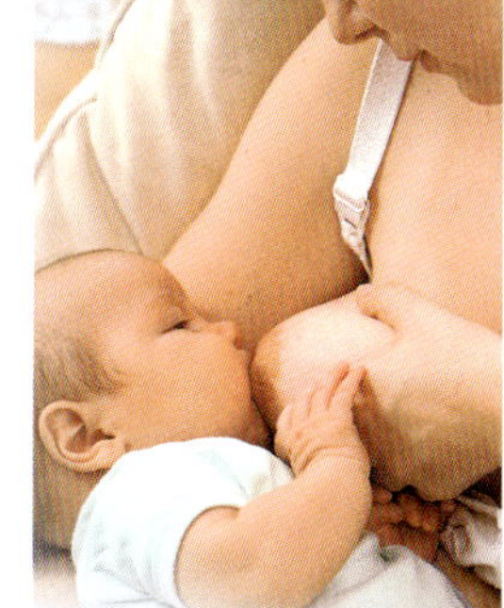

앉아서 수유하기

'요람에 누인 자세'라고도 한다. 아기가 옆으로 누울 수 있게 팔로 잘 안고, 머리, 배와 다리를 엄마 쪽으로 바짝 달라붙게 한다. 아기의 귀, 어깨, 허리가 일자형이 되게 한다.

아기에게 왼쪽 젖을 먹이고 싶다면 아기의 머리를 팔꿈치 안쪽에 눕힌 다음, 아기의 오른팔이 엄마의 팔 밑에 오도록 하여 허리 방향으로 향하게 한다. 엄마의 왼팔로 아기의 등을 받치고, 왼손으로는 엉덩이를 받쳐 준다. 그런 다음 아기를 가슴 쪽으로 끌어당기는데, 이때 아기 쪽으로 가슴을 가져가면 안 된다.

앉아서 수유할 때는 아기를 안고 있는 팔을 잘 받쳐 주어야 한다. 베개나 수유용 쿠션을 사용하면 편리하다. 다리를 올려놓을 수 있는 발판이나 작은 의자, 스펀지 소재 의자 등은 앉아서 수유할 때 큰 도움을 준다.

 누워서 수유하기

누운 자세의 수유는 회음부에 무리가 가지 않아 특히 산후조리 기간에 좋은 자세다. 바닥이나 소파, 침대에 옆으로 누워 한쪽 팔을 머리 위로 뻗고 어깨로 머리를 지지해 편평하게 눕는다. 머리를 베개로 받친 다음 엄마의 배와 아기의 배가 맞닿도록 하고, 아기의 입과 엄마의 젖꼭지가 같은 높이에 있게 자리를 잡는다. 다른 쪽 팔로 가슴을 C자형으로 쥐고 아기에게 젖을 물린다. 아기가 미끄러지지 않도록 쿠션이나 수건을 돌돌 말아 아기의 등을 받쳐 준다. 이렇게 하면 엄마와 아기 모두 편하다.

 풋볼 자세로 수유하기

엄마의 가슴이 크거나 제왕절개로 복부에 통증이 있을 때 수유하기 좋은 자세다. 또 이 자세는 젖을 짜낼 때도 편하다. 풋볼 자세는 풋볼 공을 옆구리에 끼듯이 아기를 안고 젖을 먹이는 자세라 하여 이름 지어졌다. 아기를 배 앞쪽에 눕히지 않고, 발이 뒤로 가게끔 측면에 눕힌다. 수유를 하고자 하는 쪽 허리 부분에 쿠션 두세 개를 받쳐 자세를 잡고, 아기의 허리가 쿠션 위에 놓이게끔 눕힌다. 이때 아기의 발은 엄마의 등 쪽으로 향한다. 엄마의 팔로 아기의 등을 받치고, 손을 편평하게 해 머리를 받친 다음 아기에게 젖을 물린다.

🌸 수유 끝내기

젖을 아기에게서 떼어 놓으려고 하는데 아기가 계속 젖을 물고 있다면 안 쓰는 손의 새끼손가락을 젖꼭지와 입 가장자리 사이에 살짝 집어넣는다. 그러면 젖 빠는 동작이 중단되어 아기가 젖에서 입을 떼게 된다. 손가락이 아기 입으로 들어가게 되므로 수유 전에 반드시 손을 깨끗이 씻어야 한다.

수유 트러블

모유수유 성공을 위해서는 엄마의 몸과 마음이 아주 안정적이어야 한다. 스트레스와 분주함은 모유 생성과 모유 배출에 좋지 않은 영향을 준다. 예를 들어 엄마에게 걱정거리가 있다거나 주위의 너무 많은 조언으로 머리가 복잡하거나, 수유 시 편안함을 느끼지 못하면 호르몬 분비가 방해되어 모유가 흐르지 않는다. 수유에 문제가 생기거나 걱정거리가 생기면 반드시 전문의와 상담하여 문제를 해결해야 한다.

트러블 1 ﹒ 가슴이 딱딱하게 부풀어 오른다

모유가 돌면서 가슴이 커진 듯한 느낌이 들 것이다. 혈액 공급이 잘되어 부어오른 유선은 가슴을 따뜻하게 유지해 주고, 부풀어 오르게 만든다. 가끔은 많이 부어서 만져 보면 뜨겁고 딴딴하다. 모유가 돌면서 통증이 느껴지는 현상은 24시간 내에 다시 괜찮아진다. 모유의 생성과 아기에게 젖을 먹이는 과정이 반복되기 때문이다.

★ 해결책 … 가슴에 통증이 있어도 아기에게 규칙적으로 젖을 먹인다. 가슴이 너무 부어서 아기가 젖꼭지를 제대로 물지 못하면 모유가 나오도록 미리 손으로 가슴을 문질러 본다. 가슴을 따뜻하게 해 주면(따뜻한 물수건, 적색광선이나 따뜻한 물로 샤워하기) 젖이 더 잘 흐른다. 수유가 끝난 후에는 가슴을 차게 해 준다. 그래야 가슴이 다시 부어오르는 것을 방지할 수 있다.

트러블 2 ﹒ 젖꼭지에 상처가 난다

젖꼭지는 수유에 적응이 쉽게 안 되기 때문에 아기가 젖을 빨면 자극이 많이 된다. 나중에는 젖꼭지가 살짝 갈라지기도 하고, 아기가 젖꼭지를 만지거나 젖꼭지 일부분을 입에 대기만 해도 심하게 아프다. 젖꼭지에 상처가 나면 수유를 하지 않는 것이 좋다.

상처가 나지 않도록 하는 몇 가지 예방책이 있다. 수유가 끝난 후에 아기의 침을 젖꼭지에 바른 후 모유 몇 방울을 덧발라 준다. 그리고 공기 중에 건조시킨 후, 잠시 옷을 입지 않고 맨 가슴으로 누워 있는다. 이렇게 하면 염증을 방지하면서 피부를 치료해 주는 효과가 있다.

★ **해결책** … 통증이 느껴져도 아기에게 젖을 물린다. 아기에게 계속 젖을 먹여야 정체된 모유량도 줄어들고, 아기가 배가 고파 게걸스럽게 젖을 빨지도 않는다. 상처가 덜한 가슴부터 수유를 시작한다. 상처 난 가슴은 따뜻하게 해 주면 좋다. 수유를 하기 전에 따뜻한 수건을 가슴 위에 올려 두면, 유관이 확장되어 모유가 쉽게 나온다. 이 외에도 젖의 분출반사를 촉진해 아기가 힘을 주지 않아도 젖이 잘 나온다.

트러블 3 모유가 정체되었거나 유방에 염증이 생긴다

모유가 제대로 흘러나오지 않을 때는 모유가 정체된 것이기 쉽다. 가슴을 만져 보면 한 군데가 아주 딱딱하거나 멍울이 지며, 이 부분이 주로 빨갛게 달아오른다. 모유가 정체되면 금방 유방염으로 이어질 수 있다. 증상은 일반적인 감염 증상과 비슷하다. 몸에 오한이 느껴지고, 체온이 급격히 올라가며, 두통과 몸살 증세가 나타난다.

원인은 여러 가지다. 아기에게 젖을 자주 안 먹였거나 아기가 며칠 동안 젖을 완전히 빨아먹지 않았거나 너무 꽉 죄는 브래지어를 했거나 아기 포대기로 가슴을 조인 경우 또는 과로나 스트레스, 근심거리 등 산모의 심적 부담이 그 원인이 될 수 있다.

★ **해결책** … 병원의 수유 전문가에게 도움을 받는다. 그리고 수유를 중단해서는 안 된다. 모유를 짜내는 일보다 아기가 모유를 직접 먹어서 가슴을 비워 내는 것이 더 좋으므로, 가슴을 따뜻하게 해서 모유가 잘 흐르도록 해 주어야 한다.

가슴에 규칙적으로 적색광선을 쐬어 주고, 수유 전에는 아주 따뜻한 물에 샤워를 하거나 따뜻한 물수건을 가슴에 올려놓는다. 이 외에도 항상 모유 정체가 나타난 가슴부터 수유를 시작한다. 그래야 배고픈 아기가 젖을 힘껏 빨아 정체 현상이 완화된다.

아기의 턱이 멍울진 딴딴한 부분과 맞닿도록 젖을 물리도록 한다. 그렇게 하면 아기의 아래턱 힘으로 멍울진 부분의 모유가 잘 유출된다. 반대로 수유 후에 냉찜질을 하면 모유가 새로 생성되는 것을 막아 준다.

트러블 4 아기의 입에서 유두가 자꾸만 빠져나간다

어떤 아기는 유두를 입 안 가득히 넣지 못해 젖을 먹는 동안 자꾸 유두가 입에서 빠져나간다. 이런 현상은 초유가 아니라 본격적인 젖이 분비되면 특히 곤란하다. 유즙 사출 반사 때문에 젖이 방 저편까지 튈 수 있기 때문이다. 아기가 한참 젖을 먹고 있을 때라면 아기를 좌절시킬 수도 있다. 이런 현상이 반복되면 아기는 실컷 젖을 먹을 수 없기 때문에 유방에 잘 매달려 있지 않으려 할지도 모른다.

★ **해결책** … 1 모유 상담가를 찾아가서 수유 자세가 올바른지 확인 받는다.

2 젖을 먹일 때는 아기에게 집중하고 다른 일을 하지 않는다. 엄마가 움직여도 아기가 방해받지 않을 정도로 젖을 빠는 힘이 강해야 하겠지만 우선은 엄마가 움직이지 말고 가만히 있어야 한다.

3 아구창 증세가 없는지 아기 입 속을 살핀다. 아구창이 있으면 입이 아파서 젖을 빨기 어렵다.

4 아기가 혀짜르개가 아닌지 확인한다.

5 아기가 조산아라면 젖 먹기를 제대로 이해하지 못할 수 있으며, 좀더 시간이 지나야 젖 빼는 동작이 성숙해질 것이다.

6 뚜껑 없는 컵에 초유를 짜서 아기에게 먹인다.

트러블 5 아기가 유방을 거부한다

유방을 보기만 해도 아기가 짜증을 내는 것을 유방 거부 현상이라고 한다. 흔히 볼 수 있는 유방 거부 징후는 유두 근처에 가자마자 아기가 등을 구부리고, 큰 소리로 앙앙 울고, 손을 휘두르며 저항하는 것이다. 이것은 다음과 같은 몇 가지 이유 때문이다.

- 유즙 사출이 느려 아기에게 실망스럽다.
- 강제적인 유즙 사출이 아기에게 너무 과하다.
- 젖을 먹는 동안 아기가 숨을 제대로 쉴 수 없다.
- 초기에 누군가 억지로 아기의 머리를 유방에 들이밀어 숨을 제대로 쉬지 못했던, 유방에 대한 좋지 않은 기억이 있다.

★ **해결책** … 아기가 6~8시간 동안 아무것도 먹지 않는다든지 해서 상황이 절박할 때는 젖을 짜내 수유 컵으로 아기에게 먹인다. 그렇게 하면 문제를 해결할 수 있는 시간을 벌고 유방에서 젖이 흘러넘치는 것을 막을 수 있다. 아기가 몇 주 동안 젖을 잘 먹다가 갑자기 유방을 거부하면 거기에는 다른 이유가 있다.

트러블 6 아기에게 호흡곤란이 나타난다

아기가 수유 중에 숨을 잘 쉬지 못하거나 호흡곤란을 일으키면 수유 자세에 문제가 있거나 아기의 코에 이물질이 있을 수 있다.

★ **해결책** … **1** 수유 자세를 점검한다. 유방이 아기의 코를 누르고 있지 않은지 확인해 본다. 그렇지 않다면 수유 자세에 대해 전문가의 도움을 받는다. 유방을 밑에서 받치면 유두를 좀더 돌출시킬 수 있다. 아기를 좀더 똑바로 세울 필요가 있는지도 모른다.

2 아기의 코에 이물질이 없는지 점검한다. 출산 후 하루나 이틀 뒤에 코가 점액으로 막혀 있다면 간호사에게 점액을 제거해 달라고 부탁한다. 감기 때문에 코가 막힌 것이라면 의사에게 코에 넣는 식염수를 달라고 부탁해서 아기의 코에 넣으면 점액이 부드러워져서 제거하기 좋다.

트러블 7 유즙 사출에 문제가 있다

유즙 사출은 사람에 따라 정도가 다르고 가끔 유방 거부를 낳기도 한다. 젖이 잘 나오지 않는 엄마들은 '양이 좀 많았으면' 하는 바람을 갖지만 양이 지나치게 많아 젖이 너무 세게 나오면 아기가 수유를 거부하는 경우가 생기기도 한다. 삼키기 어려울 정도로 젖이 많이 나오면 사레가 들거나 질식할 수 있기 때문이다.

모유가 충분하면 신생아는 젖을 먹고 난 다음에 약 1~2시간 깊이 자고, 체중도 순조롭게 늘어나지만 젖이 부족한 경우에는 젖 먹이는 시간도 오래 걸리고 젖을 먹여도 신생아는 포만감을 느끼지 못한다. 또 3시간마다 젖을 먹일 수 없는 데다, 젖을 먹인 후에도 아이가 잠이 얕아서 곧 울기 시작하고, 별다른 원인이 없는데도 체중이 계속 줄어든다.

젖이 분비되는 데에는 정상적인 내분비환경이 필요하다. 임신과 출산을 정상적으로 한 경우 대부분 필요한 만큼 젖이 잘 나온다. 젖이 부족한 경우는 대부분 부적절한 수유방법이나 수유에 대한 노력 부족이 원인이므로 충분한 모유의 양을 유지하기 위해서는, 임신 중이나 산욕기에 적절한 지도와 산모의 노력이 필요하다.

수유기 중에는 과로나 정신적 스트레스를 피하고 충분한 수면과 휴식을 취해야 하며, 2,800kcal 이상의 균형 잡힌 영양을 섭취하도록 한다. 또한 조기 수유, 유방 마사지 등도 모유를 원활하게 나오게 하는 좋은 방법이다.

★ **해결책** … **1** 유즙 사출이 느리면, 수유하기 전에 젖을 약간 짜서 젖이 줄줄 흘러나오게 한다.

2 유즙 사출이 너무 빠르면, 수유할 때 몸을 약간 뒤로 기댄 자세로 수유한다.

트러블 8 **울혈이 생긴다**

출산하고 2~3일 뒤에 유방이 갑자기 커지면서 화끈거리고, 딱딱해지고, 상당히 불편해질 수 있는데, 이것을 유방 울혈 현상이라고 한다. 이것은 모유가 본격적으로 생산되면서 유방으로 공급되는 혈액의 양이 늘어남으로 인해 생기는 현상이다.

유방 울혈은 대개 며칠 지나면 저절로 없어지지만 몹시 고통스럽다. 브래지어를 착용할 수도 없고 유방에 뭔가가 닿기만 해도 아프다. 하지만 정상적인 증세이므로 놀랄 필요는 없다.

★ **해결책** … **1** 아기에게 될 수 있는 대로 자주 젖을 먹인다.

2 유방이 꽉 차고 단단해서 유두가 돌출하지 않으면, 수유하기 전에 젖을 약간 짜낸다. 유방에 따뜻한 타월을 갖다 대거나 따뜻한 물에 샤워나 목욕을 하고 손바닥으로 부드럽게 유방을 문질러 젖을 약간 짜낸다.

3 수동 유축기를 사용해서 젖을 짜낸다.

4 수유와 수유 사이에 유방에 차가운 타월을 댄다. 냉기가 혈관을 수축시킨다.

5 따뜻하거나 차가운 젤 타입의 보온 유방 팩을 사용한다.

6 브래지어 안쪽에 차갑게 식힌 양배추 잎을 넣는다. (양배추에는 부기를 빠지게 하는 효소가 있다.)

7 아기의 수유 자세가 잘못됐을 때는 전문가의 도움을 받는다. (유두 통통이 생기거나 유관이 막힐 수 있다.)

8 수유용 브래지어가 맞지 않으면 부드러운 나이트 브래지어를 착용한다.

트러블 9 **유선염이 생긴다**

유선염에는 감염성과 비감염성 등 두 가지가 있으며 어느 쪽이든 염증이 생긴다. 유관 막힘과 증세가 비슷하지만 열이 나고 오한이 난다. 비전염성 유선염은 막힌 유관에서 혈관으로 젖이 흘러 들어가 생기는 것으로 대개 아기의 수유 자세가 잘못된 데서 비롯된다. 혈액이 젖을 외래 단백질로 취급해서 독감 비슷한 증세를 일으킨다.

★ **해결책** … **1** 유관 막힘에 대한 조언을 따른다.

　2 될 수 있는 대로 자주 젖을 먹인다.

　3 가능한 충분한 휴식을 취한다.

　4 물을 많이 마신다.

　5 팔 흔들기 운동을 해서 혈액 순환을 촉진한다.

　6 해열 진통제를 먹는다.

　7 12~24시간 후에도 증세가 좋아지지 않으면 의사의 진찰을 받고 복용해도 좋은 항생제를 처방받는다.

　8 항생제를 복용하는 동안 생유산균 요구르트를 먹는다.

트러블 10　아기가 유두를 깨문다

　아기가 유두를 물어뜯으면 여간 아프지 않다(꼭 치아가 있어야만 아픈 것이 아니다). 그러므로 아기가 유두를 물어뜯었을 때 놀라면서도 웃으면, 아기를 부추기게 되므로 그렇게 하지 않도록 조심해야 한다. 그럴 때는 수유를 즉각 중단할 필요가 있다. 사실 유방을 물어뜯는 것과 젖 먹는 것은 동시에 할 수 없기 때문에 다음과 같이 해도 아기가 젖 먹는 것을 방해하지 않을 것이다.

★ **해결책** … **1** 아기를 즉각 유방에서 떼 낸다. (엄마의 새끼손가락을 아기에 입에 넣어 아기를 떼 낸다.)

　2 단호하게 "안 돼." 하거나 "물지 마."라고 한다.

　3 아기를 바닥에 내려놓는다.

　4 아기가 알아들을 때까지 계속 이렇게 한다.

수유량과 수유 횟수

　조제분유를 먹일 때는 계량해서 먹이기 때문에 아기가 얼마나 먹는지를 정확하게 알 수 있지만 모유를 먹이면 아기가 먹는 양을 측정하기가 쉽지 않다. 어떤 아기는 2시간마다 젖을 먹으려 하지만, 어떤 아기는 4시간이 지나야 젖을 먹으려 하고 아기가 충분히 먹었는지 확인하기도 어렵다.

　모유수유를 할 때는 다음을 참고로 아기가 젖을 충분히 먹었는지 확인한다.

● 젖을 먹은 뒤에 만족스러운 표정인가?

● 자발적으로 유방에서 떨어져 나오며 배부른 표정인가?

● 하루에 젖은 기저귀를 5~6장 내놓는가?

● 체중이 증가하고 있는가?

● 피부가 부드럽고 촉촉한가?

● 입 안이 촉촉하고 분홍색인가?

이 질문에 대한 답이 모두 '그렇다'이면 아기가 젖을 충분히 먹고 있다고 볼 수 있다. 그렇지 않다면 좀더 관찰할 필요가 있다.

수유량 체크하기

 유방은 아기가 필요로 하는 만큼 젖을 생산한다

아기가 필요로 하는 모유의 양이 얼마라고 정확하게 말하기는 어렵다. 아기에 따라 필요량이 다르고 그 필요량도 시간이 지나면 달라진다. 산모는 우선 초유라고 하는 영양분과 항체가 풍부한 크림처럼 생긴 노란 물질을 생산한다. 아기가 신생아 병동에서 특별 치료를 받고 있다든지 해서 초유를 짜낼 필요가 있어 짜내 보면 그 양이 얼마나 적은지 놀랄 것이다. 아마 작은 주사기 하나를 겨우 채울 정도일 것이다.

그러나 신생아의 위는 큰 호두만 하기 때문에 많은 양을 먹지 않아도 쉽게 포만감을 느낀다.

젖이 나오고 수유가 자리를 잡으면 유방이 알아서 아기가 필요로 하는 양만큼 젖을 생산한다. 마치 아기가 젖을 먹는 동안 다음 먹을 양을 만들라고 명령하는 것 같다. 특히 아기가 허기지거나 아기의 필요량이 바뀌면, 유방은 아기가 젖을 먹는 동안 이에 대응해 더 많은 양을 생산한다. 수유를 시작하고 한두 달이 지나면 유방은 미리 젖을 너무 많이 만들어 두지 말아야 한다는 것을 알고 수유 직전에 불어서 무거워질 것이다.

수유 횟수 체크하기

모유수유에 정해진 시간표는 없다

초보엄마들은 아기에게 젖을 얼마나 자주 먹여야 하는지 궁금해한다. 아기를 잘 키우는 것은 엄마로서의 중요한 의무이며, 아기가 만족스럽게 무럭무럭 자라는 것을 보고 싶기 때문에 엄마가 이런 궁금증을 가지는 것은 당연하다.

그러나 안타깝게도 수유 횟수에 정해진 규칙 같은 것은 없다. 4시간에 한 번씩 규칙적으로 젖을 먹여야 한다는 주장은 사라진 지 오래되었다. 모유수유는 융통성이 있어야 하며 꼭 간격을 지킬 필요가 없다. 다음과 같은 일반적인 지침을 따르면 무난할 것이다.

출생 직후 아기가 배가 고프지는 않겠지만 모유수유를 시작하기에 좋은 때이다.

생후 1일 출생 직후 24시간 동안은 아기들이 대개 잠을 자기 때문에 이때는 24시간에 3회 정도만 먹이면 된다.

생후 2~5일 아기들이 잠에서 깨어나 먹는 데 관심을 가짐에 따라 24시간에 10회 이상 먹일 수 있다. 이것은 모유 생산을 자극하고 울혈을 해소하는 데 도움이 된다.

생후 7일 말 24시간에 8회 정도 먹인다.

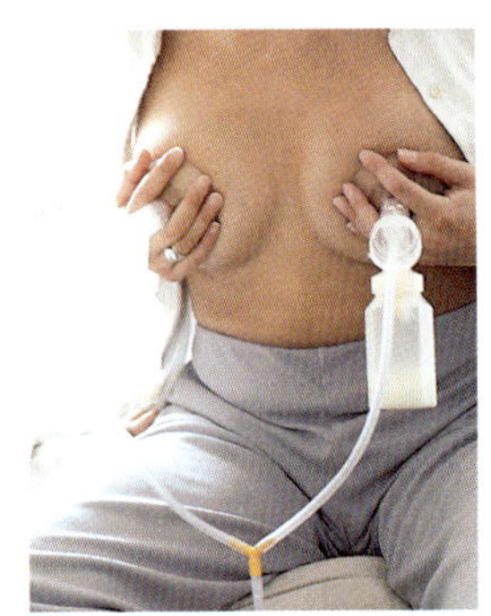

젖 짜내기 & 모유 보관하기

젖 짜내기 요령

유축기를 사용하면 아기에게 젖을 먹이고자 할 때 즉시 젖병에 모유를 짜낼 수 있다. 그 때문에 많은 엄마들이 정기적으로 유축기를 사용해 젖을 짜내는데, 이때 주의해야 할 점이 있다. 젖을 수시로 짜내면 모유 생성 시간과 아기에게 젖을 먹이는 시간을 왔다갔다 반복하는 민감한 수유 리듬이 깨진다. 또한 모유 생성량이 늘어나고 다음 날에 모유가 정체될 수 있다. 그러므로 꼭 필요할 때만 모유를 짜야 한다.

모유 짜내기에 익숙해지려면 최소한 며칠은 걸린다. 유축기를 잡는 법, 모터 소리 등 그 분위기에 적응하는 데 시간이 걸리기 때문이다. 특히 '젖소 젖을 짜내는 것' 같아 감정적으로 적응하기가 쉽지 않은 경우도 있다. 그래서 일부 산모들은 모유 짜내기에 강한 거부감을 가지고 있어, 유축기를 대도 모유가 거의 나오지 않는 경우도 있다. 그러므로 스트레스를 없애는 것이 좋다. 그리고 가능한 한 조용하고 안정적인 곳에서 모유를 짜내도록 한다.

- 모유를 짜기 전에 손을 깨끗이 씻는다.
- 젖을 짜내기 전에 몸을 따뜻하고 편안하게 하고 긴장을 푼다. 가슴을 따뜻하게 해 주면 모유 생성과 모유 유출이 촉진된다. 가슴에 적색광선을 쐬어 주거나 온찜질을 해 준다. 부드럽게 원을 그리면서 젖꼭지 바깥에서 안쪽으로 마사지를 해 주어도 좋다.
- 유축기를 지시에 따라 가슴에 갖다 대고 가장 낮은 단계부터 시작한다.
- 모유를 짤 때 아기를 떠올리면 젖의 분출반사가 더 잘된다.
- 처음에는 모유가 방울방울 나오다가 2분 정도 지나면 여러 줄기로 모유가 흐른다.
- 한쪽 가슴당 약 10~15분 정도 짜낸다. 자주 짜낼수록 유선은 모유를 더 많이 생성한다.

유축기 선택 요령

직장으로 복귀해야 하기 때문에 매일 많은 양의 젖을 짜내야 한다면 펌프가 이중으로 달린 이중 자동 유축기를 사용하는 것이 좋다.

자동 유축기는 스위치만 켜면 15분 만에 양쪽 유방에서 젖을 짜낸다. 수동 유축기나 손으로 짜내면 시간이 2배 이상 걸리고 힘이 많이 든다. 자동 유축기는 구입할 수도 있지만 대여 받을 수도 있다. 며칠 동안만 필요하거나 구입 전에 시험적으로 사용해 보고 싶다면 대여하는 것이 좋다.

💜 짜낸 모유 저장 방법

젖을 살균 용기에 짜냈고 또 위생에 신경 썼다면 오랫동안 보관해도 괜찮다.

- 실온(20~25℃) : 4시간
- 아이스팩이 있는 아이스박스 : 24시간
- 냉장고(0~4℃) : 2일 이상
- 냉동실 : 3개월. 해동 뒤에는 냉장고에서 24시간
- 냉동고(-18℃) : 6개월

젖병에 젖을 짜낸 날짜를 표시한 딱지를 붙여 둔다. 짜 둔 젖에 새로 짠 젖을 섞어도 좋지만 처음 짜낸 시간을 유효 시간으로 봐야 한다. 젖을 조금씩 나눠 냉동하면 해동해서 데워 먹이기도 좋고 낭비도 덜하다. 신선한 우유는 30분 정도 냉장해 뒀다가 냉동한 젖과 섞도록 한다. 해동한 젖은 다시 냉동시키지 말아야 한다.

혼합수유와 젖떼기

엄마젖과 젖병은 빠는 기법이 다르기 때문에 젖병의 도입 시기를 신중하게 결정해야 한다. 모유를 먹는 아기 중에서 젖병을 좋아하는 아기가 있다. 반면에 매우 까다로워서 항상 똑같은 것을 똑같은 방식으로 줘야 좋아하는 아기도 있다. 대부분의 아기는 이 두 가지 극단적인 형태의 중간쯤 되지만, 모유수유를 하는 많은 여성들이 젖병으로 전환하는 데 약간의 어려움이 있다고 말한다.

💜 아기는 엄마젖의 냄새와 맛, 흐름에 익숙하다

모유수유를 하면 아기는 엄마젖의 냄새와 맛, 젖의 유출 속도, 흐름에 곧 익숙해진다. 그리고 엄마젖을 좋아한다. 엄마와 피부를 맞대고 엄마의 심장박동을 듣는 것을 좋아하고 그것과 더불어 엄마에게 포근하게 안기는 것을 좋아한다. 세계 최고의 기술을 동원해도 실리콘 젖꼭지는 인간의 젖꼭지와 똑같은 느낌을 낼 수 없다.

더구나 아기가 출생 때부터 모유를 먹었다면 그것은 아기 인생의 중요한 한 부분이 되었으며 다른 형태로 젖을 주는 것은 아기에게 위협이 될 수 있다. 물론 아기가 조제분유 먹는 것을 좋아할 수도 있지만 변화에 익숙해지려면 시간이 필요하다.

💜 젖병으로의 이행

- 일단 모유수유가 자리 잡고 나면 꽤 일찍부터 젖병으로 먹이기를 시작한다.
- 최소한 똑같은 맛이 나도록 모유를 젖병에 담는다.
- 한 번에 한 병씩 천천히 젖을 짠다.
- 아기가 완전히 젖을 떼고 영양을 젖에 덜 의존할 때까지 가능하면 직장으로 복귀하는 것을 연기한다.
- 파트타임으로 몇 시간만 일한다. 대부분의 아기는 물을 마시지 않고 3시간을 견딜 수 있다.

젖병으로 바꾸는 시기

　　모유를 먹는 아기에게 최초의 젖병을 주는 데 적절한 시기라는 것은 없지만 전문가들은 너무 서두르지 말라고 충고한다. 모유수유가 정착하기도 전인 생후 3주 내로 젖병을 주면 모유 생산량이 줄어들고 아기를 혼동시킬 수 있다. 그것은 엄마젖과 젖병을 빠는 기법이 다르기 때문이다.

1단계 … 혼합수유

　　완전히 엄마젖만 먹이다가 혼합수유(가끔 젖병을 사용하는 것)로 바꾸고 싶을 때는 변화를 신중하게 계획해야 한다. 직장으로 복직할 계획이 있거나 가끔 하루쯤 쉬고 싶다면 아기가 생후 1개월이 지난 뒤에 며칠에 한 번씩 젖병을 사용한다. 젖병을 생후 6주 후에 도입해야 한다고 권하는 전문가도 있다. 아기가 남보다 일찍 젖병을 받아들인다고 해서 나중에도 그렇게 할 것이라는 보장은 없다. 이런 이유 때문에 어떤 여성은 복직하기 2주 전까지 젖병 수유를 시도하지 않는다.

아기가 젖병을 완전히 거부할 수도 있다

　　최악의 시나리오는 아기가 젖병을 거부하기 때문에 엄마가 직장으로 돌아가면 아기의 주요 수분 공급원이 없어진다는 것이다. 사실, 대부분의 아기는 목이 마르면 아주 작은 양이라도 물을 마신다. 엄마는 아기의 수요를 충족시키기 위해 저녁이나 밤에 젖을 더 많이 먹일 필요가 있다. 아기가 완전히 젖을 떼고 젖에 영양을 덜 의존할 때까지 복직을 연기하거나 몇 달 동안은 단축 근무를 해야 할 수도 있다. 아기가 젖병을 더 좋아해서 엄마젖을 거부할 가능성도 있지만 아기가 엄마젖을 먹는 기간이 길수록 그럴 가능성은 희박하다.

분유를 먹일 때는 엄마 외에 다른 사람이 먹이도록 한다

　　조제분유를 먹이기로 확실하게 결정했으면, 처음 몇 번은 다른 사람이 먹이는 것이 좋다. 엄마가 아기를 안고 있으면 아기가 젖 냄새를 맡고 엄마젖을 찾게 된다. 젖병에 모유를 담아 먹인다면 그것을 누가 먹이든 상관없다. 처음에 시도해서 효과가 없을 때는 다음 방법들을 이용해 본다.

- 하루에 한 번, 몇 분 동안 계속 시도한다. 그리고 아기가 젖병을 비우기를 기대하지 않는다. 30g 정도만 먹어도 긍정적인 반응이라고 볼 수 있다.
- 아기가 몹시 허기지기 전에 젖병을 준다.
- 아기의 입 안에 젖꼭지를 밀어넣지 않는다. 아기가 젖꼭지를 찾을 수 있도록 젖꼭지를 아기의 입술에 갖다 대기만 한다.
- 끓인 물로 젖꼭지를 데워서 부드럽게 만든다.
- 아기를 공처럼 탄력 있는 의자에 앉혀 놓고 젖병을 준다.
- 다른 젖꼭지로 시도해 본다. 젖의 흐름을 바꿀 수 있도록 구멍 수가 다른 실리콘과 고무로 된 다양한 젖꼭지가 나와 있다.
- 젖병 대신 뚜껑 달린 컵이나 유리컵을 사용한다. 생후 3개월 된 아기도 컵을 사용할 수 있다.

모유 먹이기에서 혼합수유로의 이행은 서서히 한다

갑자기 모유수유를 중단하면 젖이 불어 유방이 아플 것이다. 모유수유를 중단하려면 며칠씩 간격을 두고 서서히 진행해야 한다. 젖병 도입과 같은 시기에 시도하지 않는 것이 좋다. 유방에서 젖이 뚝뚝 떨어지는데 아기에게 조제분유 먹이기를 고집하면 산모나 아기 모두 고통스럽다.

2단계 … 분유 먹이기

젖병을 도입하는 것과 조제분유를 도입하는 것은 별도로 결정할 문제다. 젖 먹이기와 젖 짜내기가 잘되고 있다면 조제분유를 먹여야 할 필요가 전혀 없다.

조제분유는 여러 회사 제품이 있고 각 제품은 모유와 가장 가까운 분유를 조제하기 위해 수십 년간의 연구 끝에 만들어진 것이다. 조제분유는 우유를 기본으로 하고 있기 때문에 탄수화물, 지방, 단백질, 미네랄, 비타민이 함유되어 있다. 하지만 어떤 조제분유도 아기에게 맞춘, 살아 있는 세포가 듬뿍 들어 있는 모유와 똑같을 수는 없다. 아기가 조제분유를 먹고도 잘 자랄 수 있지만 조제분유를 먹일 때는 다음 같은 사항에 유의해야 한다.

분유 먹이는 요령

우선, 분유는 아기의 연령에 맞는 제품을 고른다. 단지 아기가 크다고 해서 생후 6개월도 안 된 아기에게 '성장기 분유'를 먹여서는 안 된다. 성장기 분유에는 단백질과 철분과 비타민 D가 더 많이 들어 있다.

다음으로, 지시사항을 잘 지킨다. 분유를 지시사항보다 좀더 진하거나 묽게 타지 않는다. 날씨가 더울 때 아기가 분유를 많이 먹고 갈증이 나는 것 같으면 수유 사이에 끓여서 식힌 물을 먹인다.

모유만 먹는 아기는 아기의 필요에 따라 모유의 수분 함유량이 저절로 증가하기 때문에 달리 수분을 섭취할 필요가 없다. 마지막으로, 위생에 유의한다. 먹고 남은 우유는 아깝더라도 버린다. 그리고 분유통을 개봉한 날짜를 적어 두고, 분유를 가끔 먹인다면 작은 통을 구입하는 것이 좋다.

3단계 … 이유식 먹이기

이유식이란 아기에게 고형식을 주는 것을 말한다. 사실, 최초의 이유식은 젖보다 좀더 걸쭉한 액체 상태다. 모유를 먹는 아기는 생후 6개월까지 고형식이 필요하지 않다. 그때까지 모유가 아기에게 필요한 모든 영양을 공급하기 때문이다. 연구 결과에 따르면 생후 6개월 동안 모유만 먹은 아기가 일찍 이유식을 먹은 아기보다 더 건강하다. 모유와 조제분유를 같이 먹는 아기도 같은 결과인지는 분명하지 않다.

 생후 4개월 전에는 이유식을 먹이지 않는다

생후 4개월 전에 이유식을 먹이면 안 되는 이유는 첫째, 알레르기의 위험을 높이기 때문이다. 생후 6개월은 지나야 아기가 알레르기원에 저항할 만큼 충분한 항체를 생산한다. 둘째, 소화 장애를 일으킬 수 있다. 소화 계통이 성숙하려면 6개월이 걸린다. 셋째, 귓병의 위험이 있다. 모유에는 감염에 저항하는 항체가 들어 있다. 넷째, 딱딱하고 덩어리진 음식에 대해 거부감을 갖는다. 어린 아기는 이유식을 삼키기보다는 밀어내는 경향이 있기 때문에 너무 일찍 이유식을 시도하는 것은 바람직하지 않다. 아기가 이유식을 잘 먹을 때는 끓여서 식힌 물을 줘도 괜찮지만 하루에 모유를 500cc 이상 먹는다고 확신할 때 그렇게 해야 한다. 과일주스는 아기의 치아에 해로울 수 있으므로 먹이지 않는 것이 좋다.

4단계 … 젖떼기

엄마젖은 2세가 넘도록 아기의 성장에 맞게 아기를 지켜준다. 아기들의 외출이 많아지는 첫돌 무렵엔 엄마젖 속에 외부 균에 대한 면역 성분이 더욱 증가한다.

억지로 젖을 떼면 아기의 성격 형성에 문제를 일으킬 수 있다

아기들은 배고플 때 뿐 아니라 외롭고, 지치고, 불안하고, 사랑받고 싶을 때 안정과 위안을 주는 엄마젖을 찾는다. 이 때문에 일부러 젖을 떼려 하면 아기는 더욱 젖에 집착하고 성격 형성이나 엄마의 유방에 무리가 가게 된다. 갑자기 젖을 떼면 젖 생성 호르몬인 프로락틴의 수치가 급격히 떨어져 엄마는 우울증이나 슬픈 감정을 느끼게 되고 아기 또한 준비되지 않은 상태에서 젖을 떼면 정신적인 충격으로 인해 엄마의 사랑을 뺏긴다고 생각하여 많이 보채거나 칭얼거리고 다른 음식을 거부할 수도 있다. 그러므로 젖떼기는 상황이 허락하는 한 엄마의 감정과 아기의 욕구에 맞추어 융통성을 갖고 세심하게 계획하고 진행해 나가야 부작용을 최소화할 수 있다.

real tip | **장기간 젖을 먹일 경우 얻을 수 있는 것**

♠ 아기의 경우

첫째, 구강이 발달한다. 엄마젖꼭지를 빨기 위해서는 입과 입 주위의 많은 근육을 움직여야 하기 때문이다.

둘째, 질병에 걸릴 확률이 낮다. 물론 엄마젖 안에 들어 있는 면역세포나 면역물질 덕분이다.

셋째, 영양부족에 걸리지 않는다. 아기는 아플 때나 식욕이 없을 때도 젖을 빨기 때문이다.

넷째, 아기는 젖을 먹으면서 피부접촉을 통해 심리적 안정감을 얻는다.

♠ 엄마의 경우

첫째, 자연 피임이 가능하다. 피임 효과가 98%이므로 약물에 의한 효과와 거의 같다.

둘째, 젖을 빨릴 때 나오는 호르몬의 영향으로 엄마의 마음이 안정된다.

셋째, 유방암 발생빈도가 낮아진다.

냠냠 맛있는 단계별 이유식

*10배죽

재료 불린 쌀 1/2컵, 물 2컵

만들기 01 냄비에 불린 쌀과 물을 부어 끓인다.
02 끓으면 불을 줄이고 뚜껑을 열고 숟가락으로 저어 가며 20분 정도 더 끓인다.
03 불을 끈 뒤 10분 정도 두었다가 체에 내리거나 분마기로 간 뒤 30g씩 포장해 둔다.

*당근두부죽

재료 당근 10g, 두부 20g, 밥 2큰술, 물 1/4컵

만들기 01 당근은 껍질을 벗기고 강판에 간다.
02 두부는 뜨거운 물에 살짝 데쳐 낸 다음 으깬다.
03 냄비에 당근과 두부를 넣고 밥과 물을 넣은 다음 쌀알이 푹 퍼질 때까지 끓인다.

*바나나소스고구마

재료 고구마 1개, 바나나 1/3토막, 플레인 요구르트 1/2통

만들기 01 고구마는 깨끗이 씻어 물을 부어 삶은 다음 껍질을 벗기고 사각형으로 썬다.
02 바나나는 포크로 눌러 으깬다.
03 으깬 바나나에 플레인 요구르트를 넣어 잘 섞는다.
04 접시에 고구마를 담고 바나나 소스를 붓는다.

*바나나죽

재료 불린 쌀 1큰술, 물 1/4컵, 바나나 1cm 길이 한 토막

만들기 01 냄비에 불린 쌀과 물을 부어 죽을 끓인다.
02 죽이 다 되면 체에 내린다.
03 바나나를 강판에 갈아 죽에 넣고 섞는다.

*야채매시

재료 브로콜리 10g, 당근 1cm 두께 한 조각, 감자 1/3개, 육수 또는 물 1/4컵

만들기 01 브로콜리는 끓는 물에 살짝 데쳐 꽃 부분만 다진다.
02 당근은 껍질을 벗기고 잘게 다진다.
03 감자도 사방 5mm 크기로 썬다.
04 냄비에 브로콜리와 당근, 감자를 넣고 육수를 부어 졸인다.
05 포크로 다시 한 번 살짝 으깨어 준다.

*닭죽

재료 닭다리 1개, 찹쌀 3큰술, 표고버섯 1장, 감자 1/2개, 물 4~5컵

만들기 01 닭다리는 물을 붓고 푹 끓인 다음 살만 발라 다지고, 국물은 따로 둔다.
02 찹쌀은 불린다.
03 표고버섯은 다지고 감자는 사방 5mm 크기로 자른다.
04 냄비에 불린 찹쌀과 감자, 표고버섯, 육수를 부어 죽을 끓인다.
05 죽이 익어 퍼지면 닭살을 넣어 섞고 불을 끈다.

출산 전 몸매로 돌리는 산후 다이어트

임신과 출산은 가족 모두의 기쁨이자, 엄마에게는 세상 무엇과도 비교할 수 없는 큰 행복이다. 하지만 출산으로 불어난 체중은 엄마의 행복에 그늘을 드리우는 스트레스가 된다. 임신 중에는 아기만 낳으면 저절로 예전 몸매로 돌아갈 수 있으리라 막연히 기대하지만, 현실은 냉정하다. 아무 노력 없이 예전의 날씬한 몸매로 돌아가기란 쉬운 일이 아니다.

임신 중 적당한 체중 증가는 10~15kg. 태아와 부속조직들의 무게가 평균 6~8kg 정도라고 했을 때, 이를 뺀 나머지 무게는 고스란히 엄마의 몫이다. 때문에 출산 후 자칫 방심하면 온몸에 덕지덕지 붙은 살들과 평생을 함께 해야 할 수도 있다. 늘어난 체중도 문제지만, 그로 인해 이런저런 통증과 질병을 유발할 수도 있으므로 나와 아기, 가족의 행복을 위해서도 산후 체중 관리는 꼭 필요하다.

산후비만의 원인

출산 후 6개월이 지나도 살이 빠지지 않는다면 이는 산후비만이라고 할 수 있다. 출산 직후 살이 급격히 빠지다가, 어느 정도 시간이 지나면 다시 찌는 경우도 있고, 첫아이 때는 정상체중이었는데 둘째를 낳고 체중이 증가하는 산모 등 산후비만의 유형도 다양하다. 산후비만은 여러 가지 요인이 복합적으로 작용하는 경우가 많다.

💜 임신 중 과도한 체중 증가

임신 중 정상적인 체중 증가는 10~15kg. 하지만 많은 산모들이 뱃속 아기를 위해 많이 먹고, 덜 움직여야 한다고 생각하기 때문에 급격한 체중 증가를 보이는 경우가 많다. 임신 중의 급격한 체중 증가는 출산 후에도 과체중이나 비만의 큰 원인이 되므로 체중관리에 신경을 써야 한다.

💜 출산 후 생활 습관

임신 중에는 태아를 보호하기 위해 움직임이 작아지고, 활동량이 줄어들게 된다. 하지만 출산 후에도 임신 기간 중의 생활습관을 그대로 유지하면 자연히 살이 찔 수밖에 없다. 산후조리를 핑계로 좋은 음식을 많이 먹고, 기초운동도 하지 않은 채 누워만 있으면 오히려 임신 기간보다 살이 더 찔 수도 있다.

 모유수유 기피

맞벌이 부부가 늘어나면서 모유수유가 줄어드는 것도 산후비만의 한 원인이다. 모유수유는 아기와 엄마를 위해 가장 바람직한 수유법이다. 아기에게는 정서적, 영양적으로 좋고, 엄마에게는 허벅지와 배 등 몸에 축적된 지방을 소모시켜 준다. 하지만 수유기간을 너무 길게 잡거나, 수유를 중단했다가 다시 하는 등 내분비 교란으로 오히려 비만이 될 수도 있으므로 수유계획을 잘 세우는 것도 중요하다.

 산후우울증과 내분비 기능 저하

출산 후 산후우울증은 폭식과, 운동 기피로 이어져 비만을 초래하는 경우가 많다. 또한 산후비만으로 인한 갑상선 기능저하, 당뇨병, 산후우울증은 내분비 장애로 인해 기초대사량이 저하되어 단순한 비만이 아닌 질병의 양상을 띤 비만으로 발전하므로 적절한 치료가 필요하다.

다이어트 시작 전 체크 포인트

건강하고 날씬한 몸매로 돌아가기 위한 산후 다이어트. 무작정 시작했다가는 몸도 마음도 상하기 십상이다. 언제부터, 어떻게 계획을 세워서 시작해야 할지 산후 다이어트 시작 전에 알아 두어야 할 사항을 꼼꼼히 짚어 보자.

 산후 6주 후, 몸매관리를 시작한다

산후 6주 동안은 몸과 마음을 편안하게 하며 충분한 휴식을 취해야 한다. 영양가 높은 음식을 먹고, 편안하게 휴식을 취하며 임신, 출산으로 지친 몸과 마음을 추스른다. 산후 6주가 지나면서부터 서서히 몸매 관리를 위한 계획을 세우는 것이 좋다. 체형보정용 코르셋을 입거나, 가벼운 체조 등으로 다이어트 계획을 짠다.

 출산 후 3~4개월, 본격적인 몸매 관리에 돌입한다

이 시기는 산후 다이어트를 본격적으로 시작하는 최적기다. 걷기, 달리기, 수영 등 유산소운동과 식이요법을 병행하여 흐트러진 몸매를 잡아야 한다. 출산 후 6개월 내에 임신 전 체중으로 돌아오는 것이 가장 좋으며 늦어도 1년 안에는 정상체중으로 회복해야 한다.

모유수유 중에도 다이어트가 필요하다

모유수유 중 영양과다 섭취로 인해 오히려 비만이 되는 경우가 있다. 물론 모유수유 중에는 질 좋은 영양 섭취에 신경을 써야 한다. 하지만 칼로리 섭취를 크게 늘릴 필요는 없다. 성인 여성의 하루 칼로리 필요량은 2,000kcal. 모유수유를 하는 여성의 경우 하루 2,700kcal 정도가 필요하다. 지나치게 칼로리가 높은 식사나 잦은 간식은 산후비만을 부추길 뿐이다. 산모의 몸에는

수유를 위해 매일 300kcal 정도를 소모할 수 있는 지방이 쌓여 있으므로 다이어트를 위해서 올바른 식단표를 짜는 것이 좋다.

♥ 몸 상태를 정확하게 체크한다

다이어트를 계획하는 많은 여자들이 몸무게에는 민감하지만, 정작 자신의 몸 상태는 잘 모르는 경우가 많다. 경우에 따라서는 다이어트가 아직 몸에 무리일 수도 있다. 또한 살을 뺀다면 어느 부위를 어떻게 빼야 하는지, 내 살들이 지방인지, 근육인지 등에 관한 지식을 알고 시작한다면 좀더 효과적인 다이어트를 할 수 있다.

♥ 장기적인 다이어트 플랜을 짠다

산후 다이어트는 단기간에 효과를 보려고 해서는 안 된다. 출산 직후 산모의 몸은 모든 영양이 빠져나간 상태이므로, 첫째도 둘째도 몸을 회복시키는 것이 중요하다. 적어도 6개월 정도의 장기적인 계획을 세워 천천히 진행해 나가야 한다. 일주일 단위의 작은 목표를 세워 꾸준히 하는 것이 중요하다. 절대 무리한 목표를 세우면 안 된다.

몸무게는 계단식으로 빠진다는 사실을 명심하고, 혹시 자신의 계획대로 몸무게가 빠지지 않았다고 실망하거나 포기하지 말자. 육아일기와 함께 간단하게 다이어트 일기를 쓰면서 의지를 다지는 것도 좋은 방법이다.

산후 다이어트 식이요법

무작정 다이어트를 하겠다고 영양을 소홀히 하면 몸에 적신호가 온다. 출산 후는 몸에 변화가 많은 시기이므로 무조건 굶거나, 편중된 식사는 금물. 산후 다이어트는 자신의 몸 상태에 따라 식사량과 질을 조절하는 것이 필요하다.

♥ 삼칠일 동안에는 충분히 먹자

출산 직후는 무조건 몸을 회복하는 것이 우선이다. 한방에서 말하는 삼칠일 동안에는 몸매 회복을 위한 다이어트 식단에 도전해선 안 된다. 출산으로 몸의 기력이 약해져 있는 상태이므로 영양가 높은 질 좋은 음식으로 몸을 회복하는 것이 우선이다.

♥ 칼슘을 충분히 섭취하자

산모의 몸이 빠르게 회복되기 위해서는 칼슘과 철분이 필수적이다. 특히 모유수유를 하는 경우 미역·다시마 등의 해조류와, 요구르트·치즈·우유·뼈째 먹는 생선 등으로 칼슘을 많이 섭취하는 것이 좋다. 출산 후 신경이 날카로워져 있거나 우울한 경우도 칼슘을 충분히 섭취하면 완화될 수 있다.

싱겁게 먹고, 물을 많이 마시자

몸이 완전히 회복되지 않은 임산부에게 짜고 자극적인 음식은 치아와 장기에 지나친 자극을 주고 모유 분비를 감소시키므로 반드시 피해야 한다. 음식을 먹을 때는 따뜻하고 싱겁게 먹고 물을 많이 마시도록 한다. 음식물로 섭취하는 수분을 제외하고도 하루 2,000cc 정도의 물을 마시는 것이 좋다. 당분이 있는 차와 음료는 칼로리가 높고, 갈증을 일으키므로 피한다.

미역국도 칼로리를 생각하자

출산 후 산모들이 가장 많이 먹는 음식이 미역국이다. 미역은 칼슘, 무기질을 다량으로 함유하고 있어 산모들에게 좋은 식품이다. 보통 출산 후 6개월까지도 미역국을 먹는데, 이때 사골이나, 고기국물에 끊인 미역국을 장기간 섭취하면 높은 칼로리 때문에 비만의 원인이 된다. 멸치, 다시마, 조개 등으로 끊인 미역국을 먹는 것이 다이어트에 효과적이다.

고칼로리 보양식은 산후비만의 적이다

산후 보양식으로 알려진 가물치, 잉어 등은 산후비만으로 이어질 가능성이 높다. 옛날 가난했던 시절에는 산모의 영양상태가 좋지 못해서 출산 후 단백질 부족으로 사망하기도 했지만, 요즘 산모들은 영양상태가 좋기 때문에 굳이 보양식을 먹을 필요는 없다. 오히려 보양식은 칼로리가 높아서 산후비만의 원인이 되기도 한다.

야채, 해조류를 충분히 섭취하자

야채, 해조류 등 알칼리성 식품은 균형 있는 영양 섭취는 물론, 산모들을 괴롭히는 변비 예방에도 효과적이다. 야채, 해조류는 날것으로 먹는 것이 가장 좋고, 살짝 데치거나 쪄 먹는 것도 좋다. 하지만 생야채를 싫어하다면 샐러드나 나물로 만들어 먹되 조리 시 드레싱이나 기름 등으로 칼로리가 높아지지 않도록 주의하며 먹는다.

흰살 생선을 많이 먹자

산후에는 몸의 회복과 수유를 위해 출산 전보다 단백질 섭취 비율을 높여야 한다. 이때 산후비만을 막기 위해서는 고단백 저칼로리 식품을 선택하는 것이 중요하다. 육류는 지방 함량이 적은 살코기 위주로 먹고, 조기·대구·가자미 등 흰살 생선을 많이 먹는 것이 좋다.

모유수유를 하더라도 너무 많이 먹지 말자

흔히 모유수유를 할 경우 무조건 잘 먹어야 한다고 생각하는데, 이는 산후비만의 원인이 된다. 실제로 모유수유를 위해 더 필요한 열량은 출산 전의 300~400kcal밖에 되지 않는다. 모유수유를 위해 소모되는 총 열량은 700~800kcal지만 이중 300kcal는 임신 중 몸 안에 축적된 지방에서 보충하기 때문에, 모유수유 중이라도 과다한 영양 섭취는 산후비만으로 이어짐을 기억한다.

6

매일매일 행복한 명품아기 키우기

첫아기를 안은 엄마와 아빠의 마음은 그저
행복하고 조심스럽기만 하다. 하지만
가슴 벅찬 감동도 잠시, 우는 아기를 어떻게
달래야 하는지, 기저귀는 어떻게 채우는지,
목욕은 어떻게 시켜야 하는지… 눈 앞에 놓인
현실이 막막하기만 하다. 이 파트에서는
초보엄마를 프로엄마로 만들어주는 요령을
공개한다. 더불어 아기를 건강하고 똑똑하게
길러주는 놀이프로그램도 소개한다.

신생아의 특징

 ## 천문

신생아의 머리 꼭대기 쪽 정수리를 살펴보면 맥박이 뛰는 물렁물렁한 부위가 있는데 이를 천문이라고 한다. 천문은 아기의 두개골이 아직 완전히 융합하지 않아 생긴 틈으로 생후 1년 동안 머리가 빨리 자라게 한다. 또한, 출산 시 산도를 통과하기 쉽게 하는 동시에 완충제 역할을 하기도 해 상해로부터 아기를 보호한다. 대천문은 뼈의 성장이 순조롭게 진행됨에 따라 점점 줄어들며 생후 2년쯤 되면 거의 닫힌다.

 ## 두상

신생아의 두개골은 출산 시 좁은 산도를 빠져나갈 수 있도록 물렁물렁하게 되어 있다. 질식 분만한 아기는 좁은 산도를 지나 세상 밖으로 나오려고 애쓰는 동안 머리 끝 부분이 뾰족한 원추형을 형성할 수 있다. 원추형은 오래가지 않고 생후 며칠 내로 둥그스름해지기 시작한다. 아기의 머리가 충분히 팽창하지 않은 자궁경부에 부딪히면 산류라고 하는 혹 같은 덩어리가 생길 수 있는데 이는 하루나 이틀 뒤면 사라진다.

 ## 얼굴

아기는 자궁에서의 웅크린 자세와 좁은 산도를 내려오느라 코가 납작하게 밀린 것처럼 보이고 눈꺼풀은 두툼해 보일 수 있다. 처음에는 한쪽 눈을 뜨는 것도 힘들어할 수 있는데 이는 생후 하루 이틀이 지나면 개선된다.

 ## 시력

신생아는 생후 6~8주까지는 사물이나 사람의 눈에 제대로 초점을 맞추지 못한다. 그러나 명암은 느끼기 때문에 빛을 쬐어 주면 눈이 부신 듯 눈을 꼭 감는다. 생후 1~2주 정도 지나면 어느 정도 큰 물체를 쳐다보거나 주위를 둘러보는데 이때의 초점 거리는 20~25cm 정도이다.

 ## 유방

갓 태어난 아기 중에는 남아든 여아든 유방이 부풀어 오른 경우가 있다. 응어리가 만져지기도 하고 간혹 젖이 나오기도 한다. 이는 어머니의 유방을 자극하던 호르몬이 아기의 유선에 영향을 주었기 때문에 생기는 현상이다. 간혹 아기의 유방을 손으로 짜 주는 경우가 있는데 이는 매우 위험하다. 자칫하면 세균 감염을 일으킬 수 있다.

 ## 배꼽

태아에게 산소나 영양분을 공급해 주는 탯줄은 출생과 동시에 역할이 끝난다. 출생 후 탯줄을 자르면 처음에는 촉촉하고 말랑말랑하지만 얼마 지나지 않아 곧 건조되어 1~2주 사이에 통증 없이 저절로 떨어진다.

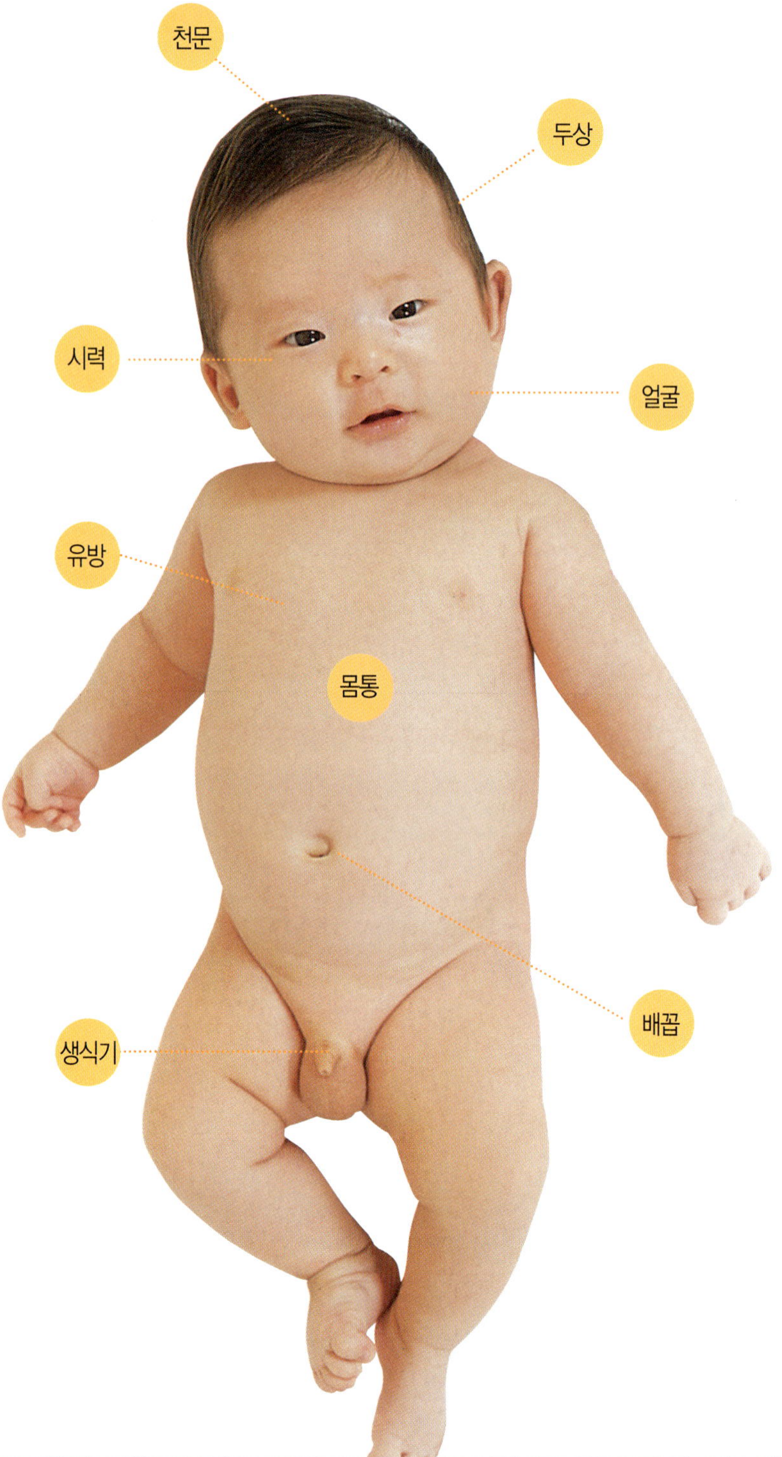

했던 주름도 펴지고 온몸을 덮고 있던 우윳빛 태지도 없어지면서 통통하게 살이 오른 귀엽고 전형적인 아기의 모습으로 변하게 된다. 따라서 신생아의 생김새나 특징에 대해 미리 알아 두면 당황하지 않고 아기가 커가는 모습을 지켜볼 수 있다.

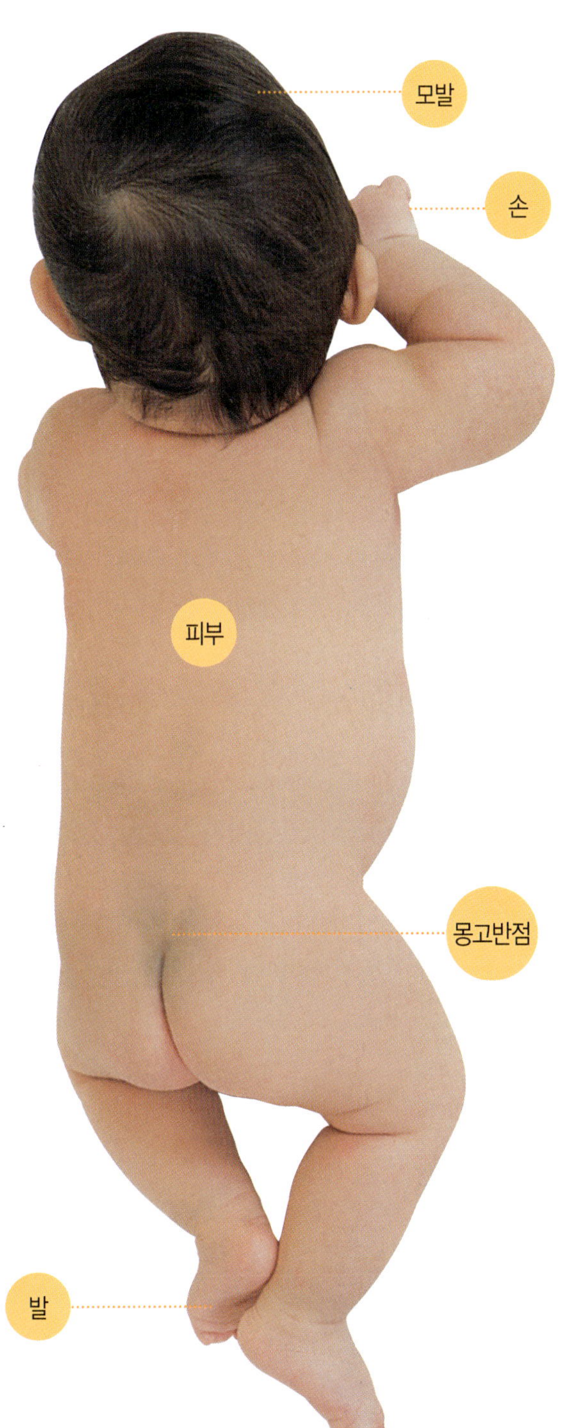

 ## 모발

출생 시 어떤 아기는 모발이 많이 자라 있기도 하고, 어떤 아기는 모발이 거의 없을 수도 있다. 출생 시 모발이 얼마나 있느냐와 상관없이 신생아의 모발은 생후 3개월 무렵부터 서서히 빠지고 새로운 머리털이 나며, 성장하면서 머리숱은 점점 많아진다.

 ## 몸통

갓 태어난 아기의 머리 크기는 어른의 1/3 이상이지만 몸통은 1/20 이하로 머리에 비해 몸통이 작다. 즉, 어른은 7~8등신인데 반해 아기는 1/4 정도밖에 되지 않는 4등신이다.

 ## 손과 발

생후 며칠 동안 손발은 푸르스름해 보인다. 말단청색증이라고 하는 이러한 현상은 혈액 순환이 원활하지 못해 생기는 현상으로 시간이 지나면 사라진다. 단, 손발을 제외한 다른 부위는 건강한 분홍색이어야 한다.

 ## 손톱

손톱은 길지만 약하므로 깎지 않는 것이 좋다. 손톱이 지나치게 길어 자기 몸을 할퀼 위험이 있는 경우에만 신생아용 손톱깎이로 조심스럽게 깎거나 손싸개를 해 준다.

 ## 피부

갓 태어난 아기는 온몸이 흰색의 태지로 덮여 있고 쭈글쭈글한 주름이 많이 잡혀 있다. 주름은 과숙아일수록 더욱 많으며 미숙아일 경우 몸과 손바닥, 발바닥이 매끄러운 것이 특징이다. 신생아의 주름은 출생 후 4주 정도가 지나 아기에게 젖살이 오르면서 저절로 사라진다.

 ## 생식기

*남아는 음낭이 약간 부어 있을 수 있는데 이 현상은 고환을 둘러싼 유동체 때문에 생기는 것으로 몇 달 내로 가라앉는다. 그렇지 않으면 수술을 받아야 하므로 주의 깊게 관찰한다. *여아는 생식기가 약간 부어 있고 유백색이나 혈흔이 있는 분비물이 나올 수 있다. 이런 증세는 생후 10일 내로 사라진다.

 ## 몽고반점

신생아의 피부 특히 엉덩이 근처에 난 푸른 점을 몽고반점이라고 한다. 몽고반점은 신생아일 경우에는 뚜렷하지만 아기가 점점 크면서 자연스럽게 없어진다.

 ## 체온

출생 당시 아기의 체온은 36.5~37.5℃ 정도 되다가 2~3일이 지나면 37℃ 안팎이 되면서 안정된다. 갓 태어난 아기는 체온 조절 능력이 미숙하므로 평소 방 온도는 24~26℃, 습도는 40~60%로 유지하고 기온 변화에 맞춰 수건이나 담요로 조절한다.

신생아 검사

출산의 고통이 끝나고 아기의 우렁찬 울음소리가 들리면 의사는 아기의 건강에 이상이 없는지 생후 며칠 동안에 걸쳐 전반적인 신체검사를 하게 된다. 신생아 검사는 아기의 건강 상태를 파악하는 중요한 과정이며 몸에 이상이 있을 경우 신속히 대처할 수 있는 매우 중요한 검사이므로 세밀하게 이루어져야 한다.

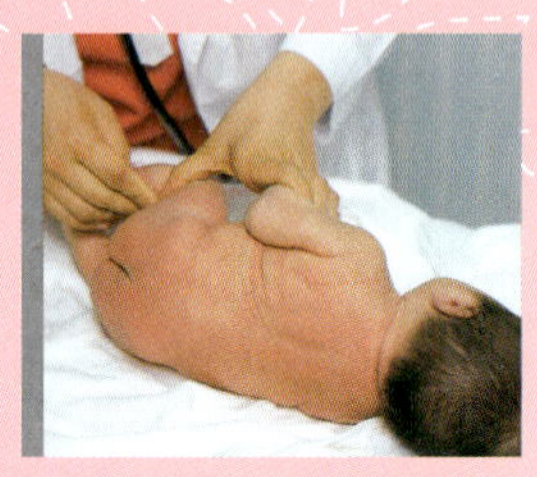

➕ 전신 검사

생후 며칠 내로 얼굴, 척추, 항문, 손가락, 발가락 등 머리부터 발끝까지 외관을 샅샅이 검사한다. 머리에 상처는 없는지, 손가락과 발가락은 제대로 붙어 있는지, 항문은 구멍이 제대로 뚫려 있는지 등을 살핀다. 아기의 체중, 머리둘레와 길이를 측정하고 엉덩이가 제대로 자리 잡고 움직이는지 알아본다.

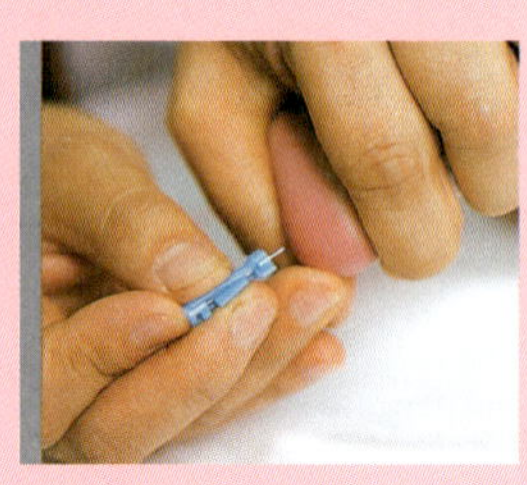

➕ 발꿈치 혈액 검사

생후 이틀이 지나면 아기의 발뒤꿈치에서 혈액 표본을 채취해 선천성 대사 이상 검사를 한다. 선천성 대사 이상이란 신체의 신진대사에 관계되는 효소의 선천적인 이상을 살펴보는 검사로 아기 몸 안에 신진대사에 필요한 효소가 있는지 확인하는 검사이기도 하다. 이러한 검사로 밝혀낼 수 있는 대표적인 질병에는 갑상선 기능 저하증, 단풍 당뇨증, 페닐케톤뇨증, 갈락토스혈증, 선천성 부신과형성증, 호모시스틴뇨증 등 현재까지의 기술로는 총 40종의 검사가 가능하다.

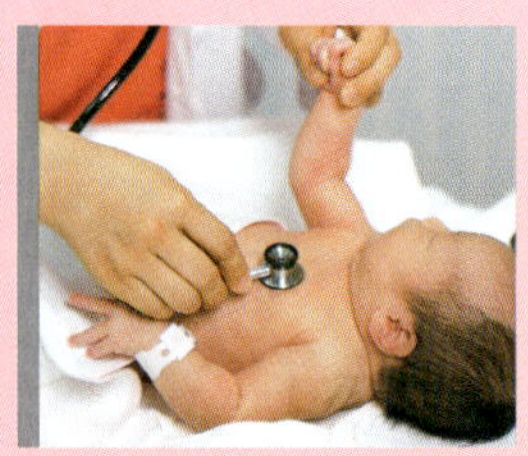

➕ 청진기 검사

신생아의 심장에 청진기를 대서 심장이나 폐, 장에 이상이 없는지, 호흡 수나 호흡법에 이상이 없는지 살펴본다. 의사는 수시로 청진기로 심음을 들어보며 혹시나 있을지도 모르는 심장 이상을 검진한다.

➕ 고관절 검사

누워 있는 상태에서 다리를 직각으로 세우고 양다리를 벌려 보면서 고관절의 탈구 여부를 검사한다. 이때 180°로 다리가 벌려져야 정상이다. 또 양쪽 다리의 길이가 서로 다른지도 체크한다.

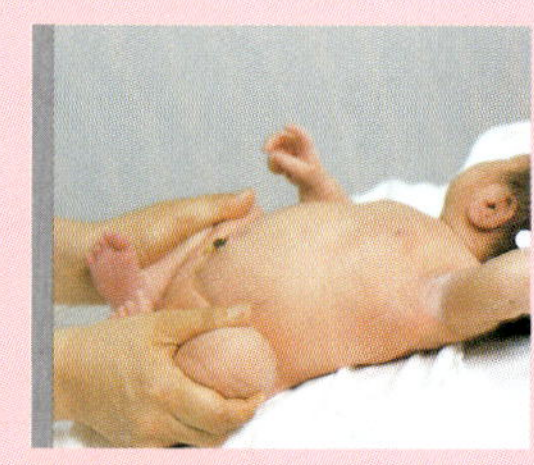

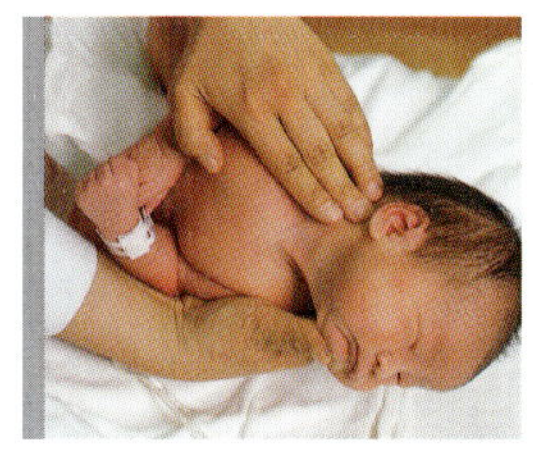

피부색 검사

피부색이 선홍색이면 정상이며 반대로 신생아의 피부색이 너무 하얗거나 청색이면 이상을 의심할 수 있다. 갓 태어난 신생아 건강상태를 검사하는 아프가 점수를 매길 때에도 피부색이 선홍색이면 점수가 높다. 신생아의 피부색은 혈액 순환이 원활하지 않아 시시때때로 변하기도 하는데 이 때문에 피부색을 체크하는 것은 중요한 검사 중 하나이다.

불빛 반응 검사

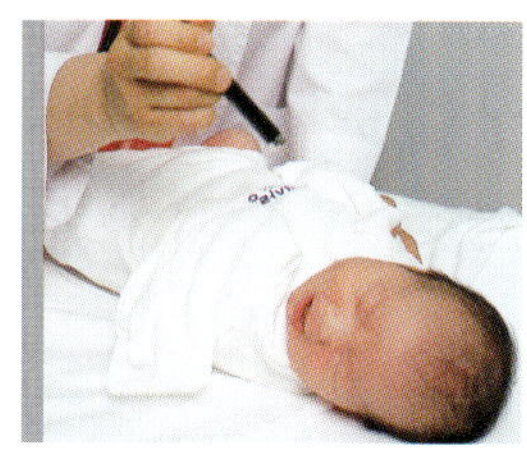

전등으로 불빛을 비춰 보아 이에 반응하는지를 확인한다. 소리, 시각, 맛, 냄새 등 기본 감각이 살아 있는지 눈으로 봐서 이상은 없는지 간단한 검사를 통해 알아본다.

성기 검사

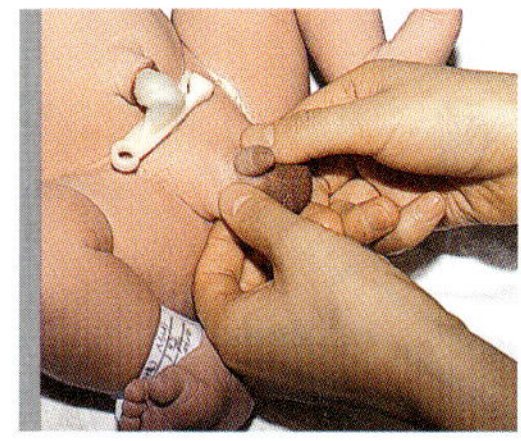

남자아기는 두 손으로 음낭을 만져 보아 왼쪽과 오른쪽의 크기가 같은지 검사한다. 음낭은 오른쪽과 왼쪽이 다소 차이가 날 수 있지만 한쪽이 2~3배 정도 크다면 음낭 수종이나 서혜부 탈장이 동반될 가능성이 있다. 여자아기는 외음순과 소음순이 잘 맞물려 있는지 모양에 이상이 없는지 확인한다.

비타민 K 주사

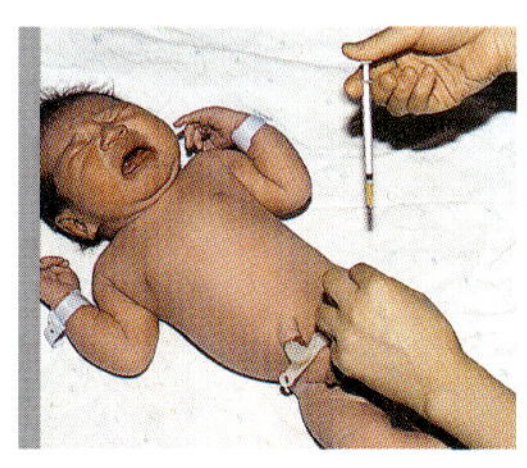

신생아는 흔히 비타민 K가 결핍된 상태에서 태어나므로 많은 병원에서 출생 직후에 아기에게 비타민 K 주사를 놓거나 정제를 처방한다. 이는 정상적인 혈액 응고 과정에는 꼭 필요한 과정이다. 드문 경우지만 출산 직후 아기가 비타민 K 부족으로 출혈성 질환을 일으키는 경우가 생기므로 요즘은 병원 대부분에서 예방 차원으로 비타민 K 주사를 놓는다.

B형 간염 예방접종

병원에서 퇴원하기 전에 B형 간염 예방 접종을 받는다. 간염 검사 결과에 따라 다르지만, 보통 생후 12개월 내로 3회에 나눠 예방접종을 받으면 접종이 모두 끝나고 항체가 생긴다.

신체 기능 검사

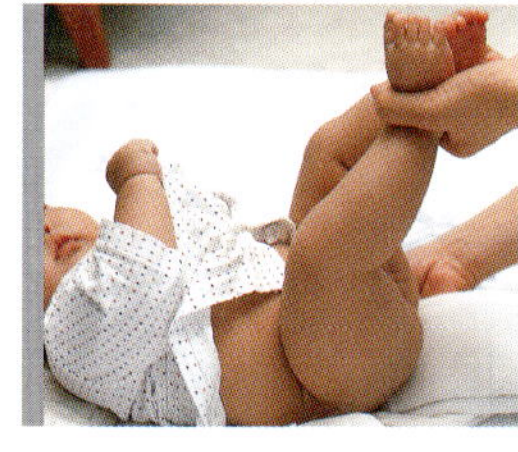

출생 이후 아기가 젖을 얼마나 자주, 얼마나 많이 먹는지와 대소변의 빈도와 상태를 기록해 두면 도움이 된다.

체중

생후 며칠 동안에는 매일 체중을 잰다. 생후 처음 며칠 동안 출생 시 체중보다 10% 정도 줄어드는 것은 흔히 있는 정상적인 일이므로 당황하거나 놀랄 필요가 없다. 생후 1주일이 지나면 체중이 서서히 늘기 시작한다.

신생아 반사 반응

아기는 태어나면서부터 일정한 자극에 대해 자율적인 반사 행동을 보인다. 이러한 원시적인 초기 반사 반응은 아기의 신경이나 근육의 성숙도를 판단하는 중요한 자료가 되며 생후 6개월 안에 서서히 사라진다. 대신 자신의 의지에 의한 한층 복잡하고 구조화된 운동으로 발달해 간다.

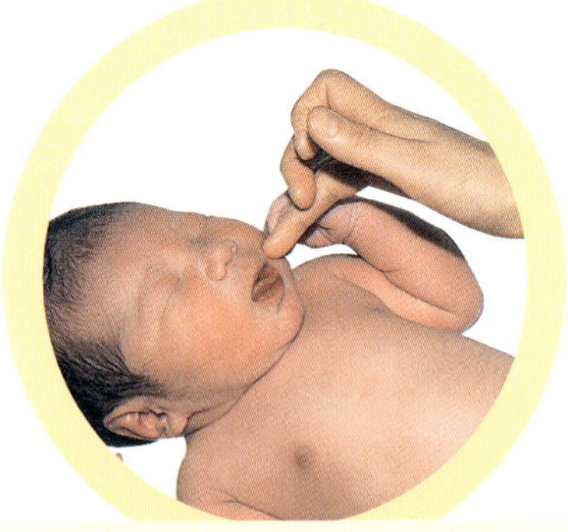

✚ 구순 반사

먹이 찾기 반사 혹은 흡철 반사라고도 하며 아기의 입술 근처를 가볍게 자극하면 그 방향으로 머리를 돌려 입술을 내밀고 빨려고 한다. 이 동작은 엄마의 젖꼭지를 아기 입술 근처에 대면 젖을 빨아먹으려는 행동으로 대개 배가 고플 때 가장 강하게 나타난다.

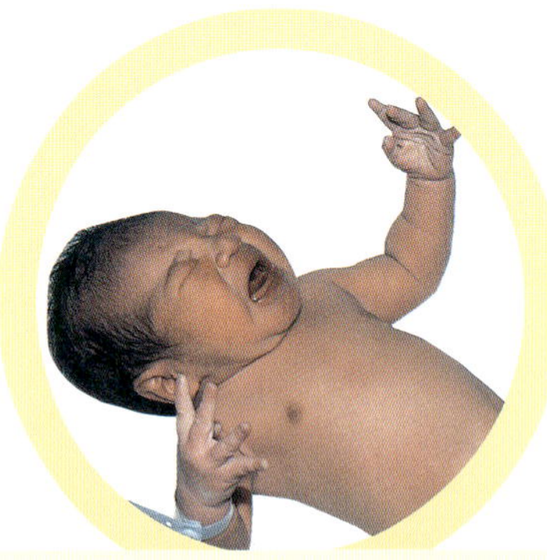

✚ 모로 반사

놀람 반사라고도 하며 아기 머리를 툭 건드리거나 베개 위로 5cm 쯤 들어 올렸다가 갑자기 내려놓거나 시끄러운 소리에 놀랐을 때 보이는 아기 특유의 반응이다. 이 반사는 자신의 몸을 보호하려는 자율적인 반응으로 팔과 다리를 벌렸다가 무엇을 껴안듯 두 팔을 가슴 위로 가져오며 무릎은 가슴까지 오므리는 동작이다.

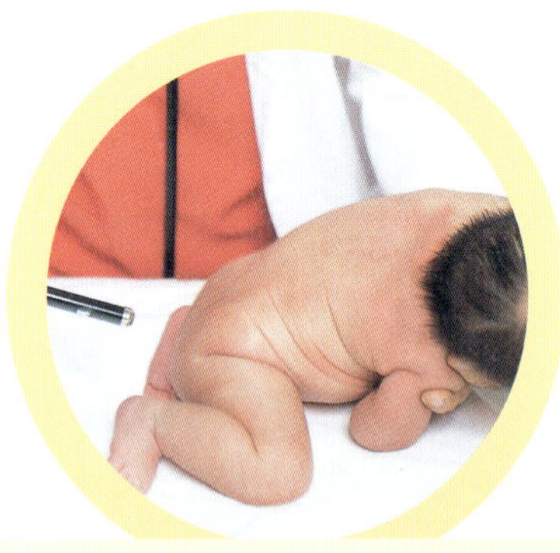

✚ 등 반사

아기를 왼손으로 받쳐 들고 오른손 손가락으로 아기의 등뼈와 평행이 되게 한쪽으로 자극을 주면 자극을 받은 쪽으로 아기의 몸 전체가 활처럼 흰다. 동시에 반대편 다리를 오므리는데 이런 반사는 보통 생후 2개월이면 사라진다. 그 이후에도 등 반사가 살아 있으면 뇌성마비를 의심해야 한다.

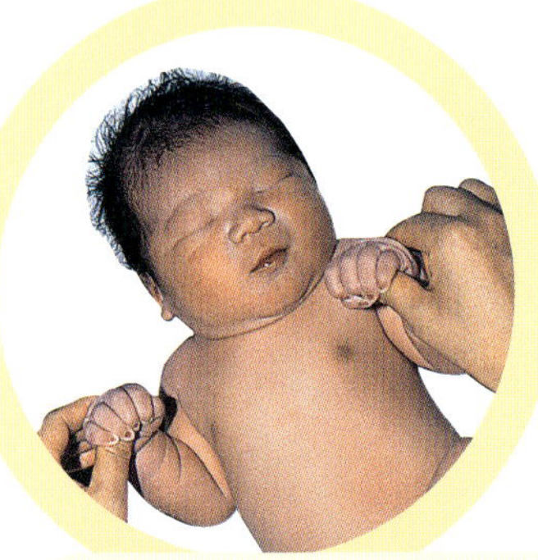

✚ 쥐기 반사

파악 반사라고도 불리며 아기의 손바닥을 가볍게 자극하면 아기는 무의식적으로 손에 닿은 상대방의 손가락을 꽉 잡는다. 이 반사는 물체를 쥐는 행위보다 엄마에게 매달리려는 욕구와 관계가 있다.

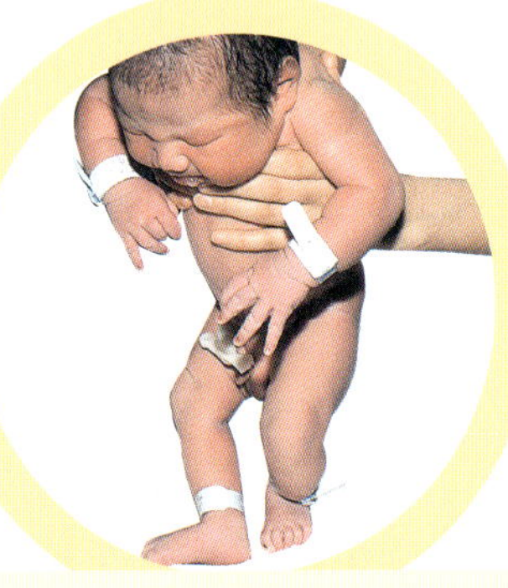

✚ 걸음마 반사

아기의 양팔 밑을 잡고 아기를 똑바로 세워 양발을 평평한 곳에 닿게 했을 때 일어나는 현상으로 상체를 살짝 앞으로 굽히면 자연스럽게 걷기 동작을 하며 앞으로 나아가려 한다.

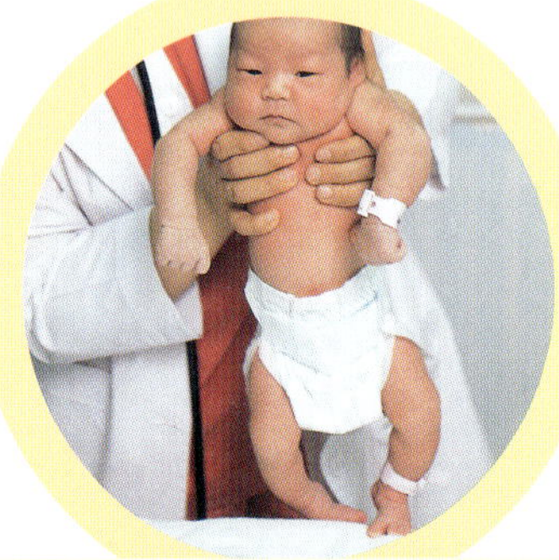

✚ 자리 찾기 반사

걸음마 반사의 일종으로 아기를 안고서 탁자 모서리에 아기의 발끝이나 정강이를 대면 마치 계단을 오르듯이 발을 들어 올라서려고 한다. 아기들은 본능적으로 발에 닿는 물체를 딛고 선다.

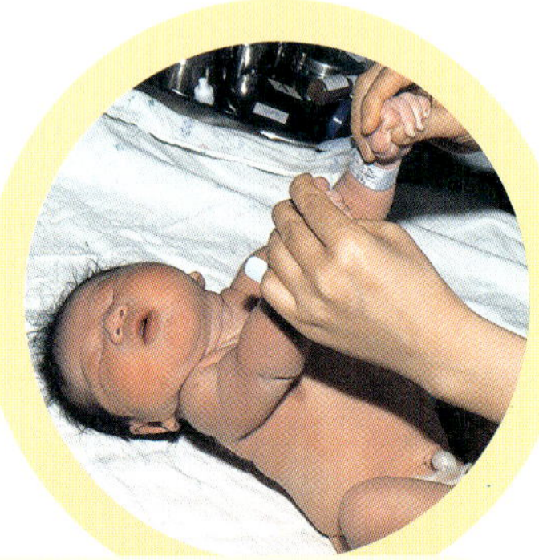

✚ 일으키기 반사

아기의 근육이 제대로 움직이는지 알아볼 수 있는 반사로 아기의 두 손을 잡고 일으키는 시늉을 하면 아기도 몸을 일으키며 힘을 꼭 준다.

미숙아, 저체중아, 과숙아

➕ 미숙아

태어날 당시 체중이 2.5kg 미만이며 임신 37주 이전에 출생한 아기를 미숙아라 한다. 미숙아는 임신 기간이 짧고 체중이 적을수록 그 위험도 커지는데 보통 임신 34주 이후에 태어나면 대부분 정상적인 아이로 자라지만 26~28주에 태어나면 좀더 세심한 주의와 치료가 필요하다. 따라서 미숙아를 출산했을 때는 일단 신생아 클리닉에서 검사를 받아 보는 것이 현명하다. 미숙아는 피하조직이 만들어지는 임신 말기를 거치지 않았기 때문에 피부가 얇고 피하 지방이 적으며 체내조절 기능이 떨어지므로 미숙아집중치료실에서 세심하게 보살핌을 받아야 한다.

미숙아를 돌볼 때는 무엇보다 체온을 36~37℃로 항상 일정하게 유지하고 습도를 40~60%로 맞춰 피부가 건조해지거나 신체에 자극을 주지 않도록 신경을 써야 한다.

➕ 저체중아

37주 이상 임신 기간을 거쳤어도 성장발육 지연으로 출생 시 체중이 2.5kg 미만인 아기를 저체중아라 한다. 저체중아 중에서도 1.5kg 미만인 아이를 극소 저체중아, 1.0kg 미만인 아이를 초극소 저체중아라 부르는데 1.0kg 미만의 아이도 집중적인 치료와 관리를 받으면 생존 가능성이 커진다. 저체중아의 원인은 태아가 자궁 내에 있을 때 태반을 통해 영양공급이 원활하게 이루어지지 않았거나 선천적인 원인, 모체의 부주의 등으로 발생한다. 저체중아는 만삭아와 같은 모습이지만 살이 없거나 몸집이 작은 미숙아나 혹은 체중은 적게 나가지만 과숙아일 경우로 나눌 수 있다. 요즘에는 산전 검사를 통해 조기에 발견해 대처할 수 있으므로 크게 걱정할 필요는 없다. 오히려 미숙아보다 성장이나 발육 속도가 빠르다.

➕ 과숙아

임신 42주 이후에 출생한 아이를 과숙아라 하며 태반기능이 불안정하게 일어나 영양이나 산소결핍 등 합병증이 있는 경우가 많아 자연분만을 하기에는 위험이 따른다. 임신 기간은 길어도 발육상태가 그리 좋지 못하며 머리둘레와 키는 크나 체중은 정상아보다 약간 무겁거나 가벼울 수 있다. 피부는 태지로 덮여 있는 흰빛을 띠는데 2~3일이 지나면 곧 새 피부가 돋아난다. 간혹 피부와 손톱, 탯줄도 노랗게 착색될 수가 있는데 이는 태내에서 태변을 보기 때문이므로 곧 정상으로 돌아오므로 일반적인 육아 방법과 크게 다르지 않다.

365일 명품육아

project 1

먹이기 & 트림시키기

자궁 내에서 탯줄을 통해 영양분을 흡수하던 아기는 출산 이후 모유나 분유로 영양분을 공급받게 된다. 수유를 할 때는 가능하면 모유수유를 하는 것이 이상적이지만 산모의 상태나 아기의 건강 등 여러 가지 상황을 고려해 수유 방법을 선택하면 된다.

♥ 수유 자세

모유를 먹일 때는 아기가 편안한 기분이 들도록 품에 안고 가운뎃손가락과 집게손가락에 젖꼭지를 끼우고 가볍게 눌러 아기 입술 근처에 가까이 대 준다. 그럼 아기가 자연스럽게 젖꼭지를 물고 젖을 빨기 시작하는데 이때 젖꼭지의 검은 부분까지 완전히 물려야 입과 젖꼭지 사이에 마찰이 생기지 않아 아프지 않다.

분유를 먹이더라도 모유를 먹일 때처럼 피부를 접촉시켜 심장 소리를 들을 수 있도록 최대한 유사한 자세로 우유를 먹이는 것이 좋다. 또, 아기가 입을 벌리면 젖꼭지의 끝이 혀 위로 올라오도록 놓고 입 속 깊이 넣어 준다. 이렇게 하면 모유를 먹일 때처럼 엄마와 아기의 유대관계가 형성될 뿐 아니라 아기에게 만족감, 안정감을 줄 수 있다.

♥ 수유 간격

젖 먹이는 간격은 신생아의 주기에 맞추는 것이 좋다. 정해 놓은 수유 시간이 되지 않았더라도 아기가 젖을 먹고 싶어 할 때는 수유를 하는 것이 좋다. 아무 때나 젖을 준다고 해서 아기의 버릇이나 양에 영향을 미치지는 않으므로 자연스럽게 수유 간격이 생길 때까지는 제한하지 않는 것이 좋다. 만약 두 시간 간격으로 모유를 찾거나 세 시간 간격으로 분유를 먹는다면 그에 맞게 수유 계획을 세우는 것이 좋다.

처음에는 먹는 패턴이 일정하지 않지만 차차 시간이 흐르면서 4시간 간격으로 젖을 먹는 패턴으로 정착하게 될 것이다.

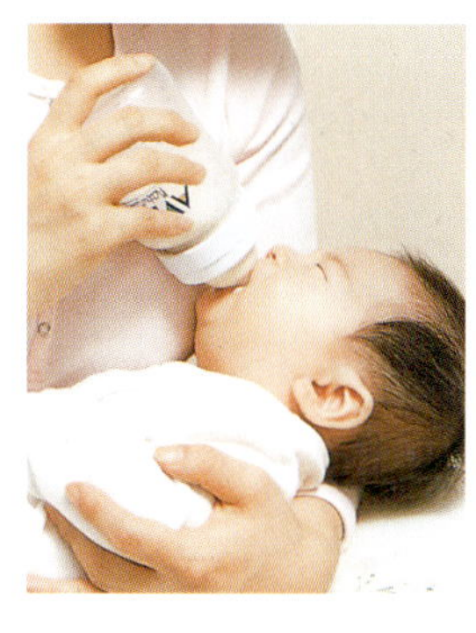

💜 수유 리듬

생후 1개월 동안 우유는 하루에 3~4시간 간격으로 6~7회 정도, 모유는 1~2시간 간격으로 10~15회 정도 먹는다. 한 번 먹는 데 걸리는 시간은 15~20분 정도로 젖을 먹기 위해 깨서 다 먹고 안정되기까지는 30분 정도 걸린다.

💜 수유 양

아기가 필요로 하는 젖의 양은 개인에 따라 차이가 있으며 아이의 상태에 따라 젖을 많이 먹기도 하고 적게 먹기도 한다. 아기가 평소 어느 정도 먹는지 살펴 식욕을 추정할 수 있지만 지나치게 의식할 필요는 없다. 아기는 자신에게 필요한 양만큼 먹고 난 뒤 스스로 젖에서 떨어지기 때문이다. 분유를 먹일 때는 대개 체중 0.5kg당 75~100㎖의 우유가 필요하며 하루에 6~8회 정도 우유를 먹는다. 예를 들어 체중이 3.5kg이면 하루에 415~620㎖는 먹는 것이 좋다.

모유수유 vs 분유수유

💜 모유수유를 할 때

● 우유병 젖꼭지를 물리지 않는다

모유수유를 할 생각이라면 모유수유 초기 며칠 동안 아기에게 우유병 젖꼭지를 물리지 않도록 주의한다. 아기가 우유병 젖꼭지에 익숙해지면 입을 적게 벌리고 입 안에 딱딱한 우유병 젖꼭지를 느낄 때까지 젖을 빨지 않고 기다리게 된다. 우유병은 입만 대고 있으면 우유가 저절로 흘러나오는 데 반해 엄마 젖은 1~2분 정도 힘차게 빨아야 젖이 나오기 때문이다.

● 탈수증세를 보일 때만 끓인 물을 조금 먹인다

모유 속에는 아기에게 필요한 수분이 충분하므로 굳이 따로 물을 먹일 필요가 없다. 하지만 날씨가 덥거나 아기에게 탈수 증세가 나타나면 물을 조금 먹인다. 단, 생후 6개월까지는 반드시 끓인 물을 식힌 다음 먹여야 배탈이 나지 않는다.

💜 분유수유를 할 때

● 수유 기구를 철저하게 소독한다

모유에는 아기에게 필요한 항체가 포함되어 있어 세균 감염으로부터 보호를 받을 수 있지만 분유를 먹는 아기는 질병에 대한 저항력이 떨어지므로 젖병과 젖꼭지 등 수유 기구를 항상 깨끗이 소독한다. 수유 기구를 소독할 때는 우선 젖꼭지를 젖병에서 빼낸 다음 찬물로 병과 젖꼭지를 씻는다.

이때 분리한 젖꼭지는 우유 찌꺼기가 남지 않도록 구석구석 깨끗하게 문질러 씻는다. 우유병도 찬물로 안쪽을 씻어낸 후 따뜻한 물에 세척제를 타서 흔들어 씻고 병 안에 긴 솔을 넣어 샅샅이 닦는다. 씻은 젖병과 젖꼭지는 찬물이 담긴 용기에 잠길 정도로 물을 넣고 젖병은 끓는 물에서 5분, 젖꼭지는 2~3초 정도 소독하고 나서 멸균 용기에 보관해 두면 안전하다.

● **분유를 탈 때는 물과 분유의 분량을 지킨다**

분유를 탈 때는 각 제품 용기에 표시된 사용 방법에 따라 물과 분유를 섞는다. 분유의 농도가 지나치게 짙으면 비만아가 되거나 체할 위험이 있고, 분유의 농도가 지나치게 옅으면 발육이나 성장에 이상이 생길 수 있으므로 분유를 탈 때는 전용스푼을 이용하여 개월 수와 체중에 따라 정확한 분량을 지킨다. 또 한 번에 먹을 분량만 타서 먹고 남은 우유는 그때그때 버린다. 우유는 다른 식품보다 세균 번식이 쉬우므로 남긴 우유를 다시 주면 아기가 배탈이 날 수 있다.

● **분유의 온도를 체크한 다음 먹인다**

분유를 먹일 때는 체온 정도의 따뜻한 온도인지 손목 안쪽에 분유를 몇 방울 떨어뜨려 온도가 적당한지 체크한 다음 먹이는 것이 좋다. 젖병을 데울 때는 가능하면 전자레인지를 피한다. 전자레인지로 젖병을 데우면 병은 차갑지만 내용물인 분유는 뜨거워 아기가 입을 델 수 있기 때문이다.

혼합수유를 할 때

● **모유에서 분유로 옮겨갈 때 필요한 수유방법이다**

분유가 모유를 완벽하게 대신할 수는 없지만 아기에게 필요한 영양소는 충분히 갖추고 있으므로 아기의 발육에는 큰 문제가 되지 않는다. 가능하면 모유수유를 시작하는 것이 바람직하지만 모유 양이 적거나 여건이 허락지 않을 때, 젖을 떼는 과정에서 혼합수유를 시도한다.

혼합수유를 할 때는 횟수를 조절하는 방법과 매번 모유와 우유를 함께 주는 방법이 있는데 아기가 우유에 익숙해질 수 있도록 엄마가 배려해 주어야 한다. 모유를 뗄 때는 처음부터 무리하게 우유병을 물리지 말고 젖꼭지의 감촉을 익히도록 차차 양을 늘리는 것이 좋다. 만약 아기가 우유 맛을 낯설어한다면 처음에는 모유를 짜 우유병에 담아 먹이는 것도 좋은 방법이다. 우유를 먹일 때는 모유를 먹이는 기분으로 아기를 안아 주는 것이 중요하다.

수유 후 트림시키기

모유를 먹이든 우유를 먹이든 젖을 먹인 다음에는 반드시 트림을 시켜 공기를 뱉어내게 해야 젖을 토하지 않는다. 트림시키는 방법에는 다음과 같이 3가지가 있다.

방법 1 **엎어 놓고 트림시키기** 아기를 엄마의 무릎에 엎어 놓고 아기의 등 가운데를 가볍게 토닥거려 준다. 이 방법은 목을 가눌 수 없는 신생아에게 적당하다.

방법 2 **세워 안고 트림시키기** 엄마의 한쪽 어깨에 아기 얼굴을 비스듬히 대고 세워 안은 다음 등을 토닥거려 준다. 가장 보편적인 방법으로 신생아나 아기가 좀 컸을 때 적합하다.

방법 3 **무릎 위에 앉혀 놓고 트림시키기** 아기를 무릎 위에 마주 보게 앉히고서 두 손으로 머리와 등을 받쳐 가볍게 두드려 준다. 이 방법은 아이가 목을 가눌 수 있을 무렵에 하는 것이 좋다.

project

잠재우기

신생아는 생후 몇 주 동안 온종일 잔다고 해도 과언이 아닐 만큼 수시로 잠이 든다. 갓 태어난 직후에는 젖 먹는 시간 외 대부분을 잠자는 데 보내지만 차츰 자라면서 자는 시간도 줄어든다.

수면 패턴

갓 태어난 신생아는 밤낮 구분 없이 하루의 70% 이상을 잠으로 보내다가 1개월이 지날 무렵 조금씩 수면 시간이 줄어든다. 이 시기에는 한 번 깨면 30분 이상 깨어 있는 경우가 많아진다. 그러다가 2~3개월 무렵이 지나면 밤에는 푹 자고 낮에는 깨어 있는 시간이 길어져서 밤과 낮의 구별이 뚜렷해진다. 이때부터는 밤중에 젖을 충분히 먹이면 아침까지 잠에서 깨지 않고 자는 경우가 많아지고 점점 24시간 주기로 규칙적인 패턴을 찾는다.

수면 리듬

신생아는 하루에 16~20시간 정도 잠을 자며 대부분 렘(REM)수면을 취한다. 렘수면이란 몸은 자고 있지만 뇌는 깨어 있는 상태로 가벼운 외부 자극에도 쉽게 깬다. 아기가 자다가 움직이거나 웃기도 하는데 이렇게 렘수면 상태가 지나면 천천히 호흡하며 깊은 수면 상태로 빠지게 된다. 즉, 아기는 깊은 잠과 얕은 잠을 반복해서 자는데 자라면서 잠자는 시간도 줄어들고 규칙적으로 변한다.

잠버릇

잠버릇은 아기마다 달라서 젖을 먹인 다음 자리에 눕히면 스스로 잠이 드는 아기도 있고 쉽게 잠이 들지 않아 부모의 애를 먹이는 아기도 있다. 또 일정시간에 자리에 눕히면 잠 드는 아기가 있는가 하면 졸음이 올 때까지 놀다가 엄마 품에 안겨 그대로 잠이 드는 아기가 있다. 혹은 젖병을 입에 물려줘야 잠이 드는 아기, 품에 안거나 업고 재워야만 자는 아기 등 여러 가지 수면 습관이 있으므로 부모가 너무 초조하게 생각하지 말고 느긋한 마음으로 수면 습관을 바로잡아 주어야 한다.

잠 재우는 방법

가장 무난한 방법은 아기를 똑바로 눕혀서 재우는 방법이지만 아기가 젖을 먹은 지 얼마 안 됐거나 건강에 이상이 있을 경우에는 피하는 것이 좋다. 자칫 아기가 토했을 때 토사물이 기도로 넘어갈 위험이 있기 때문이다. 따라서 아기를 바로 눕혀서 재울 때는 머리를 옆으로 살짝 돌려놓는 것이 좋다. 간혹 아기를 똑바로 재울 때 머리 모양이 납작해지지 않을까 걱정하는 경우가 있는데 이럴 때는 가운데가 움푹 파인 짱구베개를 사용하면 효과적이다.

머리 모양을 예쁘게 하려고 좌우로 돌려가며 재울 때는 한쪽 머리만 눌리거나 어깨에 무리가 가지 않도록 적당한 간격을 두어 머리 방향을 바꿔 주는 것이 좋다. 만약 아기가 한쪽으로 눕는 것을 좋아한다면 싫어하는 쪽의 반대쪽에 쿠션이나 이불, 수건 등을 받쳐 주면 좋아하는 방향으로 고개를 돌리지 못한다.

방법 1 **엎어서 재우기**　엎어서 재울 때는 아기가 몸을 뒤척이다가 질식할 위험이 있으므로 세심한 배려와 주의가 필요하다. 하지만, 엎어서 재우게 되면 순환기 활동이 부드러워지고 토했을 때 토한 물질이 쉽게 흘러나올 수 있으므로 아기가 숙면을 취하는 데 좋다. 단, 목에 무리가 가지 않도록 자주 머리 방향을 바꿔 주는 것이 좋고 몸을 가눌 수 있는 4개월 이후에 시작하는 것이 좋다.

방법 2 **안아서 재우기**　안아서 재울 때는 한 손으로 아기의 목을, 한 손으로는 아기의 엉덩이를 받친 다음 엄마의 가슴에 밀착시킨다. 이렇게 하면 아기가 엄마의 심장박동 소리를 느끼며 잠이 들어 안정감을 느낀다. 아기가 잠이 들면 엄마는 양쪽 무릎을 바닥에 대고 몸을 서서히 숙여 아기를 엉덩이부터 살며시 바닥에 내려 놓으며 자리에 눕힌다.

잠자리

아기를 이부자리에 재울 때는 냉난방기의 바람이 직접 닿는 곳이나 창문이나 출입문 옆 등 온도 차이가 심한 곳은 피한다. 이부자리를 고를 때는 약간 큼직한 것을 사서 여유 있게 사용하는 것이 좋다. 아기를 침대에서 재울 때는 안전을 고려해 여유 있는 공간을 확보하는 것이 중요하다. 침대를 고를 때는 칸막이가 있는 것을 사야 뒤척여도 부딪히거나 떨어질 위험이 없다. 침대 가장자리에는 범퍼나 이불 등 보호대를 만들어 둔다.

실내 온도

아기는 많은 시간을 잠을 자면서 보내기 때문에 쾌적한 잠자리에 신경을 써야 한다. 잠자는 곳의 실내온도는 22~23℃, 습도는 50% 전후로 맞추는 것이 좋고 빛이나 소음 등 자극이 적은 곳에 아기방을 꾸며 주는 것이 좋다. 날씨가 뜨거운 여름에는 실내와 바깥 온도의 차가 5℃ 이상 나지 않도록 신경을 쓰고 추운 겨울철에는 가습기를 틀어 아기의 코 점막이 마르지 않도록 주의한다.

아기 잠자리 계절별 체크 포인트

● **봄·가을**
기온이 너무 높거나 낮지도 않은 계절이므로 타월 이불, 배내옷, 얇은 긴팔 아기옷 정도가 좋다. 단, 한밤중이나 기온이 떨어지는 새벽녘에는 이불을 2장 겹쳐서 덮어 준다.

● **여름**
날씨가 더워서 짧은 속옷이나 여름용 아기옷 한 장으로도 충분하다. 만약 실내 온도를 25℃ 정도로 맞춰 놓았다면 타월로 만든 이불이나 목욕 타월 정도만 덮어 준다.

● **겨울**
포근하고 따뜻한 목화솜 이불, 배냇가운, 살짝 두께 감이 있는 아기 옷을 입힌다. 난방이 잘 안 될 때는 얇은 이불을 하나 더 덮어 온도를 조절한다. 난방이 잘되면 옷을 너무 많이 입히지 말고 내의류 정도만 입힌다.

프 로 젝 트 **3** **project**

울음 달래기

아기가 울 때는 어디가 아프거나 불편할 수도 있고 기저귀가 축축하게 젖어 있을 수도 있다. 혹은 엄마와 놀고 싶거나 잠이 쏟아질 수도 있다. 말을 할 수 없는 아기들은 울음으로 배고픔, 고통, 분노 등 자신의 감정을 호소한다. 따라서 평소 아기의 울음 패턴을 이해하면 적절히 대처할 수 있다.

울음의 원인 찾기

이유 1 **배가 고프다** 아기마다 조금씩 다르지만 배가 고플 때는 숨을 한번 크게 쉬었다가 잠깐 간격을 두고 운다. 이때 아기에게 젖이나 우유를 먹이면 곧 아기는 만족스러운 듯 울음을 그치고 젖을 먹을 것이다.

이유 2 **기저귀가 젖었다** 욕구불만을 표현하는 울음으로 약간 칭얼거리듯 보채면서 우는 경우가 많다. 힘없이 자지러지듯 우는 경우가 아니라면 보통 기저귀 탓이므로 얼른 새 기저귀로 갈아 준다. 그럼 보송보송한 기저귀에 기분이 금방 좋아져 잠이 들거나 방실방실 웃으며 놀게 된다. 이때 아기와 함께 놀아 주면 아기의 정서에 긍정적인 영향을 미친다.

이유 3 **졸립다** 대부분의 아기는 잠이 쏟아지거나 졸릴 때 잘 수 없으면 울음을 터트린다. 약간 화가 난 듯 울곤 하는데 이럴 때는 아기를 가볍게 안고서 흔들면서 자장가를 불러 주거나 배를 리듬감 있게 톡톡 두드리면서 자장가를 불러 주면 쉽게 잠이 든다. 아기는 잠들 무렵 체온이 높아지고 머리가 가려워지기 쉬우므로 가볍게 긁어 주면 기분 좋게 잠이 든다.

이유 4 **안아 주기를 원한다** 기저귀도 갈아 주고 잠도 충분히 잤는데 이유 없이 칭얼대면 이것은 안아 달라는 신호다. 아기에 따라 조금씩 다르지만 응석을 부리듯이 다소 약하고 작은 목소리로 칭얼대는 경우는 안아 주면 언제 그랬느냐는 듯이 방실방실 웃으며 좋아한다.

아기는 누군가의 도움 없이는 몸을 움직일 수 없으므로 엄마가 안아 주기를 바란다. 이때 손발을 쭉쭉 펴 주는 간단한 체조나 마사지를 해 주면 아기는 더욱 기분이 좋아진다.

이유 5 아프다 아기의 몸에 이상이 있거나 매우 놀랐을 때의 울음소리는 갑자기 숨이 넘어갈 듯 울다가 중간에 숨을 멈추거나 다른 변화를 보인다. 비교적 다른 울음소리와 쉽게 구별이 되는 것이 특징이다. 이렇게 30분 이상 발작적으로 운다면 건강에 이상이 있을 가능성이 크므로 반드시 병원에 데리고 간다.

이유 6 짜증이 난다 기분이 나쁘거나 화가 날 때는 배가 고플 때 우는 울음소리보다 더 크고 강렬하며 신경질적인 반응을 보인다. 보통의 울음 또는 배가 고파서 우는 것을 그대로 두었을 때 이렇게 우는 경우가 많다. 이때는 쉽게 달래기가 어려우므로 아기의 기분이 풀어질 때까지 안아 주거나 안정시켜 준다.

울음 달래는 방법

방법 1 안아 준다 아기를 들어 올려 품에 꼭 안아 주거나 포대기로 아기를 업어 말을 걸거나 노래를 한다. 미소를 지으며 아기와 눈을 맞추거나 아기를 안은 채 부드럽게 흔들어 줘도 울음을 그치게 하는 데 효과적이다.

방법 2 기저귀를 갈아 준다 불편함을 호소하듯 보채듯이 울면 기저귀를 확인하고 갈아 준다. 아기 기분이 좋아지면 함께 놀아 준다.

방법 3 우유나 젖을 준다 기저귀도 갈고 안아 주었는데도 계속 울 때는 배가 고파서인 경우가 많다. 신생아 때는 울 때마다 젖을 주어도 상관없지만 생후 1개월이 지나면 아기가 운다고 우유나 젖부터 주지 말고 수유 리듬을 체크해 가며 달랜다.

방법 4 자장가를 불러 준다 아기가 졸려서 울 때는 아기 가슴을 엄마 몸에 붙이듯이 안아 머리를 가볍게 쓰다듬어 주면서 자장가를 부른다. 편안한 리듬의 동요를 불러 주면 울음을 멈추고 쉽게 잠이 든다. 매일 정해 놓은 시간에 같은 노래를 불러 주면 그 노래가 잠잘 시간이 되었다는 신호가 되며 아기의 긴장을 이완시키는 데 큰 도움이 될 것이다.

방법 5 얼러 준다 '하나 둘' 구령을 붙여가며 아기 손발을 움직인다. 아기는 뜻밖에 단조로운 움직임을 좋아한다. 아기 얼굴을 엄마 얼굴에 가까이 댔다가 멀리 보냈다 하는 것을 반복해도 금세 웃는 얼굴이 된다.

방법 6 흔들어 준다 아기를 자동차나 유모차에 태워 살짝 밀어 주거나 흔들의자나 그네에 앉혀 흔들어 준다. 단, 이때 너무 세게 흔들면 오히려 아기 기분이 나빠질 수 있으므로 주의한다.

방법 7 **소리를 들려 준다** 라디오나 TV, 혹은 소리 나는 장난감을 이용하여 주의를 환기시킨다. 아기에게 기계음을 들려주면 호기심이 발동해 울음을 그치기도 한다.

방법 8 **목욕을 시킨다** 평소 아기가 목욕하는 것을 좋아하면 따뜻한 물에 목욕을 시킨다. 생후 2개월이 지나면 목욕물에 라벤더 오일을 한두 방울 떨어뜨리면 아기를 진정시키고 달래는 데 도움이 된다.

방법 9 **마사지를 해 준다** 아기를 무릎 위에 엎어 놓고 등과 다리, 좋아하는 부위를 부드럽게 문지른다.

방법 10 **공갈젖꼭지를 물린다** 공갈젖꼭지를 물려주면 아기가 울음을 그치기도 한다. 단, 공갈젖꼭지는 사용 전후에 반드시 씻는다.

real tip ▶ **포대기 사용하는 방법**

아기를 등에 업은 다음 포대기를 둘러 가운데가 아기의 등 가운데로 오도록 맞춘다. 그 상태로 두 개의 끈을 앞으로 감싸 교차한 다음 뒤로 돌린다. 돌린 끈의 한 자락은 아기의 엉덩이를 받치도록 하고 남은 한 자락은 엉덩이 위쪽을 잡아 준 다음 앞에서 가지런히 묶어 준다.

Q&A

#Q1 엎드려서 재우면 머리가 좋아진다고 하던데, 정말인가요?

A … 머리가 좋아진다는 얘기가 있긴 하지만 아직까지 검증된 바는 없습니다. 단, 아기를 엎드려 재우면 이불을 차내지 못하고 팔, 등, 가슴 등이 발달하며 머리 모양이 좋아진다는 장점이 있긴 합니다. 또 만약의 경우 아기가 젖을 토할 때 기도가 막히는 것은 방지할 수도 있습니다. 하지만 목을 제대로 가누지 못할 때는 머리를 들 수 없고 목을 좌우로 움직이지 못해 질식할 수도 있으니 목을 제대로 가눌 수 있는 3~4개월 정도까진 엎어 재우지 않는 것이 안전합니다.

#Q2 우는 아기를 흔들어서 달래면 머릿속이 흔들려 뇌에 이상이 올 수 있다고 하는데 사실인가요?

A … 아기가 완전히 목을 가눌 수 있는 4개월 이전에는 절대로 흔들어선 안 됩니다. 뇌가 흔들려서가 아니라, 흔들림에 의해 뇌의 혈관이 끊어져 뇌손상을 입을 수 있기 때문입니다. 아기를 심하게 흔들어 주면 처음에는 좋아하는 것처럼 보이지만 곧 무서워서 어쩔 줄 모르는 상태가 됩니다. 이것을 엄마, 아빠는 아기가 좋아하는 것으로 착각하기도 하니 절대로 해서는 안 됩니다.

기저귀 갈기

신생아는 자주 대소변을 보기 때문에 수시로 확인하여 기저귀를 갈아줘야 한다. 그렇지 않으면 연약한 피부가 짓무를 수 있다. 기저귀를 갈아줄 때는 아기에게 말을 걸거나 따뜻한 미소를 지어 편안하고 즐거운 시간이 되도록 한다.

배변 패턴

신생아는 우유를 얼마만큼 먹었느냐에 따라 배설 양도 달라지는데 보통 출생 후 3~4일경에는 하루 3~4회씩 소변을 보지만 생후 7일 정도가 되면 횟수가 2배로 늘어나고 생후 10일 정도 되면 하루에 12~20회 정도 소변을 본다. 대변은 생후 며칠 동안은 하루에 2~3회 정도 보며 보통 젖을 먹인 직후 보는 경우가 많다. 우유를 먹는 아기들은 생후 2~3주일이 지나면 하루에 1회 또는 이틀에 1회 정도 대변을 보는 반면 모유를 먹는 아기들은 하루에 2~3회 이상 더 자주 대변을 본다.

기저귀 선택

연약한 피부를 가진 아기는 공기가 잘 통하고 흡습성이 좋은 기저귀를 선택하는 것이 좋다. 어떤 유형을 선택할지는 기호와 생활 방식에 따라 고르되 편의에 따라 혼합해서 사용할 수도 있고 한 가지를 골라 꾸준히 사용할 수도 있다.

선택 1 천기저귀 한번 구입하면 계속 사용할 수 있어 일회용 기저귀보다 비용이 적게 든다. 또한 감촉과 통기성이 좋아 피부 트러블을 예방할 수 있다. 하지만 매번 세탁을 해야 하고 종이기저귀보다 흡수력이 떨어져 조금이라도 젖으면 바로바로 갈아 줘야 하는 단점이 있다. 요즘에는 특수 면 처리를 하여 흡수가 잘되며 갈기 쉬운 천기저귀도 나오고 있다.

선택 2 종이기저귀 무엇보다 사용이 편리하고 흡수력이 좋아 많은 초보엄마들이 선호한다. 흡수력이 약한 천기저귀는 아기가 배변하면 금방 축축해져 버리지만 종이기저귀는 몇 번을 사용해도 새것처럼 보송보송하다. 반면 비용이 많이 들고 피부가 짓무르기 쉬워 더운 여름철 오래 기저귀를 차고 있으면 기저귀 발진이 생기기 쉽다.

종이기저귀는 기저귀 커버를 따로 사용해야 하는 패드형, 접착 띠가 부착된 반 팬티형, 완전 팬티형으로 구분되어 있는데, 반 팬티형이 가장 대중적이다. 완전 팬티형보다 착용감은 다소 떨어지지만 가격도 저렴하고 엉덩이를 감싸주는 접착용 테이프가 있어 대소변이 잘 새지 않는다.

기저귀 채우는 방법

아기가 대소변을 본 후에는 바로 기저귀를 갈아 주는데 먼저 아기를 편안하게 눕히고 배변을 제거한 다음 요령에 따라 기저귀를 간다.

1단계 **윗도리 걷기** 아기를 편평한 바닥이나 기저귀 테이블에 눕히고 윗도리에 오물이 묻지 않도록 배 위로 걷어 올린다.

2단계 **대소변 닦기** 아기의 발목 윗부분을 잡고 엉덩이 밑에 손을 넣어 살짝 들어 올린다. 이때 발목을 잡거나 양다리의 무릎이 쭉 펴질 정도로 세게 잡아당기는 경우가 있는데 이렇게 하면 탈골의 우려가 있으므로 주의한다. 천 기저귀를 사용할 때는 차고 있던 기저귀의 깨끗한 부분으로 대변을 닦고 기저귀를 빼낸 다음 물티슈로 깨끗이 닦아낸다. 만약 대변이 등에 묻었으면 옷을 벗기고 비누를 사용해 깨끗이 씻어 준다.

3단계 **항문 닦기** 엉덩이에 묻은 대변을 닦았으면 가제 수건을 접어 항문 사이의 대변 찌꺼기를 깨끗이 닦아낸다. 그렇지 않으면 피부가 짓무르거나 부르트기 쉽다.

4단계 **다리와 배 사이 닦기** 신생아의 대변은 묽어서 살이 접히는 다리와 배 사이에 찌꺼기가 끼기 쉽다. 그러므로 젖은 수건이나 물티슈로 다리와 배 부분의 접힌 부분을 펴가며 꼼꼼하게 닦는다. 가제 수건을 조그맣게 접어 닦는 면을 여러 번 바꿔 가며 문지르지 말고 부드럽게 닦아 준다.

5단계 **엉덩이 말리기** 마른 가제로 물기를 완전히 닦아낸 다음 아기와 잠시 놀면서 엉덩이를 보송보송하게 말린다. 그 다음 외음부와 엉덩이에 연고를 살짝 바르거나 고추에 바셀린을 발라 기저귀 발진이 생기지 않도록 한다.

6단계 **기저귀 채우기** 먼저 아기의 엉덩이 밑으로 손을 넣어 허리를 받친 다음 엉덩이를 들어 올려 새 기저귀를 깐다. 이때 기저귀 중심보다 아기 엉덩이의 위치를 약간 앞쪽에 자리 잡게 하면 대소변이 등 뒤로 새는 것을 막을 수 있다. 그런 다음 기저귀가 닿을 부분에 파우더를 바르고 아기의 다리 사이를 지나 배꼽이 가려지지 않도록 기저귀 끝을 맞춘다.
신생아는 복식호흡을 하므로 기저귀 끝 부분이 배꼽을 덮지 않게 반드시 주의한다. 마지막으로 배와 기저귀 커버 사이에 손가락이 3~4개 정도 들어갈 만큼 여유를 두고 좌우대칭이 되게 밴드를 고정한다.

5 project

목욕시키기

신생아는 계절에 관계없이 매일 목욕을 시킨다. 목욕은 아기의 신진대사를 촉진하고 기분을 좋게 하며 식욕을 증진한다. 다소 힘이 들더라도 즐거운 시간이 될 수 있도록 요령을 키운다.

목욕시킬 때 주의할 점

갓 태어난 아기를 처음부터 하루에 한 번 전신을 씻겨야 하는 것은 아니다. 보통 생후 10일경은 감염되기 쉬우므로 탯줄이 떨어질 때까지는 비누칠을 하지 않고 젖은 수건으로만 닦아낸다. 또 아기의 컨디션이 좋지 않거나 건강에 이상이 있을 때는 목욕을 다음 날로 미루거나 부분목욕을 시킨다. 또 이른 아침이나 저녁 시간은 피하는 것이 좋고 목욕 시간도 5~10분으로 가능한 이른 시간에 마치는 것이 좋다. 목욕 도중에는 문이나 창문을 열어 실내온도에 변화를 주지 않는 것이 좋다.

목욕 준비

1단계 **목욕하기 좋은 시간** 목욕시키기 적당한 시간은 젖을 먹이기 전이 가장 좋은데 특히 잠을 잘 자지 않는 아기는 목욕을 시킨 후 젖을 먹이면 쌔근쌔근 잠이 든다.

2단계 **아기 살피기** 목욕을 시키기 전에 아기 몸을 구석구석 살펴 습진이나 상처는 없는지, 체온이 지나치게 높지 않은지, 컨디션은 문제가 없는지 체크한다. 만약 아이에게 이상이 느껴지거나 체온이 지나치게 높으면 목욕을 미루는 편이 좋다.

3단계 **목욕용품 준비하기** 목욕용품은 전용 바구니를 정해 한 곳에 모아 두면 찾기도 쉽고 시간이 절약된다.

4단계 **목욕물 온도 체크하기** 목욕물 온도는 37~40℃ 정도가 좋다. 물론 온도계로 물 온도를 재는 것이 정확하지만 어느 정도 익숙해지면 팔꿈치를 담가 보아 너무 뜨겁지도, 차갑지도 않은 상태가 적당하다. 팔 안쪽의 부드러운 부분은 손끝보다 민감해서 물의 온도를 쉽게 느낄 수 있다.

목욕시키는 방법

실내 온도를 따뜻하게 한 다음 평평한 바닥에 수건을 펴놓는다. 그런 다음 아기욕조에 따뜻한 물을 채우고 목욕 전용 바구니를 옆에 갖다 놓는다. 아기를 닦을 때는 얼굴부터 가슴, 배, 다리, 기저귀가 닿는 부분까지 차례로 씻기는 것이 좋다.

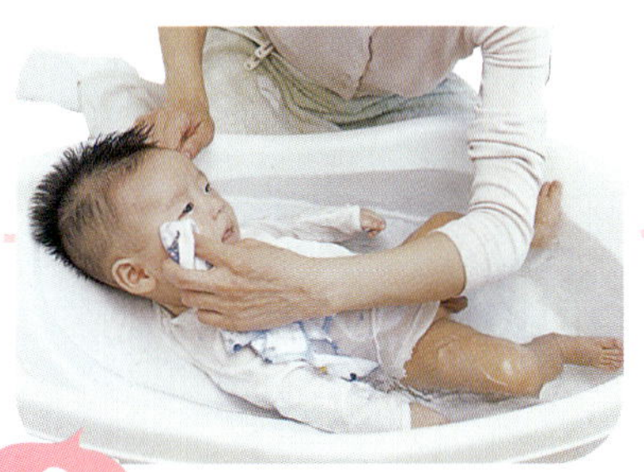

1 욕조에 아기 담그기

왼손으로 아기의 목을 받치고 오른손으로 아기의 엉덩이 부분을 받쳐 욕조에 발부터 넣되 이때 아기가 놀라지 않게 배내옷이나 얇은 가제 수건으로 감싼 후 눈을 맞추며 천천히 담그는 것이 좋다. 이때 아기의 손에 수건 끝을 살짝 쥐어 줘도 좋다.

2 얼굴 씻기기

물기를 짠 가제 수건으로 눈 끝부터 눈꼬리를 향해 한쪽 눈씩 차례로 닦아 준다. 한쪽 눈을 닦았으면 가제를 바꾸거나 헹궈 구석구석 충분히 닦아낸다.

3 목둘레 & 몸 씻기기

엄지와 중지를 아기 목에 끼우듯이 해서 목둘레를 씻긴다. 그런 다음 가슴부터 배를 손바닥으로 원을 그리듯이 빙글빙글 돌려가며 씻긴다. 겨드랑이는 분비물이 많은 부위이므로 꼼꼼하게 닦는다.

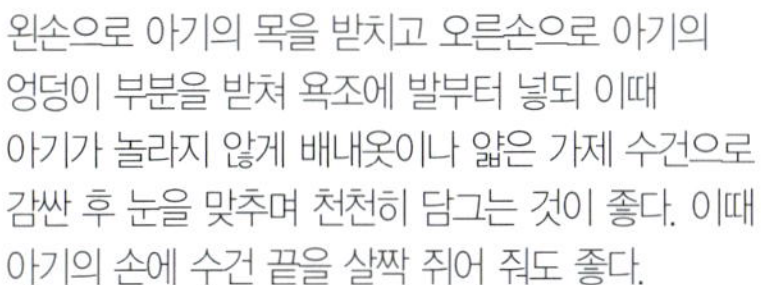

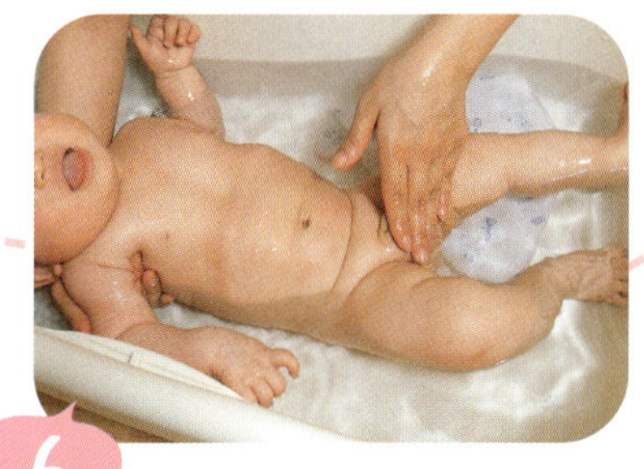

4 팔다리 씻기기

아기의 팔이나 다리를 가볍게 잡고 위에서 아래로 부드럽게 쓸어내리듯이 씻긴다. 팔다리가 접히는 부분은 젖은 가제로 깔끔하게 닦는다. 손가락과 발가락 사이도 깨끗이 씻긴다. 만약 누군가 엉덩이와 목 부분을 받쳐 주면 훨씬 목욕시키기가 수월하다. 비누를 사용할 때는 자칫 아기를 놓쳐 버릴 위험이 있으므로 반드시 한쪽 팔씩 닦는다.

5 등부터 엉덩이까지 씻기기

아기를 엎은 다음 등부터 엉덩이까지 씻긴다. 가슴에서 배를 씻기는 것과 마찬가지로 손바닥으로 원을 그리듯이 돌려가며 등부터 엉덩이까지 씻긴다.

6 외음부 씻기기

아기를 다시 앞으로 돌려 눕힌 다음 외음부를 닦아 주는데 여자아이는 음순 주변을 남자아이는 고환 뒤를 특히 잘 씻어 준다.

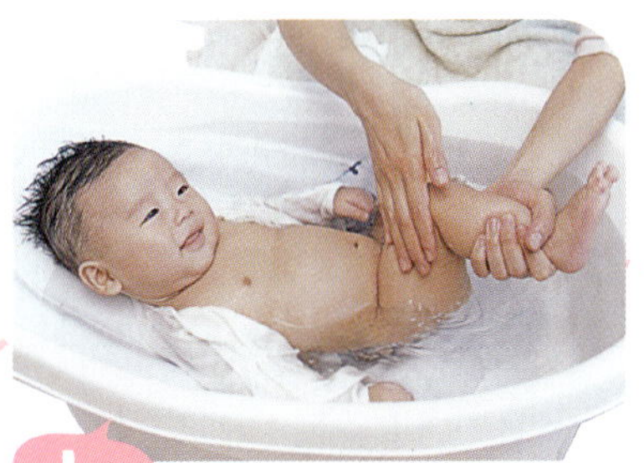

7 온몸 헹구기

미리 받아놓은 따뜻한 물에 아기를 담가 약 10초 정도 담갔다가 꺼내는 정도로 몸을 헹군다. 그런 다음 큰 타월로 아기를 감싸 안는다.

8 타월로 감싸 머리 감기기

타월로 감싼 아기를 안고 머리를 감긴다. 머리카락을 뒤로 쓰다듬듯이 손가락으로 부드럽게 아기의 머리를 감기는데, 처음에는 그냥 물로만 헹궈도 충분하다. 1개월이 지난 후에는 땀과 먼지, 배냇머리가 빠지므로 아기전용 샴푸를 조금씩 사용한다.

6 project

놀아 주기

갓 태어난 아기는 비록 말을 할 순 없지만 오감을 통해 모든 것을 느낄 수 있다. 어떻게 놀아 줘야 할지 막막하겠지만 엄마들의 단어 하나, 몸짓 하나가 아이들에게는 놀이가 될 수 있으므로 최대한 많이 놀아 준다. 기분 좋은 경험을 많이 할수록 아기의 정서나 두뇌 발달에 좋다.

스킨십 놀이

사랑과 애정이 담긴 스킨십만큼 좋은 놀이는 없다. 특별한 도구가 없더라도 신체를 이용해 얼마든지 아기와 즐거운 시간을 보낼 수 있다. 특히 기저귀를 갈 때 아기와 놀아 주면 아기는 까르르 웃으며 좋아한다.

방법 1 다리 쭉쭉 마사지하기 기저귀를 갈 때 잠시 기저귀를 벗겨 두고 다리를 쭉쭉 잡아당기면서 마사지를 한다. 입으로 '쭉쭉' 소리를 내면서 리드미컬하게 움직이는데 이때 무릎 밑 주위를 가볍게 펴 준다. 넓적다리, 무릎 위, 발가락까지 쭉쭉 펴는 느낌으로 어루만지면 아기가 무척 좋아한다.

방법 2 발바닥 통통 부딪히기 아기를 편안하게 눕힌 다음 양 발을 잡고 무릎을 구부린 후 양쪽 발바닥을 맞대어 '콩콩' 부딪히면 아기가 무척 좋아한다.

방법 3 양손 쭉쭉 펴기 아기의 양손을 꼭 잡고 좌우로 벌리거나 양손을 가슴 앞으로 가볍게 구부렸다가 쭉 편다. 단, 너무 무리하게 잡아당겨 아기에게 자극을 가하지 않도록 한다.

대화 놀이

엄마가 말을 걸 때 아기의 뇌세포는 반응한다. 이 반응은 신경회로를 자극하여 자라서 말을 할 수 있도록 도와줄 뿐 아니라 두뇌 발달에도 영향을 미친다. 따라서 평소 적극적이고 정확한 발음으로 아기에게 말을 걸어 주는 것이 좋다.

방법 1 천천히 말하기 처음 아기에게 말을 걸 때는 단순한 말부터 시작한다. 천천히, 말의 끝을 끌듯이 하는 것도 좋다. 빠르게 말하면 아기가 귀를 기울이는 데 집중하여 피곤해질 수 있다. 따라서 어떤 말이든 천천히 한다.

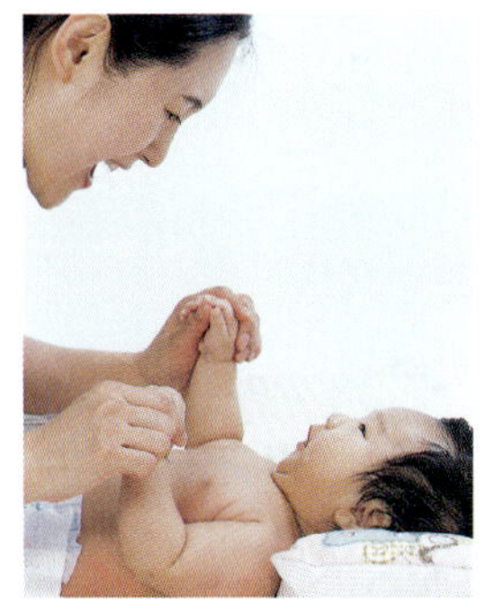

방법 2 **아기에게 말 걸기** 아기가 알아듣지 못해도 말을 거는 것이 중요하다. 엄마가 말을 걸면 아기는 엄마의 얼굴을 쳐다보며 귀를 기울이듯 반응을 보일 것이다. 예를 들어 "쉬했나 볼까?", "기저귀 갈자", "시원하지?" 하는 식으로 말을 거는 것도 좋고 "오늘 저녁에는 뭐 해 먹을까?", "날씨가 상당히 추워졌네" 등 혼잣말을 해도 괜찮다. 욕이 아니라면 무슨 말이든 해 준다.

방법 3 **아기와 눈 맞추기** 아무리 말을 많이 해도 아기의 눈을 다정하게 쳐다보지 않고 말을 하면 그 효과는 반으로 줄어든다. 습관처럼 말을 걸지 말고 실제 대화를 하듯 아기의 눈을 쳐다보며 말을 하자. 만약 아기가 욕조에 들어가기를 무서워한다면 사랑스럽게 눈을 쳐다보면서 부드러운 목소리로 "자, 욕조에 들어가자. 안 무섭지?"하는 식으로 이야기를 해 주는 것도 좋다.

장난감 놀이

눈과 귀를 자극하는 장난감은 아기들의 호기심을 자극해 두뇌 발달에 큰 영향을 미친다. 따라서 다양한 장난감을 적극적으로 활용하는 것도 좋은 방법이다. 아기들은 손바닥을 자극하면 움켜쥐려는 본능이 있다. 이때 손가락을 쥐어 주는 대신 장난감을 쥐어 주면서 적극적으로 놀이를 유도하는 것도 좋다.

방법 1 **장난감 흔들기** 끈 달린 모빌이나 장난감을 천장에 매달아 주면 아기의 눈도 장난감을 따라 천천히 움직인다. 처음부터 장난감을 잘 바라보지 않는다고 해서 걱정할 필요는 없다. 어느새 아기는 시선을 좌우로 움직이고 간혹 잡으려는 시늉도 할 것이다. 단, 신생아는 시력이 좋지 않으므로 30cm 이내에서 흔든다.

방법 2 **장난감 쥐어 주기** 딸랑딸랑 소리가 나거나 움직이는 장난감을 쥐어 주면서 혼자 놀게 해 본다. 하지만 처음에는 관절에 힘이 없어 바로 떨어뜨리므로 무거운 것은 피하도록 한다. 장난감은 항상 안전하면서 흥미를 끌 수 있는 제품으로 고르는 것이 중요하다.

소리 놀이

아기는 세상에 태어남과 동시에 여러 가지 소리를 듣게 되는데 점점 생활 소음에 익숙해지도록 돕는다. 처음에는 낯선 환경변화에 민감한 반응을 보일 수도 있고 때론 외부 소리에 반사적으로 팔다리를 뻗으면서 놀라기도 하는데 너무 조심스럽게 행동할 필요는 없다. 잔잔한 음악 소리부터 조금씩 여러 가지 소리를 접할 수 있도록 한다.

삐뽀삐뽀 우리 집 소아과

✚ 영아산통 (배앓이)

하루 종일 잘 자고 잘 놀던 아기가 갑자기 괴로운 듯 큰 소리로 우는 것이 특징이며 생후 1개월쯤 나타나기 시작해 3~4개월이면 증세가 점차 사라진다. 원인은 확실히 밝혀지지 않았으나 소화불량, 위장 알레르기, 가스, 변비, 스트레스 등이 한 가지 혹은 복합적으로 작용해 나타난다.

영아 산통은 보통 시간이 지나면 좋아지지만 자다가 자주 깨고 달래 줘도 계속 울며 보채면 전문의와 상담해 보는 것이 좋다. 우선 아기가 울면 엄마, 아빠가 침착하고 평온한 보습을 보여 아기에게 안정감을 준다. 심하게 울 때는 따뜻한 물수건으로 배를 보온해 준다.

평소 배앓이를 예방하려면 모유나 분유를 먹인 다음 아기를 세워 트림을 시키고 배를 살살 누르듯 쓰다듬어 가스 배출을 돕는 것이 좋다. 모유수유를 하고 있다면 양배추나 콩, 우유, 카페인 음료 등 가스를 생성시키는 음식은 당분간 피하는 것이 좋다. 아기가 편안함을 느낄 수 있도록 분위기를 바꿔 주는 것도 도움이 된다.

✚ 유아돌연사 증후군

건강한 아기가 잠을 자거나 침대에 있는 동안 예기치 않게 사망하는 증상이다. 유아 1,500명 중 한 명꼴로 발생하며 원인은 아직 확실히 밝혀지지 않았다. 간혹 내 아기도 유아돌연사 증후군에 걸리지 않을까 걱정하는 경우가 있는데 일어나는 경우는 희박하며 평소 생활습관만 조절해도 유아돌연사의 위험을 줄일 수 있다. 평소 아기는 반듯하게 눕혀서 재우고 아기에게 옷을 너무 많이 입혀 숨이 막히지 않도록 주의한다. 침대에 눕힐 때는 지나치게 부드러운 요는 피하고 부드러운 장난감과 베개, 깔개 등은 치우는 것이 좋다.

✚ 지루성 피부염

태어난 지 얼마 되지 않았는데 피부에 울긋불긋한 증상이 나타난다고 해서 걱정할 필요는 없다. 신생아는 생후 첫 며칠 혹은 몇 주 동안 얼굴에 여드름이 솟아나며 이는 지극히 정상적인 현상이다. 특히 코와 뺨 부분에 집중적으로 나타나며 이는 임신하는 동안 생긴 성호르몬이 아직 아기의 피에 흐르고 있기 때문이다.

성호르몬은 점차 시간이 지나면서 사라지는데 이렇게 생긴 여드름은 일시적인 현상일 뿐이다. 따라서 아기에게 생긴 각질이나 여드름을 일부로 짜거나 누르려는 행동은 피하는 것이 좋다.

보통 지루성 피부염은 더운물로 닦아 피부를 깨끗하게 유지하면 1~2개월이면 낫는다.

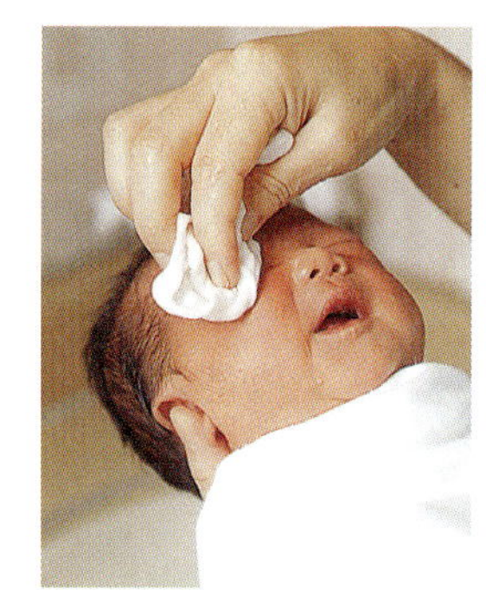

✚ 안구염증(결막염)

신생아는 눈물샘이 충분히 발달하지 못해 생후 며칠 동안 눈곱이 끼어 눈을 제대로 뜨지 못하는 경우가 발생한다. 생후 2주가 넘어도 노랗게 눈곱이 끼거나 눈 흰자위가 충혈되면 진찰을 받는 것이 좋다. 자칫하면 안구염증으로 이어질 수 있기 때문이다.

아기의 눈에 눈곱이 꼈을 때는 먼저 손을 깨끗이 닦은 다음 솜을 생리식염수에 적셔 가볍게 짠 후 바깥쪽에서 안쪽으로 조심스럽게 닦아 준다.

✚ 신생아 황달

아기의 피부나 눈동자의 흰자위가 누런빛을 띠는 것이 특징이며 혈액 속에 있는 빌리루빈 수치가 높아서 생기는 현상이다. 빌리루빈은 불필요한 적혈구가 파괴되어 생기는데 이것은 신생아에게 흔히 나타나는 현상으로 모든 아기의 4분의 3 정도가 출생 후 며칠 동안 황달 증세를 보인다. 이것은 생리적인 황달이므로 치료하지 않아도 자연히 사라지는데, 만약 1주일이 지나도 황달 증세가 계속될 경우에는 치료를 해야 한다. 증세가 심해지면 빌리루빈이 뇌까지 침투해 뇌 손상을 일으킬 위험이 있기 때문이다.

✚ 설사

평소보다 변이 굉장히 묽고 횟수가 잦은 상태를 설사라고 한다. 하지만 묽더라도 횟수가 평소와 같고 아기가 활기차 보이면 설사가 아니므로 횟수, 냄새, 아기의 건강 상태를 관찰해야 한다.

모유를 먹는 정상적인 신생아의 배변 패턴은 부드럽고 횟수가 빈번한 것이 특징으로 하루 5~7회 정도 변을 본다. 분유를 먹는 아기들은 출생 후 며칠 동안은 자주 변을 보다가 일주일쯤 지나면 하루에 3~4회 정도 변을 보며 모유를 먹는 아기보다 비교적 변이 묽다.

만약 평소와 다른 변을 누거나 변을 누는 횟수가 갑자기 늘더라도 지나치게 걱정할 필요는 없다. 단, 아기가 물을 먹지 않거나 구토, 발열 등 이상증세를 동반한 설사를 할 경우에는 장염이나 이질 등 세균감염에 의한 것일 수 있으므로 반드시 병원에서 진찰을 받는다.

✚ 구토

태어난 지 얼마 안 된 신생아는 젖을 먹거나 젖을 먹은 직후 우유를 토해내는데 보통 2~3일이 지나면 멈추게 된다. 2~3일이 지난 다음 생기는 구토는 아기가 젖을 먹기 전에 심하게 울었거나 젖을 너무 빠르게 많이 먹은 경우, 젖을 먹으면서 공기를 삼킨 경우 종종 나타난다.

또 출생 시 체중이 적게 나가거나 아기의 몸에 이상이 있을 경우 구토증이 지속된다. 간혹 장의 선천적 기형 때문에 일어나기도 하므로 구토가 너무 잦고 심할 경우에는 병원에서 진찰을 받는 것이 좋다. 특히 입에서 멀리까지 토사물이 튀는 심한 구토는 위와 소장 사이의 판막 폐색이 원인일 수 있으므로 즉시 의사에게 연락해야 한다.

아기가 토할 때는 그냥 눕혀 놓지 말고 몸을 조금 일으켜 세우는 것이 좋다. 토한 아기를 그냥 눕혀 두면 토사물이 기도로 흘러들어가 호흡장애를 일으킬 수 있다.

➕ 변비

아기의 배변 체계가 정상적으로 이루어지지 않는 상태를 말한다. 건강한 아기가 갑자기 1주일에 불과 한 번 정도 배변할 경우, 아기의 변이 딱딱하거나 횟수가 드문 경우, 변이 너무 굵고 단단하게 나올 경우, 혹은 5일이 넘도록 아기가 대변을 보지 못하는 경우 변비를 의심해 볼 수 있다.

대변이 굳어서 보기가 힘들 때는 항문 체온기 끝에다 글리세린이나 젤리를 발라서 항문에 살짝 삽입시키면 아기의 장이 자극을 받아 변을 쉽게 볼 수 있다. 단, 모든 처방은 의사의 지시에 따른다. 이 밖에도 바나나, 배, 쌀, 곡류 등 변비 유발 식단은 피하고 분유를 바꿔 보는 것도 좋다.

➕ 발열

신생아에게 가장 흔하면서도 위험한 증상이다. 아기의 이마를 짚어 본 다음 뜨겁게 느껴지면 체온계를 이용해 체온을 재는데 이때 아기의 체온이 38℃~39.5℃ 사이이면 즉시 의사를 찾는다. 열을 신속히 증발시킬 때는 찬물보다는 미지근한 물로 아기를 닦아 주고 여러 겹으로 입힌 옷을 벗겨 아기를 시원하게 해 준다. 또, 수분 섭취를 늘리고 4시간마다 한 번씩 해열제를 먹이는 것도 방법이다. 단 3개월 미만의 아기에게는 해열제를 삼간다.

➕ 딸꾹질

딸꾹질은 횡격막의 일시적인 수축으로 나타나는 현상이며 숨을 저절로 들이쉬게 되면서 본인의 의지와 상관없이 일시적으로 독특한 소리를 내는 것이다. 신생아에게 매우 흔히 볼 수 있는 증상으로 신경과 근육이 미성숙하기 때문에 종종 일어난다.

아기의 딸꾹질을 멈추게 하려면 아기의 얼굴에 입김을 내뿜는다. 이렇게 하면 아기가 빨리 숨을 들이쉴 수 있어 횡격막의 움직임을 바꿀 수 있다. 밖에 아기를 데리고 나가 찬바람을 쐬거나 아기에게 젖을 먹이는 것도 딸꾹질을 멈추게 하는 좋은 방법이다.

➕ 탈수증

아기의 수분 섭취와 배변 체계가 불균형을 이루면 탈수 현상을 보인다. 즉, 섭취한 수분보다 배설한 수분의 양이 더 많으면 탈수 현상을 보일 수 있다. 소변 횟수가 줄고 울어도 눈물이 거의 나오지 않거나 입술이 갈라지고 몸무게가 줄었다면 탈수 증상으로 볼 수 있다. 따라서 아기

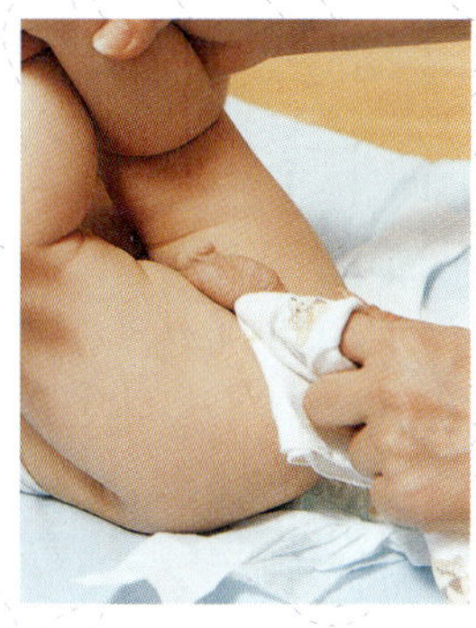

가 탈수 현상을 보이면 물이나 묽은 분유 등 수분 섭취량을 늘려 주고 모유를 먹는 아기라면 수유 횟수와 시간을 늘려 수분을 충분히 공급해 줘야 한다.

➕ 기저귀 발진

신생아는 여러 가지 자극에 의해 발진이 생길 수 있다. 특히 소변의 주성분인 암모니아는 암모니아 피부병이라 불리는 발진을 종종 돋아나게 하는데 이때는 기저귀를 자주 갈고 비닐 팬티를 입히지 않는 것이 좋다. 또 집에서 기저귀를 세탁할 때는 순한 세제를 사용해 세탁하거나 기저귀를 깨끗이 헹궈 가능한 피부에 자극이 되지 않도록 한다.

무엇보다 기저귀 발진을 막으려면 기저귀를 자주 갈아 주는 것이 중요하다. 발진이 돋아났을 때는 피부를 보호해 주는 크림을 발라 준 뒤 기저귀를 벗겨 내고 시원한 공기를 쐬어 피부를 보송보송하게 만들어 주고 잠깐이라도 기저귀를 채우지 않는 것이 좋다.

➕ 배꼽 염증

탯줄은 생후 열흘 정도가 지나면 깨끗하게 말라 저절로 떨어진다. 자연 치유되는 것이 보통이나 가끔 탯줄 부위가 붉은색으로 변하고 배꼽 주위가 부어오르며 고름 같은 분비물이 생기는 경우도 있다. 이런 경우는 매우 위험한데 아기의 탯줄 자국은 혈관과 직접적으로 연결되어 있어 세균 감염이 급속도로 확산될 수 있기 때문이다. 따라서 배꼽 부위는 항상 깨끗하고 건조하게 해 주고 감염이 생긴 경우에는 의사에게 적절한 치료를 받는다.

➕ 아구창

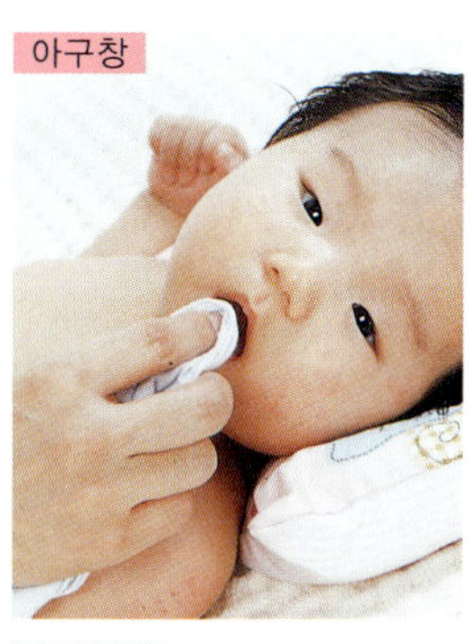

목구멍부터 볼 앞쪽, 혓바닥에 우유 찌꺼기 같은 하얀 것이 달라붙어 있다면 아구창을 의심해 볼 수 있다. 아구창은 '모닐리아증' 이라 부르며 칸디다 알비칸스라는 곰팡이에 의해서 입 안에 하얀 반점이 생기는 병으로 몸이 약하거나 면역 기능이 떨어진 아기에게 잘 생긴다. 신생아의 경우에는 입 안 청결이 불량하거나 젖꼭지, 젖병의 소독이 불량한 경우에 종종 생기기도 한다.

입 안이나 혓바닥 안쪽에 있는 흰색 반점을 부드러운 거즈로 문질러서 벗겨지면 우유 찌꺼기이고 잘 벗겨지지 않고 피가 나면 곰팡이에 의한 아구창인 경우가 대부분이다. 소아과 전문의의 지시에 따라 약물을 발라주면 쉽게 낫는다. 입 안에 젖이 남아 있을 때는 아구창이 커지기 쉬우므로 수유 후에는 끓여서 식힌 물을 주어 입 안을 헹구도록 한다. 평소 젖병, 젖꼭지 소독을 철저히 하고 엄마 손도 늘 청결하게 유지해야 한다.

➕ 코막힘

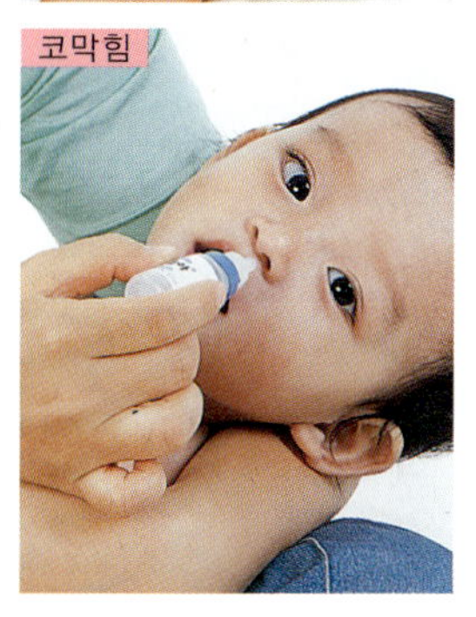

아기의 콧구멍에 콧물이 잔뜩 들어 있거나 막혔을 때 생기는 증상이다. 간혹 생후 며칠 안에 아기가 코막힘 증세로 고생하면 코감기에 전염됐다고 생각하기도 하는데 코막힘의 주요 원인은 기도에 아직 남아 있는 양수 때문이다. 아기의 코는 아주 민감하여 공기 중에 떠도는 작은 먼지에도 반응을 하는데 이때는 재채기를 할 수 있도록 돕는 것이 좋다.

예방접종

대상 전염병	백신 종류 및 방법	0개월	1개월	2개월	4개월	6개월	12개월	15개월	18개월	24개월	36개월
결핵	BCG (피내용)	1회									
B형 간염	0~1/6개월	1차	2차			3차					
디프테리아 파상풍/백일해	DTap			1차	2차	3차		추4			
	Td (성인용)										
폴리오	IPV (사백신)			1차	2차	3차					
홍역/풍진 유행성 이하선염	MMR						1차				
수두	Var						1회				
일본뇌염	JEV (사백신)						1~2차			3차	
인플루엔자	Flu					고위험군에 한하여 접종					
장티푸스	경구용										
	주사용									주사용	
결핵	BCG (경피용)	1회									
일본뇌염	JEV (생백신)						1차				2차
뇌수막염	Hib			1차	2차	3차	추4				
A형 간염	Hepa						1~2차				
폐구균	PCV			1차	2차	3차	추4				

아기들은 질병에 대한 면역력이 약하므로 예방 차원에서 백신 접종을 한다. 예방접종을 할 때는 시기별로 예방접종의 종류가 다르므로 사전에 백신에 대한 정보를 알고 그에 따르도록 한다.

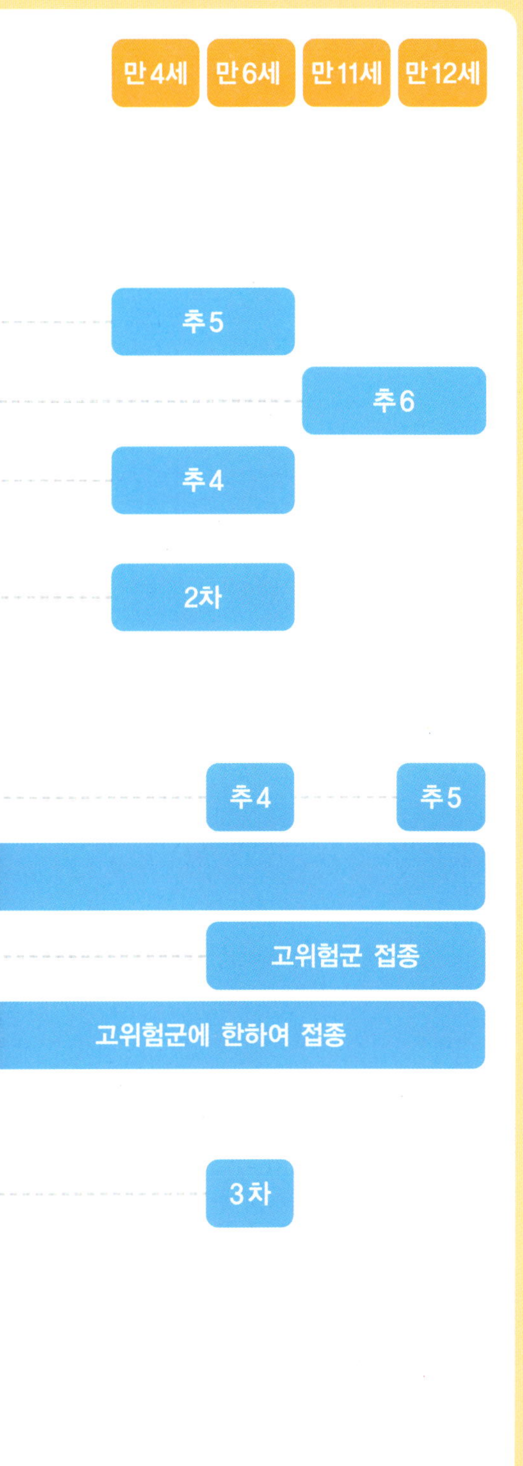

백 신	내 용
BCG (결핵)	결핵 예방주사는 생후 1개월 이내에 맞는 게 좋다. 결핵에 걸리면 수막염 같은 합병증을 동반하며 생명에 위협을 주기도 한다. 접종 후 2~3주 정도 되면 빨갛게 곪다가 4일 뒤에는 딱지가 생기는데 이때 딱지를 떼서는 안 된다
소아마비	소아마비의 원인은 폴리오바이러스로 가벼운 감기나 설사 정도로 끝나는 경우가 대부분인데 심하면 근육마비를 일으켜 사망 또는 장애를 불러올 수도 있다. 최근에는 거의 발생하지 않는 것으로 생후 2개월에 첫 접종을 시작해 2개월 간격으로 3회까지 기본 접종을 한다
B형 간염	B형 간염은 B형 간염 바이러스에 의해 발병되며 보균자인 엄마로부터 감염되는 경우가 많다. 신생아의 B형 간염 예방접종은 분만 전 임신부에게 검사하는 B형 간염 결과에 따라 달라진다
DTaP (디프테리아, 파상풍, 백일해)	디프테리아, 백일해, 파상풍을 한꺼번에 예방하는 백신으로 생후 2개월, 4개월, 6개월, 18개월, 4~6세까지, 총 5회에 걸쳐 접종한다. 백일해는 엄마로부터 면역성을 물려받지 않으므로 꼭 맞아야 하며 예방접종 전에 백일해에 걸리면 맞지 않아도 된다
MMR (풍진, 볼거리, 홍역)	**풍진** 풍진의 잠복기는 2~3주 정도로 가벼운 발열과 발진이 생기면서 점차 온몸에 퍼지는 증세를 보인다. 풍진은 어른이 된 다음에 접종할 수도 있다. 하지만 주사 후 3개월간은 피임을 해야 한다 **볼거리** 15세 이하의 어린 아이에게 흔한 바이러스 감염 질환으로 이하선이 붓고 심하면 뇌수막염이 되거나 난청이 되기도 한다. 또 사춘기 이후에는 난소염, 고환염이 생기기도 하므로 예방접종을 하는 것이 좋다 **홍역** 홍역에 걸리면 기침, 콧물, 발열 등 감기와 비슷한 증세가 나타나고 심하면 폐렴, 중이염, 뇌수막염 등의 합병증까지 생긴다
수두	공기나 피부 접촉에 의해 감염되는 질병으로 물집이 1~2주 계속되고 가려움증이 심해 긁다 보면 온몸에 흉터가 남을 수 있다. 생후 2~3개월만 지나도 감염될 수 있으며 감염력이 매우 강하다
인플루엔자 (유행성 독감)	감기와는 전혀 다른 병으로 저항력이 약한 아기나 노인에게 많이 나타나며 폐렴, 중이염, 심근염, 라이증후군 같은 합병증을 유발하기도 한다
일본뇌염	바이러스를 보유한 모기에 물려 걸리는 병으로 두통, 발열을 동반하고 심하면 뇌성마비, 경련, 지능 및 언어장애, 성격장애 등 후유증을 겪거나 20~30% 정도는 사망하기도 한다

#Q1 모유수유 중인데 아기 변 색깔이 녹색이에요.

A … 건강에 이상이 있는 것은 아닙니다. 녹색 변이 나오는 것은 장 속이 산성이 되어 소화액인 담즙의 색소가 노란색에서 녹색으로 변했거나, 변을 보고 나서 기저귀를 갈아 줄 때까지 시간이 길어 공기와 접촉해 녹색으로 변하는 경우도 있습니다. 두 경우 다 신체적인 이상이 있거나 질병은 아니니 걱정하지 않아도 좋습니다.

#Q2 모유와 분유를 섞어 먹이는데 트림을 잘 못해요.

A … 모유를 먹일 경우 아기의 입과 엄마의 유두가 빈틈없이 잘 맞아서 공기를 마시는 일이 적습니다. 때문에 트림이 나오지 않더라도 크게 걱정하지 않아도 됩니다. 분유 먹는 아기 역시 분유병을 잘 물어서 공기를 덜 마실 경우 트림이 나오지 않을 수도 있습니다. 아기를 안고 엉덩이를 토닥토닥 두들겨 주기만 해도 트림은 나오는 법입니다. 트림을 할 때까지 몇 번이고 안고서 등을 두드리는 엄마도 있지만 젖이나 분유를 토하지 않는 한 너무 무리하지 않아도 됩니다.

#Q3 분유수유를 하고 있는데, 수유 간격이 일정하지 않아요. 괜찮을까요?

A … 양이 적어서 자주 먹게 되는 것일지도 모르니, 먼저 아기가 한 번에 먹는 분유 양이 어느 정도나 되는지 살펴보고 지금까지보다 조금만 양을 늘려서 먹여 보도록 하세요. 혹시 아기가 울기만 하면 바로 분유병을 물려 주어 달래는 건 아닌가요? 그렇다면 분유를 주는 대신 아기와 노는 시간을 가져 보세요. 아기가 보채는 것은 배가 고파서가 아니라 엄마와 놀고 싶어서일지도 모릅니다.

#Q4 젖이 모자라는데 분유를 먹으려 하지 않아 걱정입니다.

A … 엄마젖을 몇 번 먹어 보지 않았던 신생아도 분유를 거부하는 경우가 있는데, 이는 후각과 관계가 있습니다. 갓 태어난 아기는 냄새나 맛에 민감한 반응을 보여 시큼하고 쓴맛은 싫어하지만 달콤한 맛에는 끌리기 때문에 분유의 달콤한 맛을 대부분 좋아합니다. 출생 직후 병원에서 분유수유를 한 아기가 모유를 거부하는 것도 이 때문입니다. 그런데도 분유를 거부하는 것은 수유 시 맡았던 엄마 냄새에 익숙해져 젖을 그리워하는 것입니다. 이 경우에는 모유수유를 할 때처럼 엄마 몸에 밀착시켜 안은 후 우유병을 물려 보면 의외로 간단하게 분유를 먹일 수 있습니다.

#Q5 갑자기 수유 횟수가 늘어났습니다. 무슨 이상이 있는 것은 아닐까요?

A … 3개월에 접어들면서 목을 가눌 수 있게 되는 등 아기의 성장은 급속도로 진행됩니다. 이때 먹는 양이 늘어나는 것은 성장에 보조를 맞추기 위한 자연스러운 현상입니다. 모유수유를 하는 엄마 중에서는 혹시 먹는 양이 부족한가 싶어서 분유수유를 병행하려 하는 경우도 있는데, 이 상태가 지속되는 것은 아니니 급하게 생각하지 말고 조금만 더 살펴보세요.

#Q6 태어난 지 한 달도 되지 않았는데 열이 자주 오르내려요.

A … 생후 1개월 이내의 신생아는 38~39℃ 정도로 체온이 높기 때문에 열이 갑자기 오르내리는 경우가 있습니다. 몸에 수분이 부족해서 생기는 '일과성열' 또는 '기이열'이 원인으로, 열이 오를 때는 젖이나 보리차를 먹여 수분을 보충해 주는 것이 좋습니다. 간혹 '신생아 패혈증' 같은 심한 질환과 관련이 있을 수도 있으니 열이 쉽게 떨어지지 않으면 의사와 상의하는 것이 좋습니다.

행복한 태교 동화

글 유효정 그림 임희정

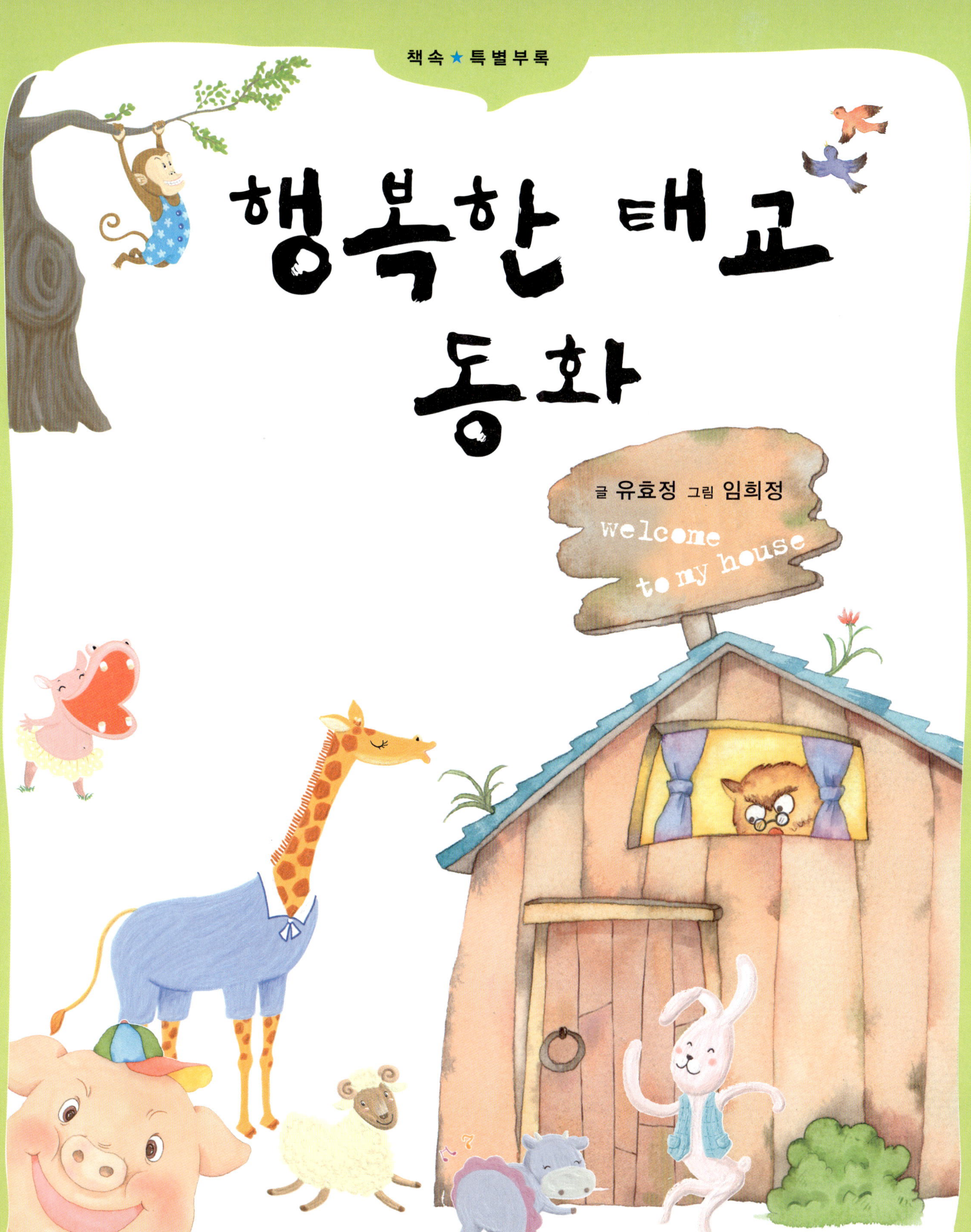

구멍난 운동화

또각또각, 부우웅 부우웅, 빵빵….

시끄러운 소리에 운동화는 잠에서 깨어났어요.

"어, 여기가 어디지?"

운동화는 잠이 덜깬 눈을 부비며 주위를 둘러보았어요.

뚜벅뚜벅 커다란 발자국 소리를 내며 지나가는 사람들, 빵빵 경적을 울리며 달리는 자동차들. 어젯밤에 잠이 들 때만 해도 따뜻하고, 포근한 신발장 안이었는데, 도대체 어떻게 된 일일까요?

그때였어요. 옆에 있던 구두 아저씨가 말을 했어요.

"여긴 길거리야. 우린 버려졌어."

"내가 버려졌다구요? 왜요?"

"네 모습을 좀 보렴. 구멍이 났잖니. 난 구두굽이 너덜너덜해졌고. 우린 더 이상 쓸모가 없어."

'내가 쓸모가 없다니…'

운동화는 너무 슬퍼서 눈물이 났어요.

한참을 울고 있는데, 갑자기 커다란 초록색 청소차가 운동화 앞에 멈춰 섰어요.

저벅저벅, 무시무시한 그림자가 운동화를 향해 다가왔어요.

그리고는 커다란 손으로 운동화를 번쩍 들어서 청소차 안으로 휙 던졌어요.

부릉부릉, 청소차는 어디론가 달려가기 시작했어요.

"아저씨, 여기가 어디예요? 우린 이제 어디로 가는 거예요?"

"쓰레기장으로 가는 거야. 그곳엔 우리처럼 못 쓰게 된 물건들이 잔뜩 쌓여 있단다."

구두 아저씨가 말했어요.

"거기서 뭘 하는데요?"

운동화가 물었어요.

"아무것도. 우린 더 이상 어디서도 필요없는 쓰레기들인걸."

구두 아저씨는 슬픈 목소리로 대답했어요.

"난 필요없지 않아요. 구멍이 나긴 했지만 아직 얼마든지 달릴 수 있어요."

운동화는 씩씩거리며 말했어요.

"그건 네 생각이지. 구멍난 운동화를 좋아할 사람은 아무도 없어."

"아니에요! 이대로 쓰레기장으로 갈 순 없어요."

운동화는 있는 힘을 다해 청소차에서 빠져나가려고 애를 썼어요.

하지만 청소차는 너무 높아서 운동화가 아무리 힘껏 뛰어도 뛰어넘을 수가 없었어요.

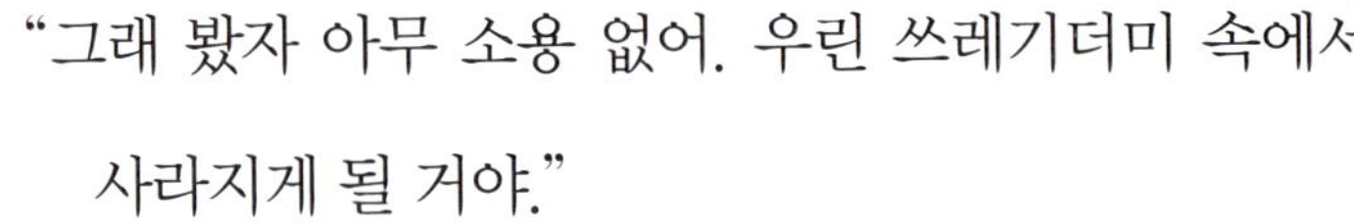

"그래 봤자 아무 소용 없어. 우린 쓰레기더미 속에서 사라지게 될 거야."

구두 아저씨가 말했어요.

"난 할 수 있어요! 난 이대로 쓰레기가 되고 싶지

않아요.”

운동화는 온 힘을 다해 하늘 높이 뛰어 올랐어요. 그때였어요.

덜컹! 하는 소리가 나더니 청소차가 끼익, 요란한 소리를 내며 멈췄어요.

순간, 운동화는 공중으로 부웅 떠올랐다 청소차 밖으로 툭 떨어졌어요.

아아, 비명을 지르며 운동화는 정신을 잃고 말았어요.

얼마나 지났을까요?

짹짹짹, 새들의 노래 소리에 운동화는 부스스 눈을 떴어요.

운동화가 떨어진 곳은 커다란 나뭇가지 위였어요.

“참 근사한걸. 나뭇가지와 잎사귀들을 가져다 놓으면 훨씬 멋진 집이 될 거야”

아빠 참새가 말했어요.

“우리 아가들도 좋아할 거예요.”

엄마 참새도 말했어요.

그날부터 운동화는 새들의 보금자리가 되었어요.

아빠새는 예쁜 나뭇잎들로 운동화를 멋지게 장식했어요.

얼마 후, 운동화 속에서 작고 귀여운 아기새들이 태어났어요.

운동화는 아기새들의 노랫소리를 들으며 행복한 미소를 지었답니다.

코끼리 코, 돼지 코

동물 나라에 기다란 코를 너무 싫어하는 코끼리가 살고
있었어요.
'내 코는 왜 이렇게 길고 흉측하게 생겼을
까?'
코끼리는 날마다 거울을 보면서 한숨을
푹푹 내쉬었어요.
어느 날 길을 가던 코끼리가 돼지를 만났어
요.
"돼지야, 네 코는 정말 멋지구나. 난 볼품
없이 길기만 한 내 코가 정말 싫어. 너무 무
겁고, 거추장스러워. 나도 너처럼 멋진 코가
있으면 좋을 텐데."
그러자 돼지가 말했어요.
"내 코가 멋지다고? 나야말로 납작하고, 콧구멍만 커다란 내 코가
정말 싫어. 난 너처럼 크고 기다란 코를 갖고 싶어."

"그럼 우리 서로 코를 바꿀까?"

코끼리가 말했어요.

"정말 코를 바꿀 수 있는 방법이 있어?"

돼지가 물었어요.

"눈 덮인 산꼭대기에 살고 있는 하얀 마녀를 찾아가면 우리 코를 바꿀 수 있을 거야. 하얀 마녀는 뭐든 마음대로 바꿀 수가 있대."

코끼리와 돼지는 마녀가 사는 눈 덮인 산을 찾아 길을 나섰어요.

사각사각 풀숲을 헤치고, 첨벙첨벙 시냇물을 건너, 살금살금 동굴을 지나, 쌩쌩 눈보라를 뚫고, 드디어 마녀가 살고 있는 눈 덮인 산꼭대기에 도착했어요.

"하얀 마녀님! 하얀 마녀님! 어디 계세요?"

코끼리와 돼지는 큰 소리로 마녀를 불렀어요.

갑자기 차가운 북풍이 몰아치더니, 하얀 마녀가 눈보라와 함께 나타났어요.

"하얀 마녀님, 저희들의 코를 바꿔 주세요."

"저는 돼지처럼 귀엽고, 납작한 코를 갖고 싶어요."

코끼리가 말했어요.

“저는 코끼리처럼 길고, 커다란 코를 갖고 싶어요.”

돼지도 말했어요.

마녀는 코끼리와 돼지를 물끄러미 바라보며 말했어요.

“정말 너희들 코를 바꾸고 싶니? 후회하지 않을 수 있어?”

“예, 절대 후회하지 않을 거예요. 자신 있어요.”

코끼리와 돼지가 입을 모아 말했어요.

“그럼 할 수 없지….”

하얀 마녀가 주문을 외우자 갑자기 거센 눈보라가 불어와 코끼리와 돼지를 휘감았어요.

얼마쯤 지났을까요? 눈보라가 사라지고 햇살이 반짝였어요.

코끼리와 돼지는 눈을 뜨고 서로의 코를 바라보았어요.

정말 코끼리 코와 돼지 코가 서로 바뀌었어요.

“코끼리는 납작한 코, 돼지는 길고 커다란 코.”

코끼리와 돼지는 너무너무 신이 나서 노래를 부르며 집으로 돌아갔어요.

하지만 하루이틀 시간이 지날수록 코끼리와 돼지는 바뀐 코 때문에 힘들고 불편했어요.

코끼리는 더 이상 코로 음식을 집어 먹을 수가 없었어요. 그뿐만이 아니었어요.

기다란 코에 물을 가득 담아 시원하게 목욕을 할 수도 없었고, 등을 간지럽히는 파리들

도 쫓아 버릴 수가 없었어요.

돼지도 마찬가지였어요.

코가 너무 길고 커서 걸을 때마다 이리 쿵 저리 쿵 넘어졌어요.

서 있기도 힘들고, 누워서 잠자기도 힘들고, 코 때문에 아무것도 할 수가 없었어요.

코끼리와 돼지는 엉엉 울고 싶어졌어요.

코끼리와 돼지는 다시 눈 덮인 산에 사는 하얀 마녀를 찾아갔어요.

"하얀 마녀님, 저희를 도와주세요. 다시 옛날 코로 돌아가고 싶어요."

하얀 마녀는 싸늘한 눈으로 코끼리와 돼지를 바라보았어요.

"절대 후회하지 않는다고 하더니 벌써 마음이 바뀌었니?"

"저희들이 너무 어리석었어요. 내 코가 얼마나 소중한지 모르고, 바보 같은 짓을 해버렸어요."

코끼리와 돼지는 눈물을 글썽이며 말했어요.

"이제 알겠지? 우리 몸에 있는 모든 것은 다 소중하고 필요한 것들이야. 다시는 그런 어리석은 짓을 하면 안 돼."

"예…. 다시는 우리의 코를 부끄러워하지 않을 거예요."

휘리릭, 하얀 마녀는 주문을 외웠어요.

"어, 내 코가 다시 길어졌어."

코끼리가 기뻐하며 말했어요.

"내 코도 다시 납작해졌어."

돼지도 활짝 웃으며 말했어요.

 그날 이후 코끼리와 돼지는 자신들의 멋진 코를 자랑스러워했어요.

겁쟁이 고릴라

숲속 마을에 릴라라고 하는 겁쟁이 고릴라가 살고 있었어요.

릴라는 얼마나 겁이 많은지 밖에는 나가지도 않고 하루 종일 집 안에만 콕 박혀 있었어요.

엄마는 릴라가 걱정이 되었어요.

"릴라야, 집에만 있지 말고 밖에 나가서 친구들과 놀다 오렴."

"싫어요! 밖에는 무서운 것들이 너무 많단 말이에요."

릴라는 고개를 절레절레 흔들며 자기 방으로 쏘옥 들어가 버렸어요.

원숭이랑, 사자랑, 토끼가 릴라를 찾아왔어요.

"릴라야! 우리랑 같이 숲속으로 놀러 가자."

"싫어! 숲속에 갔다가 벌에 쏘이면 어떡해, 난 안 갈래."

릴라는 창문 틈으로 얼굴을 삐쭉 내밀고 말했어요.

친구들은 할 수 없이 돌아갔어요.

엄마는 릴라가 너무 걱정이 돼서 올빼미 의사 선생님을 찾아갔어요.

"선생님, 우리 릴라가 너무 겁이 많아서 밖에는 나가지 않고 집에만 있으려고 해요. 어쩌면 좋죠?"

"그것 큰일이군요."

"릴라를 고칠 수 있는 좋은 방법이 없을까요?"

엄마가 물었어요.

올빼미 의사 선생님은 한참동안 곰곰이 생각을 하더니 엄마에게 소곤소곤 이야기를 했어요.

다음날 아침, 릴라는 늦잠을 잤어요.

"엄마!"

릴라는 눈을 비비며 엄마를 불렀어요.

하지만 아무 대답이 없었어요.

평소에는 엄마가 뽀뽀를 하며 릴라를 깨워 주었는데, 오늘은 웬일일까요?

릴라는 부엌으로 가 보았어요. 엄마가 안 보이네요.

릴라는 다시 엄마의 방으로 가 보았어요.

엄마는 침대 위에 누워 있었어요.

"엄마, 어디 아프세요?"

엄마는 많이 아픈지 작은 목소리로 말했어요.

"릴라야, 숲속 올빼미 의사 선생님께 가서 약을 받아 오렴. 안 그러면 엄마 병이 낫지 않

을 거야."

릴라는 고민이 되었어요.

'올빼미 의사 선생님 집까지 가려니 너무 무섭고,

그렇다고 안 가면 엄마가 많이 편찮으실 테고….'

한참을 망설이던 릴라는 올빼미 선생님 집을 찾아 가기로 마음먹었어요.

휴우, 큰숨을 내쉰 릴라는 조심스럽게 문을 열고 밖으로 나섰어요.

잔뜩 겁먹은 얼굴로 주위를 두리번거리며 걸어가기 시작했어요.

어디선가 향긋한 냄새가 났어요. 릴라는 자기도 모르게 냄새를 따라 걸었어요.

길가 옆에 예쁜 꽃들이 가득 피어 있었어요.

향기로운 꽃냄새를 맡자 릴라는 기분이 조금 좋아졌어요.

다시 길을 걸어가는데, 아름다운 노랫소리가 들렸어요.

새들이 나무 위에 모여 노래를 부르고 있었어요.

'참 아름다운 소리구나.'

릴라는 새들의 노랫소리를 들으며 길을 걸었어요.

햇살은 따스하게 내리쬐고, 바람은 살랑살랑 불어오고, 향긋한 꽃냄새와 아름다운 새들
의 노랫소리까지, 밖은 릴라가 생각했던 것보다 무서운 곳이 아니었어요.

"의사 선생님. 릴라예요. 엄마가 편찮으셔서 약을 지으러 왔어요."
릴라가 올빼미 의사선생님에게 말했어요.
"잘 왔다, 릴라야. 이걸 엄마에게 전해 드리렴."
올빼미 의사 선생님은 릴라에게 약을 주었어요.

집으로 오는 길에 릴라는 친구들을 만났어요.

"와아, 릴라잖아. 릴라야 우리랑 같이 놀래?"

친구들은 릴라를 반기며 말했어요.

"미안하지만 난 지금 엄마에게 약을 가져다 드려야 해."

릴라는 친구들에게 말했어요.

"그럼 우리도 집까지 같이 가 줄게."

사자, 원숭이, 토끼는 릴라와 함께 길을 걸었어요.

친구들과 함께 돌아오는 길은 무척 즐거웠어요.

산딸기 열매도 따 먹고, 냇물에서 올챙이도 보았어요.

"엄마, 다녀왔어요."

릴라는 큰 소리로 엄마를 부르며 집으로 들어갔어요.

"무섭지 않았어?"

엄마가 다정하게 물었어요.

"조금 무서웠지만 그래도 재미있었어요. 내일부터는 밖에 나가서 친구들이랑 놀 거예요."

엄마는 릴라를 꼬옥 안아 주며 빙그레 미소를 지었습니다.

별을 사랑한 물고기

저 멀리 깊고 푸른 바닷속에 '치치'라는 작은 물고기 한 마리가 살고 있었습니다. 치치는 호기심이 많은 장난꾸러기였어요. 넓은 바다 속에 살면서도 언제나 바다 밖 세상이 궁금해서 견딜 수가 없었어요.

"엄마, 바다 밖에는 뭐가 있어요?"

치치가 물었어요.

"바다 밖에는 무서운 괴물들이 살고 있어. 그러니까 절대 바다 위로 올라가서는 안 된다."

엄마는 치치가 걱정이 되어 말했어요.

'무서운 괴물이라고? 도대체 어떻게 생겼을까? 상어보다 무서울까? 고래보다 커다랄까?'

치치는 엄마가 말한 무서운 괴물이 궁금해서 견딜 수가 없었어요.

그날 밤 치치는 엄마가 잠이 든 사이는 몰래 집을 빠져 나왔어요.

그리고 바다 위를 향해 열심히 헤엄을 쳤어요.

한참 뒤 치치는 드디어 바다 위에 도착했어요.

"하나, 둘, 셋!"

치치는 눈을 커다랗게 뜨고 바다 밖으로 얼굴을 쑤욱 내밀었어요. 어둠에 잠긴 하늘에는

반짝반짝 아름다운 별이 빛나고 있었어요.

"너무 아름다워…. 저 반짝이는 게 뭐지?"

치치는 처음 본 별의 모습에 넋을 잃고 말았어요.

"저건 별이야. "

치치 옆을 지나가던 삼치 아저씨가 말했어요.

"별이라고요?"

치치는 밤이 새도록 별을 바라보고 또 바라보았어요.

그날 이후 치치는 밤이면 밤마다 바다 위로 올라가 아침이 될 때까지 별만 바라보았어

요. 별이 뜨지 않는 낮에는 먹지도 자지도 않고 오직 별이 뜨기만을 기다렸어요.

"치치가 별과 사랑에 빠졌대! 쯔쯔쯔."

다른 물고기들은 사랑에 빠진 치치를 안타까워했어요.

시간이 지날수록 치치의 몸은 점점 야위어 갔어요.

"치치야, 이제 별을 보러 가는 건 그만두렴. 별은 하늘에서, 넌 바다에서 살아야 해. 그게
운명이야."

하지만 치치는 별을 잊을 수가 없었어요.

별을 보지 않고는 하루도 더 살고 싶지 않았어요.

치치는 하늘을 바라보며 소원을 빌었어요.

"하느님 제발 제 소원을 들어주세요. 별을 바다로 보내 주세요."

치치는 슬픈 눈물을 흘렸어요. 치치의 눈물은 바람을 타고 하늘로 날아올랐어요.

그때였어요.

하늘에서 별이 쏟아져 내리기 시작했어요.

치치는 너무나 행복해서 하염없이 눈물을 흘렸어요.

바다로 온 별들은 더 이상 반짝거리진 않았지만,

아름다운 별 모양만은 고이 간직하고 있었어요.

물고기들은 바다 속에 살게 된 별들을 '불가사리' 라고 불렀어요.

하늘에 있던 별이 바다로 떨어진 건 정말 불가사의한 일이니까요.

치치는 어떻게 됐냐고요?

물론 불가사리와 바다 속에서 오래오래 행복하게 살았답니다.

방귀쟁이 곰돌이

유별나게 방귀를 잘 뀌는 아기곰이 있었어요.

아침에 눈을 뜨면 "엄마 아빠 안녕히 주무셨어요?" 하는 대신

"엄마 아빠, 뿡뿡뿌웅." 하고 인사를 했어요.

엄마가 "곰돌아 밥 먹자." 하고 부르면

"예." 하는 대신 "뽀오웅." 하고 대답했어요.

곰돌이는 친구들과 함께 놀 때도 쉬지 않고 방귀를 뀌었어요.

"곰돌이는 방귀쟁이야. 매일 방귀만 뀌어."

너구리가 말했어요.

"어우, 냄새 나! 이제 곰돌이랑 놀지 않을 거야."

토끼가 말했어요.

친구들은 방귀 냄새가 싫다며 곰돌이와 놀아 주지 않았어요.

곰돌이는 너무 속이 상해서 엉엉 울며 집으로 돌아왔어요.

"엄마, 친구들이 나랑 놀아 주지 않아요. 내 방귀가 싫대요. 우앙!"

"곰돌아, 울지 마. 방귀를 참을 수 있는 방법을 한번 생각해 보자."

엄마는 곰돌이를 달래며 말했어요.

"엄마, 방귀가 나올 때 손으로 엉덩이를 눌러 주면 어떨까요? 그럼 방귀가 밖으로 나오

지 않잖아요."

곰돌이가 눈물을 훔치며 말했어요.

"그래, 그것 좋은 생각이네."

"어, 지금 방귀가 나오려고 해요."

곰돌이는 얼른 손으로 엉덩이를 꾸욱 눌렀어요.

그랬더니 방귀가 거꾸로 올라와 '꺼억' 하고 트림으로 나왔어요.

트림소리는 방귀소리보다 더 듣기가 거북했어요.

"방귀가 나올 때마다 박수를 치는 건 어떨까? 그럼 아무도 방귀 소리인 줄 모를 거야."

엄마가 말했어요.

“좋아요!”

곰돌이는 방귀를 뀌면서 박수를 쳤어요.

하지만 밥을 먹다가도 박수를 치고, 걸어가다가도 박수를 치고, 이를 닦다가도 박수를

치느라 정신이 하나도 없었어요.

게다가 박수를 너무 많이 쳐서 손바닥이 벌겋게 부어올랐어요.

“엄마, 박수를 치는 건 너무 힘들어요. 보세요, 이젠 손바닥이 아파서 더 이상 박수를 칠

수가 없어요.”

곰돌이는 시무룩해졌어요.

그날 밤 아빠가 일을 마치고 집으로 돌아왔어요.

“곰돌아!”

아빠가 다정한 목소리로 곰돌이를 불렀어요.

하지만 곰돌이는 방에 콕 박혀서 나오지 않았어요.

“곰돌이가 방귀 때문에 속이 많이 상했나 봐요. 어쩌면 좋죠?”

엄마는 한숨을 내쉬며 걱정을 했어요.

한참 동안 곰곰이 생각을 하시던 아빠는 좋은 생각이 났다며 곰돌이를 불렀어요.

"곰돌아, 방귀는 부끄러운 게 아니야. 우리 방귀로 재미있는 노래를 불러 볼까?"

"방귀로 노래를 부른다고요?"

곰돌이는 눈을 동그랗게 뜨고 아빠를 바라보았어요.

곰돌이는 방귀 소리에 맞춰 노래를 부르기 시작했어요.

"아빠가 출근할 때 뿡뿡뿡 엄마가 안아 줘도 뿡뿡뿡

만나면 반갑다고 뿡뿡뿡 헤어질 땐 또 만나요 뿡뿡뿡."

와아, 정말 재미있는 방귀 노래가 되었네요.

다음 날 친구들을 만난 곰돌이는 방귀 노래를 불렀어요.

"뿡뿡 숨어라! 머리카락 보인다. 뿡뿡 숨어라 머리카락 보인다."

"신기하다. 방귀가 노래를 하네."

"정말 대단한데. 곰돌아 다시 한 번 불러 줘."

친구들은 곰돌이의 방귀 노래를 좋아했어요.

곰돌이는 신이 나서 방귀 노래를 불렀어요.

"뿡뿡뿡 꽃이 피었습니다. 뿡뿡뿡 꽃이 피었습니다."

"뿡뿡뿡 뿡뿡뿡 헌집 줄게 새집 다오, 뿡뿡뿡 뿡뿡뿡 헌집 줄게 새집 다오."

이제 친구들은 모두 곰돌이와 함께 놀고 싶어했어요.

곰돌이는 더 이상 방귀를 참지 않아도 되고, 친구들은 곰돌이의 방귀 노래를 좋아하게

됐으니 정말 잘된 일이죠.

index